Java
从入门到项目实战
全程视频版

魔乐科技（MLDN）软件实训中心 李兴华◎著

中国水利水电出版社
www.waterpub.com.cn
·北京·

内 容 提 要

  《Java 从入门到项目实战（全程视频版）》是一本 Java 入门书，详细介绍了 Java 语言面向对象程序设计中的 Java 核心技术和编程技巧。全书分 4 篇共 22 章，其中第 1 篇为 Java 编程基础，介绍了 Java 历史、语言特点、开发环境、编程工具，程序基础概念，程序逻辑控制和方法等；第 2 篇为 Java 面向对象编程，介绍了类与对象、数组、String 类、继承、抽象类与接口、类结构扩展、异常的捕获与处理、内部类；第 3 篇为 Java 应用编程，介绍了 Eclipse 开发工具、多线程编程、常用类库、I/O 编程、反射机制、类集框架、网络编程、数据库编程；第 4 篇为 Java 底层编程，介绍了 JUC 并发编程和 NIO 编程。本书在知识点的介绍过程中辅以大量的图示，并配有大量的范例代码及详细的注释分析；另外本书还将 Java 教学与实战经验的知识点融入到"提示""注意""问答"等模块中，可让读者在学习过程中少走弯路，并快速掌握 Java 技术精髓，快速提高 Java 程序开发技能。

  《Java 从入门到项目实战（全程视频版）》还是一本视频教程，全书共配备了 349 集长达 65 小时的高清视频讲解，跟着视频学 Java，高效、快捷。另外，本书还配套了丰富的教学资源，如实例源代码、教学PPT 课件及教学大纲，方便教师教学和读者自学。

  《Java 从入门到项目实战（全程视频版）》适合 Java 从入门到精通层次的读者参考学习，所有 Java 初学者、Java 编程爱好者、Java 语言工程师等均可选择本书作为软件开发的实战指南和参考工具书，应用型高校计算机相关专业、培训机构也可选择本书作为 Java 算法、Java 程序设计和面向对象编程的教材或参考书。

图书在版编目（CIP）数据

Java从入门到项目实战：全程视频版 / 李兴华著.
-- 北京：中国水利水电出版社, 2019.6（2020.10重印）
 ISBN 978-7-5170-7433-5

 Ⅰ.①J... Ⅱ.①李... Ⅲ.①JAVA语言—程序设计
Ⅳ.①TP312.8

 中国版本图书馆CIP数据核字(2019)第029315号

书　　名	Java 从入门到项目实战（全程视频版） Java CONG RUMEN DAO XIANGMU SHIZHAN (QUANCHENG SHIPIN BAN)
作　　者	魔乐科技（MLDN）软件实训中心　李兴华　著
出版发行	中国水利水电出版社 （北京市海淀区玉渊潭南路 1 号 D 座　100038） 网址：www.waterpub.com.cn E-mail：zhiboshangshu@163.com 电话：(010) 62572966-2205/2266/2201（营销中心）
经　　售	北京科水图书销售中心（零售） 电话：(010) 88383994、63202643、68545874 全国各地新华书店和相关出版物销售网点
排　　版	北京智博尚书文化传媒有限公司
印　　刷	河北华商印刷有限公司
规　　格	203mm×260mm　16 开本　39.5 印张　1132 千字
版　　次	2019 年 6 月第 1 版　2020 年 10 月第 7 次印刷
印　　数	48001—56000 册
定　　价	99.80 元

写在前面的话

我们在用心做事，做最好的教育，写最好的图书。

魔乐科技软件学院教学部（MLDN）——李兴华

从 2008 年编写第一本书开始，我的写作生涯已经持续了 10 年。在这 10 年中我始终坚持"原创图书"的创作理念，用心设计并尽力编写好每一本书，目的是希望每一位读者都能够通过我出的图书学习到有用的技术知识，通过学习使自己不断进步，从而获取更大的人生成就。

到目前为止，Java 推出已经 24 年了。有幸的是，我从它发展的第 5 年开始进入这一开发阵营，并一直坚持到今天，在这期间我见证了 Java 编程从最早的默默无闻，到逐渐成长为行业主流，现在更是被广大互联网开发公司竞相使用。由于技术的不断进步，最初的 Java 语言和现在的 Java 语言也发生了翻天覆地的变化，如何将这些新的设计理念传播给所有的技术爱好者，我相信只有那些具有灵魂与开发思想的原创图书才可以做到。但是技术学习大多比较晦涩，只依靠简单的图形与文字未必能解释详细，所以我在设计图书时又配备了详细的视频资料，并且有效地利用了微信小程序与魔乐科技在线学习平台（www.mldn.cn）的技术优势为读者提供移动学习的环境，这一切的目的只有一个：写一本真正让所有技术爱好者都能学会的技术图书，把 Java 这门技术讲清楚、讲透彻。

经常会有读者问我：现在这么多流行的编程语言，应该选择哪一种？实质上这个问题与开发者从事的行业背景有关，如果你要实现的是高性能的并发访问程序，那么只有 Java 可以实现；如果你需要实现的是一个大数据分析，那么 Python 会更加适合你；如果你只是进行普通的 Web 开发，那么 Node.JS 又成为首选。每一种编程语言都有着自己擅长或不擅长的部分，Java 的优势在于处理性能高，但是其劣势也很明显：学习时间长，复杂度较高，初学者入门不易。然而一旦开启了 Java 编程生涯，你会发现许多技术都可以轻松学会，因为 Java 在整体设计中提倡的是设计思想与软件架构，当你已经掌握了如此复杂的技术，那么其他的技术学习也就相对容易了许多。为了方便读者对 Java 的整体学习有一个完善的了解，本书给出了图 0-1 所示的 Java 学习路线图，而详细的课程内容可以直接登录魔乐科技软件学院获取，登录地址为 www.mldn.cn。

编程技术学习非一朝一夕之功，它需要读者静下心来用心体会每一项技术的优缺点、每一个设计模式以及每一个类设计的意义与底层实现机制。所以在整本书编写过程中，不仅讲解了 Java 语言的各项技术特点，同时也针对一些重点内容进行了源代码与算法实现分析，而之所以采用这样的形式，除了帮助读者更好地理解 Java 底层设计之外，也是为了帮助读者提高面试的成功率。从本人 15 年的培训经验来看，现在的软件企业在进行人员招聘时都会针对 Java 底层源代码的实现提出大量的问题，如果你现在正面临着同样的问题，那么本书将是你最得力的助手。

本书综合讲解 Java 程序设计中的核心技术，全书一共设计为 22 章（如图 0-2 所示），章节结构如下。

➦ **Java 编程基础（第 1～4 章）**：走进 Java 的世界、程序基础概念、程序逻辑控制、方法。

➦ **Java 面向对象编程（第 5～12 章）**：类与对象、数组、String 类、继承、抽象类与接口、类结构扩展、异常的捕获与处理、内部类。

图 0-1　Java 开发体系结构

❧ **Java 应用编程（第 13～20 章）**：Eclipse 开发工具、多线程编程、常用类库、I/O 编程、反射机制、类集框架、网络编程、数据库编程。

❧ **Java 底层编程（第 21～22 章）**：JUC 并发编程、NIO 编程。

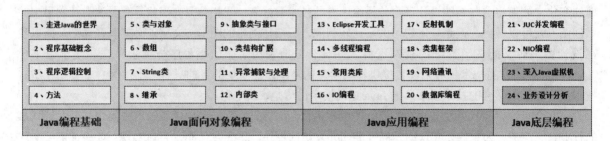

图 0-2　全书结构

本书针对前 3 个部分提供全部的免费学习视频，读者可以直接通过每一章开始部分的二维码扫描学习，而对于本书的 JUC 并发编程、NIO 编程等属于收费视频部分，同时考虑到篇幅问题，本书并没有加入"深入 Java 虚拟机"和"业务设计分析"等收费课程内容，如果需要深入学习的读者可以登录 www.mldn.cn 购买并使用专属 App 学习。

在此，我要特别介绍一下魔乐科技软件学院（www.mldn.cn，以下简称为 MLDN）的情况。我们从 2006 年开始依据自己的教育理念创办了 MLDN，最初的原动力在于：希望将一些有用的开发技术教授给学生，同时也为技术培训的行业做一个课程标杆，所以我们始终都在关注新技术的发展，不断地完善并升级课程体系，为我们的学员带来实用的技术内容，降低学习成本。在这些年里我们不仅保持着精品的面授培训课程，同时推出了"极限 IT 工程师"与"极限 IT 架构师"两套在线培训课程体系，不仅满足于技术开发要求，同时我们也提供持续的课程升级服务。

我喜欢研究技术，也喜欢分享技术，我用上一个 10 年创作了许多自己的技术资料，这些技术资料有的经过加工进行了出版，有些未加工的资料则在 www.mldn.cn 平台上公布，在未来的日子里，我会编写更多的原创图书，也会不断地去为技术爱好者分享更多的技术内容，具体请在"本书资源获取及交流方式"中关注笔者的微博。

本书主要章节由李兴华编写，其他具体参与编写的人员有李淑芬、汤佳敏、郑建文、郭鸿喜、姜成芝、柯兆杨、李晓惠、吴桂兰、刘刚、庞猛、师铂弘、刘晟、李志兰、贾宁、赵晓彤、刘倩、赵金发、李杰、刘惠民、庞明生、刘洁民、范玉明、田清圆、孟庆元、芦维晶、王思博、王茜、宋文竹、王和贵、冯宗嘉、胡金凤，在此对他们的认真付出表示感谢。

最后我需要特别感谢我的家庭成员对我的爱与支持，在创作的过程中感谢他们为我安排好了生活的一切，才使得我可以安心创作，我也衷心地希望我儿子可以健康快乐的长大成人，希望他长大后也喜欢程序设计，读我写的书。

本书资源获取及交流方式

（1）读者可手机扫描并关注下面的"人人都是程序猿"微信公众号，输入本书书名发送到公众号后台获取资源下载链接，然后将该链接复制到计算机浏览器的地址栏中，根据提示下载即可。下载完成后即可在计算机中使用所有资源。

（2）可加入 QQ 群：689440600（请注意加群时的提示，根据提示加入对应的群），与笔者及广大技术爱好者在线交流学习。

（3）如果你在阅读中发现问题，也欢迎来信指教，来信请发："784420216@qq.com"，笔者看到后将尽快给你回复。

（4）读者也可以扫描下面的微博二维码，关注笔者的技术心得、教学总结和最新动态，在微博上与笔者进行交流。

最后，祝您学习顺利！

李兴华

魔乐科技软件学院教学部

目　　录

第四篇　Java 底层编程

第一篇

Java 编程基础

第 1 章 走进 Java 的世界

通过本章的学习可以达到以下目标

- 了解 Java 发展历史以及语言特点。
- 理解 Java 语言可移植性的实现原理。
- 掌握 JDK 的安装与配置，并且可以使用 JDK 运行第一个 Java 程序。
- 了解 JShell 交互式编程工具的使用。
- 掌握 CLASSPATH 的作用以及与 JVM 的关系。

Java 是现在最为流行的编程语言，也是众多大型互联网公司首选的编程语言与技术开发平台。本章将为读者讲解 Java 语言的发展历史，并且通过具体的实例来为读者讲解 Java 程序的开发与使用。

1.1　Java 发展历史

	视频名称	0101_Java 发展历史	学习层次	了解
	视频简介	Java 语言诞生于 20 世纪 90 年代，经过长期的发展，已经成为最为流行的编程语言之一。Java 语言不但广泛应用在服务端编程上，而且各个移动设备也大量使用 Java 平台。本课程主要介绍 Java 的产生动机以及后续发展延续。		

Java 是 SUN（Stanford University Network，1982 年成立，最初的 Logo 如图 1-1 所示）公司开发出来的一套编程语言，主设计者是 James Gosling（见图 1-2）。其最早来源于一个叫 Green 的嵌入式程序项目，目的是为家用电子消费产品开发一个分布式代码系统，这样就可以通过网络对家用电器进行控制。

在 Green 项目最开始的时候，SUN 的工程师原本打算使用 C++语言进行项目的开发。但是考虑到C++语言开发的复杂性，于是基于 C++语言开发出了一套自己的独立平台 Oak（被称为 Java 语言的前身，是一种用于网络的精巧的安全语言）。SUN 公司曾以此投标一个交互式电视项目，但结果被 SGI 打败。于是当时的 Oak 几乎无家可归，恰巧这时 Marc Andreessen 开发的 Mosaic 和 Netscape 项目启发了 Oak 项目组成员，SUN 的工程师们开发出了 HotJava 浏览器，触发了 Java 进军互联网。但是后来由于互联网低潮所带来的影响，SUN 公司并没有得到很好的发展，在 2009 年 4 月 20 日被甲骨文公司（Oracle，其 Logo如图 1-3 所示）以 74 亿美元的交易价格收购。

图 1-1　SUN 公司的原始 Logo

图 1-2　James Gosling

图 1-3　Oracle 收购 SUN 后的 Logo

> **提示：Oracle 与 SUN 公司的关系。**
>
> 　　熟悉 Oracle 公司历史的读者都清楚：Oracle 一直以 Microsoft 公司为对手，Oracle 最初的许多策略都与微软有关，两家公司也都致力于企业办公平台的技术支持。整个企业级系统开发核心有 4 个组成部分：操作系统、数据库、中间件、编程语言。Oracle 收购 SUN 公司得到 Java 后就拥有了庞大的开发群体，这一点要比微软的.NET 的更多；随后，Oracle 又收购了 BEA 公司，得到了用户群体众多的 Weblogic 中间件，使得 Oracle 公司具备了完善的企业平台支持的能力。

　　Java 是一门综合性的编程语言，从最初设计时就综合考虑了嵌入式系统以及企业平台的开发支持，所以在实际的 Java 开发过程中，其主要有 3 种开发方向，分别为 Java SE（最早称为 J2SE）、Java EE（最早称为 J2EE）、Java ME（最早称为 J2ME），其基本关系如图 1-4 所示。

图 1-4　Java 技术开发分支

　　（1）Java 标准开发（Java Platform Standard Edition，Java SE）：包含构成 Java 语言核心的类。例如，数据库连接、接口定义、输入/输出、网络编程，当用户安装了 JDK（Java 开发工具包）之后就自动支持此类开发支持。

　　（2）Java 嵌入式开发（Java Platform Micro Edition，Java ME）：包含 Java SE 中的部分类，用于消费类电子产品的软件开发。例如，呼机、智能卡、手机、PDA、机顶盒，目前此类开发已经被 Android 开发所代替。

　　（3）Java 企业开发（Java Platform Enterprise Edition，Java EE）：包含 Java SE 中的所有类，并且还包含用于开发企业级应用的类。例如，EJB、Servlet、JSP、XML、事务控制，也是目前大型系统和互联网项目开发的主要平台。

1.2　Java 语言特点

视频名称	0102_Java 语言特点		学习层次	了解
视频简介	Java 之所以广泛地活跃在互联网与移动设备上，主要是因为其开发语言简洁并且有完善的生态系统，是一门优秀的编程语言。本课程将为读者讲解 Java 语言的主要特点。			

　　Java 语言不仅拥有完善的编程体系，同时也受到众多软件厂商的追捧——围绕其开发出了大量的第三方应用，使得 Java 技术得以迅速发展壮大，并且被广泛使用。在长期的技术发展中，Java 语言的特性也在不断提升，下面列举了 Java 语言的一些主要特性。

1. 简洁有效

Java 语言是一种相当简洁的"面向对象"的程序设计语言。Java 语言克服了 C++语言中的所有的难以理解和容易混淆的缺点，例如头文件、指针、结构、单元、运算符重载和虚拟基础类等。它更加严谨、简洁，因此也足够简单。

2. 可移植性

Java 语言最大的特点在于"一次编写、处处运行"。Java 语言的执行基于 Java 虚拟机的（Java Virtual Machine，JVM）运行，在其源代码编译之后将形成字节码文件。在不同的操作系统上只需植入与系统匹配的 JVM 就可以直接利用 JVM 的"指令集"解释程序运行，降低了程序开发的复杂度，提高了开发效率。

3. 面向对象

"面向对象"是软件工程学的一次革命，大大提升了人类的软件开发能力，是一个伟大的进步，是软件发展的一个重大的里程碑。Java 是一门面向对象的编程语言，并且有着更加良好的程序结构定义。

4. 垃圾回收

垃圾指的是无用的内存回收，Java 提供了垃圾回收机制（Garbage Collection，GC），利用 GC 机制使得开发者在编写程序时只需考虑自身程序的合理性，而不用去关注 GC 问题，极大地简化了开发难度。

5. 引用传递

Java 避免使用复杂的指针，而使用更加简单的引用来代替指针。指针虽然是一种高效的内存处理模式，但是其需要较强的逻辑分析能力。而 Java 在设计的时候充分地考虑到了这一点，所以开发者直接利用引用就可以简化指针的处理。因此，引用也是在所有初学过程之中最为难以理解的部分。

6. 适合分布式计算

Java 设计的初衷是为了更好地解决网络通信问题，所以 Java 语言非常适合于分布式计算程序的开发，它不仅提供了简洁的 Socket 开发支持、适合于公共网关接口（Common Gateway Interface，CGI）程序的开发，还提供了对 NIO、AIO 的支持，使得网络通信性能得到了强大的改善。

7. 健壮性

Java 语言在进行编译时会进行严格的语法检查，可以说 Java 的编译器是"最严格"的编译器。在程序运行中也可以通过合理的异常处理避免错误产生时的程序中断执行，从而保证 Java 程序可以稳定的运行。

8. 多线程编程支持

线程是一种轻量级进程，是现代程序设计中必不可少的一种特性。多线程处理能力使得程序具有更好的交互性和实时性。Java 在多线程处理方面性能超群，随着 Java 语言的不断完善，它还提供了 JUC 的多线程开发框架，以方便开发者实现多线程的复杂开发。

9. 较高的安全性

Java 程序的执行依赖于 JVM 解释字节码程序文件，而 JVM 拥有较高的安全性，同时随着 Java 版本的不断更新，面对最新的安全隐患也可以及时进行修补。

10. 函数式编程

除了支持面向对象编程技术之外，在 Java 中也有着良好的函数式编程支持（Lambda 表达式支持），利用函数式编程可以更简洁地实现程序代码编写。

11．模块化支持

Java 9 版本开始提供的最重要功能，毫无疑问就是模块化（Module），代码名字叫作 Jigsaw（拉锯），可以将庞大冗余的 Java 分解成一个个的模块，方便进行开发和部署。

除了以上特征之外，Java 语言最大的特点还在于其开源性，使得 Java 语言在业界受到了大量的关注。同时，Java 语言还在不断地维护更新中，使其自身的完善性也在不断加强。

1.3　Java 可移植性

视频名称	0103_Java 可移植性		学习层次	了解
视频简介	Java 语言最初所宣传的口号就是"可移植性"，这样使得开发者不必为不同的操作系统的程序运行带来困扰。本课程主要讲解 Java 虚拟机的实现原理以及可移植性分析。			

计算机高级语言类型主要有编译型和解释型两种，而 Java 是这两种类型的集合。在 Java 程序中所提供的源代码需要编译后才可以执行，其运行机制如图 1-5 所示。

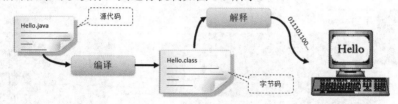

图 1-5　Java 程序的运行机制

Java 语言在执行的时候必须对源代码进行编译，而编译后将产生一种字节码文件（*.class 文件），这是一种"中间"文件类型，需要由特定的系统环境所执行，即 Java 虚拟机（Java Virtual Machine，JVM）。在 JVM 中定义了一套完善的"指令集"，并且不同操作系统版本的 JVM 所拥有的"指令集"是相同的。程序员只需针对 JVM 的指令集进行开发，并由 JVM 去匹配不同的操作系统，这样就解决了程序的可移植性问题。JVM 的执行原理如图 1-6 所示。

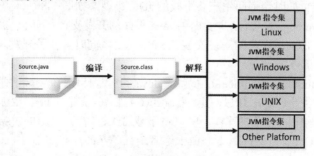

图 1-6　JVM 的执行原理

提示：关于 Java 可移植性的简单理解。

Java 可移植性的过程就类似于以下情景：有一个中国富商要同时跟美国、韩国、俄罗斯、日本、法国、德国等几个国家的客户洽谈生意，但是他不懂这些国家的语言，于是他针对每个国家各请了一个翻译。这样他可以只对翻译说话，再由不同的翻译将他说的话翻译给不同国家的客户，这样就可以在各个国家通用了。

1.4　搭建 Java 开发环境

Java 语言执行需要经过编译源代码，而后才可以在 JVM 上解释字节码程序，这些操作都需要 JDK（Java Development Kit，Java 开发工具包）的支持才可以正常完成。

1.4.1　JDK 简介

	视频名称	0104_JDK 简介		学习层次	掌握
	视频简介	JDK 是 Java 专属的开发工具，也是最底层的开发支持。本课程将为读者讲解 JDK 的主要功能以及发展介绍，同时演示了如何通过 Oracle 官方网站获取 JDK。			

JDK 是 Oracle 提供给开发者的一套 Java 开发工具包，开发者可以利用 JDK 进行源代码的编译，也可以进行字节码的解释执行，开发者可以直接通过 Oracle 的官方网站（http://www.oracle.com）获取 JDK 工具，具体如图 1-7 所示。

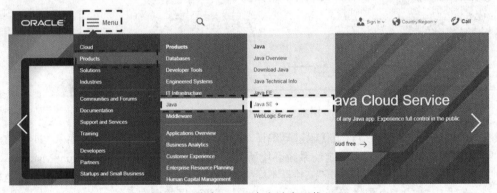

图 1-7　通过 Oracle 官方站点下载 JDK

进入 Java SE 的下载页面时会询问用户要下载的 JDK 类型，如图 1-8 所示，主要有以下几种。

> ◥ JDK（Java Development Kit）：主要提供 Java 程序的开发支持，同时也提供有 JRE（Java Runtime Environment）的支持，也就是说安装完 JDK 之后就同时具备了开发与运行 Java 程序的支持，也是本节使用的环境。

> ◥ JRE（Java Runtime Environment）：提供有 Java 的运行环境，但是无法进行项目开发。此处 JRE 分为两类：一类是 Server JRE（服务器端 JRE）；另一类是 Client JRE（客户端 JRE）。

由于本次需要进行程序的编译与解释，所以将下载 JDK，打开相应的链接之后可以看到如图 1-9 所列出的不同操作系统的 JDK 支持版本，由于笔者是在 Windows 10 操作系统中配置的，所以选择 Windows 版本。

图 1-8　选择 Java SE 下载类型

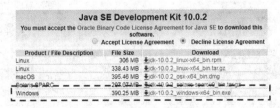

图 1-9　选择 JDK 版本

> **提示：JDK 中几个经典的版本。**
>
> JDK 最早的版本是在 1995 年发布的，每个版本都有一些新的特点，有以下几个代表性的版本。
> - 【1995 年 5 月 23 日】JDK 1.0 的开发包发布，于 1996 年 JDK 正式提供下载，标志着 Java 的诞生。
> - 【1998 年 12 月 4 日】JDK 1.2 版本推出，而后 Java 正式更名为 Java2（只是一个 Java 的升级版）。
> - 【2005 年 5 月 23 日】在 Java 十周年大会上推出了 JDK 1.5 版本，带来了更多新特性。
> - 【2014 年】Java 提供了 JDK 1.8 版本，并且支持 Lambda 表达式，可以使用函数式编程。
> - 【2017 年】Java 提供了 JDK 1.9 版本，进一步提升了 JDK 1.8 的稳定性。
> - 【2018 年】Java 提供了 JDK 1.10 版本，是 JDK 1.9 的稳定版。
>
> 　另外，按照官方说法，平均每 6 个月就要进行一次 JDK 的版本更新，考虑到项目运行的稳定性，所以笔者并不建议开发者在项目中使用最新的 JDK 进行开发。对初学者而言，使用 JDK 1.9 以上的版本就可以了，同时在本书讲解中也会为读者分析不同版本所带来的新特点。

1.4.2　JDK 的安装与配置

视频名称	0105_JDK 的安装与配置		学习层次	掌握
视频简介	JDK 是 Java 程序开发的重要工具。本课程主要讲解如何在 Windows 操作系统上进行 JDK 的安装及其环境属性的配置。			

　　用户下载完成 JDK 之后将获得一个 Windows 的程序安装包，如果要安装只需双击运行即可。为了方便，将 JDK 的工具安装在 "D:\Java" 目录中，如图 1-10 所示。在进行 JDK 安装的同时，也会询问是否要进行 JRE 的安装，如图 1-11 所示，选择安装后将更新本机系统的 JRE 为当前 JDK 的版本。

图 1-10　JDK 安装

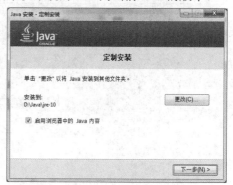

图 1-11　JRE 安装

　　当 JDK 与 JRE 安装完成后可以直接打开 JDK 安装目录的 bin 子目录（D:\Java\jdk-10\bin），在此目录中提供了两个核心命令：javac.exe 和 java.exe，如图 1-12 所示。

java.dll	应用程序扩展	147 KB
java.exe	应用程序	227 KB
javaaccessbridge.dll	应用程序扩展	142 KB
javac.exe	应用程序	18 KB
javacpl.exe	应用程序	86 KB

图 1-12　JDK 提供的程序命令

javac.exe 与 java.exe 这两个命令并不属于 Windows 本身，如果要在命令行里直接使用，那么就必须在 Windows 系统中进行可执行程序的路径配置，操作步骤：【计算机】→【属性】→【高级系统设置】，如图 1-13 所示。

图 1-13　设置 Windows 属性

进入"高级系统设置"进行环境配置，操作步骤：【高级】→【环境变量】→【系统变量】→【编辑
Path 环境属性】→【添加 JDK 的目录（D:\Java\jdk-10 \bin）】，如图 1-14 所示。

环境属性配置完毕后，用户可以启动命令行工具，随后输入 javac.exe，如果可以看见图 1-15 所示的
界面则表示 JDK 安装成功。

图 1-14　配置 JDK 路径

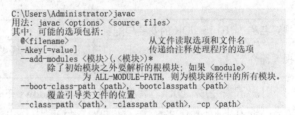

图 1-15　JDK 安装成功

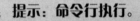

提示：命令行执行。

在 Windows 中如果启用命令行，可以直接进入"运行"对话框（或者使用"Windows＋R 键"打开"运行"
对话框），输入命令 cmd 即可，如图 1-16 所示。

图 1-16　命令行启动

如果当前已经打开了命令行工具将无法加载到最新的环境属性配置，必须重新启动命令行工具才能加载到新
的环境属性配置，才可以使用 javac.exe 与 java.exe 命令。

1.5　Java 编程起步

	视频名称	0106_Java 编程起步	学习层次	掌握
	视频简介	JDK 是程序开发的核心支持，而程序员主要是编写程序代码。本课程将为读者演示如何编写并执行第一个 Java 程序，以及程序的组成说明。		

Java 是一门完善的编程语言，包含完整的语法和语义。在 Java 程序中所有的源代码必须以.java 作为后缀，同时所有的程序代码都需要放在一个类中并且由主方法开始执行。为了帮助读者快速掌握 Java 程序的结构，下面来编写一个简单的程序，目的是在屏幕上进行信息的输出。

> **提示：注意程序中的大小写。**
>
> Java 程序是严格区分大小写的，在编写程序时一定要注意。另外，为了读者方便代码的运行，强烈建议在此处按照本书所提供的代码样式进行编写。

范例：编写第一个 Java 程序（保存路径：D:\mldnjava\Hello.java）

```java
public class Hello {                                      // 程序所在类（后文会有详细讲解）
    public static void main(String[] args) {              // 程序主方法
        System.out.println("课程资源请访问：www.mldn.cn");      // 屏幕输出信息
    }
}
```
程序执行结果：
课程资源请访问：www.mldn.cn

程序编写完成后可以按照以下的命令进行编译与解释，Java 程序执行流程如图 1-17 所示。

➥ 【编译程序】在命令行方式下，进入程序所在的目录，执行 javac Hello.java，对程序进行编译。编译完成后可以发现在目录中多了一个 Hello.class 文件，即最终要使用的字节码文件。

➥ 【解释程序】程序编译之后，输入 java Hello 即可在 JVM 上解释 Java 程序。

图 1-17   Java 程序执行流程

> **提示：认真编写第一个程序。**
>
> 如果暂时不理解上面的程序也没有关系，读者只要按部就班地输入程序并进行编译、执行，得到与本书相同的结果即可，而对于具体的语法可以通过后续的学习慢慢领会。这个程序是一个重要的起点，也是一切学习的开始。
>
> 另外，读者需要知道的是，Java 程序分为 Application 程序和 Applet 程序，其中使用 main 方法的程序主要是 Application 程序。本书中主要使用 Application 程序进行讲解，Applet 程序主要应用在网页上面且已经不再使用，因此本书将不再做介绍。

虽然一个小小的信息输出程序并不麻烦，但是需要清楚的是，任何语言都有自己的程序组成结构，下面将针对本 Java 程序代码组成进行分析。

1. 类

Java 中的程序以类为单位，所有的程序都必须在 class 定义范畴内，类的定义有以下两种形式。

class 类名称 {
　代码
}
	public class 类名称 {
	　代码
	}

在本次程序中使用的是第二种形式，而 "public class Hello {}" 代码中的 Hello 就是类名称。

如果将现在的代码修改为 public class HelloMLDN{}，文件名称依然是 Hello.java，则在编译时将出现以下错误的提示信息。

```
Hello.java:1: 错误: 类 HelloMLDN 是公共的, 应在名为 HelloMLDN.java 的文件中声明
public class HelloMLDN {
       ^
1 个错误
```

这是因为在开发中如果在类的定义中使用了 public class 声明,那么文件名称必须与类名称保持一致。如果没有使用 public class，而只使用了 class 声明，如 class HelloMLDN {}，此时文件名称与类名称不相同，但是最终生成的*.class 文件的名称将为 HelloMLDN.class，如图 1-18 所示。

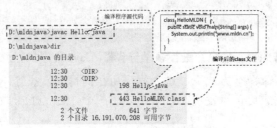

图 1-18　class 定义的类编译后结果

也就是说，使用 class 定义的类，其文件名称可以与类名称不同，但是生成的*.class 文件的名称就是 class 定义的类名称，那么执行的一定是*.class 的文件名称，即执行 "java HelloABC"。

在一个*.java 文件中可以同时存在多个 class 定义,并且在编译后会自动将不同的 class 保存在不同的*.class 文件之中。

范例：在一个*.java 文件定义多个 class

```
public class HelloMLDN {                                    // 程序所在类（后期会有详细讲解）
    public static void main(String[] args) {               // 程序主方法
        System.out.println("课程资源请访问：www.mldn.cn");    // 屏幕输出信息
    }
}
class A {}                                                  // 一个源程序中定义多个类
class B {}                                                  // 一个源程序中定义多个类
```

此时程序中一共存在 3 个 class 声明，所以编译之后会形成 3 个 class 文件，包括 A.class、B.class 和 HelloMLDN.class，如图 1-19 所示。

图 1-19　编译后产生多个*.class 文件

通过以上的分析，可以得出以下的结论。

➥ public class 定义要求文件名称与类名称保持一致。也就是说，一个 *.java 文件中只允许有一个 public class 定义。

➥ class 定义的类文件名称可以与类名称不一致，但是在编译之后每一个使用 class 声明的类都会生成一个 *.class 文件，也就是说，一个 *.java 文件可以产生多个 *.class 文件。

> **提示：实际的开发要求。**
>
> 从实际的开发来讲，一个 *.java 文件里面一般只会定义一个 public class，但是现阶段属于学习过程，所以会在一个 *.java 文件里面定义多个类，那么就会出现 public class 与 class 在一个文件中混合声明不同类结构的情况。
>
> 关于类名称定义的重要说明：类名称要求每个单词的首字母大写，如 HelloDemo、TestDemo，此为 Java 命名规范，开发者必须严格遵守。

2．主方法

主方法是一切程序的起点，所有的程序代码都从主方法开始执行，Java 中的主方法定义如下。

```java
public static void main(String args[]) {
    执行的代码；
}
```

在以后的学习中为了方便，将把主方法所在的类称为主类，并且主类都使用 public class 声明。

3．系统输出

如果要在屏幕上显示信息，则可以使用以下方法。

➥ System.out.println()：输出之后追加一个换行。

➥ System.out.print()：输出之后不追加换行。

范例：观察输出

```java
public class Hello {
    public static void main(String args[]) {
        System.out.print("www.mldn.cn");            // 输出数据不换行
        System.out.print("www.mldn.cn");            // 输出数据不换行
        System.out.print("www.mldn.cn");            // 输出数据不换行
    }
}
程序执行结果：
www.mldn.cnwww.mldn.cnwww.mldn.cn
```

本程序在输出时由于没有使用换行，所以所有的输出结果都显示在同一行。

1.6　JShell 交互式编程工具

视频名称	0107_JShell 交互式编程工具	学习层次	理解	
视频简介	为了迎合当今市场的技术开发需求，从 Java 9 版本之后提供有交互式的 JShell 编程环境。本课程主要讲解 JShell 工具的作用以及使用方法。			

从 JDK 1.9 之后版本提供一个方便的交互式工具——JShell，利用此工具可以方便地执行程序，并且

不再需要编写主方法就可以执行程序，如果要想运行 JShell 工具，直接在命令行方式下输入"jshell"即可，如图 1-20 所示。

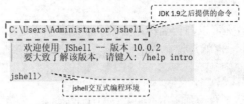

图 1-20　交互式编程环境

在 JShell 交互式环境下可以直接编写程序，例如，可以直接在交互式编程模式下输入以下内容。

➡️　命令 1：100 + 200。

➡️　命令 2：System.out.println("在线学习请登录：www.mldn.cn")。

当用户输入后可以自动执行程序，执行结果如图 1-21 所示。

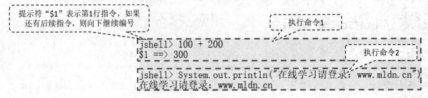

图 1-21　JShell 命令执行

除了可以直接在 JShell 中编写代码之外，也可以直接在本地磁盘中定义程序文件，而后交由 JShell 加载执行，例如，本次程序保存路径为 D:\mldnjava\mldn.txt。

范例： 定义 JShell 程序文件 mldn.txt

```
System.out.println("极限 IT：www.jixianit.com")
System.out.println("Java 软件训练营：www.mldnjava.cn")
```

随后在 JShell 中可以直接利用"/open"进行文件内容加载，执行结果如图 1-22 所示。

如果要想退出 JShell 交互式编程环境，可以直接输入"/exit"，如图 1-23 所示。

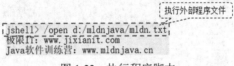

图 1-22　执行程序脚本

图 1-23　退出 JShell 环境

1.7　CLASSPATH 环境属性

视频名称	0108_CLASSPATH 环境属性		学习层次	掌握
视频简介	CLASSPATH 是 Java 中的重要环境属性，同时也是在实际项目开发中必须使用的概念。本课程主要讲解 CLASSPATH 属性的作用以及设置方法。			

Java 程序的执行依赖于 JVM，当用户使用 Java 命令去解释 class 字节码文件时实际上都会启动一个 JVM 进程，而在这个 JVM 进程中需要有一个明确的类加载路径，而这个路径就是通过 CLASSPATH 环境属性指派的，执行流程如图 1-24 所示。

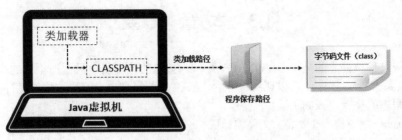

图 1-24　CLASSPATH 作用

在 Java 中可以使用 SET CLASSPATH 命令指定 Java 类的执行路径，这样就可以在不同的路径下加载指定路径中的 class 文件进行执行。下面通过一个实验来了解 CLASSPATH 的作用，假设这里的 Hello.class 类位于 D:\mldnjava 目录下。

在任意盘符的命令行窗口执行下面的指令。

```
SET CLASSPATH=D:\mldnjava
```

之后在 E 盘根目录下执行：java Hello，如图 1-25 所示。

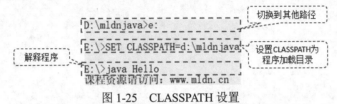

图 1-25　CLASSPATH 设置

由上面的输出结果可以发现，虽然在 E 盘根目录中并没有 Hello.class 文件，但是也可以用 java Hello 执行 Hello.class 文件。之所以会有这种结果，就是因为在操作中使用了 SET CLASSPATH 命令，将类的加载路径指向了 D:\mldnjava 目录，所以在运行时，会从 D:\mldnjava 目录中查找所需要的类。

提示：CLASSPATH 与 JVM 的关系。

CLASSPATH 主要指的是类的运行路径，实际上在读者执行 Java 命令的时候，对于本地的操作系统来说就意味着启动了一个 JVM，那么 JVM 在运行的时候需要通过 CLASSPATH 加载所需要的类，而默认情况下 CLASSPATH 是指向当前目录（当前命令行窗口所在的目录）之中的，所以会从此目录下直接查找。

但是这样随意设置加载路径的方式实际上并不好用，最好的做法还是从当前所在路径中加载所需要的程序类。所以在设置 CLASSPATH 时，最好将 CLASSPATH 指向当前目录，即所有的 class 文件都从当前文件夹中开始查找，路径设置为"."，格式如下。

```
SET CLASSPATH=.
```

但是这样的操作都属于每一个命令行窗口的单独设置，如果要想让 CLASSPATH 针对于全局都有作用，则可以在环境属性中添加 CLASSPATH 属性并进行配置，如图 1-26 所示。

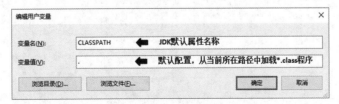

图 1-26　定义 CLASSPATH 环境属性

1.8　本　章　概　要

1．Java 实现可移植性靠的是 JVM，JVM 就是一台虚拟的计算机，只要在不同的操作系统上植入不同版本的 JVM，那么 Java 程序就可以在各个平台上移植，做到"一次编写，处处运行"。

2．Java 中程序的执行步骤如下。

➥　使用 javac 命令将一个*.java 文件编译成*.class 文件。

➥　使用 java 命令可以执行一个*.class 文件。

3．每次使用 java 命令执行一个 class 的时候，都会启动 JVM 进程，JVM 通过 CLASSPATH 给出的路径加载所需要的类文件，可以通过 SET CLASSPATH 设置类的加载路径。

4．Java 程序主要分为两种：Java Application 和 Java Applet 程序，Java Applet 主要是在网页中嵌入的 Java 程序，基本上已经不再使用了；而 Application 是指有 main 方法的程序，本书主要讲解 Application 程序。

5．JDK1.9 之后的开发包中提供有 JShell 交互式工具，利用此工具可以直接执行程序代码，从而避免主方法执行的限制。但此类操作只适合于简单的编程，在实际开发之中还是建议使用标准的程序结构开发程序。

第2章 程序基础概念

 通过本章的学习可以达到以下目标

- 掌握 Java 中标识符的定义。
- 掌握 Java 中注释的作用以及 3 种注释的区别。
- 掌握 Java 中数据类型的划分以及基本数据类型的使用原则。
- 掌握字符串与字符的区别，可以使用 String 类定义字符串并进行字符串内容修改。
- 掌握 Java 中运算符的使用。

程序中都有其各自的代码组织结构，所以对于代码的命名就需要通过标识符来完成。但是一个完整程序的核心意义在于数据的处理，那么掌握数据类型的定义以及运算就是最重要的基本知识。本章将为读者讲解 Java 语言的注释、标识符、关键字、数据类型划分、运算符等核心基础知识。

2.1 程序注释

视频名称	0201_程序注释	学习层次	掌握	
视频简介	在程序编写的过程中，使用注释可以明确地标记出代码的作用，同时也更加方便维护。本课程主要讲解注释意义以及 Java 中支持的 3 种注释使用形式。			

在程序中，由于其基本组成都是代码，所以考虑到程序的可维护性的特点，在编写代码的时候都要在每段代码上增加若干说明文字，即注释。注释本身不需要被编译器编译。Java 一共分为 3 种形式。

- // 注释：单行注释。
- /* ... */：多行注释。
- /** ... */：文档注释。

提示：关于几种注释的选择。

一般而言，在开发中往往会接触一些开发工具，如果使用 **Eclipse** 或 **IDEA** 这样的开发工具，本书强烈读者使用单行注释，这样即使格式化多行代码时也不会造成代码的混乱。而对于文档注释，也往往会结合开发工具编写。为方便读者理解相关定义的含义，本书中将针对一些重点说明的操作给出文档注释，而考虑到篇幅问题，重复的注释将不再出现。

范例：定义单行注释

```java
public class JavaDemo {
    public static void main(String args[]) {
        // 【单行注释】下面的程序语句功能是在屏幕上打印一行输出信息
        System.out.println("www.mldn.cn") ;
    }
}
```

本程序的功能是在屏幕上进行信息输出，在注释信息追加后就可以明确通过注释获取代码的作用，使得代码的可读性与维护性大大加强。

范例：定义多行注释

```java
public class JavaDemo {
    public static void main(String args[]) {
        /* 【多行注释】下面的程序语句功能是在屏幕上打印一行输出信息
         * 利用多行注释可以针对代码的功能进行更加详细的说明
         * 在实际的项目开发中多行注释适合于编写大段的说明文字
         */
        System.out.println("www.mldn.cn") ;
    }
}
```

多行注释利用"/* ... */"进行定义，而后每行注释中使用"*"作为标记。

文档注释是以单斜杠加两个星形标记（/**）开头，并以一个星形标记加单斜杠（*/）结束。用这种方法注释的内容会被解释成程序的正式文档，并能包含进如 javadoc 之类的工具生成的文档，用以说明该程序的层次结构及其方法。

范例：使用文档注释

```java
/**
 * 该类的主要作用是在屏幕上输出信息
 * @author 李兴华
 */
public class JavaDemo {
    public static void main(String args[]) {
        System.out.println("www.mldn.cn") ;
    }
}
```

在文档注释中提供了许多类似于"@author"这样的标记，例如，参数类型、返回值、方法说明等。而对于初学者而言，重点掌握单行注释和多行注释即可。

> **提示：文档注释在开发中使用较多。**
>
> 在进行软件开发的过程中，开发的技术文档是每一位开发人员都必须配备的重要工具之一，对于每一个操作的功能解释都会在文档中进行详细的描述，所以本书强烈建议读者在开发代码的过程中要养成编写文档注释的良好编程习惯，在以后有了开发工具的支持环境下，文档注释可以方便地生成。

2.2　标识符与关键字

	视频名称	0202_标识符与关键字	学习层次	掌握
	视频简介	程序开发中需要为特定的代码进行唯一名称的指定，而这样的名称就被称为标识符。本课程主要讲解标识符的定义要求以及 Java 中关键字的概览。		

程序本质上就是一个逻辑结构的综合体，在 Java 语言里面有不同的结构，例如，类、方法、变量结构等，那么对于不同的结构一定要有不同的说明。这些说明在程序中就被称为标识符，所以在进行标识符定义的时候一般都要求采用有意义的名称。

在 Java 中标识符定义的核心原则如下：由字母、数字、_、$所组成，其中不能使用数字开头，不能使用 Java 中的保留字（或者被称为"关键字"）。

> ### 提示：关于标识符的定义。
>
> 随着读者编程经验的累积，对于标识符的选择一般都会有自己的原则（或者遵从你所在公司的项目开发原则），所以对于标识符的使用，本书有以下建议。
> - 在编写的时候尽量不要使用数字，例如，i1、i2。
> - 命名尽量有意义，不要使用类似 a、b 简单标识符，而要使用 Student、Math 等单词，因为这类单词都属于有意义的内容。
> - Java 中标识符是区分大小写的，例如，mldn、Mldn、MLDN 表示 3 个不同的标识符。
> - "$" 符号有特殊意义，不要使用（这些将在内部类中为读者讲解）。
>
> 一些刚接触编程语言的读者可能会觉得记住上面的规则很麻烦，所以最简单的理解就是，标识符最好用字母开头，而且尽量不要包含其他的符号。

为了帮助读者更好地理解标识符的定义，请看下面两组对比。
- 下面是合法的标识符：

mldn	mldn_java	li_mldn

- 下面是非法的标识符：

class（关键字）	67.9（数字开头和包含.）	YOOTK LiXingHua（包含空格）

> ### 提示：可以利用中文定义标识符。
>
> 随着中国在国际地位的稳步提升以及中国软件市场的火爆发展，从 JDK 1.7 开始也增加了中文的支持，即标识符可以使用中文定义。
>
> **范例：利用中文定义标识符**
>
> ```java
> public class 魔乐科技MLDN {                    // 类名称
>     public static void main(String args[]) {
>         int 年龄 = 20 ;                        // 整型变量名称
>         System.out.println(年龄) ;            // 输出内容
>     }
> }
> ```
>
> 程序执行结果：
>
> 20
>
> 此时类名称使用了中文，变量名称也使用了中文。尽管 Java 给予了中文很好的支持，但是本书强烈建议把这些特性当作一个小小的插曲就够了，实际开发中还是请按照习惯性的开发标准编写程序。

在定义标识符中另外一个重要的概念就是要避免使用关键字。所谓的关键字，指的就是具备有特殊含义的单词，例如，public、class、static 等，这些都属于关键字。关键字全部使用小写字母的形式表示，在 Java 中可以使用的关键字如表 2-1 所示。

表 2-1　Java 中的关键字

abstract	assert	boolean	break	byte	case	catch	char
class	continue	const	default	do	double	else	extends
enum	final	finally	float	for	goto	if	implements
import	instanceof	int	interface	long	native	new	null

续表

package	private	protected	public	return	short	static	synchronized
super	strictfp	switch	this	throw	throws	transient	try
void	volatile	var	while				

对于所有给出的关键字有几点需要注意。

➥ Java 有两个未使用到的关键字：goto（在其他语言中表示无条件跳转）、const（在其他语言中表示常量）。

➥ JDK 1.4 之后增加了 assert 关键字。

➥ JDK 1.5 之后增加了 enum 关键字。

➥ Java 有 3 个特殊含义的标记（严格来讲不算是关键字）：true、false、null。

➥ 在 JDK 1.10 之后追加了 var 关键字，用于实现动态变量声明。

> **提示：不需要死记硬背 Java 中的关键字！**
>
> 　　对于初学者而言，如果要全部记住以上关键字是一件比较麻烦的事，然而随着知识的熟练运用学过的知识会慢慢记住的，不用死记硬背！回顾一下前面的内容，会发现已经见过了以下的关键字：public、class、void、static 等，因此对于一门编程语言，多加练习就是最好的学习方法。
>
> 　　对于表 2-1 中所给出的关键字，本书也帮读者做了一些简单的分类，有兴趣的读者可以在本书学习完毕后回来观看此总结信息。
>
> ➥ 访问控制：public、protected、private。
>
> ➥ 类、方法、变量修饰符：abstract、class、extends、final、implements、interface、native、new、static、strictfp、synchronized、transient、volatile、void、enum。
>
> ➥ 程序控制：break、continue、return、do、while、if、else、for、instanceof、switch、case、default。
>
> ➥ 异常处理：try、catch、throw、throws、final、assert。
>
> ➥ 包定义与使用：import、package。
>
> ➥ 基本类型：boolean、byte、char、double、float、int、long、short、null、true、false。
>
> ➥ 变量引用：super、this。
>
> ➥ 未使用到的关键字：goto、const。
>
> 　　而在 JDK 1.9 之后也提供有一些新的语法支持，例如，module、requires 等不在受限范围内。

2.3　数据类型划分

	视频名称	0203_Java 数据类型简介	学习层次	掌握
MLDN 魔乐科技	视频简介	程序是一个完整的数据处理逻辑，在实际项目中需要通过不同的数据类型对相关内容进行描述。本课程主要为读者讲解 Java 中各个数据类型的划分以及使用特点。		

　　任何程序严格来讲都属于一个数据的处理游戏。所以对于数据的保存必须有严格的限制，具体体现在数据类型的划分上，即不同的数据类型可以保存不同的数据内容。Java 的数据类型可分为基本数据类型与引用数据类型两大类型。其中基本数据类型包括了最基本的 byte、short、int、long、float、double、char、boolean 等类型。另一种为引用数据类型（类似于 C、C++语言的指针），这类数据在操作时必须进行内存的开辟，数据类型的划分如图 2-1 所示。

提示：本章将重点讲解基本数据类型。

　　首先，对于 Java 的数据类型划分，读者必须清楚地记住。其次，考虑到学习阶段的问题，本章主要以讲解各个基本数据类型为主，而引用数据类型将在面向对象部分为读者进行详细的讲解。最后，需要再次说明的是，基本数据类型不牵扯到内存的开辟问题，引用数据类型牵扯到内存的开辟，并且引用数据类型作为整个 Java 入门的第一大难点，本书将在面向对象部分为读者进行深入分析。

　　同时还需要提醒读者的是，对于数据类型的划分以及数据类型的名称关键字都要求记住。

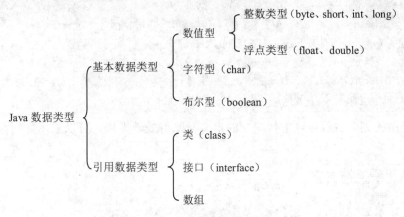

图 2-1　Java 数据类型划分

　　基本数据类型不牵扯到内存分配问题，而引用数据类型需要由开发者为其分配内存空间，而后进行关系的匹配。Java 的基本数据类型主要是以数值的方式进行定义，这些基本数据类型的保存数据范围与默认值如表 2-2 所示。

表 2-2　Java 基本数据类型的大小、范围与默认值

No.	数 据 类 型	大小/位	可表示的数据范围	默 认 值
1	byte（字节）	8	$-128 \sim 127$	0
2	short（短整型）	16	$-32768 \sim 32767$	0
3	int（整型）	32	$-2147483648 \sim 2147483647$	0
4	long（长整型）	64	$-9223372036854775808 \sim 9223372036854775807$	0
5	float（单精度型）	32	$-3.4E38$（-3.4×10^{38}）$\sim 3.4E38$（3.4×10^{38}）	0.0
6	double（双精度型）	64	$-1.7E308$（-1.7×10^{308}）$\sim 1.7E308$（1.7×10^{308}）	0.0
7	char（字符型）	16	0（'\u0000'）~ 65535（'\uffff'）	'\u0000'
8	boolean（布尔型）	—	true 或 false	false

　　通过表 2-2 读者可以发现，long 保存的整数范围是最大的，而 double 保存的浮点数范围也是最大的，相比较起来，double 可以保存更多的内容。

> **提示：关于基本数据类型的选择。**
>
> 　　在编程初期许多读者会对选择哪种基本数据类型出现犹豫，包括也会思考是否要记住这些数据类型所表示 的数据范围，而最终却发现可能根本就记不下来。考虑到各种因素，下面来与大家分享一些基本数据类型的选 择经验。
> - ➥ 表示整数就使用 int（例如，表示一个人的年龄），涉及小数就使用 double（例如，表示一个人的成绩或者 是工资）。
> - ➥ 描述日期时间数字、文件、内存大小（程序中是以字节为单元统计大小的）使用 long，而较大的数据（超 过了 int 范围，例如，数据库之中的自动增长列）长度也使用 long。
> - ➥ 实现内容传递（I/O 操作、网络编程）或者是编码转换时使用 byte。
> - ➥ 实现逻辑的控制，可以使用 boolean 描述（boolean 只有 true 和 false 两种值）。
> - ➥ 处理中文时使用 char 可以避免乱码问题。
>
> 　　由于现在的计算机硬件不断升级，对于数据类型的选择也不像早期编程那样受到严格的限制，因而像 short、 float 等数据类型已经很少使用了。

　　有了数据类型的划分后就可以进行变量的定义与赋值处理操作，可以采用如图 2-2 所示的结构 实现。

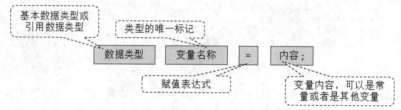

图 2-2　变量定义与赋值处理格式

　　考虑到程序语法的严谨性，Java 需要为每一个变量进行数据类型的定义，这样才方便进行内存空间 的开辟，同时在进行变量定义的时候可以通过赋值表达式"="为变量设置初始化的内容。

> **提示：关于初始化内容与默认值。**
>
> 　　通过表 2-2 读者可以发现，不同的数据类型均有对应的默认值，但是这些默认值只在定义类结构的过程中起 作用，如果在进行方法定义时则都需要进行明确的初始化内容。关于类与方法的定义，读者可以通过后续的章节 进行完整学习，暂不急于了解相关内容。
>
> 　　另外，考虑到对不同 JDK 版本的支持，需要对赋值使用做出两个区分：在 JDK 1.4 及以前版本中方法定义的 变量必须要求赋值，而从 JDK 1.5 后开始方法中定义的变量可以在声明时不赋值，而在使用之前进行赋值，如下 所示。
>
> **范例：JDK 1.5 后的变量声明与赋值支持**
>
> ```java
> public class JavaDemo {
>     public static void main(String args[]) {
>         int num ;                        // 定义变量，未赋值
>         num = 10 ;                       // 【JDK 1.5之后正确】变量使用前赋值
>         System.out.println(num);         // 输出变量内容
>     }
> }
> ```
>
> 同样的程序代码，如果放在 JDK 1.4 以及以版本时就会出现错误，而所有版本通用的定义形式为：

```java
public class JavaDemo {
    public static void main(String args[]) {
        int num = 10 ;                  // 定义变量时赋初始化内容
        System.out.println(num);        // 输出变量内容
    }
}
```

考虑到读者概念学习的层次性，为了避免更多的概念造成混乱，本书给出一个良好的建议，在进行变量定义时建议都为每个变量设置默认值。

另外，考虑到程序代码的开发标准性问题，Java 中的变量也有明确的命名要求："第一个单词的首字母小写，随后每个单词的首字母大写"，例如，studentName、mldnInfo 全部都是正确的变量名称。

2.3.1 整型

视频名称	0204_整型数据类型		学习层次	掌握
视频简介	整型描述的是整数数据，也是最为常用的数据类型。本课程主要讲解整型数据的使用，包括数据的溢出与解决方法以及数据类型的转换操作。			

整型数据一共有 4 种类型，按照保存的范围由小到大分别为 byte、short、int、long，在 Java 里面任何一个整型常量（例如，30、100 这样的数字），其默认的类型都是 int 型。

范例：定义 int 型变量

```java
public class JavaDemo {
    public static void main(String args[]) {
        // int 变量名称 = 常量（10是一个常量，整数类型为int） ;
        int x = 10;                     // 定义了一个整型变量x，变量定义时一定要给出默认值
        // int型变量 * int型变量 = int型数据
        System.out.println(x * x);      // 输出计算结果
    }
}
```
程序执行结果：
100

在本程序中定义了一个整型变量 x，并且在声明变量时为其赋值为数字 10。由于变量 x 属于 int 型，所以在进行计算后 x * x 最终的结果也是 int 型。

注意：保持良好的编程习惯。

以上程序是一个相对而言比较容易理解的代码，但是在实际的开发中，除了保证代码的正确性外，拥有良好的编程习惯也同样重要。细心的读者可以发现在编写代码"int x = 10 ;"时，每一个操作之中都加上一个 " "（空格），如图 2-3 所示，这样做的目的是避免由于编译器 bug 所造成的非正常性语法的编译错误。

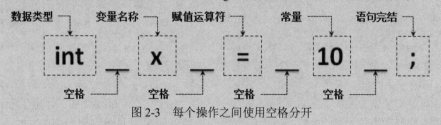
图 2-3 每个操作之间使用空格分开

提问：变量和常量的区别是什么？

书中一直强调的变量和常量有什么区别？如何区分？

 回答：变量的内容可以改变，常量的内容不可以改变。

所谓常量，指的就是一个个具体的内容，例如，一个数字 10，内容始终都是无法改变的，这样的内容就被称为常量。

变量一般都需要定义相应的数据类型。而且这个变量一般都可以保存不同的内容，既然里面的内容可变那么就称为变量。

范例：理解变量与常量

```java
public class JavaDemo {
    public static void main(String args[]) {
        // 10就是一个常量的内容，该内容无法进行修改
        int num = 10 ;                // 数据类型 变量名称 = 常量
        num = 20 ;                    // 修改变量num的内容
        // int型变量 * int型变量 = int型数据
        System.out.println(num * num) ;
    }
}
```

程序执行结果：

400

在本程序中的数字 10 和 20 就属于一个常量，这些内容永远都不会改变，而 num 内容可以改变就称为变量。如果换个通俗点的方式来理解，变量就好比一个杯子，里面可以倒入咖啡或茶水（常量）。

任何数据类型都有其对应的数据保存范围，但是在一些特殊环境下有可能计算的结果会超过这个限定的范围，此时就会出现数据的溢出问题。

范例：观察数据溢出

```java
public class JavaDemo {
    public static void main(String args[]) {
        int max = 2147483647;                // 获取int的最大值
        int min = -2147483648;               // 获取int的最小值
        // int型变量 + int型常量 = int型计算结果
        System.out.println(max + 1);         // -2147483648，最大值 + 1 = 最小值
        System.out.println(max + 2);         // -2147483647，最大值 +2 = 次最小值
        // int型变量 - int型常量 = int型计算结果
        System.out.println(min - 1);         // 2147483647，最小值 - 1 = 最大值
    }
}
```

程序执行结果：

-2147483648（"max + 1"语句执行结果）

-2147483647（"max + 2"语句执行结果）

2147483647（"min - 1"语句执行结果）

本程序分别定义了两个变量：max（保存 int 最大值）、min（保存 int 最小值），由于 int 型变量与 int 型常量计算后的数据类型依然是 int 型，所以此时出现了数据的溢出问题，如图 2-4 所示。

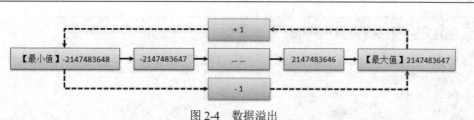

图 2-4　数据溢出

👨‍💼 **提示：关于数据类型的溢出问题解释。**

如果学习过汇编语言的读者应该知道，在计算机中二进制是基本的组成单元，而 int 型数据一共占 32 位的长度，也就是说第 1 位是符号位，其余的 31 位都是数据位，当已经是该数据类型保存的最大值时，如果继续进行"+1"的操作就会造成符号位的变更，最终就会形成这种数据溢出的问题。但是笔者也需要告诉读者，不用过于担心开发中出现的数据溢出问题，只要控制得当并且合乎实际逻辑（例如，定义一个人年龄的时候是绝对不应该出现数据溢出问题，如果真出现了数据溢出，那么已经不是"万年老妖"这样表示年龄的词语可以描述的"物种"了），自然也很少会出现此类情况。

如果要想解决这种溢出的问题，就只能够通过扩大数据范围的方式来实现，比 int 范围更大的是 long 数据类型。而要将 int 型的变量或常量变为 long 数据类型有以下两种形式。

➥ **形式 1：** int 型常量转换为 long 型常量，使用"数字 L""数字 l（小写的字母 l）"完成。

➥ **形式 2：** int 型变量转换为 long 型变量，使用"(long) 变量名称"。实际上可以用此类方式实现各种数据类型的转换。例如，如果将 int 型变量变为 double 型变量，可以使用"(double) 变量名称"，即数据类型转换的通用格式为"(目标数据类型) 变量"。

范例： 解决数据溢出（在操作时需要预估数据范围，如果发现数据保存范围不够就使用更大范围的数据类型）

```java
public class JavaDemo {
    public static void main(String args[]) {
        long max = 2147483647;                      // 获取int的最大值
        long min = -2147483648;                     // 获取int的最小值
        // long型变量 + int型常量 = long型计算结果
        System.out.println(max + 1);                // 【正确计算结果】2147483648
        System.out.println(max + 2);                // 【正确计算结果】2147483649
        // long型变量 - int型常量 = long型计算结果
        System.out.println(min - 1);                // 【正确计算结果】-2147483649
    }
}
程序执行结果：
2147483648（"max + 1"语句执行结果）
2147483649（"max + 1"语句执行结果）
-2147483649（"max - 1"语句执行结果）
```

本程序为了获取正确的计算结果使用了 long 类型定义了 max 与 min 两个变量，这样计算的数据即使超过了 int 数据范围（但没有超过 long 数据类型）也可以获取正确的计算结果。

提示：另一种解决数据溢出问题。

对于数据溢出的问题除了以上的处理方式之外，也可以在计算时进行强制类型转换。

```java
public class JavaDemo {
    public static void main(String args[]) {
        int max = 2147483647;                    // 获取int的最大值
        int min = -2147483648;                   // 获取int的最小值
        // int型变量 + long型常量 = long型计算结果
        System.out.println(max + 1L);            // 【正确计算结果】2147483648
        System.out.println(max + 2l);            // 【正确计算结果】2147483649
        // long型变量 - int型常量 = long型计算结果
        System.out.println((long) min - 1);      // 【正确计算结果】–2147483649
    }
}
```

程序执行结果：

2147483648（"max + 1L"语句执行结果）

2147483649（"max + 2l"语句执行结果）

-2147483649（"(long) min - 1"语句执行结果）

在将 int 常量转为 long 类型的时候可以使用字母 L（大写）或 l（小写）进行定义，也可以直接进行强制转换，由于 int 与 long 类型的计算结果依然是 long 类型，所以可以得到正确的计算结果。

不同的数据类型之间是可以转换的，即范围小的数据类型可以自动转为范围大的数据类型，但是如果反过来，范围大的数据类型要转为范围小的数据类型，就必须采用强制性的处理模式，同时还需要考虑可能带来的数据溢出。

范例：强制类型转换

```java
public class JavaDemo {
    public static void main(String args[]) {
        long num = 2147483649L;          // 此数值已经超过了int范围
        int temp = (int) num;            // 【数据溢出】long范围比int范围大，不能够直接转换
        System.out.println(temp);        // 内容输出
    }
}
```
程序执行结果：
-2147483647（数据溢出）

本程序定义了一个超过 int 范围的 long 变量，所以在进行强制类型转换时就出现了数据溢出问题。

字节是一种存储容量的基本单位，在 Java 中可以使用关键字 byte 进行定义，并且 byte 也属于整型定义，其保存的范围是–128～127，下面通过程序说明。

范例：定义 byte 变量

```java
public class JavaDemo {
    public static void main(String args[]) {
        byte num = 20;                   // 定义byte型变量
        System.out.println(num);         // 输出byte型变量
    }
}
```
程序执行结果：
20

本程序定义了 byte 变量 num，并且其设置的数据的范围在 byte 允许范围内。

> **提问：为什么此时没有进行强制转型？**
>
> 在本程序执行 "**byte num = 20;**" 语句时，20 是一个 int 型的常量，但是为什么在为 byte 赋值时没有进行强制类型的转换？
>
> **回答：在 byte 范围内可以自动将 int 常量转为 byte 常量。**
>
> 在 Java 语言中为了方便开发者为 byte 变量赋值，所以进行了专门的定义。如果所赋值的数据在 byte 范围内将自动转换；如果超过了 byte 范围则必须强制转换，如下代码所示。
>
> **范例：int 常量强制转为 byte 类型**
>
> ```java
> public class JavaDemo {
>     public static void main(String args[]) {
>         byte num = (byte) 200;        // int常量强制转换
>         System.out.println(num);      // 输出byte型变量
>     }
> }
> ```
>
> 程序执行结果：
>
> -56
>
> 由于数字 200 超过了 byte 类型，所以必须进行强制转换，所以此时出现了数据溢出问题。

2.3.2 浮点型

视频名称	0205_浮点型数据类型	学习层次	掌握
视频简介	本课程主要讲解 Java 中 float 与 double 数据类型的使用，同时阐述了整型除法操作的缺陷与解决方案。		

浮点型数据描述的是小数，而在 Java 里面任意一个小数常量对应的类型为 double，所以在以后描述小数的时候建议直接使用 double 来进行定义。

范例：定义 double 变量

```java
public class JavaDemo {
    public static void main(String args[]) {
        double x = 10.2;                    // 10.2是一个小数，其对应的类型为double
        int y = 10;                         // 定义int型变量
        double result = x * y;              // double类型 * int类型 = double类型
        System.out.println(result);         // 输出计算结果
    }
}
程序执行结果：
102.0
```

所有的数据类型进行自动转型的时候都是由小范围数据类型向大范围数据类型进行自动转换处理，所以 int 型变量会自动转换为 double 类型后才可以进行计算，这样最终计算完成的结果就是 double 型。

由于 Java 默认的浮点数类型为 double，如果定义为位数相对较少的 float 变量，在赋值时就必须采用强制类型转换。

范例：定义 float 型变量

```java
public class JavaDemo {
    public static void main(String args[]) {
        float x = (float) 10.2;                    // 强制类型转换：double强制转为float
        float y = 10.1F;                           // 强制类型转换：double强制转为float
        System.out.println(x * y);                 // 计算结果类型为float
    }
}
```
程序执行结果：
103.020004

本程序利用了两个 float 型的变量进行乘法运算，但是通过最终的结果可以发现多出了一些小数位，而这个问题也是 Java 长期以来一直存在的漏洞。

通过分析可以发现整型与浮点型最大的区别在于，整型无法保存小数位，也就是说在整型数据进行计算时小数点的内容将被抹掉。

范例：观察整型除法计算

```java
public class JavaDemo {
    public static void main(String args[]) {
        int x = 10;                        // 整型变量
        int y = 4;                         // 整型变量
        System.out.println(x / y);         // 除法计算，类型为int（不保留小数位）
    }
}
```
程序执行结果：
2（计算结果缺少小数位）

通过此时的计算可以发现，当前使用的类型为 int，在进行除法计算后只保留了整数位（正确的结果应该是 2.5），而要想解决当前的问题就必须将其中一个变量的类型转为 double 或 float。

范例：解决除法计算中小数点问题

```java
public class JavaDemo {
    public static void main(String args[]) {
        int x = 10;                            // 整型变量
        int y = 4;                             // 整型变量
        // 为保留小数位，将计算结果中的int转为float或double
        System.out.println((double) x / y);    // 除法计算，最终类型为double
        System.out.println(x / (float) y);     // 除法计算，最终类型为float
    }
}
```
程序执行结果：
2.5（double数据类型）
2.5（float数据类型）

本程序在进行除法计算中为了保证计算结果的正确性，将计算中的数据类型转为了 double（或 float）类型，从而实现了小数位的数据保存。

> **注意：关于 var 关键字的使用。**
>
> 　　Java 最初是一种静态语言，这就要求在进行变量定义时都必须明确地为其定义数据类型，并且在随后的变量使用中也要求为变量赋值正确类型的数据。但是从 JDK 1.10 后为了迎合市场需求，Java 也出现了动态语言的支持，提供有 var 关键字，即可以通过设置的内容自动识别对应类型。
>
> **范例：使用 var 关键字**
>
> ```java
> public class JavaDemo {
>     public static void main(String args[]) {
>         var num = 10.2 ;                    // 赋值类型为浮点型
>         num = 100 ;                         // 赋值类型为整型
>         System.out.println(num);
>     }
> }
> ```
>
> 程序执行结果：
> 100.0（定义num时识别为double类型）
> 　　本程序利用 var 关键字定义了 num 动态变量，由于为其赋值的常量为 10.2 属于 double 类型，所以 num 的类型就为 double；随后赋值的常量 100 虽然是整型，但由于 num 的类型为 double，所以自动转型为 double。
> 　　虽然 Java 提供这样的动态语法，但是从本质上讲，Java 的动态变量定义并不如其他语言强大（例如，JavaScript 或 Python），所以本书不建议开发者使用此类定义形式。

2.3.3　字符型

视频名称	0206_字符型数据类型		学习层次	掌握	
视频简介	本课程主要讲解 char 数据类型的使用，讲解 Unicode 编码与 ASCII 码的联系与区别，并且通过具体的 char 与 int 间的转换操作分析大小写转换的实现。				

　　在计算机的世界里，一切都是以编码的形式出现。Java 使用的是十六进制的 Unicode 编码，此类编码可以保存任意的文字，所以在 Java 中进行字符处理时就可以避免由于位数长度不同所造成的乱码问题。如果要定义字符变量则可以使用 char 关键字进行定义。

> **提示：关于 Java 中字符编码问题。**
>
> 　　在 Unicode 编码设计过程之中，考虑到与其他语言的结合问题（C/C++），那么在此编码里与 ASCII 编码的部分编码重叠，以下面内容的编码为例。
> - ↳　大写字母范围：65（'A'）～ 90（'Z'）。
> - ↳　小写字母范围：97（'a'）～ 122（'z'），大写字母和小写字母之间差了 32。
> - ↳　数字字符范围：48（'0'）～ 57（'9'）。
>
> 　　如果读者之前有过类似开发，那么此处就可以无缝衔接。

范例：定义 char 变量

```java
public class JavaDemo {
    public static void main(String args[]) {
        char c = 'A';                        // 定义字符变量
        System.out.println(c);               // 输出字符变量内容
    }
}
```

程序执行结果：
A

　　在 Java 中使用 "'" 可以定义字符常量，每一位字符常量都只能包含有一位字符，同时字符类型与整型也可以实现相互转换。

　　范例：char 与 int 转换

```java
public class JavaDemo {
    public static void main(String args[]) {
        char c = 'A';                          // 字符变量
        int num = c;                           // 可以获得字符的编码数值
        System.out.println(num);
        num = num + 32 ;                       // 修改编码内容，大小写之间差32
        System.out.println((char) num);        // 将num转为char
    }
}
```
程序执行结果：
65（大写字母A的编码数值）
a（编码增长之后将int型重新转回char型）

　　此时程序中可以直接使用 int 型接收 char 型变量，这样就可以获取相应字符的编码信息，由于大小写字母之间差了 32 个长度，所以利用这一特点实现了大小写转换处理。

> **提示：使用 char 还可以保存中文。**
>
> 由于 Unicode 编码可以保存任何文字，所以在定义 char 类型时也可以将内容设置为中文。
>
> **范例：设置中文字符**
>
> ```java
> public class JavaDemo {
>     public static void main(String args[]) {
>         char c = '李';                         // 一个字符变量
>         int num = c;                           // 可以获得字符的编码
>         System.out.println(num);              // 输出编码值
>     }
> }
> ```
> 程序执行结果：
> 26446（中文编码）
>
> 在 Unicode 编码中每一位中文字符也都有各自的编码，所以在中文语言环境下当前的程序是没有任何问题的，但是需要注意的是，此时只允许保存一位中文字符。

2.3.4　布尔型

视频名称	0207_布尔型数据类型	学习层次	掌握
视频简介	布尔在程序开发中描述的是一种逻辑数值（或者保存逻辑运算结果）。本课程主要介绍 boolean 型数据的特点以及取值要求。		

　　布尔型（boolean）是一种逻辑结果，主要保存两类数据：true 和 false，这类数据主要用于一些程序的逻辑使用上。

乔治·布尔（George Boole，1815—1864），1815 年 11 月 2 日生于英格兰的林肯，是 19 世纪最重要的数学家之一。

范例：观察 boolean 类型

```java
public class JavaDemo {
    public static void main(String args[]) {
        boolean flag = true;              // 定义布尔类型变量
        if (flag) {                       // 判断flag的内容，如果是true就执行
            System.out.println("www.mldn.cn");
        }
    }
}
```
程序执行结果：

www.mldn.cn

本程序使用 boolean 定义了变量，并且设置内容为 true，所以 if 判断才满足执行条件。

提示：关于 0 与非 0 描述布尔型的问题。

　　在许多程序设计语言中，由于设计的初期没有考虑到布尔型的问题，就使用数字 0 表示 false，而非 0 数字表示 true（例如，1、2、3 都表示 true）。但是这样的设计对于代码开发比较混乱，Java 里面不允许使用 0 或 1 来填充布尔型的变量内容。

2.3.5　String 字符串

视频名称	0208_String 字符串		学习层次	掌握
视频简介	String 是 Java 开发中最为特殊也是极为重要的程序类。本课程主要讲解 String 型数据的基本特点，并且分析了在 String 中使用 "+" 实现的字符串数据连接操作。			

　　字符串是在实际项目中所使用的一种类型，利用字符串可以保存更多的字符内容，Java 中使用 """"
来实现字符串常量定义，而对应的类型为 String。

提示：String 为引用数据类型。

　　String 是 Java 中提供的一个系统类，其并不是基本数据类型，但是由于此类的使用较为特殊，所以可以像基本数据类型那样直接定义并且使用。关于 String 类的更多描述将在第 7 章讲解。

范例：定义字符串变量

```java
public class JavaDemo {
    public static void main(String args[]) {
        String str = "www.mldn.cn";        // 使用 """" 进行描述
        System.out.println(str);            // 输出字符串变量内容
    }
}
```
程序执行结果：

www.mldn.cn

本程序定义了一个 String 型的变量，利用 "" 可以定义字符串中的组成内容。按照此种模式可以定义更多的字符串，而字符串之间可以使用 "+" 进行连接。

范例：字符串连接

```java
public class JavaDemo {
    public static void main(String args[]) {
        String str = "www.";                    // 使用 "" 进行描述
        str = str + "mldn.";                     // 字符串连接
        str += "cn";                             // 字符串连接
        System.out.println(str);                 // 输出字符串内容
    }
}
```
程序执行结果：
www.mldn.cn（字符串连接结果）

本程序首先定义了字符串变量 str，随后利用 "+" 实现了字符串内容的连接处理。

 提示：关于字符 "+" 在连接字符串与数值加法计算上的使用。

在字符串上使用 "+" 可以实现字符串的连接功能，但是需要注意的是，"+" 也可以用于两个数值的加法计算，如果混合使用，则所有的数据类型将全部变为字符串类型，而后实现连接处理。

范例：错误的 "+" 使用

```java
public class JavaDemo {
    public static void main(String args[]) {
        double x = 10.1;                         // double型变量
        int y = 20;                              // int型变量
        String str = "计算结果：" + x + y;        // 字符串连接
        System.out.println(str);                 // 错误的结果
    }
}
```
程序执行结果：
计算结果：10.120

在本程序中原本的含义是希望可以直接输出加法计算的结果，但是由于存在字符串常量，所以所有的数据类型全部变为了字符串，而 "+" 就成为字符串连接的处理。如果要想解决此类问题，那么可以使用 "()" 修改执行优先级。

范例：解决错误的连接使用

```java
public class JavaDemo {
    public static void main(String args[]) {
        double x = 10.1;                         // double型变量
        int y = 20;                              // int型变量
        String str = "计算结果：" + (x + y);      // 字符串连接
        System.out.println(str);                 // 错误的结果
    }
}
```
程序执行结果：
计算结果：30.1

由于"()"执行的优先级最高，所以会先执行基本数据类型的加法操作，而将最终的加法计算结果与字符串连接。

在进行字符或字符串描述的时候也可以使用转义字符来实现一些特殊符号的定义，例如，换行（\n）、制表符（\t）、\（\\）、双引号（\"）、单引号（\'）。

范例：使用转义字符

```java
public class JavaDemo {
    public static void main(String args[]) {
        System.out.println("魔乐科技：\tMLDN\n在线学习网站：\"www.mldn.cn\"") ;
    }
}
```

程序执行结果：

```
魔乐科技：       MLDN
在线学习网站："www.mldn.cn"
```

在本程序定义的字符串里由于使用了转义字符，所以在屏幕输出的时候将根据不同转义字符进行显示转换。

2.4 运 算 符

视频名称	0209_运算符简介		学习层次	掌握	
视频简介	运算符是程序处理数据的核心逻辑结构，在 Java 中也提供有多种运算符。本课程主要针对 Java 中提供的运算符进行说明，并且强调了运算符的使用要点。				

Java 中的语句有很多种形式，表达式就是其中的一种形式。表达式由操作数与运算符组成：操作数可以是常量、变量或方法，而运算符就是数学中的运算符号"+""-""*""/""%"等。以表达式"z+10"为例，z 与 10 都是操作数，而"+"就是运算符，如图 2-5 所示。

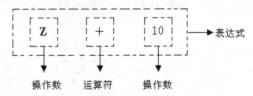

图 2-5 表达式是由操作数与运算符所组成

Java 提供了许多运算符，这些运算符除了可以处理一般的数学运算外，还可以进行逻辑运算、地址运算等。根据其所使用的类的不同，运算符可分为赋值运算符、算术运算符、关系运算符、逻辑运算符、条件运算符、括号运算符等。常见的运算符及其基本的操作范例如表 2-3 所示。

表 2-3 Java 运算符

No.	运 算 符	类 型	范 例	结 果	描 述
1	=	赋值运算符	int x = 10 ;	x 的内容为 10	为变量 x 赋值为数字常量 10
2	?:	三目运算符	int x = 10>5?10:5	x 的内容为 10	将两个数字中较大的值赋予 x

续表

No.	运算符	类型	范例	结果	描述
3	+	算术运算符	int x = 20 + 10 ;	x = 30	加法计算
4	−	算术运算符	int x = 20−10 ;	x = 10	减法计算
5	*	算术运算符	int x = 20 * 10 ;	x = 200	乘法计算
6	/	算术运算符	int x = 20 / 10 ;	x = 2	除法计算
7	%	算术运算符	int x = 10 % 3 ;	x = 1	取模（余数）计算
8	>	关系运算符	boolean x = 20 > 10 ;	x = true	大于
9	<	关系运算符	boolean x = 20 < 10 ;	x = false	小于
10	>=	关系运算符	boolean x = 20 >= 20 ;	x = true	大于等于
11	<=	关系运算符	boolean x = 20 <= 20 ;	x = true	小于等于
12	==	关系运算符	boolean x = 20 == 20 ;	x = true	等于
13	!=	关系运算符	boolean x = 20 != 20 ;	x = false	不等于
14	++	自增运算符	int x = 10 ; int y = x ++ * 2 ;	x = 11 y = 20	"++" 放在变量 x 之后，表示先使用 x 进行计算，之后 x 的内容再自增 1
			int x = 10 ; int y = ++ x * 2 ;	x = 11 y = 22	"++" 放在变量 x 之前，表示先将 x 的内容自增 1，再进行计算
15	--	自减运算符	int x = 10 ; int y = x-- * 2 ;	x = 9 y = 20	"−−" 放在变量 x 之后，表示先使用 x 进行计算，之后 x 的内容再自减 1
			int x = 10 ; int y = -- x * 2 ;	x = 9 y = 18	"−−" 放在变量 x 之前，表示先将 x 的内容自减 1，再进行计算
16	&	逻辑运算符	boolean x = false & true ;	x = false	AND，与，全为 true 结果为 true
17	&&	逻辑运算符	boolean x = false && true ;	x = false	短路 "与"，全为 true 结果为 true
18	|	逻辑运算符	boolean x = false | true ;	x = true	OR，或，有一个为 true 结果为 true
19	||	逻辑运算符	boolean x = false || true ;	x = true	短路 "或"，有一个为 true 结果为 true
20	!	逻辑运算符	boolean x = !false ;	x = true	NOT，否，true 变 false，false 变 true
21	( )	括号运算符	int x = 10 * (1 + 2) ;	x = 30	使用()改变运算的优先级
22	&	位运算符	int x = 19 & 20 ;	x = 16	按位 "与"
23	|	位运算符	int x = 19 | 20 ;	x = 23	按位 "或"
24	^	位运算符	int x = 19 ^ 20 ;	x = 7	异或（相同为 0，不同为 1）
25	~	位运算符	int x = ~19;	x = −20	取反
26	<<	位运算符	int x = 19 << 2;	x = 76	左移位
27	>>	位运算符	int x = 19 >> 2;	x = 4	右移位
28	>>>	位运算符	int x = 19 >>> 2;	x = 4	无符号右移位
29	+=	简化赋值运算符	a += b	−	a + b 的值存放到 a 中（a = a + b）
30	−=	简化赋值运算符	a −= b	−	a − b 的值存放到 a 中（a = a − b）
31	*=	简化赋值运算符	a *= b	−	a * b 的值存放到 a 中（a = a * b）
32	/=	简化赋值运算符	a /= b	−	a / b 的值存放到 a 中（a = a / b）
33	%=	简化赋值运算符	a %= b	−	a % b 的值存放到 a 中（a = a % b）

除了表 2-3 给出的运算符之外，各个运算符之间也存在着不同的运算优先级，这些优先级如表 2-4 所示。

表 2-4 Java 运算符优先级

优 先 级	运 算 符	类 型	结 合 性
1	()	括号运算符	由左至右
1	[]	方括号运算符	由左至右
2	!、+（正号）、-（负号）	一元运算符	由右至左
2	~	位逻辑运算符	由右至左
2	++、--	递增与递减运算符	由右至左
3	*、/、%	算术运算符	由左至右
4	+、-	算术运算符	由左至右
5	<<、>>	位左移、右移运算符	由左至右
6	>、>=、<、<=	关系运算符	由左至右
7	==、!=	关系运算符	由左至右
8	&（位运算符 AND）	位逻辑运算符	由左至右
9	^（位运算符号 XOR）	位逻辑运算符	由左至右
10	|（位运算符号 OR）	位逻辑运算符	由左至右
11	&&	逻辑运算符	由左至右
12	||	逻辑运算符	由左至右
13	?:	三目运算符	由右至左
14	=	赋值运算符	由右至左

提示：没有必要去记住这些优先级。

从实际的工作来讲，这些运算符的优先级没有必要专门去记，就算勉强记住了，使用起来也很麻烦，所以在此笔者建议读者多使用 "()" 去改变优先级才是最好的方式。

注意：不要写复杂的运算操作。

在使用运算符编写语句的时候，读者一定不要写出以下的类似代码。

范例：不建议使用的代码

```java
public class JavaDemo {
    public static void main(String args[]) {
        int x = 10 ;                        // 定义int型变量
        int y = 20 ;                        // 定义int型变量
        // 如此复杂的代码，一定会大量损害你的脑细胞，如果你不是逻辑狂人就不用看懂了
        int result = x-- + y++ * --y / x / y * ++x - --y + y++;
        System.out.println(result) ;        // 执行结果
    }
}
```

程序执行结果：

30

虽然以上的程序可以得出最终的计算结果，但是面对如此复杂的运算，相信大部分人都没有太大的兴趣。所以在编写程序的时候，读者应该本着编写 "简单代码" 这一原则。

2.4.1 数学运算符

	视频名称	0210_数学运算符	学习层次	掌握
	视频简介	程序设计的主体是数据操作，数学计算是数据操作的基本功能。本课程将讲解四则运算、自增与自减运算（分析运算符位置对程序的影响）操作。		

程序是一个数据处理的逻辑单元，同时也是以数学为基础的学科，在 Java 中提供的运算符可以实现基础四则运算、数值自增或自减运算，运算符如表 2-5 所示。

表 2-5　算术运算符

No.	算术运算符	描　　述
1	+	加法
2	−	减法
3	*	乘法
4	/	除法
5	%	取模（取余数）

范例：四则运算

```java
public class JavaDemo {
    public static void main(String args[]) {
        int result = 89 * (29 + 100) * 2;    // 四则运算，利用括号修改优先级
        System.out.println(result);
    }
}
```

程序执行结果：

```
22962
```

在四则运算之中默认的顺序是先乘除后加减，在本程序中使用括号修改了默认的优先级。

范例：模运算

```java
public class JavaDemo {
    public static void main(String args[]) {
        int num = 10;                        // 定义整型变量
        num = num % 3;                       // 模运算（余数）
        System.out.println(num);
    }
}
```

程序执行结果：

```
1
```

Java 中使用 "%" 运算符实现了模运算（余数），所以 10 模 3 的结果就是 1。

在 Java 中为了简化数学运算与赋值的操作，也提供有一些简化结构，如表 2-6 所示，这些运算符表示参与运算后直接进行赋值操作。

表 2-6　简化赋值运算符

No.	运　算　符	范　例　用　法	说　　明	描　　述
1	+=	a += b	a + b 的值存放到 a 中	a = a + b
2	−=	a −= b	a − b 的值存放到 a 中	a = a − b

续表

No.	运 算 符	范 例 用 法	说 明	描 述
3	*=	a *= b	a * b 的值存放到 a 中	a = a * b
4	/=	a /= b	a / b 的值存放到 a 中	a = a / b
5	%=	a %= b	a % b 的值存放到 a 中	a = a % b

范例：使用简化运算符

```java
public class JavaDemo {
    public static void main(String args[]) {
        int num = 10;                      // 定义整型变量
        num += 20;                         // 使用简化运算符，等价于 "num = num + 20"
        System.out.println(num);
    }
}
```

程序执行结果：

30

在数值型变量定义后也可以方便地实现数据自增与自减的操作，该操作主要使用 "++" 与 "−−" 两种操作符完成，而根据所处位置的不同，实现机制也不同，如表 2-7 所示。

表 2-7 自增与自减机制

No.	自增与自减运算符	描 述
1	++	自增，变量值加 1，放在变量前表示先自增后运算，放在变量后表示先计算后自增
2	−−	自减，变量值减 1，放在变量前表示先自减后运算，放在变量后表示先计算后自减

范例：实现自增与自减操作

```java
public class JavaDemo {
    public static void main(String args[]) {
        int x = 10;                                    // int型变量
        int y = 20;                                    // int型变量
        // 执行顺序1: ++ x: 首先x的内容要先自增1，为11
        // 执行顺序2: y −−: 先进行计算，使用的内容是20，计算完成后自减1
        int result = ++x - y--;                        // 自增与自减操作
        System.out.println("计算结果: " + result);      // 最终计算结果
        System.out.println("x = " + x);               // 自增后变量x的内容
        System.out.println("y = " + y);               // 自增后变量y的内容
    }
}
```

程序执行结果：

计算结果：-9（x自增 - y的内容）

x = 11（变量x自增后的结果）

y = 19（变量y自减后的结果）

本程序在进行计算时采用了混合运算符，首先会计算 "++ x" 的结果 11，随后将此计算后的结果与 "y" 做减法处理，所以最终的结果就是 "-9"，当 y 参与计算后执行自减处理，变量 y 的内容变为 19。

2.4.2 关系运算符

	视频名称	0211_关系运算符	学习层次	掌握
	视频简介	关系运算符可以进行指定数据类型关系比较，比较结果将通过布尔值进行保存。本课程主要讲解如何通过关系运算符实现数据的比较操作。		

关系运算的主要特征就是进行大小的比较处理，包括大于（>）、小于（<）、大于等于（>=）、小于等于（<=）、不等（!=）、相等（==）。所有的关系运算返回的判断结果都是布尔类型的数据。

范例：大小关系判断

```java
public class JavaDemo {
    public static void main(String args[]) {
        int x = 10;                          // int型变量
        int y = 20;                          // int型变量
        boolean flag = x > y;                // 关系运算结果为boolean型
        System.out.println(flag);            // 输出判断结果
    }
}
程序执行结果：
false
```

本程序主要实现了两个整型变量的大小判断，由于变量 x 的内容小于变量 y 的内容，所以判断的结果为 false。

范例：相等判断

```java
public class JavaDemo {
    public static void main(String args[]) {
        double x = 10.0;                     // double型变量
        int y = 10;                          // int型变量
        boolean flag = x == y;               // 关系运算结果为boolean型
        System.out.println(flag);            // 输出判断结果
    }
}
程序执行结果：
true
```

本程序使用 "==" 运算符判断了两个数据变量是否相同，由于 int 与 double 属于两种类型，所以首先会将 int 变为 double 类型后再进行比较。

范例：相等判断

```java
public class JavaDemo {
    public static void main(String args[]) {
        char x = '李';                        // 一个字符变量
        int y = 26446;                       // int型变量（字符编码）
        boolean flag = x == y;               // 关系运算结果为boolean型
        System.out.println(flag);            // 输出判断结果
    }
}
程序执行结果：
true
```

本程序判断了 int 与 char 两种不同类型的内容是否相同，由于 char 可以与 int 实现自动类型转换，所以此时会先将 char 变为 int（获取相应编码）而后再进行相等判断。

2.4.3 三目运算符

视频名称	0212_三目运算符		学习层次	掌握
视频简介	三目运算符是一种简化的赋值运算符，利用该运算符可以依据判断条件的结果动态决定赋值的内容。本课程主要讲解三目运算符的语法与使用。			

在进行程序开发的时候三目运算符使用的非常多，而且合理地利用三目运算可以减少一些判断逻辑的编写。三目是一种所谓的赋值运算处理。它是需要设置一个逻辑关系的判断之后才可以进行的赋值操作，基本语法如下。

数据类型 变量 = 关系运算?关系满足时的内容:关系不满足时的内容;

范例：使用三目赋值

```java
public class JavaDemo {
    public static void main(String args[]) {
        int x = 10;                         // int型变量
        int y = 20;                         // int型变量
        int max = x > y ? x : y;            // 判断x与y的大小关系来决定最终max变量内容
        System.out.println(max);
    }
}
```
程序执行结果：
20

本程序利用三目运算符判断了变量 x 与变量 y 的大小，并且将数值大的内容赋值给变量 max。

> **提示：三目运算符简化 if 判断逻辑。**
>
> 如果不使用三目运算符，那么以上范例也可以通过以下的 if 语句结构来代替。
>
> **范例：使用 if 结构代替**
>
> ```java
> public class JavaDemo {
>     public static void main(String args[]) {
>         int x = 10;                     // int型变量
>         int y = 20;                     // int型变量
>         int max = 0 ;                   // 保存最终结果
>         if (x > y) {                    // 判断x与y大小关系
>             max = x ;                   // max内容为x内容
>         } else {
>             max = y ;                   // max内容为y内容
>         }
>         System.out.println(max);
>     }
> }
> ```
> 此时程序的执行结果相同，但是会发现为实现同样的功能需要编写更多的代码。

2.4.4 逻辑运算符

视频名称	0213_逻辑运算符		学习层次	掌握
视频简介	当程序中需要通过若干个关系运算表达式进行整体计算时，可以采用逻辑运算符进行连接。本课程主要讲解逻辑运算符的使用，并重点分析了&和&&、|和||的区别。			

逻辑运算一共包含 3 种：与（多个条件一起满足）、或（多个条件有一个满足）、非（使用"！"操作，可以实现 true 与 false 的相互转换），逻辑运算符如表 2-8 所示。

表 2-8　逻辑运算符

No.	逻辑运算符	描　　述
1	&	AND，与
2	&&	短路与
3	|	OR，或
4	||	短路或
5	!	取反，true 变 false 变 true

通过逻辑运算符可以实现若干个条件的连接，"与"和"或"操作的真值表，如表 2-9 所示。

表 2-9　与、或真值表

No.	条　件　1	条　件　2	结　　果	
			&、&&（与）	|、||（或）
1	true	true	true	true
2	true	false	false	true
3	false	true	false	true
4	false	false	false	false

范例：使用"非"运算符

```java
public class JavaDemo {
    public static void main(String args[]) {
        boolean flag = ! (1 > 2);       // 1 > 2的结果为false，取非后为true
        System.out.println(flag);       // 输出判断结果
    }
}
```

程序执行结果：

```
true
```

在本程序中括号内的表达式"1 > 2"的判断结果为 false，但是当使用了非运算（!）后结果转为 true。

"与"逻辑运算的主要特征是进行若干个判断条件的连接，并且如果所有的条件都返回 true 的时候最终才会返回 true，有一个条件为 false，最终的结果就是 false。

范例："与"逻辑运算

```java
public class JavaDemo {
    public static void main(String args[]) {
        int x = 1;                                  // 整型变量
        int y = 1;                                  // 整型变量
        System.out.println(x == y && 2 > 1);        // 输出逻辑运算结果
```

```
    }
}
```
程序执行结果:
```
true
```

在本程序中执行了两个判断条件:"x == y""2 > 1",由于此时两个判断条件的结果全部为 true,所以逻辑"与"执行后的结果就是 true。

> **提示:关于 "&" 和 "&&" 的区别。**
>
> "与"逻辑的操作需要若干判断条件全部返回 true,最终的结果才为 true;如果有一个判断条件为 false,那么不管有多少个 true 最终的结果一定就是 false。所以在 Java 中针对于逻辑"与"操作提供有两类运算符。
>
> ➥ 普通与逻辑(&):所有的判断条件都进行判断。
> ➥ 短路与逻辑(&&):如果前面的判断条件返回了 false,直接中断后续的判断条件执行,最终的结果就是 false。
> 为了更好地帮助读者理解两种逻辑与运算的区别,下面通过两个具体的程序进行分析。
>
> **范例:使用普通"与"逻辑运算符**
>
> ```java
> public class JavaDemo {
>     public static void main(String args[]) {
>         // 条件1: "1 > 2"返回false
>         // 条件2: "10 / 0 == 0",执行时会出现ArithmeticException异常导致程序中断
>         System.out.println(1 > 2 & 10 / 0 == 0);        // 输出逻辑运算结果
>     }
> }
> ```
> 程序执行结果:
> ```
> Exception in thread "main" java.lang.ArithmeticException: / by zero
>         at JavaDemo.main(JavaDemo.java:5)
> ```
> 在程序中任何的数字除以 0 都会产生 ArithmeticException 算数异常信息,那么也就证明此时两个判断条件全部执行了,但对于此时的程序来讲"1 > 2"的关系运算结果为 false,即后续的所有判断不管返回有多少个 true 最终的结果都只能是 false,而此时普通"与"(&)逻辑使用的意义就不大了,那么最好的做法是使用短路"与"逻辑(&&)。
>
> **范例:使用短路"与"逻辑运算符**
>
> ```java
> public class JavaDemo {
>     public static void main(String args[]) {
>         // 条件1: "1 > 2"返回false
>         // 条件2: "10 / 0 == 0",执行时会出现ArithmeticException异常导致程序中断
>         System.out.println(1 > 2 && 10 / 0 == 0);            // 输出逻辑运算结果
>     }
> }
> ```
> 程序执行结果:
> ```
> false
> ```
> 本程序使用短路"与"逻辑,可以发现条件 2 并没有执行,即短路"与"的判断性能要比普通"与"的要好。

"或"逻辑运算也可以连接若干个判断条件,在这若干个判断条件中有一个判断结果为 true,最终的结果就是 true。

范例:"或"逻辑运算

```java
public class JavaDemo {
    public static void main(String args[]) {
```

```
    int x = 1;                                          // 整型变量
    int y = 1;                                          // 整型变量
    System.out.println(x != y || 2 > 1);               // 输出逻辑运算结果
  }
}
```
程序执行结果：
true

本程序设置了两个判断条件，由于此时第二个判断条件"2 > 1"返回 true，最终"或"运算的结果就是 true。

> **提示：关于"|"和"||"的区别。**
>
> "或"逻辑运算的操作特点就是若干个判断条件有一个返回了 true，那么最终的结果就是 true，所以在 Java 中针对于"或"逻辑提供有两类运算符。
> ➥ 普通"或"逻辑（|）：所有的判断条件都执行。
> ➥ 短路"或"逻辑（||）：若干个判断条件如果有判断条件返回了 true，那么后续的条件将不再判断，最终的结果就是 true。
> 下面将通过两个程序为读者分析两种"或"逻辑运算的区别。
>
> ### 范例：普通"或"逻辑运算
>
> ```
> public class JavaDemo {
>     public static void main(String args[]) {
>         // 条件1："1 != 2"返回true
>         // 条件2："10 / 0 == 0"，执行时会出现ArithmeticException异常导致程序中断
>         System.out.println(1 != 2 | 10 / 0 == 0);          // 输出逻辑运算结果
>     }
> }
> ```
> 程序执行结果：
> Exception in thread "main" java.lang.ArithmeticException: / by zero
>   at JavaDemo.main(JavaDemo.java:5)
>
> 本程序定义了两个判断条件："1 != 2"返回 true，"10 / 0 == 0"产生 ArithmeticException 算数异常，由于此时使用了普通"或"，则在第一个判断条件返回 true 后，会继续执行第二个判断条件，此时就产生了异常，而对于此时的程序需要注意，如果第一个判断条件已经返回了 true，那么后面不管有多少个 false 最终的结果就应该为 true，则此时可以考虑使用短路"或"逻辑运算。
>
> ### 范例：短路"或"逻辑运算
>
> ```
> public class JavaDemo {
>     public static void main(String args[]) {
>         // 条件1："1 != 2"返回true
>         // 条件2："10 / 0 == 0"，执行时会出现ArithmeticException异常导致程序中断
>         System.out.println(1 != 2 || 10 / 0 == 0);          // 输出逻辑运算结果
>     }
> }
> ```
> 程序执行结果：
> true
>
> 本程序利用了短路"或"逻辑进行了判断，通过执行结果可以发现，第二个判断条件并没有执行。因为短路"或"运算符的执行性能较高，所以建议开发中对于"或"逻辑应该以"||"为主。

2.4.5 位运算符

视频名称	0214_位运算符	学习层次	了解
视频简介	位运算是计算机的基础运算单元，Java 为了提高程序的运算性能，可以直接通过位运算符进行计算操作。本课程主要讲解二进制的数据转换以及各个位运算符操作。		

在 Java 中提供位运算符，该类运算由操作数和位运算符所组成，可以实现对数值类型的二进制数进行运算，在位运算中提供有两类运算符：逻辑运算符（~、&、|、^）、移位运算符（>>、<<、>>>），如表 2-10 所示。

表 2-10　位运算符

No.	逻辑运算符	描　　述
1	&	按位"与"
2	|	按位"或"
3	^	异或（相同为 0，不同为 1）
4	~	取反
5	<<	左移位
6	>>	右移位
7	>>>	无符号右移位

在 Java 中所有的数据都是以二进制数据的形式进行运算的，即如果是一个 int 型变量，要采用位运算的时候则必须将其变为二进制数据。每一位二进制进行"与""或""异或"操作的结果如表 2-11 所示。

表 2-11　位运算的结果

No.	二进制数 1	二进制数 2	"与"操作（&）	"或"操作（|）	"异或"操作（^）
1	0	0	0	0	0
2	0	1	0	1	1
3	1	0	0	1	1
4	1	1	1	1	0

> **提示：十进制转二进制。**
>
> 十进制数据变为二进制数据的原则为数据除 2 取余，最后倒着排列，例如，25 的二进值为 11001，如图 2-6 所示。但是由于 Java 的 int 型数据为 32 位，所以实际上最终的数据为 00000000 00000000 00000000 0011001。

```
                    25           11001
              ÷      2
          商   12          余数：1
              ÷      2
          商   6           余数：0
              ÷      2
          商   3           余数：0
              ÷      2
          商   1           余数：1
              ÷      2
          商   0           余数：1   倒序
```

图 2-6　十进制转二进制

范例： 实现位与操作

```java
public class JavaDemo {
    public static void main(String args[]) {
        int x = 13;                          // int型变量
        int y = 7;                           // int型变量
        System.out.println(x & y);           // 位与计算
    }
}
程序执行结果:
5
```

计算分析：

13 的二进制：00000000 00000000 00000000 00001101

7 的二进制：00000000 00000000 00000000 00000111

"&"结果：00000000 00000000 00000000 00000101　　　　**转换为十进制：5**

范例： 实现位或操作

```java
public class JavaDemo {
    public static void main(String args[]) {
        int x = 13;                          // int型变量
        int y = 7;                           // int型变量
        System.out.println(x | y);           // 位与计算
    }
}
程序执行结果:
15
```

计算分析：

13 的二进制：00000000 00000000 00000000 00001101

7 的二进制：00000000 00000000 00000000 00000111

"|"结果：00000000 00000000 00000000 00001111　　　　**转换为十进制：15**

范例： 移位操作

```java
public class JavaDemo {
    public static void main(String args[]) {
        int x = 2;                                              // 整型变量
        System.out.println("左移位后的计算结果：" + (x << 2));     // 移位处理
        System.out.println("原始变量执行移位后的结果：" + x);       // 原始内容不改变
    }
}
程序执行结果:
左移位后的计算结果: 8
原始变量执行移位后的结果: 2
```

本程序利用了左移位的操作模式，实现了 2^3 计算结果，也就是说利用位运算可以提升程序性能。

2.5　本章概要

1. 程序开发利用注释可以提升程序源代码的可阅读性，在 Java 中提供有 3 类注释：单行注释、多行注释和文档注释。

2．标识符是程序单元定义的唯一标记，可以定义类、方法、变量，Java 中标识符组成原则：字母、数字、_、$所组成，其中不能以数字开头，不能使用 Java 的关键字，并且也可以使用中文进行标识符定义。

3．Java 的数据类型可分为下列两种：基本数据类型和引用数据类型。其中，基本数据类型可以直接进行内容处理，而引用数据类型需要进行内存空间的分配后才可以使用。

4．Unicode 为每个字符制定了一个唯一的数值，因此在任何语言、平台和程序上都可以安心使用。

5．布尔（boolean）类型的变量只有 true（真）和 false（假）两个值。

6．数据类型的转换可分为"自动类型转换"与"强制类型转换"，在进行强制类型转换时需要注意数据溢出。

7．算术运算符的成员有加法运算符、减法运算符、乘法运算符、除法运算符和余数运算符。

8．递增与递减运算符有着相当大的便利性，善用它们可提高程序的简洁程度。

9．任何运算符都有执行顺序，在开发中建议利用括号来修改运算符的优先级。

10．逻辑"与"和逻辑"或"操作分别提供有"普通与、或"与"短路与、或"两类，开发中建议使用"短路与、或"操作提升程序的执行性能。

第 3 章　程序逻辑控制

通过本章的学习可以达到以下目标

➤ 掌握程序多条件分支语句的定义与使用。

➤ 掌握 switch、case 开关语句的使用。

➤ 掌握 for、while 循环语句的使用，并可以通过 break、continue 控制循环操作。

程序是一场数据的计算游戏，而要想让这些数据处理更加具有逻辑性，那么就需要利用分支结构与循环结构来实现控制。本章将为读者讲解 if、else、switch、for、while、break、continue 这些逻辑关键字的使用。

3.1　程序逻辑

程序逻辑是编程语言中的重要组成部分，Java 的程序的结构有 3 种：顺序结构、选择（分支）结构和循环结构。

这 3 种不同的结构有一个共同点，就是它们都只有一个入口，也只有一个出口。程序中使用了上面这些结构有什么好处呢？单一的入口与出口可以让程序易读、好维护，可以减少调试的时间。下面以流程图的方式来了解这 3 种结构的不同。

1. 顺序结构

本书前两章所讲的例子采用的都是顺序结构，程序自上而下逐行执行，一条语句执行完之后继续执行下一条语句，一直到程序的末尾。这种结构如图 3-1 所示。

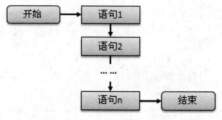

图 3-1　顺序结构流程图

顺序结构在程序设计中是最常使用到的结构，在程序中扮演了非常重要的角色，因为大部分的程序基本上都是依照这种由上而下的流程来设计，由于前面一直都是按照顺序结构编写的程序，所以本节只针对选择结构或循环结构进行讲解。

2. 选择（分支）结构

选择（分支）结构是根据判断条件的成立与否再决定要执行哪些语句的一种结构，其流程图如图 3-2 所示。

这种结构可以依据判断条件的结构来决定要执行的语句。当判断条件的值为真时，则执行"语句

1";当判断条件的值为假时，则执行"语句2"。不论执行哪一条语句，最后都会回到"语句3"继续执行。

3．循环结构

循环结构是根据判断条件的成立与否，决定程序段落的执行次数，而这个程序段落就被称为循环主体。循环结构的流程图如图3-3所示。

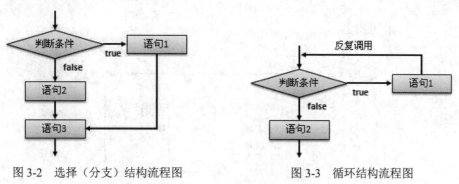

图 3-2　选择（分支）结构流程图　　　　图 3-3　循环结构流程图

3.2　分　支　结　构

分支结构主要是根据布尔表达式的判断结果来决定是否去执行某段程序代码，在Java语言里面，一共提供有两类分支结构：if分支结构和switch开关语句。

3.2.1　if分支结构

视频名称	0301_if 分支程序结构		学习层次	掌握
视频简介	分支结构可以依据布尔表达式的运算结果实现不同程序语句块的执行。本课程主要讲解 Java 中 3 种分支语句的使用形式（if、if…else、if…else if…else）。			

if分支结构主要是针对于逻辑运算的处理结果来判断是否执行某段代码，在Java中可以使用if与else两个关键字实现此类结构，一共有以下3种组合形式。

if 判断	if…else 判断	多条件判断

if (布尔表达式) {
　　条件满足时执行 ；
}
	if (布尔表达式) {
	　　条件满足时执行 ；
	} else {
	　　条件不满足时执行 ；
	}
		if (布尔表达式) {
		　　条件满足时执行 ；
		} else if (布尔表达式) {
		　　条件满足时执行 ；
		} else if (布尔表达式) {
		　　条件满足时执行 ；
		} [else {
		　　条件不满足时执行 ；
		}]

这3种语句的执行流程图如图3-4～图3-6所示。

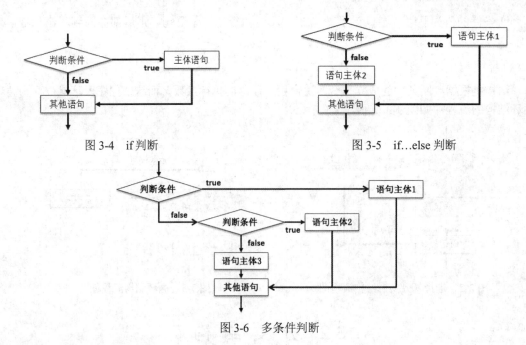

图 3-4   if 判断

图 3-5   if…else 判断

图 3-6   多条件判断

下面通过程序讲解 3 类分支语句的使用。

范例：使用 if 语句结构

```java
public class JavaDemo {
    public static void main(String args[]) {
        int age = 20;                          // 整型变量
        if (age >= 18 && age <= 22) {          // 逻辑判断
            System.out.println("我是个大学生，拥有无穷的拼搏与探索精神！");
        }
        System.out.println("开始为自己的梦想不断努力拼搏！");
    }
}
```
程序执行结果：
我是个大学生，拥有无穷的拼搏与探索精神！
开始为自己的梦想不断努力拼搏！

if 语句是根据逻辑判断条件的结果来决定是否要执行代码中的语句，由于此时判断条件满足，所以 if 语句中的代码可以正常执行。

范例：使用 if…else…语句结构

```java
public class JavaDemo {
    public static void main(String args[]) {
        double money = 20.00;                      // 当前口袋中的全部资产
        if (money >= 19.8) {                       // 19.8为饭费，如果当前资产大于饭费，则可以购买
            System.out.println("大胆地走到售卖处，很霸气地拿出20元，说不用找了，来份盖浇饭！");
        } else {                                   // 当前口袋的资产不够支付饭费
            System.out.println("在灰暗的角落等待着别人剩下的东西。");
        }
```

```
        System.out.println("好好吃饭，好好地喝！");        // 判断之后的执行语句
    }
}
```

程序执行结果：

大胆地走到售卖处，很霸气地拿出20元，说不用找了，来份盖浇饭！

好好吃饭，好好地喝！

本程序 if...else 语句执行了布尔表达式的判断，如果条件满足则执行 if 语句代码；如果条件不满足则执行 else 语句代码。

范例：多条件判断

```java
public class JavaDemo {
    public static void main(String args[]) {
        double score = 90.00;                         // 表示考试成绩
        if (score >= 90.00 && score <= 100) {         // 判断条件1
            System.out.println("优等生。");
        } else if (score >= 60 && score < 90) {       // 判断条件2
            System.out.println("良等生。");
        } else {                                      // 条件不满足时执行
            System.out.println("差等生。");
        }
    }
}
```

程序执行结果：

优等生。

使用 if 多条件判断可以进行更多的布尔条件的判断，第一个条件使用 if 结构定义，其余的条件使用 else if 结构定义，如果所有的条件都不满足，则执行 else 语句代码。

3.2.2　switch 开关语句

视频名称	0302_switch 开关语句	学习层次	掌握
视频简介	switch 是分支语句的另外一种实现形式，与 if 分支语句不同的地方在于，switch 不支持逻辑运算符判断。本课程主要讲解 Java 中 switch 语句语法，并分析 break 语句作用。		

switch 是一个开关语句，它主要根据内容进行判断。需要注意的是，switch 语句只能判断数据（int、char、枚举、String），而不能使用布尔表达式进行判断，执行流程如图 3-7 所示，switch 语法如下。

```
switch(整数 | 字符 | 枚举 | String) {
    case 内容 : {
        内容满足时执行 ;
        [break ;]
    }
    case 内容 : {
        内容满足时执行 ;
        [break ;]
    }
    case 内容 : {
```

```
        内容满足时执行 ；
        [break ;]
    } ...
    [default : {
        内容都不满足时执行 ；
        [break ;]
    }]
}
```

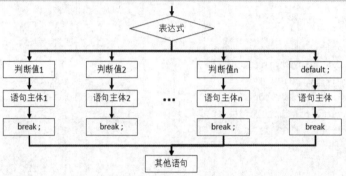

图 3-7　switch 流程图

> **注意：if 可以判断布尔表达式，而 switch 只能够判断内容。**
>
> 　　在分支结构中，使用 if 语句结构可以判断指定布尔表达式的结果。但是 switch 的判断不能够使用布尔表达式，它最早的时候只能够进行整数或者是字符的判断，但是从 JDK 1.5 开始支持枚举判断，在 JDK 1.7 的时候支持了 String 的判断。

　　在每一个 case 里面出现的 break 语句，表示的是停止 case 的执行，因为 switch 语句默认情况下会从第一个满足的 case 语句开始执行全部的语句代码，一直到整个 switch 执行完毕或者遇见了 break 语句。

　　范例：使用 switch 语句

```java
public class JavaDemo {
    public static void main(String args[]) {
        int ch = 1;                                            // 整型变量
        switch (ch) {                                          // 整型内容判断
            case 2:                                            // 匹配内容1
                System.out.println("【2】www.mldnjava.cn");
            case 1: {                                          // 匹配内容2
                System.out.println("【1】www.mldn.cn");
            }
            default: {                                         // 匹配不成功时执行
                System.out.println("【X】魔乐科技软件学院");
            }
        }
    }
}
```
程序执行结果：
【1】www.mldn.cn（"case 1"语句执行结果）
【X】魔乐科技软件学院（"default"语句执行结果）

本程序只使用了 switch 语句，由于没有在每一个 case 语句中定义 break，所以会在第一个满足条件处一直执行，直到 switch 执行完毕。如果现在不希望影响到其他的 case 语句执行，则可以在每一个 case 语句中使用 break。

范例：使用 break 语句中断其余 case 执行

```java
public class JavaDemo {
    public static void main(String args[]) {
        int ch = 1;                                      // 整型变量
        switch (ch) {                                    // 整型内容判断
            case 2:                                      // 匹配内容1
                System.out.println("【2】www.mldnjava.cn");
                break;                                   // 中断后续执行
            case 1: {                                    // 匹配内容2
                System.out.println("【1】www.mldn.cn");
                break;                                   // 中断后续执行
            }
            default: {                                   // 匹配不成功时执行
                System.out.println("【X】魔乐科技软件学院");
                break;                                   // 中断后续执行
            }
        }
    }
}
```
程序执行结果：
【1】www.mldn.cn

　　本程序由于在 case 语句里面定义了 break 语句，所以执行时将不会执行其他的 case 语句内容。另外，需要注意的是，从 JDK 1.7 开始，switch 语句支持了对 String 类型内容的判断。

范例：使用 switch 判断字符串内容

```java
public class JavaDemo {
    public static void main(String args[]) {
        String str = "mldn";                             // 字符串变量
        switch (str) {                                   // 直接对字符串内容判断
            case "mldn": {                               // 小写判断
                System.out.println("魔乐科技在线学习：www.mldn.cn");
                break;
            }
            case "MLDN": {                               // 大写判断
                System.out.println("魔乐科技软件学院：www.mldnjava.cn");
                break;
            }
            default: {                                   // 判断不满足时执行
                System.out.println("极限IT程序员：www.jixianit.com");
            }
        }
    }
}
```
程序执行结果：
魔乐科技在线学习：www.mldn.cn

本程序使用了 switch 语句判断字符串的内容，需要注意的是，该判断会区分大小写，即只有大小写完全匹配后才会执行相应的 case 语句。

3.3 循 环 结 构

循环结构的主要特点是可以根据某些判断条件来重复执行某段程序代码的处理结构，Java 语言的循环结构一共分为两种类型：while 循环结构和 for 循环结构。

3.3.1 while 循环结构

视频名称	0303_while 循环结构	学习层次	掌握
视频简介	循环结构可以实现某一段代码块的重复执行。本课程主要讲解 while、do...while 循环语句的使用，并分析了两种循环的区别。		

while 循环是一种较为常见的循环结构，利用 while 语句可以实现循环条件的判断，当判断条件满足时则执行循环体的内容，Java 中 while 循环结构有以下两类。

while 循环	do...while 循环

while（循环判断）{
    循环语句；
    修改循环结束条件；
}
	do {
	    循环语句；
	    修改循环结束条件；
	} while（循环判断）；

通过两类语法结构可以发现，while 循环需要先判断循环条件后才可以执行程序代码，do...while 循环可以先执行一次循环体，而后再进行后续循环的判断。所以如果循环条件都不满足的情况下，do...while 至少执行一次，而 while 一次都不会执行，这两种操作语法的流程如图 3-8 和图 3-9 所示。

所有的循环语句里面都必须有循环的初始化条件。每次循环的时候都要去修改这个条件，以判断循环是否结束，下面通过具体的范例来解释两种 while 结构的使用。

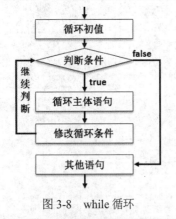

图 3-8　while 循环

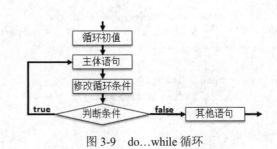

图 3-9　do...while 循环

> **注意：避免死循环。**
>
> 对于许多的初学者而言，循环是需要面对的第一道程序学习的关口，相信不少的读者也遇见过死循环的问题，而造成死循环的原因也很容易理解，就是循环条件一直都满足，所以循环体一直都被执行，唯一的原因就是每次循环执行时没有修改循环的结束条件。

范例：使用 while 循环结构实现 1～100 数字累加计算

```java
public class JavaDemo {
    public static void main(String args[]) {
        int sum = 0;                        // 保存最终的计算总和
        int num = 1;                        // 进行循环控制
        while (num <= 100) {                // 循环执行条件判断
            sum += num;                     // 数字累加
            num++;                          // 修改循环条件
        }
        System.out.println(sum);            // 输出累加结果
    }
}
```
程序执行结果：
5050

本程序利用了 while 结构实现了数字的累加处理，由于判断条件为"num <= 100"，并且每一次 num 变量自增长为 1，所以该循环语句会执行 100 次，本程序执行流程如图 3-10 和图 3-11 所示。

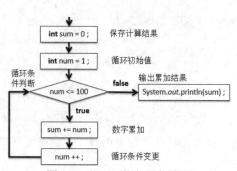

图 3-10　while 执行累加流程

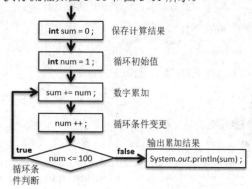

图 3-11　do...while 执行累加流程

范例：使用 do...while 实现 1～100 数字累加

```java
public class JavaDemo {
    public static void main(String args[]) {
        int sum = 0;                        // 保存最终的计算总和
        int num = 1;                        // 进行循环控制
        do {                                // 先执行一次循环体
            sum += num;                     // 累加
            num++;                          // 修改循环条件
        } while (num <= 100);               // 判断循环条件
        System.out.println(sum);            // 输出累加结果
    }
}
```
程序执行结果：
5050

本程序使用了 do...while 实现了数字累加操作，可以发现在执行循环判断前都会先执行一次 do 语句的内容。

3.3.2　for 循环结构

视频名称	0304_for 循环结构		学习层次	掌握	
视频简介	while 循环是依据判断条件的结果实现的循环控制，在明确知道循环次数的情况下，可以使用 for 实现循环控制。本课程主要讲解 for 循环语句的使用。				

在明确知道了循环次数的情况下，可以利用 for 循环结构来实现循环控制，for 循环的语法如下。

```
for (循环初始化条件 ; 循环判断 ; 循环条件变更) {
    循环语句 ;
}
```

通过给定的格式可以发现，for 循环在定义的时候是将循环初始化条件、循环判断、循环条件变更操作都放在了一行语句中，而在执行的时候循环初始化条件只会执行一次，而后循环判断在每次执行循环体前都会进行判断，并且每当循环体执行完毕后都会自动执行循环条件变更，本操作流程如图 3-12 所示。

范例：使用 for 循环实现 1～100 累加

```java
public class JavaDemo {
    public static void main(String args[]) {
        int sum = 0;                              // 保存最终的计算总和
        // 设置循环初始化条件num，同时此变量作为累加操作使用，每次执行循环体前都要判断（num <= 100）
        // 循环体执行完毕后会自动执行"num++"改变循环条件，并且重新判断循环条件，满足时继续执行语句
        for (int num = 1; num <= 100; num++) {
            sum += num;                           // 循环体中实现累加操作
        }
        System.out.println(sum);                  // 输出累加结果
    }
}
程序执行结果：
5050
```

本程序直接在 for 语句之中初始化循环条件，循环判断以及循环条件变更的操作，而在循环体中只是实现核心的累加操作，程序执行流程如图 3-13 所示。

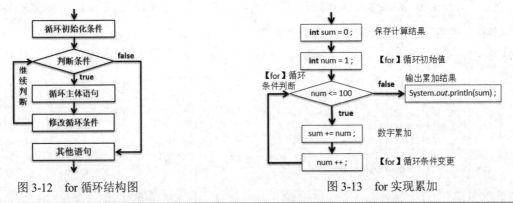

图 3-12　for 循环结构图　　　　　　　　　　　图 3-13　for 实现累加

> **注意：for 循环编写的时候尽量不要按照以下方式编写。**
>
> 　　对于循环的初始值和循环条件的变更，在正常情况下可以由 for 语句自动进行控制，但是根据不同的需要也可以将其分开定义，如下代码所示。

范例：另一种 for 循环写法

```java
public class JavaDemo {
    public static void main(String args[]) {
        int sum = 0;                              // 保存最终的计算总和
        int num = 1;                              // 循环初始化条件
```

```
        for (; num <= 100; ) {                          // for循环
            sum += num;                                 // 循环体中实现累加操作
            num++;                                      // 修改循环结束条件
        }
        System.out.println(sum);                        // 输出累加结果
    }
}
```

这两种方式最终所实现的效果完全一样，但是除非有特殊的需要，本书并不推荐这种写法。

 提问：用哪种循环好？

本书给出了 3 种循环的操作，那么在实际工作中如何去选择该使用不同的循环？

回答：主要使用 while 和 for 循环。

就笔者的经验来讲，在开发之中，while 和 for 循环的使用次数较多，而这两种的使用环境如下。

➥　　while 循环：在不确定循环次数，但是确定循环结束条件的情况下使用。

➥　　for 循环：在确定循环次数的情况下使用。

例如，现在要求一口一口地吃饭，一直吃到饱为止，可是现在并不知道到底要吃多少口，只知道结束条件，所以使用 while 循环会比较好；而如果说现在要求围着操场跑两圈，已经明确知道了循环的次数，那么使用 for 循环就更加方便了。而对于 do...while 循环在开发之中出现较少。

3.3.3　循环控制语句

视频名称	0305_循环控制语句		学习层次	掌握
视频简介	循环结构可以保证代码的重复执行，为了保证程序可以对循环操作进行中断控制，提供了 break 与 continue 关键字，本课程将为读者讲解这两个关键字的使用。			

在循环结构中只要循环条件满足，循环体的代码就会一直执行，但是在程序之中提供有两个循环停止的控制语句：continue（退出本次循环）、break（退出整个循环）。循环控制语句在使用时往往要结合分支语句进行判断。

范例：使用 continue 控制循环

```
public class JavaDemo {
    public static void main(String args[]) {
        for (int x = 0; x < 10; x++) {                  // for循环结构
            if (x == 3) {                               // 循环中断判断
                continue;                               // 结束本次循环，后续代码本次不执行
            }
            System.out.print(x + "、");                  // 输出循环内容
        }
    }
}
程序执行结果：
0、1、2、4、5、6、7、8、9、
```

此时的程序中使用了 continue 语句，而结果中可以发现缺少了 3 的内容打印，这是因为使用了 continue 语句，当 x=3 时结束当次循环，而直接进行下一次循环的操作，本操作的流程如图 3-14 所示。

范例：使用 break 控制循环

```java
public class JavaDemo {
    public static void main(String args[]) {
        for (int x = 0; x < 10; x++) {              // for循环结构
            if (x == 3) {                           // 循环中断判断
                break;                              // 结束全部循环
            }
            System.out.print(x + "、");             // 输出循环内容
        }
    }
}
程序执行结果：
0、1、2、
```

本程序在 for 循环中使用了一个分支语句（x == 3）判断是否需要结束循环，而通过运行结果也可以发现，当 x 的内容为 3 后，循环不再执行了，本操作的流程如图 3-15 所示。

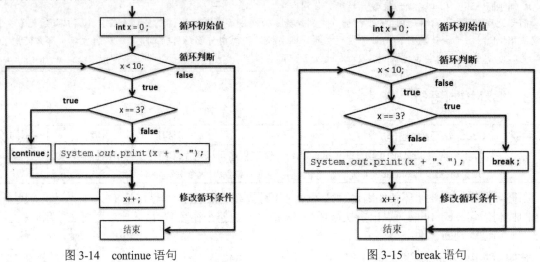

图 3-14　continue 语句　　　　　　图 3-15　break 语句

3.3.4　循环嵌套

视频名称	0306_循环嵌套	学习层次	理解
视频简介	循环结构可以通过语法嵌套的形式实现更加复杂的逻辑控制操作。本课程主要讲解如何利用循环嵌套打印乘法口诀表与三角形。		

循环结构可以在内部嵌入若干个子的循环结构，这样可以实现更加复杂的循环控制结构，但是需要注意的是，这类循环结构有可能会导致程序复杂度的提升。

范例：打印乘法口诀表

```java
public class JavaDemo {
    public static void main(String args[]) {
        for (int x = 1; x <= 9; x++) {              // 外部循环
            for (int y = 1; y <= x; y++) {          // 内部循环
                System.out.print(y + "*" + x + "=" + (x * y) + "\t");
            }
        }
```

```
        System.out.println();                              // 换行
        }
    }
}
```

程序执行结果：

```
1*1=1
1*2=2      2*2=4
1*3=3      2*3=6      3*3=9
1*4=4      2*4=8      3*4=12     4*4=16
1*5=5      2*5=10     3*5=15     4*5=20     5*5=25
1*6=6      2*6=12     3*6=18     4*6=24     5*6=30     6*6=36
1*7=7      2*7=14     3*7=21     4*7=28     5*7=35     6*7=42     7*7=49
1*8=8      2*8=16     3*8=24     4*8=32     5*8=40     6*8=48     7*8=56     8*8=64
1*9=9      2*9=18     3*9=27     4*9=36     5*9=45     6*9=54     7*9=63     8*9=72     9*9=81
```

本程序使用了两层循环控制输出，其中第一层循环是控制输出行和乘法口诀表中左边的数字（7 * 3 = 21，x 控制的是数字 7，而 y 控制的是数字 3），而另外一层循环是控制输出列，并且为了防止不出现重复数据（例如，"1 * 2"和"2 * 1"计算结果重复），让 y 每次的循环次数受到 x 的限制，每次里面的循环执行完毕后就输出一个换行。本程序的执行流程如图 3-16 所示。

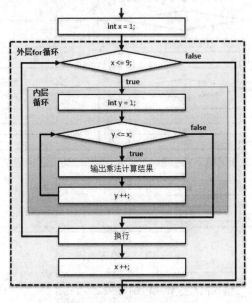

图 3-16　乘法口诀表流程

范例：打印三角形

```
public class JavaDemo {
    public static void main(String args[]) {
        int line = 5;                                  // 总体行数
        for (int x = 0; x < line; x++) {               // 外层循环控制三角形行数
            for (int y = 0; y < line - x; y++) {       // 每行的空格数量逐步减少
                System.out.print(" ");                 // 输出空格
            }
            for (int y = 0; y <= x; y++) {             // 每行输出的"*"逐步增加
                System.out.print("* ");                // 输出"*"
```

```
            }
            System.out.println();                        // 换行
        }
    }
}
程序执行结果：
        *
       * *
      * * *
     * * * *
    * * * * *
```

在本程序中利用外层 for 循环进行了三角形行数的控制，并且在每行输出完毕后都会输出换行，在内层 for 循环进行了"空格"与"*"的输出，随着输出行数的增加，"空格"数量逐步减少，而"*"数量逐步增加，本程序的执行流程如图 3-17 所示。

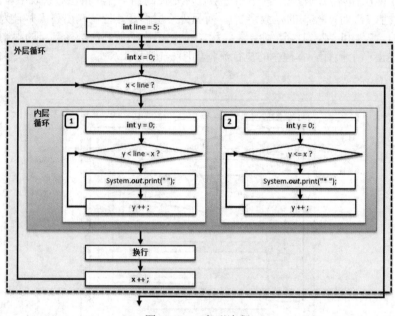

图 3-17　三角形流程

提示：关于 continue 与循环嵌套的使用问题。

在进行循环嵌套的代码中，可以使用 continue 并结合程序标记实现跳出处理。

范例：使用 continue 进行跳出处理

```java
public class JavaDemo {
    public static void main(String args[]) {
        point: for (int x = 0; x < 3; x++) {        // 外层for循环，定义代码标记
            for (int y = 0; y < 3; y++) {           // 内存for循环
                if (x == y) {
                    continue point;                 // 循环跳转到指定外层循环
                }
                System.out.print(x + "、");          // 输出内容
            }
```

```
            System.out.println();                          // 换行
        }
    }
}
```
程序执行结果：
1、2、2
　本程序在外层 for 循环上定义了 point 代码标记,在内层循环中利用 continue 语句跳转到外层指定标记代码处,
对于这类结构本书并不推荐,读者有个印象即可。

3.4 本 章 概 要

　1．if 语句可依据判断的结果来决定程序的流程。

　2．选择结构包含 if、if...else 及 switch 语句,语句中加上了选择的结构之后,根据选择的不同,程序的运行会有不同的方向与结果。

　3．需要重复执行某项功能时,最好使用循环结构。可以选择使用 Java 所提供的 for、while 及 do...while 循环来完成。

　4．break 语句可以强制程序逃离循环。当程序运行到 break 语句时,即会离开循环,执行循环外的语句,如果 break 语句出现在嵌套循环中的内层循环,则 break 语句只会逃离当前层循环。

　5．continue 语句可以强制程序跳到循环的起始处,当程序运行到 continue 语句时,即会停止运行剩余的循环主体,而回到循环的开始处继续运行。

第4章 方 法

 通过本章的学习可以达到以下目标

➔ 掌握方法的主要作用以及基础定义语法。

➔ 掌握方法参数传递与处理结果返回。

➔ 掌握方法重载的使用以及相关限制。

➔ 理解方法递归调用操作。

方法（Method，在很多语言中也被称为"函数"）指的是一段可以被重复调用的代码块，利用方法可以实现庞大程序的拆分，是一种代码重用的技术手段，并且更加适合于代码维护。本章将为读者讲解方法的定义结构、方法重载以及方法递归调用。

4.1 方法基本定义

视频名称	0401_方法的定义		学习层次	掌握
视频简介	方法是进行代码可重用性的一种技术手段。本课程主要讲解 Java 方法的基本作用与语法定义格式，并且利用实例演示了方法的定义及使用。			

在程序开发中经常会遇见各种重复代码的定义，为了方便管理这些重复的代码，就可以通过方法结构保存这些重复代码，实现可重复地调用，如果要进行方法的调用则可以通过以下定义格式。

```
public static 返回值类型 方法名称(参数类型 参数变量, ...) {
    方法体（本方法要执行的若干操作） ;
    [return [返回值] ;]
}
```

方法定义中的返回值与传递的参数类型均为 Java 中定义的数据类型（基本数据类型、引用数据类型），在方法之中可以进行返回数据的处理，如果要返回数据则可以使用 return 来描述，return 所返回的数据类型与方法定义的返回值类型相同，如果不返回数据，则该方法可以使用 void 进行声明。

提示：关于方法的定义格式。

在进行方法定义的时候本处使用了 static 关键字，之所以这样定义是因为当前的方法需要定义在主类之中，并且将由主方法直接调用，当然，static 是否使用还是需要根据相应的条件，static 使用的问题会在本书第 5 章中为读者进行详细解释。

另外，在 Java 中方法名称有严格的命名要求："第一个单词首字母小写，而后每个单词的首字母大写"，例如，printInfo()、getMessage()都是合格的方法名称。

范例：定义一个无参数接收并且无返回值的方法

```
public class JavaDemo {
    public static void main(String args[]) {
```

```
        printInfo();                        // 方法调用
        printInfo();                        // 方法调用
    }
    /**
     * 定义一个打印信息的方法，该方法不需要接收参数并且不返回任何处理结果
     */
    public static void printInfo() {         // 该方法包含了3行代码
        System.out.println("*******************") ;
        System.out.println("*  www.yootk.com  *") ;
        System.out.println("*******************") ;
    }
}
程序执行结果：
*******************
*  www.yootk.com  *
*******************
*******************
*  www.yootk.com  *
*******************
```

本程序在 TestDemo 主类中定义了一个 printInfo()方法，此方法主要是进行内容的输出，所以在方法声明返回值时使用了 void。而后在主方法之中调用了两次 printInfo()方法，本程序的执行流程如图 4-1 所示。

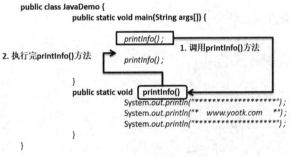

图 4-1　printInfo()方法调用流程

> 提问：怎么判断需要定义方法？
>
> 方法是一段可以被重复调用的代码段，那么什么时候该把那些代码段封装为方法有没有明确的要求？
>
> 回答：实践出真知。
>
> 在开发之中将那些代码封装为方法实际上并没有一个严格的定义标准，更多的时候往往是依靠开发者个人的经验进行的。如果是初学者应该先以完成功能为主，而后再更多地考虑代码结构化的合理。但是在很多情况下如果在开发中你发现一直都在进行着部分代码的"复制-粘贴"操作时，那么就应该考虑将这些代码封装为方法以进行重复调用。

范例：定义一个有参数有返回值的方法

```
public class JavaDemo {
    public static void main(String args[]) {
        String result = payAndGet(20.0);       // 调用方法并接收返回值
```

```
        System.out.println(result);                    // 输出操作结果
        System.out.println(payAndGet(1.0));            // 返回值可以直接输出
    }
    /**
     * 定义一个支付并获取内容的方法，该方法可以由主方法直接调用
     * @param money 要支付的金额
     * @return 根据支付结果获取相应的反悔信息
     */
    public static String payAndGet(double money) {
        if (money >= 10.0) {                            // 判断购买金额是否充足
            return "购买一份快餐，找零：" + (money - 10.0);
        } else {                                        // 金额不足
            return "对不起，您的余额不足，请先充值，或者捡漏。";
        }
    }
}
```
程序执行结果：
购买一份快餐，找零：10.0（"String result = payAndGet(20.0);"代码调用结果）
对不起，您的余额不足，请先充值，或者捡漏。（"payAndGet(1.0)"代码调用结果）

在本程序定义的 payAndGet() 方法里面需要接收 double 类型的参数，同时返回 String 型的处理结果，随后在方法中根据传入的内容进行判断，并且返回不同的处理结果。

在方法中 return 语句除了可以返回处理结果之外，也可以结合分支语句实现方法的结束调用。

范例：使用 return 结束方法调用

```
public class JavaDemo {
    public static void main(String args[]) {
        sale(3);                        // 调用方法
        sale(-3);                       // 调用方法
    }
    /**
     * 定义销售方法，可以根据金额输出销售信息
     * @param amount 要销售的数量，必须为正数
     */
    public static void sale(int amount) {
        if (amount <= 0) {              // 销售数量出现错误
            return;                     // 后续代码不执行了
        }
        System.out.println("销售出" + amount + "本图书。");
    }
}
```
程序执行结果：
销售出3本图书。

本程序定义了 sale() 图书销售方法，并且会根据传入的销售数量进行判断，如果销售量小于等于 0 则会认为销售逻辑出现问题，直接利用 return 结束方法调用。

4.2　方法重载

视频名称	0402_方法重载		学习层次	掌握
视频简介	方法重载是采用技术形式实现方法名称可重用设计的一种技术手段。本课程主要讲解方法重载的实现要求与使用限制。			

　　方法重载是方法名称进行重用的一种技术形式，其最主要的特点为"方法名称相同，参数的类型或个数不同"，在调用时会根据传递的参数类型和个数不同执行不同的方法体。

　　如果说现在有一个方法名称，有可能要执行数据的加法操作，例如，一个 sum() 方法，它可能执行 2 个整数的相加，也可能执行 3 个整数的相加，或者可能执行 2 个小数的相加，很明显，在这样的情况下，一个方法体肯定无法满足要求，需要为 sum() 方法定义多个不同的方法体，所以此时就需要方法重载概念的支持。

　　范例：定义方法重载

```java
public class JavaDemo {
    public static void main(String args[]) {
        int resultA = sum(10, 20);              // 调用2个int参数的方法
        int resultB = sum(10, 20, 30);          // 调用3个int参数的方法
        int resultC = sum(11.2, 25.3);          // 调用2个double参数的方法
        System.out.println("加法执行结果：" + resultA);
        System.out.println("加法执行结果：" + resultB);
        System.out.println("加法执行结果：" + resultC);
    }
    /**
     * 实现2个整型数据的加法计算
     * @param x 计算数字1
     * @param y 计算数字2
     * @return 加法计算结果
     */
    public static int sum(int x, int y) {
        return x + y;                           // 2个数字相加
    }
    /**
     * 实现3个整型数据的加法计算
     * @param x 计算数字1
     * @param y 计算数字2
     * @param z 计算数字3
     * @return 加法计算结果
     */
    public static int sum(int x, int y, int z) {
        return x + y + z;                       // 3个数字相加
    }
    /**
     * 实现2个浮点数据的加法计算
     * @param x 计算数字1
     * @param y 计算数字2
```

```
    * @return 加法计算结果，去掉小数位
    */
    public static int sum(double x, double y) {
        return (int) (x + y);                    // 2个数字相加
    }
}
```

程序执行结果：

加法执行结果：30（"int resultA = sum(10, 20);"代码执行结果）

加法执行结果：60（"int resultB = sum(10, 20, 30);"代码执行结果）

加法执行结果：36（"int resultC = sum(11.2, 25.3);"代码执行结果）

本程序在主类中一共定义了 3 个 sum()方法，但是这 3 个 sum()方法的参数个数以及数量完全不相同，那么就证明此时的 sum()方法已经被重载了。而在调用方法时，虽然方法的调用名称相同，但是会根据其声明的参数个数或类型执行不同的方法体，调用过程如图 4-2 所示。

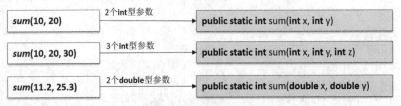

图 4-2　方法重载调用

 提问：关于 sum()方法的返回值问题。

在本程序进行 sum()方法重载时有这样一个方法"public static int sum(double x, double y)"，该方法接收 2 个 double 参数，但是最终却返回了 int 型数据？

回答：方法重载时考虑到标准性一般都建议统一返回值类型。

在方法重载的概念里面并没有强制性地对方法的返回值进行约束，这意味着方法重载时返回值可以根据用户的需求自由定义，例如，对于 sum()方法使用以下的方法定义也是正确的。

```
    public static double sum(double x, double y) {
        return x + y;                    // 2个数字相加
    }
```

但是需要注意的是，一旦这样定义了，则对于方法返回值的接收也必须有相符合的类型，这样就会造成方法调用时的混淆问题，所以考虑到程序开发的标准型，在进行方法重载时大多数的程序都会统一方法的返回值类型。

实际上在 Java 提供的许多类库之中也都存有方法重载的使用，例如，屏幕信息打印"System.out.println()"中的 println()方法（也包括 print()方法）就属于方法重载的应用。

范例：观察输出操作的重载实现

```
public class JavaDemo {
    public static void main(String args[]) {
        System.out.println("hello");            // 输出String
        System.out.println(1);                  // 输出int
        System.out.println(10.2);               // 输出double
        System.out.println('A');                // 输出char
        System.out.println(false);              // 输出boolean
    }
```

```
}
```
程序执行结果：
```
hello
1
10.2
A
false
```

本程序利用 System.out.println()重载的特点分别输出了各种不同的数据类型信息，可以得出明显的结论：println()方法在 JDK 中实现了重载要求。

4.3 方法递归调用

视频名称	0403_方法递归调用	学习层次	掌握
视频简介	递归调用（Recursion Algorithm）是一种特殊的方法嵌套调用形式，可以利用递归调用实现更为复杂的计算。本课程主要讲解方法递归调用的操作形式。		

递归调用是一种特殊的调用形式，指的是方法自己调用自己的形式，如图 4-3 所示，但是在进行递归操作的时候必须满足以下的几个条件。

↘ 递归调用必须有结束条件。

↘ 每次调用的时候都需要根据需求改变传递的参数内容。

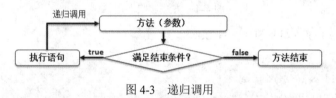

图 4-3 递归调用

提示：关于递归的学习。

递归调用是迈向数据结构开发的第一步，但是如果读者要真想掌握熟练递归操作，那么需要大量的代码积累。换个角度来讲，在应用层项目开发上一般很少出现递归操作，因为一旦处理不当则会导致内存溢出问题的出现。

范例：实现 1 ~ 100 数字的累加

```java
public class JavaDemo {
    public static void main(String args[]) {
        System.out.println(sum(100));          // 1~100累加
    }
    /**
     * 数据的累加操作，传入一个数据累加操作的最大值，而后每次进行数据的递减，将一直累加到计算数据为1
     * @param num 要进行累加的操作
     * @return 数据的累加结果
     */
    public static int sum(int num) {           // 最大的内容
        if (num == 1) {                        // 递归的结束调用
            return 1;                          // 最终的结果返回了一个1
        }
```

```
        return num + sum(num - 1);                    // 递归调用
    }
}
程序执行结果：
5050
```

本程序使用递归的操作进行了数字的累加操作，并且当传递的参数为 1 时，直接返回为一个数字 1
（递归调用结束条件），本程序的操作分析如下。

- 【第 1 次执行 sum()、主方法执行】return 100 + sum(99)。
- 【第 2 次执行 sum()、sum()递归调用】return 99 + sum(98)。
- …
- 【第 99 次执行 sum()、sum()递归调用】return 2 + sum(1)。
- 【第 100 次执行 sum()、sum()递归调用】return 1。

最终执行的效果就相当于：return 100 + 99 + 98 + … + 2 + 1（if结束条件），本程序的执行流程如
图 4-4 所示。

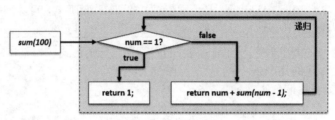

图 4-4　方法递归调用

范例：计算 1! + 2! + 3! + 4! + 5! + …+ 90!

```
public class JavaDemo {
    public static void main(String args[]) {
        System.out.println(sum(90));                    // 实现阶乘操作
    }
    /**
     * 实现阶乘数据的累加操作，根据每一个数字进行阶乘操作
     * @param num 要处理的数字
     * @return 指定数字的阶乘结果
     */
    public static double sum(int num) {
        if (num == 1) {                                 // 递归结束条件
            return factorial(1);                        // 返回1的阶乘
        }
        return factorial(num) + sum(num - 1);           // 保存阶乘结果
    }
    /**
     * 定义方法实现阶乘计算
     * @param num 根据传入的数字实现阶乘
     * @return 阶乘结果
     */
    public static double factorial(int num) {
        if (num == 1) {                                 // 定义阶乘结束条件
```

```
        return 1;                               // 返回1 * 1的结果
    }
    return num * factorial(num - 1);            // 递归调用
    }
}
```

程序执行结果：

1.502411534554385E138（计算结果超过了int和long的保存范围）

本程序实现了指定数据范围阶乘的计算，由于阶乘的数值较大，所以本程序使用了 double 数据类型进行最终计算结果的保存，本程序的执行流程如图 4-5 所示。

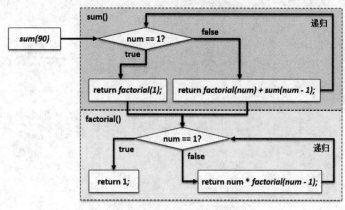

图 4-5 递归计算阶乘

4.4 本章概要

1．方法是一段可重复调用的代码段，在本章中因为方法可以由主方法直接调用，所以要加入 public static 关键字修饰。

2．方法的重载：方法名称相同，参数的类型或个数不同，则此方法被称为重载。

3．方法递归调用指的是本方法的自身重复执行，在使用递归调用时一定要设置好方法的结束条件，否则就会出现内存溢出问题，造成程序中断执行。

第二篇

Java 面向对象编程

第5章 类 与 对 象

 通过本章的学习可以达到以下目标

➜ 了解面向过程与面向对象的区别，并理解面向对象的主要特点。

➜ 掌握类与对象定义格式，并且理解引用数据类型的内存分配机制。

➜ 掌握引用传递的分析方法，并且理解垃圾的产生原因。

➜ 掌握 private 关键字的使用，并且可以理解封装性的主要特点。

➜ 掌握构造方法的定义要求、主要特点以及相关使用限制。

➜ 掌握简单 Java 类的开发原则。

➜ 掌握 static 关键字的使用，并且可以深刻理解 static 定义成员属性与方法的意义。

　　面向对象（Object Oriented，OO）是现在最为流行的软件设计与开发方法，Java 本身最大的特点就在于其属于面向对象的编程语言，在面向对象之中有两个最为核心的基本成员：类、对象。本章将为读者介绍面向对象程序的主要特点，并且通过完善的实例分析类与对象的定义与使用。

5.1 面 向 对 象

视频名称	0501_面向对象简介		学习层次	了解
视频简介	程序开发经历了面向过程与面向对象的设计阶段。本课程主要讲解两种开发形式的宏观区别，并解释了面向对象 3 个主要特征。			

　　面向对象是一种现在最为流行的程序设计方法，现在的程序开发几乎都是以面向对象为基础。但是在面向对象设计之前，广泛采用的是面向过程，面向过程只是针对自己来解决问题。面向过程的操作是以程序的基本功能实现为主，实现之后就完成了，并不考虑项目的维护性。面向对象，更多的是要进行子模块化的设计，每一个模块都需要单独存在，并且可以被重复利用，所以，面向对象的开发更像是一个具备标准的开发模式。

> **提示：关于面向过程与面向对象的区别。**
>
> 　　考虑到读者暂时还没有掌握面向对象的概念，所以本书先使用一些较为直白的方式帮助读者理解面向过程与面向对象的区别，例如，如果说现在要想制造一把手枪，则可以有两种做法。
>
> ➜ 做法 1（面向过程）：将制造手枪所需的材料准备好，由个人负责指定手枪的标准，例如，枪杆长度、扳机设置等。但是这样做出来的手枪，完全只是为一把手枪的规格服务，如果某个零件（例如扳机坏了）需要更换的时候，那么就须首先清楚这把手枪的制造规格，才可以进行生产，所以这种做法没有标准化和通用性。
>
> ➜ 做法 2（面向对象）：首先由一个设计人员，设计出手枪中各个零件的标准，并且不同的零件交给不同的制造部门，各个部门按照标准生产，最后统一由一个部门进行组装，这样即使某一个零件坏掉了，也可以轻易地进行维修，这样的设计更加具备通用性与标准模块化设计要求。

　　面向对象的程序设计有 3 个主要特性：封装性、继承性和多态性。下面简单介绍一下这 3 种特性，在本书后面的内容中会对这 3 个方面进行完整的阐述。

1．封装性

封装是面向对象的方法所应遵循的一个重要原则。封装具有两个含义：一是指把对象的成员属性和行为看成一个密不可分的整体，将这两者"封装"在一个不可分割的独立单位（对象）中。另一层含义是指"信息隐蔽"，把不需要让外界知道的信息隐藏起来。有些对象的属性及行为允许外界用户知道或使用，但不允许更改；而另一些属性或行为，则不允许外界知晓，或者只允许使用对象的功能，而尽可能隐蔽对象的功能实现细节。

封装机制在程序设计中表现为，把描述对象属性的变量与实现对象功能的方法组合在一起，定义为一个程序结构，并保证外界不能任意更改其内部的属性值，也不能任意调动其内部的功能方法。

封装机制的另一个特点是，给封装在一个整体内的变量及方法规定了不同级别的"可见性"或访问权限。

2．继承性

继承是面向对象的方法中的重要概念，是提高软件开发效率的重要手段。

首先继承拥有反映事物一般特性的类；其次在其基础上派生出反映特殊事物的类。如已有汽车的类，该类中描述了汽车的普遍属性和行为，进一步再产生轿车的类，轿车的类是继承于汽车的类，轿车的类不仅拥有汽车的类的全部属性和行为，还增加轿车特有的属性和行为。

在 Java 程序设计中，对于继承实现前一定要有一些已经存在的类（可以是自定义的类或者由类库所提供的类）。用户开发的程序类需要继承这些已有的类。这样，新定义的类结构可以继承已有类的结构（属性或方法）。被继承的类称为父类或超类，而经继承产生的类称为子类或派生类。根据继承机制，派生类继承了超类的所有内容，并相应地增加了自己的一些新的成员。

面向对象程序设计中的继承机制，大大增强了程序代码的可重复使用性，提高了软件的开发效率，降低了程序产生错误的可能性，也为程序的修改扩充提供了便利。

若一个子类只允许继承一个父类，称为单继承；若允许继承多个父类，则称为多继承。目前 Java 程序设计语言不支持多继承。而 Java 语言通过接口（interface）的方式来弥补由于 Java 不支持多继承而带来的子类不能享用多个父类的成员的缺憾。

3．多态性

多态是面向对象程序设计的又一个重要特征。多态是指允许程序中出现重名现象，Java 语言中含有方法重载与对象多态两种形式的多态。

- ➡ 方法重载：在一个类中，允许多个方法使用同一个名字，但方法的参数不同，完成的功能也不同。
- ➡ 对象多态：子类对象可以与父类对象进行相互的转换，而且根据其使用的子类的不同完成的功能也不同。

多态的特性使程序的抽象程度和简洁程度更高，有助于程序设计人员对程序的分组协同开发。

5.2　类　与　对　象

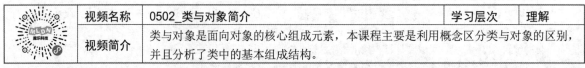

	视频名称	0502_类与对象简介	学习层次	理解
	视频简介	类与对象是面向对象的核心组成元素，本课程主要是利用概念区分类与对象的区别，并且分析了类中的基本组成结构。		

在面向对象中类和对象是最基本、最重要的组成单元，那么什么叫类呢？类实际上是表示一个客观世界某类群体的一些基本特征抽象，属于抽象的概念集合。而对象呢？就是表示一个个具体的、可以操作的事物，例如，张三同学、李四账户、王五的汽车，这些都是可以真实使用的事物，那么就可以理解

为对象，所以对象表示的是一个个独立的个体。

例如，在现实生活中，人就可以表示为一个类，因为"人"属于一个广义的概念，并不是一个具体个体描述。而某一个具体的人，例如，张三同学，就可以被称为对象，可以通过各种信息完整地描述这个具体的人，如这个人的姓名、年龄、性别等信息，那么这些信息在面向对象的概念中就被称为成员（或者成员属性，实际上就是不同数据类型的变量，所以也被称为成员变量），当然人是可以吃饭、睡觉的，那么这些人的行为在类中就被称为方法。也就是说，如果要使用一个类，就一定有产生对象，每个对象之间是靠各个属性的不同来进行区分的，而每个对象所具备的操作就是类中规定好的方法，类与对象的关系如图 5-1 所示。

> 👤 **提示：类与对象的简单理解。**
>
> 在面向对象中有这样一句话可以很好地解释类与对象的区别："类是对象的模板，而对象是类的实例"，即对象所具备的所有行为都是由类来定义的，按照这种理解方式，在开发中，应该先定义出类的结构，之后再通过对象来使用这个类。

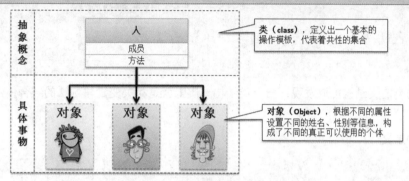

图 5-1　类与对象的关系

通过图 5-1 可以发现，一个类的基本组成单元有两个。

- 成员属性（field）：主要用于保存对象的具体特征。例如，不同的人都有姓名、性别、学历、身高、体重等信息，但是不同的人都有不同的内容定义，而类就需要对这些描述信息进行统一的管理。
- 方法（method）：用于描述功能，例如，跑步、吃饭、唱歌，所有人的对象都有相同的功能。

> 👤 **提示：类与对象的另一种解释。**
>
> 关于类与对象，初学者在理解上可能存在一定的难度，这里做一个简单的比喻。读者应该都很清楚，如果要想生产出轿车，则首先一定要设计出一个轿车的设计图纸（见图 5-2），之后按照此图纸规定的结构生产轿车。这样生产出的轿车结构和功能都是一样的，但是每辆车的具体配置，如各个轿车颜色、是否有天窗等都会存在差一些差异。
>
> 在这个实例中，轿车设计图纸实际上就是规定出了轿车应该有的基本组成：包括外形、内部结构、发动机等信息的定义，那么这个图纸就可以称为一个类，显然只有图纸是无法使用的；而通过这个模型产生出的一辆辆的具体轿车是可以被用户使用的，所以就可以称为对象。

图 5-2　轿车设计图纸

5.2.1 类与对象的定义

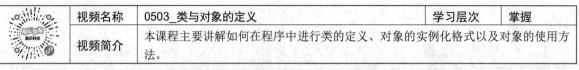

	视频名称	0503_类与对象的定义	学习层次	掌握
	视频简介	本课程主要讲解如何在程序中进行类的定义、对象的实例化格式以及对象的使用方法。		

类是由成员属性和方法组成的。成员属性主要定义类的一个具体信息，实际上一个成员属性就是一个变量，而方法是一些操作的行为。但是在程序设计中，定义类也是要按照具体的语法要求来完成的，例如要定义类需要使用 class 关键字定义，类的定义基础语法如下。

```
class 类名称 {
    [访问修饰符] 数据类型 成员属性(变量);
    ...
    public 返回值的数据类型 方法名称(参数类型 参数1 , 参数类型 参数2 , ...){
        程序语句 ;
        [return 表达式;]
    }
}
```

根据给定的类定义结构可以发现，一个类结构本质上就是相关变量与方法的结合体，下面依据此格式定义一个类。

范例：类的定义

```
class Person {                      // 定义一个类
    String name;                    // 【成员属性】人的姓名
    int age;                        // 【成员属性】人的年龄
    /**
     * 定义一个信息获取的操作方法，此方法可以输出属性内容
     */
    public void tell() {
        System.out.println("姓名：" + name + "、年龄：" + age);
    }
}
```

本程序定义了一个 Person 类，里面有两个成员属性 name（姓名，String 型）、age（年龄，int 型），而后又定义了一个 tell() 方法，该方法可以输出这两个成员属性的内容。

 提问：为什么 Person 类定义的 tell() 方法没有加上 static？

在第 4 章学习方法定义的时候要求方法前必须加上 static，为什么在 Person 类定义的 tell() 方法前不加 static？

回答：调用形式不同。

在第 4 章讲解方法的时候是这样要求的："在主类中定义，并且由主方法直接调用的方法必须加上 static"，但是现在的情况有些改变，因为 Person 类的 tell() 方法将会由对象调用，与之前的调用形式不同，所以暂时没有加上。读者可以先这样简单理解：如果是由对象调用的方法定义时不加 static，如果不是由对象调用的方法才加上 static，而关于 static 关键字的使用，在本章的后面会为读者详细讲解。

一个类定义完成后并不能够被直接使用，因为类描述的只是一个广义的概念，而具体的操作必须通过对象来执行，由于类属于 Java 引用数据类型，所以对象的定义格式如下。

声明并实例化对象		类名称 对象名称 ＝new 类名称 ()；
分步定义	声明对象	类名称 对象名称 ＝null；
	实例化对象	对象名称 ＝new 类名称 ()；

在 Java 中引用数据类型是需要进行内存分配的，所以在定义时必须通过关键字 new 来分配相应的内存空间后才可以使用，此时该对象也被称为"实例化对象"，而一个实例化对象就可以采用以下的方式进行类结构的操作。

- 对象.成员属性：表示调用类之中的成员属性，可以为其赋值或者获取其保存内容。
- 对象.方法()：表示调用类之中的方法。

范例：通过实例化对象进行类操作

```java
class Person {                               // 定义一个类，后续讲解中为防止重复，不再重复显示此段代码
    String name;                             // 【成员属性】人的姓名
    int age;                                 // 【成员属性】人的年龄
    /**
     * 定义一个信息获取的操作方法，此方法可以输出属性内容
     */
    public void tell() {
        System.out.println("姓名：" + name + "、年龄：" + age);
    }
}
public class JavaDemo {
    public static void main(String args[]) {
        Person per = new Person();           // 声明并实例化对象
        per.name = "张三";                    // 为成员属性赋值
        per.age = 18;                         // 为成员属性赋值
        per.tell();                           // 进行方法的调用
    }
}
```
程序执行结果：
姓名：张三、年龄：18

本程序通过关键字 new 取得了 Person 类的实例化对象，当获取了实例化对象之后就可以为类中的属性赋值，并且实现类中方法的调用。

提示：关于类中成员属性默认值。

在本书第 2 章中为读者讲解过数据类型的默认值问题，并且强调过，方法中定义的变量一定要进行初始化，但是在进行类结构定义时可以不为成员变量赋值，这样就会使用默认值进行初始化。

范例：观察类中成员属性默认值

```java
public class JavaDemo {
    public static void main(String args[]) {
        Person per = new Person();           // 声明并实例化对象
        per.tell();                          // 进行方法的调用
    }
}
```

程序执行结果：
姓名：null、年龄：0
　　本程序实例化了 Person 类对象之后并没有为成员属性进行赋值，所以在调用 tell()方法输出信息时，name 内
容为 null（String 类为引用数据类型），age 内容为 0（int 型默认值）。

5.2.2　对象内存分析

视频名称	0504_对象内存分析		学习层次	掌握
视频简介	类属于引用数据类型，引用传递也构成了 Java 的核心操作单元。本课程主要为读者分析对象实例化之后的内存空间开辟以及属性操作对内存的影响，并且通过实例分析了 NullPointerException（空指向异常）的产生。			

　　Java 中类属于引用数据类型，所有的引用数据类型在使用过程中都要通过关键字 new 开辟新的内存
空间，当对象拥有了内存空间后才可以实现成员属性的信息保存，在引用数据类型操作中最为重要的内
存有两块（关系如图 5-3 所示）。

↳　【heap】堆内存：保存的是对象的具体信息（成员属性），在程序之中堆内存空间的开辟是通过 new
完成的。

↳　【stack】栈内存：保存的是一块堆内存的地址，即通过地址找到堆内存，而后找到对象内容，但是
为了分析简化起见可以简单地理解为对象名称保存在了栈内存之中。

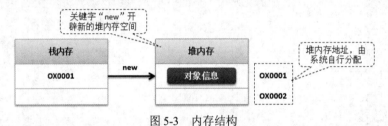

图 5-3　内存结构

> **提示：关于方法信息的保存。**
>
> 　　类中所有的成员属性都是每个对象私有的，而类中的方法是所有对象共有的，方法的信息会保存在"全局方
> 法区"这样的公共内存之中。

　　程序中每当使用了关键字 new 都会为指定类型的对象进行堆内存空间的开辟，在堆内存中会保存有
相应的成员属性信息。这样当对象调用类中方法进成员属性信息时，会从对象对应的堆内存中获取相应
的内容，以下面的程序为例进行类引用数据类型的使用分析。

范例：类引用数据类型使用分析

```java
public class JavaDemo {
    public static void main(String args[]) {
        Person per = new Person();              // 【1】声明并实例化对象
        per.name = "张三";                       // 【2】为成员属性赋值
        per.age = 18;                           // 【3】为成员属性赋值
        per.tell();                             // 进行方法的调用
    }
}
```

程序执行结果：
姓名：张三、年龄：18

本程序最为重要的内存操作为对象的实例化以及属性赋值操作，内存分配流程如图 5-4 所示。

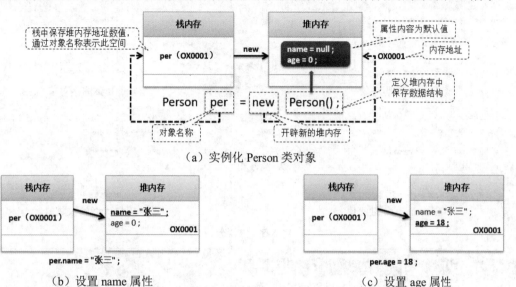

（a）实例化 Person 类对象

（b）设置 name 属性　　　　　　　　　　　　（c）设置 age 属性

图 5-4　对象实例化与成员属性赋值内存操作

从图 5-4 读者可以发现，实例化对象一定需要对应的内存空间，而内存空间的开辟需要通过关键字 new 来完成。每一个对象在刚刚实例化之后，里面的所有成员属性的内容都是其对应数据类型的默认值，只有设置了成员属性的内容之后，成员属性才可以替换为用户所设置的数据。

> **提示：关于后续内存图描述。**
>
> 所有的堆内存都会有相应的内存地址，同时栈内存会保存堆内存的地址数值。后续的讲解中为了方便读者理解程序，将采用简单的描述形式，即栈内存中保存的是对象名称。

在进行对象定义时除了在声明时实例化之外，也可以采用先定义对象，再通过关键字 new 实例化方式完成。

范例：对象实例化处理

```java
public class JavaDemo {
    public static void main(String args[]) {
        Person per = null ;              // 【1】声明对象
        per = new Person();              // 【2】实例化对象
        per.name = "张三";               // 【3】为成员属性赋值
        per.age = 18;                    // 【4】为成员属性赋值
        per.tell();                      // 进行方法的调用
    }
}
```
程序执行结果：
姓名：张三、年龄：18

本程序分两步实现了 Person 类对象的实例化操作，程序的内存关系如图 5-5 所示。

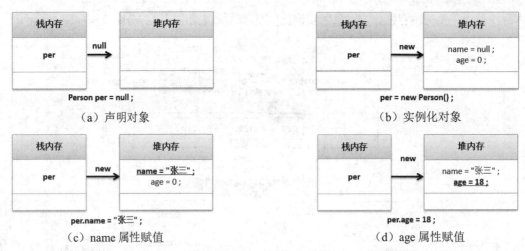

图 5-5　内存分析

注意：对象使用前首先必须进行实例化操作。

引用数据类型在使用之前进行实例化操作，如果在开发之中出现了以下代码，那么肯定会在程序运行时产生异常。

范例：产生异常的代码

```java
public class JavaDemo {
    public static void main(String args[]) {
        Person per = null ;                // 声明对象
        per.name = "张三";                 // 为成员属性赋值
        per.age = 18;                      // 为成员属性赋值
        per.tell();                       // 进行方法的调用
    }
}
```

程序运行结果：

```
Exception in thread "main" java.lang.NullPointerException
    at JavaDemo.main(JavaDemo.java:15)
```

这个异常信息表示的是 NullPointerException（空指向异常），这种异常只会在引用数据类型上产生，并且只要是进行项目的开发，都有可能会出现此类异常，而此类异常出现的唯一解决方法就是：**查找引用数据类型，并观察其是否被正确实例化。**

5.2.3　对象引用传递分析

	视频名称	0505_对象引用传递分析	学习层次	掌握
	视频简介	引用传递是 Java 中的核心概念，类似于 C / C++语言的指针操作。本课程将为读者讲解对象引用传递的处理操作。		

　　类是一种引用数据类型，而引用数据类型的核心本质在于堆内存和栈内存的分配与指向处理。在程序开发中，不同的栈内存可以指向同一块的堆内存空间（相当于为同一块堆内存设置不同的对象名称），这样就形成了对象的引用传递过程。

提示：引用传递的简单理解。

首先所有的读者一定要清楚一件事情：程序来源于生活，只是对生活的更理性抽象。本着这个原则对于对象引用传递可以换种简单的方式来理解。

例如，现在有一位逍遥自在的小伙子叫 "张麻蛋"，在村里人都叫他的乳名 "麻雷子"，江湖都叫他 "麻子哥"，有一天张麻蛋出去办事结果不小心被车撞断了腿，导致了骨折，而此时 "麻雷子" 与 "麻子哥" 也一定会骨折，也就是说一个人有多个不同的名字（栈内存不同），但是不同的对象名称可以指向同一个实体（堆内存），这实际上就是引用传递的本质。

范例：引用传递

```java
public class JavaDemo {
    public static void main(String args[]) {
        Person per1 = new Person() ;          // 声明并实例化对象
        per1.name = "张三" ;                   // 为属性赋值
        per1.age = 18 ;                        // 为属性赋值
        Person per2 = per1 ;                   // 引用传递
        per2.age = 80 ;                        // 修改age属性内容
        per1.tell() ;                          // 进行方法的调用
    }
}
```

程序执行结果：
姓名：张三、年龄：80

本程序中重要的代码为 "Person per2 = per1"，该程序代码的核心意义在于，将 per1 对象堆内存的地址赋值给 per2，这样就相当于两个不同的栈内存都指向了同一块堆内存空间，程序的内存结构如图 5-6 所示。

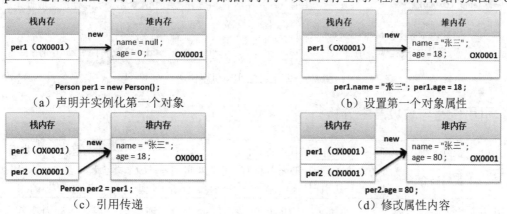

图 5-6　引用传递内存分析

在实际的项目开发中，引用传递使用最多的情况是结合方法来使用，即可以通过方法的参数接收引用对象，也可以通过方法返回一个引用对象。

范例：通过方法实现引用传递

```java
public class JavaDemo {
    public static void main(String args[]) {
        Person per = new Person() ;           // 声明并实例化对象
        per.name = "张三" ;                    // 为属性赋值
        per.age = 18 ;                         // 为属性赋值
```

```
        change(per) ;                                  // 等价于Person temp = per ;
        per.tell() ;                                   // 进行方法的调用
    }
    public static void change(Person temp) {           // temp接收Person类型
        temp.age = 80 ;                                // 修改对象属性
    }
}
```
程序执行结果：
姓名：张三、年龄：80

本程序定义了 change()方法，并且在方法上接收了 Person 类型的引用对象，这样当通过 change()方法的 temp 对象进行属性修改的时候将会影响到原始对象内容，程序的内存分析如图 5-7 所示。

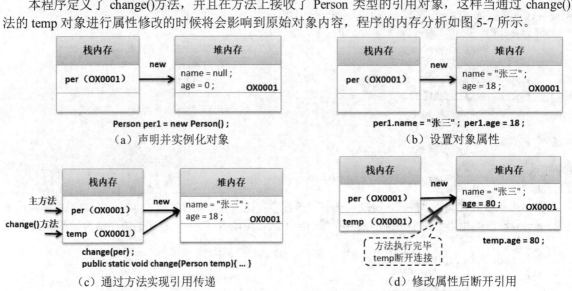

图 5-7　基于方法实现引用传递

5.2.4　引用传递与垃圾产生分析

	视频名称	0506_引用传递与垃圾产生分析	学习层次	掌握
	视频简介	为了方便内存管理，Java 提供有垃圾收集机制——GC。本课程主要在之前程序的基础上进一步分析引用传递的操作过程，并且分析了垃圾内存空间的产生原因。		

引用传递的本质意义在于，一块堆内存空间可以被不同的栈内存所引用，每一块栈内存都会保存有堆内存的地址信息，并且只允许保存一个堆内存地址信息，即如果一块栈内存已经存在有其他堆内存的引用，当需要改变引用指向时就需要丢弃已有的引用实体更换为新的引用实体。

范例： 引用传递与垃圾产生

```
public class JavaDemo {
    public static void main(String args[]) {
        Person per1 = new Person() ;                   // 声明并实例化对象
        Person per2 = new Person() ;                   // 声明并实例化对象
        per1.name = "张三" ;                           // 为属性赋值
        per1.age = 18 ;                                // 为属性赋值
        per2.name = "李四" ;                           // 为属性赋值
```

```
        per2.age = 19 ;                    // 为属性赋值
        per2 = per1 ;                      // 引用传递
        per2.age = 80 ;                    // 修改age属性内容
        per1.tell() ;                      // 进行方法的调用
    }
}
```

程序执行结果：

姓名：张三、年龄：80

　　本程序实例化了两个 Person 类对象（per1 和 per2），并且分别为这两个对象进行赋值，但是由于发生了引用传递"per2 = per1"，所以 per2 将丢弃原始的引用实体（产生垃圾），将引用指向 per1 的实体，这样当执行"per2.age = 80"语句时修改的就是 per1 对象的内容。本程序内存关系如图 5-8 所示。

　　通过图 5-8 可以发现本程序中的一个问题，per1 和 per2 两个栈内存都各自保存着一块堆内存空间指向，而每一块栈内存只能够保留一块堆内存空间的地址。所以当程序发生了引用传递（per2 = per1）时，per2 首先要断开已有的堆内存连接，而后才能够指向新的堆内存（per1 所指向的堆内存）。但是由于此时 per2 原本指向的堆内存空间没有任何栈内存对其进行引用，该内存空间就将成为垃圾空间，所有的垃圾空间将等待 GC（Garbage Collection，垃圾收集器）不定期地进行回收释放。

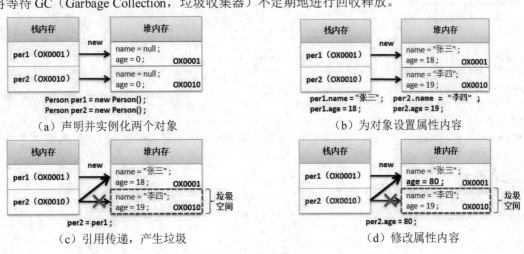

图 5-8　垃圾产生分析

> **提示：开发之中尽量减少垃圾产生。**
>
> 虽然 Java 本身提供了自动垃圾收集机制（提供有自动 GC 和手动 GC 处理），但是在代码编写中，如果产生了过多的垃圾，也会对程序的性能带来影响，所以在开发人员编写代码的过程之中，应该尽量减少无用对象的产生，避免垃圾的产生。

5.3　成员属性封装

视频名称	0507_成员属性封装	学习层次	掌握	
视频简介	封装性是面向对象程序设计的第一大特征。本课程将进行封装性的初步分析，主要讲解 private 关键字的使用，同时给出了封装操作的开发原则。			

　　面向对象的第一大特性指的就是封装性，而封装性最重要的特点就是内部结构对外不可见。在之前的操作中可以发现所有类中的成员属性都可以直接通过实例化对象在类的外部进行调用，而这样的调用是不安全的，那么此时最稳妥的做法就是利用 private 实现成员属性的封装处理。而一旦使用了 private 封装之后，是不允许外部对象直接访问成员属性的，而此时的访问则需要按照 Java 的开发标准定义 setter()、getter()方法处理。

➦　setter（以 "private String name" 属性为例）：public void setName(String n)。

➦　getter（以 "private String name" 属性为例）：public String getName()。

　提示：关于完整的封装性定义。

　　封装是本书为读者讲解的第一个面向对象特征，实际上在一个类之中不仅可以针对成员属性封装，还可以针对方法、内部类实现封装，本处暂时只讨论成员属性封装。

　　严格来讲，封装是程序访问控制权限的处理操作，在 Java 中访问控制权限一共有 4 种：public、protected、default（默认、什么都不写）、private，具体的概念将在本书第 10 章中为读者讲解。

　　范例： 使用 private 实现封装

```java
class Person {                                  // 定义一个类
    private String name;                        // 【成员属性】人的姓名
    private int age;                            // 【成员属性】人的年龄
    /**
     * 定义一个信息获取的操作方法，此方法可以输出属性内容
     */
    public void tell() {
        System.out.println("姓名：" + name + "、年龄：" + age);
    }
    public void setName(String tempName) {      // 设置name属性内容
        name = tempName;
    }
    public void setAge(int tempAge) {           // 设置age属性内容
        if (tempAge > 0 && tempAge < 250) {     // 如果有需要则可以追加一些验证逻辑
            age = tempAge;
        }
    }
    public String getName() {                   // 获取name属性内容
        return name;
    }
    public int getAge() {                       // 获取age属性内容
        return age;
    }
}
public class JavaDemo {
    public static void main(String args[]) {
        Person per = new Person() ;             // 声明并实例化对象
        per.setName("张三") ;                    // 设置属性内容
        per.setAge(-18) ;                       // 设置属性内容
        per.tell() ;                            // 进行方法的调用
    }
}
```

}
程序执行结果：

姓名：张三、年龄：0

本程序利用了 private 关键字实现了 Person 类中成员属性的封装，这样对于 name 与 age 的使用就只能够限定在 Person 类之中。如果外部操作要修改对象成员属性的内容则就必须按照要求通过 setter()或getter()方法进行调用。

 提问：为什么现在没有在程序中使用 getter()方法？

在本程序定义 Person 类的时候存在了 getName()和 getAge()方法，但是发现在程序中并没有使用这两个方法，那么定义它们还有什么用？

 回答：虽然这两个方法在本程序未被使用，但它们确实是一个需要共同遵守的标准。

在类之中的属性定义 setter()、getter()操作方法的目的就是为了设置和取得属性的内容，也许某一个操作暂时不需要使用到 getter()操作，但并不表示以后不会使用，所以从开发角度来讲，必须全部提供。

对此，本书给出重要的开发规则：以后在定义类的时候，类中所有的普通成员属性都要通过 private 封装，封装之后的属性需要编写相应的 setter()、getter()方法才可以被外部所使用。

另外，在编写 setter()或 getter()方法时是否添加一些逻辑验证并不是必需的，本书在 setAge()方法上添加的逻辑判断，只是为了加强程序功能。

5.4 构造方法与匿名对象

视频名称	0508_构造方法与匿名对象	学习层次	掌握
视频简介	构造方法是进行对象实例化的重要操作结构。本课程主要讲解构造方法的主要作用、语法要求以及使用注意事项，同时还讲解了匿名对象的定义及使用限制。		

构造方法是在类中定义的一种特殊方法，它在一个类使用关键字 new 实例化新对象时默认调用，其主要功能是完成对象属性的初始化操作。

📖 **提示：关于构造方法的补充说明。**

在本章开篇时就为读者讲解了对象实例化定义语法格式，在这样的格式之中就包含有构造方法的调用，现将此格式拆分，并一一为读者解释："①类名称 ②对象名称 = ③new ④类名称()"。

↘ 类名称：对象所有的功能必须由类定义，也就是说本操作是告诉程序类所具有的功能。

↘ 对象名称：实例化对象的唯一标注，在程序之中利用此标注可以找到一个对象。

↘ new：类属于引用数据类型，所以对象的实例化一定要用 new 开辟堆内存空间。

↘ 类名称()：一般只有在方法定义的时候才需要加上"()"，这个就表示调用构造方法。

另外需要提醒读者的是，一旦开始定义构造方法，那么类中就会存在构造方法与普通方法两种方法，区别在于："构造方法是在实例化对象的时候使用，而普通方法是在实例化对象产生之后使用的。"

在 Java 语言中，类中构造方法的定义要求如下。

↘ 构造方法的名称和类名称保持一致。

↘ 构造方法不允许有返回值类型声明。

由于对象实例化操作一定需要构造方法的存在，所以如果在类之中没有明确定义构造方法的话，则会自动生成一个无参数并且无返回值的构造方法，供用户使用；如果一个类中已经明确定义了一个构造方法，则不会自动生成无参且无返回值的构造方法，也就是说，一个类中至少存在一个构造方法。

> 提示：关于默认构造方法。
>
> 在一个类中至少都会存在一个构造方法，在之前所编写的程序中实际上并没有声明构造方法，那么当使用 javac 命令编译程序时就会自动为类追加一个无参且无返回值的构造方法。
>
> **范例：默认情况下会存在一个无参构造方法**
>
> ```java
> class Person {                   // 类名称首字母大写
>     public Person() {            // 【代码编译时自动生成】无参且无返回值的方法
>     }
> }
> ```
>
> 正是因为存在有这样的构造方法，所以当实例化对象采用了"new Person()"的时候才不会提示没有无参构造方法的错误信息。

范例：定义构造方法为属性初始化

```java
class Person {                                      // 定义一个类
    private String name;                            // 【成员属性】人的姓名
    private int age;                                // 【成员属性】人的年龄
    public Person(String tempName, int tempAge) {   // 构造方法
        name = tempName ;                           // name属性初始化
        age = tempAge ;                             // age属性初始化
    }
    // setter、getter略
    public void tell() {
        System.out.println("姓名：" + name + "、年龄：" + age);
    }
}
public class JavaDemo {
    public static void main(String args[]) {
        Person per = new Person("张三", 18);          // 声明并实例化对象
        per.tell() ;                                // 进行方法的调用
    }
}
```

程序执行结果：

姓名：张三、年龄：18

本程序在 Person 类中定义了拥有两个参数的构造方法，并且利用这两个构造方法为类中的 name 与 age 属性初始化，这样就可以在 Person 类对象实例化的时候实现 name 与 age 属性的赋值操作。

> 提问：关于类中 setter()方法的意义。
>
> 在本程序中通过 Person 类的有参构造方法在类对象实例化的时候，就可以实现name 与 age 属性内容的初始化，这样可以减少 setter()方法的调用，以实现简化代码的目的，在这样的情况下类中继续提供setter()方法是否还有意义？
>
> 回答：setter()可以实现属性修改功能。
>
> setter()方法除了拥有初始化属性内容的功能之外，也可以实现修改内容的功能，所以在类定义中是必不可少的。

构造方法虽然定义形式特殊，但是其本质依然属于方法，所以构造方法也可以进行重载。不过构造方法重载的时候只需考虑参数的类型及个数即可，而方法名称也一定要和类名称保持一致。

范例：构造方法重载

```java
class Person {                                          // 定义一个类
    private String name;                                // 【成员属性】人的姓名
    private int age;                                    // 【成员属性】人的年龄
    public Person() {                                   // 【构造方法重载】定义无参构造方法
        name = "无名氏" ;                                // 设置name属性内容
        age = -1 ;                                      // 设置age属性内容
    }
    public Person(String tempName) {                    // 【构造方法重载】定义单参构造方法
        name = tempName ;                               // 设置name属性内容
    }
    public Person(String tempName, int tempAge) {       // 【构造方法重载】定义双参构造方法
        name = tempName ;                               // name属性初始化
        age = tempAge ;                                 // age属性初始化
    }
    // setter、getter略
    public void tell() {
        System.out.println("姓名：" + name + "、年龄：" + age);
    }
}
public class JavaDemo {
    public static void main(String args[]) {
        Person per = new Person("张三");                 // 声明并实例化对象
        per.tell() ;                                    // 进行方法的调用
    }
}
```

程序执行结果：
姓名：张三、年龄：0

本程序类中针对 Person 类的构造方法进行了重载，分别定义了无参构造、单参构造、双参构造，这样在进行对象实例化的时候就可以通过不同的构造方法来进行属性初始化内容的设置。

> **注意：编写顺序。**
>
> 在一个类中对构造方法重载时，所有的重载的方法按照参数的个数由多到少，或者是由少到多排列，即以下的两种排列方式都是规范的。
>
> | public Person(){} | public Person(String n,int a) {} |
> |---|---|
> | public Person(String n) {} | public Person(String n) {} |
> | public Person(String n,int a) {} | public Person(){} |
>
> 以上的两种写法都是按照参数的个数升序或降序排列，但是以下的写法就属于不规范定义。
>
> public Person(String n) {}
> public Person(String n,int a) {}
> public Person(){}
>
> 当然，编写不规范并不表示语法错误，上面的 3 种定义全部都是正确的，只是考虑到编码规范才为读者加以说明。而且现在的每个类中有成员属性、构造方法、普通方法，这三者定义的规范顺序：首先定义成员属性；其次定义构造方法；最后定义普通方法。

在对象实例化定义格式中，关键字 new 的主要功能是进行堆内存空间的开辟，而对象的名称是为了对该堆内存的引用，这样不仅方便使用堆内存同时防止其变为垃圾空间，也就是说对象真正的内容是在

堆内存里面，而有了构造方法之后就可以在堆内存开辟的同时进行对象实例化处理，这样即便没有栈内
存指向，该对象也可以使用一次，而对于这种没有指向的对象就称为匿名对象，如图5-9所示。

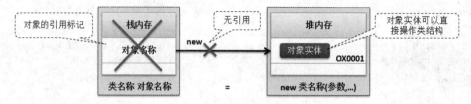

图 5-9　匿名对象

范例：使用匿名对象进行类操作

```
public class JavaDemo {
    public static void main(String args[]) {
        new Person("张三", 18).tell();                // 进行方法的调用
    }
}
程序执行结果：
姓名：张三、年龄：18
```

本程序直接利用"new Person("张三", 18)"语句实例化了一个 Person 类匿名对象并且直接调用了
tell()方法，由于没有栈内存的引用指向，所以该对象在使用一次之后就将成为垃圾空间。

 提问：对象该如何定义比较好？

现在有了匿名对象和有名对象这两种类型的实例化对象，在开发中使用哪种会比较好？

回答：根据实际情况选择。

首先匿名对象的最大特点是使用一次就丢掉了，就好比一次性饭盒一样，用过一次后直接丢弃；而有名对象由
于存在引用关系，所以可以进行反复操作。对于初学者而言，实际上没有必要把太多的精力放在对象类型的选择上，
一切的代码开发还是需要根据实际的情况来决定。

在构造方法为属性初始化的过程中，除了可以传递一些数据的参数之外，也可以接收引用数据类型
的内容。

范例：使用构造方法接收引用数据类型

```
class Message {
    private String info ;
    public Message(String tempInfo) {
        info = tempInfo ;
    }
    public String getInfo() {
        return info;
    }
    public void setInfo(String info) {
        this.info = info;
    }
}
class Person {                                        // 定义一个类
```

```
    private String name;                               // 【成员属性】人的姓名
    private int age;                                   // 【成员属性】人的年龄
    public Person(Message msg, int tempAge) {          // 定义双参构造方法
        name = msg.getInfo() ;                         // name属性初始化
        age = tempAge ;                                // age属性初始化
    }
    public Message getMessage() {                      // 返回Message对象
        return new Message("姓名：" + name + "、年龄：" + age) ;
    }
    // setter、getter略
    public void tell() {
        System.out.println("姓名：" + name + "、年龄：" + age);
    }
}
public class JavaDemo {
    public static void main(String args[]) {
        Person per = new Person(new Message("魔乐科技"), 12); // 实例化Person类对象
        per.tell();                                    // 信息输出
        Message msg = per.getMessage() ;               // 获取Message对象
        System.out.println(msg.getInfo());             // 获取信息内容
    }
}
```
程序执行结果：
姓名：魔乐科技、年龄：12（"per.tell()"代码执行结果）
姓名：魔乐科技、年龄：12（"message.getInfo()"代码执行结果）

本程序实现了 Person 类与 Message 类两个类的相互引用，在 Person 类中需要在构造方法中接收 Message 类对象，并且将 Message 类中的 info 属性取出为 name 属性赋值，同时也提供有返回新的 Message 类对象的处理方法以实现返回信息的拼凑处理，本程序的内存引用分析如图 5-10 所示。

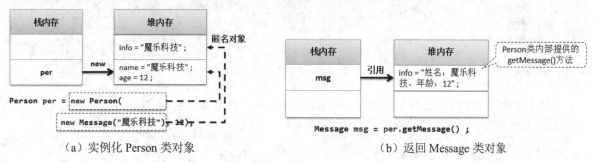

（a）实例化 Person 类对象　　　　　　　　　（b）返回 Message 类对象

图 5-10　程序内存引用分析

5.5　this 关键字

this 描述的是本类结构调用的关键字，在 Java 中 this 关键字可以描述 3 种结构的调用。

↳　当前类中的属性：this.属性。

↳　当前类中的方法（普通方法、构造方法）：this()、this.方法名称()。

↳　描述当前对象。

5.5.1 this 调用本类属性

视频名称	0509_this 调用本类属性	学习层次	掌握
视频简介	类中成员属性和方法参数由于表示含义的需要，有可能会产生重名定义的问题。为了解决名称标注的问题，可以通过 this 关键字描述。本课程主要讲解 "this.属性" 语法。		

当通过 setter() 或者是构造方法为类中的成员设置内容时，为了可以清楚地描述出具体参数与成员属性的关系，往往会使用同样的名称，那么此时就需要通过 this 来描述类的成员属性。

范例： 通过 "this.成员属性" 访问

```java
class Person {                                       // 定义一个类
    private String name;                             // 【成员属性】人的姓名
    private int age;                                 // 【成员属性】人的年龄
    /**
     * 定义构造方法，该方法中的参数名称与成员属性名称相同
     * @param name 设置name成员属性内容
     * @param age 设置age成员属性内容
     */
    public Person(String name, int age) {
        this.name = name ;                           // 使用this标注本类属性
        this.age = age ;                             // 使用this标注本类属性
    }
    // setter、getter略
    public void tell() {                             // 使用this明确标注本类属性
        System.out.println("姓名： " + this.name + "、年龄： " + this.age);
    }
}
public class JavaDemo {
    public static void main(String args[]) {
        Person per = new Person("张三", 12);         // 实例化Person类对象
        per.tell();                                  // 信息输出
    }
}
```
程序执行结果：
姓名：张三、年龄：12

在本程序提供的构造方法中所采用的参数名称与类成员属性名称完全相同，所以为了明确标记出操作的是本类成员属性，就需要通过关键字 this 来设置。

 提示：调用属性时要加上 this。

在日后的所有开发中，为了避免不必要的 bug 出现，本书建议：只要是调用类中成员属性的情况，都要使用 "this.属性" 的方式来进行表示。

5.5.2 this 调用本类方法

视频名称	0510_this 调用本类方法	学习层次	掌握
视频简介	本课程主要讲解在类中调用本类方法与构造方法的使用与限定，同时分析了 this 与本类构造方法的调用操作。		

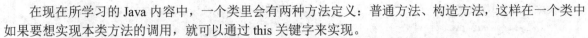

在现在所学习的 Java 内容中，一个类里会有两种方法定义：普通方法、构造方法，这样在一个类中如果要想实现本类方法的调用，就可以通过 this 关键字来实现。

➡ 调用本类普通方法：可以使用"this.方法()"调用，并且可以在构造方法与普通方法中使用。

➡ 调用本类构造方法：调用本类其他构造方法使用 this() 形式，此语句只允许放在构造方法首行使用。

范例：使用 this 调用本类普通方法

```
class Person {                                    // 定义一个类
    private String name;                          // 【成员属性】人的姓名
    private int age;                              // 【成员属性】人的年龄
    public Person(String name, int age) {
        this.setName(name);                       // 调用本类setName()方法
        setAge(age) ;                             // 不使用"this.方法()"也表示调用本类方法
    }
    public void tell() {                          // 使用this明确标注本类属性
        System.out.println("姓名： " + this.name + "、年龄： " + this.age);
    }
    // setter、getter略
}
public class JavaDemo {
    public static void main(String args[]) {
        Person per = new Person("张三", 12);       // 实例化Person类对象
        per.tell();                               // 信息输出
    }
}
```

程序执行结果：

姓名：张三、年龄：12

本程序在构造方法中调用了本类中的普通方法，由于是在本类，所以是否使用 this 没有明确的要求，但是从标准性的角度来讲还是采用"this.方法()"的形式更加合理。

当一个类中存在有若干个构造方法时也可以利用 this() 的形式实现构造方法之间的相互调用，但是需要记住的是，该语句只能够放在构造方法的首行。

范例：使用 this() 实现本类构造方法的相互调用

```
class Person {                                    // 定义一个类
    private String name;                          // 【成员属性】人的姓名
    private int age;                              // 【成员属性】人的年龄
    public Person() {                             // 【构造方法重载】无参构造
        System.out.println("*** 一个新的Person类对象实例化了。 ***");
    }
    public Person(String name) {                  // 【构造方法重载】单参构造
        this();                                   // 调用本类无参构造
        this.name = name;                         // 设置name属性内容
    }
    public Person(String name, int age) {         // 【构造方法重载】双参构造
        this(name);                               // 调用本类单参构造
        this.age = age;                           // 设置age属性内容
    }
}
```

```
    public void tell() {                           // 使用this明确标注出操作的是本类成员属性
        System.out.println("姓名: " + this.name + "、年龄: " + this.age);
    }
    // setter、getter略
}
public class JavaDemo {
    public static void main(String args[]) {
        Person per = new Person("张三", 12);       // 实例化Person类对象
        per.tell();                               // 信息输出
    }
}
```
程序执行结果:
*** 一个新的Person类对象实例化了。 ***
姓名: 张三、年龄: 12

本程序定义了 3 个构造方法，并且这 3 个构造方法之间可以进行相互调用，即双参构造调用单参构造，单参构造调用无参构造，这样不管调用哪个构造方法都可以进行提示信息的输出。

> **注意：在使用 this 调用构造方法的时候要注意以下问题。**
>
> （1）所有类的构造方法是在对象实例化的时候被默认调用，而且是在调用普通方法之前调用，所以使用 this()调用构造方法的操作，一定要放在构造方法的首行。
>
> **范例：错误的构造方法调用**
>
> ```
> class Person {
>     private String name;
>     private int age;
>     public Person() {                           // 无参构造方法
>         System.out.println("*** 一个新的Person类对象被实例化。");
>     }
>     public Person(String name) {                // 两参构造方法
>         this() ;                                // 调用无参构造
>         this.name = name;
>     }
>     public Person(String name, int age) {       // 三参构造方法
>         this.age = age;
>         this(name) ; // 错误信息: Constructor call must be the first statement in a constructor
> (构造方法调用必须放在构造方法的首行)
>     } // setter、getter略
>     public String getInfo() {                   // 取得信息
>         this() ;    // 错误信息: Constructor call must be the first statement in a constructor
>         return "姓名: " + this.name + ", 年龄: " + this.age;
>     }
> }
> ```
> 本程序在调用构造方法的时候一个是没有放在构造方法的首行，另外一个是放在了首行，而 getInfo()方法不是构造方法，所以程序编译的时候出现了语法错误提示。
>
> （2）如果一个类中存在了多个构造方法的话，并且这些构造方法都使用了 this()相互调用，那么至少要保留一个构造方法没有调用其他构造，以作为程序的出口。

范例：错误的构造方法调用

```java
class Person {
    private String name;
    private int age;
    public Person() {                            // 无参构造方法
        this("mldn",30);// 错误提示：Recursive constructor invocation Person()
        System.out.println("*** 一个新的Person类对象被实例化。");
    }
    public Person(String name) {                 // 两参构造方法
        this() ;       // 错误提示：Recursive constructor invocation Person()
        this.name = name;
    }
    public Person(String name, int age) {     // 三参构造方法
        this(name) ; // 错误提示：Recursive constructor invocation Person()
        this.age = age;
    } // setter、getter略
    public String getInfo() {                    // 取得信息
        return "姓名： " + this.name + "，年龄： " + this.age;
    }
}
```

本程序虽然符合了构造方法调用时要放在构造方法首行这一要求，但是却出现了构造方法的递归调用，所以此操作依然不正确。

构造方法的相互调用最主要的目的是提升构造方法中执行代码的可重用性，为了更好地说明这个问题，下面通过一个构造方法的案例来进行说明。现在要求定义一个描述有员工信息的程序类，该类中提供有编号、姓名、部门、工资，在这个类中提供有 4 个构造方法。

- ➥ 【无参构造】编号定义为 1000，姓名定义为无名氏，其他内容均为默认值。
- ➥ 【单参构造】传递编号，姓名定义为"新员工"，部门定义为"未定"，工资为 0.0。
- ➥ 【三参构造】传递编号、姓名、部门，工资为 2500.00。
- ➥ 【四参构造】所有的属性全部进行传递。

范例：利用构造方法相互调用实现代码重用

```java
class Emp {                                      // 定义员工类
    private long empno ;                         // 员工编号
    private String ename ;                       // 员工姓名
    private String dept ;                        // 部门名称
    private double salary ;                      // 基本工资
    public Emp() {                               // 【构造方法重载】无参构造
        this(1000, "无名氏", null, 0.0);          // 调用四参构造方法
    }
    public Emp(long empno) {                     // 【构造方法重载】无参构造
        this(empno,"新员工","未定",0.0) ;          // 调用四参构造方法
    }
    public Emp(long empno,String ename,String dept) {
        this(empno,ename,dept,2500.00) ;         // 调用四参构造方法
    }
    public Emp(long empno,String ename,String dept,double salary) {
```

```java
        this.empno = empno ;                        // 设置empno属性内容
        this.ename = ename ;                        // 设置ename属性内容
        this.dept = dept ;                          // 设置dept属性内容
        this.salary = salary ;                      // 设置salary属性内容
    }
    // setter、getter略
    public String getInfo() {                       // 返回完整雇员信息
        return  "雇员编号：" + this.empno +
                "、雇员姓名：" + this.ename +
                "、所在部门：" + this.dept +
                "、基本工资：" + this.salary ;
    }
}
public class JavaDemo {
    public static void main(String args[]) {
        Emp emp = new Emp(7369L, "史密斯", "财务部", 6500.00); // 实例化Emp对象
        System.out.println(emp.getInfo());          // 输出信息
    }
}
```

程序执行结果：

雇员编号：7369、雇员姓名：史密斯、所在部门：财务部、基本工资：6500.0

本程序利用构造方法的相互调用实现了属性赋值操作的简化处理，这样可以节约多次的赋值操作语句，使得代码结构清晰，调用方便。

5.5.3　this 表示当前对象

	视频名称	0511_this 表示当前对象	学习层次	掌握
	视频简介	一个类中可以产生若干个实例化对象，并且都可以进行本类结构的调用。本课程主要讲解当前对象的概念，并且通过实例分析当前对象的使用。		

一个类可以实例化出若干个对象，这些对象都可以调用类中提供的方法，那么对于当前正在访问类中方法的对象就可以称为当前对象，而 this 就可以描述出这种当前对象的概念。

提示：对象输出问题。

实际上所有的引用数据类型都是可以打印输出的，默认情况下输出会出现一个对象的编码信息，这一点在下面的范例中可以看见，在本书第 8 章中会为读者详细解释对象打印问题。

范例：观察当前对象

```java
class Message {
    public void printThis() {
        System.out.println("【Mesasge类】this = " + this);      // 表示当前对象
    }
}
public class JavaDemo {
    public static void main(String args[]) {
        Message msgA = new Message();                          // 实例化Message类对象
        System.out.println("【主类】msgA = " + msgA);            // 直接输出对象
```

```
        msgA.printThis();                                  // 调用方法输出this
        System.out.println("-----------------------------------");
        Message msgB = new Message();                      // 实例化Message对象
        System.out.println("【主类】msgB = " + msgB);        // 直接输出对象
        msgB.printThis();                                  // 调用方法输出this
    }
}
```
程序执行结果：
【主类】msgA = Message@7b1d7fff
【Message类】this = Message@7b1d7fff（与msgA对象编码相同）

【主类】msgB = Message@299a06ac
【Message类】this = Message@299a06ac（与msgB对象编码相同）

本程序实例化了两个 Message 类的对象，并且分别调用了 printThis()方法，通过执行的结果可以发现，类中的 this 会随着执行对象的不同而表示不同的实例。而对于之前所讲解的"this.属性"这一操作，严格意义上来讲指的就是调用当前对象中的属性。

为了帮助读者进一步理解 this 表示当前对象这一概念，下面通过一个简单的模拟程序来进行深入分析。本次实现一个消息发送的处理，在进行消息具体发送的操作之前应该先进行连接的创建，连接创建成功之后才可以进行消息内容的推送，具体的实现如下。

范例：实现消息发送逻辑

```
class Message {
    private Channel channel;                               // 保存消息发送通道
    private String title;                                  // 消息标题
    private String content;                                // 消息内容
    // 【4】调用此构造实例化，此时的channel = 主类ch
    public Message(Channel channel, String title, String content) {
        this.channel = channel;                            // 保存消息通道
        this.title = title;                                // 设置title属性
        this.content = content;                            // 设置content属性
    }
    public void send() {
        // 【6】判断当前通道是否可用，那么此时的this.channel就是主类中的ch
        if (this.channel.isConnect()) {                    // 连接成功
            System.out.println("【消息发送】title = " + this.title + "、content = " + this.content);
        } else {                                           // 没有连接
            System.out.println("【ERROR】没有可用的连接通道，无法进行消息发送。");
        }
    }
}
class Channel {
    private Message message;                               // 消息发送由Message负责
    // 【2】实例化Channel类对象，调用构造方法，接收要发送的消息标题与消息内容
    public Channel(String title, String content) {
        // 【3】实例化Message，但是需要将主类中的ch传递到Message中、this = ch
        this.message = new Message(this, title, content);
        this.message.send();                               // 【5】消息发送
    }
    // 以后在进行方法创建的时候，如果某一个方法的名称以is开头，一般都返回boolean值
```

```java
    public boolean isConnect() {                    // 判断连接是否创建
        return true;                                // 默认返回true
    }
}
public class JavaDemo {
    public static void main(String args[]) {
        // 【1】实例化一个Channel类对象，并且传入要发送的消息标题与消息内容
        Channel ch = new Channel("MLDN运动会", "大家一起长跑30公里。"); // 实例化Channel类对象并发送消息
    }
}
```
程序执行结果：
【消息发送】title = MLDN运动会、content = 大家一起长跑30公里。

本程序在 Channel 类的内部实例化了 Message 类对象，由于消息的发送需要通过通道来实现，所以将 Channel 的当前对象 this 传递到了 Message 类，并且利用 Message.send()方法实现消息发送处理。

5.5.4　综合案例：简单 Java 类

视频名称	0512_综合案例：简单 Java 类	学习层次	运用
视频简介	本代码模型主要是结合之前学习过的面向对象概念进行的总结性开发，也是最为重要的开发技术。本课程主要讲解的是简单 Java 类的编写模型第一层实现，读者应该通过此代码建立基本的面向对象思维模式。		

简单 Java 类指的是可以描述某一类信息的程序类，例如，描述个人信息、描述书信息、描述部门信息等，并且在这个类之中并没有特别复杂的逻辑操作，只作为一种信息保存的媒介存在。对于简单 Java 类而言，其核心的开发结构如下。

- ↘ 类名称一定要有意义，可以明确地描述某一类事物。
- ↘ 类中的所有属性都必须使用 private 进行封装，封装后的属性必须提供 setter()、getter()方法。
- ↘ 类中可以提供有无数多个构造方法，但是必须保留无参构造方法。
- ↘ 类中不允许出现任何输出语句，所有内容的获取必须返回。
- ↘ 【可选】可以提供一个获取对象详细信息的方法，暂时将此方法名称定义为 getInfo()。

> **提示：简单 Java 类的开发很重要。**
>
> 这里学习简单 Java 类不仅仅是对之前概念的总结，更是使之成为以后项目开发的重要组成部分。每一个读者都必须清楚地记下给出的开发要求，在随后的章节中也将对此概念进行进一步的延伸与扩展。
>
> 同时，简单 Java 类也有许多名称，例如，POJO（Plain Ordinary Java Object，普通 Java 对象）、VO（Value Object，值对象）、PO（Persistent Object，持久化对象）、TO（Transfer Object，传输对象），这些类定义结构类似，概念上只有些许的区别，读者先有个印象即可。

范例：定义一个描述部门的简单 Java 类

```java
class Dept {                                        // 类名称可以明确描述出某类事物
    private long deptno ;                           // 类中成员属性封装
    private String dname ;                          // 类中成员属性封装
    private String loc ;                            // 类中成员属性封装
    public Dept() {}                                // 提供无参构造方法
    public Dept(long deptno, String dname, String loc) {
```

```
        this.deptno = deptno ;                  // 设置deptno属性内容
        this.dname = dname ;                     // 设置dname属性内容
        this.loc = loc ;                         // 设置loc属性内容
    }
    public String getInfo() {                    // 获取对象信息
        return "【部门信息】部门编号:" + this.deptno + "、部门名称:" + this.dname + "、部门位置:" + this.loc ;
    }
    // setter、getter略
}
public class JavaDemo {
    public static void main(String args[]) {
        Dept dept = new Dept(10,"技术部","北京") ;   // 实例化类对象
        System.out.println(dept.getInfo()) ;         // 获取对象信息
    }
}
```
程序执行结果:
【部门信息】部门编号:10、部门名称:技术部、部门位置:北京

本程序定义的 Dept 类并没有复杂的业务逻辑,只是一个可以描述部门信息的基础类。在使用简单
Java 类的过程中,往往就是进行对象实例化、设置内容、获取内容等几个核心操作。

5.6 static 关键字

static 是一个用于声明程序结构的关键字,此关键字可以用于全局属性和全局方法的声明,主要特点
是可以避免对象实例化的限制,在没有实例化对象的时候直接进行此类结构的访问。

5.6.1 static 属性

视频名称	0513_static 定义属性		学习层次	掌握	
视频简介	类中的成员有普通成员(非 static)和静态成员(static),本课程主要讲解 static 属性与非 static 属性在使用形式上的区别,并且利用内存关系分析了两者存储区别。				

在一个类中,主要的组成就是属性和方法(分为构造方法与普通方法两种),而每一个对象都分别拥
有各自的属性内容(不同对象的属性保存在不同的堆内存中)。如果想要类中的某个属性定义为公共属性
(所有对象都可以使用的属性),则可以在声明属性前加上 static 关键字。

范例:定义 static 属性(现在假设定义的 Person 类描述的全部都是中国人的信息)

```
class Chinese {
    private String name ;                    // 【普通成员属性】保存姓名信息
    private int age ;                        // 【普通成员属性】保存年龄信息
    static String country = "中华人民共和国" ;   // 【静态成员属性】国家,暂时不封装
    public Chinese(String name,int age) {    // 设置普通属性内容
        this.name = name ;                   // 设置name属性内容
        this.age = age ;                     // 设置age属性内容
    }
    // setter、getter略
```

```java
    public String getInfo() {
        return "姓名: " + this.name + "、年龄: " + this.age + "、国家: " + this.country ;
    }
}
public class JavaDemo {
    public static void main(String args[]) {
        Chinese perA = new Chinese("张三",10) ;        // 实例化Chinese类对象
        Chinese perB = new Chinese("李四",10) ;        // 实例化Chinese类对象
        Chinese perC = new Chinese("王五",11) ;        // 实例化Chinese类对象
        perA.country = "伟大的中国" ;                  // 修改静态属性内容
        System.out.println(perA.getInfo()) ;          // 获取对象信息
        System.out.println(perB.getInfo()) ;          // 获取对象信息
        System.out.println(perC.getInfo()) ;          // 获取对象信息
    }
}
```
程序执行结果：
姓名：张三、年龄：10、国家：伟大的中国
姓名：李四、年龄：10、国家：伟大的中国
姓名：王五、年龄：11、国家：伟大的中国

本程序定义了一个描述中国人的类 Chinese，类中定义了一个 static 类型的 country 属性，这样该属性就成为公共属性，该属性会保存在全局数据区中，所有的对象都可以获取到相同的对象内容，当有一个对象修改了 static 属性内容后将影响到其他所有对象，此时的内存关系如图 5-11 所示。

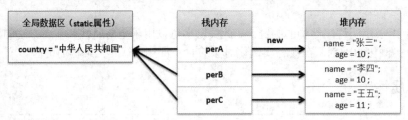

图 5-11　static 属性内存关系

提问：可以不将 country 属性定义为 static 吗？

在本程序中，如果在 Chinese 类中定义时没有将 country 属性设置为 static，不是也可以实现同样的效果吗？

回答：使用 static 才表示公共。

首先，在本程序中 country 是一个公共属性，这是使用 static 关键字的主要原因。如果此时在代码中不使用 static 定义 country 属性，则每个对象都会拥有此属性。

范例：不使用 static 定义 country 属性

```java
class Chinese {
    private String name ;                    // 【普通成员属性】保存姓名信息
    private int age ;                         // 【普通成员属性】保存年龄信息
    String country = "中华人民共和国" ;       // 【普通成员属性】国家
    // 其他操作代码略
}
```
由于 country 属性没有使用 static，所以在进行对象实例化操作时，内存关系如图 5-12 所示。

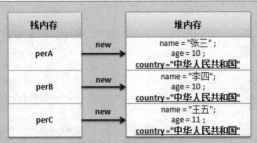

图 5-12 使用非 static 声明的内存关系

可以想象一下，如果现在每一个对象都拥有各自的 country 属性的话，那么此属性不再是公共属性，而当进行 country 属性更新时，就必然要修改所有类的对象，这样在实例化对象较多的时候一定会带来性能与操作上的问题。

static 描述的是全局属性，对于全局属性除了可以利用实例化对象调用外，最大的特点在于可以直接利用类名称并且在没有实例化对象产生的情况下进行调用。

范例：通过类名称直接调用 static 属性

```java
public class JavaDemo {
    public static void main(String args[]) {
        System.out.println("直接访问static属性: " + Chinese.country);
        Chinese.country = "伟大的中国" ;              // 修改静态属性内容
        Chinese per = new Chinese("张三",10) ;        // 实例化Chinese类对象
        System.out.println(per.getInfo()) ;          // 获取对象信息
    }
}
```
程序执行结果：
直接访问static属性：中华人民共和国
姓名：张三、年龄：10、国家：伟大的中国

本程序在没有产生实例化对象的时候就直接利用了类名称输出和修改 static 属性的内容，通过本程序可以发现，static 虽然定义在类中，但是不受实例化对象的使用限制。

注意：通过本程序，就应该清楚以下几点。

- 使用 static 定义的属性内容不在堆内存中保存，而是保存在全局数据区。
- 使用 static 定义的属性内容表示类属性，类属性可以由类名称直接进行调用（虽然可以通过实例化对象调用，但是在 Java 开发标准中不提倡此类格式）。
- static 属性虽然定义在了类中，但是其可以在没有实例化对象的时候进行调用（普通属性保存在堆内存里，而 static 属性保存在全局数据区之中）。

另外需要提醒读者的是，在以后进行类设计的过程中，首要的选择还是普通属性，而是否需要定义 static 属性是需要根据实际的设计条件选择的。

5.6.2 static 定义方法

视频名称	0514_static 定义方法	学习层次	掌握
视频简介	类中除了普通方法之外还可以进行 static 方法的定义，本课程主要讲解 static 定义方法的特点以及与非 static 属性及方法间的操作限制。		

static 除了可以进行属性定义之外，也可以进行方法的定义，一旦使用 static 定义了方法，那么此方法就可以在没有实例化对象的情况下调用。

范例：定义 static 方法

```java
class Chinese {
    private String name ;                         // 【普通成员属性】保存姓名信息
    private int age ;                             // 【普通成员属性】保存年龄信息
    private static String country = "中国" ;      // 【静态成员属性】保存国家信息
    public Chinese(String name,int age) {         // 设置普通属性内容
        this.name = name ;                        // 设置name属性内容
        this.age = age ;                          // 设置age属性内容
    }
    /**
     * 定义static方法，此方法可以在没有实例化对象的情况下直接调用
     * 利用此方法可以修改静态属性country的内容
     * static方法中不允许使用this关键字
     * @param c 要修改的新内容
     */
    public static void setCountry(String c) {
        country = c;                              // 修改静态属性内容
    }
    // setter、getter略
    /**
     * 获取对象完整信息方法，该方法为普通方法，需要通过实例化对象调用，可以使用this调用static属性
     * 但是从严格意义上来讲，此时最好是通过类名称调用，例如，Chinese.country
     * @return 对象完整信息
     */
    public String getInfo() {
        return "姓名: " + this.name + "、年龄: " + this.age + "、国家: " + Chinese.country ;
    }
}
public class JavaDemo {
    public static void main(String args[]) {
        Chinese.setCountry("中华人民共和国") ;       // 调用静态方法，修改静态成员属性
        Chinese per = new Chinese("张三",10) ;      // 实例化Chinese类对象
        System.out.println(per.getInfo()) ;        // 获取对象信息
    }
}
```

程序执行结果：

姓名：张三、年龄：10、国家：中华人民共和国

　　本程序对静态属性 country 进行了封装处理，这样类的外部将无法直接进行此属性的调用，为了解决 country 属性的修改问题，所以设置了一个 static 方法 setCountry()。由于 static 定义的方法和属性均不受到实例化对象的限制，这样就可以直接利用类名称进行 static 方法调用。

> 👤 **注意：关于方法的调用问题。**
>
> 　　此时类中的普通方法实际上就分为了两种：static 方法和非 static 方法，而这两类方法之间的调用也存在着以下的限制。
> - ↳ static 定义的方法不能调用非 static 的方法或属性。
> - ↳ 非 static 定义的方法可以调用 static 的属性或方法。
>
> 　　以上两点，读者可以自行编写代码验证，或者是参考本书附赠的学习视频。而之所以会存在这样的限制，主要原因如下。
> - ↳ 使用 static 定义的属性和方法，可以在没有实例化对象的时候使用（如果没有实例化对象，也就没有了

表示当前对象的 this，所以 static 方法内部无法使用 this 关键字原因就在于此）。

➥ 非 static 定义的属性和方法，必须实例化对象之后才可以进行调用。

在第 4 章讲解 Java 方法定义的格式时提出：如果一个方法在主类中定义，并且由主方法直接调用，那么前面必须有 public static，即使用以下的格式。

格式：在主类中定义，由主方法直接调用的普通方法定义格式。

```
public static 返回值类型 方法名称 (参数列表) {
    [return [返回值] ;]
}
```

范例：观察代码

```java
public class JavaDemo {
    public static void main(String args[]) {        // static方法
        print();                                    // 直接调用
    }
    public static void print() {                    // static方法
        System.out.println("www.mldn.cn");
    }
}
```

程序运行结果：

```
www.mldn.cn
```

按照之前所学习的概念来讲，此时范例表示的是一个 static 方法调用其他的 static 方法，但是如果这时 print() 方法的定义没有使用 static 呢？则必须使用实例化对象来调用非 static 方法，即所有的非 static 方法几乎都有一个特点：**方法要由实例化对象调用。**

范例：实例化本类对象调用非 static 方法

```java
public class JavaDemo {
    public static void main(String args[]) {        // static方法
        new JavaDemo().print();                     // 对象调用
    }
    public void print() {                           // 非static方法
        System.out.println("www.mldn.cn");
    }
}
```

程序运行结果

```
www.mldn.cn
```

因为在讲解本章概念前，考虑到知识层次的问题，并没有强调 static 这个关键字，所以才给出了一个简单的格式用于定义方法。而在本章，由于方法是通过实例化对象调用就没有在方法中使用 static 关键字定义。

同时需要提醒读者的是，在实际项目开发的过程中，类里面的组成方法在大部分情况下都是非 static 型的，也就是说大部分类的方法都是需要通过实例化对象调用的，所以设计中非 static 方法应该作为首选，而 static 方法只有在不考虑实例化对象的情况下才会定义。

5.6.3　static 应用案例

视频名称	0515_static 应用案例		学习层次	掌握	
视频简介	static 结构可以不受到对象实例化的限制并且可以实现多个实例化对象的共享操作，在本课程中将利用 static 属性的技术特点实现对象个数统计与自动属性命名功能的实现。				

static 关键字最为重要的使用特点就是避免实例化对象的限制而直接进行属性或方法的调用，同时 static 属性还可以描述公共数据的特点，下面将通过此特性讲解 static 属性的使用案例。

范例：编写一个程序类，这个类可以实现实例化对象个数的统计，每创建一个新的实例化对象就实现一个统计操作

```java
class Book {
    private String title ;                          // 【普通成员属性】保存图书名称
    private static int count = 0 ;                   // 【静态成员属性】保存对象个数
    /**
     * 构造方法，初始化title属性内容，同时进行对象个数的累加
     * @param title 要设置的title属性内容
     */
    public Book(String title) {
        this.title = title ;                         // 保存title内容
        count ++ ;                                    // 对象个数累加
        System.out.println("第" + count + "本图书创建出来。") ;
    }
    // setter、getter略
}
public class JavaDemo {
    public static void main(String args[]) {
        new Book("Java开发实战经典");                 // 实例化新的Book类对象
        new Book("Spring实战开发");                   // 实例化新的Book类对象
        new Book("Spring微架构实战开发");             // 实例化新的Book类对象
    }
}
```
程序执行结果：
第1本图书创建出来。
第2本图书创建出来。
第3本图书创建出来。

在进行对象个数统计的时候，肯定需要一个公共的属性进行个数的保存，所以本程序定义了一个静态属性 count，在通过构造方法调用进行对象实例化过程中都会进行个数的累加处理。实际上对于此时的程序只需稍加修改就可以实现一个属性内容自动命名的处理操作，现在假设 Book 类中有两个构造方法：无参构造和单参构造（设置 title 属性），但是要求不管调用哪一个构造方法都可以为 title 属性设置一个内容，这样就可以通过 static 属性进行自动命名处理。

范例：实现属性自动命名

```java
class Book {
    private String title ;                          // 【普通成员属性】保存图书名称
    private static int count = 0 ;                   // 【静态成员属性】保存对象个数
    public Book() {
        this("MLDNTITLE - " + count ++) ;            // 调用单参构造
    }
    public Book(String title) {
        this.title = title ;                         // 保存title内容
    }
    public String getTitle() {
```

```
            return title;
        }
        // setter略 ...
}
public class JavaDemo {
    public static void main(String args[]) {
        System.out.println(new Book("Java开发实战经典").getTitle());
        System.out.println(new Book().getTitle());
        System.out.println(new Book("Spring实战开发").getTitle());
        System.out.println(new Book().getTitle());
    }
}
```
程序执行结果：
Java开发实战经典（调用单参构造获取的**title**属性内容）
MLDNTITLE - 0（调用无参构造获取的**title**属性内容）
Spring实战开发（调用单参构造获取的**title**属性内容）
MLDNTITLE - 1（调用无参构造获取的**title**属性内容）

　　本程序利用 static 属性的共享特点，定义了一个对象的计数操作，这样每当调用无参构造方法时都可以保证自动设置一个 title 属性内容。

> **提示：在多线程中存在此类操作。**
>
> 　　在第 14 章中讲解多线程开发的时候也会出现有线程名称的自动命名处理操作，这样做的好处是保证每一个线程都有对应的唯一名称，而实现机制与本程序相同。

5.7 代 码 块

　　代码块是在程序之中使用"{}"定义起来的一段程序，而根据代码块声明位置以及声明关键字的不同，代码块一共分为 4 种：普通代码块、构造代码块、静态代码块和同步代码块（同步代码块将在"第 14 章多线程编程"部分进行讲解）。

5.7.1 普通代码块

视频名称	0516_普通代码块	学习层次	了解
视频简介	代码块是程序结构的子组成部分，在代码块中加上相应的关键字可以描述不同的功能。本课程主要讲解普通代码块的使用特点以及可能出现的操作形式。		

　　普通代码块是定义在方法中的代码块，利用这类代码块可以解决代码块在一个方法中过长导致出现重复变量定义的问题，在讲解此操作之前，首先来观察以下代码。

　　范例：观察一个程序

```
public class JavaDemo {
    public static void main(String args[]) {
        if (true) {                              // 条件一定满足
            int x = 10 ;                         // 定义局部变量
            System.out.println("x = " + x) ;     // 输出局部变量内容
```

```
        }
        int x = 100 ;                            // 定义全局变量
        System.out.println("x = " + x) ;         // 输出全局变量内容
    }
}
```

程序执行结果：

x = 10（if语句内的局部变量内容）

x = 100（main方法中的全局变量内容）

本程序在 if 语句中定义了一个局部变量 x，由于"{}"的作用，所以该变量不会与外部的变量 x 产生影响。

 提问：什么叫全局变量？什么叫局部变量？

在范例中给出的全局变量和局部变量的概念是固定的吗？还是有什么其他的注意事项？

 回答：全局变量和局部变量是一种相对性的概念。

全局变量和局部变量是针对定义代码的情况而定的，只是一种相对性的概念，例如，在以上的范例中，由于第一个变量 x 定义在了 if 语句之中（即定义在了一个"{}"中），所以相对于第二个变量 x 其就成为局部变量，而如果说现在有以下的程序代码。

范例：说明代码

```
public class JDemo {
    private static int x = 100 ;             // 全局变量
    public static void main(String args[]) {
        int x = 100;                         // 局部变量
    }
}
```

此程序中，相对于主方法中定义的变量 x 而言，在类中定义的变量 x 就成为全局变量。所以这两个概念是相对而言的。

对于以上的范例，如果将 if 语句取消了，实际上就变为了普通代码块，这样就可以保证两个 x 变量不会相互影响。

范例：定义普通代码块

```
public class JavaDemo {
    public static void main(String args[]) {
        {                                        // 普通代码块
            int x = 10 ;                         // 定义局部变量
            System.out.println("x = " + x) ;     // 输出局部变量内容
        }
        int x = 100 ;                            // 定义全局变量
        System.out.println("x = " + x) ;         // 输出全局变量内容
    }
}
```

程序执行结果：

x = 10（普通代码块中的变量x）

x = 100（全局变量x）

在本程序中直接使用一个"{}"定义了一个普通代码块，同样还将一个变量 x 定义在"{}"中，不会与全局的 x 变量相互影响，使用普通代码块可以将一个方法中的代码进行部分分割。

5.7.2 构造代码块

视频名称	0517_构造代码块		学习层次	了解	
视频简介	类对象实例化依靠构造方法实现，除了构造方法之外也可以将代码块定义在类中。本课程主要讲解构造代码块与构造方法的使用关系。				

将代码块定义在一个类中，这样就成为构造代码块。构造代码块的主要特点是在使用关键字 new 实例化新对象时进行调用。

范例：定义构造代码块

```java
class Person {
    public Person() {                           // 构造方法
        System.out.println("【构造方法】Person类构造方法执行");
    }
    {                                           // 构造代码块
        System.out.println("【构造块】Person构造块执行");
    }
}
public class JavaDemo {
    public static void main(String args[]) {
        new Person();                           // 实例化新对象
        new Person();                           // 实例化新对象
    }
}
```
程序执行结果：
【构造块】Person构造块执行
【构造方法】Person类构造方法执行
【构造块】Person构造块执行
【构造方法】Person类构造方法执行

通过程序的执行结果可以发现，每一次实例化新的对象时都会调用构造块，并且构造代码块的执行优先于构造方法的执行。

5.7.3 静态代码块

视频名称	0518_静态代码块		学习层次	了解	
视频简介	静态代码块在类中具有优先执行权限，是对构造代码块的进一步定义。本课程主要讲解 static 定义代码块的定义形式与特点。				

静态代码块也是定义在类中的，如果一个构造代码块上使用了 static 关键字进行定义的话，那么就表示静态代码块，静态代码块要考虑两种情况。

- ➭ 情况 1：在非主类中定义的静态代码块。
- ➭ 情况 2：在主类中定义的静态代码块。

范例：在非主类中定义的静态代码块

```java
class Person {
    public Person() {                           // 构造方法
        System.out.println("【构造方法】Person类构造方法执行");
    }
    static {                                    // 静态代码块
        System.out.println("【静态块】静态块执行") ;
```

```
    }
    {                                                          // 构造代码块
        System.out.println("【构造块】Person构造块执行");
    }
}
public class JavaDemo {
    public static void main(String args[]) {
        new Person();                                          // 实例化新对象
        new Person();                                          // 实例化新对象
    }
}
```
程序执行结果：
【静态块】静态块执行
【构造块】Person构造块执行
【构造方法】Person类构造方法执行
【构造块】Person构造块执行
【构造方法】Person类构造方法执行

　　在本程序中实例化了多个 Person 类对象，可以发现静态代码块优先于构造代码块执行，并且不管实例化多少个对象，静态代码块中的代码只执行一次。

> 👤 **提示：利用静态代码块可以实现一些公共的初始化操作。**
>
> 　　在实际项目的开发中，由于静态代码块优先于所有程序代码执行，所以可以利用静态代码块进行一些初始化代码的执行，如下所示。
>
> **范例：利用静态代码块执行初始化代码**
>
> ```
> class Message {
>     public static String getCountry() {
>         return "www.mldn.cn" ;                        // 该消息的内容可能来自网络
>     }
> }
> class Person {
>     private static String country ;
>     static {                                          // 静态代码块中的代码
>         country = Message.getCountry() ;              // 调用静态方法
>         System.out.println(country) ;                 // 输出信息
>     }
> }
> public class JavaDemo {
>     public static void main(String args[]) {
>         new Person();                                 // 实例化新对象
>     }
> }
> ```
> 程序执行结果：
> www.mldn.cn
> 　　在本程序中利用静态代码块执行了部分程序代码，这些代码可以在类第一次使用的时候进行初始化操作，也是在实际开发中使用较多的一种代码结构。

　　范例：在主类中定义的静态代码块

```
public class JavaDemo {
    static {                                                   // 主类中的静态代码块
        System.out.println("********* 魔乐科技（MLDN）  *********");
```

```
    }
    public static void main(String args[]) {        // 主方法
        System.out.println("www.mldn.cn");
    }
}
```
程序执行结果：
********* 魔乐科技（MLDN） *********
www.mldn.cn

通过程序的执行结果可以发现，主类中定义的静态代码块会优先于主方法执行。

> **注意：JDK 1.7 之后的改变。**
>
> 　　在 JDK 1.7 之前，实际上 Java 一直存在一个 bug。按照标准来讲，所有的程序应该由主方法开始执行，可是通过以上范例可以发现，静态代码块会优先于主方法执行。所以在 JDK 1.7 之前，是可以使用静态代码块来代替主方法的，即以下的程序是可以执行的。
>
> **范例：JDK 1.7 之前的 bug**
>
> ```
> public class JavaDemo {
>     static {
>         System.out.println("www.mldn.cn");
>         System.exit(1);
>     }
> }
> ```
>
> 　　但是本程序在 JDK 1.7 之后却无法执行了，这是由于版本升级所解决的问题，而这一 bug 从 1995 年开始一直到 2012 年都存在。

5.8 本章概要

1. 面向对象程序设计是现在主流的程序设计方法，它有三大主要特性：封装性、继承性、多态性。
2. 类与对象的关系：类是对象的模板，对象是类的实例，类只能通过对象才可以使用。
3. 类的组成：成员属性（Field）、方法（Method）。
4. 对象的实例化格式：类名称 对象名称 ＝new 类名称()，关键字 new 用于内存空间的开辟。
5. 如果一个对象没有被实例化而直接使用，则使用时会出现空指向异常（NullPointerException）。
6. 类属于引用数据类型，进行引用传递时，传递的是堆内存的使用权（一块堆内存可以被多个栈内存所指向，而一块栈内存只能够保存一块堆内存的地址）。
7. 类的封装性：通过 private 关键字进行修饰，被封装的属性不能被外部直接调用，而只能通过 setter()或 getter()方法完成。只要是属性，类中的全部属性必须全部封装。
8. 构造方法可以为类中的属性初始化，构造方法与类名称相同，无返回值类型声明。如果在类中没有明确地定义出构造方法，则会自动生成一个无参的、什么都不做的构造方法。在一个类中的构造方法可以重载，但是每个类都必须至少有一个构造方法。
9. 在 Java 中使用 this 关键字可以表示当前的对象，通过"this.属性"可以调用本类中的属性，通过"this.方法()"可以调用本类中的其他方法，也可以通过 this()的形式调用本类中的构造方法，但是调用时要求要放在构造方法的首行。
10. 使用 static 声明的属性和方法可以由类名称直接调用，static 属性是所有对象共享的，所有对象都可以对其进行操作。

5.9 自 我 检 测

1. 编写并测试一个代表地址的 Address 类，地址信息由国家、省份、城市、街道、邮编等组成，并可以返回完整地址信息。

视频名称	0519_面向对象案例分析 1		学习层次	运用
视频简介	类与对象是面向对象的基本元素，为了帮助读者了解简单 Java 类的设计与使用，本课程将通过一个地址类进行类的实际使用分析。			

2. 定义并测试一个代表员工的 Employee 类。员工属性包括编号、姓名、基本薪水、薪水增长率，还包括计算薪水增长额及计算增长后的工资总额的操作方法。

视频名称	0520_面向对象案例分析 2		学习层次	运用
视频简介	类与对象是面向对象的基本元素，为了帮助读者了解简单 Java 类的设计与使用，本课程将通过一个员工类进行类的实际使用分析。			

3. 设计一个 Dog 类，有名字、颜色、年龄等属性，定义构造方法来初始化类的这些属性，定义方法输出 Dog 信息，编写应用程序使用 Dog 类。

视频名称	0521_面向对象案例分析 3		学习层次	运用
视频简介	类与对象是面向对象的基本元素，为了帮助读者了解简单 Java 类的设计与使用，本课程将通过一个 Dog 类进行类的实际使用分析。			

4. 构造一个银行账户类，类的构成包括以下内容。
- 数据成员用户的账户名称、用户的账户余额（private 数据类型）。
- 方法包括开户（设置账户名称及余额），利用构造方法完成。
- 查询余额。

视频名称	0522_面向对象案例分析 4		学习层次	运用
视频简介	类与对象是面向对象的基本元素，为了帮助读者了解简单 Java 类的设计与使用，本课程将通过一个银行账户类进行类的实际使用分析。			

5. 设计一个表示用户的 User 类，类中的变量有用户名、口令和记录用户个数的变量，定义类的 3 个构造方法（无参、为用户名赋值、为用户名和口令赋值），获取和设置口令的方法和返回类信息的方法。

视频名称	0523_面向对象案例分析 5		学习层次	运用
视频简介	类与对象是面向对象的基本元素，为了帮助读者了解简单 Java 类的设计与使用，本课程将通过一个用户类进行类的实际使用分析以及 static 静态属性使用。			

6. 声明一个图书类，其数据成员为书名、编号（利用静态变量实现自动编号）、书价，并拥有静态数据成员册数、记录图书的总册数，在构造方法中利用此静态变量为对象的编号赋值，在主方法中定义多个对象，并求出总册数。

视频名称	0524_面向对象案例分析 6		学习层次	运用
视频简介	类与对象是面向对象的基本元素，为了帮助读者了解简单 Java 类的设计与使用，本课程将通过一个图书类进行类的实际使用分析以及 static 静态属性使用。			

第6章 数 组

通过本章的学习可以达到以下目标

- 掌握数组在程序中的主要作用以及定义语法。
- 掌握数组引用传递操作，并且可以掌握数组引用传递内存分析方法。
- 掌握数组的相关操作案例，可以实现数组排序与数组转置的操作实现。
- 掌握对象数组的使用，并且可以深刻理解对象数组的存在意义。
- 掌握简单 Java 类与对象数组在实际开发中的使用模式。

数组是在程序设计中提供的一种重要的数据类型，在 Java 中数组属于引用数据类型，所以数组也会涉及堆栈空间的分配与引用传递的问题，本章将为读者讲解数组的相关定义、操作语法、对象数组的使用。

6.1 数 组 定 义

视频名称	0601_数组定义		学习层次	掌握
视频简介	数组是基础的线性存储结构，可以有效地实现一组变量的关联。本课程主要讲解数组的基本概念、定义语法与使用形式。			

数组是指一组相关变量的集合。例如，如果说现在要想定义 100 个整型变量，按照传统的思路，可能这样定义：

```
int i1,i2 ,... i100;      //一共写 100 个变量
```

以上的形式的确可以满足技术要求，但是这里有一个问题，这 100 个变量没有任何逻辑控制关系，各个变量完全独立，就会出现不方便管理变量的问题。那么在这种情况下就可以利用数组来解决此类问题，而数组本身也属于引用数据类型，所以数组的定义语法如下。

➥ 声明并开辟数组（"[]"可以定义在数组名称前也可以定义在数组名称后）。

数据类型 数组名称 [] = new 数据类型 [长度];
数据类型 [] 数组名称 = new 数据类型 [长度];

➥ 分步完成。

声明数组	数据类型 数组名称 [] = null;
开辟数组	数组名称 = new 数据类型 [长度];

当数组开辟空间之后，那么可以采用"数组名称[下标|索引]"的形式进行访问，但是所有数组的下标都是从 0 开始的，即如果是 3 个长度的数组，则下标可用范围：0~2（0、1、2 一共是 3 个内容）。如果访问的时候超过了数组的允许下标的长度，那么会出现数组越界异常（java.lang.ArrayIndexOutOfBoundsException）。

以上给出的数组定义结构使用的是动态初始化的方式，即数组首先开辟内存空间，但是数组中的内容都是其对应数据类型的默认值，如果现在声明的是 int 型数组，则数组里面的全部内容都是其默认值：0。

由于数组是一种顺序结构，并且数组的长度都是固定的，那么可以使用循环的方式输出，很明显需要知道 for 循环。而且，Java 为了方便数组的输出，提供了一个"**数组名称.length**"属性，可以直接取得数组长度。

范例：定义并使用数组

```java
public class ArrayDemo {
    public static void main(String args[]) {
        int data [] = new int [3] ;                    // 数组动态初始化，内容为其数据类型默认值
        data [0] = 11 ;                                // 为数组设置内容
        data [1] = 23 ;                                // 为数组设置内容
        data [2] = 56 ;                                // 为数组设置内容
        for (int x = 0 ; x < data.length ; x ++) {     // 根据数组长度循环输出
            System.out.print(data[x] + "、") ;         // 通过索引获取每一个数组内容
        }
    }
}
```
程序执行结果：
11、23、56、

本程序利用数组动态初始化开辟了 3 个长度的数组内容，并且为数组中的每一个元素进行初始化。由于数组的长度是固定的，所以使用了 for 循环实现了数组的访问下标控制实现了数组内容的输出。

数组核心的操作就是声明并分配内存空间，而后根据索引进行访问。但是需要注意的是，**数组属于引用数据类型，代码中需要进行内存分配**。数组与对象保存唯一的区别在于：对象中的堆内存保存的是属性，而数组中的堆内存保存的是一组信息，以上程序的内存划分如图 6-1 所示。

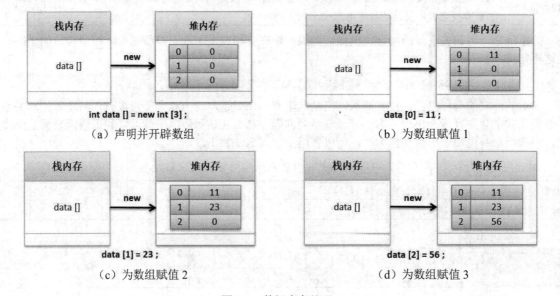

图 6-1　数组内存处理

数组本身分为动态初始化与静态初始化，以上范例使用的是动态初始化，动态初始化后会发现数组中的每一个元素的内容都是其对应数据类型的默认值，随后可以通过下标为数组设置内容。如果希望定义数组的时候就设置其内容，则可以采用静态初始化的方式完成。

范例：使用静态初始化定义数组

```java
public class ArrayDemo {
    public static void main(String args[]) {
        int data[] = new int[] { 11, 23, 56 };          // 使用数组的静态初始化
        for (int x = 0; x < data.length; x++) {         // for循环输出数组
            System.out.print(data[x] + "、");           // 根据索引获取数组内容
        }
    }
}
```
程序执行结果：
11、23、56、

本程序采用静态初始化，在数组定义时就为其设置了具体的数据内容，避免了先开辟后赋值的重复
操作。

> **注意：关于数组的使用问题。**
>
> 数组最大的方便之处在于可以使用线性的结构保存一组类型相同的变量，但是从另一个角度来讲，传统数组
> 最大的缺陷在于其保存的数据个数是固定的，正是由于这一点，在许多项目开发中会大量地通过类集框架（Java
> 中提供的数据结构实现）实现动态数组的操作，但这并不意味着在项目中完全不使用数组，因为在一些数据的处
> 理上还是要大量地采用数组。

6.2 数组引用传递分析

视频名称	0602_数组引用传递分析	学习层次	掌握
视频简介	数组属于引用数据类型，所以数组本身也会存在堆栈内存的使用关系。本课程主要讲解数组的内存分配以及数组的引用传递操作。		

数组属于引用数据类型，在数组使用时需要通过关键字 new 开辟堆内存空间，一块堆内存空间也可
以同时被多个栈内存指向，进行引用数据操作。

范例：数组引用传递

```java
public class ArrayDemo {
    public static void main(String args[]) {
        int data[] = new int[] { 10, 20, 30 };          // 数组静态初始化
        int temp[] = data;                              // 引用传递
        temp[0] = 99;                                   // 修改数组内容
        for (int x = 0; x < data.length; x++) {         // 循环输出数组数据
            System.out.print(data[x] + "、");           // 根据索引访问数组元素
        }
    }
}
```
程序执行结果：
99、20、30、

本程序首先定义了一个 int 型数组，通过引用传递将数组内容传递给 temp，并利用 temp 修改了数组

内容，本程序的内存操作如图 6-2 所示。

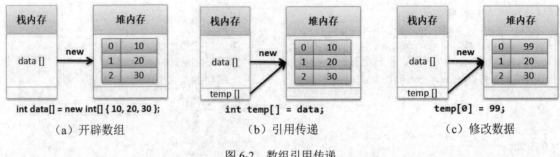

（a）开辟数组　　　　　　　　（b）引用传递　　　　　　　　（c）修改数据

图 6-2　数组引用传递

注意：不能够直接使用未开辟堆内存空间的数组。

数组本身属于引用数据类型，如果用户现在直接使用了未开辟空间的数组，那么一定会出现 NullPointerException（空指向异常）。

范例：使用未开辟空间的数组

```java
public class ArrayDemo {
    public static void main(String args[]) {
        int data[] = null;                    // 声明数组未开辟堆内存
        System.out.println(data[0]);          // 访问未开辟数组
    }
}
```

程序执行结果：

```
Exception in thread "main" java.lang.NullPointerException
        at ArrayDemo.main(ArrayDemo.java:4)
```

由于数组 data 并没有进行堆内存空间的引用，调用时就会出现空指向异常。

6.3　foreach 输出

	视频名称	0603_foreach 输出		学习层次	掌握
	视频简介	数组的输出形式除了依据循环与索引的访问形式之外，还提供了 foreach 结构。本课程主要讲解如何使用 foreach 实现数组数据的输出。			

数组是一个定长的数据结构，在进行数组输出的时候往往会结合 for 循环并且利用下标的形式访问数组元素，为了简化数组与集合数据的输出问题，提供有 foreach 结构（加强型 for 循环），其语法格式如下。

```
for(数据类型 变量:数组|集合){
    // 循环体代码，循环次数为数组长度
}
```

范例：使用 foreach 结构输出数组内容

```java
public class ArrayDemo {
    public static void main(String args[]) {
        int data[] = new int[] { 1, 2, 3, 4, 5 };     // 数组静态初始化
```

```
    for (int temp : data) {                    // 自动循环，将data数组每一个内容交给temp
        System.out.print(temp + "、");         // 数组每个元素会保存在temp变量中
    }
}
}
```
程序执行结果：
1、2、3、4、5、

利用 foreach 循环结构，不仅可以简化 for 循环的定义结构，也可以避免数组下标访问时由于处理不当所造成的数组越界异常（java.lang.ArrayIndexOutOfBoundsException）。

6.4 二维数组

视频名称	0604_二维数组	学习层次	了解
视频简介	两个数组的嵌套形式就可以形成二维数组，本课程主要讲解二维数组的特点、定义语法以及二维数组的数据访问操作。		

在数组定义时需要在变量上使用"[]"标记，对于之前的数组实际上是一种线性结构，只需利用一个下标就可以定位一个具体的数据内容，这样的数组被称为一维数组，其结构如图 6-3 所示。

下标	0	1	2	3	4	5	6
数据	890	90	91	789	657	768	897

图 6-3　一维数组结构

如果想要描述出多行多列的结构（表结构形式），那么就可以通过二维数组的形式进行定义，则在定义二维数组时就需要使用两个"[][]"声明，在二维数组中需要通过行下标与列下标才可以定位一个数据内容，如图 6-4 所示。

下标	0	1	2	3	4	5	6
0	890	90	91	789	657	768	897
1	1	23	3	4	5	56	7
2	90	98	756	1	2	34	465

图 6-4　二维数组结构

提示：关于多维数组。

二维及其以上维度的数组都称为多维数组。二维数组需要行和列两个下标才可以访问其数组元素，其结构为一张表（本质上就是数组的嵌套）；如果是三维数组就可以描述出一个立体结构。理论上，可以继续增加数组的维数，但是随着数组维数的增加，其处理的复杂度就越高，所以在项目开发中尽量不要使用多维数组。

在 Java 中，对于二维数组可以使用的定义语法如下。

➥ **动态初始化**：数据类型 数组名称[][] = new 数据类型[行的个数][列的个数]。
➥ **静态初始化**：数据类型 数组名称[][] = new 数据类型[][] {{值,值,值},{值,值,值}}。

范例：定义二维数组

```
public class ArrayDemo {
```

```java
public static void main(String args[]) {
    int data[][] = new int[][] {
        { 1, 2, 3, 4, 5 }, { 1, 2, 3 }, { 5, 6, 7, 8 } };      // 定义二维数组
    for (int x = 0; x < data.length; x++) {                     // 外层循环控制数组行
        for (int y = 0; y < data[x].length; y++) {              // 内层循环控制数组列
            System.out.println("data[" + x + "][" + y + "] = " + data[x][y]);// 数组访问
        }
        System.out.println();                                   // 换行
    }
}
}
```

程序执行结果：
data[0][0] = 1
data[0][1] = 2
data[0][2] = 3
data[0][3] = 4
data[0][4] = 5

data[1][0] = 1
data[1][1] = 2
data[1][2] = 3

data[2][0] = 5
data[2][1] = 6
data[2][2] = 7
data[2][3] = 8

本程序定义了一个二维数组，并且每一行数组的数据长度不同，如图 6-5 所示。外层循环控制着数组行下标，内层循环控制着数组列下标，定位每一个数组时都需要通过行和列两个下标共同作用。

索引（下标）	0	1	2	3	4
0	1	2	3	4	5
1	1	2	3		
2	5	6	7	8	

图 6-5　二维数组

范例： 使用 foreach 结构输出数组

```java
public class ArrayDemo {
    public static void main(String args[]) {
        int data[][] = new int[][] {
            { 1, 2, 3, 4, 5 }, { 1, 2, 3 }, { 5, 6, 7, 8 } }; // 定义二维数组
        for (int temp [] : data) {                              // 外层循环获取每一行数组
            for (int num : temp) {                              // 内层循环获取数组内容
                System.out.print(num + "、") ;                  // 输出数组内容
            }
            System.out.println() ;                              // 换行
        }
    }
}
```

```
}
```
程序执行结果:
1、2、3、4、5、

1、2、3、

5、6、7、8、

利用 foreach 结构输出二维数组时,外层循环返回的是每一行数组("int temp [] : data"),内层循环实现每个数据的获取与输出。

6.5 数组与方法

视频名称	0605_数组与方法	学习层次	掌握	
视频简介	本课程主要讲解数组的引用传递,借助方法实现进一步的引用分析,讲解如何利用方法接收数组或返回数组的操作。			

在数组进行引用传递的处理中,最为常见的形式就是基于方法进行引用数据的处理或返回,下面将通过几个案例对此类操作进行说明。

范例: 使用方法接收数组引用

```java
public class ArrayDemo {
    public static void main(String args[]) {
        int data[] = new int[] { 1, 2, 3 };        // 定义数组
        printArray(data);                          // 数组引用传递
    }
    /**
     * 将接收到的整型数组内容进行输出
     * @param temp 数组临时变量
     */
    public static void printArray(int temp[]) {
        for (int x = 0; x < temp.length; x++) {    // for循环输出
            System.out.print(temp[x] + "、");       // 下标获取元素内容
        }
    }
}
```
程序执行结果:
1、2、3、

本程序利用数组静态初始化定义数组,随后将其引用地址传递给了 printArray()方法中的 temp 变量,在此方法中实现了内容的输出,本程序的内存流程如图 6-6 所示。

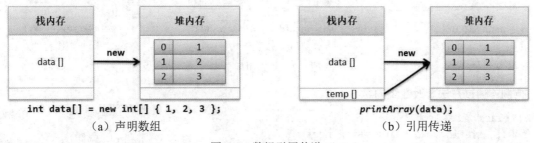

（a）声明数组   （b）引用传递

图6-6 数组引用传递

在程序中方法可以接收一个数组的引用，那么方法也可以返回一个数组的引用，此时只需在方法的返回值类型上将其定义为对应的数组类型即可。

范例：方法返回数组

```java
public class ArrayDemo {
    public static void main(String args[]) {
        int data[] = initArray();                      // 接收数组
        printArray(data);                              // 数组引用传递
    }
    /**
     * 返回一个初始化的数组内容
     * @return int型数组
     */
    public static int[] initArray() {
        int arr[] = new int[] { 1, 2, 3 };             // 开辟数组
        return arr;                                    // 返回数组
    }
    /**
     * 将接收到的整型数组内容进行输出
     * @param temp 数组临时变量
     */
    public static void printArray(int temp[]) {
        for (int x = 0; x < temp.length; x++) {        // for循环输出
            System.out.print(temp[x] + "、");           // 下标获取元素内容
        }
    }
}
```

程序执行结果：
1、2、3、

本程序定义的 initArray()方法的主要功能就是返回一个数组的引用，由于 initArray()方法的返回值类型为“int []”，所以必须使用同类型的数组接收，即“int data[] = initArray();”，本程序的内存分析流程如图 6-7 所示。

上面的程序演示了关于用方法接收与返回数组的处理情况，下面再通过一个具体的案例演示通过方法修改数组内容的处理。

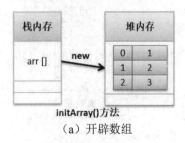
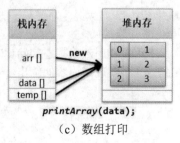

图 6-7　数组引用传递

范例：通过方法修改数组内容

```java
public class ArrayDemo {
    public static void main(String args[]) {
        int data[] = new int[] { 1, 2, 3 };            // 开辟数组
```

```
        changeArray(data);                          // 修改数组内容
        printArray(data);                           // 传递数组
    }
    /**
     * 修改数组内容，将数组中的每一个数组元素乘2后保存
     * @param arr 接收传递数组引用
     */
    public static void changeArray(int arr[]) {
        for (int x = 0; x < arr.length; x++) {      // for循环
            arr[x] *= 2;                            // 每个元素的内容乘2保存
        }
    }
    /**
     * 将接收到的整型数组内容进行输出
     * @param temp 数组临时变量
     */
    public static void printArray(int temp[]) {
        for (int x = 0; x < temp.length; x++) {     // for循环输出
            System.out.print(temp[x] + "、");       // 下标获取元素内容
        }
    }
}
```
程序执行结果：
2、4、6、

本程序 changeArray()方法的主要功能是修改接收到的数组内容，由于发生的是引用关系，所以修改后的结果将直接影响到原始内容，本程序的内存分析流程如图 6-8 所示。

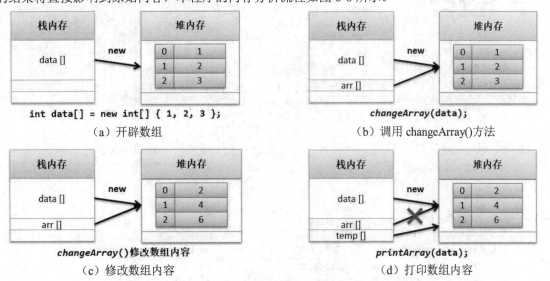

（a）开辟数组　　　　　　　　　　　　　　　（b）调用 changeArray()方法

（c）修改数组内容　　　　　　　　　　　　　（d）打印数组内容

图 6-8　通过方法修改数组内容

通过以上分析，可以清楚了解数组与方法之间的引用传递问题。但是现在所有的程序代码都是在主类中编写的，并没有使用到过多的面向对象设计思想，下面将结合面向对象的设计思想实现一个数组的操作案例，本操作案例要求如下：随意定义一个 int 数组，要求可以计算出这个数组元素的总和、最大值、最小值、平均值。

范例： 结合面向对象设计实现数组内容统计

```java
class ArrayUtil {                                          // 定义一个数组的操作类
    private int sum;                                       // 保存数据统计总和
    private double avg;                                    // 保存平均值
    private int max;                                       // 保存最大值
    private int min;                                       // 保存最小值
    /**
     * 接收要进行统计的数组内容，并且在构造方法中实现数据统计处理
     * @param data 要统计的处理数据
     */
    public ArrayUtil(int data[]) {                         // 进行数组计算
        this.max = data[0];                                // 假设第一个是最大值
        this.min = data[0];                                // 假设第一个是最小值
        for (int x = 0; x < data.length; x++) {            // 利用循环迭代每一个数组元素
            if (data[x] > max) {                           // 如果max不是最大值
                this.max = data[x];                        // 修改max保存的内容
            }
            if (data[x] < min) {                           // 如果min不是最小值
                this.min = data[x];                        // 修改min保存的内容
            }
            this.sum += data[x];                           // 数据累加
        }
        this.avg = this.sum / data.length;                 // 统计平均值（忽略小数位）
    }
    public int getSum() {                                  // 返回数据总和
        return this.sum;
    }
    public double getAvg() {                               // 返回平均值
        return this.avg;
    }
    public int getMax() {                                  // 返回最大值
        return this.max;
    }
    public int getMin() {                                  // 返回最小值
        return this.min;
    }
}
public class ArrayDemo {
    public static void main(String args[]) {
        int data[] = new int[] { 1, 2, 3, 4, 5 };          // 开辟数组
        ArrayUtil util = new ArrayUtil(data);              // 数据计算
        System.out.println("数组内容总和：" + util.getSum());    // 输出统计结果
        System.out.println("数组内容平均值：" + util.getAvg());   // 输出统计结果
        System.out.println("数组内容最大值：" + util.getMax());   // 输出统计结果
        System.out.println("数组内容最小值：" + util.getMin());   // 输出统计结果
    }
}
```

程序执行结果：
数组内容总和：15
数组内容平均值：3.0
数组内容最大值：5
数组内容最小值：1

本程序为了实现案例的要求，采用面向对象的形式定义了一个专门的数组操作类，并且在此类的构造方法中实现了数组内容的相关统计操作与结果保存，这样在主类调用时就不再牵扯到具体的程序逻辑，只需根据要求传入数据获取相应的结果即可。

> **提示：关于合理的程序结构设计。**
>
> 在现实的项目开发中，主类通常是作为客户端调用形式出现，执行的代码应该越简单越好。以本程序为例，客户端只是传入了数据并获取了结果，而对于这个结果是如何得来的，实际上客户端并不关心。

6.6   数组案例分析

数组是一种结构化的线性数据类型，也是数据操作的重要组成部分，为了帮助读者更好地理解数组的作用，下面将通过两个常见案例进行说明。

6.6.1   数组排序案例分析

视频名称	0606_数组排序案例分析		学习层次	掌握
视频简介	数组中可以保存多个数据内容，可以对数组数据进行排序操作并保存。本课程主要分析数组排序的原理，并讲解数组排序程序的实现。			

数组排序是指将一个无序的数组内容按照其大小关系进行排列，使之可以有序保存，排序操作的基本原理如图 6-9 所示。

原始数组	8	9	0	2	3	5	10	7	6	1
第1次排序	8	0	2	3	5	9	7	6	1	10
第2次排序	0	2	3	5	8	7	6	1	9	10
第3次排序	0	2	3	5	7	6	1	8	9	10
第4次排序	0	2	3	5	6	1	7	8	9	10
第5次排序	0	2	3	5	1	6	7	8	9	10
第6次排序	0	2	3	1	5	6	7	8	9	10
第7次排序	0	2	1	3	5	6	7	8	9	10
第8次排序	0	1	2	3	5	6	7	8	9	10

图 6-9   数组排序原理

范例：实现数组排序

```
class ArrayUtil {
    /**
     * 数组排序处理
     * @param data 要排序的数组内容
     */
    public static void sort(int data[]) {
        for (int x = 0; x < data.length; x++) {
            for (int y = 0; y < data.length - x - 1; y++) {
```

```
                if (data[y] > data[y + 1]) {                    // 当前内容大于后续内容
                    int temp = data[y];                         // 数据交换
                    data[y] = data[y + 1];                      // 数据交换
                    data[y + 1] = temp;                         // 数据交换
                }
            }
        }
    }
    public static void printArray(int temp[]) {                 // 数组输出
        for (int x = 0; x < temp.length; x++) {
            System.out.print(temp[x] + "、");
        }
        System.out.println();
    }
}
public class ArrayDemo {
    public static void main(String args[]) {
        int data[] = new int[] { 8, 9, 0, 2, 3, 5, 10, 7, 6, 1 };  // 排序原始数组
        ArrayUtil.sort(data);                                       // 排序
        ArrayUtil.printArray(data);                                 // 数组输出
    }
}
```
程序执行结果：
0、1、2、3、5、6、7、8、9、10、

本程序为了实现数组的排序与内容输出功能定义了 ArrayUtil 类，并根据图 6-9 给出的排序原理实现了排序要求。

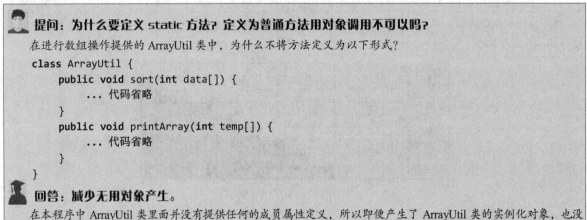

提问：为什么要定义 static 方法？定义为普通方法用对象调用不可以吗？

在进行数组操作提供的 ArrayUtil 类中，为什么不将方法定义为以下形式？
```
class ArrayUtil {
    public void sort(int data[]) {
        … 代码省略
    }
    public void printArray(int temp[]) {
        … 代码省略
    }
}
```
回答：减少无用对象产生。

在本程序中 ArrayUtil 类里面并没有提供任何的成员属性定义，所以即便产生了 ArrayUtil 类的实例化对象，也没有任何意义（堆内存没有可以保存的成员属性，开辟了一块堆内存，同时又会产生垃圾），所以本程序定义的 ArrayUtil 类使用了 static 方法，这样就可以在没有实例化对象的时候调用并执行方法了。

6.6.2 数组转置案例分析

视频名称	0607_数组转置案例分析	学习层次	掌握
视频简介	数组转置是一种常见的数据结构，利用算法的形式将数组首尾保存的数据进行交换，本课程主要讲解数组转置程序的实现思路以及具体程序。		

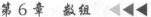
数组转置是指实现一个数组内容的首尾信息交换，现在假设有以下一个数组，其内容定义如下。

原始数组内容：1、2、3、4、5、6、7、8、9。

在转换之后数组内容：9、8、7、6、5、4、3、2、1。

对于数组的转置操作实现，可以通过索引控制的方法，利用循环通过数组的首尾依次获取数据，而后交换保存内容的方式来实现，操作流程如图 6-10 所示。

（a）数组长度为奇数

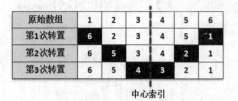

（b）数组长度为偶数

图 6-10　数组转置

范例：数组转置

```java
class ArrayUtil {
    /**
     * 数组转置处理，取数组长度的一半作为循环次数，进行首尾交换
     * @param data 转置的原始数组
     */
    public static void reverse(int data[]) {
        int center = data.length / 2 ;            // 确定交换的次数
        int head = 0 ;                            // 【前索引】操作脚标
        int tail = data.length - 1 ;              // 【后索引】操作脚标
        for (int x = 0 ; x < center ; x ++) {     // 循环转置
            int temp = data [head] ;              // 数据交换
            data [head] = data [tail] ;           // 数据交换
            data [tail] = temp ;                  // 数据交换
            head ++ ;                             // 前索引自增
            tail -- ;                             // 后索引自减
        }
    }
    public static void printArray(int temp[]) {   // 数组输出
        for (int x = 0; x < temp.length; x++) {
            System.out.print(temp[x] + "、");
        }
        System.out.println();
    }
}
public class ArrayDemo {
    public static void main(String args[]) {
        int data[] = new int[] { 1, 2, 3, 4, 5, 6, 7, 8, 9 };   // 排序原始数组
        ArrayUtil.reverse(data) ;                 // 转置处理
        ArrayUtil.printArray(data);               // 数组输出
    }
}
```

程序执行结果：
9、8、7、6、5、4、3、2、1、

本程序在一个数组上利用前后两端的索引控制实现数据交换的目的，由于不需要整体数组的循环，所以在开始处根据既定的分析结果通过数组长度计算出循环次数。

> **提示：关于二维数组的转置问题。**
>
> 若要实现二维数组的内容交换，实际上只需进行行列内容的转置即可，操作流程如图 6-11 所示。

原始数组	索引	0	1	2
	0	1	2	3
	1	4	5	6
	2	7	8	9

第一次数组转置	索引	0	1	2
	0	1	**4**	3
	1	**2**	5	6
	2	7	8	9

第二次数组转置	索引	0	1	2
	0	1	4	**7**
	1	2	5	6
	2	**3**	8	9

第三次数组转置	索引	0	1	2
	0	1	4	7
	1	2	5	**8**
	2	3	**6**	9

图 6-11　二维数组转置

范例：实现二维数组转置

```java
class ArrayUtil {
    public static void reverse(int temp[][]) {          // 数组转置
        for (int x = 0; x < temp.length; x++) {
            for (int y = x; y < temp[x].length; y++) {
                int t = temp[x][y];                      // 行列交换
                temp[x][y] = temp[y][x];                 // 行列交换
                temp[y][x] = t;                          // 行列交换
            }
        }
    }
    public static void printArray(int temp[][]) {        // 数组输出
        for (int x = 0; x < temp.length; x++) {
            for (int y = 0; y < temp[x].length; y++) {
                System.out.print(temp[x][y] + "、");
            }
            System.out.println();
        }
        System.out.println();
    }
}
public class ArrayDemo {
    public static void main(String args[]) {
        int data[][] = new int[][] { { 1, 2, 3 },
            { 4, 5, 6 }, { 7, 8, 9 } };                  // 二维数组
        ArrayUtil.reverse(data) ;                        // 转置处理
        ArrayUtil.printArray(data);                      // 数组输出
    }
```

```
}
```
程序执行结果：

1、4、7、

2、5、8、

3、6、9、

　　需要注意的是，行列数不相等的二维数组无法在一个数组内实现转置控制。如果对其进行转置操作，就需要开辟一个新数组，新数组的行数为旧数组的列数，新数组的列数为旧数组的行数，利用逻辑为新数组赋值后修改原始引用才可实现。但是此类操作的实现意义不大，有兴趣的读者可以自行操作。

6.7　数组类库支持

视频名称	0608_数组类库支持	学习层次	理解
视频简介	数组是最为常用的程序结构，随着开发语言的不断发展，不同的语言针对数组的操作方法也提供了支持。本课程主要讲解在 JDK 中支持的数组排序与数组复制操作。		

　　为了方便开发者进行代码的编写，Java 也提供了一些与数组有关的操作，考虑到学习的层次，本部分先为读者讲解两个数组的常用操作方法：数组排序、数组复制。

1. 数组排序

　　可以按照由小到大的顺序对基本数据类型的数组（例如，int 数组、double 数组都为基本数据类型数组）进行排序，操作语法：java.util.Arrays.sort（数组名称）。

提示：先按照语法使用。

java.util 是一个 Java 系统包的名称（对于包的定义将在第 10 章为读者讲解），而 Arrays 是该包中的一个工具类，对于此语法不熟悉的读者暂时不影响使用。

范例：数组排序

```java
class ArrayUtil {
    public static void printArray(int temp[]) {
        for (int x = 0; x < temp.length; x++) {          // 循环输出
            System.out.print(temp[x] + "、");
        }
        System.out.println();
    }
}
public class ArrayDemo {
    public static void main(String args[]) {
        int data[] = new int[] { 23, 12, 1, 234, 2, 6, 12, 34, 56 };
        java.util.Arrays.sort(data);                     // 数组排序
        ArrayUtil.printArray(data);                      // 数组输出
    }
}
```
程序执行结果：

1、2、6、12、12、23、34、56、234、

本程序利用 JDK 提供的类库实现了数组排序处理，需要注意的是，java.util.Arrays.sort()方法主要是针对于一维数组的排序，但对数组类型并无限制，即各个数据类型的数组均可以利用此方法进行排序。

2．数组复制

从一个数组中复制部分内容到另外一个数组中，方法为 System.arraycopy(源数组名称,源数组开始点,目标数组名称,目标数组开始点,复制长度)。

> **提示：与原始定义的方法名称稍有不同。**
>
> 本次给读者使用的数组复制语法是经过修改得来的，与原始定义的方法有些差别，读者先暂时记住此方法，以后会有完整介绍。

例如，现在给定两个数组：

- ➡ 数组 A：1、2、3、4、5、**6、7、8**、9。
- ➡ 数组 B：11、22、33、**44、55、66**、77、88、99。

现将数组 A 的部分内容复制到数组 B 中，数组 B 的最终结果：11、22、33、**6、7、8**、77、88、99。

范例：数组复制

```java
class ArrayUtil {
    public static void printArray(int temp[]) {
        for (int x = 0; x < temp.length; x++) {              // 循环输出
            System.out.print(temp[x] + "、");
        }
        System.out.println();
    }
}
public class ArrayDemo {
    public static void main(String args[]) {
        int dataA[] = new int[] { 1, 2, 3, 4, 5, 6, 7, 8, 9 };
        int dataB[] = new int[] { 11, 22, 33, 44, 55, 66, 77, 88, 99 };
        System.arraycopy(dataA, 5, dataB, 3, 3);             // 数组复制
        ArrayUtil.printArray(dataB);                         // 输出数组内容
    }
}
```
程序执行结果：
```
11、22、33、6、7、8、77、88、99、
```

本程序使用内置数组复制操作方法实现了部分数组内容的复制，但是此类方法只允许某个索引范围内的数据实现复制，所以一旦索引控制不当，依然有可能出现数组越界异常。

6.8　方法可变参数

	视频名称	0609_方法可变参数	学习层次	掌握
	视频简介	为了进一步实现方法使用的灵活性，在 JDK 1.5 后提供了更加灵活的动态参数结构。本课程主要讲解方法可变参数的意义以及可变参数与数组的关系。		

为了方便开发者可以更加灵活地定义方法，避免方法中参数的执行限制，所以 Java 提供了方法可变参数的支持，利用这一特点可以在方法调用时采用动态形式传递若干个参数数据，可变参数定义语法如下。

```
public [static] [final] 返回值类型 方法名称 (参数类型 ... 变量) {   // 虽然定义方式改变了，但本质上还是个数组
    [return [返回值] ;]
}
```

在进行方法参数定义的时候有了一些变化（**参数类型 ... 变量**），而这个时候的参数可以说就是数组形式，即：在可变参数之中，虽然定义的形式不是数组，但却是按照数组方式进行操作的。

范例：使用可变参数

```java
class ArrayUtil {
    /**
     * 计算给定参数数据的累加结果
     * @param data 要进行累加的数据，采用可变参数，本质上属于数组
     * @return 返回累加结果
     */
    public static int sum(int... data) {
        int sum = 0;                                    // 保存累加结果
        for (int temp : data) {                         // 循环数组
            sum += temp;                                // 数据累加
        }
        return sum;                                     // 返回累加结果
    }
}
public class ArrayDemo {
    public static void main(String args[]) {
        System.out.println(ArrayUtil.sum(1, 2, 3));              // 可变参数
        System.out.println(ArrayUtil.sum(new int[] { 1, 2, 3 }));  // 直接传递数组
    }
}
```
程序执行结果：
6（"ArrayUtil.sum(1, 2, 3)"代码执行结果）
6（"ArrayUtil.sum(new int[] { 1, 2, 3 })"代码执行结果）

通过程序的执行结果可以发现，可变参数实际上就是数组的一种变相应用，但是利用这一特点对于方法中的参数接收就可以较为灵活。

> **提示：关于混合参数定义。**
>
> 需要注意的是，如果此时方法中需要接收普通参数和可变参数，则可变参数一定要定义在最后，并且一个方法只允许定义一个可变参数。
>
> ### 范例：混合参数
>
> ```java
> class ArrayUtil {
>     public static void sum(String name, String url, int... data) {
>         ...
>     }
> }
> ```
> 在本方法调用时，前面的两个参数必须传递，而可变参数就可以根据需求传递。

6.9 对 象 数 组

	视频名称	0610_对象数组		学习层次	掌握
	视频简介	单一的对象可以描述一个实例，如果要针对多个实例对象进行管理，就可以采用对象数组的形式，本课程将为读者讲解对象数组的定义形式与使用。			

在 Java 中所有的数据类型均可以定义为数组，即除了基本数据类型的数据定义为数组外，引用数据类型也可以定义数组，这样的数组就称为对象数组，对象数组的定义可以采用以下的形式完成。

对象数组动态初始化	类 对象数组名称 [] = new 类 [长度];
对象数组静态初始化	类 对象数组名称 [] = new 类 [] {实例化对象,实例化对象,...};

范例：使用动态初始化定义对象数组

```
class Person {                                          // 引用类型
    private String name ;                               // 成员属性
    private int age ;                                   // 成员属性
    public Person(String name,int age) {                // 属性初始化
        this.name = name ;                              // 为name属性赋值
        this.age = age ;                                // 为age属性赋值
    }
    public String getInfo() {                           // 获取对象信息
        return "姓名：" + this.name + "、年龄：" + this.age ;
    }
    // setter、getter略
}
public class ArrayDemo {
    public static void main(String args[]) {
        Person per [] = new Person[3] ;                 // 对象数组动态初始化
        per[0] = new Person("张三", 20);                 // 为数组赋值
        per[1] = new Person("李四", 18);                 // 为数组赋值
        per[2] = new Person("王五", 19);                 // 为数组赋值
        for (int x = 0; x < per.length; x++) {          // 循环输出
            System.out.println(per[x].getInfo());
        }
    }
}
```

程序执行结果：

```
姓名：张三、年龄：20
姓名：李四、年龄：18
姓名：王五、年龄：19
```

本程序利用对象数组的动态初始化开辟了 3 个元素的数组内容（默认情况下数组中的每个元素都是null），随后为数组的每一个对象进行了对象实例化操作，本程序的内存分配如图 6-12 所示。

对象数组静态初始化与动态初始化两者的本质目标相同，静态初始化优势在于声明对象数组时就可以传递若干个实例化对象，这样可以避免数组中每一个元素单独实例化。

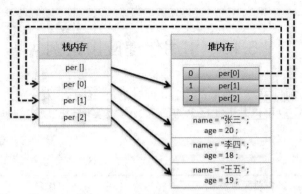

图 6-12　对象数组内存结构

范例：对象数组静态初始化

```
public class ArrayDemo {
    public static void main(String args[]) {
        Person per[] = new Person[] {
                new Person("张三", 20), new Person("李四", 18),
                new Person("王五", 19) };            // 对象数组静态初始化
        for (int x = 0; x < per.length; x++) {        // 循环输出
            System.out.println(per[x].getInfo());
        }
    }
}
```
程序执行结果：
姓名：张三、年龄：20
姓名：李四、年龄：18
姓名：王五、年龄：19

　　本程序在数组创建时通过 Person 类的构造方法实例化了若干个对象，并且使用这些对象作为对象数组中的内容。

提示：对象数组内容初始化时也可以利用引用传入。

以上的两个程序都实例化了新的 Person 类对象，实际上如果在程序中已经存在有若干个实例化对象，只要类型符合也可以直接设置为对象数组的内容。

动态初始化操作	`Person perA = new Person("张三", 20);`
	`Person perB = new Person("李四", 18);`
	`Person per[] = new Person[3] ;`
	`per[0] = perA ;`　　　　　　　　　　// 引用其他对象
	`per[1] = perB ;`　　　　　　　　　　// 引用其他对象
	`per[2] = new Person("王五", 19) ;`

静态初始化操作	`Person perA = new Person("张三", 20);`
	`Person perB = new Person("李四", 18);`
	`Person per[] = new Person[] { perA, perB, new Person("王五", 19) };`

在引用数据类型下只要类型符合，格式可以灵活改变。

6.10　引用传递应用案例

引用传递是整个 Java 项目中最为核心的内容，同时也是在实际开发中最为常见的一种操作，在读者
了解了对象数组的概念后，就可以基于此概念与简单 Java 类实现一些现实的事物关系模型。

6.10.1　类关联结构

	视频名称	0611_类关联结构	学习层次	掌握
	视频简介	在 Java 程序设计上，初学者最难理解的就是引用数据的使用，为了方便读者理解此类操作，本课程将采用类关联的形式描述现实事物。		

在现实的开发意义上，类是可以描述一类事物共性的结构体。现在假设要描述出这样一种关系："一
个人拥有一辆汽车"，如图 6-13 所示，此时就需要定义两个类：Person 和 Car，随后通过引用的形式配置
彼此的关联关系。

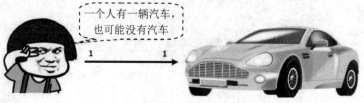

图 6-13　一对一引用关联

范例：描述人与汽车关系

```java
class Car {                                              // 描述汽车
    private String name;                                 // 汽车名称
    private double price;                                // 汽车价值
    private Person person;                               // 车应该属于一个人
    public Car(String name, double price) {              // 构造传入汽车信息
        this.name = name;
        this.price = price;
    }

    public void setPerson(Person person) {               // 配置汽车与人的关系
        this.person = person;
    }

    public Person getPerson() {                          // 获取汽车拥有人信息
        return this.person;
    }
    public String getInfo() {                            // 获取汽车信息
        return "汽车品牌型号：" + this.name + "、汽车价值：" + this.price;
    }
    // setter、getter略
}
class Person {                                           // 描述人
    private String name;                                 // 人的姓名
```

```
    private int age;                                    // 人的年龄
    private Car car;                                    // 一个人有一辆车，如果没有车则为null
    public Person(String name, int age) {              // 构造传入人的信息
        this.name = name;
        this.age = age;
    }
    public void setCar(Car car) {                      // 设置人与汽车的关系
        this.car = car;
    }
    public Car getCar() {                              // 获取人对应的汽车信息
        return this.car;
    }
    public String getInfo() {                          // 获取人员信息
        return "姓名：" + this.name + "、年龄：" + this.age;
    }
    // setter、getter略
}
public class JavaDemo {
    public static void main(String args[]) {
        // 第一步：声明对象并且设置彼此的关系
        Person person = new Person("林希勒", 29);        // 实例化Person类对象
        Car car = new Car("奔驰G50", 1588800.00);        // 实例化Car类对象
        person.setCar(car);                            // 一个人有一辆车
        car.setPerson(person);                         // 一辆车属于一个人
        // 第二步：根据关系获取数据
        System.out.println(person.getCar().getInfo()); // 通过人获取汽车的信息
        System.out.println(car.getPerson().getInfo()); // 通过汽车获取拥有人的信息
    }
}
```

程序执行结果：

```
汽车品牌型号：奔驰G50、汽车价值：1588800.00
姓名：林希勒、年龄：29
```

本程序定义了两个简单 Java 类：Person（描述人的信息）、Car（描述车的信息），并且在两个类的内部分别设置一个自定义的引用类型（Person 类提供 car 成员属性、Car 类提供 person 成员属性），用于描述两个类之间的引用联系，在主类操作时首先根据两个类的关系设置了引用关系，随后就可以根据引用关系依据某一个类对象获取相应信息。

> **提示：关于代码链的编写。**
>
> 在本程序编写信息获取时，读者可以发现有以下的代码形式。
>
> `System.out.println(person.getCar().getInfo());` // 通过人获取汽车的信息
>
> 实际上这就属于代码链的形式，因为 Person 类内部的 getCar()方法返回的是 Car 的实例化对象（通过关联设置已经确定返回的内容不是 null），所以可以继续利用此方法调用 Car 类中的方法，如果觉得以上的代码编写不好理解也可以把代码拆分如下。
>
> `Car tempCar = person.getCar() ;`   // 通过人员获取Car信息
>
> `System.out.println(tempCar.getInfo());`   // 获取 Car 信息
>
> 相比较使用代码链而言，这类操作比较烦琐，所以读者应该尽量习惯代码链的编写方式。

6.10.2　自身关联结构

	视频名称	0612_自身关联结构	学习层次	掌握
	视频简介	不同类之间允许关联，自身类结构同样可以实现关联，本课程将为读者讲解自身关联存在的意义以及使用。		

在进行类关联描述的过程中，除了可以关联其他类之外，也可以实现自身的关联操作，例如，现在假设一个人员会有一辆车，那么每个人员可能还有自己的子女，而子女也有可能有一辆车，这个时候就可以利用自身关联的形式描述人员后代的关系，结构如图 6-14 所示。

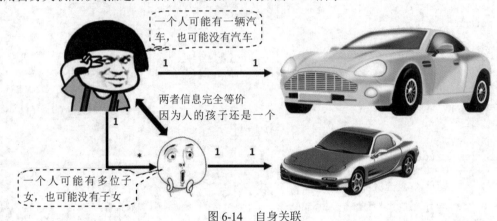

图 6-14　自身关联

范例：实现自身关联

```java
class Car {                                                    // 描述汽车
    private String name;                                       // 汽车名称
    private double price;                                      // 汽车价值
    private Person person;                                     // 车应该属于一个人
    public Car(String name, double price) {                    // 构造传入汽车信息
        this.name = name;
        this.price = price;
    }
    public void setPerson(Person person) {                     // 配置汽车与人的关系
        this.person = person;
    }
    public Person getPerson() {                                // 获取汽车拥有人信息
        return this.person;
    }
    public String getInfo() {                                  // 获取汽车信息
        return "汽车品牌型号：" + this.name + "、汽车价值：" + this.price;
    }
    // setter、getter略
}
class Person {                                                 // 描述人
    private String name;                                       // 人的姓名
    private int age;                                           // 人的年龄
    private Car car;                                           // 一个人有一辆车,没车为null
```

```java
    private Person children[];                              // 一个人有多个孩子
    public Person(String name, int age) {                   // 构造传入人的信息
        this.name = name;
        this.age = age;
    }
    public void setCar(Car car) {                           // 设置人与汽车的关系
        this.car = car;
    }
    public void setChildren(Person children[]) {            // 设置人与孩子关联
        this.children = children;
    }
    public Person[] getChildren() {                         // 获取人的孩子信息
        return this.children;
    }
    public Car getCar() {                                   // 获取人对应的汽车信息
        return this.car;
    }
    public String getInfo() {                               // 获取人员信息
        return "姓名: " + this.name + "、年龄: " + this.age;
    }
    // setter、getter略
}
public class JavaDemo {
    public static void main(String args[]) {
        // 第一步: 声明对象并且设置彼此的关系
        Person person = new Person("林希勒", 29);            // 实例化Person类对象
        Person childA = new Person("吴小伟", 18);            // 孩子(人)对象
        Person childB = new Person("郭小任", 19);            // 孩子(人)对象
        childA.setCar(new Car("BMW X1", 300000.00));         // 匿名对象
        childB.setCar(new Car("法拉利", 126789.00));         // 匿名对象
        person.setChildren(new Person[] { childA, childB }); // 一个人有多个孩子
        Car car = new Car("奔驰G50", 1588800.00);            // 实例化Car类对象
        person.setCar(car);                                  // 一个人有一辆车
        car.setPerson(person);                               // 一辆车属于一个人
        // 第二步: 根据关系获取数据
        System.out.println(person.getCar().getInfo());       // 通过人获取汽车的信息
        System.out.println(car.getPerson().getInfo());       // 通过汽车获取拥有人的信息
        for (int x = 0; x < person.getChildren().length; x++) { // 获取孩子信息
            System.out.println("\t|- " + person.getChildren()[x].getInfo());
            System.out.println("\t\t|- " + person.getChildren()[x].getCar().getInfo());
        }
    }
}
```

程序执行结果:

```
汽车品牌型号: 奔驰G50、汽车价值: 1588800.00
姓名: 林希勒、年龄: 29
    |- 姓名: 吴小伟、年龄: 18
        |- 汽车品牌型号: BMW X1、汽车价值: 300000.00
```

```
|- 姓名：郭小任、年龄：19
        |- 汽车品牌型号：法拉利、汽车价值：126789.00
```

在本程序中利用对象数组（private Person children[];）描述了一个人拥有的孩子的信息，这样就在
Person 类的内部定义了一个自身引用，并且其结构与 Person 完全相同，于是孩子可以继续描述拥有的汽
车或后代的信息关联。

> **提示：对象数组的作用。**
>
> 在本程序中使用对象数组描述了一个人的后代信息，实际上读者可以发现，对象数组在整体设计中描述的是一
> 种"多"的概念，如果没有此结构则很难准确描述出多个子女这一特点。

6.10.3　合成设计模式

视频名称	0613_合成设计模式	学习层次	掌握
视频简介	面向对象设计的本质在于模块化的定义，将一个完整的程序类拆分为若干个子类型，通过引用关联就形成了合成设计，本课程主要讲解合成设计模式的使用。		

将对象的引用关联进一步扩展就可以实现更多的结构描述，在 Java 中有一种合成设计模式
（Composite Pattern），此设计模式的核心思想为：通过不同的类实现子结构定义，随后将其在一个父结
构中整合。例如，现在要描述一台计算机组成的类结构，那么在这样的状态下就必须进行拆分，计算机
分为两个部分：显示器和主机，而主机上需要设置有一系列的硬件，则可以采用以下的伪代码实现。

范例：伪代码描述合成设计思想

```
class 计算机 {                          // 【父结构】描述计算机组成
    private 显示器 对象数组 [] ;          // 一台计算机可以连接多台显示器
    private 主机 对象 ;                   // 一台计算机只允许有一台主机
}
class 显示器 {}                          // 【子结构】显示器是一个独立类
class 主机 {                            // 【子结构】定义主机类
    private 主板 对象 ;                   // 主机有一块主板
    private 鼠标 对象 ;                   // 主机上插一个鼠标
    private 键盘 对象 ;                   // 主机上插一个键盘
}
class 主板 {                            // 【子结构】定义主板类，实际上也属于一个父结构
    private 内存 对象数组 [] ;            // 主板上可以追加多条内存
    private CPU 对象数组 [] ;             // 主板上可以有多块CPU
    private 显卡 对象 ;                   // 主板上插有一块显卡
    private 硬盘 对象数组 [] ;            // 主板上插有多块硬盘
}
class 键盘 {}                           // 【子结构】键盘类
class 鼠标 {}                           // 【子结构】鼠标类
class 内存 {}                           // 【子结构】内存类
class CPU {}                            // 【子结构】CPU类
class 显卡 {}                           // 【子结构】显卡类
class 硬盘 {}                           // 【子结构】硬盘类
```

本程序给出了一个伪代码的组成结构，实际上这也属于面向对象的基本设计思想。Java 中提供的引
用数据类型不仅仅是描述的内存操作形式，更多的是包含了抽象与关联的设计思想。

6.11　数据表与简单 Java 类映射转换

视频名称	0614_数据表与简单 Java 类映射转换	学习层次	掌握	
视频简介	在现实项目开发中，对于简单 Java 类的定义都可以依据数据表的形式进行转换，本课程主要讲解 dept-emp 的数据表映射实现与关系配置。			

现代项目开发中数据库是核心组成部分，几乎所有的项目代码都是围绕着数据表的业务逻辑结构展开的，那么在程序中往往会使用简单 Java 类进行数据表结构的描述。本节将通过具体的案例，分析数据表与简单 Java 类之间的转换。

> **提示：关于数据库。**
>
> 本书的所有讲解都是与项目的实际开发密不可分的，对于数据库的学习或使用如果不熟悉的读者，可以参考笔者出版的《名师讲坛——Oracle 开发实战经典》一书自行学习，该书是专为程序开发人员提供的数据库讲解。

在数据库中包含若干张数据表，每一张实体数据表实际上都可以描述出一些具体的事物概念。例如，在数据库中如果要想描述出一个部门存在有多个雇员的逻辑关系，那么就需要提供有两张表：部门（dept）、雇员（emp），关系如图 6-15 所示，在这样的数据表结构中一共存在 3 个对应关系：一个部门有多个雇员、一个雇员属于一个部门、每个雇员都有一个领导信息。

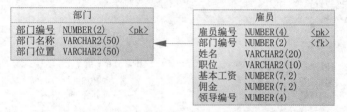

图 6-15　数据表结构（一对多关系）

> **提示：数据表与简单 Java 类的相关概念对比。**
>
> 程序类的定义形式实际上和这些实体表的差别并不大，所以在实际的项目开发中数据表与简单 Java 类之间的基本映射关系如下。
> - ↳ 数据实体表设计 = 类的定义。
> - ↳ 表中的字段 = 类的成员属性。
> - ↳ 表的外键关联 = 对象引用关联。
> - ↳ 表的一行记录 = 类的一个实例化对象。
> - ↳ 表的多行记录 = 对象数组。

如果要描述出图 6-15 所要求的表结构，那么就需要提供两个实体类，这两个实体类需要根据表结构关联定义类结构，通过成员属性的引用关系描述表连接。

范例：实现一对多数据结构转换

```java
class Dept {                                // 描述部门（Dept）
    private long deptno;                     // 部门编号
    private String dname;                    // 部门名称
    private String loc;                      // 部门位置
```

```java
    private Emp emps[];                              // 保存多个雇员信息
    public Dept(long deptno, String dname, String loc) {
        this.deptno = deptno;                        // 为deptno初始化
        this.dname = dname;                          // 为dname初始化
        this.loc = loc;                              // 为loc初始化
    }
    public void setEmps(Emp[] emps) {                // 设置部门与雇员的关联
        this.emps = emps;
    }
    public Emp[] getEmps() {                         // 获取一个部门的全部雇员
        return this.emps;
    }
    // setter、getter、无参构造略
    public String getInfo() {
        return "【部门信息】部门编号 = " + this.deptno + "、部门名称 = " + this.dname
                + "、部门位置 = " + this.loc;
    }
}
class Emp {                                          // 描述雇员（Emp）
    private long empno;                              // 雇员编号
    private String ename;                            // 雇员姓名
    private String job;                              // 雇员职位
    private double sal;                              // 基本工资
    private double comm;                             // 雇员佣金
    private Dept dept;                               // 所属部门
    private Emp mgr;                                 // 所属领导
    public Emp(long empno, String ename, String job, double sal, double comm) {
        this.empno = empno;                          // 为empno初始化
        this.ename = ename;                          // 为ename初始化
        this.job = job;                              // 为job初始化
        this.sal = sal;                              // 为sal初始化
        this.comm = comm;                            // 为comm初始化
    }
    // setter、getter、无参构造略
    public String getInfo() {
        return "【雇员信息】编号 = " + this.empno + "、姓名 = " + this.ename
                + "、职位 = " + this.job + "、工资 = " + this.sal + "、佣金 = " + this.comm;
    }
    public void setDept(Dept dept) {                 // 设置部门引用
        this.dept = dept;
    }
    public void setMgr(Emp mgr) {                    // 设置领导引用
        this.mgr = mgr;
    }
    public Dept getDept() {                          // 获取部门引用
        return this.dept;
    }
    public Emp getMgr() {                            // 获取领导引用
        return this.mgr;
    }
}
```

本程序提供的两个简单 Java 类，彼此之间存在以下 3 个对应关系。

- 【dept 类】**private** Emp emps[]：一个部门对应多个雇员信息，通过对象数组描述。
- 【emp 类】**private** Emp mgr：一个雇员有一个领导，由于领导也是雇员，所以自身关联。
- 【emp 类】**private** Dept dept：一个雇员属于一个部门。

范例：设置数据并根据引用关系获取数据内容

```
public class JavaDemo {
    public static void main(String args[]) {
        // 第一步：根据关系进行类的定义
        // 定义出各个雇员的实例化对象，此时并没有任何的关联定义
        Dept dept = new Dept(10, "MLDN教学部", "北京");                      // 部门对象
        Emp empA = new Emp(7369L, "SMITH", "CLERK", 800.00, 0.0);          // 雇员信息
        Emp empB = new Emp(7566L, "FORD", "MANAGER", 2450.00, 0.0);        // 雇员信息
        Emp empC = new Emp(7839L, "KING", "PRESIDENT", 5000.00, 0.0);      // 雇员信息
        // 根据数据表定义的数据关联关系，利用引用进行对象间的联系
        empA.setDept(dept);                                               // 设置雇员与部门的关联
        empB.setDept(dept);                                               // 设置雇员与部门的关联
        empC.setDept(dept);                                               // 设置雇员与部门的关联
        empA.setMgr(empB);                                                // 设置雇员与领导的关联
        empB.setMgr(empC);                                                // 设置雇员与领导的关联
        dept.setEmps(new Emp[] { empA, empB, empC });                     // 部门与雇员
        // 第二步：根据关系获取数据
        System.out.println(dept.getInfo());                               // 部门信息
        for (int x = 0; x < dept.getEmps().length; x++) {                 // 获取部门中的雇员
            System.out.println("\t|- " + dept.getEmps()[x].getInfo()); // 雇员信息
            if (dept.getEmps()[x].getMgr() != null) {                     // 该雇员存有领导
                System.out.println("\t\t|- " + dept.getEmps()[x].getMgr().getInfo());
            }
        }
        System.out.println("--------------------------------");           // 分隔符
        System.out.println(empB.getDept().getInfo());                     // 根据雇员获取部门信息
        System.out.println(empB.getMgr().getInfo());                      // 根据雇员获取领导信息
    }
}
```

程序执行结果：

```
【部门信息】部门编号 = 10、部门名称 = MLDN教学部、部门位置 = 北京
    |- 【雇员信息】编号 = 7369、姓名 = SMITH、职位 = CLERK、工资 = 800.00, 0.0、佣金 = 0.0
        |- 【雇员信息】编号 = 7566、姓名 = FORD、职位 = MANAGER、工资 = 2450.00, 0.0、佣金 = 0.0
    |- 【雇员信息】编号 = 7566、姓名 = FORD、职位 = MANAGER、工资 = 2450.00, 0.0、佣金 = 0.0
        |- 【雇员信息】编号 = 7839、姓名 = KING、职位 = PRESIDENT、工资 = 5000.00, 0.0、佣金 = 0.0
    |- 【雇员信息】编号 = 7839、姓名 = KING、职位 = PRESIDENT、工资 = 5000.00, 0.0、佣金 = 0.0
--------------------------------
【部门信息】部门编号 = 10、部门名称 = MLDN教学部、部门位置 = 北京
【雇员信息】编号 = 7839、姓名 = KING、职位 = PRESIDENT、工资 = 5000.00, 0.0、佣金 = 0.0
```

本程序首先实例化了各个对象信息，随后根据关联关系设置了数据间的引用配置，在数据配置完成后就可以依据对象间的引用关系获取对象的相应信息。

6.12　本章概要

　　1．数组是一组相关数据变量的线性集合，利用数组可以方便地实现一组变量的关联，数组的缺点在于长度不可改变。

　　2．数组在访问时需要通过"数组名称[索引]"的形式访问，索引范围为 0～数组长度-1，如果超过数组索引访问范围则会出现"java.lang.ArrayIndexOutOfBoundsException）"异常。

　　3．数组长度可以使用"数组名称.length"的形式动态获取。

　　4．数组采用动态初始化时，数组中每个元素的内容都是其对应数据类型的默认值。

　　5．数组属于引用数据类型，在使用前需要通过关键字 new 为其开辟相应的堆内存空间，如果使用了未开辟堆内存空间的数组则会出现"java.lang.NullPointerException"异常。

　　6．JDK 为了方便数组操作提供有 System.arraycopy()与 java.util.Arrays.sort()两个方法实现数组复制与数组排序。

　　7．JDK 1.5 之后开始追加了可变参数，这样使得方法可以任意接收多个参数，接收的可变参数使用数组形式处理。

　　8．对象数组可以实现一组对象的管理，在开发中可以描述多个实例。

　　9．简单 Java 类可以实现数据表结构的映射转换，通过面向对象的关联形式描述数据表存储结构。

6.13　自我检测

　　1．现在有以下数据表结构，要求实现映射转换。

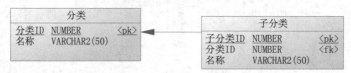

按照表的要求将表的结构转换为类结构，同时可以获取以下信息。

➡　获取一个分类的完整信息。

➡　可以根据分类获取其对应的所有子分类的信息。

	视频名称	0615_一对多映射转换		学习层次	运用
	视频简介	数据表中一对多的关联关系是最为常见的存储模型，本课程将通过一对多的数据表映射与简单 Java 类的转换进行代码讲解。			

　　2．现在有以下数据表结构，要求实现映射转换。

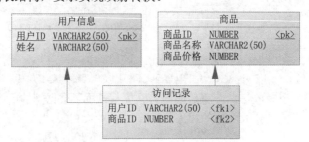

将以上的结构转换为类结构，并且可以获取以下的信息。

⤵　获取一个用户访问过的所有商品的详细信息。

⤵　获取一个商品被浏览过的全部的用户信息。

视频名称	0616_多对多映射转换		学习层次	运用
视频简介	多对多可以通过 3 张数据表的形式实现数据关联，本课程将通过具体的数据表存储案例讲解多对多映射关系的实现。			

3．现在有以下数据表结构，要求实现映射转换。

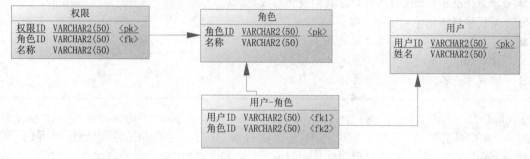

要求实现以下查询功能。

⤵　可以根据一个用户找到该用户对应的所有角色以及每一个角色对应的所有权限信息。

⤵　可以根据一个角色找到该角色下的所有权限以及拥有此角色的全部用户信息。

⤵　可以根据一个权限找到具备有此权限的所有用户信息。

视频名称	0617_复杂多对多映射转换		学习层次	运用
视频简介	本课程将通过更加复杂的一对多关系讲解数据表映射。			

第 7 章 String 类

通过本章的学习可以达到以下目标

- 掌握 String 类的两种实例化方式的使用与区别。
- 掌握字符串相等比较的处理。
- 掌握 String 类与字符串之间的联系。
- 理解 String 类对象中常量池的使用特点。
- 掌握 String 类的相关操作方法。

在实际项目开发中，String 是一个必须使用的程序类，可以说是项目的核心组成类。在 Java 程序里所有的字符串都要求使用 ""进行定义，同时也可以利用 "+" 实现字符串的连接处理，但是对于 String 类实际上还有其自身的特点，本章将通过具体的实例和概念进行 String 类的特点分析。

7.1 String 类对象实例化

视频名称	0701_String 类对象实例化	学习层次	掌握
视频简介	本课程主要讲解 String 类的作用，同时给出了 String 类对象实例化的两种方式：直接赋值实例化和构造方法实例化。		

在 Java 中并没有字符串这一数据类型的存在，但是考虑到程序开发的需要，所以通过设计的形式提供了 String 类，并且该类的对象可以通过直接赋值的形式进行实例化操作。

范例：通过直接赋值的形式为 String 类对象实例化

```
public class StringDemo {
    public static void main(String args[]) {
        String str = "www.mldn.cn";            // 【直接赋值实例化】String类对象实例化
        System.out.println(str);
    }
}
程序执行结果：
www.mldn.cn
```

Java 程序中使用 ""声明的内容都是字符串，本程序采用直接赋值的形式实现了 String 类对象实例化。

 提示：观察 String 类的源代码实现

程序中对于字符串的实现都是通过数组的形式进行保存的，所以对于 String 类的内部也会保存有数组内容，这一点可以通过 String 类的源代码观察到（源代码目录：JAVA_HOME\lib\src.zip）。

JDK 1.8 以前 String 保存的是字符数组	JDK 1.9 以后 String 保存的是字节数组
private final char value[];	private final byte[] value;

为了方便读者比对 JDK 版本，在此给出了 JDK 1.8 以前和 JDK 1.9 之后的 String 类内部数组定义形式，可以发现 JDK 1.9 之后 String 类中的数组类型为 byte。这样就可以得出一个结论：字符串就是对数组的一种特殊包装应用，而对数组而言最大的问题在于长度固定。

　　String 本身属于一个系统类，除了可以利用直接赋值的形式进行对象实例化之外，同时也提供了相应的构造方法进行对象实例化，构造方法定义如下。

　　String 类构造方法：public String(String str)。

范例：通过构造方法实例化 String 类对象

```java
public class StringDemo {
    public static void main(String args[]) {
        String str = new String("www.yootk.com") ;        // 【构造方法实例化】String类对象实例化
        System.out.println(str);
    }
}
```
程序执行结果：
www.yootk.com

　　利用构造方法实例化 String 类对象可以采用标准的对象实例化格式进行处理操作，这种方法更为直观，其最终的结果与直接赋值效果相同。但是两者之间是有本质区别的，下面将逐步进行详细分析。

7.2　字符串比较

视频名称	0702_字符串比较	学习层次	掌握	
视频简介	字符串对象的实例化形式特殊，所以对字符串进行比较的操作有一些需要注意的问题。本课程通过内存关系比较，详细地解释了"=="与 equals()的区别。			

　　基本数据类型的相等判断可以直接使用 Java 中提供的"=="运算符来实现，直接进行数值的比较。如果在 String 类对象上使用"=="比较的将不再是内容，而是字符串的堆内存地址。

范例：在 String 上使用"=="判断

```java
public class StringDemo {
    public static void main(String args[]) {
        String strA = "mldn";                        // 直接赋值定义字符串
        String strB = new String("mldn");            // 构造方法定义字符串
        String strC = strB;                          // 引用传递
        System.out.println(strA == strB);            // 比较结果：false
        System.out.println(strA == strC);            // 比较结果：false
        System.out.println(strB == strC);            // 比较结果：true
    }
}
```
程序执行结果：
false（"strA == strB"代码执行结果）
false（"strA == strC"代码执行结果）
true（"strB == strC"代码执行结果）

　　本程序在 String 类的对象上使用了"=="比较，通过结果发现对于同一个字符串采用不同方法进行 String 类对象实例化后，并不是所有 String 类对象的地址数值都是相同的。为了进一步说明问题，下面通过具体的内存关系图进行说明，如图 7-1 所示。

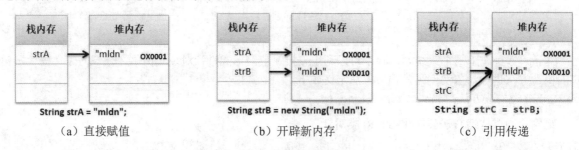

（a）直接赋值　　　　　　　　（b）开辟新内存　　　　　　　　（c）引用传递

图 7-1　String 类对象地址数值比较

通过图 7-1 的分析可以发现，在进行 String 类对象比较中，"=="的确可以实现相等的比较，但是所比较的并不是对象中的具体内容，而是对象地址数值。

> **提示：关于"=="在不同数据类型上的使用。**
>
> 在基本数据类型中"=="描述的是内容相同的判断，而在引用数据类型中"=="的作用还是数值比较，只不过此时的数值内容就是堆内存的地址。
>
> **范例：通过自定义类型使用"=="**
>
> ```java
> class Dept {}                                     // 随意定义个空类
> public class JavaDemo {
>     public static void main(String args[]) {
>         Dept deptA = new Dept() ;                // 开辟堆内存
>         Dept deptB = new Dept() ;                // 开辟堆内存
>         Dept deptC = deptB ;                     // 引用传递，堆内存地址相同
>         System.out.println(deptA == deptB);      // false
>         System.out.println(deptA == deptC);      // false
>         System.out.println(deptB == deptC);      // true
>     }
> }
> ```
>
> 程序执行结果：
> false（"deptA == deptB"代码执行结果）
> false（"deptA == deptC"代码执行结果）
> true（"deptB == deptC"代码执行结果）
>
> 本程序采用了自定义类对象的形式分析了"=="的比较形式，通过图 7-2 可以发现最终比较的只是两个堆内存的地址数值。
>
>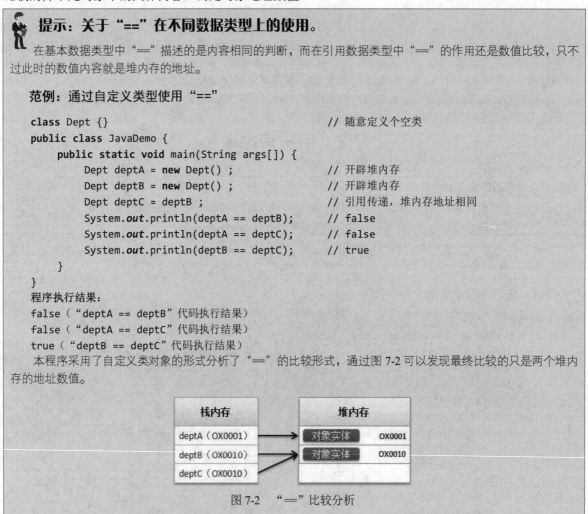
>
> 图 7-2　"=="比较分析

对于字符串内容的判断，在 String 类中已经提供了相应 equals()方法，只需通过 String 类的实例化对象调用即可，该方法定义如下。

字符串内容相等判断（区分大小写）：public boolean equals(Object obj)。

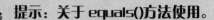

提示：关于 equals()方法使用。

在 String 类中定义的 equals()方法里面需要接收的数据类型为 Object，此类型将在第 9 章中为读者讲解。此时读者可以简单地理解为，调用 String 类的 equals()方法只需传入字符串即可，而关于此方法在第 9 章也会有更加详细的说明。

范例：利用 equals()方法实现字符串内容比较

```java
public class StringDemo {
    public static void main(String args[]) {
        String strA = "mldn";                       // 直接赋值定义字符串
        String strB = new String("mldn");           // 构造方法定义字符串
        System.out.println(strA.equals(strB));      // 字符串内容比较
    }
}
```
程序执行结果：
```
true
```

本程序采用两种实例化方式实现了 String 类实例化对象的定义，由于两个实例化对象保存的堆内存地址不同，所以只能够利用 equals()方法实现相等判断。

提示：关于 "==" 和 equals()的区别。

String 类对象的这两种比较方法是初学者必须掌握的概念，两者的区别总结如下。

➥ "=="是 Java 提供的关系运算符，主要功能是进行数值相等判断，如果用在了 String 对象上表示的是内存地址数值的比较。

➥ equals()是由 String 提供的一个方法，此方法专门负责进行字符串内容的比较。

在项目开发中，对于字符串的比较基本上都是进行内容是否相等的判断，所以主要使用 equals()方法。

7.3　字符串常量

视频名称	0703_字符串常量		学习层次	掌握
视频简介	常量是不会被修改的内容。为了方便开发者使用字符串，JDK 提供了自动实例化的操作形式。本课程通过代码验证了字符串常量的数据类型以及在实际开发中字符串比较操作。			

在程序中常量是不可被改变内容的统称，但是由于 Java 中的处理支持，所以可以直接使用 """ 进行字符串常量的定义。而这种字符串的常量，严格意义上来讲是 String 类的匿名对象。

范例：观察字符串匿名对象

```java
public class StringDemo {
    public static void main(String args[]) {
        String str = "mldn";                                // 直接赋值定义字符串
        // 字符串常量是String类的匿名对象，可以直接调用String类中的方法
        System.out.println("mldn".equals(str));             // 字符串内容比较
    }
}
```

程序执行结果：
true

本程序的最大特点在于直接利用字符串"mldn"调用了 equals()方法（"mldn".equals(str)），由于 equals()
方法是 String 类中定义的，而类中的普通方法只有实例化对象才可以调用，那么就可以得出一个结论：
字符串常量就是 String 类的匿名对象。而所谓的 String 类对象直接赋值的操作，实际上就相当于将一个
匿名对象设置了一个名字而已，但是唯一的区别是，String 类的匿名对象是由系统自动生成的，不再由
用户自己直接创建，如图 7-3 所示。

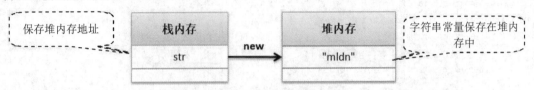

图 7-3　String 类对象直接赋值实例化

提示：实际开发中的字符串比较操作。

在实际开发过程中，有可能会有这样的需求：由用户自己输入一个字符串，而后判断其是否与指定的内容相
同，而这时用户可能不输入任何数据，即内容为 null。

范例： 观察问题

```java
public class StringDemo {
    public static void main(String args[]) {
        String input = null;            // 假设这个内容由用户输入
        if (input.equals("yootk")) {    // 如果输入内容是yootk，认为满足一个条件
            System.out.println("www.yootk.com");
        }
    }
}
```

程序执行结果：
Exception in thread "main" java.lang.NullPointerException
    at StringDemo.main(StringDemo.java:4)

此时由于没有输入数据，所以 input 的内容为 null，而 null 对象调用方法的结果将直接导致错误信息提示：
NullPointerException，可以通过变更代码来帮助用户回避此问题。

范例： 回避 NullPointerException 问题

```java
public class StringDemo {
    public static void main(String args[]) {
        String input = null;            // 假设这个内容由用户输入
        if ("yootk".equals(input)) {    // 如果输入内容是yootk，认为满足一个条件
            System.out.println("www.yootk.com");
        }
    }
}
```

此时的程序直接利用字符串常量来调用 equals()方法，因为字符串常量是一个 String 类的匿名对象，所以该对
象永远不可能是 null，也就不会出现 NullPointerException。特别需要提醒读者的是，实际上 equals()方法内部也存
在对 null 的检查，对这一点有兴趣的读者可以打开 Java 类的源代码来自行观察。

7.4　两种实例化方式比较

视频名称	0704_两种实例化方式比较		学习层次	掌握
视频简介	String 类对象实例化有两种模式，为了帮助读者更好地理解 String 类实例化操作的特点，本课程主要讲解 String 两种实例化方式的区别，并通过内存关系图与代码进行验证。			

清楚了 String 类的比较操作之后，下面就需要解决一个最为重要的问题。对于 String 类的对象存在两种实例化的操作方式，那么这两种方式有什么区别，在开发中应该使用哪一种方式更好呢？

1. 分析直接赋值的对象实例化模式

在程序中只需将一个字符串赋值给 String 类的对象就可以实现对象的实例化处理，如以下范例所示。

范例：直接赋值实例化对象

```java
public class StringDemo {
    public static void main(String args[]) {
        String str = "mldn";              // 采用直接赋值实例化对象
    }
}
```

此时在内存中会开辟一块堆内存，内存空间中将保存有"mldn"字符串数据，并且栈内存将直接引用此堆内存空间，如图 7-4 所示。

图 7-4　String 类直接赋值实例化

通过图 7-4 可以发现，通过直接赋值的方式为 String 类对象实例化会开辟一块堆内存空间，而且对同一字符串的多次直接赋值还可以实现对堆内存空间的重用，即采用直接赋值的方式进行 String 类对象实例化，在内容相同的情况下不会开辟新的堆内存空间，而会直接指向已有的堆内存空间。

范例：观察直接赋值时的堆内存自动引用

```java
public class StringDemo {
    public static void main(String args[]) {
        String strA = "mldn";                    // 直接赋值实例化
        String strB = "mldn";                    // 直接赋值实例化
        String strC = "yootk" ;                  // 直接赋值实例化，内容不相同
        System.out.println(strA == strB);        // 判断结果：true
        System.out.println(strA == strC);        // 判断结果：false
    }
}
程序执行结果：
true（"strA == strB" 代码执行结果）
false（"strA == strC" 代码执行结果）
```

通过本程序的执行可以发现，由于使用了直接赋值实例化操作方式，而且内容相同，所以即使没有直接发生对象的引用操作，最终两个 String 对象（strA、strB）也都自动指向了同一块堆内存空间。但是

如果在直接赋值时内容与之前不一样，则会自动开辟新的堆内存空间（String strd = "yootk" ;），本程序的
内存关系如图 7-5 所示。

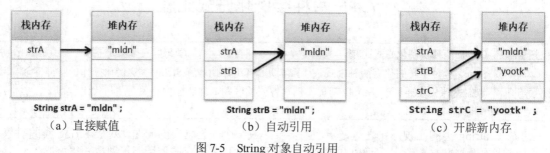

图 7-5　String 对象自动引用

> 📖 **提示：关于字符串对象池。**
>
> 实际上，在 JVM 的底层存在有一个对象池（String 只是对象池中保存的一种类型，此外还有多种其他类型），
> 当代码中使用了直接赋值的方式定义了一个 String 类对象时，会将此字符串对象所使用的匿名对象入池保存，如
> 果后续还有其他 String 类对象也采用了直接赋值的方式，并且设置了同样内容，那么将不会开辟新的堆内存空间，
> 而是使用已有的对象进行引用的分配，从而继续使用。
>
> **范例：** 通过代码分析字符串对象池操作
>
> ```java
> public class StringDemo {
>     public static void main(String args[]) {
>         String strA = "mldn";              // 直接赋值，入池保存
>         String strB = "mldnjava";          // 直接赋值，入池保存
>         String strC = "mldn";              // 直接引用对象池已有实例
>         System.out.println(strA == strB);  // 地址判断：false
>         System.out.println(strA == strC);  // 地址判断：true
>     }
> }
> ```
>
> 程序执行结果：
>
> false（"strA == strB" 代码执行结果）
>
> true（"strA == strC" 代码执行结果）
>
> 本程序采用直接赋值的方式声明了 3 个 String 类对象，实质上，这些对象都保存在字符串对象池（本质上是
> 保存在了一个动态对象数组）中，对于此时的程序，就可以得出图 7-6 所示的内存关系。
>
> 对象池本质为共享设计模式的一种应用，关于共享设计模式的简单解释：好比在家中准备的工具箱一样，如
> 果有一天需要用到螺丝刀，发现家里没有，那么肯定要去买一把新的，但是用完之后不可以丢掉，会将其放到工
> 具箱中以备下次需要时继续使用，工具箱中所保存的工具将为家庭中的每一个成员服务。
>
>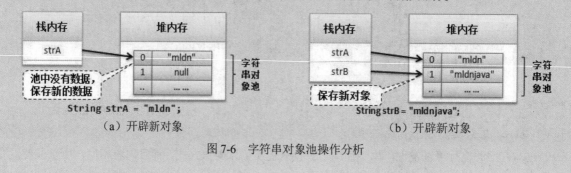
>
> 图 7-6　字符串对象池操作分析

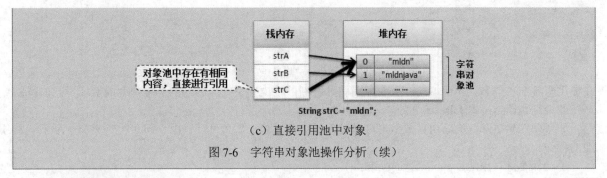

（c）直接引用池中对象

图 7-6　字符串对象池操作分析（续）

2．分析构造方法实例化

如果要明确地调用 String 类中的构造方法进行 String 类对象的实例化操作，那么一定要使用关键字 new，而每当使用关键字 new 就表示要开辟新的堆内存空间，而这块堆内存空间的内容就是传入构造方法中的字符串数据，现在使用以下代码进行该操作的内存分析。

范例：构造方法实例化对象

```java
public class StringDemo {
    public static void main(String args[]) {
        String str = new String("mldn");          // 构造方法实例化
    }
}
```

本程序使用一个字符串常量作为 str 对象的内容，并利用构造方法实例化了一个新的 String 类对象，本程序语句执行后的内存结构如图 7-7 所示。

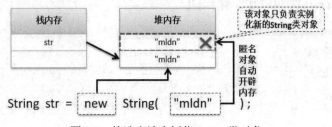

图 7-7　构造方法实例化 String 类对象

因为每一个字符串都是一个 String 类的匿名对象，所以首先在堆内存中开辟一块空间保存字符串"mldn"，而后又使用关键字 new，开辟另一块堆内存空间，而真正使用的是用关键字 new 开辟的堆内存。而之前定义的字符串常量开辟的堆内存空间将不会被任何的栈内存所指向，成为垃圾空间，并等待被 GC 回收。所以，使用构造方法的方式开辟的字符串对象，实际上会开辟两块空间，其中有一块空间将成为垃圾。

除了内存的浪费之外，如果使用了构造方法实例化 String 类对象，由于关键字 new 永远表示开辟新的堆内存空间，所以其内容不会保存在对象池中。

范例：构造方法实例化 String 类对象不自动入池保存

```java
public class StringDemo {
    public static void main(String args[]) {
        String strA = new String("mldn");          // 使用构造方法定义了新的内存空间，不会自动入池
        String strB = "mldn";                        // 直接赋值
        System.out.println(strA == strB);            // 判断结果：false
    }
}
```

```
}
```
程序执行结果：
```
false
```

本程序首先利用构造方法开辟了一个新的 String 类对象，由于此时不会自动保存到对象池中，所以在使用直接赋值的方式声明 String 类对象后将开辟新的堆内存空间。因为两个堆内存的地址不同，所以最终的地址判断结果为 false。

如果现在希望开辟的新内存数据也可以进入对象池保存，那么可以采用 String 类定义的一个手动入池的操作。

手动保存到对象池：public String intern()。

范例：String 类对象手动入池

```java
public class StringDemo {
    public static void main(String args[]) {
        String strA = new String("mldn").intern();    // 开辟新对象并手动入池
        String strB = "mldn";                          // 直接赋值
        System.out.println(strA == strB);              // 判断结果：true
    }
}
```
程序执行结果：
```
true
```

本程序由于使用了 String 类的 intern()方法，所以会将指定的字符串对象保存在对象池中，随后如果使用直接赋值的方式将会自动引用已有的堆内存空间，所以地址判断的结果为 true。

> **提示：两种 String 类对象实例化区别。**
>
> ↴ 直接赋值（String str = "字符串" ;）：只会开辟一块堆内存空间，并且会自动保存在对象池中以供下次重复使用。
>
> ↴ 构造方法（String str = new String("字符串")）：会开辟两块堆内存空间，其中有一块空间将成为垃圾，并且不会自动入池，但是用户可以使用 intern()方法手动入池。
>
> 在读者进行实际项目开发过程中，请尽量使用直接赋值的方式为 String 类对象实例化。

7.5　字符串常量池

视频名称	0705_字符串常量池		学习层次	掌握
视频简介	为了防止字符串过多，JDK 也进行了结构上的优化，本课程主要通过实际代码分析 String 类两种常量池的区别。			

Java 中使用""就可以进行字符串实例化对象定义，如果处理不当就有可能为多个内容相同的实例化对象重复开辟堆内存空间，这样必然造成内存的大量浪费。为了解决这个问题，在 JVM 中提供了一个字符串常量池（或者称为"字符串对象池"，其本质属于一个动态对象数组），所有通过直接赋值实例化的 String 类对象都可以自动保存在此常量池中，以供下次重复使用。在 Java 中字符串常量池一共分为两种。

↴ **静态常量池：**是指程序（*.class）在加载的时候会自动将此程序中保存的字符串、普通的常量、类和方法等信息，全部进行分配。

↪ **运行时常量池**：当一个程序（*.class）加载之后，有一些字符串内容是通过 String 对象的形式保存后再实现字符串连接处理，由于 String 对象的内容可以改变，所以此时称为运行时常量池。

范例：静态常量池

```java
public class StringDemo {
    public static void main(String args[]) {
        String strA = "www.yootk.com";                      // 开辟新对象并入池
        // 使用 "+" 进行字符串连接，由于所有的内容都是常量，本质上表示一个字符串
        String strB = "www." + "yootk" + ".com";            // 直接赋值
        System.out.println(strA == strB);                   // 判断结果：true
    }
}
```
程序执行结果：

true

　　本程序使用了两种方式定义了 String 类对象，由于在实例化 strB 对象时，所有参与连接的字符串都是常量，所以在程序编译时会将这些常量组合在一起进行定义，这样就与 strA 对象的内容相同，最终的结果就是继续使用字符串常量池中提供的内容为 strB 实例化，不会再开辟新的堆内存空间。

范例：运行时常量池

```java
public class StringDemo {
    public static void main(String args[]) {
        String logo = "yootk" ;                             // 定义一个变量
        String strA = "www.yootk.com";                      // 开辟新对象并入池
        // 使用 "+" 进行字符串连接，由于所有的内容都是常量，本质上表示一个字符串
        String strB = "www." + logo + ".com";               // 动态拼凑，logo为变量
        System.out.println(strA == strB);                   // 判断结果：false
    }
}
```
程序执行结果：

false

　　本程序最大的特点在于利用了一个 logo 的对象定义了要连接的字符串的内容，由于 logo 属于程序运行时才可以确定的内容，这样就使得程序编译时无法知道 logo 的具体内容，所以 strB 对象将无法从字符串常量池中获取字符串引用。

7.6　字符串修改分析

视频名称	0706_字符串修改分析		学习层次	掌握
视频简介	常量的内容一旦定义则不可以被修改，但是鉴于 String 的特殊性，在 Java 中通过重新实例化的方式实现了字符串的修改。本课程将通过内存关系分析字符串对象的修改过程。			

　　String 类对于数据的存储是基于数组实现的，数组本身属于定长的数据类型，这样的设计实际上就表明 String 对象的内容一旦声明将不可直接改变，而所有的字符串对象内容的修改都是通过引用的变化来实现的。

范例：观察字符串修改

```
public class StringDemo {
    public static void main(String args[]) {
        String str = "www.";                    // 采用直接赋值的方式实例化String类对象
        str += "mldn";                          // 通过"+"连接新的字符串并改变str对象引用
        str = str + ".cn";                      // 通过"+"连接新的字符串并改变str对象引用
        System.out.println(str);                // 输出最终str对象指向的内容
    }
}
程序执行结果:
www.mldn.cn
```

本程序利用了"+"实现了字符串内容的修改，但是这样的修改会造成垃圾内存的产生，分析如图 7-8 所示。

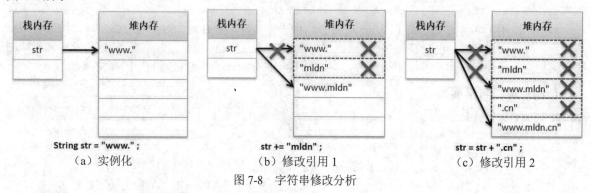

图7-8　字符串修改分析

通过图 7-8 的分析可以发现，对字符串对象内容修改，其实质是改变了引用关系，同时会产生垃圾空间，所以在开发中一定要避免使用以下的程序代码。

范例：会产生许多垃圾空间的代码

```
public class StringDemo {
    public static void main(String args[]) {
        String str = "YOOTK";                   // 采用直接赋值的方式实例化String类对象
        for (int x = 0; x < 1000; x++) {        // 循环修改字符串
            str += x;                           // 字符串内容修改 = 修改引用指向
        }
        System.out.println(str);                // 输出最终str对象指向的内容
    }
}
```

本程序利用 for 循环实现了对字符串对象的修改，但是这样的修改会造成大量垃圾空间。如果项目中频繁出现此类代码，那么一定会导致垃圾回收机制的性能下降，从而影响整体程序的执行性能。

7.7　主方法组成分析

	视频名称	0707_主方法组成分析	学习层次	理解
	视频简介	主方法是程序运行的开始点，也是所有开发者最早接触到的方法结构。在本课程中将对主方法的组成进行讲解，同时讲解程序初始化参数的接收。		

Java 中的程序代码执行是从主方法开始的，并且主方法由许多部分组成，下面为读者列出每一个组成部分的含义。

- **public**：描述的是一种访问权限，主方法是一切的开始点，开始点一定是公共的。
- **static**：程序的执行是通过类名称完成的，所以表示此方法是由类直接调用。
- **void**：主方法是一切程序的起点，程序一旦开始执行是不需要返回任何结果的。
- **main**：系统定义好的方法名称，当通过 java 命令解释一个类的时候会自动找到此方法名称。
- **String args[]**：字符串的数组，可以实现程序启动参数的接收。

参数传递的形式：java 类名称　参数 1　参数 2　参数 3…。

范例：验证参数传递，输入的必须是 3 个参数，否则程序退出

```java
public class StringDemo {
    public static void main(String args[]) {          // 参数类型为数组
        if (args.length == 0) {                        // 没有输入参数
            System.out.println("【ERROR】请输入程序启动参数...");
            System.exit(1);                            // 程序退出
        }
        for (String arg : args) {                      // 循环输出参数内容
            System.out.print(arg + "、");               // 每一个参数内容
        }
    }
}
```
程序执行结果
（输入 java StringDemo <u>one two three</u>）：
one、two、three

本程序在执行时要求程序输入有相应的启动参数，如果没有输入参数则会进行错误提示，并且直接结束执行，如果输入了参数则通过 for 循环的形式输出每一个参数内容。

如果读者在输入参数的时候希望参数中间加有空格，如 "Hello World" "Hello MLDN" 等信息，则在输入参数的时候直接加上 """ 定义整体参数即可进行输入，如下所示。

程序执行命令：

```
java StringDemo "Hello World!!!" "Hello MLDN" "Li Xing Hua"
```

由于使用 """ 定义了整体参数，所以即使中间出现了空格，也按照一个参数进行输入。

7.8　String 类常用方法

String 类作为项目开发中的重要组成，除了拥有自身的特点之外，它还提供了大量的字符串操作方法。这些方法如表 7-1 所示，利用这些方法可以方便地实现对字符串内容的处理。

表 7-1　String 类常用方法

No.	方法名称	类　型	描　述
1	public String(char[] value)	构造	将传入的全部字符数组变为字符串
2	public String(char[] value, int offset, int count)	构造	将部分字符数组变为字符串
3	public char charAt(int index)	普通	获取指定索引位置的字符

No.	方 法 名 称	类　型	描　　述
4	public char[] toCharArray()	普通	将字符串中的数据以字符数组的形式返回
5	public String(byte[] bytes)	构造	将全部字节数组变为字符串
6	public String(byte[] bytes, int offset, int length)	构造	将部分字节数组变为字符串
7	public byte[] getBytes()	普通	将字符串转为字节数组
8	public byte[] getBytes(String charsetName) throws UnsupportedEncodingException	普通	编码转换
9	public boolean equals(String anObject)	普通	区分大小写的相等判断
10	public boolean equalsIgnoreCase(String anotherString)	普通	不区分大小写比较
11	public int compareTo(String anotherString)	普通	进行字符串大小比较，该方法返回一个 int 数据，该数据有 3 种取值：大于（>0）、小于（<0）、等于（=0）
12	public int compareToIgnoreCase(String str)	普通	不区分大小写进行字符串大小比较
13	public public boolean contains(String s)	普通	判断子字符串是否存在
14	public int indexOf(String str)	普通	从头查找指定字符串的位置，找不到返回-1
15	public int indexOf(String str, int fromIndex)	普通	从指定位置查找指定字符串的位置
16	public int lastIndexOf(String str)	普通	由后向前查找指定字符串的位置
17	public int lastIndexOf(String str, int fromIndex)	普通	从指定位置由后向前查找指定字符串的位置
18	public boolean startsWith(String prefix)	普通	判断是否以指定的字符串开头
19	public boolean startsWith(String prefix, int toffset)	普通	由指定位置判断是否以指定的字符串开头
20	public boolean endsWith(String suffix)	普通	判断是否以指定的字符串结尾
21	public String replaceAll(String regex, String replacement)	普通	全部替换
22	public String replaceFirst(String regex, String replacement)	普通	替换首个
23	public String[] split(String regex)	普通	按照指定的字符串进行全部拆分
24	public String[] split(String regex, int limit)	普通	按照指定的字符串拆分为指定个数，后面不拆了
25	public String substring(int beginIndex)	普通	从指定索引截取到结尾
26	public String substring(int beginIndex, int endIndex)	普通	截取指定索引范围中的子字符串
27	public static String format(String format, 各种类型 … args)	普通	根据指定结构进行文本格式化显示
28	public String concat(String str)	普通	描述的就是字符串的连接
29	public String intern()	普通	字符串入池
30	public boolean isEmpty()	普通	判断是否为空字符串（是否 null）
31	public int length()	普通	计算字符串的长度
32	public String trim()	普通	去除左右的空格信息
33	public String toUpperCase()	普通	字符串内容转大写
34	public String toLowerCase()	普通	字符串内容转小写

表 7-1 定义的方法全部来自 JavaDoc 定义，下面将针对这些方法进行分组解释。

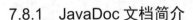
7.8.1 JavaDoc 文档简介

视频名称	0708_JavaDoc 文档简介		学习层次	了解	
视频简介	JavaDoc 文档是 Java 语言提供的语言使用手册与类库说明，在开发中需要反复查看。本课程主要为读者说明 Java Doc 文档的基本组成。				

JavaDoc 是 Java 官方提供的应用程序编程接口（Application Programming Interface，API）文档，开发者可以根据此文档来获取系统类库的信息。

> **提示：关于 JavaDoc 的补充说明。**
>
> JavaDoc 是在 Java 开发中接触到的最早文档，该文档建议通过在线方式浏览，考虑到日后开发的需求，尽量阅读英文原版信息。本次使用的是 Java10 版本文档，地址如下。
>
> Java10 文档地址：https://docs.oracle.com/javase/10/docs/api/overview-summary.html。
>
> 如果觉得输入以上地址过于麻烦，也可以直接利用搜索引擎输入 "java10 api" 的形式搜索。

在 JDK 1.9 之前，所有的 Java 中的常用类库都会在 JVM 启动的时候进行全部加载，这样会导致程序启动性能下降。在 JDK 1.9 开始提供模块化设计，将一些程序类放在了不同的模块里面，所以在进行 JavaDoc 文档浏览时就会发现如图 7-9 所示的模块定义。

All Modules	Java SE	JDK	JavaFX	Other Modules
Module		**Description**		
java.activation		Defines the JavaBeans Activation Framework (JAF) API.		
java.base		Defines the foundational APIs of the Java SE Platform.		
java.compiler		Defines the Language Model, Annotation Processing, and Java Compiler APIs.		
java.corba		Defines the Java binding of the OMG CORBA APIs, and the RMI-IIOP API.		

图 7-9 Java 模块

在每一个模块中又会包含若干个包，每个包里会定义有不同的类。例如，String 类属于 java.base 模块中 java.lang 包中定义的类，打开相应的包后就可以发现 String 类的信息。一般文档里会有以下几个组成部分，如表 7-2 所示。

表 7-2 类的组成部分

类的完整定义	**Module** java.base **Package** java.lang **Class String** java.lang.Object java.lang.String **All Implemented Interfaces:** Serializable, CharSequence, Comparable\<String\> --- public final class **String** extends Object implements Serializable, Comparable\<String\>, CharSequence
类相关说明信息	The String class represents character strings. All string literals in Java programs, such as "abc", are implemented as instances of this class. Strings are constant; their values cannot be changed after they are created. String buffers support mutable strings. Because String objects are immutable they can be shared. For example: String str = "abc";
成员属性摘要	***Field Summary*** **Fields** | Modifier and Type	Field	Description | | --- | --- | --- | | static Comparator\<String\> | CASE_INSENSITIVE_ORDER | A Comparator that orders String objects as by compareToIgnoreCase. |

续表

构造方法摘要：
有 Deprecated 描述的方法
表示不建议使用

Constructors

Constructor	Description
String()	Initializes a newly created String object so that it represents an empty character sequence.
String(byte[] bytes)	Constructs a new String by decoding the specified array of bytes using the platform's default charset.
String(byte[] ascii, int hibyte)	**Deprecated.** This method does not properly convert bytes into characters. As of JDK 1.1, the preferred way to do this is via the String constructors that take a Charset, charset name, or that use the platform's default charset.

方法摘要：
左边为返回值
右边为方法名称和相应的
参数

Method Summary

| All Methods | Static Methods | Instance Methods | Concrete Methods | Deprecated Methods |

Modifier and Type	Method	Description
char	charAt(int index)	Returns the char value at the specified index.
IntStream	chars()	Returns a stream of int zero-extending the char values from this sequence.
int	codePointAt(int index)	Returns the character (Unicode code point) at the specified index.
int	codePointBefore(int index)	Returns the character (Unicode code point) before the specified index.

详细的说明

chars

```
public IntStream chars()
```

Returns a stream of int zero-extending the char values from this sequence. Any char which maps to a surrogate code point is passed through uninterpreted.

Specified by:
chars in interface CharSequence

Returns:
an IntStream of char values from this sequence

7.8.2 字符串与字符

视频名称	0709_字符串与字符	学习层次	掌握
视频简介	字符串是一组字符的组成结构，本课程主要讲解 String 类与字符相关的构造、toCharArray()、charAt()方法的使用。		

字符串的基本组成单元是字符，在 String 类中提供有两者转换的处理方法，这些方法如表 7-3 所示。

表 7-3　字符串与字符

No.	方 法 名 称	类 型	描 述
1	public String(char[] value)	构造	将传入的全部字符数组变为字符串
2	public String(char[] value, int offset, int count)	构造	将部分字符数组变为字符串
3	public char charAt(int index)	普通	获取指定索引位置的字符
4	public char[] toCharArray()	普通	将字符串中的数据以字符数组的形式返回

范例：观察 charAt()方法

```java
public class StringDemo {
    public static void main(String args[]) {
        String str = "www.mldn.cn";          // 字符串对象
        char c = str.charAt(6);              // 获取索引为6的字符内容
        System.out.println(c);               // 打印字符信息
    }
}
程序执行结果：
d
```

本程序中的字符串索引是从 0 开始的，本程序获取了索引位置为 6 的字符，实际上就是获取字符串中第 7 个字符数据。

范例：字符串与字符数组转换

```java
public class StringDemo {
    public static void main(String args[]) {
        String str = "mldnjava";                         // 定义字符串
        char[] result = str.toCharArray();               // 将字符串变为字符数组
        for (int x = 0; x < result.length; x++) {        // 循环字符数组
            result[x] -= 32;                             // 编码减少32（大小写字母之间差32个编码）
        }
        String newStr = new String(result);              // 处理后的字符数组变为字符串
        System.out.println(newStr);                      // 输出新的字符串
        System.out.println(new String(result, 0, 4));    // 部分字符数组变为字符串
    }
}
```
程序执行结果：
MLDNJAVA（全部字符数组变为字符串）
MLDN（部分字符数组变为字符串）

本程序首先将字符串（为了操作方便，此时的字符串全部由小写字母组成）拆分为字符数组；其次使用循环分别处理数组中每一个字符的内容；最后使用 String 类的构造方法，将字符数组变为字符串对象。

利用字符串与字符数组之间的转换形式也可以实现字符串的组成判断。例如，现在要求判断一个字符串中是否全部由数字所组成，首先将字符串变为字符数组；其次判断每一位的字符范围是否在数字编码范围内（'0' ~ '9'）。

范例：判断字符串组成是否全部为数字

```java
public class StringDemo {
    public static void main(String args[]) {
        System.out.println(isNumber("mldn") ? "由数字所组成" : "不是由数字所组成");    // 判断
        System.out.println(isNumber("123") ? "由数字所组成" : "不是由数字所组成");     // 判断
    }
    /**
     * 判断传入的字符串对象是否为数字所组成，在处理中会将字符串变为字符数组
     * 采用循环的形式进行每一位字符的判断
     * @param str 判断的字符串内容
     * @return 如果全部由数字所组成返回true；否则返回false
     */
    public static boolean isNumber(String str) {
        char[] result = str.toCharArray();               // 将字符串变为字符数组
        for (int x = 0; x < result.length; x++) {        // 循环判断
            if (result[x] < '0' || result[x] > '9') {    // 不是数字
                return false;                            // 结束后续判断
            }
        }
        return true;
    }
}
```

```
}
```
程序执行结果：
不是由数字所组成
由数字所组成

本程序在主类中定义了一个 isNumber()方法，所以此方法可以在主方法中直接调用。在 isNumber()
方法中为了实现判断，首先将字符串转换为字符数组；其次采用循环的方式判断每一个字符是否是
数字（例如，'9'是字符不是数字 9），如果有一位不是则返回 false（结束判断），如果全部是数字则返
回 true。

 提示：方法命名的习惯。

读者可以发现在本程序中的 isNumber()方法返回的是 boolean 数据类型，这是一种真或假的判断，而在 Java
开发中，针对返回 boolean 值的方法习惯性以 isXxx()的形式命名。

7.8.3 字符串与字节

视频名称	0710_字符串与字节		学习层次	掌握
视频简介	字节是网络数据传输的主要数据类型，String 类里也提供有字符串与字节的转换操作。本课程主要讲解 String 类与字节相关的构造、getBytes()方法的使用。			

字节使用 byte 描述，字节一般主要用于数据的传输或者进行编码转换，String 类就提供了将字符串
变为字节数组的操作，目的就是为了方便传输以及编码转换，这些方法如表 7-4 所示。

表 7-4　字符串与字节

No.	方 法 名 称	类 型	描 述
1	public String(byte[] bytes)	构造	将全部字节数组变为字符串
2	public String(byte[] bytes, int offset, int length)	构造	将部分字节数组变为字符串
3	public byte[] getBytes()	普通	将字符串转为字节数组
4	public byte[] getBytes(String charsetName) throws UnsupportedEncodingException	普通	编码转换

范例：字符串与字节转换

```
public class StringDemo {
    public static void main(String args[]) {
        String str = "mldnjava";                         // 实例化String类对象
        byte data[] = str.getBytes();                    // 将字符串变为字节数组
        for (int x = 0; x < data.length; x++) {          // 字节数组循环
            data[x] -= 32;                               // 小写转大写
        }
        System.out.println(new String(data));            // 全部字节数组变为字符串
        System.out.println(new String(data, 0, 5));      // 部分字节数组变为字符串
    }
}
```
程序执行结果：
MLDNJAVA
MLDN

本程序利用字节数据类型实现了字符串小写字母转大写字母的操作，首先将字符串利用 getBytes()

方法变为了字节数组；其次修改数组中每个元素的内容，最终利用 String 的字符串将修改后的字节数组全部或部分变为字符串。

7.8.4　字符串比较

视频名称	0711_字符串比较		学习层次	掌握
视频简介	字符串是引用数据类型，不能简单地直接依靠"=="进行比较。本课程主要讲解 equals()、equalsIgnoreCase()、compareTo()方法的使用。			

equals()是最为常用的一个字符串相等判断的比较方法，使用该方法进行比较时只能够判断两个字符串的内容是否完全一致，而除此方法外，也可以使用表 7-5 所示的方法实现更多的比较判断。

表 7-5　字符串内容相等比较

No.	方法名称	类　型	描　述
1	public boolean equals(String anObject)	普通	区分大小写的相等判断
2	public boolean equalsIgnoreCase(String anotherString)	普通	不区分大小写比较
3	public int compareTo(String anotherString)	普通	判断两个字符串的大小（按照字符编码比较），此方法的返回值有如下三种结果。 =0：表示要比较的两个字符串内容相等。 >0：表示大于的结果。 <0：表示小于的结果。
4	public int compareToIgnoreCase (String str)	普通	不区分大小写进行字符串大小的比较

范例：观察大小写比较

```java
public class StringDemo {
    public static void main(String args[]) {
        String str = "mldn";                              // 实例化String类对象
        System.out.println("MLDN".equals(str));           // 内容比较
        System.out.println("MLDN".equalsIgnoreCase(str)); // 忽略大小写内容比较
    }
}
程序执行结果：
false（"equals()"区分大小写）
true（"equalsIgnoreCase()"不区分大小写）
```

本程序首先定义了一个 String 类对象；其次利用 equals()方法进行比较，可以发现 equals()是区分大小写的，比较结果为 false。而使用 equalsIgnoreCase()方法比较是不区分大小写的，结果为 true。

equals()和 equalsIgnoreCase()两个方法只适用于判断内容是否相等，如果要想比较两个字符串的大小，那么就必须使用 compareTo()方法完成，这个方法返回 int 型数据，**这个 int 型数据有 3 种结果：大于 0（返回结果大于 0）、小于 0（返回结果小于 0）、等于 0（返回结果为 0）。**

范例：观察 compareTo()方法

```java
public class StringDemo {
    public static void main(String args[]) {
        String strA = "mldn";                       // 实例化String对象
        String strB = "mldN";                       // 实例化String对象（大小写不同）
        System.out.println(strA.compareTo(strB));   // 返回32，正数表示大于
```

```
        System.out.println(strB.compareTo(strA));           // 返回-32，负数表示小于
        System.out.println("Hello".compareTo("Hello"));     // 返回0，表示相等
        System.out.println(strA.compareToIgnoreCase(strB)); // 忽略大小写比较
    }
}
```

程序执行结果：

32（"strA.compareTo(strB)"代码执行结果）

-32（"strB.compareTo(strA)"代码执行结果）

0（""Hello".compareTo("Hello")"代码执行结果）

0（"strA.compareToIgnoreCase(strB)"代码执行结果）

使用 compareTo()方法进行大小比较时，会依次比较两个字符串中每个字符的编码内容，并且依据编码的差值得出最终比较结果，而 compareToIgnoreCase()方法会忽略大小写实现大小判断。

7.8.5 字符串查找

视频名称	0712_字符串查找		学习层次	掌握
视频简介	String 类可以在一个完整的字符串中进行内容的查找，本课程主要讲解 contains()、indexOf()、lastIndexOf()、startsWith()、endsWith()方法的使用。			

一个字符串往往由许多字符组成，而如果要从一个完整的字符串中判断某一个子字符串是否存在，可以使用表 7-6 所示的方法完成。

表 7-6　字符串查找

No.	方 法 名 称	类　型	描　述
1	public public boolean contains(String s)	普通	判断子字符串是否存在
2	public int indexOf(String str)	普通	从头查找指定字符串的位置，找不到返回-1
3	public int indexOf(String str, int fromIndex)	普通	从指定位置查找指定字符串的位置
4	public int lastIndexOf(String str)	普通	由后向前查找指定字符串的位置
5	public int lastIndexOf(String str, int fromIndex)	普通	从指定位置由后向前查找指定字符串的位置
6	public boolean startsWith(String prefix)	普通	判断是否以指定的字符串开头
7	public boolean startsWith(String prefix, int toffset)	普通	由指定位置判断是否以指定的字符串开头
8	public boolean endsWith(String suffix)	普通	判断是否以指定的字符串结尾

范例：查找子字符串是否存在

```
public class StringDemo {
    public static void main(String args[]) {
        String str = "www.mldn.cn";                          // 定义String类对象
        System.out.println(str.contains("mldn"));           // 存在返回：true
        System.out.println(str.contains("hello"));          // 不存在返回：false
    }
}
```

程序执行结果：

true（"str.contains("mldn")"代码执行结果）

false（"str.contains("hello")"代码执行结果）

contains()方法是从 JDK 1.5 之后新增加的一个方法。但是在 JDK 1.5 之前类似的判断只能通过 indexOf()方法实现，该方法会进行子字符串索引的查找，最终根据返回结果来判断子字符串是否存在。

范例：使用 indexOf()方法判断

```java
public class StringDemo {
    public static void main(String args[]) {
        String str = "www.mldn.cn";                          // 定义String类对象
        System.out.println(str.indexOf("mldn"));            // 查找索引
        System.out.println(str.indexOf("hello"));           // 查找索引
        if (str.indexOf("mldn") != -1) {                    // 如果索引返回不是-1表示查询到
            System.out.println("要查询的子字符串存在。");    // 输出查询结果
        }
    }
}
```
程序执行结果：
4（"str.indexOf("mldn")"代码执行结果，返回起始索引）
-1（"str.indexOf("hello")"代码执行结果，没有查找到返回-1）
要查询的子字符串存在。（"str.indexOf("mldn") != -1"代码判断条件满足后执行结果）

本程序利用 indexOf()方法实现子字符串索引查找，如果可以找到指定内容就会返回索引数据；如果没有找到子字符串会返回-1。

> **提示：关于 contains()方法实现说明。**
>
> String 类中的 contains()方法是基于 indexOf()实现的，源代码如下。
>
> ```java
> public boolean contains(CharSequence s) {
>     return indexOf(s.toString()) >= 0;
> }
> ```
>
> 可以发现该方法里调用的正是 indexOf()方法。

indexOf()方法在进行字符串查找时，采用的是由前向后顺序查找的，如果需要改变顺序，则可以使用 lastIndexOf()方法实现。

范例：使用 lastIndexOf()查找

```java
public class StringDemo {
    public static void main(String args[]) {
        String str = "www.mldn.cn";                          // 定义String类对象
        System.out.println(str.lastIndexOf(".")) ;          // 由后向前查找
    }
}
```
程序执行结果：
8（从前数第二个"."的索引，从后数第一个"."的索引）

本程序通过 lastIndexOf()由后向前检索字符"."的索引，返回了第一个查找到的索引位置。

范例：判断是否以指定的字符串开头或结尾

```java
public class StringDemo {
    public static void main(String args[]) {
        String str = "**@@www.mldn.cn##";                    // 定义String类对象
        System.out.println(str.startsWith("**"));           // 开头判断
```

```
        System.out.println(str.startsWith("@@", 2));         // 指定索引之后进行开头判断
        System.out.println(str.endsWith("##"));              // 结尾判断
    }
}
```
程序执行结果：
true（从索引0开始判断是否以"**"开头）
true（从索引2开始判断是否以"@@"开头）
true（从结尾向前判断是否以"##"结尾）

本程序分别利用 startsWith()与 endsWith()两个方法来判断指定的字符串数据是否以指定的内容开头。

7.8.6　字符串替换

	视频名称	0713_字符串替换	学习层次	掌握
	视频简介	字符串中会有一系列的组成字符，这些字符可以依据指定的规则进行替换。本课程主要讲解 replaceAll()和 replaceFirst()方法的使用。		

在 String 类中提供有字符串的替换操作，即可以将指定的字符串内容进行整体替换，这些方法如表 7-7 所示。

表 7-7　字符串替换

No.	方 法 名 称	类 型	描 述
01	public String replaceAll(String regex, String replacement)	普通	全部替换
02	public String replaceFirst(String regex, String replacement)	普通	替换首个

范例：观察字符串替换

```
public class StringDemo {
    public static void main(String args[]) {
        String str = "www.mldn.cn";                           // 定义String类对象
        System.out.println(str.replaceAll("w", "_"));         // 全部替换
        System.out.println(str.replaceFirst("w", "_"));       // 替换首个
    }
}
```
程序执行结果：
___.mldn.cn（全部替换）
_ww.mldn.cn（替换首个）

本程序利用 replaceAll()与 replaceFirst()两个方法实现了全部以及首个内容的替换，特别需要注意的是，这两个方法都会返回替换完成后的新字符串内容。

7.8.7　字符串拆分

	视频名称	0714_字符串拆分	学习层次	掌握
	视频简介	字符串可以依据组成规则拆分成若干个子字符串进行保存，本课程主要讲解 split()方法的使用与相关注意事项。		

字符串拆分操作是指按照一个指定的字符串标记，将一个完整的字符串分割为字符串数组。如果要完成拆分操作，可以使用表 7-8 所示的方法。

表 7-8　字符串拆分

No.	方法名称	类　型	描　述
1	public String[] split(String regex)	普通	按照指定的字符串进行全部拆分
2	public String[] split(String regex, int limit)	普通	按照指定的字符串进行部分拆分，最后的数组长度就是由 limit 决定（如果能拆分的结果很多，数组长度才会由 limit 决定），即前面拆，后面不拆

范例：字符串全拆分

```
public class StringDemo {
    public static void main(String args[]) {
        String str = "mldn java yootk jixianit";        // 定义String类对象
        String result[] = str.split(" ");               // 空格拆分
        for (int x = 0; x < result.length; x++) {        // 循环输出
            System.out.print(result[x] + "、");           // 拆分结果
        }
    }
}
```
程序执行结果：
mldn、java、yootk、jixianit、

　　本程序是将一个字符串按照空格进行全部拆分，最后将一个完整的字符串拆分为 4 个子字符串，并且将其保存在 String 类的对象数组中。

> **提示：如果 split()方法的参数为空字符串则表示根据每个字符拆分。**
>
> 　　在进行字符串拆分时，如果 split()方法中设置的是一个空字符串，那么就表示全部拆分，即将整个字符串变为一个字符串数组，而数组的长度就是字符串的长度。
>
> **范例：字符串全部拆分**
>
> ```
> public class StringDemo {
>     public static void main(String args[]) {
>         String str = "mldn java ";                      // 定义String类对象
>         String result[] = str.split("");                // 空格拆分
>         for (int x = 0; x < result.length; x++) {        // 循环输出
>             System.out.print(result[x] + "、");           // 拆分结果
>         }
>     }
> }
> ```
> 程序执行结果：
> m、l、d、n、　、j、a、v、a、　、
> 　　此时可以发现，使用 split()方法时只设置了一个空字符串（不是 null，如果是 null 则执行会出现 NullPointerException 异常），空字符串就表示按照每一个字符进行拆分。

范例：拆分为指定长度的数组

```
public class StringDemo {
    public static void main(String args[]) {
        String str = "mldn java yootk jixianit";        // 定义String类对象
        String result[] = str.split(" ", 2);            // 部分空格拆分
```

```
        for (int x = 0; x < result.length; x++) {        // 循环输出
            System.out.print(result[x] + "、");          // 拆分结果
        }
    }
}
```

程序执行结果：

```
mldn、java yootk jixianit、
```

本程序在进行拆分时设置了拆分的个数，所以只将全部的内容拆分为两个长度的字符串对象数组。

> **注意：要避免正则表达式的影响，可以进行转义操作。**
>
> 实际上，split()方法的字符串拆分能否正常进行都与正则表达式的操作有关，所以有些时候会出现无法拆分的情况，例如，现在给一个 IP 地址（192.168.1.2），那么首先想到的肯定是根据 "." 拆分，而如果直接使用 "." 是不可能正常拆分的。
>
> **范例：错误的拆分操作**
>
> ```
> public class StringDemo {
>     public static void main(String args[]) {
>         String str = "192.168.1.2";                    // 定义字符串
>         String result[] = str.split(".");              // 字符串拆分
>         for (int x = 0; x < result.length; x++) {      // 循环输出
>             System.out.print(result[x] + "、");
>         }
>     }
> }
> ```
>
> 此时是不能够正常执行的，而要想正常执行，必须对要拆分的 "." 进行转义，在 Java 中转义要使用 "\\"（"\\" 表示一个 "\"）描述。
>
> **范例：正确的拆分操作**
>
> ```
> public class StringDemo {
>     public static void main(String args[]) {
>         String str = "192.168.1.2";                    // 定义字符串
>         String result[] = str.split("\\.");            // 字符串拆分
>         for (int x = 0; x < result.length; x++) {      // 循环输出
>             System.out.print(result[x] + "、");
>         }
>     }
> }
> ```
>
> **程序执行结果：**
>
> ```
> 192、168、1、2、
> ```
>
> 此时程序已经可以正确地实现字符串的拆分操作。而关于正则表达式的内容将在本书第 15 章为读者讲解。

在实际开发中，拆分操作是非常常见的，因为经常会传递一组数据到程序中进行处理，例如，现在有以下的一个字符串："张三:20|李四:21|王五:22|..."（姓名:年龄|姓名:年龄|...）。当接收到此数据时必须对数据进行拆分。

范例：复杂拆分

```
public class StringDemo {
    public static void main(String args[]) {
```

```
        String str = "张三:20|李四:21|王五:22";              // 定义字符串
        String result[] = str.split("\\|");              // 第一次拆分
        for (int x = 0; x < result.length; x++) {
            String temp[] = result[x].split(":");        // 第二次拆分
            System.out.println("姓名: " + temp[0] + ", 年龄: " + temp[1]);
        }
    }
}
```
程序执行结果：
```
姓名: 张三, 年龄: 20
姓名: 李四, 年龄: 21
姓名: 王五, 年龄: 22
```

本程序首先使用 "|" 进行了拆分；其次在每次循环中又使用了 ":" 继续拆分，最终取得了姓名与年龄数据。在实际开发中，这样的数据传递形式很常见，所以一定要重点掌握。

7.8.8　字符串截取

视频名称	0715_字符串截取		学习层次	掌握
视频简介	一个字符串为了清晰地描述数据组成会提供一系列的标记性信息，如果需要从里面获取有意义的部分内容，就可以通过截取实现。本课程主要讲解 substring() 方法的使用。			

从一个字符串中可以取出指定的子字符串，称为字符串的截取操作，操作方法如表 7-9 所示。

表 7-9　字符串截取

No.	方 法 名 称	类 型	描 述
1	public String substring(int beginIndex)	普通	从指定索引截取到结尾
2	public String substring(int beginIndex, int endIndex)	普通	截取指定索引范围中的子字符串

范例：字符串截取

```
public class StringDemo {
    public static void main(String args[]) {
        String str = "www.mldn.cn";                     // 定义String类对象
        System.out.println(str.substring(4)) ;          // 指定位置截取到结尾
        System.out.println(str.substring(4,8)) ;        // 截取指定索引范围的子字符串
    }
}
```
程序执行结果：
```
mldn.cn （"str.substring(4)" 代码执行结果）
mldn （"str.substring(4,8)" 代码执行结果）
```

substring() 方法存在重载操作，所以它可以返回两种截取结果，一种是从指定位置截取到结尾；另一种是设置截取的开始索引与结束索引。截取完成后 substring() 方法会返回截取的结果。

范例：通过字符串索引确定截取范围

```
public class StringDemo {
    public static void main(String args[]) {
        String str = "mldn-photo-李兴华.jpg";              // 字符串结构: "用户id-photo-姓名.后缀"
        int beginIndex = str.indexOf("-", str.indexOf("photo")) + 1;  // 开始索引
```

```
        int endIndex = str.lastIndexOf(".");                          // 结束索引
        System.out.println(str.substring(beginIndex, endIndex));      // 字符串截取
    }
}
```

程序执行结果：

李兴华

　　本程序是在实际项目开发中较为常见的一种设计思想，即通过既定的结构进行字符串的保存，这样就可以通过一些指定的内容作为索引标记，从而获取所需要的数据信息。

7.8.9　字符串格式化

	视频名称	0716_字符串格式化	学习层次	掌握
	视频简介	在字符串组成中往往需要与变量进行拼凑，除了使用"＋"实现字符串连接外，也可以使用文本格式化方式。本课程主要讲解字符串格式化处理操作以及常用格式化标记。		

　　为了吸引更多的传统开发人员，从 JDK 1.5 开始 Java 提供了格式化数据的处理操作，类似于 C 语言中的格式化输出语句，可以利用占位符实现数据的输出。常用的占位符有字符串（%s）、字符（%c）、整数（%d）、小数（%f）等，格式化字符串的方法如表 7-10 所示。

表 7-10　字符串格式化

No.	方 法 名 称	类　型	描　述
1	public static String format(String format, 各种类型 ... args)	普通	根据指定结构进行文本格式化显示

范例：格式化字符串

```
public class StringDemo {
    public static void main(String args[]) {
        String name = "张三";                        // 姓名
        int age = 18;                                // 年龄
        double score = 98.765321;                    // 成绩，有多余小数位
        String str = String.format("姓名：%s、年龄：%d、成绩：%5.2f。",
                    name, age, score);               // 格式化字符串
        System.out.println(str);
    }
}
```

程序执行结果：

姓名：张三、年龄：18、成绩：98.77。

　　String 类中的 format() 是一个静态方法，可以直接用类名称进行调用，使用各种占位符的标记，并且利用可变参数配置对应内容即可实现字符串格式化处理。

> 　**提示：format()方法同 C 语言的 printf()函数功能类似。**
>
> 　　当看到 printf() 方法名称的时候应该首先想到的是 C 语言中的输出，现在 Java 也具备了同样的功能，而输出的时候可以使用一些标记来表示要输出的内容。例如，字符串（%s）、整数（%d）、小数（%f）、字符（%c）等，之所以有这样的输出，其实目的还是在于抢夺 C 语言的开发人员市场。

7.8.10　其他操作方法

视频名称	0717_其他操作方法		学习层次	掌握
视频简介	本课程主要讲解 concat()、trim()、toUpperCase()、toLowerCase()、length()、isEmpty() 等方法的使用，并且利用给定的方法自定义了 initcap() 方法。			

　　在 String 类中提供了多种处理方法，除了之前给定的几类外，也可以利用自身的方法实现长度计算、空字符串判断、大小写转换等操作，这些操作方法如表 7-11 所示。

表 7-11　其他操作方法

No.	方法名称	类型	描述
1	public String concat(String str)	普通	描述的就是字符串的连接
2	public String intern()	普通	字符串入池
3	public boolean isEmpty()	普通	判断是否为空字符串（是否 null）
4	public int length()	普通	计算字符串的长度
5	public String trim()	普通	去除左右的空格信息
6	public String toUpperCase()	普通	字符串内容转大写
7	public String toLowerCase()	普通	字符串内容转小写

范例：字符串连接

```java
public class StringDemo {
    public static void main(String args[]) {
        String strA = "www.mldn.cn";                         // 字符串对象
        String strB = "www.".concat("mldn").concat(".cn");   // 字符串连接
        System.out.println(strB);                            // 输出连接后的结果
        System.out.println(strA == strB);                    // 地址比较：false
    }
}
```
程序执行结果：
www.mldn.cn（连接后的字符串内容）
false（与直接赋值的字符串对象进行地址比较，发现没有引用常量池中的内容）

　　concat() 的操作形式与 "+" 的作用类似，但是需要注意的是，concat() 方法在每一次进行字符串连接后都会返回一个新的实例化对象，属于运行时常量，所以与静态字符串常量的内存地址不同。

　　在字符串定义的时候 """" 和 null 不是一个概念，一个表示有实例化对象，一个表示没有实例化对象，而 isEmpty() 主要是判断字符串的内容，所以一定要在有实例化对象的时候进行调用。

范例：判断空字符串

```java
public class StringDemo {
    public static void main(String args[]) {
        String str = "";                           // 实例化对象，没有内容
        System.out.println(str.isEmpty());         // true，内容为空字符串
        System.out.println("mldn".isEmpty());      // false，内容不是空字符串
    }
}
```
程序执行结果：
true（"str.isEmpty()" 代码执行结果）
false（""mldn".isEmpty()" 代码执行结果）

本程序利用 isEmpty()判断了字符串的内容是否为空,当字符串对象实例化后并且设置内容时会返回 true。

范例: 观察 length()与 trim()方法

```java
public class StringDemo {
    public static void main(String args[]) {
        String str = "  MLDN Java  ";          // 字符串对象,前、中、后都有空格
        System.out.println(str.length());        // 长度计算(包括所有空格)
        String trimStr = str.trim();             // 去掉前后空格(中间空格保留)
        System.out.println(str);                 // 原始字符串
        System.out.println(trimStr);             // trim()处理后的字符串
        System.out.println(trimStr.length());    // trim()处理后的字符串长度
    }
}
```
程序执行结果:
```
15 (包括空格的长度)
  MLDN Java   (包含空格的字符串内容)
MLDN Java (去掉前后空格后的字符串内容,中间字符串保留)
9 (去掉前后空格后的字符串长度)
```

本程序利用 trim()方法去除字符串前后空格。在实际项目中在要求用户输入一些数据信息时(例如,登录时输入用户名和密码)就可以利用此方式来处理输入数据,避免由于错误输入多余的空格而出现的错误。

> **提示: 关于 length 的说明。**
>
> 有许多初学者容易把 String 类中的 length()方法(String 对象.length())与数组中的 length(数组对象.length)属性混淆,在这里一定要提醒读者的是: String 中取得字符串长度使用的是 length()方法,只要是方法后面都要有"()";而数组中没有 length()方法,只有 length 属性。

利用编码的数字加减处理可以实现大小写字母的转换操作。针对字符数组大小写转换,传统开发一般会采用循环的方法,该方法会比较麻烦,为此 String 类提供有大小写转换的方法,利用此方法可以方便地实现字母的大小写转换(非字母不做处理)。

范例: 大小写转换

```java
public class StringDemo {
    public static void main(String args[]) {
        String str = "www.MLDNJava.cn";               // 字符串对象
        System.out.println(str.toUpperCase());         // 转大写
        System.out.println(str.toLowerCase());         // 转小写
    }
}
```
程序执行结果:
```
WWW.MLDNJAVA.CN ("str.toUpperCase()"代码执行结果)
www.mldnjava.cn ("str.toLowerCase()"代码执行结果)
```

在本程序定义的字符串之中包含有非字母,而执行后可以发现,所有的非字母均没有做任何处理,只是在字母上实现了大小写的转换。

在 String 类中提供了大部分常见的字符串处理操作方法,但是在实际使用中经常会出现一些特殊要求,例如,将字符串首字母大写,那么这时就需要开发者自行设计方法。

范例：实现首字母大写功能

```java
class StringUtil {                                          // 定义一个String工具类
    /**
     * 首字母大写处理，其他字母保持不变
     * @param str 要处理的字符串
     * @return 首字母大写处理后的结果
     */
    public static String initcap(String str) {
        if (str == null || "".equals(str)) {               // 如果传递进来的是空字符串
            return str;                                     // 原样返回
        }
        if (str.length() == 1) {                            // 判断字符串长度
            return str.toUpperCase();                       // 一个字母直接转大写
        }                                                   // 截取首字母转大写后再连接后续字母
        return str.substring(0, 1).toUpperCase() + str.substring(1);
    }
}
public class StringDemo {
    public static void main(String args[]) {
        System.out.println(StringUtil.initcap("mldnjava")); // 测试
        System.out.println(StringUtil.initcap("m"));        // 测试
    }
}
```
程序执行结果：
Mldnjava（"StringUtil.*initcap*("mldnjava")"代码执行结果）
M（"StringUtil.*initcap*("m")"代码执行结果）

　　本程序定义了一个 StringUtil 工具类，并提供有首字母大写处理方法：initcap()。在 initcap()方法中首先对字符串内容进行若干判断，当判断条件满足时利用 substring()方法首先截取要转换字符串的第一个字符，其次利用 toUpperCase()方法将其变为大写字母，随后再与其他剩余的字符串连接后就可以实现首字母大写的功能了。

7.9　本章概要

　　1．String 类在 Java 中较为特殊，String 可以通过直接赋值或构造方法进行实例化。前者只产生一个实例化对象，而且此实例化对象可以重用；而后者将产生两个实例化对象，其中一个是垃圾空间。

　　2．JVM 提供有两类 String 常量池：静态常量池、运行时常量池。对于静态常量池，需在编译的时候进行字符串处理，运行时常量池是在程序执行中动态地实例化字符串对象。

　　3．在 String 中比较内容时使用 equals()方法，而"=="比较的只是两个字符串的地址值。

　　4．字符串的内容一旦声明则不可改变。而字符串变量的修改是通过引用地址的变更而实现的，但是会产生垃圾空间。

　　5．在使用 String 类的 split()方法时需要考虑正则表达式的影响，需要使用"\\"进行转义处理。

　　6．如果要对字符串进行编码的转换，可以通过 getBytes()方法实现。

第8章 继 承

通过本章的学习可以达到以下目标

- 掌握继承性的主要作用、代码实现与相关使用限制。
- 掌握方法覆写的操作与相关限制。
- 掌握 final 关键字的使用，理解常量与全局常量的意义。
- 掌握多态性的概念与应用，并理解对象转型处理中的限制。
- 掌握 Object 类的主要特点及实际应用。

面向对象程序设计的主要优点是代码的模块化设计以及代码重用，而只是依靠单一的类和对象的概念是无法实现这些设计要求的。所以为了开发出更好的面向对象程序，还需要进一步学习继承以及多态的概念。本章将为读者详细地讲解面向对象程序设计中继承与多态的相关知识。

8.1 面向对象继承性

在面向对象的设计过程中，类是基本的逻辑单位。但是对于这些基本的逻辑单位需要考虑到重用的设计问题，所以在面向对象的设计里提供有继承，并利用这一特点实现类的可重用性定义。

8.1.1 继承问题的引出

	视频名称	0801_继承问题的引出	学习层次	理解
	视频简介	继承性是面向对象的第二大特点，为了帮助读者更好地理解继承性的作用，本课程将通过具体的类结构分析继承性的主要作用。		

一个良好的程序设计结构不仅便于维护，同时还可以提高程序代码的可重用性。在之前所讲解的面向对象的知识中，只是围绕着单一的类进行的，而这样的类之间没有重用性的描述。例如，从下面定义 Person 类与 Student 类就可以发现无重用性代码设计的缺陷。

Person.java	Student.java
| ```java
class Person {
    private String name;
    private int age;
    public void setName(String name) {
        this.name = name;
    }
    public void setAge(int age) {
        this.age = age;
    }
    public String getName() {
        return this.name;
``` | ```java
class Student {
    private String name;
    private int age;
    private String school;
    public void setName(String name) {
        this.name = name;
    }
    public void setAge(int age) {
        this.age = age;
    }
    public void setSchool(String school) {
``` |

```
        }                                              this.school = school;
    public int getAge() {                          }
        return this.age;                         public String getName() {
    }                                                  return this.name;
}                                                  }
                                                   public int getAge() {
                                                       return this.age;
                                                   }
                                                   public String getSchool() {
                                                       return this.school;
                                                   }
                                               }
```

　　通过以上两段代码的比较，相信读者可以清楚地发现，如果按照之前所学习到的概念进行开发的话，那么程序中就会出现重复代码。而通过分析可以发现，学生本来就属于人，但是学生所表示的范围要比人表示的范围更小，也更加的具体。而如果想要解决代码问题，就只能依靠继承来完成。

8.1.2　类继承定义

视频名称	0802_类继承定义	学习层次	掌握
视频简介	利用继承性可以实现类结构的重用定义，本课程主要讲解如何在 Java 中实现类继承操作以及继承的使用特点。		

　　严格来讲，继承性是指扩充一个类已有的功能。在 Java 中，如果要实现继承的关系，可以使用以下的语法完成。

```
class 子类  extends 父类 {}
```

　　在继承结构中，很多情况下会把子类称为派生类，把父类称为超类（SuperClass）。

　　范例：继承基本实现

```
class Person {
    private String name;                    // 姓名
    private int age;                        // 年龄
    // setter、getter略
}
class Student extends Person {              // Student是子类
    // 在子类中不定义任何的功能
}
public class JavaDemo {
    public static void main(String args[]) {
        Student stu = new Student();
        stu.setName("李双双");                // 父类定义
        stu.setAge(18);                      // 父类定义
        System.out.println("姓名：" + stu.getName() + "、年龄：" + stu.getAge());
    }
}
程序执行结果：
姓名：李双双、年龄：18
```

本程序在定义 Student 类时并没有定义任何方法，只是让其继承 Person 父类，而通过执行可以发现，子类可以继续重用父类中定义的属性与方法。

继承实现的主要目的是子类可以重用父类中的结构，同时可以根据子类功能的需要进行结构扩充，所以子类往往要比父类描述的范围更小。

范例：在子类中扩充父类的功能

```
class Person {
    private String name;                            // 姓名
    private int age;                                // 年龄
    // setter、getter略
}
class Student extends Person {                      // Student是子类
    private String school ;                         // 子类扩充的属性
    public void setSchool(String school) {          // 扩充的方法
        this.school = school ;
    }
    public String getSchool() {                     // 扩充的方法
        return this.school ;
    }
}
public class JavaDemo {
    public static void main(String args[]) {
        Student stu = new Student();
        stu.setName("李双双");                        // 父类定义
        stu.setAge(18);                             // 父类定义
        stu.setSchool("清华大学") ;                   // 子类扩充方法
        System.out.println("姓名： " + stu.getName() + "，年龄： " + stu.getAge()
                + "，学校： " + stu.getSchool());
    }
}
```
程序执行结果：
姓名：李双双，年龄：18，学校：清华大学

本程序 Student 类在已有的 Person 类的基础上扩充了新的属性与方法，相比较 Person 类而言，Student 类的描述范围更加具体。

8.1.3 子类对象实例化流程

	视频名称	0803_子类对象实例化流程	学习层次	掌握
	视频简介	继承关系中会产生父类与子类两种实例化对象，本课程主要讲解子类对象实例化处理流程以及父类构造调用。		

在继承结构中，子类需要重用父类中的结构，所以在进行子类对象实例化之前往往都会默认调用父类中的无参构造方法，为父类对象实例化（属性初始化），而后再进行子类构造调用，为子类对象实例化（属性初始化）。

范例：子类对象实例化，观察无参构造调用

```
class Person {
        public Person() {                           // 父类无参构造
```

```
        System.out.println("【Person父类】调用Person父类构造实例化对象（public Person()）");
    }
}
class Student extends Person {                          // Student继承父类
    public Student() {                                  // 子类无参构造
        System.out.println("【Student子类】调用Student子类构造实例化对象（public Student()）");
    }
}
public class JavaDemo {
    public static void main(String args[]) {
        Student stu = new Student();                    // 实例化子类对象
    }
}
```

程序执行结果：

【Person父类】调用Person父类构造实例化对象（public Person()）
【Student子类】调用Student子类构造实例化对象（public Student()）

本程序在实例化 Student 子类对象时只调用了子类构造，而通过执行结果可以发现，父类构造会被默认调用，执行完毕后才调用了子类构造，所以可以得出结论：子类对象实例化前一定会实例化父类对象，实际上这个时候就相当于子类的构造方法里面隐含了一个 super() 的形式。

范例：观察子类构造

```
class Student extends Person {                          // Student继承父类
    public Student() {                                  // 子类无参构造
        super() ;                                       // 明确调用父类构造，不编写时会默认找到父类无参构造
        System.out.println("【Student子类】调用Student子类构造实例化对象（public Student()）");
    }
}
```

子类中的 super() 的作用表示在子类中明确调用父类的无参构造，如果不写也默认会调用父类构造，对于 super() 构造调用的语句只能够在子类的构造方法中定义，并且必须放在子类构造方法的首行。

如果父类没有提供无参构造方法时，就可以通过 "super(参数, …)" 的形式调用指定参数的构造方法。

范例：明确调用父类指定构造方法

```
class Person {
    private String name ;                               // 姓名
    private int age ;                                   // 年龄
    public Person(String name, int age) {               // 父类不再提供无参构造
        this.name = name ;
        this.age = age ;
    }
}
class Student extends Person {                           // Student继承父类
    private String school ;                             // 学校
    public Student(String name,int age,String school) { // 子类构造
        super(name,age) ;                               // 必须明确调用父类有参构造
        this.school = school ;
    }
}
```

```java
public class JavaDemo {
    public static void main(String args[]) {
        Student stu = new Student("李双双", 18, "清华大学");    // 实例化子类对象
    }
}
```

本程序 Person 父类不再明确提供无参构造方法，这样在子类构造方法中就必须通过 super()明确指明要调用的父类构造，并且该语句必须放在子类构造方法的首行。

 提问：有没有不让子类去调用父类构造的可能性？

既然 super()和 this()都是调用构造方法，而且都要放在构造方法的首行。如果说 this()出现了，那么 super()应该就不会出现了，所以编写了以下的程序。

范例：疑问的程序

```java
class A {
    public A(String msg) {                  // 父类无参构造
        System.out.println("msg = " + msg);
    }
}
class B extends A {
    public B(String msg) {                  // 子类构造
        this("MLDN", 30);                   // 调用本类构造，无法使用super()
    }
    public B(String msg,int age) {          // 子类构造
        this(msg) ;                         // 调用本类构造，无法使用super()
    }
}
public class TestDemo {
    public static void main(String args[]) {
        B b = new B("HELLO",20);            // 实例化子类对象
    }
}
```

在本程序中，子类 B 的每一个构造方法，都使用了 this()调用本类构造方法，那么这样是不是就表示子类无法调用父类构造呢？

 回答：本程序编译有错误。

在之前讲解 this 关键字的时候强调过一句话：如果一个类中有多个构造方法之间使用 this()相互调用的话，那么至少要保留一个构造方法作为出口，而这个出口就一定会去调用父类构造。

或者换一种表达方式："我们每个人都有父母，父母一定都比我们先出生。在程序中，实例化就表示对象的出生，所以子类出生之前（实例化之前），父类对象一定要先出生（默认调用父类构造，实例化父类对象）。"

8.1.4　继承限制

视频名称	0804_继承限制	学习层次	掌握
视频简介	虽然继承可以实现代码的重用机制，但是考虑到程序结构的合理性，Java 针对继承结构也有若干限制，本课程主要通过实例讲解继承的结构限制、对象产生限制等概念。		

继承是类重用的一种实现手段，而在 Java 中针对类继承的合理性设置了相关限制。

限制 1： 一个子类只能继承一个父类，存在单继承局限。

这个概念实际上是相对于其他语言而言，在其他语言中，一个子类可以同时继承多个父类，这样就可以同时获取多个父类中的方法，但是在 Java 中是不允许的，以下为错误的继承代码。

```
class A {}
class B {}
class C extends A,B {}      // 【错误】一个子类继承了两个父类
```

以上操作称为**多重继承**，实际上以上的做法就是希望一个子类，可以同时继承多个父类的功能，在 Java 中并不支持此类语法，但是可以换种方式完成同样的操作。

范例：正确的程序

```
class A {}
class B extends A {}        // B类继承A类
class C extends B {}        // C类继承B类
```

C 实际上是属于（孙）子类，这样一来就相当于 B 类继承了 A 类的全部方法，而 C 类又继承了 A 类和 B 类的方法，这种操作称为**多层继承**。结论：**Java 之中只允许多层继承，不允许多重继承**，Java 存在单继承局限。

> 👤 **注意：继承层次不要过多。**
>
> 类继承虽然可以实现代码的重用，但是如果在编写项目中类的继承结构过多，也会造成代码阅读的困难。对于大部分的程序编写，不建议继承结构超过 3 层。

限制 2： 在一个子类继承的时候，实际上会继承父类的所有操作（属性、方法），但是需要注意的是，对于所有的非私有（no private）操作属于显式继承（可以直接利用对象操作），而所有的私有（private）操作属于隐式继承（间接完成）。

范例：不允许直接访问非私有操作

```
class Person {
    private String name;                         // 姓名
    public void setName(String name) {           // 构造方法设置姓名
        this.name = name;
    }
    public String getName() {                    // 获取私有属性
        return this.name;
    }
}
class Student extends Person {
    public Student(String name) {                // 子类构造
        setName(name);                           // 调用父类构造，设置name属性内容
    }
    public String getInfo() {
        // 【ERROR】"System.out.println(name) ;"，因为父类使用private声明，无法访问
        return "姓名: " + getName();             // 间接访问
    }
}
public class JavaDemo {
```

```
    public static void main(String args[]) {
        Student stu = new Student("李双双");          // 实例化子类对象
        System.out.println(stu.getInfo());          // 调用子类方法
    }
}
```
程序执行结果：
姓名：李双双

本程序中 Person 父类定义的 name 属性虽然可以被子类使用，但是由于存在 private 定义，所以在子类中是无法直接进行私有属性访问的，只能通过 getter()方法间接访问，所以该属性属于隐式继承。

8.2　覆　　写

在继承关系中，父类作为最基础的类存在，其定义的所有结构都是为了完成本类的需求而设计的，但是在很多时候由于某些特殊的需要，子类有可能会定义与父类名称相同的方法或属性，此类情况在面向对象设计中被称为覆写。

8.2.1　方法覆写

	视频名称	0805_方法覆写		学习层次	掌握
	视频简介	在实际开发中，父类定义时并不会考虑到所有子类的设计问题，此时子类就需要更多地考虑功能的扩充与操作的统一，所以方法的覆写就成为子类扩充的有效技术手段。本课程主要讲解方法覆写的意义以及实现格式。			

在类继承结构中，子类可以继承父类中的全部方法，当父类某些方法无法满足子类设计需求时，就可以针对已有的方法进行扩充，那么此时在子类中定义与父类中方法名称、返回值类型、参数类型及个数完全相同的方法的时候，称为方法覆写。

范例：方法覆写基本实现

```
class Channel {
    public void connect() {                                    // 父类定义方法
        System.out.println("【Channel父类】进行资源的连接。");
    }
}
class DatabaseChannel extends Channel {                         // 要进行数据库连接
    public void connect() {                                    // 【方法覆写】保留已有方法名称
        System.out.println("【DatabaseChannel子类】进行数据库资源的连接。");
    }
}
public class JavaDemo {
    public static void main(String args[]) {
        DatabaseChannel channel = new DatabaseChannel() ;       // 实例化子类对象
        channel.connect() ;                                    // 调用被覆写过的方法
    }
}
```
程序执行结果：
【DatabaseChannel子类】进行数据库资源的连接。

本程序为 Channel 类定义了一个 DatabaseChannel 子类，并且在子类中定义了与父类结构完全相同的 connect()方法，这样在利用子类实例化对象调用 connect()方法时所调用的就是被覆写过的方法。

> **提示：关于方法覆写的意义。**
>
> 方法覆写主要是定义子类个性化的方法体，同时为了保持父类结构的形式，才保留了父类的方法名称，例如，每个人都有不同的人生成就，小人物的人生成就在于吃饱喝足，而英雄豪杰的人生成就在于开疆拓土。不管什么样的人物都有自己的不同的追求，因此子类可以通过继承覆写进行形式扩充，如图 8-1 所示。

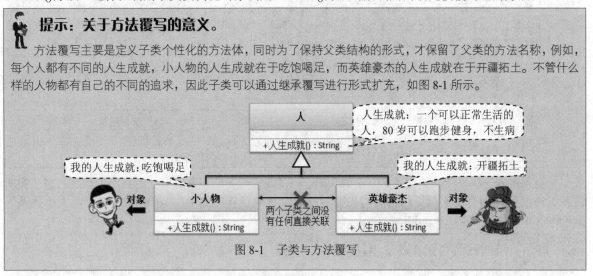

图 8-1 子类与方法覆写

当通过子类实例化对象调用方法时所调用的是被覆写过的方法，如果此时需要调用父类已被覆写过的方法，在子类中可以使用"super.方法()"的形式调用。

范例：子类调用父类已被覆写过的方法

```
class Channel {
    public void connect() {                              // 父类定义方法
        System.out.println("【Channel父类】进行资源的连接。");
    }
}
class DatabaseChannel extends Channel {                   // 要进行数据库连接
    public void connect() {                              // 【方法覆写】保留已有方法名称
        // 子类调用父类中被覆写过的方法，如果此时没有使用"super.方法()"的形式定义
        // 这样就相当于"this.方法()"调用本类方法，则表示递归调用，程序会出现栈溢出错误
        super.connect();
        System.out.println("【DatabaseChannel子类】进行数据库资源的连接。");
    }
}
public class JavaDemo {
    public static void main(String args[]) {
        DatabaseChannel channel = new DatabaseChannel() ; // 实例化子类对象
        channel.connect() ;                               // 调用被覆写过的方法
    }
}
```
程序执行结果：
【Channel父类】进行资源的连接。
【DatabaseChannel子类】进行数据库资源的连接。

本程序子类覆写了 connect()方法，这样在子类中只能通过 super.connect()调用父类中已经被覆写过的方法。

提示：关于 this 与 super 的调用范围。

在本程序 DatabaseChannel.connect()方法中如果使用 this.connect()或者 connect()的形式的语句，所调用的方法就是被子类所覆写过的方法，这样执行中就会出现 StackOverflowError 错误。所以可以得出一个结论：this 调用结构时会先从本类查找，如果没有则去寻找父类中的相应结构，而 super 调用时不会查找子类，而是直接调用父类结构。

8.2.2 方法覆写限制

	视频名称	0806_方法覆写限制	学习层次	掌握
	视频简介	方法覆写可以改进父类中方法设计的不足，但是为了保持程序的结构性，针对方法覆写也有限制。本课程将为读者讲解方法覆写的相关限制。		

子类利用方法覆写可以扩充父类方法的功能，但是在进行方法覆写时有一个核心的问题：**被子类所覆写的方法不能拥有比父类更严格的访问控制权限**，目前已接触到的 **3** 种访问控制权限大小关系为 **private ＜ default（默认）＜ public**。

提示：访问权限在第 10 章中会讲解。

Java 中一共分为 4 种访问权限（封装性的实现主要依靠访问权限），对于这些访问权限，读者暂时不需要有特别多的关注，只需记住已经讲解过的3种访问权限的大小关系即可。

另外，从实际开发来讲，方法定义使用 public 访问权限的情况较多。

如果此时父类中的方法是 default 权限，那么子类覆写的时候只能是 default 或 public 权限；而如果父类的方法是 public，那么子类中方法的访问权限只能是 public。

范例：观察错误的方法覆写

```
class Channel {
    public void connect() {                                  // 父类定义方法
        System.out.println("【Channel父类】进行资源的连接。");
    }
}
class DatabaseChannel extends Channel {                      // 要进行数据库连接
    void connect() {                                         // 【错误】方法覆写时权限错误
        System.out.println("【DatabaseChannel子类】进行数据库资源的连接。");
    }
}
```

本程序在 DatabaseChannel 子类中定义了 connect()方法，由于子类在进行方法覆写时缩小了父类中的访问权限（父类为 public，子类为 default），所以此时的方法不属于覆写，程序编译时会出现错误提示。

注意：父类方法定义 private 时，子类无法覆写此方法。

按照方法覆写的限制要求，子类方法设置的权限需要大于等于父类的权限，但是如果父类中的方法使用的是 private，则子类无法进行覆写该方法，这个时候即便子类定义的方法符合覆写要求，对于子类而言也只是定义了一个新的方法而已。

范例：观察 private 权限下的方法覆写

```
class Channel {
    private void connect() {                                 // 父类定义方法
        System.out.println("【Channel父类】进行资源的连接。");
```

```
    }
    public void handle() {                                      // 父类定义方法
        // 如果子类成功覆写了此方法，那么通过子类实例化对象调用时执行的一定是子类方法
        this.connect();                                          // 调用 connect()
    }
}
class DatabaseChannel extends Channel {                          // 数据库连接
    public void connect() {                                      // 未覆写父类方法
        System.out.println("【DatabaseChannel子类】进行数据库资源的连接。");
    }
}
public class JavaDemo {
    public static void main(String args[]) {
        DatabaseChannel channel = new DatabaseChannel() ;        // 实例化子类对象
        channel.handle() ;                                       // 父类提供的方法
    }
}
```

程序执行结果：

【Channel父类】进行资源的连接。

　　本程序如果从覆写的要求来讲，子类的结构是属于覆写，但是由于父类中的 connect()方法使用了 private 定义，所以此方法将无法进行覆写。当子类实例化对象调用 handle()方法时，发现所调用的并非是覆写过的方法（如果成功覆写，调用的一定是子类中的 connect()方法）。所以 private 权限声明的方法无法被子类所覆写。

 提示：方法重载与覆写的区别。

　　方法重载与覆写严格意义上来讲都属于面向对象多态性的一种形式，两者的区别如表 8-1 所示。

表 8-1　方法重载与覆写的区别

No.	区　别	重　载	覆　写
1	英文单词	Overloading	Overriding
2	定义	方法名称相同、参数的类型及个数不同	方法名称、参数的类型及个数、返回值类型完全相同
3	权限	没有权限要求	被子类所覆写的方法不能拥有比父类更严格的访问控制权限
4	范围	发生在一个类中	发生在继承关系类中

　　方法重载时可以改变返回值类型，一般设计的时候不会这样去做，即方法的返回值参数尽量统一。构造方法 Constructor 不能被继承，因此不能被覆写（Overriding），但可以被重载（Overloading）。

8.2.3　属性覆盖

视频名称	0807_属性覆盖		学习层次	了解
视频简介	子类也可以依据自身需求对父类中的属性进行重名定义，该类操作称为属性覆盖，本课程主要讲解属性覆盖操作的实现。			

　　子类除了可以对父类中的方法进行覆写外，也可以对非 private 定义的父类属性进行覆盖，此时只需定义与父类中成员属性相一致的名称即可。

范例：属性覆盖

```java
class Channel {
    String info = "www.mldn.cn" ;                        // 非私有属性
}
class DatabaseChannel extends Channel {                  // 数据库连接通道
    int info = 12 ;                                      // 名称相同，类型不同
    public void fun() {
        System.out.println("【父类info成员属性】" + super.info) ;
        System.out.println("【子类info成员属性】" + this.info) ;
    }
}
public class JavaDemo {
    public static void main(String args[]) {
        DatabaseChannel channel = new DatabaseChannel() ; // 实例化子类对象
        channel.fun();                                   // 子类扩充方法
    }
}
```
程序执行结果：
【父类info成员属性】www.mldn.cn
【子类info成员属性】12

本程序在子类中定义了一个与父类名称相同，但是类型不同的成员属性 info，所以此时就发生了属性覆盖，在子类中如果要调用父类的成员属性就必须通过 super.info 执行。

提示：this 与 super 的区别。

在程序编写之中，this 和 super 有着相似的用法，但是其区别如表 8-2 所示。

表 8-2　this 与 super 的区别

No.	区　别	this	super
1	定义	表示本类对象	表示父类对象
2	使用	本类操作：this.属性、this.方法()、this()	父类操作：super.属性、super.方法()、super()
3	调用构造	调用本类构造，要放在首行	子类调用父类构造，要放在首行
4	查找范围	先从本类查找，找不到查找父类	直接由子类查找父类
5	特殊	表示当前对象	—

this 与 super 调用构造方法时必须都放在构造方法的首行，但是不管如何调用子类一定会有一个构造方法调父类构造。

8.3　final 关键字

视频名称	0808_final 关键字	学习层次	掌握
视频简介	为了保护父类的定义，Java 提供了 final 关键字。本课程主要讲解利用 final 关键字声明类、方法、常量的使用特点。		

final 在程序中描述为终接器的概念，在 Java 里使用 final 关键字可以实现以下功能：定义不能够被继承的类，定义不能够被覆写的方法，定义常量（全局常量）。

范例：使用 final 定义的类不能有子类

```
final class Channel {}                          // 这个类不能有子类
```

Channel 类上由于使用了 final 关键字，所以该类不允许有子类，实际上 String 类上也使用了 final 定义，所以 String 类也无法定义子类。

当子类继承了父类之后实际上是可以进行父类中方法覆写的，但是如果你现在不希望你的某一个方法被子类所覆写，就可以使用 final 来进行定义。

范例：使用 final 定义的方法不能被子类所覆写

```
class Channel {
    public final void connect() {}              // 方法不允许被子类所覆写
}
class DatabaseChannel extends Channel {
    public void connect() {}                     // 【错误】该方法无法被覆写
}
```

Channel 父类中的 connect()方法上使用了 final 关键字定义，这样该方法无法在子类中被覆写。

在有的系统设计中，可能会使用 1 表示开关打开的状态，使用 0 表示开关关闭的状态。如果直接对数字 0 或 1 进行操作，则有可能造成状态的混乱，在这样的情况下就可以通过一些名称来表示 0 或者是 1。在 final 关键字里有一个重要的应用技术：可以利用其定义常量，常量的内容一旦定义则不可修改。

范例：使用 final 定义常量

```
class Channel {
    private final int ON = 1 ;                  // 常量ON表示数字1，状态为打开
    private final int OFF = 0 ;                 // 常量OFF表示数字0，状态为关闭
}
```

常量在定义时就需要为其设置对应的内容，并且其内容一旦定义将不可更改，在 Java 程序中为了将常量与普通成员属性进行区分，所以要求常量名称字母全部大写。

大部分的系统设计中，常量往往都会作为一些全局的标记使用，所以在进行常量定义时，往往都会利用 public static final 的组合来定义全局常量。

范例：定义全局常量

```
class Channel {
    public static final int ON = 1 ;           // 全局常量ON表示数字1，状态为打开
    public static final int OFF = 0 ;          // 全局常量OFF表示数字0，状态为关闭
}
```

static 的主要功能就是进行公共数据的定义，而同时使用 final 后就表示定义的常量为公共常量，在实际项目开发中会利用此结构定义相关状态码。

> **提示：关于常量与字符串连接问题。**
>
> 在第 7 章讲解 String 类时曾经强调过静态常量池的概念，在进行字符串连接时，会在编译时进行常量的定义，其中的常量也可以通过全局常量来表示。

范例：全局常量与字符串连接

```
public class JavaDemo {
    public static final String INFO = "mldn" ;
```

```
public static void main(String args[]) {
    String strA = "www.mldn.cn" ;
    String strB = "www." + INFO + ".cn" ;                    // 常量连接
    System.out.println(strA == strB);
}
}
```
程序执行结果：
true
本程序通过 INFO 常量实现了字符串连接操作，最终的结果就是两个 String 类都指向同一块堆内存。

8.4　Annotation 注解

	视频名称	0809_Annotation 简介	学习层次	理解
	视频简介	为了实现良好的程序设计结构，程序的开发经历过许多结构上的变化，本课程主要介绍 Annotation 的产生背景。		

　　Annotation 是通过注解配置简化程序配置代码的一种技术手段，这是从 JDK 1.5 之后兴起的一种新的开发形式，并且在许多的开发框架中都会使用到 Annotation。

> 🧑‍💼 **提示：从 Annotation 看开发结构的发展。**
>
> 　　如果要想清楚 Annotation 的产生意义，就必须了解一下程序开发结构的历史。程序的开发一共分为 3 个过程（以程序开发所需要的服务器信息为例）。
>
> 　　**阶段 1**：在程序定义的时候将所有可能使用到的资源全部定义在程序代码中。
>
> 　　如果此时服务器的相关地址发生了改变，那么对于程序而言就需要修改源代码，维护需要由开发人员来完成，显然这样的做法非常不方便。
>
> 　　**阶段 2**：引入配置文件，在配置文件中定义全部要使用的服务器资源。
>
> ➥ 在配置项不多的情况下，配置文件非常好用，而且简单，但是如果这个时候所有的项目都是采用这种结构开发，那么就可能出现一种可怕的场景：配置文件过多，维护困难。
>
> ➥ 所有的操作都需要通过配置文件完成，开发的难度明显提升。
>
> 　　**阶段 3**：将配置信息重新写回到程序里面，利用一些特殊的标记将配置信息与程序代码进行分离，这就是注解的作用，这也是 Annotation 提出的基本依据。
>
> 　　但如果全部都采用注解，开发难度太高了，而配置文件虽然有缺点，但也有优势之处，因而现在的开发基本上采用配置文件 + 注解的形式完成。

　　为方便读者理解 Annotation 注解的作用，接下来先讲解 3 个基础 Annotation 注解：@Override、@Deprecated、@SuppressWarnings。

8.4.1　准确覆写

	视频名称	0810_准确覆写	学习层次	理解
	视频简介	覆写可以完善子类功能，同时也保证了父类方法名称的继续可用，为了在程序结构上加以保证，特意提供了@Override 注解，本课程将分析此注解作用。		

　　当子类继承某一个父类之后，如果发现父类中的某些方法功能不足，往往会采用覆写的形式来对方法功能进行扩充，此时为了可以在子类中明确地描述某些方法是覆写而来的，就可以利用@Override 注解标注。

范例：准确覆写

```
class Channel {
    public void connect() {
        System.out.println("【父类Channel】建立连接通道...");
    }
}
class DatabaseChannel extends Channel {          // 定义子类
    @Override                                     // 此方法为覆写
    public void connect() {
        System.out.println("【子类DatabaseChannel】建立数据库连接通道...");
    }
}
public class JavaDemo {
    public static void main(String args[]) {
        new DatabaseChannel().connect();          // 实例化子类对象并调用方法
    }
}
```
程序执行结果：
【子类DatabaseChannel】建立数据库连接通道...

本程序在子类覆写父类 connect()方法时使用了@Override 注解，这样，就可以在不清楚父类结构的情况下立刻分辨出哪些是覆写方法，哪些是子类扩充方法。同时利用@Override 注解也可以在编译时检测出因为子类拼写错误所造成的方法覆写错误。

8.4.2 过期声明

视频名称	0811_过期声明		学习层次	理解
视频简介	程序代码开发不是一次性的产物，需要不断地进行更新迭代，这样就会出现一些旧的并且不再推荐使用的结构，所以 Annotation 中提出了过期操作的概念。本课程主要讲解@Deprecated 注解的使用。			

现代的软件项目开发已经不再是一次编写的过程了，几乎所有的项目都会出现迭代更新的过程。每一次更新都会涉及代码结构、性能与稳定性的提升，所以经常会出现某些程序结构不再适合新版本的情况。在这样的背景下，如果在新版本中直接取消某些类或某些方法也有可能造成部分稳定程序的出错。为了解决此类问题，可以在新版本更新时对那些不再推荐使用的操作使用@Deprecated 注解声明，这样在程序编译时如果发现使用了此类结构会提示警告信息。

范例：过期声明

```
class Channel {
    /**
     * 进行通道的连接操作，此操作在新项目中不建议使用，建议使用connection()方法
     */
    @Deprecated                                   // 【过期操作】不建议使用
    public void connect() {                       // 该操作在其他子系统中可能继续使用，所以不能删除
        System.out.println("进行传输通道的连接 ...") ;
    }
    public String connection() {                  // 创建了一个新的连接方法
```

```
        return "获取了"www.mldn.cn"通道连接信息。" ;
    }
}
public class JavaDemo {
    public static void main(String args[]) {
        new Channel().connect();                    // 编译时出现警告信息
    }
}
```

编译提示：

注：JavaDemo.java 使用或覆盖了已过时的 API。

注：有关详细信息，请使用 **-Xlint:deprecation** 重新编译。

本程序在 Channel.connect()方法上使用了@Deprecated 注解，项目开发者在编写新版本程序代码时就可以清楚地知道此为过期操作，并且可以根据注解的描述更换使用的方法。

> 🧑‍🏫 **注意：合理开发中不要使用@Deprecated 注解定义的结构。**
>
> 在项目开发中，为了保证项目长期的可维护性，所以不要去使用存在有@Deprecated 注解的类或者方法，这是项目开发中的一项重要标准。
>
> 另外，需要提醒读者的是，当某些类或方法上出现了@Deprecated 注解时一定会有相应的提示文字告诉开发者替代类是哪一个，这些信息都可以通过相关的 Doc 文档获取。

8.4.3　压制警告

视频名称	0812_压制警告	学习层次	理解
视频简介	为了保证结构的安全，会在编译时对错误的结构进行警告提示，如果开发者有需要也可以进行警告压制。本课程主要讲解@SuppressWarnings 注解的使用。		

为了代码的严格性，往往会在编译时给出一些错误的提示信息（非致命错误），但是有些错误提示信息并不是必要的。为了防止这些提示信息的出现，Java 提供@SuppressWarnings 注解来进行警告信息的压制，在此注解中可以通过 value 属性设置要压制的警告类型，而 value 可设置的警告信息如表 8-3 所示。

表 8-3　@SuppressWarnings 中的警告信息

No.	关　键　字	描　　　述
1	deprecation	使用了不赞成使用的类或方法时的警告
2	unchecked	执行了未检查的转换时警告。例如，泛型操作中没有指定泛型类型
3	fallthrough	当 switch 程序块直接执行下一种情况而没有 break 语句时的警告
4	path	在类路径、源文件路径等有不存在的路径时警告
5	serial	当在可序列化的类上缺少 serialVersionUID 定义时的警告
6	finally	任何 finally 子句不能正常完成时的警告
7	all	关于以上所有情况的警告

范例：压制警告信息

```
class Channel {
    @Deprecated                                     // 【过期操作】不建议使用
    /**
     * 进行通道的连接操作，此操作在新项目中不建议使用，建议使用connection()方法
```

```
    */
    public void connect() {                        // 该操作在其他子系统中可能继续使用，所以不能删除
        System.out.println("进行传输通道的连接 ...") ;
    }
    public String connection() {                   // 创建了一个新的连接方法
        return "获取了"www.mldn.cn"通道连接信息。" ;
    }
}
public class JavaDemo {
    @SuppressWarnings(value = { "deprecation" })
    public static void main(String args[]) {
        new Channel().connect();                   // 警告信息将被压制
    }
}
```

由于程序使用了过期操作，这样在程序编译时一定会出现警告信息，此时就可以利用
@SuppressWarnings 阻止在编译时提示警告信息。

> **提示：不需要去记住可以压制的警告信息。**
>
> 表 8-3 所给出的警告信息类型读者是不需要进行强行记忆的，从实际开发来讲，往往都利用 IDE（Integrated Development Environment，集成开发环境，例如，Eclipse、IDEA 都是著名的 IDE 工具）开发项目，而在这些 IDE 工具里都会有自动提示机制，所以对于这些警告类型有印象即可。

8.5 面向对象多态性

视频名称	0813_多态性简介	学习层次	掌握
视频简介	多态性是面向对象中的重要组成技术，本课程主要讲解多态性的相关概念，同时讲解对象多态性的概念，分析向上转型与向下转型的操作特点与操作限制。		

在面向对象设计中多态性描述的是同一结构在执行时会根据不同的形式展现出不同的效果，在 Java 中多态性可以分为两种不同的展现形式。

展现形式 1： 方法的多态性（同样的方法有不同的实现）。

➥ **方法的重载：** 同一个方法可以根据传入的参数的类型或个数的不同实现不同功能。

➥ **方法的覆写：** 同一个方法可能根据实现子类的不同有不同的实现。

方法重载（Overloading）	方法覆写（Overriding）
```class Message { public void print() { // 方法重载 System.out.println("www.mldn.cn"); } public void print(String str) {// 方法重载 System.out.println(str); }}```	```class Message { public void print() { System.out.println("www.mldn.cn"); }}class DatabaseMessage extends Message { public void print() { // 方法覆写 System.out.println("YOOTK数据库消息"); }}```

```
class NetworkMessage extends Message {
    public void print() {           // 方法覆写
        System.out.println("MLDN网络消息");
    }
}
```

方法重载多态性的意义在于一个方法名称有不同的实现；方法覆写多态性的实现在于，父类的一个方法，不同的子类可以有不同的实现。

展现形式 2：对象的多态性（父类与子类实例之间的转换处理）。

➥ **对象向上转型：**父类 父类实例 = 子类实例，自动完成转换。

➥ **对象向下转型：**子类 子类实例 =(子类) 父类实例，强制完成转换。

对于方法的多态性在之前已经有了详细的阐述，所以本节重点讲述对象的多态性，但是读者一定要记住一点，对象的多态性和方法覆写是紧密联系在一起的。

> 　　**提示：关于对象多态性的转换说明。**
>
> 　　在面向对象设计中最难理解的部分就在于对象多态性上，在具体讲解其实现之前，笔者针对对象的向上与向下转型给读者一个参考意见：从实际的转型处理来讲，大部分情况下一定是对象的向上转型（使用占比：90%）；而对象的向下转型往往都在使用子类特殊功能（子类可以对父类进行功能扩充）的时候采用（使用占比：3%）；还有不考虑转型的部分情况（使用占比：7%），例如 String 类就是直接使用的。

8.5.1　对象向上转型

	视频名称	0814_对象向上转型	学习层次	掌握
	视频简介	父类定义标准，子类定义个性化的实现。本课程主要讲解方法覆写与对象向上转型的关系，同时分析对象向上转型的使用特点。		

在子类对象实例化之前一定会自动实例化父类对象，所以此时将子类对象的实例通过父类进行接收即可实现对象的自动向上转型。而此时的本质还是子类实例，一旦子类中覆写了父类方法，并且调用该方法时，所调用的一定是被子类覆写过的方法。

范例：对象向上转型

```
class Message {
    public void print() {                                    // 父类定义的print()方法
        System.out.println("www.mldn.cn");
    }
}
class DatabaseMessage extends Message {
    public void print() {                                    // 【方法覆写】子类有不同的方法体
        System.out.println("MLDN数据库连接信息...");
    }
}
class NetMessage extends Message {
    public void print() {                                    // 【方法覆写】子类有不同的方法体
        System.out.println("YOOTK网络信息...");
    }
}
public class JavaDemo {
```

```
    public static void main(String args[]) {
        Message msgA = new DatabaseMessage();          // 向上转型
        msgA.print();                                   // 调用被覆写过的方法
        Message msgB = new NetMessage();                // 向上转型
        msgB.print();                                   // 调用被覆写过的方法
    }
}
```

程序执行结果：

MLDN数据库连接信息...（DatabaseMessage子类覆写print()方法得到的输出）

YOOTK网络信息...　（NetMessage子类覆写print()方法得到的输出）

本程序在 Message 两个子类中分别覆写了 print()方法（不同的子类对同一方法有不同的实现），随后用对象自动向上转型的原则通过子类为 Message 父类对象实例化，由于 print()方法已经被子类所覆写，所以最终所调用的方法就是被实例化子类所覆写过的方法。

> 提示：不要看类名称，而是要看实例化对象的类。
>
> 实际上通过本程序读者已经发现了对象向上转型的特点，整个操作中根本就不需要关心对象的声明类型，关键就在于实例化新对象时所调用的是那个子类的构造。如果方法被子类所覆写，调用的就是被覆写过的方法，否则就调用父类中定义的方法。这一点与方法覆写的执行原则是完全一样的。

对象向上转型的最大特点在于其可以通过父类对象自动接收子类实例，而在实际的项目开发中，就可以利用这一原则实现方法接收或返回参数类型的统一。

范例：统一方法参数

```
class Message {
    public void print() {                              // 父类定义的print()方法
        System.out.println("www.mldn.cn");
    }
}
class DatabaseMessage extends Message {
    public void print() {                              // 【方法覆写】子类有不同的方法体
        System.out.println("MLDN数据库连接信息...");
    }
}
class NetMessage extends Message {
    public void print() {                              // 【方法覆写】子类有不同的方法体
        System.out.println("YOOTK网络信息...");
    }
}
class Channel {
    /**
     * 接收Message类对象，由于存在对象自动向上转型的机制，所以可以接收所有子类实例
     */
    public static void send(Message msg) {
        msg.print();                                   // 消息处理
    }
}
public class JavaDemo {
```

```java
public static void main(String args[]) {
    Channel.send(new DatabaseMessage());          // 【子类实例】发送消息
    Channel.send(new NetMessage());               // 【子类实例】发送消息
    }
}
```

程序执行结果：

MLDN数据库连接信息...（Channel.*send*(new DatabaseMessage())代码执行结果）

YOOTK网络信息... （Channel.*send*(new NetMessage())代码执行结果）

本程序定义的 Channel.send()方法，接收的参数类型为 Message，这样就意味着所有的 Message 及其子类对象都可以接收，相当于统一了方法的参数类型。

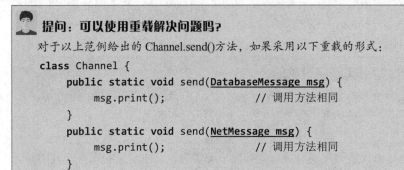

提问：可以使用重载解决问题吗？

对于以上范例给出的 Channel.send()方法，如果采用以下重载的形式：

```java
class Channel {
    public static void send(DatabaseMessage msg) {
        msg.print();                // 调用方法相同
    }
    public static void send(NetMessage msg) {
        msg.print();                // 调用方法相同
    }
}
```

此时的 send()方法也可以接收 Message 子类对象，这样做法可以吗？

回答：需要考虑到子类扩充。

如果现在 Message 只有两个子类，那么以上的做法是完全可以的。但是如果说此时 Message 会有 30 万个子类，并且还有可能随时增加，难道要将 send()方法重载 30 万次，并且每增加一个子类都要进行修改 Channel 类的源代码操作吗？明显此方案是不可行的。

另外，需要提醒读者的是，一旦发生了对象的向上转型，那么父类对象可以使用的方法只能是本类或其父类定义的方法，是无法直接调用子类扩充方法的。所以在项目设计中，父类的功能设计是最为重要的。

8.5.2 对象向下转型

视频名称	0815_对象向下转型		学习层次	掌握
视频简介	向上转型可以实现操作标准的统一性，而向下转型可以保持子类实例的个性化，本课程主要讲解对象向下转型的特点，并分析 ClassCastException 异常产生。			

子类继承父类后可以对已有的父类功能进行扩充，除了采用方法覆写这一机制外，子类也定义属于自己新的方法。而对于子类扩充的方法只有具体的子类实例才可以调用。在这样的情况下，如果子类已经发生了向上转型后就需要通过强制性向下转型来实现子类扩充方法调用。

范例：子类对象向下转型

```java
class Person {
    public void run() {
        System.out.println("用力奔跑 ...");
    }
}
```

```
class Superman extends Person {          // 超人（superman）继承自人（person）的功能
    public void fly() {                   // 子类扩充方法
        System.out.println("超音速飞行 ...");
    }
    public void fire() {                  // 子类扩充方法
        System.out.println("喷出三昧真火 ...");
    }
}
public class JavaDemo {
    public static void main(String args[]) {
        System.out.println("---------- 正常状态下的超人应该是一个普通人的状态 --------------") ;
        Person per = new Superman() ;     // 超人是一个人，向上转型
        per.run();                        // 调用人的跑步功能
        System.out.println("---------- 外星怪兽猛犬骚扰地球，准备消灭人类 --------------") ;
        // Person是父类只拥有父类的方法，如果要想调用子类的特殊方法，则必须强制转为子类实例
        Superman spm = (Superman) per;    // 强制转为子类实例
        spm.fly();                        // 子类扩充方法
        spm.fire();                       // 子类扩充方法
    }
}
```
程序执行结果：
---------- 正常状态下的超人应该是一个普通人的状态 --------------
【父类方法】用力奔跑 ...
---------- 外星怪兽猛犬骚扰地球，准备消灭人类 --------------
【子类扩充方法】超音速飞行 ...
【子类扩充方法】喷出三昧真火 ...

　　本程序中 Superman 子类利用对象向上转型实例化了 Person 类对象，此时 Person 类只能够调用本类或其父类定义的方法，如果此时需要调用子类中扩充的方法时，就必须强制性地将其转换为指定的子类类型。

> **注意：必须先发生向上转型，之后才可以进行向下转型。**
>
> 　　在对象向下转型中，父类实例是不可能强制转换为任意子类实例，必须先通过子类实例化，利用向上转型让父类对象与具体子类实例之间发生联系后才可以向下转型，否则将出现 ClassCastException 异常。
>
> ### 范例：错误的向下转型
>
> ```
> public class JavaDemo {
>     public static void main(String args[]) {
>         Person per = new Person() ;      // 父类对象实例化
>         Superman spm = (Superman) per;   // 强制转为子类实例
>     }
> }
> ```
> 程序执行结果：
> Exception in thread "main" java.lang.ClassCastException: Person cannot be cast to Superman
> 　　本程序实例化 Person 类对象时并没有与 Superman 子类产生联系，所以无法进行强制转换，即向下转换永远都会存在 ClassCastException 安全隐患。

8.5.3　instanceof 关键字

视频名称	0816_instanceof 关键字	学习层次	掌握
视频简介	为了保证向下转型的安全性，Java 提供了 instanceof 关键字，本课程主要讲解 instanceof 关键字的使用。		

对象的向下转型存在有安全隐患，为了保证转换的安全性，可以在转换前通过 instanceof 关键字进行对象所属类型的判断，该关键字的使用语法如下。

```
对象 instanceof 类
```

该判断将返回一个 boolean 类型数据，如果是 true 表示实例是指定类对象。

范例： 观察 instanceof 关键字使用

```java
public class JavaDemo {
    public static void main(String args[]) {
        System.out.println("--------------- 不转型时的instanceof判断 ---------------");
        Person perA = new Person() ;                       // 父类对象实例化
        System.out.println(perA instanceof Person);        // 实例类型判断: true
        System.out.println(perA instanceof Superman);      // 实例类型判断: false
        System.out.println("--------------- 向上转型时的instanceof判断 ---------------");
        Person perB = new Superman() ;                     // 对象向上转型
        System.out.println(perB instanceof Person);        // 实例类型判断: true
        System.out.println(perB instanceof Superman);      // 实例类型判断: true
    }
}
```

程序执行结果：
```
--------------- 不转型时的instanceof判断 ---------------
true（perA instanceof Person代码执行结果）
false（perA instanceof Superman代码执行结果）
--------------- 向上转型时的instanceof判断 ---------------
true（perB instanceof Person代码执行结果）
true（perB instanceof Superman代码执行结果）
```

通过本程序的执行结果可以发现，如果一个父类对象没有通过子类实例化，则使用 instanceof 的实例判断结果返回的就是 false，所以在实际开发中，就可以采用先判断后转型的方式来回避 ClassCastException。

范例： 安全的转型操作

```java
public class JavaDemo {
    public static void main(String args[]) {
        System.out.println("---------- 正常状态下的超人应该是一个普通人的状态 -------------") ;
        Person per = new Superman() ;                  // 超人是一个人，向上转型
        per.run();                                     // 调用人的跑步功能
        System.out.println("---------- 外星怪兽猛犬骚扰地球，准备消灭人类 -------------") ;
        if (per instanceof Superman) {                 // 判断实例类型
            Superman spm = (Superman) per;             // 强制转为子类实例
            spm.fly();                                 // 子类扩充方法
            spm.fire();                                // 子类扩充方法
```

```
        } else {                                              // 不是超人
            System.out.println("继续在人间行走 OR 天堂再见");
        }
    }
}
```
程序执行结果：
---------- 正常状态下的超人应该是一个普通人的状态 --------------
用力奔跑 ...
---------- 外星怪兽猛犬骚扰地球，准备消灭人类 --------------
超音速飞行 ...
喷出三味真火 ...

本程序在进行对象向下转型前，为了防止可能出现的 ClassCastException 异常，所以通过 instanceof
进行判断，如果确定为 Superman 子类实例，则进行向下转型后调用子类扩充方法。

> **提示：null 的实例判断会返回 false。**
>
> 在使用 instanceof 进行实例判断时，如果判断的对象内容为 null，则返回的内容为 false。
>
> **范例：null 判断**
> ```
> public class JavaDemo {
>     public static void main(String args[]) {
>         Person per = null ;
>         Superman man = null ;
>         System.out.println(per instanceof Person);
>         System.out.println(man instanceof Superman);
>     }
> }
> ```
> 程序执行结果：
> false（per instanceof Person代码执行结果）
> false（man instanceof Superman 代码执行结果）
> 由于 null 没有对应的堆内存空间，所以无法确定出具体类型，这样 instanceof 的判断结果就是 false。

8.6　Object 类

视频名称	0817_Object 类简介	学习层次	掌握
视频简介	Object 是系统中最重要的程序类，也是所有类的父类。本课程主要讲解 Object 类的作用以及基本方法的使用。		

在 Java 语言设计过程中，为了方便操作类型的统一，也为了方便为每一个类定义一些公共操作，所以专门设计了一个公共的 Object 父类（此类是唯一一个没有父类的类，但却是所有类的父类），所有利用 class 关键字定义的类全部都默认继承自 Object 类，即以下两种类的定义效果是相同的。

class Person {}	class Person extends Object {}

既然所有类全部都是 Object 类的子类，那么也就意味着所有类的对象都可以利用向上转型的特点为 Object 类对象实例化。

范例： 对象向上转型为 Object 类型

```java
class Person {...}                                          // 默认为Object子类
public class JavaDemo {
    public static void main(String args[]) {
        Object obj = new Person() ;                         // 向上转型
        if (obj instanceof Person) {                        // 实例判断
            Person per = (Person) obj;                      // 向下转型
            // 调用Person子类扩充的方法
        }
    }
}
```

本程序给出了 Object 接收子类实例化对象的操作形式，由于所有的对象都可以通过 Object 接收，这样设计的优势在于：当某些操作方法需要接收任意类型时，那么最合适的参数类型就是 Object。

提示：Object 可以接收所有引用数据类型。

Object 类除了可以接收类实例之外，也可以进行数组类型的接收。

范例： 利用 Object 接收数组

```java
public class JavaDemo {
    public static void main(String args[]) {
        Object obj = new int[] { 1, 2, 3 };                 // 向上转型
        if (obj instanceof int[]) {                         // 是否为整型数组
            int data[] = (int[]) obj;                       // 向下转型
            for (int temp : data) {                         // for循环输出
                System.out.print(temp + "、");
            }
        }
    }
}
```

程序执行结果：

1、2、3、

本程序利用 Object 实现了整型数组的接收，随后在向下转型时首先进行类型的判断，如果目标类型是整型数组则进行向下转型，然后用 for 循环输出。

除了类和数组之外，Object 还可以接收接口实例，关于这一点本书将在第 9 章为读者讲解。

8.6.1 获取对象信息

	视频名称	0818_获取对象信息	学习层次	掌握
	视频简介	在进行对象打印时可以直接获取对象信息，这就需要 toString()方法的支持。本课程主要讲解 Object 类中 toString()方法的作用以及覆写操作实现。		

在 Object 类中提供有一个 toString()方法，利用此方法可以实现对象信息的获取，而该方法是在直接进行对象输出时默认被调用的。

范例： 获取对象信息

```java
class Person {
    private String name;                                    // 【成员属性】姓名
    private int age;                                        // 【成员属性】姓名
```

```java
    public Person(String name, int age) {              // 【构造方法】初始化成员属性
        this.name = name;
        this.age = age;
    }
    @Override
    public String toString() {                         // 【方法覆写】获取对象信息
        return "姓名: " + this.name + "、年龄: " + this.age;
    }
    // setter、getter略
}
public class JavaDemo {
    public static void main(String args[]) {
        Person per = new Person("李双双", 20);
        System.out.println(per);                       // 直接输出对象调用toString()方法
    }
}
```

程序执行结果:

姓名: 李双双、年龄: 20

本程序在 Person 子类中根据自己的实际需求覆写了 toString()方法,这样当进行对象打印时,就可以直接调用 Person 子类覆写过的 toString()方法获取相关对象信息。

> **提示: Object.toString()方法的默认实现。**
>
> 实际上在本书之前笔者曾经为读者讲解过,当一个对象被直接输出时,默认输出的是对象编码(或者理解为内存地址数值),这是因为 Object 类是所有类的父类,但是不同的子类可能有不同样式的对象信息获取,为此 Object 类考虑到公共设计就使用一个对象编码的形式展示,可以观察 toString()源代码。
>
> ```java
> public String toString() {
>     return getClass().getName() + "@" + Integer.toHexString(hashCode());
> }
> ```
>
> 此时的 toString()方法利用相应的反射机制和对象编码获取了一个对象信息,所以当子类不覆写 toString()方法时 toString()方法会返回 "类名称@7b1d7fff" 类似的信息。

8.6.2 对象比较

视频名称	0819_对象比较		学习层次	掌握	
视频简介	String 类中提供有 equals()对象比较方法,此方法为 Object 类覆写而来,本课程主要讲解标准对象比较的操作实现。				

Object 类中另外一个比较重要的方法就在于对象比较的处理上,所谓对象比较的主要功能是比较两个对象的内容是否完全相同。假设有两个 Person 对象,这两个对象由于分别使用了关键字 new 开辟堆内存空间,所以要想确认这两个对象是否一致,就需要将每一个成员属性依次进行比较,对于这样的比较,在 Object 类中提供有一个标准的方法。

对象比较标准方法: **public boolean** equals(Object obj)。

Object 类中考虑到设计的公共性,所以 equals()方法中两个对象的比较是基于地址数值判断("对象 == 对象"地址数值判断)实现的,如果子类有对象比较的需求,那么只需覆写此方法即可实现。

String 类是 Object 子类，所以在 String 类中的 equals()方法（方法定义：public boolean equals(Object obj)）实际上就是覆写了 Object 类中的 equals()方法。

范例：覆写 equals()方法

```java
class Person extends Object {
    private String name;                                    // 【成员属性】姓名
    private int age;                                        // 【成员属性】姓名
    public Person(String name, int age) {                   // 【构造方法】初始化成员属性
        this.name = name;
        this.age = age;
    }
    // equals()方法这个时候会有两个对象：当前对象this、传入的Object
    public boolean equals(Object obj) {
        if (!(obj instanceof Person)) {                     // 实例类型判断
            return false;
        }
        if (obj == null) {                                  // null判断
            return false;
        }
        if (this == obj) {                                  // 地址相同，则认为是同一个对象
            return true;
        }
        Person per = (Person) obj;                          // 获取子类中的属性
        return this.name.equals(per.name) && this.age == per.age;
    }
    // setter、getter、toString略
}
public class JavaDemo {
    public static void main(String args[]) {
        Person perA = new Person("李双双", 20);
        Person perB = new Person("李双双", 20);
        System.out.println(perA.equals(perB));              // 对象比较
    }
}
```
程序执行结果：
```
true
```

本程序使用正规的 equals()方法名称完成了对象比较的操作，以后在进行代码开发的过程中，读者只需按照 Object 类的要求覆写 equals()方法即可实现对象比较。

8.7 本章概要

1. 继承可以扩充已有类的功能。通过 extends 关键字实现，可将父类的成员（包含数据成员与方法）继承到子类。

2．Java 在执行子类的构造方法之前，会先调用父类中无参的构造，其目的是为了对继承自父类的成员做初始化的操作，当父类实例构造完毕后再调用子类构造。

3．父类有多个构造方法时，如要调用特定的构造方法，则可在子类的构造方法中，通过 super()这个关键字来完成。

4．this()是在同一类内调用其他的构造方法，而 super()则是从子类的构造方法调用其父类的构造方法。

5．使用 this 调用属性或方法的时候会先从本类中查找，如果本类中没有查找到，则再从父类中查找；而使用 super()的话会直接从父类中查找需要的属性或方法。

6．this()与 super()其相似之处：①当构造方法有重载时，两者均会根据所给予的参数的类型与个数，正确执行相对应的构造方法；②两者均必须编写在构造方法内的第一行，也正是这个原因，this()与 super()无法同时存在同一个构造方法内。

7．"重载"（Overloading）是指在相同类内定义名称相同。但参数个数或类型不同的方法，因此 Java 便可依据参数的个数或类型调用相应的方法。

8．"覆写"（Overriding）是在子类当中定义名称、参数个数与类型均与父类相同的方法，用以覆写父类里的方法。

9．如果父类的方法不希望被子类覆写，可在父类的方法之前加上 final 关键字，如此该方法便不会被覆写。

10．final 的另一个功用是把它加在数据成员变量前面，如此该变量就变成了一个常量，便无法在程序代码中对其再做修改。使用 public static final 可以声明一个全局常量。

11．对象多态性主要分为对象的自动向上转型与强制向下转型，为了防止向下转型时出现 ClassCastException 转换异常，可以在转型前利用 instanceof 关键字进行实例类型判断。

12．所有的类均继承自 Object 类，所有的引用数据类型都可以向 Object 类进行向上转型，利用 Object 可以实现方法接收参数或返回数据类型的统一。

8.8　自　我　检　测

1．建立一个人类（Person）和学生类（Student），功能要求如下。

（1）Person 中包含 4 个私有型的数据成员 name、addr、sex、age，分别为字符串型、字符串型、字符型及整型，表示姓名、地址、性别和年龄。一个 4 参构造方法、一个 2 参构造方法、一个无参构造方法、一个输出方法显示 4 种属性。

（2）Student 类继承 Person 类，并增加成员 math、english 存放数学和英语成绩。一个 6 参构造方法、一个 2 参构造方法、一个无参构造方法和输出方法用于显示 6 种属性。

视频名称	0820_学生类继承实例		学习层次	运用	
视频简介	继承是实现类功能扩充的重要技术手段，本课程主要通过人与学生的继承关系实现类的继承操作，同时利用方法覆写实现所需要的子类功能扩充。				

2．定义员工类，具有姓名、年龄、性别属性，并具有构造方法和显示数据方法。定义管理层类，继承员工类，并有自己的属性职务和年薪。定义职员类，继承员工类，并有自己的属性所属部门和月薪。

视频名称	0821_管理人员与职员		学习层次	运用	
视频简介	继承是实现类功能扩充的重要技术手段，本课程主要通过员工、管理人员以及职员类的对应关系分析继承关系				

3．编写程序，统计出字符串 want you to know one thing 中字母 n 和字母 o 的出现次数。

	视频名称	0822_字符串统计		学习层次	运用
	视频简介	本课程主要通过一个字符串中的字母数据统计功能，分析程序操作功能，并利用类继承关系实现结构重用处理。			

4. 建立一个可以实现整型数组的操作类（Array），类中允许操作的数组大小由外部动态指定，同时在 Array 类里需要提供有数组的以下处理：进行数据的增加（如果数据满了则无法增加），可以实现数组的容量扩充，取得数组全部内容。完成之后在此基础上再派生出两个子类。

➘ 数组排序类：返回的数据必须是排序后的结果。

➘ 数组反转类：可以实现内容的首尾交换。

	视频名称	0823_数组操作		学习层次	运用
	视频简介	数组可以利用索引操作，为了回避索引的问题可以通过类进行数组封装。本课程主要通过数组操作类的形式讲解如何动态扩充数组大小以及如何利用覆写完善方法功能。			

第9章 抽象类与接口

通过本章的学习可以达到以下目标

- 掌握抽象类的定义与使用，并认真理解抽象类的组成特点。
- 掌握包装类的特点，并且可以利用包装类实现字符串与基本数据类型间的转换处理。
- 掌握接口的定义与使用，理解接口设计的目的。
- 掌握工厂设计模式、代理设计模式的使用。
- 理解泛型的作用以及相关定义语法。

抽象类与接口是在面向对象设计中最为重要的一个中间环节，利用抽象类与接口可以有效地拆分大型系统，避免产生耦合问题。本章将针对抽象类与接口的概念进行阐述。

9.1 抽 象 类

面向对象程序设计中，类继承的主要作用是扩充已有类的功能。子类可以根据自己的需要选择是否要覆写父类中的方法，所以一个设计完善的父类是无法对子类做出任何强制性的覆写约定。为了解决这样的设计问题，提出了抽象类的概念，抽象类与普通类相比唯一增加的就是抽象方法的定义，同时抽象类在使用时要求必须被子类所继承，并且子类必须覆写全部抽象方法。

> **提示：关于类继承的使用。**
>
> 普通类是指一个设计完善的类，这个类可以直接产生实例化对象并且调用类中的属性或方法；而抽象类最大的特点是必须有子类，并且无法直接进行对象实例化操作。在实际项目的开发中，很少会去继承设计完善的类，大多都会考虑继承抽象类。

9.1.1 抽象类基本定义

视频名称	0901_抽象类基本概念	学习层次	掌握
视频简介	抽象类是为方法覆写而提供的类结构，本课程主要讲解抽象类的基本定义与普通类的区别以及使用方法。		

抽象类需要使用 abstract class 进行定义，并且在一个抽象类中也可以利用 abstract 关键字定义若干个抽象方法，这样抽象类的子类就必须在继承抽象类时强制覆写全部抽象方法。

范例：定义抽象类

```
abstract class Message {                          // 定义抽象类
    private String type;                          // 消息类型
    public abstract String getConnectInfo();      // 抽象方法
    public void setType(String type) {            // 普通方法
        this.type = type;
```

```
    }
    public String getType() {                               // 普通方法
        return this.type;
    }
}
```

　　本程序使用 abstract 关键字分别定义了抽象方法与抽象类，在定义抽象方法的时候只需定义方法名称而不需要定义方法体（"{}"内的代码为方法体），同时也可以发现，抽象类的定义就是在普通类的基础上追加了抽象方法的结构。

　　抽象类并不是一个完整的类，对于抽象类的使用需要按照以下原则进行。

- ➥　抽象类必须提供有子类，子类使用 extends 继承一个抽象类。
- ➥　抽象类的子类（不是抽象类）一定要覆写抽象类中的全部抽象方法。
- ➥　抽象类的对象实例化可以利用对象多态性通过子类向上转型的方式完成。

范例：使用抽象类

```
abstract class Message {                                    // 定义抽象类
    private String type;                                    // 消息类型
    public abstract String getConnectInfo();                // 抽象方法
    public void setType(String type) {                      // 普通方法
        this.type = type;
    }
    public String getType() {                               // 普通方法
        return this.type;
    }
}
class DatabaseMessage extends Message {                      // 类的继承关系
    @Override
    public String getConnectInfo() {                        // 方法覆写，定义方法体
        return "【" + super.getType() + "】数据库连接信息。";
    }
}
public class JavaDemo {
    public static void main(String args[]) {
        Message msg = new DatabaseMessage() ;               // 子类为父类实例化
        msg.setType("MLDN") ;                               // 调用父类继承方法
        System.out.println(msg.getConnectInfo()) ;          // 调用被覆写的方法
    }
}
```
程序执行结果：
【MLDN】数据库连接信息。

　　本程序利用 extends 关键字定义了 Message 抽象类的子类 DatabaseMessage，并且在 DatabaseMessage 子类中按照要求覆写了 getConnectInfo()抽象方法，在主类中利用对象的向上转型原则，通过子类实例化了 Message 类对象，这样当调用 getConnectInfo()方法时执行的就是子类所覆写的方法体。

> **提示：抽象类的实际使用。**
>
> 　　抽象类最大的特点就是无法自己直接进行对象实例化操作，所以在实际项目开发中，抽象类的主要目的是进行过渡操作使用。当你要使用抽象类进行开发的时候，往往都是在你设计中需要解决类继承问题时所带来的代码重复处理。

9.1.2　抽象类相关说明

视频名称	0902_抽象类相关说明	学习层次	掌握	
视频简介	抽象类是一种特殊的类结构，有多种定义形式。本课程主要讲解抽象类在结构定义上的若干形式与限制。			

在面向对象设计中，抽象类是一个重要的组成结构，除了其基本的使用形式之外，还有以下的几点注意事项。

（1）抽象类必须由子类继承，所以在定义时不允许使用 final 关键字定义抽象类或抽象方法。

范例：错误的抽象类定义

```
abstract final class Message {                    // 【错误】抽象类必须被子类继承
    public final abstract String getConnectInfo();    // 【错误】抽象方法必须被子类覆写
}
```

（2）抽象类中可以定义成员属性与普通方法，为了可以为抽象类中的成员属性初始化，可以在抽象类中提供构造方法。子类在继承抽象类时会默认调用父类的无参构造，如果抽象类没有提供无参构造方法，则子类必须通过 super() 的形式调用指定参数的构造方法。

范例：抽象类中定义构造方法

```
abstract class Message {                          // 定义抽象类
    private String type;                          // 消息类型
    // 此时抽象类中没有提供无参构造方法，所以在子类必须明确调用单参构造
    public Message(String type) {
        this.type = type ;
    }
    public abstract String getConnectInfo();      // 抽象方法
    // setter、getter略 ...
}
class DatabaseMessage extends Message {           // 类的继承关系
    public DatabaseMessage(String type) {         // 子类构造
        super(type);                              // 调用单参构造
    }
    @Override
    public String getConnectInfo() {              // 方法覆写，定义方法体
        return "【" + super.getType() + "】数据库连接信息。";
    }
}
public class JavaDemo {
    public static void main(String args[]) {
        Message msg = new DatabaseMessage("MLDN") ;   // 子类为父类实例化
        System.out.println(msg.getConnectInfo()) ;    // 调用被覆写的方法
    }
}
```

程序执行结果：

【MLDN】数据库连接信息。

本程序在 Message 抽象类中定义了一个单参构造方法，由于父类没有提供无参构造，所以 DatabaseMessage 子类的构造方法中就必须通过 super(type) 语句形式明确调用父类构造。

（3）抽象类中允许没有抽象方法，即便没有抽象方法，也无法直接使用关键字 new 直接实例化抽象类对象。

范例：定义没有抽象方法的抽象类

```java
abstract class Message {                                    // 定义抽象类
    // 该抽象类中没有定义任何的抽象方法
}
public class JavaDemo {
    public static void main(String args[]) {
        Message msg = new Message();                        // 【错误】抽象类对象无法直接实例化
    }
}
```

本程序定义了没有抽象方法的抽象类，而通过编译的结果可以发现，即便没有抽象方法，抽象类也无法直接使用关键字 new 实例化对象。

（4）抽象类中可以提供 static 方法，并且该类方法不受到抽象类实例化对象的限制。

范例：在抽象类中定义 static 方法

```java
abstract class Message {                                    // 定义抽象类
    public abstract String getInfo();                      // 抽象方法
    public static Message getInstance() {                  // 返回Message对象实例
        return new DatabaseMessage();                      // 实例化子类对象
    }
}
class DatabaseMessage extends Message {                     // 类的继承关系
    @Override
    public String getInfo() {                              // 方法覆写
        return "MLDN数据库连接信息。";
    }
}
public class JavaDemo {
    public static void main(String args[]) {
        Message msg = Message.getInstance();               // 直接调用static方法
        System.out.println(msg.getInfo());                 // 通过实例化对象调用方法
    }
}
```
程序执行结果：
MLDN数据库连接信息。

本程序在抽象类 Message 中定义有 static 方法，此方法的主要目的是返回 Message 类实例，这样在主类中将通过静态方法获取 Message 类对象并且实现 getInfo() 方法调用。

9.1.3 模板设计模式

	视频名称	0903_模板设计模式		学习层次	掌握
	视频简介	抽象类除了可以限制子类的方法覆写之外，也可以提供普通方法。本课程主要利用抽象类讲解模板设计模式，为日后学习 Servlet 打下基础。			

类的作用主要是可以对一类事物的共性特征进行抽象，而从设计层次来讲，抽象类的设计比普通类的级别要高，即抽象类是在类级别的进一步抽象，例如，有以下3类事物。

➥ **机器人类**：补充能量（eat）+工作（work）。

➥ **人类**：吃饭（eat）+睡觉（sleep）+工作（work）。

➥ **猪类**：吃饭（eat）+睡觉（sleep）。

现在给出的这3类事物都有各自的描述范围，但是这3类事物也有公共的行为方法可以进行抽象，这时就可以利用抽象类的结构进行这3类事物的行为控制，结构如图9-1所示。

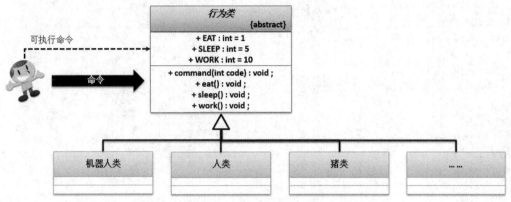

图 9-1　事物行为设计结构

范例：设计实现

```
abstract class Action {                                    // 定义公共行为类
    public static final int EAT = 1;                       // "吃饭"操作命令
    public static final int SLEEP = 5;                     // "睡觉"操作命令
    public static final int WORK = 10;                     // "工作"操作命令
    public void command(int code) {                        // 执行命令
        switch (code) {                                    // 判断命令类型
            case EAT: {
                this.eat();                                // 执行命令方法
                break;
            }
            case SLEEP: {
                this.sleep();                              // 执行命令方法
                break;
            }
            case WORK: {
                this.work();                               // 执行命令方法
                break;
            }
            case EAT + SLEEP + WORK: {                     // 组合命令
                this.eat();                                // 执行命令方法
                this.sleep();                              // 执行命令方法
                this.work();                               // 执行命令方法
                break;
            }
        }
    }
```

```java
    public abstract void eat();                                    // 【抽象方法】吃饭行为
    public abstract void sleep();                                  // 【抽象方法】睡觉行为
    public abstract void work();                                   // 【抽象方法】工作行为
}
class Robot extends Action {                                        // 定义机器人行为类
    @Override
    public void eat() {                                            // 方法覆写
        System.out.println("机器人需要接通电源充电。");
    }
    @Override
    public void sleep() {}                                         // 机器人不需要休息，方法体为空
    @Override
    public void work() {                                           // 方法覆写
        System.out.println("机器人按照固定的套路进行工作。");
    }
}
class Person extends Action {                                       // 人类行为
    @Override
    public void eat() {                                           // 方法覆写
        System.out.println("饿的时候安静地坐下吃饭。");
    }
    @Override
    public void sleep() {                                         // 方法覆写
        System.out.println("安静地躺下，慢慢地睡着，而后做着美梦。");
    }
    @Override
    public void work() {                                          // 方法覆写
        System.out.println("人类是高级脑类动物，在工作中不断学习与成长。");
    }
}
class Pig extends Action {                                          // 猪类行为
    @Override
    public void eat() {                                            // 方法覆写
        System.out.println("吃食槽中饲料。");
    }
    @Override
    public void sleep() {                                          // 方法覆写
        System.out.println("倒地就睡。");
    }
    @Override
    public void work() {}                                          // 猪不需要工作，方法体为空
}
public class JavaDemo {
    public static void main(String args[]) {
        Action robotAction = new Robot();                         // 机器人行为
        Action personAction = new Person();                       // 人类行为
        Action pigAction = new Pig();                             // 猪类行为
        System.out.println("------------ 机器人行为 ------------");
        robotAction.command(Action.SLEEP);                        // 执行命令
```

```
        robotAction.command(Action.WORK);                    // 【无效操作】执行命令
        System.out.println("----------- 人类行为 -------------");
        personAction.command(Action.SLEEP + Action.EAT + Action.WORK);   // 执行命令
        System.out.println("----------- 猪类行为 -------------");
        pigAction.work();                                    // 执行命令
        pigAction.eat();                                     // 执行命令
    }
}
```

程序执行结果:

```
----------- 机器人行为 -------------
机器人按照固定的套路进行工作。("Robot.work()"代码执行结果)
----------- 人类行为 -------------
饿的时候安静地坐下吃饭。
安静地躺下,慢慢地睡着,而后做着美梦。("Person.sleep()"代码执行结果)
人类是高级脑类动物,在工作中不断学习与成长。("Person.work"代码执行结果)
----------- 猪类行为 -------------
吃食槽中饲料。("Pig.eat()"代码执行结果)
```

本程序为行为抽象类定义了 3 个子类,在 3 个子类中会根据各自的需要进行方法的覆写,对于暂时不需要的功能,本程序直接以空方法体的方式进行实现。

9.2 包 装 类

视频名称	0904_包装类简介与原理分析	学习层次	理解	
视频简介	为了统一参数传输类型,需要针对基本数据类型实现引用传递,所以 Java 提供了包装类的概念。本课程主要分析包装类的基本组成原理,同时讲解包装类的定义。			

Java 是一门面向对象的编程语言,所有的设计都是围绕着对象这一核心概念展开的,但与这一设计有所违背的就是基本数据类型(byte、short、int、long、float、double、char、boolean),所以为了符合这一特点可以利用类的结构对基本数据类型进行包装。

范例:实现基本数据类型包装

```java
class Int {                                    // 定义包装类
    private int data;                          // 包装了一个基本数据类型
    public Int(int data) {                     // 构造方法设置基本数据类型
        this.data = data;                      // 保存基本数据类型
    }
    public int intValue() {                    // 从包装类中获取基本数据类型
        return this.data;
    }
}
public class JavaDemo {
    public static void main(String args[]) {
        Object obj = new Int(10);              // 【装箱操作】将基本数据类型保存在包装类中
        int x = ((Int) obj).intValue();        // 【拆箱操作】从包装类对象中获取基本数据类型
        System.out.println(x * 2);             // 对拆箱后的数据进行计算
    }
```

```
}
```
程序执行结果：
```
20
```

　　本程序定义了一个 int 包装类，并且在类中存储有 int 数据信息，利用这样的包装处理就可以使用
Object 类来进行基本数据类型的接收，从而实现参数的完全统一处理。

　　基本数据类型进行包装处理后可以像对象一样进行引用传递，同时也可以使用 Object 类来进行接收，
所以面对这样的设计缺陷，Java 也有自己的解决方案，为此专门设计了 8 个包装类：byte（Byte）、short
（Short）、int（Integer）、long（Long）、float（Float）、double（Double）、boolean（Boolean）、char（Character）。
这 8 个包装类的继承关系如图 9-2 所示。

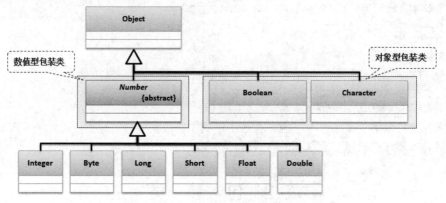

图 9-2　包装类继承结构

　　通过图 9-2 可以发现，对于包装类可以分为以下两种类型。

　　☑　对象型包装类（Object 直接子类）：Boolean、Character。

　　☑　数值型包装类（Number 直接子类）：Byte、Short、Integer、Long、Float、Double。

　　Number 描述的是数值型包装类，此类是一个抽象类，并且在子类中提供有如表 9-1 所示的方法，利
用这些方法可以将包装类中包装的基本数据类型直接取出。

表 9-1　Number 类中定义的方法

No.	方　　法	类　型	描　　述
1	public byte byteValue()	普通	从包装类中获取 byte 数据
2	public short shortValue()	普通	从包装类中获取 short 数据
3	public abstract int intValue()	普通	从包装类中获取 int 数据
4	public abstract long longValue()	普通	从包装类中获取 long 数据
5	public abstract float floatValue()	普通	从包装类中获取 float 数据
6	public abstract double doubleValue()	普通	从包装类中获取 double 数据

9.2.1　装箱与拆箱

〔MLDN图标〕	视频名称	0905_装箱与拆箱	学习层次	掌握
	视频简介	基本数据类型与包装类的相互转换是 Object 统一的重要依据，本课程主要讲解装箱 与拆箱的基本操作流程以及如何利用自动装箱实现 Object 接收参数的统一。		

　　基本数据类型的包装类都是为了基本数据类型转换为对象引用而提供的，这样对于基本数据类型与
包装类之间就有了以下的转换操作关系。

➥ **数据装箱**：将基本数据类型保存到包装类中，一般可以利用包装类的构造方法完成。
  ➢ Integer 类：public Integer(int value)。
  ➢ Double 类：public Double(double value)。
  ➢ Boolean 类：public Boolean(boolean value)。
➥ **数据拆箱**：从包装类中获取基本数据类型。
  ➢ 数值型包装类已经由 Number 类定义了拆箱的方法。
  ➢ Boolean 型：public boolean booleanValue()。

范例：以 int 和 Integer 为例实现转换

```java
public class JavaDemo {
    public static void main(String args[]) {
        Integer obj = new Integer(10);              // 装箱
        int num = obj.intValue();                   // 拆箱
        System.out.println(num * num);              // 数值计算
    }
}
```
程序执行结果：
```
100
```

本程序利用 Integer 类提供的构造方法将基本数据类型数字 10 装箱，使基本数据类型成为类对象，随后可以利用 Number 类提供的 intValue()方法从包装类中获取保存的 int 数据。

范例：以 double 和 Double 为例实现转换

```java
public class JavaDemo {
    public static void main(String args[]) {
        Double obj = new Double(10.1) ;             // 装箱
        double num = obj.doubleValue() ;            // 拆箱
        System.out.println(num * num);              // 数值计算
    }
}
```
程序执行结果：
```
102.00999999999999
```

本程序利用 Double 类的构造方法与 Number 类的 doubleValue()方法，实现了浮点型数据的装箱与拆箱操作。

范例：以 boolean 和 Boolean 为例实现转换

```java
public class JavaDemo {
    public static void main(String args[]) {
        Boolean obj = new Boolean(true);            // 装箱
        boolean flag = obj.booleanValue();          // 拆箱
        System.out.println(flag);
    }
}
```
程序执行结果：
```
true
```

本程序通过 Boolean 类的构造方法包装了基本数据类型的内容，并且利用 Boolean 类中提供的 booleanValue()方法实现数据的拆箱操作。

以上的操作是在 JDK 1.5 之前所进行的必须的操作，但是在 JDK 1.5 之后，Java 提供了自动装箱和拆箱机制，并且包装类的对象可以自动进行数学计算了。

注意：关于手动装箱的操作问题。

从 JDK 1.5 之后开始提供了自动装箱，并没有废除手动装箱，但是从 JDK 1.9 开始可以发现包装类的构造方法上已经出现了过期的声明。

范例： 观察 Integer、Boolean 类的构造方法

Integer 类构造方法	```@Deprecated(since="9")```
	 ```public Integer(int value) {```
	 ``` this.value = value;```
	 ```}```

Boolean 类构造方法	```@Deprecated(since="9")```
	 ```public Boolean(boolean value) {```
	 ``` this.value = value;```
	 ```}```

通过@Deprecated 注解中的 since 属性可以发现，从 JDK 1.9 之后开始不建议继续使用该构造方法，那就意味着该方法在后续的 JDK 中有可能被取消。因此，在以后所编写的代码中，对于基本数据类型转包装类的操作都建议通过自动装箱机制来实现。

范例： 以 int 和 Integer 为例实现自动装箱及拆箱操作

```
public class JavaDemo {
    public static void main(String args[]) {
        Integer obj = 10;                    // 自动装箱，此时不再关心构造方法了
        int num = obj;                       // 自动拆箱，等价于调用了intValue()方法
        obj++;                               // 包装类对象可以直接参与数学运算
        System.out.println(num * obj);       // 直接参与数值计算
    }
}
```
程序执行结果：
```
110
```

本程序利用自动装箱的处理机制，可以直接将基本数据类型的数字 10 变为 Integer 类对象，同时也可以直接利用包装类的对象实现数学计算处理。

范例： Object 接收浮点数据

```
public class JavaDemo {
    public static void main(String args[]) {
        Object obj = 19.2;                   // double自动装箱为Double，向上转型为Object
        double num = (Double) obj;           // 向下转型为包装类，再自动拆箱
        System.out.println(num * 2);         // 数值计算
    }
}
```
程序执行结果：
```
38.4
```

本程序利用基本数据类型自动装箱的特点，直接利用 Object 接收了一个浮点数，由于默认的浮点数类型为 double，所以在进行拆箱操作时需要首先将 Object 类型强制向下转为 Double 类才可以正常获取包装的基本数据。

提示：关于 Integer 自动装箱的数据比较问题。

　　对于包装类由于出现了自动装箱和自动拆箱这一概念后，那么也就和 String 类一样，存在了两类实例化类对象的操作：一种是直接赋值；另一种是通过构造方法赋值。而通过直接赋值方式实例化的包装类对象就可以自动入池了，以下代码所示。

范例：观察入池操作

```java
public class JavaDemo {
    public static void main(String args[]) {
        Integer x = new Integer(10);            // 新空间
        Integer y = 10;                          // 入池
        Integer z = 10;                          // 直接使用
        System.out.println(x == y);              // false
        System.out.println(x == z);              // false
        System.out.println(z == y);              // true
        System.out.println(x.equals(y));         // true
    }
}
```

程序执行结果：
false（"x == y"代码执行结果）
false（"x == z"代码执行结果）
true（"z == y"代码执行结果）
true（"x.equals(y)"代码执行结果）

　　通过本程序，读者一定要记住，在以后使用包装类操作的时候，都要注意数据相等比较的问题，即"=="和 equals()的区别。

　　另外还需要提醒读者的是，在使用 Integer 自动装箱实现包装类对象实例化操作中，如果所赋值的内容在 −128～127 则可以自动实现已有堆内存的引用，可以使用"=="比较；如果不在此范围内，那么就必须依靠 equals() 来比较。

范例：Integer 自动装箱与相等判断

```java
public class JavaDemo {
    public static void main(String args[]) {
        Integer numA1 = 100 ;                    // 在-128 ~ 127
        Integer numA2 = 100 ;                    // 在-128 ~ 127
        System.out.println(numA1 == numA2);      // true
        Integer numB1 = 130 ;                    // 不在-128 ~ 127
        Integer numB2 = 130 ;                    // 不在-128 ~ 127
        System.out.println(numB1 == numB2);      // false
        System.out.println(numB1.equals(numB2)); // true
    }
}
```

程序执行结果：
true（"numA1 == numA2"代码执行结果）
false（"numB1 == numB2"代码执行结果）
true（"numB1.equals(numB2)"代码执行结果）

　　此时由于设置的内容超过了"−128～127"的范围，所以通过"=="比较时返回的就是 false，那么只能够利用 equals()实现相等比较了。

9.2.2 数据类型转换

	视频名称	0906_数据类型转换	学习层次	掌握
	视频简介	包装类除了有引用支持外，还有数据类型转换的功能，本课程主要讲解 String 类与各个基本数据类型之间的转换操作。		

在项目编写中往往需要提供有交互式的运行环境，即需要根据用户输入内容的不同来进行不同的处理，但是在 Java 程序中所有输入的内容都会利用 String 类型来描述，所以就需要通过包装类来实现各自不同数据类型的转换，以 Integer、Double、Boolean 为例，这几个类中都会提供有相应的静态方法实现转换。

➥ **Integer 类**：public static int parseInt(String s)。
➥ **Double 类**：public static double parseDouble(String s)。
➥ **Boolean 类**：public static boolean parseBoolean(String s)。

> **提示：Character 类没有提供转换方法。**
>
> Character 这个包装类中并没有提供一个类似的 parseCharacter()，因为字符串 String 类中提供了一个 charAt() 方法，可以取得指定索引的字符，而且一个字符的长度就是一位。

范例：将字符串变为 int 型数据

```java
public class JavaDemo {
    public static void main(String args[]) {
        String str = "123";                      // 字符串由数字所组成
        int num = Integer.parseInt(str);          // 字符串转为int
        System.out.println(num * num);            // 数值计算
    }
}
```
程序执行结果：
15129

本程序利用 Integer 类中提供的 parseInt() 方法将一个由数字所组成的字符串实现了转型操作，但是在这类转型中，要求字符串必须由纯数字所组成，如果有非数字存在，则代码执行时会出现 NumberFormatException 异常。

范例：将字符串变为 boolean 型数据

```java
public class JavaDemo {
    public static void main(String args[]) {
        String strA = "true" ;                    // 字符串为boolean数据形式
        boolean flagA = Boolean.parseBoolean(strA) ;   // 字符串转为boolean
        System.out.println(flagA) ;
        String strB = "www.mldn.cn、魔乐科技" ;      // 任意字符串
        boolean flagB = Boolean.parseBoolean(strB) ;   // 字符串转为boolean
        System.out.println(flagB) ;
    }
}
```
程序执行结果：
true（字符串组成为true，转为boolean型的true）
false（字符串代码不是true或false，统一按照false处理）

本程序定义了两个字符串并且利用 Boolean.parseBoolean()方法实现转换，在转换过程中，如果字符串的组成是 true 或 false 则可以按照要求进行转换，如果不是，则为了避免程序出错，会统一转换为 false。

> **提示：基本数据类型转为 String 型。**
>
> 通过基本数据类型包装类可以实现 String 与基本数据类型之间的转换，但是反过来，如果要想将基本数据类型变为 String 类对象的形式则可以采用以下两种方式完成。
>
> **转换方式 1**：任意的基本数据类型与字符串连接后都自动变为 String 型。
>
> **范例：连接空字符串实现转换**
>
> ```java
> public class JavaDemo {
>     public static void main(String args[]) {
>         int num = 100;                          // 基本数据类型
>         String str = num + "";                  // 字符串连接
>         System.out.println(str.length());       // 计算长度
>     }
> }
> ```
>
> 程序执行结果：
>
> 3
>
> 本程序利用空字符串的形式，利用字符串连接的处理操作将 int 型变为了 String 型，但是这类的转换由于需要单独声明字符串常量，所以会有垃圾产生。
>
> **转换方式 2**：利用 String 类中提供的 valueOf()方法转换，该方法定义如下。
>
> **转换方法**：public static String valueOf(数据类型 变量)，该方法被重载多次。
>
> **范例：利用 valueOf()方法转换**
>
> ```java
> public class JavaDemo {
>     public static void main(String args[]) {
>         int num = 100;                          // 基本数据类型
>         String str = String.valueOf(num) ;      // 字符串转换
>         System.out.println(str.length());       // 计算长度
>     }
> }
> ```
>
> 程序执行结果：
>
> 3
>
> 本程序利用 valueOf()方法实现了基本数据类型与 String 类对象的转换，由于这种转换不会产生垃圾，所以在开发中建议采用此类方式。

9.3 接　口

接口在实际开发中是由一种比抽象类更为重要的结构组成，接口的主要特点在于其用于定义开发标准，同时接口在 JDK 1.8 之后也发生了重大的变革，本节将为读者讲解接口的基本使用以及扩展定义。

9.3.1 接口基本定义

视频名称	0907_接口基本定义	学习层次	掌握	
视频简介	接口是一种开发中必会使用到的结构，本课程主要讲解接口的基本概念、与抽象类的联系、子类的使用、接口继承等操作。			

在 Java 中接口属于一种特殊的类，需要通过 interface 关键字进行定义，在接口中可以定义全局常量、抽象方法（必须是 public 访问权限）、default 方法以及 static 方法。

范例：定义标准接口

```
// 由于类名称与接口名称的定义要求相同，所以为了区分出接口，往往会在接口名称前加入字母I（interface简写）
interface IMessage {                                            // 定义接口
    public static final String INFO = "www.mldn.cn";           // 全局常量
    public abstract String getInfo();                          // 抽象方法
}
```

本程序定义了一个 IMessage 接口，由于接口中存在有抽象方法，所以无法被直接实例化，其使用原则如下。

- ➥ 接口需要被子类实现，子类利用 implements 关键字可以实现多个父接口。
- ➥ 子类如果不是抽象类，那么一定要覆写接口中的全部抽象方法。
- ➥ 接口对象可以利用子类对象的向上转型进行实例化。

> **提示：关于 extends、implements 关键字的顺序。**
>
> 子类可以继承父类也可以实现父接口，其基本语法如下。
>
> class 子类 [extends 父类] [implements 接口 1,接口 2,...] {}
>
> 如果出现混合应用，则要采用先继承（extends）再实现（implements）的顺序完成，同时一定要记住，子类接口的最大特点在于可以同时实现多个父接口，而每一个子类只能通过 extends 继承一个父类。

范例：使用接口

```
interface IMessage {                                            // 定义接口
    public static final String INFO = "www.mldn.cn";           // 全局常量
    public abstract String getInfo();                          // 抽象方法
}
class MessageImpl implements IMessage {                         // 实现接口
    @Override
    public String getInfo() {                                  // 方法覆写
        return "魔乐科技软件学院：www.mldn.cn" ;                   // 获取消息
    }
}
public class JavaDemo {
    public static void main(String args[]) {
        IMessage msg = new MessageImpl() ;                     // 子类实例化父接口
        System.out.println(msg.getInfo());                     // 调用方法
    }
}
```

程序执行结果：
魔乐科技软件学院：www.mldn.cn

本程序利用 implements 关键字定义了 IMessage 接口子类，并且利用子类对象的向上转型实例化了接口对象。

范例：子类实现多个父接口

```
interface IMessage {                                            // 定义接口
    public static final String INFO = "www.mldn.cn";           // 全局常量
```

```
    public abstract String getInfo();                       // 抽象方法
}
interface IChannel {                                         // 定义接口
    public abstract boolean connect() ;                     // 抽象方法
}
class MessageImpl implements IMessage, IChannel {            // 实现多个接口
    @Override
    public String getInfo() {                               // 方法覆写
        if (this.connect()) {                              // 连接成功
            return "魔乐科技软件学院: www.mldn.cn" ;         // 获取消息
        }
        return "【默认消息】" + IMessage.INFO ;              // 获取消息
    }
    @Override
    public boolean connect() {                             // 方法覆写
        return true;
    }
}
public class JavaDemo {
    public static void main(String args[]) {
        IMessage msg = new MessageImpl() ;                 // 子类实例化父接口
        System.out.println(msg.getInfo());                 // 调用方法
    }
}
```
程序执行结果:
魔乐科技软件学院: www.mldn.cn

　　本程序在 MessageImpl 子类上实现了两个父接口，结构如图 9-3 所示，这样就必须同时覆写两个父接口中的抽象方法，所以 MessageImpl 是 IMessage 接口、IChannel 接口和 Object 类的 3 个类的实例。

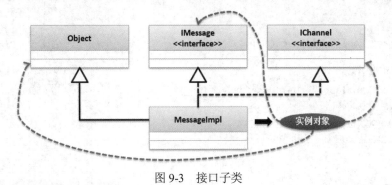

图 9-3　接口子类

范例：观察接口实例转换

```
public class JavaDemo {
    public static void main(String args[]) {
        IMessage msg = new MessageImpl() ;                 // 子类实例化父接口
        Object obj = msg ;                                 // 使用Object接收引用类型
        IChannel channel = (IChannel) obj ;                // 对象强制转为IChannel接口实例
        System.out.println(channel.connect());             // 调用被覆写过的方法
```

```
        }
    }
```
程序执行结果：
```
true
```

　　如果现在没有 MessageImpl 子类，那么 IMessage 接口、IChannel 接口、Object 类三者之间是没有任何关系的，但是由于 MessageImpl 同时实现了这些接口并默认继承了 Object 父类，所以该实例就可以进行任意父接口的转型。

> **提示：关于接口的简化定义。**
>
> 在进行接口定义时，对于全局常量和抽象方法可以按照以下的形式进行简化定义。
>
> | 完整定义 | `interface IMessage {`
`    public static final String INFO = "www.mldn.cn" ;`
`    public abstract String getInfo() ;`
`}` |
> | --- | --- |
> | 简化定义 | `interface IMessage {`
`    String INFO = "www.mldn.cn" ;`
`    String getInfo() ;`
`}` |
>
> 以上两种 IMessage 接口的定义作用完全相同，但是从实际的开发来讲，在接口中定义抽象方法时建议保留 public 声明，这样的接口定义会更加清楚。

　　在面向对象设计中，抽象类也是必不可少的一种结构，利用抽象类可以实现一些公共方法的定义。可以利用 extends 先继承父类再利用 implements 实现若干父接口的顺序完成子类定义。

范例：子类继承抽象类同时实现接口

```
interface IMessage {                                            // 定义接口
    public static final String INFO = "www.mldn.cn";            // 全局常量
    public abstract String getInfo();                           // 抽象方法
}
interface IChannel {                                            // 定义接口
    public abstract boolean connect() ;                         // 抽象方法
}
abstract class DatabaseAbstract {                               // 定义一个抽象类
    public abstract boolean getDatabaseConnection() ;           // abstract关键字不可省略
}
class MessageImpl extends DatabaseAbstract
        implements IMessage, IChannel {                         // 实现多个接口
    @Override
    public String getInfo() {                                   // 方法覆写
        if (this.connect()) {                                   // 连接成功
            if (this.getDatabaseConnection()) {
                return "【数据库消息】魔乐科技软件学院：www.mldn.cn";   // 获取消息
            } else {
                return "数据库消息无法访问！" ;
            }
        }
        return "【默认消息】" + IMessage.INFO ;                   // 获取消息
    }
```

```
        @Override
        public boolean connect() {                                    // 覆写接口方法
            return true;
        }
        @Override
        public boolean getDatabaseConnection() {                      // 覆写抽象类方法
            return true;
        }
}
public class JavaDemo {
    public static void main(String args[]) {
        IMessage msg = new MessageImpl() ;                            // 子类实例化父接口
        System.out.println(msg.getInfo());
    }
}
```

程序执行结果：
【数据库消息】魔乐科技软件学院：www.mldn.cn

本程序在定义 MessageImpl 子类时继承了 DatabaseAbstract 抽象类，同时实现了 IMessage、IChannel 两个父接口，并且在 getInfo()方法中进行接口方法的调用整合，需要注意的是在定义抽象类的过程中所有的抽象方法必须有 abstract 关键字定义。

Java 中的 extends 关键字除了具有类继承的作用外，也可以在接口上使用以实现接口的继承关系，并且可以同时实现多个父接口。

范例：使用 extends 继承多个父接口

```
interface IMessage {
    public static final String INFO = "www.mldn.cn";                 // 全局常量
    public abstract String getInfo() ;
}
interface IChannel {
    public boolean connect() ;                                       // 抽象方法
}
// extends在类继承上只能够继承一个父类，但是接口上可以继承多个
interface IService extends IMessage,IChannel {                       // 接口多继承
    public String service() ;                                        // 抽象方法
}
class MessageService implements IService {                           // 3个接口子类
    @Override
    public String getInfo() {                                        // 方法覆写
        return IMessage.INFO ;
    }
    @Override
    public boolean connect() {                                       // 方法覆写
        return true ;
    }
    @Override
    public String service() {                                        // 方法覆写
        return "MLDN消息服务: www.mldn.cn" ;
    }
}
```

本程序在定义 IService 接口时，让其继承了 IMessage、IChannel 两个父接口，这样 IService 接口就
有了两个父接口定义的所有抽象方法。

> **提示：接口的使用分析。**
>
> 接口是面向对象程序设计中最为重要的话题，在实际项目中的核心用处是实现方法名称的暴露与子类的隐
> 藏，如图 9-4 所示。
>
>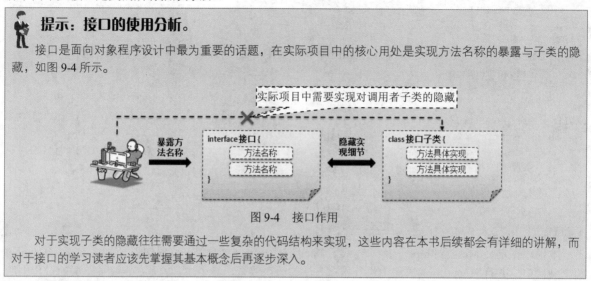
>
> 图 9-4　接口作用
>
> 对于实现子类的隐藏往往需要通过一些复杂的代码结构来实现，这些内容在本书后续都会有详细的讲解，而
> 对于接口的学习读者应该先掌握其基本概念后再逐步深入。

9.3.2　接口定义加强

	视频名称	0908_接口定义加强	学习层次	掌握
	视频简介	JDK 1.8 后为了满足函数式的语法要求接口进行了结构性的改变，本课程主要分析实际开发中接口设计问题，同时讲解如何使用 default 与 static 进行方法定义。		

接口是从 Java 语言诞生之初所提出的设计结构，其最初的组成就是抽象方法与全局常量，但是随着
技术的发展，在 JDK 1.8 的时候接口中的组成除了提供有全局常量与抽象方法之外，还可以使用 default
定义普通方法或者使用 static 定义静态方法。

范例：在接口中使用 default 定义普通方法

```
interface IMessage {
    public String message();                         // 【抽象方法】获取消息内容
    public default boolean connect() {               // 定义普通方法，该方法可以被子类继承或覆写
        System.out.println("建立MLDN订阅消息连接通道。");
        return true;
    }
}
class MessageImpl implements IMessage {              // 实现接口
    public String message() {                        // 覆写抽象方法
        return "www.mldn.cn";
    }
}
public class JavaDemo {
    public static void main(String args[]) {
        IMessage msg = new MessageImpl();            // 通过子类实例化接口
        if (msg.connect()) {                         // 接口定义的default方法
            System.out.println(msg.message());       // 调用被覆写过的方法
        }
```

```
    }
}
```
程序执行结果：
建立MLDN订阅消息连接通道。
www.mldn.cn

本程序在 IMessage 接口中利用 default 定义了普通方法，这样接口中的组成就不再只有抽象方法，同时这些 default 定义的普通方法也可以直接被子类继承。

 提问：接口中定义普通方法有什么意义？

在 JDK 1.8 以前接口中的核心组成就是全局常量与抽象方法，为什么在 JDK 1.8 之后却允许定义 default 方法了？这样做有什么意义吗？

 回答：便于扩充接口功能，同时简化设计结构。

在设计中接口的主要功能是进行公共标准的定义，但是随着技术的发展，接口的设计也有可能得到更新，那么此时假设说有一个早期版本的接口，并且随着发展已经定义了大约有 1080 个子类，如图 9-5 所示。

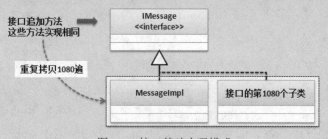

图 9-5　接口基础实现模式

如果现在采用了图 9-5 的结构设计，那么一旦 IMessage 接口中追加一个新的方法，并且所有的子类对于此方法的实现完全相同时，按照 JDK 1.8 以前的设计模式就需要修改所有定义的子类，重复复制实现方法，这样就会导致代码的可维护性降低。而在 JDK 1.8 以前，为了解决这样的设计问题，往往会在接口和实现子类之间追加一个抽象类，结构如图 9-6 所示。

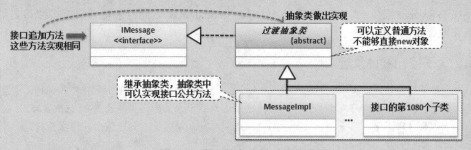

图 9-6　利用抽象类做过渡设计

当采用图 9-6 的设计结构之后，当接口再扩充公共方法时就不必修改所有的子类，只需修改抽象类即可，所以为了解决这样的设计，在 JDK 1.8 后才提供有 default 方法的支持。同时需要提醒读者的是，如果子类发现父接口中公共的 default 方法功能不足时，也可以根据自己的需求进行覆写。

使用 default 定义的普通方法需要通过接口实例化对象才可以调用，而为了避免实例化对象的依赖，在接口中也可以使用 static 定义方法，此方法可以直接利用接口名称调用。

范例：在接口中定义 static 方法

```
interface IMessage {                                      // 定义接口
    public String message() ;                            // 【抽象方法】获取信息
    public default boolean connect() {                   // 公共方法被所有子类继承
        System.out.println("建立MLDN订阅消息连接通道。") ;
        return true ;
    }
    public static IMessage getInstance() {               // 定义static方法，可以通过接口名称调用
        return new MessageImpl() ;                       // 获得子类对象
    }
}
class MessageImpl implements IMessage {                   // 定义接口子类
    public String message() {                            // 覆写抽象方法
        if (this.connect()) {
            return "www.mldn.cn" ;
        }
        return "没有消息发送。" ;
    }
}
public class JavaDemo {
    public static void main(String args[]) {
        IMessage msg = IMessage.getInstance() ;          // 实例化接口子类对象
        System.out.println(msg.message()) ;              // 调用方法
    }
}
```
程序执行结果：
```
建立MLDN订阅消息连接通道。
www.mldn.cn
```

本程序在 IMessage 接口中定义了一个 static 方法 getInstance()，此方法可以直接被接口名称调用，主要的作用是获取接口实例化对象。

👤 **提示：关于接口和抽象类。**

　　通过一系列的分析可以发现，接口中定义的 default、static 两类方法很大程度上与抽象类的作用有些重叠，所以有些读者可能就会简单地认为开发中可以不再使用抽象类，对于公共方法只需通过 default 或 static 在接口中定义即可，实际上这是一种误区。对于 JDK 1.8 后的接口功能扩充，笔者更偏向这只是一种修补的设计方案，即对于那些设计结构有缺陷的代码的一种补救措施。而在实际的开发中，本书强烈建议读者，当有了自定义接口后不要急于直接定义子类，中间最好设计一个过渡的抽象类，如图 9-7 所示。但是需要清楚的是，这样的设计原则只是一种解决方案，而具体在哪里应用，就需要读者在开发中反复体会了。

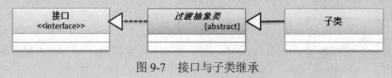

图 9-7　接口与子类继承

9.3.3 定义接口标准

视频名称	0909_定义接口标准	学习层次	运用
视频简介	项目功能设计中接口是需要最先设计的，这样就定义好了操作的执行标准，本课程将为读者讲解接口作为标准设计的意义以及代码实现。		

对于接口而言，在开发中最为重要的应用就是进行标准的制定。实际上在日常的生活中也会见到许多关于接口的名词，例如，USB 接口、PCI 接口、鼠标接口等，那么这些接口实际上都是属于标准的定义与应用。

以 USB 的程序为例，计算机上可以插入各种 USB 的设备，所以计算机上认识的只是 USB 标准，而不关心这个标准的具体实现子类，结构如图 9-8 所示。

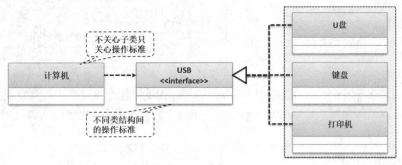

图 9-8　USB 操作标准

范例：利用接口定义标准

```java
interface IUSB {                                        // 定义USB标准
    public boolean check();                             // 【抽象方法】检查通过可以工作
    public void work();                                 // 【抽象方法】设备工作
}
class Computer {                                        // 定义计算机类
    public void plugin(IUSB usb) {                      // 计算机上使用USB标准设备
        if (usb.check()) {                              // 检查设备
            usb.work();                                 // 开始工作
        } else {                                        // 检查失败
            System.out.println("硬件设备安装出现了问题，无法使用！");
        }
    }
}
class Keyboard implements IUSB {                        // USB子类
    public boolean check() {                            // 覆写抽象方法
        return true;
    }
    public void work() {                                // 覆写抽象方法
        System.out.println("打开计算机在线学习，输入：www.mldn.cn");
    }
}
class Print implements IUSB {                           // USB子类
    public boolean check() {                            // 覆写抽象方法
        return false;
```

```
    }
    public void work() {                                   // 覆写抽象方法
        System.out.println("打印魔乐科技图标，帅气万分！");
    }
}
public class JavaDemo {
    public static void main(String args[]) {
        Computer computer = new Computer();                // 实例化计算机类对象
        computer.plugin(new Keyboard());                   // 插入键盘设备
        computer.plugin(new Print());                      // 插入打印机设备
    }
}
```
程序执行结果：
打开计算机在线学习，　输入：www.mldn.cn
硬件设备安装出现了问题，无法使用！

　　本程序首先定义了一个公共的 IUSB 结构标准，于是 USB 的具体实现子类与计算机类之间按照此标准进行操作。在主方法调用时，可以向 Computer.plugin()方法中传递 IUSB 接口子类对象，并且按照既定的模型进行调用。

> **提示：对于标准的理解。**
>
> 　　在现实生活中标准的概念无处不在。例如，当一个人肚子饿了的时候，他可能会想到吃包子、吃面条，这些都有一个公共的标准：食物。再如，一个人需要乘坐交通工具去机场，那么这个人可能骑自行车，也有可能坐出租车，所以交通工具也是一个标准。
>
> 　　经过这样的分析可以发现，接口在整体设计上是针对类的进一步抽象，而其设计的层次也要高于抽象类。

9.3.4　工厂设计模式

视频名称	0910_工厂设计模式	学习层次	运用
视频简介	项目开发中需要考虑类实例化对象的解耦和问题，所以会通过工厂设计模式隐藏接口对象实例化操作细节，本课程主要讲解工厂设计模式的产生原因以及实现。		

　　接口在实际开发过程中主要的特点是进行标准的定义，而标准的定义是一个灵活的概念，也就是说标准不应该与具体的子类固定在一起。为了解决代码的耦合问题，在开发中针对接口对象的获得，往往会通过工厂设计模式来完成，其结构如图 9-9 所示。

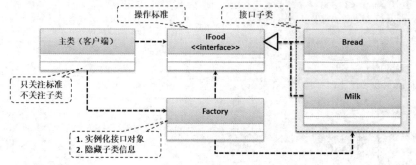

图 9-9　工厂设计模式

范例：工厂设计模式简单实现

```java
interface IFood {                                    // 定义食物标准
    public void eat();                               // 食物的核心功能：吃
}
class Bread implements IFood {                       // 食物：面包
    public void eat() {                              // 覆写方法
        System.out.println("吃面包。");
    }
}
class Milk implements IFood {                         // 食物：牛奶
    public void eat() {                              // 覆写方法
        System.out.println("喝牛奶。");
    }
}
class Factory {
    /**
     * 获取IFood接口实例化对象，利用此方法对外隐藏子类，由于Factory类没有属性，所以定义static方法
     * @param className 要获取的子类标记
     * @return 存在指定标记返回对应子类实例，否则返回null
     */
    public static IFood getInstance(String className) {
        if ("bread".equals(className)) {             // 判断子类标记
            return new Bread();                      // 返回子类实例
        } else if ("milk".equals(className)) {       // 判断子类标记
            return new Milk();                       // 返回子类实例
        } else {
            return null;                             // 没有匹配类型返回null
        }
    }
}
public class JavaDemo {
    public static void main(String args[]) {
        IFood food = Factory.getInstance("bread");   // 通过工厂获取实例
        food.eat();                                  // 调用公共标准
    }
}
```
程序执行结果：
吃面包。

本程序定义了一个 Factory 工厂类，并且在此类中提供有一个静态方法可以用于返回 IFood 接口实例化对象，这样在主类（客户端）调用时不再需要关注具体的 IFood 接口子类，只需传入指定的类型标记就可以获取接口对象。

> **提示：可以利用初始化参数动态传递。**
>
> 对于以上的工厂设计模式，如果现在利用初始化执行参数的模式，也可以动态地在主类中进行 IFood 不同子类的更换。

范例：修改程序主类

```java
public class JavaDemo {
    public static void main(String args[]) {
        // 通过初始化参数进行指定子类的标记接收
        // 要使用Bread子类，执行命令：java JavaDemo bread
        // 要使用Milk子类，执行命令：java JavaDemo milk
        IFood food = Factory.getInstance(args[0]);        // 通过工厂获取实例
        food.eat();                                       // 调用公共标准
    }
}
```

利用这样的设计就可以在不需要明确知道子类的情况下使用接口，但是对于当前的设计本身也存在有以下的几个问题。

问题 1：每当 IFood 接口扩充子类时都需要修改 Factory 工厂类，这样一旦子类很多，此工厂类的代码必定造成大量重复。

问题 2：如果现在有若干个接口都需要通过 Factory 类获取实例时，对于 Factory 类需要追加大量重复逻辑的 static 方法。

问题 3：一个项目中可能只需使用某个接口的特定子类，而这个子类往往可以利用配置文件的形式来定义，修改时也可以通过配置文件的修改而更换子类，所以这种固定标记的做法可能会造成代码结构的混乱。

对于以上的问题（工厂设计模式与 9.3.5 要讲解的代理设计模式都会存在相似的问题），读者可以在本书以及后续作品中查找答案，而当你能明白这一系列的设计问题同时又可以完整地吸收笔者的解决思路时，那么自然就可以写出结构合理又易于扩展的程序了，同时也可以正式向实战开发领域进军了。

9.3.5　代理设计模式

	视频名称	0911_代理设计模式	学习层次	运用
	视频简介	为了实现核心业务与辅助功能的细分，可以通过代理设计模式，本课程将为读者讲解代理设计模式的产生意义与具体实现。		

代理设计也是在 Java 开发中使用较多的一种设计模式，是指用一个代理主题来操作真实主题，真实主题执行具体的业务操作，而代理主题负责其他相关业务的处理。简单理解，就是你如果现在肚子饿了，那么肯定要吃饭，而如果你只会吃饭而不会做饭的话，那么就需要去饭店吃饭，而由饭店为你吃饭的业务做各种辅助操作（例如，购买食材、处理食材、烹制美食、收拾餐具等），而你只负责关键的一步"吃"就可以了，如图 9-10 所示。

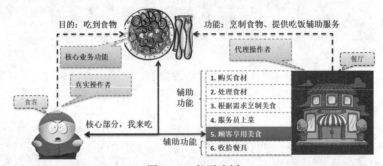

图 9-10　餐厅吃饭

不管是代理操作还是真实操作，其共同的目的就是为"吃饭"服务，所以用户关心的只是如何吃到饭，至于里面是如何操作的用户并不关心，于是可以得出如图 9-11 所示的分析结果。

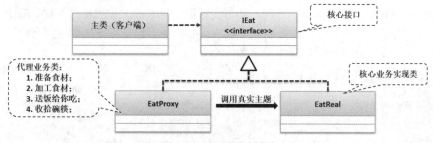

图 9-11 代理设计模式

范例：实现代理设计模式

```java
interface IEat {                                    // 定义核心业务标准
    public void get();                              // 业务方法
}
class EatReal implements IEat {                      // 定义真实主题类
    public void get() {                             // 核心实现
        System.out.println("【真实主题】得到一份食物，而后开始品尝美味。");
    }
}
class EatProxy implements IEat {                     // 定义代理主题类
    private IEat eat;                               // 核心业务实例
    public EatProxy(IEat eat) {                     // 设置代理项
        this.eat = eat;
    }
    public void get() {                             // 代理实现方法
        this.prepare();                             // 业务执行前的准备
        this.eat.get();                             // 【真实业务】调用核心业务操作
        this.clear();                               // 业务执行后的处理
    }
    public void prepare() {                         // 【代理操作】准备过程
        System.out.println("【代理主题】1. 精心购买食材。");
        System.out.println("【代理主题】2. 小心地处理食材。");
    }
    public void clear() {                           // 【代理操作】收尾处理
        System.out.println("【代理主题】3. 收拾碗筷。");
    }
}
public class JavaDemo {
    public static void main(String args[]) {
        IEat eat = new EatProxy(new EatReal());     // 获取代理对象，同时传入被代理者
        eat.get();                                  // 调用代理方法
    }
}
```

程序执行结果：

【代理主题】1. 精心购买食材。

【代理主题】2. 小心地处理食材。

【真实主题】得到一份食物，而后开始品尝美味。

【代理主题】3. 收拾碗筷。

本程序为一个 IEat 接口定义了两个子类：真实主题类（EatReal）和代理主题类（EatProxy），真实主题类只有在代理类提供支持的情况下才可以正常完成核心业务。但是对于主类（客户端）而言，其所关注的只是 IEat 执行标准，而具体使用哪一个子类并不需要关注。

> 📖 **提示：代理设计模式结合工厂设计模式。**
>
> 在本程序所讲解的实现代码中，为了方便读者理解程序，直接在主类上实例化了子类，这种操作严格意义上来讲是不符合设计要求的。所有自定义的接口对象都应该通过工厂类获得，修改后的程序逻辑结构如图 9-12 所示。

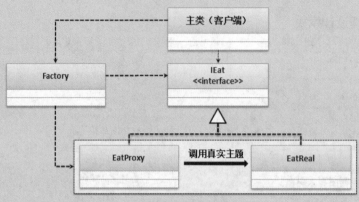

图 9-12　工厂设计模式与代理设计模式整合

> **范例：修改代理设计模式代码**
>
> ```java
> … 重复代码省略 …
> class Factory {
>     public static IEat getInstance() {              // 获取IEat接口实例
>         return new EatProxy(new EatReal()) ;
>     }
> }
> public class JavaDemo {
>     public static void main(String args[]) {
>         IEat eat = Factory.getInstance();           // 获取接口实例
>         eat.get();                                  // 调用代理方法
>     }
> }
> ```
>
> 本程序直接结合了工厂设计和代理设计，这样一来客户端就可以完全隐藏具体的子类实现结构。

9.3.6　抽象类与接口区别

❄	视频名称	0912_抽象类与接口区别	学习层次	掌握
	视频简介	抽象类与接口在开发和面试中都非常重要，考虑到读者对于知识的结构理解，本课程以总结的形式强调了接口与抽象类的区别。		

抽象类和接口是项目开发设计中的两个重要设计环节，为了帮助读者更好地理解两者的关系，下面通过表 9-2 对两种结构进行对比。

表 9-2 抽象类和接口的区别

No.	区 别	抽 象 类	接 口
1	关键字	abstract class	interface
2	组成	常量、变量、抽象方法、普通方法、构造方法	全局常量、抽象方法、普通方法、静态方法
3	权限	可以使用各种权限	只能是 public
4	关系	一个抽象类可以实现多个接口	接口不能够继承抽象类，却可以继承多接口
5	使用	子类使用 extends 继承抽象类	子类使用 implements 实现接口
		抽象类和接口的对象都是利用对象多态性的向上转型，进行接口或抽象类的实例化操作	
6	设计模式	模板设计模式	工厂设计模式、代理设计模式
7	局限	一个子类只能够继承一个抽象类	一个子类可以实现多个接口

通过上面的分析可以得出结论：在开发中，抽象类和接口实际上都是可以使用的，具体使用哪个没有明确的限制，而抽象类有一个最大的缺点——一个子类只能够继承一个抽象类，即存在单继承的局限，所以当遇到抽象类和接口都可以使用的情况下，**优先考虑接口，避免单继承局限**。

 提问：概念太多了，该如何使用？

前面已经学习过的概念有对象、类、抽象类、接口、继承、实现等，这些概念都属于什么样的关系呢？在开发中，又该如何使用这些概念呢？

 回答：接口是在类之上的标准。

为了更好地说明给出的几种结构的关系，下面通过一个简短的分析完成。

如果现在要想定义一个动物，那么动物肯定是一个公共标准，而这个公共标准就可以通过接口来完成。

在动物中又分为两类：哺乳动物和卵生动物，而这个标准属于对动物标准进一步细化，应该称为子标准，所以此种关系可以使用接口的继承来表示。

而哺乳动物又可以继续划分为人、狗、猫等不同的类型，由于这些类型不表示具体的事物标准，所以可以使用抽象类进行表示。

如果要表示出工人或者学生这样的概念，则肯定是一个具体的定义，则使用类的方式。

然而每一个学生或每一个工人都是具体的，那么就通过对象来表示。

所以以上的几种关系可以通过图 9-13 来表示。

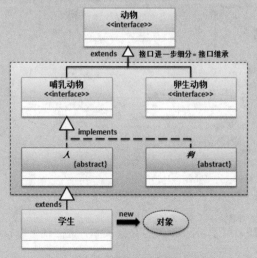

图 9-13 继承关系描述

通过图 9-13 可以发现，在所有设计中，接口应该是最先被设计出来的，所以在项目开发中，以接口设计最为重要。

9.4 泛　　型

泛型是 JDK 1.5 版本后所提供的新技术特性，利用泛型的特征可以方便地避免对象强制转型所带来的安全隐患问题（ClassCastException 异常）。

9.4.1　泛型问题引出

	视频名称	0913_泛型问题引出	学习层次	掌握
	视频简介	Object 类可以带来参数类型的统一处理,但是会存在安全隐患,本课程主要分析 Object 接收任意对象实例以及向下转型所带来的问题。		

在 Java 语言中，为了方便接收参数类型的统一，提供了一个核心类 Object，利用此类对象可以接收所有类型的数据（包括基本数据类型与引用数据类型）。但是由于其所描述的数据范围过大，所以在实际使用中就会出现传入数据类型错误，从而引发 ClassCastException 异常。例如，现在要设计一个可以描述坐标点的类 Point（包括 x 与 y 坐标信息），对于坐标点允许保存 3 类数据。

- 整型数据：x = 10，y = 20。
- 浮点型数据：x = 10.1，y = 20.9。
- 字符串型数据：x = 东经 120°，y=北纬 30°。

于是在设计 Point 类的时候就需要去考虑 x 和 y 属性的具体类型，这个类型要求可以保存以上 3 种数据，很明显，最为原始的做法就是利用 Object 类来进行定义，这是因为存在以下的转换关系。

- 整型数据：基本数据类型 → 包装为 Integer 类对象 → 自动向上转型为 Object。
- 浮点型数据：基本数据类型 → 包装为 Double 类对象 → 自动向上转型为 Object。
- 字符串型数据：String 类对象 → 自动向上转型为 Object。

范例：定义 Point 坐标点类

```
class Point {                              // 坐标点
    private Object x;                      // 保存x坐标
    private Object y;                      // 保存y坐标
    public void setX(Object x) {          // 设置x坐标
        this.x = x;
    }
    public void setY(Object y) {          // 设置y坐标
        this.y = y;
    }
    public Object getX() {                // 获取x坐标
        return this.x;
    }
    public Object getY() {                // 获取y坐标
        return this.y;
    }
}
```

Point 类中的 x 与 y 属性都采用了 Object 作为存储类型，这样就可以接收任意的数据类型，于是此时就可能会产生两种情况。

情况 1：使用者按照统一的数据类型设置坐标内容，并且利用向下转型获取坐标原始数据。

```
public class JavaDemo {
```

```
public static void main(String args[]) {
    Point point = new Point() ;
    // 第一步：根据需求进行内容的设置，所有数据都通过Object接收
    point.setX(10) ;                          // 自动装箱
    point.setY(20) ;                          // 自动装箱
    // 第二步：从里面获取数据，由于返回的是Object类型，所以必须进行强制性向下转型
    int x = (Integer) point.getX() ;          // 获取x坐标原始内容
    int y = (Integer) point.getY() ;          // 获取y坐标原始内容
    System.out.println("x坐标： " + x + "、y坐标： " + y) ;
    }
}
```

程序执行结果：
x坐标：10、y坐标：20

本程序利用基本数据类型自动装箱为包装类对象的特点向 Point 类对象中传入了 x 与 y 两个坐标信息，并且在获取坐标原始数据时，也依据设置的数据类型进行强制性的向下转型，所以可以得到正确的执行结果。

情况 2：使用者没有按照统一的数据类型设置坐标内容，读取数据时使用了错误的类型进行强制转换。

```
public class JavaDemo {
    public static void main(String args[]) {
        Point point = new Point() ;
        // 第一步：根据需求进行内容的设置，所有数据都通过Object接收
        point.setX(10) ;                              // 自动装箱
        // 【提示】与x坐标的数据类型不统一，但由于其符合标准语法，所以在程序编译的时候是无法发现问题
        point.setY("北纬20度") ;                       // 设置类型：String
        // 第二步：从里面获取数据，由于返回的是Object类型，所以必须进行强制性的向下转型
        int x = (Integer) point.getX() ;              // 获取x坐标原始内容
        // 【提示】在程序执行的时候会出现ClassCastException异常，有安全隐患
        int y = (Integer) point.getY() ;              // 获取y坐标原始内容
        System.out.println("x坐标： " + x + "、y坐标： " + y) ;
    }
}
```

程序执行结果：
Exception in thread "main" java.lang.ClassCastException: java.base/java.lang.String cannot be cast
to java.base/java.lang.Integer
    at JavaDemo.main(JavaDemo.java:27)

本程序在设置 Point 类坐标数据时采用了不同的数据类型，所以在获取原始数据信息时就会出现程序运行的异常，即这类错误并不会在编译的时候告诉开发者，而是在执行过程中才会产生安全隐患。而造成此问题的核心原因就是 Object 类型能够接收的数据范围过大。

9.4.2 泛型基本定义

视频名称	0914_泛型基本定义		学习层次	掌握	
视频简介	泛型可以在编译时检测出程序的安全隐患，使用泛型技术可以使程序更加健壮，本课程讲解如何利用泛型来解决 ClassCastException 问题。				

如果要想解决项目中可能出现的 ClassCastException 安全隐患，最为核心的方案就是避免强制性地进行对象向下转型操作。所以泛型设计的核心思想在于：类中的属性或方法的参数与返回值的类型采用动态标记，在对象实例化的时候动态配置要使用的数据类型。

> **注意：泛型只允许设置引用数据类型。**
>
> 泛型在类上标记出后，需要通过实例化对象进行类型的设置，而所设置的类型只能够是引用数据类型。如果要设置基本数据类型，则必须采用包装类的形式，这也就是为什么 JDK 1.5 之后要引入包装类对象的自动装箱与自动拆箱机制的原因。

范例：在类定义上使用泛型

```java
class Point<T> {                              // 坐标点，T属于类型标记，可以设置多个标记
    private T x;                              // 保存x坐标
    private T y;                              // 保存y坐标
    public void setX(T x) {                   // 设置x坐标，类型由实例化对象决定
        this.x = x;
    }
    public void setY(T y) {                   // 设置y坐标，类型由实例化对象决定
        this.y = y;
    }
    public T getX() {                         // 获取x坐标，类型由实例化对象决定
        return this.x;
    }
    public T getY() {                         // 获取y坐标，类型由实例化对象决定
        return this.y;
    }
}
public class JavaDemo {
    public static void main(String args[]) {
        // 实例化Point类对象，设置泛型标记T的目标数据类型，属性、方法参数、返回值的类型动态配置
        Point<Integer> point = new Point<Integer>() ;
        // 第一步：根据需求进行内容的设置，所有数据都通过Object接收
        point.setX(10) ;                      // 自动装箱，必须是整数
        point.setY(20) ;                      // 自动装箱，必须是整数
        // 第二步：从里面获取数据，由于返回的是Object类型，所以必须进行强制性的向下转型
        int x = point.getX() ;                // 【避免强制转型】获取x坐标原始内容
        int y = point.getY() ;                // 【避免强制转型】获取y坐标原始内容
        System.out.println("x坐标：" + x + "、y坐标：" + y) ;
    }
}
```

程序执行结果：
x坐标：10、y坐标：20

在本程序中实例化 Point 类对象时所采用的泛型类型设置为了 Integer，这样一来当前 Point 类对象中的 x、y 的属性类型就是 Integer，对应的方法参数和返回值也都是 Integer，这样不仅可以在编译的时候明确知道数据类型的错误，也避免了对象的向下转型操作。

> **提示：JDK 1.5 和 JDK 1.7 在定义泛型的时候是稍微有些区别的。**
>
> JDK 1.5 是最早引入泛型的版本，而在 JDK 1.7 后为了方便开发又对泛型操作进行了简化。
>
> **范例：JDK 1.5 的声明泛型对象操作**
>
> ```
> Point<String> point = new Point<String>() ;
> ```
> 以上是 JDK 1.5 的语法，在声明对象和实例化对象的时候必须同时设置好泛型类型。
>
> **范例：JDK 1.7 之后的简化**
>
> ```
> Point<String> point = new Point<>() ;
> ```
> 这个时候实例化对象时的泛型类型就通过声明时的泛型类型来定义了。但是本书还是建议读者使用完整语法
> 进行编写。

在泛型类使用中，JDK 考虑到了最初开发者的使用习惯，允许开发者在实例化对象时不设置泛型类型，这样在程序的编译时就会出现有相应的警告信息，同时为了保证程序不出错，未设置的泛型类型将使用 Object 作为默认类型。

范例：观察默认类型

```
public class JavaDemo {
    public static void main(String args[]) {
        // 实例化Point类对象，没有设置泛型类型，编译时将出现警告，默认使用Object类型
        Point point = new Point() ;
        // 第一步：根据需求进行内容的设置，所有数据都通过Object接收
        point.setX(10) ;                            // 自动装箱，必须是整数
        point.setY(20) ;                            // 自动装箱，必须是整数
        // 第二步：从里面获取数据，由于返回的是Object类型，所以必须进行强制性的向下转型
        int x = (Integer) point.getX() ;            // Object强制转型为Integer后自动拆箱
        int y = (Integer) point.getY() ;            // Object强制转型为Integer后自动拆箱
        System.out.println("x坐标: " + x + "、y坐标: " + y) ;
    }
}
```
编译时警告信息：
注：**JavaDemo.java**使用了未经检查或不安全的操作。
注：有关详细信息，请使用 **-Xlint:unchecked** 重新编译。

本程序在实例化 Point 类对象时没有设置泛型类型，所以将使用 Object 作为 x、y 属性以及方法参数和返回值的数据类型，这样在进行数据获取时就必须将 Object 对象实例强制转换为指定类型。之所以存在这样的设计，主要也是为了方便与旧版本 JDK 的程序衔接，但在新程序编写中更多情况下不要使用带有警告的程序代码。

9.4.3 泛型通配符

视频名称	0915_泛型通配符	学习层次	掌握
视频简介	泛型出现虽然保证了代码的正确性，但是对于引用传递会带来参数统一问题。本课程主要在泛型基础上讲解引用传递所带来的新问题以及为解决此问题采用的通配符的使用，最后讲解泛型上限与泛型下限概念与应用。		

利用泛型类在实例化对象时进行的动态类型匹配，虽然可以有效地解决对象向下转型的安全隐患，但是在程序中实例化泛型类对象时，不同泛型类型的对象之间彼此是无法进行引用传递的，如图9-14所示。

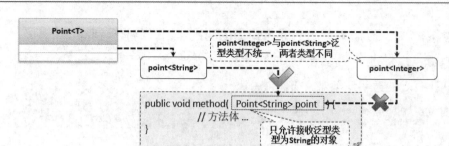

图 9-14　泛型类型与引用传递

所以在进行泛型类型的引用对象时，为了可以适应所有本类的实例化对象，则可以在接收时使用"?"
作为泛型通配符使用，利用"?"表示的泛型类型只允许从对象中获取数据，而不允许修改数据。

范例：使用"?"接收数据

```java
class Message<T> {                                     // 定义泛型类对象
    private T content;                                 // 泛型属性
    public void setContent(T content) {
        this.content = content;
    }
    public T getContent() {
        return this.content;
    }
}
public class JavaDemo {
    public static void main(String args[]) {
        Message<String> msg = new Message<String>() ;   // 实例化Message类对象
        msg.setContent("www.mldn.cn") ;
        fun(msg) ;                                       // 引用传递
    }
    public static void fun(Message<?> temp){             // 输出信息，只允许取出不允许修改
        // 如果现在需要接收则会使用Object作为泛型类型，即 String str = (String) temp.getContent() ;
        System.out.println(temp.getContent()) ;          // 获取数据
    }
}
```

程序执行结果：

```
www.mldn.cn
```

本程序在 fun()方法的参数上使用 Message<?>接收 Message 类的引用对象，由于通配符"?"的作用，
所以该方法可以匹配任意的泛型类型（Message<String>或 Message<Integer>等都可以）。

提问：如果不设置泛型类型或者设置泛型类型为 Object 可否解决以上问题？

根据之前所讲解的泛型概念，如果此时在 fun()方法上采用以下两类参数声明是否可以接收任意的泛型类型
对象？

➘　形式1：public static void fun(Message<Object> temp){}。

➘　形式2：public static void fun(Message temp){}。

回答：泛型需要考虑操作类型的统一性。

首先需要清楚一个核心的问题，在面向对象程序设计中，Object 类可以接收一切的数据类型。但是在泛型的
概念中：Message<String>与 Message<Object>属于两个不同类型的对象。

如果采用形式1的方式定义参数，则表示 fun()方法只能够接收 Message<Object>类型的引用。

如果采用形式2方式定义参数，不在 fun()方法上设置泛型类型，实际上可以解决当前不同泛型类型的对象传递问题，但同时也会有新的问题产生：允许随意修改数据。

范例：观察不设置泛型类型时的方法参数定义

```java
public class JavaDemo {
    public static void main(String args[]) {
        Message<String> msg = new Message<String>() ;
        msg.setContent("www.mldn.cn") ;
        fun(msg) ;                                      // 引用传递
    }
    // 不设置泛型类型，表示可以接收任意的泛型类型对象
    // 默认泛型类型为Object，但不等同于Message<Object>
    public static void fun(Message temp){               // 输出信息
        // 原始类型为String，现在设置Integer
        temp.setContent(18);
        System.out.println(temp.getContent()) ;         // 获取数据
    }
}
```

程序执行结果：

18

执行完此时的程序可以发现，虽然通过不设置泛型的形式可以接收任意的泛型对象引用，但是无法对修改做出控制；而使用了通配符"？"的泛型只允许获取，不允许修改。

通配符"？"除了可以匹配任意的泛型类型外，也可以通过泛型上限和下限的配置实现更加严格的类范围定义。

↘ 【类和方法】设置泛型的上限（？extends 类）：只能够使用当前类或当前类的子类设置泛型类型。

？extends Number：可以设置 Number 或 Number 子类（例如，Integer、Double）。

↘ 【方法】设置泛型的下限（？super 类）：只能够设置指定的类或指定类的父类。

？super String：只能够设置 String 或 String 的父类 Object。

范例：设置泛型上限

```java
class Message<T extends Number> {                        // 定义泛型上限为Number
    private T content;                                  // 泛型属性
    public void setContent(T content) {
        this.content = content;
    }
    public T getContent() {
        return this.content;
    }
}
public class JavaDemo {
    public static void main(String args[]) {
        Message<Integer> msg = new Message<Integer>() ; // Integer为Number子类
        msg.setContent(10) ;                            // 自动装箱
        fun(msg) ;                                      // 引用传递
    }
    public static void fun(Message<? extends Number> temp){
```

```
        System.out.println(temp.getContent()) ;               // 获取数据
    }
}
```
程序执行结果：
```
10
```

　　本程序在定义 Message 类与 fun() 方法接收参数时使用了泛型上限的设置，这样可以实例化的 Message 对象只允许使用 Number 或其子类作为泛型类型。

范例：设置泛型下限

```
class Message<T> {                                            // 定义泛型下限为String
    private T content;                                        // 泛型属性
    public void setContent(T content) {
        this.content = content;
    }
    public T getContent() {
        return this.content;
    }
}
public class JavaDemo {
    public static void main(String args[]) {
        Message<String> msg = new Message<String>() ;        // Integer为Number子类
        msg.setContent("魔乐科技: www.mldn.cn") ;             // 自动装箱
        fun(msg) ;                                            // 引用传递
    }
    public static void fun(Message<? super String> temp){
        System.out.println(temp.getContent()) ;              // 获取数据
    }
}
```
程序执行结果：
```
魔乐科技: www.mldn.cn
```

　　本程序在 fun() 方法上使用泛型下限设置了可以接收的 Message 对象的泛型类型只能是 String 或其父类 Object。

9.4.4　泛型接口

	视频名称	0916_泛型接口	学习层次	掌握
	视频简介	泛型可以定义在任意的程序结构体中，本课程主要讲解在接口上定义泛型以及两种子类实现形式。		

　　泛型除了可以定义在类上也可以定义在接口上，这样的结构称为泛型接口。

范例：定义泛型接口

```
interface IMessage<T> {                                      // 泛型接口
    public String echo(T msg) ;                              // 抽象方法
}
```

　　对于此时的 IMessage 泛型接口在进行子类定义时就有两种实现方式：在子类中继续声明泛型和子类中为父类设置泛型类型。

范例：定义泛型接口子类，在子类中继续声明泛型

```
interface IMessage<T> {                                // 泛型接口
    public String echo(T msg) ;                        // 抽象方法
}
class MessageImpl<S> implements IMessage<S> {          // 子类继续声明泛型类型
    public String echo(S t) {                          // 方法覆写
        return "【ECHO】" + t ;
    }
}
public class JavaDemo {
    public static void main(String args[]) {
        // 实例化泛型接口对象，同时设置泛型类型
        IMessage<String> msg = new MessageImpl<String>();
        System.out.println(msg.echo("www.mldn.cn"));   // 调用方法
    }
}
```
程序执行结果：
【ECHO】www.mldn.cn

本程序定义 MessageImpl 子类时继续声明了一个泛型标记 S，并且实例化 MessageImpl 子类对象时设置的泛型类型也会传递到 IMessage 接口中。

范例：定义子类，在子类中为 IMessage 设置泛型类型

```
interface IMessage<T> {                                // 泛型接口
    public String echo(T msg) ;                        // 抽象方法
}
class MessageImpl implements IMessage<String> {        // 设置IMessage泛型类型
    public String echo(String t) {                     // 类型为String
        return "【ECHO】" + t;
    }
}
public class JavaDemo {
    public static void main(String args[]) {
        IMessage<String> msg = new MessageImpl();      // 实例化子类不设置泛型
        System.out.println(msg.echo("www.mldn.cn"));   // 调用方法
    }
}
```
程序执行结果：
【ECHO】www.mldn.cn

本程序在定义 MessageImpl 子类时没有定义泛型标记，而是为父接口设置泛型类型为 String，所以在覆写 echo()方法时参数的类型就是 String。

9.4.5 泛型方法

视频名称	0917_泛型方法	学习层次	掌握	
视频简介	在一些特定的环境中，类与接口往往不需要进行泛型定义，然而对于该结构体中的方法又可能出现有泛型要求，所以本课程主要讲解在不支持泛型的类上如何定义泛型方法的操作。			

对于泛型，除了可以定义在类上之外，也可以在方法上进行定义，而在方法上定义泛型的时候，这个方法不一定非要在泛型类中定义。

范例：定义泛型方法

```java
public class JavaDemo {
    public static void main(String args[]) {
        Integer num[] = fun(1, 2, 3);                // 传入了整数，泛型类型就是Integer
        for (int temp : num) {                       // foreach输出
            System.out.print(temp + "、");           // 输出数据
        }
    }
    // 定义泛型方法，由于类中没有设置泛型，所以需要定义一个泛型标记，泛型的类型就是传递的参数类型
    public static <T> T[] fun(T... args) {           // 可变参数
        return args;                                 // 返回数组
    }
}
程序执行结果：
1、2、3、
```

由于此时是在一个没有泛型声明的类中定义了泛型方法，所以在 fun()方法声明处就必须单独定义泛型标记，此时的泛型类型将由传入的参数类型来决定。

9.5 本 章 概 要

1．Java 可以创建抽象类，专门用来当作父类。抽象类的作用相当于"模板"，目的是依据其格式来修改并创建新的类。

2．抽象类的方法可分为两种：一种是普通方法；另一种是以 abstract 关键字开头的"抽象方法"。"抽象方法"并没有定义方法体，而是要保留给由抽象类派生出的新类来进行强制性覆写。

3．抽象类不能直接通过关键字 new 实例化对象，必须通过对象的多态性利用子类对象的向上转型进行实例化操作。

4．接口是方法和全局常量的集合，接口必须被子类实现，一个接口可以使用 extends 同时继承多个接口，一个子类可以通过 implements 关键字实现多个接口。

5．JDK 1.8 版本之后在接口中允许提供有 default 定义的普通方法以及 static 定义的静态方法。

6．Java 并不允许类的多重继承，但是允许实现多个接口，即用接口来实现多继承的概念。

7．接口与一般类一样，均可通过扩展的技术来派生出新的接口。原来的接口称为基本接口或父接口；派生出的接口称为派生接口或子接口。通过这种机制，派生接口不仅可以保留父接口的成员，同时也可以加入新的成员以满足实际的需要。

8．使用泛型可以避免 Object 接收参数所带来的 ClassCastException 问题。

9．泛型对象在进行引用类型接收时一定要使用通配符"？"（或相关上限、下限设置）来描述泛型参数。

9.6 自 我 检 测

1．定义一个 ClassName 接口，接口中只有一个抽象方法 getClassName()，设计一个类 Company，该类

实现接口 ClassName 中的方法 getClassName()，功能是获取该类的类名称；编写应用程序使用 Company 类。

视频名称	0918_获取类信息		学习层次	运用
视频简介	接口定义了类的操作标准，接口的子类需要依据标准实现方法覆写以完善所需功能，本课程主要通过一个基础案例分析接口的使用。			

2．考虑一个表示绘图的标准，并且可以根据不同的图形来进行绘制。

视频名称	0919_绘图处理		学习层次	运用
视频简介	在整体设计中绘图是一个公共的标准，这样就需要通过接口来描述，而后不同的图形在实现此标准后完善各自的功能就可以实现统一的处理结构。本课程主要模拟一个绘图的操作形式讲解接口以及工厂类的应用。			

3．定义类 Shape，用来表示一般二维图形。Shape 具有抽象方法 area() 和 perimeter()，分别用来计算形状的面积和周长。试定义一些二维形状类（如矩形、三角形、圆形、椭圆形等），这些类均为 Shape 类的子类。

视频名称	0920_图形结构		学习层次	运用
视频简介	与接口相比，抽象类可以提供普通方法，由于本程序不包含有多继承的概念，所以本课程主要利用图形结构的方式讲解抽象类的实际应用。			

第 10 章　类结构扩展

　　面向对象中的核心组成是类与接口，在项目中会利用包进行一组相关类的管理，这样适合于程序代码的部分更新，也更加符合面向对象封装性的概念，同时合理地使用封装也可以方便地实现实例化对象数量的控制。本章将为读者详细讲解类结构的一些扩展特性。

10.1　包

　　在 Java 中，可以将一个大型项目中的类分别独立出来，并分门别类地存到文件里，再将这些文件一起编译执行，这样的程序代码将更易于维护，也可以避免代码开发中因为命名所造成的代码冲突问题，如图 10-1 所示。

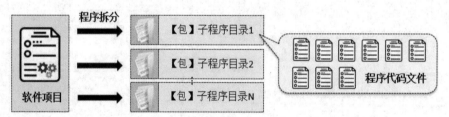

图 10-1　一个程序由多个不同的程序包所组成

10.1.1　包的定义

	视频名称	1001_包的定义	学习层次	掌握
	视频简介	包是在已有程序类的基础上进行的目录管理操作，为程序代码提供了有效分类。本课程主要讲解包的作用以及使用。		

　　在 Java 程序中，包主要的目的是可以将不同功能的文件进行分割。在之前的代码开发中，所有的程序都保存在同一个目录中，这样所带来的问题是如果有同名文件，那么会发生覆盖问题，因为在同一个目录中不允许有重名文件，而在不同的目录下可以有重名文件。所谓的包实际上是指文件夹，在 Java 中可以使用 package 定义包名称，此语句必须编写在源代码的首行。

范例：定义包

```
package cn.mldn.demo ;                                  // 定义包，其中 "." 表示子目录（子包）
public class Hello {
    public static void main(String args[]) {
        System.out.println("www.mldn.cn") ;            // 看到此语句是不是很亲切，觉得很容易
    }
}
程序执行结果：
www.mldn.cn
```

本程序将 Hello 类放在一个自定义的包中，这样一来在程序编译后就必须将*.class 文件保存在指定的目录中。但是手工建立程序包目录非常麻烦，此时最好的做法是进行打包编译处理：javac -d . Hello.java，参数作用如下。

❧ -d：表示要生成目录，而目录的结构就是 package 定义的结构。

❧ .：表示在当前所在的目录中生成程序类文件。

在程序打包编译后会有相应的包结构存在，而在使用 java 命令执行程序时，需要编写上完整的"包.类名称"，例如，以上范例的执行命令：java cn.mldn.demo.Hello。

> **提示：项目中必须提供包。**
>
> 在实际项目编写开发过程中，所有的程序类都必须放在一个包中，并且往往要设计一个总包名称和子包名称。在进行包名称命名时所有的字母要求小写。

10.1.2　包的导入

视频名称	1002_包的导入	学习层次	掌握
视频简介	经过不同包拆分的程序类，可以依据需要进行相互调用，本课程主要讲解不同包相互引用类的操作。		

利用包的定义可以将不同功能的类保存在不同的包中以实现分模块开发的需求，但是不同包中的类彼此之间也一定存在有相互调用的关系，那么这时就需要使用 import 语句来导入被调用的其他包中的程序类。

范例：定义一个程序类：cn.mldn.util.Message，这个类负责获取消息数据

```
package cn.mldn.util;                                  // cn.mldn是父包，util是子包
public class Message {
    public String getContent() {                       // 定义方法返回信息
        return "魔乐科技在线学习：www.mldn.cn";
    }
}
```

本程序定义了一个 Message 类，由于此类需要被其他类所引用，所以应该首先编译此程序（javac -d . Message.java）。

> **注意：定义时必须使用 public class 声明。**
>
> 如果一个包中的类要想被其他包中的类所使用，那么这个类一定要定义为 public class，而不能使用 class 声明，因为 class 声明的类只能够在同一个包中使用，这一点在访问权限中有详细说明。

> 总结：关于 public class 和 class 定义类的区别。
> ↳ public class：文件名称和类名称保持一致，在一个*.java 文件中只能存在一个 public class 定义，如果一个类要想被外部的包所访问必须定义为 public。
> ↳ class：文件名称可以和类名称不一致，在一个*.java 中可以同时存在多个 class 定义，并且编译完成之后会形成多个*.class 文件，使用 class 定义的类只能够在一个包中访问，不同包无法访问。

范例：定义一个测试类使用 Message 类：cn.mldn.test.TestMessage，引用 Message 类

```
package cn.mldn.test;                          // cn.mldn是父包，test是子包
import cn.mldn.util.Message;                   // 导入其他包的类
public class TestMessage {
    public static void main(String args[]) {
        Message msg = new Message();           // 实例化类对象
        System.out.println(msg.getContent());  // 调用方法获取信息
    }
}
```
程序执行结果：
魔乐科技在线学习：www.mldn.cn

本程序实现了不同包中类的引用，在 TestMessage 类中需要使用 import 语句导入指定的类，这样就可以直接实例化类对象并且进行相应方法调用。

 提问：如何理解编译顺序？

在以上程序中由于 TestMessage 类需要实例化 Message 类对象，所以利用 import 进行了指定类的导入，同时需要先编译 Message.java，再编译 TestMessage.java，如果类文件很多时，这样的编译顺序是不是过于烦琐了？

回答：可以使用*.java 自动编译。

在开发中如果所有的程序源代码都按照顺序编译，那么这实在是一件非常可怕的事情，为了解决这样的问题，在 Java 中可以采用*.java 的匹配模式进行编译。对于以上程序，可以直接使用 javac -d . *.java 命令由 JDK 帮助开发者区分调用顺序并自动编译。

在进行不同包类导入时，除了使用"import 包.类"名称的形式外，还可以使用"import 包.*"的通配符形式自动进行导入处理。

 提示："import 包.*"的导入模式不影响程序性能。

在 Java 中无论是使用"import 包.*"导入或者是单独导入，从实际的操作性能上来讲是没有任何区别的，因为即使使用了"*"也表示只导入所需要的类，不需要的并不导入。

范例：使用自动导入处理，修改 cn.mldn.test.TestMessage 类

```
package cn.mldn.test;
import cn.mldn.util.*;                         // 导入其他包的类
public class TestMessage {
    public static void main(String args[]) {
        Message msg = new Message();           // 实例化类对象
        System.out.println(msg.getContent());  // 调用方法获取信息
    }
}
```
程序执行结果：
魔乐科技在线学习：www.mldn.cn

本程序在编写 import 语句时使用了"包.*"的形式进行自动导入配置,这样在 TestMessage 引用 cn.mldn.util 包中的多个类的时候就可以减少 import 语句的编写数量。

 提问:不同包的相同类导入。

包的本质是目录,不同的目录下可以存放相同的类名称,这样一来,如果说此时有两个类:cn.mldn.util.Message、org.demo.Message,其结构如下。

cn.mldn.util.Message	org.demo.Message

```package cn.mldn.util;```
 ```public class Message {```
 ```   public String getContent() {```
 ```   return "www.mldn.cn";```
 ```   }```
 ```}```
	```package org.demo ;```
	 ```public class Message {```
	 ``` public String getInfo() {```
	 ``` return "MLDN魔乐科技" ;```
	 ``` }```
	 ```}```

那么在 TestMessage 类中,如果需要同时导入这两个包,并且直接实例化 Message 类对象并调用方法时,这时会发生什么?

回答:同时采用"import 包.*"导入不同包时相同的类名称产生冲突,这就需要在使用时写上类全名。

在开发中为了防止不同包的重名类的相互影响,往往在使用类时写上类的完整名称,例如,当前的 TestMessage 类中需要实例化的是 cn.mldn.util.Message 类对象,就必须编写上这个类的完整名称。

范例:明确指明要使用的类

```
package cn.mldn.test;
import cn.mldn.util.*;                           // 导入其他包的类
import org.demo.* ;                              // 导入其他包的类
public class TestMessage {
    public static void main(String args[]) {
        // 直接使用Message类名称会出现"引用不明确"的编译错误
        // 当直接使用类名称冲突时就需要明确写上完整类名称(包.类)
        cn.mldn.util.Message msg = new cn.mldn.util.Message();
        System.out.println(msg.getContent());      // 调用方法
    }
}
```

程序执行结果:

www.mldn.cn

本程序由于 TestMessage 类中所导入的两个包(cn.mldn.util 和 org.demo)都有 Message 类,为了防止名称引用不明确的编译错误,就必须明确地写上要实例化对象类的完整名称(cn.mldn.util.Message)。

10.1.3 静态导入

视频名称	1003_静态导入	学习层次	掌握
视频简介	static 方法不受到类实例化对象的定义限制,本课程主要讲解由 static 方法组成类实现的静态导入处理。		

当一个类中的全部组成方法都是 static 时,就可以利用 JDK 1.5 后提供的新机制进行静态导入操作。

范例:定义一个由静态方法组成的类

```
package cn.mldn.util;
```

```java
public class MyMath {                          // 该类中的方法全部为static
    public static int add(int... args) {       // 数据累加
        int sum = 0;
        for (int temp : args) {
            sum += temp;
        }
        return sum;
    }
    public static int sub(int x, int y) {      // 减法操作
        return x - y;
    }
}
```

本程序提供的方法全部是 static 型，按照传统的导入形式，需要先使用 import 导入指定类，随后再利用类名称进行调用。但是在静态导入中则可以直接采用"import static 包.类.*"的形式进行静态方法导入。

范例：使用静态导入

```java
package cn.mldn.test;
import static cn.mldn.util.MyMath.*;            // 静态导入
public class TestMath {
    public static void main(String args[]) {
        System.out.println(add(10, 20, 30));     // 直接调用static方法
        System.out.println(sub(30, 20));         // 直接调用static方法
    }
}
```
程序执行结果：
60（"add(10, 20, 30)"代码执行结果）
10（"sub(30, 20)"代码执行结果）

利用静态导入的优点在于，不同类的静态方法就好像在主类中定义一样，不需要类名称就可以直接进行调用。

10.1.4　jar 文件

	视频名称	1004_jar 文件		学习层次	掌握
	视频简介	为方便对功能模块的整体管理，可以将程序进行打包管理，Java 提供了自己的压缩文件 jar，本课程主要讲解 jar 文件的作用、生成方式以及使用。			

jar（Java Archive，Java 归档文件）是一种 Java 给出的压缩格式文件，即可以将*.class 文件以*.jar 压缩包的方式给用户，这样方便程序的维护。如果要使用 jar 的话，可以直接利用 JDK 给出的 jar 命令完成，如果要确定使用参数则可以输入命令：jar--help，查看相关参数，如图 10-2 所示，在实际开发中，Jav 最常用的 3 个参数如下。

- **-c**：创建一个新的文件。
- **-v**：生成标准的压缩信息。
- **-f**：由用户自己指定一个*.jar 的文件名称。

图 10-2　jar 命令信息

范例：定义一个类，随后将其打包为 jar 文件

```
package cn.mldn.util;
public class Message {
    public String getContent() {
        return "www.mldn.cn";
    }
}
```

源代码需要首先编译为*.class 文件后才可以打包为*.jar 文件，可以按照以下步骤进行。

- 对程序打包编译：javac -d . Message.java。
- 此时会形成 cn 的包，包里有相应的子包与*.class 文件，将其打包为 mldn.jar：jar -cvf mldn.jar cn。
- 每一个*.jar 文件都是一个独立的程序路径，如果要想在 Java 程序中使用此路径，则必须通过 CLASSPATH 进行配置。

```
SET CLASSPATH=.;d:\mldnjava\mldn.jar
```

范例：编写测试类，引入 mldn.jar 中的 Message 类

```
package cn.mldn.test;
public class TestMessage {
    public static void main(String args[]) {
        cn.mldn.util.Message msg = new cn.mldn.util.Message();
        System.out.println(msg.getContent());          // 调用方法获取信息
    }
}
程序执行结果：
www.mldn.cn
```

此时程序就可以直接引用*.jar 文件中的程序类使用。

提示：错误的 CLASSPATH 属性配置。

在引用*.jar 文件的过程中，CLASSPATH 环境属性是一个重要选项，如果没有正确的配置，则在程序使用时会出现 Exception in thread "main" java.lang.NoClassDefFoundError: cn/mldn/util/Message 异常信息，同时该异常是在实际开发中比较常见。

10.1.5　系统常用包

视频名称	1005_系统常用包	学习层次	了解
视频简介	Java 中提供了大量的系统支持类，并且这些类在 JavaDoc 文档中进行了详细描述。本课程主要针对一些常见开发包的作用进行介绍。		

Java 语言最大的特点是提供了大量的开发支持，尤其是经过了这么多年的发展，几乎只要想做的技术，Java 都可以完成了，而且有大量的开发包支撑着。而对于 Java SE 部分也提供了一些常见的系统包，如表 10-1 所示。

表 10-1　系统常见包

No.	包　名　称	作　　用
1	java.lang	基本包，像 String 这样的类就都保存在此包中。在 JDK 1.0 的时候如果想编写程序，则必须手动导入此包，但之后的 JDK 解决了此问题，所以此包现在为自动导入
2	java.lang.reflect	反射机制的包，是 java.lang 的子包，在 Java 反射机制中将会为读者介绍
3	java.util	工具包，一些常用的类库、日期操作等都在此包中。如果掌握精通此包，则可以更好地理解各种设计思路
4	java.text	提供了一些文本的处理类库
5	java.sql	数据库操作包，提供了各种数据库操作的类和接口
6	java.net	完成网络编程
7	java.io	输入、输出处理
8	java.awt	包含了构成抽象窗口工具集（abstract window toolkits）的多个类，这些类被用来构建和管理应用程序的图形用户界面（GUI）
9	javax.swing	此包用于建立图形用户界面，此包中的组件相对于 java.awt 包而言是轻量级组件
10	java.applet	小应用程序开发包

　　表 10-1 中的包只是 Java 开发过程中很小的一部分，而随着读者开发经验的提升，对这些开发包的知识也会慢慢有所积累，当积累到一定程度后就可以开始编写实际的程序了。

提示：JDK 1.9 之后的变化。

➤ 在 JDK 1.9 以前的版本中实际上提供的是一个所有类的*.jar 文件（rt.jar、tools.jar），在传统的开发中只要启动了 Java 虚拟机，就需要加载这些类文件。

➤ 在 JDK 1.9 之后提供了一个模块化的设计，将原本要加载的一个*.jar 文件变成了若干个模块文件，这样在启动的时候可以根据程序加载指定的模块（模块中有包），以提高启动速度。

10.2　访问控制权限

视频名称	1006_访问控制权限	学习层次	掌握
视频简介	面向对象的封装性是进行类结构的保护，封装性在 Java 中是通过访问控制权限来描述的。本课程主要讲解 4 种访问控制权限的使用范围，并着重讲解 protected 访问控制权限。		

　　对于封装性实际上在之前只讲解了一个 private，而如果要想完整掌握封装性，必须结合 4 种访问权限来看，而这 4 种访问控制权限的定义如表 10-2 所示。

表 10-2　4 种访问控制权限

No.	范　　围	private	default	protected	public
1	同一包的同一类	√	√	√	√
2	同一包的不同类		√	√	√
3	不同包的子类			√	√
4	不同包的非子类				√

对于 private、default、public 的相关特点在之前的讲解中已经通过举例进行了详细的说明，本次的重点在于讲解 protected 权限。该权限的主要特点：允许本包以及不同包的子类进行访问。

范例：定义 cn.mldn.a.Message 类，在此类中定义使用 protected 访问权限定义成员属性

```
package cn.mldn.a;
public class Message {
    protected String info = "www.mldn.cn";          // 只允许被包和不同包子类所访问
}
```

范例：定义 cn.mldn.b.NetMessage 类，并且在此类中直接访问 protected 属性

```
package cn.mldn.b;
import cn.mldn.a.Message;
public class NetMessage extends Message {           // 继承Message父类
    public void print() {
        System.out.println(super.info);             // 访问protected属性
    }
}
```

此时 Message 父类与 NetMessage 子类不在同一个包中，同时在 NetMessage 子类中利用 super 关键字访问了父类中的 protected 属性。

范例：编写测试类

```
package cn.mldn.test;
import cn.mldn.b.*;                                  // 导入子类所在包
public class TestMessage {
    public static void main(String args[]) {
        new NetMessage().print();                   // 实例化子类对象并调用方法
    }
}
程序执行结果：
www.mldn.cn
```

本程序通过 cn.mldn.test.TestMessage 测试类直接实例化了子类对象实例，所以输出了 Message 父类中的 protected 成员属性内容。如果此时尝试在 TestMessage 中直接访问 Message 中的 info 成员属性，则会在编译时提示 protected 权限访问错误。

提示：关于访问控制权限的使用。

对于访问控制权限，初学者把握住以下的原则即可。

➥ 属性声明以 private 为主。

➥ 方法声明以 public 为主。

对于封装性实际上是有 **3** 种表示方式：private、default、protected。

10.3 构造方法私有化

在类结构中每当使用关键字 new 都会调用构造方法并实例化新的对象，然而在设计中，也可以利用构造方法的私有化形式来实现实例化对象的控制，本节将为读者分析构造方法私有化的相关案例。

10.3.1　单例设计模式

视频名称	1007_单例设计模式	学习层次	掌握
视频简介	在一些特殊的环境中往往不需要进行多个实例化对象的定义，此时就可以对实例化对象的个数进行控制。本课程主要讲解构造方法私有化的主要作用与操作实现。		

　　单例设计模式是指在整个系统中一个类只允许提供一个实例化对象，为实现此要求就可以通过 private 进行构造方法的封装，这样该类将无法在类的外部利用关键字 new 实例化新的对象。同时为了方便使用本类的方法，则可以在内部提供一个全局实例化对象供用户使用。

　　范例：单例设计模式

```java
package cn.mldn.demo;
class Singleton {                                    // 单例程序类
    // 在类内部进行Single类对象实例化，为了防止可能出现重复实例化所以使用final标记
    private static final Singleton INSTANCE = new Singleton();
    private Singleton() {}                           // 构造方法私有化，外部无法通过关键字new实例化
    /**
     * 获取本类实例化对象方法，static方法可以不受实例化对象的限制进行调用
     * @return INSTANCE内部实例化对象，不管调用多少次此方法都只返回同一个实例化对象
     */
    public static Singleton getInstance() {
        return INSTANCE;
    }
    public void print() {                            // 信息输出
        System.out.println("www.mldn.cn");
    }
}
public class JavaDemo {
    public static void main(String args[]) {
        // 在外部不管有多少个Singleton类对象，实质上最终都只调用唯一的一个Singleton类实例
        Singleton instance = null;                   // 声明对象
        instance = Singleton.getInstance();          // 获取实例化对象
        instance.print();                            // 通过实例化对象调用方法
    }
}
程序执行结果：
www.mldn.cn
```

　　本程序将 Singleton 类的构造方法进行了 private 私有化封装，这样将无法在类外部通过关键字 new 实例化本类对象。同时为了方便使用 Singleton 类对象，在类内部提供了公共的 INSTANCE 对象作为本类成员属性，并利用 static 方法可以直接获取本类实例以实现相关方法调用。

　　对于单例设计模式也分为两种：饿汉式单例设计和懒汉式单例设计，两种单例设计的主要差别是在于对对象进行实例化的时机。在之前所讲解的单例设计中，可以发现在类中定义成员属性时就直接进行了对象实例化处理，这种结构就属于饿汉式单例设计。而懒汉式单例设计是在第一次使用类的时候才会进行对象实例化。

　　范例：定义懒汉式单例设计模式

```java
package cn.mldn.demo;
class Singleton {                                    // 单例程序类
```

```java
        // 定义公共的instance属性，由于需要在第一次使用时实例化，所以无法通过关键字final定义
        private static Singleton instance;              // 声明本类对象
        private Singleton() {}                           // 构造方法私有化，外部无法通过关键字new实例化
        /**
         * 获取本类实例化对象方法，static方法可以不受实例化对象的限制进行调用
         * @return 返回唯一的一个Singleton类的实例化对象
         */
        public static Singleton getInstance() {
            if (instance == null) {                     // 第一次使用时对象未实例化
                instance = new Singleton() ;            // 实例化对象
            }
            return instance ;                           // 返回实例化对象
        }
        public void print() {                           // 信息输出
            System.out.println("www.mldn.cn");
        }
}
public class JavaDemo {
        public static void main(String args[]) {
            // 在外部不管有多少个Singleton类对象，实质上最终都只调用唯一的一个Singleton类实例
            Singleton instance = null;                  // 声明对象
            instance = Singleton.getInstance();         // 获取实例化对象
            instance.print();                           // 通过实例化对象调用方法
        }
}
```
程序执行结果：
www.mldn.cn

本程序在 Singleton 类内部定义 instance 成员属性时并没有进行对象实例化，而是在第一次调用 getInstance()方法时才进行了对象实例化处理，这样可以节约程序启动时的资源。

10.3.2 多例设计模式

视频名称	1008_多例设计模式	学习层次	掌握	
视频简介	在单例设计模式的基础上进行进一步的扩展就可以实现有限个实例化对象的定义。本课程在单例设计模式的基础上进一步讲解多例设计模式的使用。			

单例设计模式只留有一个类的实例化对象，而多例设计模式会定义出多个对象。例如，定义一个表示星期的操作类，这个类的对象有 7 个实例化对象（星期一至星期日）；定义一个表示性别的类，有两个实例化对象（男、女）；定义一个表示颜色基色的操作类，有 3 个实例化对象（红、绿、蓝）。这种情况下，类似这样的类就不应该由用户无限制地去创造实例化对象，应该只使用有限的几个，这个就属于多例设计模式。

范例：实现多例设计模式

```java
package cn.mldn.demo;
class Color {                                           // 定义描述颜色的类
        // 在类内部提供若干个实例化对象，如果为了方便管理也可以通过对象数组的形式定义
        private static final Color RED = new Color("红色");      // 实例化对象
        private static final Color GREEN = new Color("绿色");    // 实例化对象
```

```java
    private static final Color BLUE = new Color("蓝色");          // 实例化对象
    private String title;                                          // 成员属性
    private Color(String title) {                                  // 构造方法私有化
        this.title = title;                                        // 成员属性初始化
    }
    public static Color getInstance(String color) {               // 获取实例化对象
        switch (color) {                                          // 判断对象类型
            case "red":
                return RED;
            case "green":
                return GREEN;
            case "blue":
                return BLUE;
            default:
                return null;
        }
    }
    public String toString() {                                    // 对象打印时调用
        return this.title;
    }
}
public class JavaDemo {
    public static void main(String args[]) {
        Color c = Color.getInstance("green");                     // 获取实例化对象
        System.out.println(c);                                    // 对象输出
    }
}
```
程序执行结果：
绿色

　　由于需要控制实例化对象的产生个数，所以本程序将构造方法进行私有化定义后在内部提供了 3 个
实例化对象，为了方便外部类使用，可以通过 getInstance() 方法利用对象标记获取实例化对象。

10.4　枚　　举

　　Java 语言从设计之初并没有提供枚举的概念，所以开发者不得不使用多例设计模式来代替枚举的解
决方案，而从 JDK 1.5 开始，Java 支持了枚举结构的定义，通过枚举可以简化多例设计的实现。

10.4.1　定义枚举类

	视频名称	1009_定义枚举类	学习层次	掌握
	视频简介	许多程序设计语言都提供有枚举结构，然而 Java 从 JDK 1.5 之后才提供有枚举概念。本课程将为读者讲解枚举的主要定义以及与多例设计模式的关系。		

　　JDK 1.5 开始，Java 提供了一个新的关键字：enum，利用此关键字可以实现枚举类型的定义，利用
枚举可以简化多例设计模式的定义。

范例：定义枚举类型

```
package cn.mldn.demo;
enum Color {                                    // 枚举类
    RED, GREEN, BLUE;                           // 实例化对象
}
public class JavaDemo {
    public static void main(String args[]) {
        Color c = Color.RED;                    // 获取实例化对象
        System.out.println(c);                  // 输出对象
    }
}
程序执行结果：
RED
```

本程序定义了一个 Color 的枚举类，并在类的内部提供有 Color 类的 3 个实例化对象，在外部调用处可以直接利用枚举名称进行对象的调用。

> **提示：关于枚举名称的定义。**
>
> 在本程序中，所有枚举类的对象名称全部采用了大写字母定义，这一点是符合多例设计模式要求的，同时枚举对象的名称也可以采用中文的形式进行定义。
>
> **范例：使用中文定义枚举对象名称**
>
> ```
> enum Color {                        // 枚举类
>     红色, 绿色, 蓝色;                // 实例化对象
> }
> ```
>
> 如果现在要引用"蓝色"对象，直接使用"Color.蓝色"即可，而通过此程序也可以发现枚举最为重要的特点就是可以简化多例设计模式的结构。

枚举除了简化多例设计模式之外，也提供了方便的信息获取操作，利用"枚举类.values()"结构就可以以对象数组的形式获取枚举中的全部对象。

范例：输出枚举中的全部内容

```
package cn.mldn.demo;
enum Color {                                    // 枚举类
    RED, GREEN, BLUE;                           // 实例化对象
}
public class JavaDemo {
    public static void main(String args[]) {
        for (Color c : Color.values()) {        // foreach输出全部枚举对象
            System.out.print(c + "、");         // 输出枚举对象信息
        }
    }
}
程序执行结果：
RED、GREEN、BLUE、
```

本程序利用 values()方法获取了 Color 中的全部枚举对象，随后利用 foreach 循环获取每一个对象并进行输出。

之所以采用枚举来代替多例设计模式的一个很重要的原因在于，可以直接在 switch 语句中进行枚举对象类型判断。

范例： 在 switch 中判断枚举类型

```java
package cn.mldn.demo;
enum Color {                                    // 枚举类
    RED, GREEN, BLUE;                           // 实例化对象
}
public class JavaDemo {
    public static void main(String args[]) {
        Color c = Color.RED;
        switch (c) {                            // 支持枚举判断
            case RED:                           // 匹配内容
                System.out.println("红色");
                break;
            case GREEN:                         // 匹配内容
                System.out.println("绿色");
                break;
            case BLUE:                          // 匹配内容
                System.out.println("蓝色");
                break;
        }
    }
}
程序执行结果:
红色
```

本程序直接在 switch 中可以实现枚举对象的匹配，而如果使用多例设计模式，则只能通过大量的 if 语句的判断来进行内容的匹配与结果输出。

 提示：关于 switch 允许操作的数据类型。

switch 中支持判断的数据类型，随着 JDK 版本的升级也越来越完善。

➥ 在 JDK 1.5 之前，只支持 Int 或 Char 型数据。

➥ 在 JDK 1.5 之后，增加 Enum 型数据。

➥ 在 JDK 1.7 之后，增加 String 型数据。

10.4.2　Enum 类

视频名称	1010_Enum 类	学习层次	掌握
视频简介	Enum 类实现了枚举公共操作方法的定义，同样基于构造方法私有化的形式完成。本课程主要讲解 Enum 类与 enum 关键字的联系。		

枚举并不是一个新的类型，它只是提供了一种更为方便的结构。严格来讲，每一个使用 enum 定义的类实际上都属于一个类继承了 Enum 父类而已，而 java.lang.Enum 类定义如下。

```java
public abstract class Enum<E extends Enum<E>>
    extends Object implements Comparable<E>, Serializable {}
```

在 Enum 类中定义其可以支持的泛型上限，同时在 Enum 类中提供如表 10-3 所示的常用方法。

表 10-3　Enum 类的常用方法

No.	方法名称	类　型	描　述
1	protected Enum(String name, int ordinal)	构造	传入名字和序号
2	public final String name()	普通	获得对象名字
3	public final int ordinal()	普通	获得对象序号

通过表 10-3 可以发现 Enum 类中的构造方法使用了 protected 访问权限，实际上这也属于构造方法的封装实现，同时在实例化每一个枚举类对象时都可以自动传递一个对象名称以及序号。

范例：观察 enum 关键字与 Enum 类之间的联系

```
package cn.mldn.demo;
enum Color {                                              // 枚举类
    RED, GREEN, BLUE;                                     // 实例化对象
}
public class JavaDemo {
    public static void main(String args[]) {
        for (Color c : Color.values()) {                  // 获取枚举信息
            System.out.println(c.ordinal() + " - " + c.name());
        }
    }
}
程序执行结果:
0 - RED
1 - GREEN
2 - BLUE
```

在本程序中每输出一个枚举类对象时都调用了 Enum 类中定义的 ordinal() 与 name() 方法来获取相应的信息，所以可以证明，enum 定义的枚举类将默认继承 Enum 父类。

10.4.3　定义枚举结构

视频名称	1011_定义枚举结构	学习层次	掌握
视频简介	Java 中的枚举结构与其他语言相比得到了进一步的结构提升，本课程主要讲解如何在枚举中定义构造、属性、普通方法的操作以及实现接口与定义抽象方法的使用。		

在枚举类中除了可以定义若干个实例化对象之外，也可以像普通类那样定义成员属性、构造方法、普通方法，但是需要记住的是，枚举的本质上是属于多例设计模式，所以构造方法不允许使用 public 进行定义。如果类中没有提供无参构造方法，则必须在定义每一个枚举对象时明确传入参数内容。

范例：在枚举类中定义成员属性与方法

```
package cn.mldn.demo;
enum Color {                                              // 枚举类
    RED("红色"), GREEN("绿色"), BLUE("蓝色");              // 枚举对象要写在首行
    private String title;                                 // 成员属性
    private Color(String title) {                         // 构造方法初始化属性
        this.title = title;
    }
    @Override
```

```java
        public String toString() {                          // 输出对象信息
            return this.title;
        }
}
public class JavaDemo {
    public static void main(String args[]) {
        for (Color c : Color.values()) {                    // 获取枚举信息
            System.out.println(c.ordinal() + " - " + c.name() + " - " + c);
        }
    }
}
```

本程序在枚举结构中定义了构造方法并且覆写了 Object 类中的 toString()方法，可以发现在 Java 中已经将枚举结构的功能进行了扩大，使其与类结构更加贴近。

范例：通过枚举类实现接口

```java
package cn.mldn.demo;
interface IMessage {
    public String getMessage();                             // 获取信息
}
enum Color implements IMessage {                            // 枚举类实现接口
    RED("红色"), GREEN("绿色"), BLUE("蓝色");                // 枚举对象要写在首行
    private String title;                                   // 成员属性
    private Color(String title) {                           // 构造方法初始化属性
        this.title = title;
    }
    @Override
    public String toString() {                              // 输出对象信息
        return this.title;
    }
    @Override
    public String getMessage() {                            // 方法覆写
        return this.title ;
    }
}
public class JavaDemo {
    public static void main(String args[]) {
        IMessage msg = Color.RED ;                          // 对象向上转型
        System.out.println(msg.getMessage());
    }
}
```
程序执行结果：
红色

本程序让枚举类实现了 IMessage 接口，这样就需要在枚举类中覆写接口中的抽象方法，由于 Color 是 IMessage 接口子类，所以每一个枚举类对象都可以通过对象的向上转型实现 IMessage 接口对象实例化。

枚举还有一个特别的功能就是可以直接进行抽象方法的定义，此时可以在每一个枚举对象中分别实现此抽象方法。

范例：在枚举中定义抽象方法

```java
package cn.mldn.demo;
enum Color {                                       // 枚举类
    RED("红色") {
        @Override
        public String getMessage() {               // 覆写抽象方法
            return "【RED】" + this;
        }
    }, GREEN("绿色") {
        @Override
        public String getMessage() {               // 覆写抽象方法
            return "【GREEN】" + this;
        }
    }, BLUE("蓝色") {
        @Override
        public String getMessage() {               // 覆写抽象方法
            return "【BLUE】" + this;
        }
    };                                             // 枚举对象要写在首行
    private String title;                          // 成员属性
    private Color(String title) {                  // 构造方法初始化属性
        this.title = title;
    }
    @Override
    public String toString() {                     // 输出对象信息
        return this.title;
    }
    public abstract String getMessage();           // 直接定义抽象方法
}
public class JavaDemo {
    public static void main(String args[]) {
        System.out.println(Color.RED.getMessage());
    }
}
```
程序执行结果：
【RED】红色

本程序在枚举中利用 abstract 关键字定义了一个抽象方法，这样就必须在每一个枚举类对象中分别覆写此抽象方法。

10.4.4 枚举应用案例

视频名称	1012_枚举应用案例	学习层次	掌握
视频简介	枚举作为一种提供有限实例化对象个数的类结构，可以实现操作范围的限定。本课程将使用枚举的概念实现一个开发案例。		

枚举主要是定义了实例化对象的使用范围，同时枚举类型也可以作为成员属性类型。例如，现在定义一个 Person 类，里面需要提供有性别属性，而性别肯定不希望用户随意输入，所以使用枚举类型最合适。

范例： 枚举结构应用

```java
package cn.mldn.demo;
enum Sex {                                          // 性别
    MALE("男"), FEMALE("女");                        // 枚举对象
    private String title;                           // 成员属性
    private Sex(String title) {                      // 构造方法
        this.title = title;
    }
    @Override
    public String toString() {                       // 获取对象信息
        return this.title;
    }
}
class Person {                                       // 普通类
    private String name;                            // 姓名
    private int age;                                // 年龄
    private Sex sex;                                // 性别
    public Person(String name, int age, Sex sex) {  // 构造方法
        this.name = name;                           // 属性初始化
        this.age = age;                             // 属性初始化
        this.sex = sex;                             // 属性初始化
    }
    public String toString() {
        return "姓名: " + this.name + "、年龄: " + this.age + "、性别: " + this.sex;
    }
}
public class JavaDemo {
    public static void main(String args[]) {
        System.out.println(new Person("张三", 20, Sex.MALE));
    }
}
```
程序执行结果：
姓名: 张三、年龄: 20、性别: 男

本程序定义 Person 类时使用了枚举类型，在实例化 Person 类对象时就可以限定 Sex 对象的取值范围。

10.5 本章概要

1. Java 中使用包进行各个功能类的结构划分，也可以解决在多人开发时所产生的类名称重复的问题。

2. 在 Java 中使用 package 关键字将一个类放入一个包中，包的本质就是一个目录，在开发中往往需要依据自身的开发环境定义父包名称和子包名称，在标准开发中所有的类都必须放在一个包内。

3. 在 Java 中使用 import 语句，可以导入一个已有的包。

4. 如果在一个程序中导入了不同包的同名类，在使用时一定要明确指出包的名称，即"包.类名称"。

5. Java 中的访问控制权限分为 4 种：private、default、protected、public。

6．使用 jar 命令可以将一个包打成一个 jar 文件，供用户使用。

7．单例设计模式与多例设计模式都必须要求构造方法私有化，同时需要在类的内部提供好实例化对象，利用引用传递交给外部类进行使用。

8．JDK 1.5 之后提供的枚举类型可以简化多例设计模式的定义，同时可以提供更加丰富的类结构定义。

9．使用 enum 关键字定义的枚举将默认继承 Enum 父类，在 Enum 类中的构造方法使用 protected 权限定义，并且要接收枚举名称与序号（根据枚举对象定义的顺序自动生成）。

第 11 章　异常的捕获与处理

通过本章的学习可以达到以下目标

↘ 了解 Java 中异常对程序正常执行的影响。

↘ 掌握异常处理语句的基本格式，熟悉 try、catch、finally 关键字的作用。

↘ 掌握 throw、throws 关键字的作用。

↘ 了解 Exception 与 RuntimeException 的区别和联系。

↘ 掌握自定义异常的意义与实现。

↘ 了解 assert 关键字的作用。

在程序开发中，程序的编译与运行是两个不同的阶段，编译主要针对的是语法检测，而在程序运行时却有可能出现各种各样的错误导致程序中断执行，那么这些错误在 Java 中统一称为异常。在 Java 中对异常的处理提供了非常方便的操作。本章将介绍异常的基本概念以及相关的处理方式。

11.1　认 识 异 常

视频名称	1101_认识异常	学习层次	了解
视频简介	即便是一个设计结构精良的程序也会存在各种意想不到的异常（bug）。本课程主要讲解异常的产生以及不处理所带来的程序问题。		

异常是指在程序执行时由于程序处理逻辑上的错误而导致程序中断的一种指令流，下面首先通过两个程序来为读者分析异常所带来的影响。

范例：不产生异常的代码

```
package cn.mldn.demo;
public class JavaDemo {
    public static void main(String args[]) {
        System.out.println("【1】****** 程序开始执行 ******");
        System.out.println("【2】****** 数学计算: " + (10 / 2));          // 执行除法计算
        System.out.println("【3】****** 程序执行完毕 ******");
    }
}
程序执行结果：
【1】****** 程序开始执行 ******
【2】****** 数学计算: 5
【3】****** 程序执行完毕 ******
```

本程序并没有异常产生，所以程序会按照既定的逻辑顺序执行完毕。然而在有异常产生的情况下，程序的执行就会在异常产生处被中断。

范例：产生异常的代码

```
package cn.mldn.demo;
public class JavaDemo {
    public static void main(String args[]) {
        System.out.println("【1】****** 程序开始执行 ******");
        System.out.println("【2】****** 数学计算: " + (10 / 0));        // 执行除法计算
        System.out.println("【3】****** 程序执行完毕 ******");
    }
}
程序执行结果:
【1】****** 程序开始执行 ******
Exception in thread "main" java.lang.ArithmeticException: / by zero
    at cn.mldn.demo.JavaDemo.main(JavaDemo.java:6)
```

在本程序中产生有数学异常（"10/0"的计算将产生 ArithmeticException 异常），由于程序没有进行异常的任何处理，所以默认情况下会进行异常信息打印，同时将终止执行异常产生之后的代码。

通过观察可以发现，如果没有正确地处理异常，程序会出现中断执行的情况。为了让程序在出现异常后依然可以正常执行，所以必须引入异常处理语句来完善代码编写。

11.2 异 常 处 理

视频名称	1102_异常处理	学习层次	掌握
视频简介	为了简化程序异常处理操作，Java 提供了方便的异常处理支持。本课程主要讲解异常处理关键字 try、catch、finally 的作用。		

在 Java 中，针对异常的处理提供有 3 个核心的关键字：try、catch、finally，利用这几个关键字就可以组成以下的异常处理格式。

```
try {
    // 有可能出现异常的语句
} [ catch (异常类型 对象) {
    // 异常处理 ;
} catch (异常类型 对象) {
    // 异常处理 ;
} catch (异常类型 对象) {
    // 异常处理 ;
} ... ] [finally {
    ; //不管是否出现异常，都执行的统一代码
}]
```

在格式中已经明确表示，在 try 语句中捕获可能出现的异常代码。如果在 try 中产生了异常，则程序会自动跳转到 catch 语句中找到匹配的异常类型进行相应的处理。最后不管程序是否会产生异常，则肯定会执行到 finally 语句，finally 语句就作为异常的统一出口。需要注意的是，finally 块是可以省略的。如果省略了 finally 块不写，则在 catch()块执行结束后，程序将继续向下执行。异常的基本处理流程如图 11-1 所示。

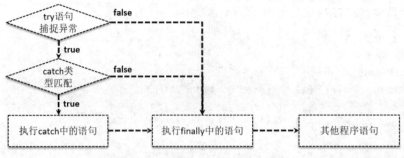

图 11-1　异常处理语句的基本流程

> **提示：异常的格式组合。**
>
> 在以上格式中发现 catch 与 finally 都是可选的，实际上这并不是表示这两个语句可以同时消失，对于异常格式的组合，往往有以下几种结构形式：try...catch、try...catch...finally、try...finally。

范例：异常处理

```java
package cn.mldn.demo;
public class JavaDemo {
    public static void main(String args[]) {
        System.out.println("【1】****** 程序开始执行 ******");
        try {
            System.out.println("【2】****** 数学计算: " + (10 / 0));        // 执行除法计算
        } catch (ArithmeticException e) {                                    // 捕捉算数异常
            System.out.println("【C】处理异常: " + e);                        // 处理异常
        }
        System.out.println("【3】****** 程序执行完毕 ******");
    }
}
```

程序执行结果：
【1】****** 程序开始执行 ******
【C】<u>处理异常：**java.lang.ArithmeticException**</u>: / by zero（catch处理语句）
【3】****** 程序执行完毕 ******

本程序使用了异常处理语句格式，当程序中的数学计算出现异常之后，异常会被 try 语句捕获，而后交给 catch 进行处理，这个时候程序会正常结束，而不会出现中断执行的情况。

以上的范例在出现异常之后，采用输出提示信息的方式进行处理。但是这样的处理方式不能够明确地描述出异常类型，而出现异常的目的是为了解决异常。所以为了能够进行异常的处理，可以使用异常类中提供的printStackTrace()方法进行异常信息的完整输出。

范例：获取完整异常信息

```java
package cn.mldn.demo;
public class JavaDemo {
    public static void main(String args[]) {
        System.out.println("【1】****** 程序开始执行 ******");
        try {
            System.out.println("【2】****** 数学计算: " + (10 / 0));        // 执行除法计算
        } catch (ArithmeticException e) {                                    // 捕捉算数异常
            e.printStackTrace();                                             // 输出异常信息
```

```
        System.out.println("【3】****** 程序执行完毕 ******");
    }
}
```
程序执行结果:
【1】****** 程序开始执行 ******
java.lang.ArithmeticException: / by zero
    at cn.mldn.demo.JavaDemo.main(JavaDemo.java:7)
【3】****** 程序执行完毕 ******

所有的异常类中都会提供有 printStackTrace() 方法,而利用这个方法输出的异常信息,会明确地告诉用户是哪一行代码出现了异常,以方便用户进行代码的调试与异常排除操作。

除了使用 try…catch 的异常处理结构外,也可以使用 try…catch…finally 异常处理结构,利用 finally 代码块作为程序的执行出口,不管代码中是否出现异常都会执行此代码。

范例: 使用 finally 语句

```
package cn.mldn.demo;
public class JavaDemo {
    public static void main(String args[]) {
        System.out.println("【1】****** 程序开始执行 ******");
        try {
            System.out.println("【2】****** 数学计算: " + (10 / 0));    // 执行除法计算
        } catch (ArithmeticException e) {                              // 捕捉算数异常
            e.printStackTrace();                                       // 输出异常信息
        } finally {                                                    // 最终出口,必然执行
            System.out.println("【F】不管是否出现异常,我都会执行。") ;
        }
        System.out.println("【3】****** 程序执行完毕 ******");
    }
}
```
程序执行结果:
【1】****** 程序开始执行 ******
java.lang.ArithmeticException: / by zero
    at cn.mldn.demo.JavaDemo.main(JavaDemo.java:7)
【F】不管是否出现异常,我都会执行。
【3】****** 程序执行完毕 ******

本程序增加了一个 finally 语句,这样在异常处理过程中,不管是否出现异常最终都会执行 finally 语句块中的代码。

 提问:finally 语句的作用是不是较小?

通过测试发现,异常处理语句后的提示输出操作代码"System.out.println("【3】******程序执行完毕******")",不管是否出现了异常都可以正常进行处理,那么使用 finally 语句是不是有些多余了?

回答:两者执行机制不同。

实际上在本程序中只是处理了一个简单的数学计算异常,并不能正常处理其他异常。而对于不能够正常进行处理的代码,程序依然会中断执行,而一旦中断执行了,其后的输出语句肯定不会执行,但是 finally 依然会执行。这一区别在随后的代码中可以发现。

finally 的作用往往是在开发中进行一些资源释放操作,这一点可以参见 11.2 节的异常处理标准格式。

11.3　处理多个异常

	视频名称	1103_处理多个异常	学习层次	掌握
	视频简介	一个程序代码有可能会产生多种异常类型，本课程主要讲解在 try 语句中处理多个 catch 操作的情况以及存在问题分析。		

在进行异常捕获与处理时，每一个 try 语句后也可以设置多个 catch 语句，用于进行各种不同类型的异常捕获。

范例：捕获多个异常

```java
package cn.mldn.demo;
public class JavaDemo {
    public static void main(String args[]) {
        System.out.println("【1】****** 程序开始执行 ******");
        try {
            int x = Integer.parseInt(args[0]);          // 初始化参数转为数字
            int y = Integer.parseInt(args[1]);          // 初始化参数转为数字
            System.out.println("【2】****** 数学计算：" + (x / y)) ;  // 除法计算
        } catch (ArithmeticException e) {               // 数学异常
            e.printStackTrace() ;
        } catch (NumberFormatException e) {             // 数字格式化异常
            e.printStackTrace() ;
        } catch (ArrayIndexOutOfBoundsException e) {    // 数组越界异常
            e.printStackTrace() ;
        } finally {                                      // 最终出口，必然执行
            System.out.println("【F】不管是否出现异常，我都会执行。") ;
        }
        System.out.println("【3】****** 程序执行完毕 ******");
    }
}
执行[1]:
没有输入初始化参数：Java JavaDemo
java.lang.ArrayIndexOutOfBoundsException: 0
执行[2]:
输入的参数不是数字：java JavaDemo a b
java.lang.NumberFormatException: For input string: "a"
执行[3]:
输入的被除数为0：java JavaDemo 10 0
java.lang.ArithmeticException: / by zero
```

本程序利用初始化参数的形式输入了两个要参与除法计算的数字，由于需要考虑到未输入初始化参数、数字转型以及算数异常等问题，所以程序中使用了多个 catch 语句进行异常处理。

11.4　异常处理流程

	视频名称	1104_异常处理流程	学习层次	掌握
	视频简介	Java 中面向对象的核心设计思想就是"统一标准"，对于异常的合理处理需要掌握其操作流程。本课程主要分析异常处理流程，并讲解了 Exception 处理异常的原理。		

通过前面章节的分析，相信读者已经清楚如何进行异常处理以及异常处理对于程序正常执行完整的重要性。然而非常遗憾的是，此时会出现这样一个问题：如果每次处理异常的时候都要去考虑所有的异常种类，那么直接使用判断来进行处理不是更好吗？所以为了能够正确地处理异常，那么就必须清楚 Java 中的异常处理流程，操作流程如图 11-2 所示。

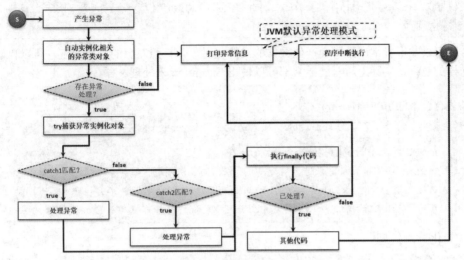

图 11-2 异常处理流程

（1）Java 中可以处理的异常全部都是在程序运行中产生的异常，当程序运行到某行代码并且此代码执行出现异常时，会由 JVM 帮助用户去判断此异常的类型，并且自动进行指定类型的异常类对象实例化处理。

（2）如果此时程序中并没有提供异常处理的支持，则会采用 JVM 默认异常处理方式，首先进行异常信息的打印；其次直接退出当前的程序。

（3）如果此时程序中存在异常处理，那么这个产生的异常类的实例化对象将会被 try 语句所捕获。

（4）try 捕获到异常之后与其匹配的 catch 中的异常类型依次进行比对，如果此时与 catch 中的捕获异常类型相同，则认为应该使用此 catch 进行异常处理；如果不匹配则继续匹配后续的 catch 类型；如果没有任何的 catch 匹配成功，那么就表示该异常无法进行处理。

（5）不管异常是否处理最终都要执行 finally 语句，但是当执行完成 finally 的程序之后会进一步判断当前的异常是否已经处理过了，如果处理过了，则继续向后执行其他代码；如果没有处理则交由 JVM 进行默认处理。

通过分析可以发现在整个异常处理流程中实际上操作的还是一个异常类的实例化对象，那么这个异常类的实例化对象的类型就成为理解异常处理的核心关键所在，以之前接触过的两种异常继承关系为例。

ArithmeticException	ArrayIndexOutOfBoundsException
java.lang.Object	java.lang.Object
|- java.lang.**Throwable**	|- java.lang.**Throwable**
|- java.lang.**Exception**	|- java.lang.**Exception**
|- java.lang.Runtime**Exception**	|- java.lang.RuntimeException
|- java.lang.Arithmetic**Exception**	|- java.lang.IndexOutOfBoundsException
	|- java.lang.ArrayIndexOutOfBoundsException

可以发现所有的异常类最高的继承类是 Throwable，并且通过 JavaDoc 文档可以发现在 Throwable 下有两个子类。

- Error：JVM 错误，这个时候的程序并没有执行，无法处理。
- Exception：程序运行中产生的异常，用户可以使用异常处理格式处理。

 提示：注意 Java 中的命名。

读者可以发现，在 Java 进行异常类子类命名时都会使用 XxxError 或 XxxException 的形式，这样的目的是为了从名称上帮助开发者区分。

通过分析可以发现异常产生时会产生异常的实例化对象，按照对象的引用原则，可以自动向父类转型，按照这样的逻辑，实际上所有的异常都可以使用 Exception 来处理。

 提问：为什么不使用 Throwable?

在以上的分析中，为什么不考虑 Throwable，而只是说使用 Exception 来进行接收？

 回答：Throwable 表示的范围要比 Exception 大。

实际上本程序如果使用 Throwable 来进行处理，没有任何的语法问题，但却会存在逻辑问题。因为此时出现的（或者说用户能够处理的）只有 Exception 类型，而如果使用 Throwable 接收，那么还会表示可以处理 Error 的错误，而用户是处理不了 Error 错误的，所以在开发中用户可以处理的异常都要求以 Exception 类为主。

范例：简化异常处理

```java
package cn.mldn.demo;
public class JavaDemo {
    public static void main(String args[]) {
        System.out.println("【1】****** 程序开始执行 ******");
        try {
            int x = Integer.parseInt(args[0]);          // 初始化参数转为数字
            int y = Integer.parseInt(args[1]);          // 初始化参数转为数字
            System.out.println("【2】****** 数学计算: " + (x / y));  // 除法计算
        } catch (Exception e) {                         // 处理所有异常
            e.printStackTrace() ;
        } finally {                                     // 最终出口，必然执行
            System.out.println("【F】不管是否出现异常，我都会执行。") ;
        }
        System.out.println("【3】****** 程序执行完毕 ******");
    }
}
```

此时的异常统一使用 Exception 进行处理，这样不管程序中出现了何种异常问题，程序都可以捕获并处理。

 提问：异常是一起处理好还是分开处理好？

虽然可以使用 Exception 简化异常的处理操作，但是从实际的开发上来讲，是所有产生的异常都统一一起处理好，还是每种异常分开处理好？

 回答：根据实际的开发要求是否严格来决定。

在实际的项目开发工作中，所有的异常是统一使用 Exception 处理还是分开处理，完全是由具体项目开发标准来决定的。如果项目开发环境严谨，就会要求针对每一种异常分别进行处理，并且详细记录异常产生的时间以及位置，这样就可以方便程序维护人员进行代码的维护。而考虑到篇幅问题，本书讲解的所有的异常统一使用

Exception 来进行处理。

同时，读者还可能有一种疑问：如何知道会产生哪些异常？实际上用户所能够处理的大部分异常，Java 都已经记录好了。在本章的 throws 关键字讲解时读者会知道如何声明已知异常的问题，并且在后续的讲解中也会了解更多的异常。

注意：处理多个异常时，捕获范围小的异常要放在捕获范围大的异常之前处理。

如果说现在项目代码中既要处理 ArithmeticException 异常，又要处理 Exception 异常，按照继承的关系来讲，ArithmeticException 一定是 Exception 的子类，所以在编写异常处理时，Exception 的处理一定要写在 ArithmeticException 处理之后，否则将出现语法错误。

范例：错误的异常捕获顺序

```java
package cn.mldn.demo;
public class JavaDemo {
    public static void main(String args[]) {
        System.out.println("【1】****** 程序开始执行 ******");
        try {
            int x = Integer.parseInt(args[0]);      // 初始化参数转为数字
            int y = Integer.parseInt(args[1]);      // 初始化参数转为数字
            System.out.println("【2】****** 数学计算: " + (x / y)) ;   // 除法计算
        } catch (Exception e) {                     // 处理所有异常
            e.printStackTrace() ;
        } catch (ArithmeticException e) {           // 【错误】Exception已处理完
            e.printStackTrace();
        } finally {                                 // 最终出口，必然执行
            System.out.println("【F】不管是否出现异常，我都会执行。") ;
        }
        System.out.println("【3】****** 程序执行完毕 ******");
    }
}
```

编译错误提示：

```
JavaDemo.java:11: 错误: 已捕获到异常错误ArithmeticException
    } catch (ArithmeticException e) { // 【错误】Exception已处理完
             ^
1 个错误
```

此时 Exception 的捕获范围一定大于 ArithmeticException，所以编写的 **catch** (ArithmeticException e) 语句永远不可能被执行，编译就会出现错误。

11.5　throws 关键字

视频名称	1105_throws 关键字		学习层次	掌握	
视频简介	方法是类主要的操作形式。方法的执行过程中有可能产生各种异常，所以需要通知每一位方法调用者清楚地知道本方法的问题，因此，Java 就提供了 throws 关键字。本课程主要讲解 throws 关键字的作用。				

在程序执行的过程中往往会涉及不同类中方法的调用，而为了方便调用者进行异常的处理，往往会在这些方法声明时对可能产生的异常进行标记，此时就需要通过 throws 关键字来实现。

范例：观察 throws 关键字的使用

```java
package cn.mldn.demo;
```

```
class MyMath {
    /**
     * 定义数学除法计算，该执行时可能会产生异常
     * @param x 除数
     * @param y 被除数
     * @return 除法计算结果
     * @throws Exception 计算过程中产生的异常，可以是具体异常类型也可以简化使用Exception
     */
    public static int div(int x, int y) throws Exception {
        return x / y;
    }
}
public class JavaDemo {
    public static void main(String args[]) {
        try {                              // 调用throws方法时需要进行异常处理
            System.out.println(MyMath.div(10, 2));
        } catch (Exception e) {
            e.printStackTrace();
        }
    }
}
```
程序执行结果：
```
5
```

本程序在主类中调用 MyMath.div(10, 2)方法实现了除法操作，由于此方法上使用 throws 抛出了异常，这样在调用此方法时就必须明确使用异常处理语句处理该语句可能发生的异常。

提问：以上的计算没有错误，为什么还必须强制异常处理？

在执行 MyMath.div(10, 2)语句时一定不会出现任何异常，但是为什么还必须使用异常处理机制？

回答：设计方法的需要。

可以换个思路：现在你所编写的计算操作在你使用时可能没有问题，但是如果换了另外一个人调用这个方法的时候，就有可能将被除数设置为 0。正是考虑到代码的统一性，所以不管调用方法时是否会产生异常，都必须进行异常处理操作。

主方法本身也属于一个 Java 中的方法，所以在主方法上如果使用了 throws 抛出，就表示在主方法里面可以不用强制性地进行异常处理。如果出现了异常，将交给 JVM 进行默认处理，则此时会导致程序中断执行。

范例：在主方法中继续抛出异常

```
public class JavaDemo {
    // 主方法中使用throws继续抛出可能产生的异常，一旦出现异常则交由JVM进行默认异常处理
    public static void main(String args[]) throws Exception {
        System.out.println(MyMath.div(10, 0));
    }
}
```
程序执行结果：
```
Exception in thread "main" java.lang.ArithmeticException: / by zero
```

```
    at cn.mldn.demo.MyMath.div(JavaDemo.java:12)
    at cn.mldn.demo.JavaDemo.main(JavaDemo.java:19)
```

本程序在主方法上使用 throws 抛出异常，这样当程序代码出现异常时，由于主方法没有编写相应的异常处理语句，所以最终会交由 JVM 默认进行处理。同时需要提醒读者的是，在实际的项目开发中，主方法往往是作为程序的起点存在，所有的异常应该在主方法中全部处理完成，而不应该选择向上抛出。

11.6　throw 关键字

视频名称	1106_throw 关键字		学习层次	掌握
视频简介	在异常处理中会自动实例化异常类的对象，而很多时候开发者在进行更加深入设计时需要进行手动异常处理，这就需要使用 throw 关键字。本课程主要讲解 throw 关键字使用。			

在默认情况下，所有的异常类的实例化对象都会由 JVM 默认实例化并且自动抛出。为了方便用户手动进行异常的抛出，JVM 提供了有一个 throw 关键字。

范例：手动异常抛出

```
package cn.mldn.demo;
public class JavaDemo {
    public static void main(String args[]) {
        try {                          // 异常对象不再由系统生成的，由手动实例化
            throw new Exception("自己抛着玩的对象。");
        } catch (Exception e) {
            e.printStackTrace();
        }
    }
}
```
程序执行结果：
java.lang.Exception: 自己抛着玩的对象。
    at cn.mldn.demo.JavaDemo.main(JavaDemo.java:6)

本程序通过 throw 关键字并利用 Exception 类的构造方法实例化了一个异常对象，所以为了保证程序正确执行就必须进行此异常对象的捕获与处理。

> **提示：throw 与 throws 关键字的区别？**
>
> ➥ throw：是在代码块中使用的，主要是手动进行异常对象的抛出。
> ➥ throws：是在方法定义中使用，表示将此方法中可能产生的异常明确告诉给调用处，由调用处进行处理。

11.7　异常处理模型

视频名称	1107_异常处理模型		学习层次	运用
视频简介	项目设计中需要一个设计良好的异常操作结构，本课程主要讲解异常在实际开发中的标准定义格式，同时本次所讲解的案例属于重要的代码模型。			

在实际的项目开发中，为了保证程序的正常执行都需要设计出结构合理的异常处理模型，本节将综合使用 try、catch、finally、throw、throws 这些异常处理关键字，并通过具体的案例为读者分析项目开发中是如何有效进行异常处理的。现在假设要定义一个可以实现除法计算的方法，在这个方法中开发要求如下。

➥ 在进行数学计算开始与结束的时候进行信息提示。
➥ 如果在进行计算的过程中产生了异常，则要交给调用处来处理。

范例：实现合理的异常处理

```java
package cn.mldn.demo;
class MyMath {
    public static int div(int x, int y) throws Exception {      // 异常抛出
        int temp = 0;
        System.out.println("*** 【START】除法计算开始 ***");       // 开始提示信息
        try {
            temp = x / y;                                        // 除法计算
        } catch (Exception e) {
            throw e;                                             // 抛出捕获到的异常对象
        } finally {
            System.out.println("*** 【END】除法计算结束 ***");      // 结束提示信息
        }
        return temp;                                             // 返回计算结果
    }
}
public class JavaDemo {
    public static void main(String args[]) {
        try {
            System.out.println(MyMath.div(10, 0));              // 调用计算方法
        } catch (Exception e) {
            e.printStackTrace();
        }
    }
}
```
程序执行结果：
```
*** 【START】除法计算开始 ***
*** 【END】除法计算结束 ***
java.lang.ArithmeticException: / by zero
    at cn.mldn.demo.MyMath.div(JavaDemo.java:8)
    at cn.mldn.demo.JavaDemo.main(JavaDemo.java:21)
```

本程序利用几个异常处理关键字实现了一个标准的异常处理流程，在 div() 方法中不管是否产生异常都会按照既定的结构执行，并且会将产生的异常交由调用处来进行处理。

 提问：为什么一定要将异常交给调用处处理呢？

在整体设计中 div() 方法自己来进行异常的处理不是更方便吗？为什么此时必须强调将产生的异常继续抛给调用处来处理？

 回答：将此程序中的开始提示信息和结束提示信息想象为资源的打开与关闭。

为了解释这个问题，首先来研究两个现实中的场景。

场景 1（异常抛给调用处执行的意义）：你所在的公司要求你进行一些高难度的工作，在完成这些工作的过程中你突然不幸摔伤，那么请问，这种异常的状态是由公司来负责还是你个人来负责？如果要是由公司来负责，那么就必须将你的问题抛给公司来解决。

场景 2（资源的打开与关闭）：现在假设你需要打开自来水管进行洗手的操作，在洗手的过程中可能会发生一些临时的小问题导致洗手暂时中断问题，然而不管最终是否成功处理了这些问题，总要有人来关闭自来水管。

理解了以上两个生活场景之后，再回到程序设计的角度来讲，例如，在现实的项目开发中都是基于数据库实现的，于是这种情况下往往需要有以下 3 个核心步骤。

步骤 1：打开数据库的连接（等价于"【START】..."代码）。
步骤 2：进行数据库操作，如果操作出现问题则应该交由调用处进行异常的处理，所以需要将异常进行抛出。
步骤 3：关闭数据库的连接（等价于"【END】..."代码）。

以上所采用的是标准的处理结构，实质上这种结构里面，在有需要的前提下，每一个 catch 语句里除了简单地抛出异常对象之外，也可以进行一些简单的异常处理。但是如果说此时的代码确定不再需要本程序做任何的异常处理，也可以直接使用 try ... finally 结构捕获执行 finally 代码后直接抛出。

范例：使用简化异常模型

```
class MyMath {
    public static int div(int x, int y) throws Exception {    // 异常抛出
        int temp = 0;
        System.out.println("*** 【START】除法计算开始 ***");   // 开始提示信息
        try {
            temp = x / y;                                       // 除法计算
        } finally {
            System.out.println("*** 【END】除法计算结束 ***");  // 结束提示信息
        }
        return temp;                                            // 返回计算结果
    }
}
```

本程序取消了 catch 语句，这样一旦产生异常，在执行完 finally 语句之后，由于本方法没有任何的异常处理语句，所以会将异常直接通过方法声明的 throws 交给调用处进行处理。

11.8　RuntimeException

视频名称	1108_RuntimeException	学习层次	掌握	
视频简介	系统提供了 Exception，而在 Exception 中又提供了若干子类。本课程主要讲解 RuntimeException 类的作用以及与 Exception 的区别。			

在 Java 里为了方便用户代码的编写，专门提供了一种 RuntimeException 类，这种异常类的最大特征在于：程序在编译的时候不会强制性地要求用户处理异常，用户可以根据自己的需要进行选择性处理。但是如果没有处理又发生异常了，将交给 JVM 默认处理。也就是说，RuntimeException 的子异常类可以由用户根据需要选择性进行处理。

如果要将字符串转变为 int 数据类型，那么可以利用 Integer 类进行处理，因为在 Integer 类定义了以下方法。

字符串转换 int：public static int parseInt(String s) **throws NumberFormatException**。

此时 parseInt()方法抛出了一个 NumberFormatException，而这个异常类就属于 RuntimeException 子类。

```
java.lang.Object
  |- java.lang.Throwable
    |- java.lang.Exception
      |- java.lang.RuntimeException        →        运行时异常
        |- java.lang.IllegalArgumentException
          |- java.lang.NumberFormatException
```

所有的 RuntimeException 子类对象都可以根据用户的需要进行选择性处理，所以调用时不处理也不会有任何的编译语法错误，这样可以使得程序开发变得更加灵活。

范例：使用 parseInt()方法不处理异常

```
package cn.mldn.demo;
public class JavaDemo {
    public static void main(String args[]) {
        int num = Integer.parseInt("123");              // 字符串转数字
        System.out.println(num);                        // 输出转换结果
    }
}
```

本程序在没有处理 parseInt()异常的情况下依然实现了正常的编译与运行，若出现了异常，将交由 JVM 进行默认处理。

> **提示：RuntimeException 和 Exception 的区别。**
>
> ↘ RuntimeException 是 Exception 的子类。
>
> ↘ Exception 定义了必须处理的异常，而 RuntimeException 定义的异常可以选择性地处理。
>
> ↘ 常见的 RuntimeException：NumberFormatException、ClassCastException、NullPointerException、ArithmeticException、ArrayIndexOutOfBoundsException。

11.9　自定义异常类

视频名称	1109_自定义异常类	学习层次	理解
视频简介	项目设计是一个长期的发展过程，项目中可能产生的异常也是无法预估的，而 JDK 所能够提供的只是符合 JDK 需求的异常类型。在实际项目开发中，这些异常并不能完全满足要求，因此项目中需要用户自定义属于本项目业务需求的合理异常类。本课程主要讲解自定义异常类的实现。		

Java 本身已经提供了大量的异常类，但是这些异常类在实际的工作中往往并不够使用。例如，当你要执行数据增加操作的时候，有可能会出现一些错误的数据，而这些错误的数据一旦出现就应该抛出异常（如 BombException），但是这样的异常 Java 并没有，所以这时就需要由用户自己定义一个异常类。如果要想实现自定义异常类，只需继承 Exception（强制性异常处理）或 RuntimeException（选择性异常处理）父类即可。

范例：实现自定义异常

```
package cn.mldn.demo;
class BombException extends Exception {                      // 自定义强制处理异常
    public BombException(String msg) {
```

```java
        super(msg);                                          // 调用父类构造
    }
}
class Food {
    public static void eat(int num) throws BombException {    // 吃饭有可能会吃炸肚子
        if (num > 9999) {                                    // 吃了多碗米饭
            throw new BombException("米饭吃太多了, 肚子爆了。");
        } else {
            System.out.println("正常开始吃, 不怕吃胖。");
        }
    }
}
public class JavaDemo {
    public static void main(String args[]) {
        try {
            Food.eat(11);                                    // 传入要吃的数量
        } catch (BombException e) {
            e.printStackTrace();
        }
    }
}
```

程序执行结果:

正常开始吃, 不怕吃胖。

本程序设计了一个自定义的异常类型, 当满足指定条件时就可以手动抛出异常。利用自定义异常机制可以更加清晰地描述当前的业务场景, 所以实际项目开发都会根据自身的业务需求自定义大量的异常类。

11.10 assert 关键字

视频名称	1110_assert 关键字		学习层次	了解
视频简介	断言 (assert) 是一种常见的软件功能, Java 在最初并未引入断言这一功能, 而是在随后的版本升级后提供的。本课程主要讲解 assert 关键字的作用。			

assert 关键字是在 JDK 1.4 的时候引入的, 其主要的功能是进行断言。断言是指程序执行到某行之后, 其结果一定是预期的结果。

范例: 观察断言的使用

```java
package cn.mldn.demo;
public class JavaDemo {
    public static void main(String args[]) throws Exception {
        int x = 10;
        // 中间可能会经过许多条程序语句, 导致变量x的内容发生改变
        assert x == 100 : "x的内容不是100";
        System.out.println(x);
    }
}
```

本程序中使用了断言进行操作，很明显程序中断言的判断条件并不满足，但是依然没有任何的错误产生，这是因为 Java 默认情况下是不开启断言的。如果要想启用断言，则应该增加一些选项。

```
java -ea cn.mldn.demo.JavaDemo
```

而增加了"-ea"参数之后，本程序就会出现以下错误信息。

```
Exception in thread "main" java.lang.AssertionError: x 的内容不是 100
        at cn.mldn.demo.JavaDemo.main(JavaDemo.java:6)
```

如果在运行时不增加"-ea"的选项，则不会出现错误。换言之，断言并不是自动启动的，需要由用户控制启动，但是这种技术在 Java 中并非重点知识，读者了解即可。

11.11 本章概要

1．异常是导致程序中断运行的一种指令流，当异常发生时，如果没有进行良好的处理，则程序将会中断执行。

2．异常处理可以使用 try…catch 结构进行处理，也可以使用 try…catch…finally 结构进行处理。在 try 语句中捕捉异常，之后在 catch 中处理异常，finally 作为异常的统一出口，不管是否发生异常都要执行此段代码。

3．异常的最大父类是 Throwable，其分为两个子类：Exception 和 Error。Exception 表示程序处理的异常，而 Error 表示 JVM 错误，一般不由程序开发人员处理。

4．发生异常之后，JVM 会自动产生一个异常类的实例化对象，并匹配相应的 catch 语句中的异常类型，也可以利用对象的向上转型关系，直接捕获 Exception。

5．throws 用在方法声明处，表示本方法不处理异常。

6．throw 表示在方法中手动抛出一个异常。

7．自定义异常类的时候，只需继承 Exception 类或 RuntimeException 类即可。

8．断言（assert）是 JDK 1.4 之后提供的新功能，可以用来检测程序的执行结果，但开发中并不提倡使用断言进行检测。

第 12 章 内 部 类

通过本章的学习可以达到以下目标

- 掌握内部类的主要作用与对象实例化形式。
- 掌握 static 内部类的定义。
- 掌握匿名内部类的定义与使用。
- 掌握 Lambda 表达式语法。
- 理解方法引用的作用,并且可以利用内建函数式接口实现方法引用。
- 了解链表设计的目的以及实现结构。

内部类是一种常见的嵌套结构,利用这样的结构使得内部类可以与外部类共存,并且方便地进行私有操作的访问。内部类又可以进一步扩展到匿名内部类的使用,在 JDK 1.8 后所提供的 Lambda 表达式与方法引用也可以简化代码结构。

12.1 内部类基本概念

视频名称	1201_内部类基本概念		学习层次	掌握
视频简介	程序开发中为了更加准确地描述结构体的作用,提供有各种嵌套结构,而程序类也是允许嵌套的。本课程主要讲解内部类的定义形式、作用分析以及相关的使用。			

内部类(内部定义普通类、抽象类、接口的统称)是指一种嵌套的结构关系,即在一个类的内部除了属性和方法外还可以继续定义一个类结构,这样就使得程序的结构定义更加灵活。

范例: 定义内部类

```java
package cn.mldn.demo;
class Outer {                                       // 外部类
    private String msg = "www.mldn.cn";             // 私有成员属性
    public void fun() {                             // 普通方法
        Inner in = new Inner();                     // 实例化内部类对象
        in.print();                                 // 调用内部类方法
    }
    class Inner {                                    // 在Outer类的内部定义了Inner类
        public void print() {
            System.out.println(Outer.this.msg);     // Outer类中的属性
        }
    }
}
public class JavaDemo {
    public static void main(String args[]) {
        Outer out = new Outer();                     // 实例化外部类对象
```

```
        out.fun();                                      // 调用外部类方法
    }
}
```

程序执行结果：

www.mldn.cn

本程序从代码理解上应该难度不大，核心的结构就是在 Outer.fun()方法里实例化了内部类的对象，并且利用内部类中的 print()方法直接输出了外部类中 msg 私有成员属性。

 提问：内部类的结构较差吗？

从类的组成来讲主要就是成员属性与方法，但是此时在一个类的内部又定义了若干个内部类结构，使得程序代码的结构非常混乱，为什么要这么定义？

 回答：内部类方便访问私有属性。

实质上内部类在整体设计中最大的缺点就是破坏了良好的程序结构，但是其最大的优点在于可以方便地访问外部类中的私有成员。为了证明这点，下面将之前的范例拆分为两个独立的类结构。

范例：内部类结构拆分，形成两个不同类

```java
package cn.mldn.demo;
class Outer {                                   // 外部类
    private String msg = "www.mldn.cn" ;        // 私有成员属性
    public void fun() {                         // 普通方法
        // 思考5：需要将当前对象Outer传递到Inner类中
        Inner in = new Inner(this) ;            // 实例化内部类对象
        in.print() ;                            // 调用内部类方法
    }
    // 思考1：msg属性如果要被外部访问需要提供getter方法
    public String getMsg() {
        return this.msg ;
    }
}
class Inner {
    // 思考3：Inner这个类对象实例化的时候需要Outer类的引用
    private Outer out ;
    // 思考4：应该通过Inner类的构造方法获取Outer类对象
    public Inner(Outer out) {
        this.out = out ;
    }
    public void print() {
    // 思考2：要调用外部类中的getter方法，一定要有Outer类对象
        System.out.println(this.out.getMsg()) ;
    }
}
public class JavaDemo {
    public static void main(String args[]) {
        Outer out = new Outer();                // 实例化外部类对象
        out.fun();                              // 调用外部类方法
    }
```

}

为了方便读者理解，在程序中给出了问题的思考过程，综合来讲：在没有使用内部类的情况下，如果要进行外部类私有成员的访问会非常麻烦。

另外，需要提醒读者的是，之所以会有内部类，更多的时候是希望某一个类只为单独一个类服务的情况，这一点可以在第 12.9 节讲解链表的过程中进行理解。

12.2 内部类相关说明

视频名称	1202_内部类相关说明	学习层次	掌握
视频简介	内部类除了可以被定义的外部类操作外，也可以被外部类明确实例化并使用。本课程主要在使用内部类结构上进行更加详细的说明。		

在内部类的结构中，不仅内部类可以方便地访问外部类的私有成员，外部类也同样可以访问内部类的私有成员。内部类本身是一个独立的结构，这样在进行普通成员属性访问时，为了明确地标记出属性是外部类所提供的，可以采用"外部类.this.属性"的形式进行标注。

范例： 外部类访问内部类私有成员

```java
package cn.mldn.demo;
class Outer {                                      // 外部类
    private String msg = "www.mldn.cn" ;           // 私有成员属性
    public void fun() {                            // 普通方法
        Inner in = new Inner() ;                   // 实例化内部类对象
        in.print() ;                               // 调用内部类方法
        System.out.println(in.info) ;              // 访问内部类的私有属性
    }
    class Inner {                                  // Inner内部类
        private String info = "魔乐科技软件学院" ;    // 内部类私有成员
        public void print() {
            System.out.println(Outer.this.msg) ;   // Outer类中的私有成员属性
        }
    }
}
public class JavaDemo {
    public static void main(String args[]) {
        Outer out = new Outer() ;                  // 实例化外部类对象
        out.fun() ;                                // 调用外部类中的方法
    }
}
```
程序执行结果：
www.mldn.cn（"in.print()"代码执行结果，外部类msg成员属性）
魔乐科技软件学院（"in.info"代码执行结果，内部类info成员属性）

本程序在内部类中利用了 Outer.this.msg 的形式调用外部类中的私有成员属性，而在外部类中也可以直接利用内部类的对象访问内部类私有成员。

需要注意的是，内部类虽然被外部类所包裹，但是其本身也属于一个完整类，所以也可以直接进行内部类对象的实例化，此时可以采用以下的语法格式。

```
外部类.内部类 内部类对象 = new 外部类().new 内部类() ;
```

在此语法格式中，要求必须先获取相应的外部类实例化对象后，才可以利用外部类的实例化对象进行内部类对象实例化操作。

> **提示：关于内部类的字节码文件名称。**
>
> 当进行内部类源代码编译后，读者会发现有一个 Outer$Inner.class 字节码文件，其中所使用的标识符 "$" 在程序中会转变为 "."，所以内部类的全称就是 "外部类.内部类"，由于内部类与外部类之间可以直接进行私有成员的访问，这样就必须保证在实例化内部类对象前首先实例化外部类对象。

范例：实例化内部类对象

```java
package cn.mldn.demo;
class Outer {                                       // 外部类
    private String msg = "www.mldn.cn" ;            // 私有成员属性
    class Inner {                                   // Inner内部类
        public void print() {
            System.out.println(Outer.this.msg) ;    // Outer类中的私有成员属性
        }
    }
}
public class JavaDemo {
    public static void main(String args[]) {
        Outer.Inner in = new Outer().new Inner() ;  // 实例化内部类对象
        in.print() ;                                // 直接调用内部类方法
    }
}
```
程序执行结果：
```
www.mldn.cn
```

本程序在外部实例化内部类对象，由于内部类有可能要进行外部类的私有成员访问，所以在实例化内部类对象之前一定要实例化外部类对象。

> **提示：内部类私有化。**
>
> 如果说现在一个内部类不希望被其他类所使用，那么也可以使用private关键字将这个内部类定义为私有内部类。
>
> **范例：内部类私有化**
>
> ```java
> class Outer {                                       // 外部类
>     private String msg = "www.mldn.cn" ;            // 私有成员属性
>     private class Inner {                           // Inner内部类
>         public void print() {
>             System.out.println(Outer.this.msg) ;    // Outer类中的私有成员属性
>         }
>     }
> }
> ```
>
> 此时 Inner 类使用了 private 定义，表示此类只允许被 Outer 一个类中使用。另外，需要提醒读者的是，private、protected 定义类的结构只允许出现在内部类声明处。

内部类不仅可以在类中定义，也可以应用在接口和抽象类之中，即可以定义内部的接口或内部抽象类。

范例：定义内部接口

```java
package cn.mldn.demo;
interface IChannel {                           // 外部接口
    public void send(IMessage msg);            // 【抽象方法】发送消息
    interface IMessage {                       // 内部接口
        public String getContent();            // 【抽象方法】获取消息内容
    }
}
class ChannelImpl implements IChannel {         // 外部接口实现子类
    public void send(IMessage msg) {            // 覆写方法
        System.out.println("发送消息：" + msg.getContent());
    }
    class MessageImpl implements IMessage {     // 内部接口实现子类，不是必须实现
        public String getContent() {            // 覆写方法
            return "www.mldn.cn";
        }
    }
}
public class JavaDemo {
    public static void main(String args[]) {
        IChannel channel = new ChannelImpl();    // 实例化外部类接口对象
        // 实例化内部类接口实例化对象前需要首先获取外部类实例化对象
        channel.send((((ChannelImpl) channel).new MessageImpl());
    }
}
```
程序执行结果：
发送消息：www.mldn.cn

本程序利用内部类的形式定义了内部接口，并且分别为外部接口和内部接口定义了各自的子类。由于 IMessage 是内部接口，所以在定义 MessageImpl 子类的时候也采用了内部类的定义形式。

范例：在接口中定义内部抽象类

```java
package cn.mldn.demo;
interface IChannel {                              // 外部接口
    public void send();                           // 【抽象方法】发送消息
    abstract class AbstractMessage {              // 内部抽象类
        public abstract String getContent();      // 【抽象方法】获取信息内容
    }
}
class ChannelImpl implements IChannel {           // 外部接口实现子类
    class MessageImpl extends AbstractMessage {   // 内部抽象类子类
        public String getContent() {              // 覆写方法
            return "www.mldn.cn";
        }
    }
    public void send() {                          // 覆写方法
        AbstractMessage msg = new MessageImpl();  // 实例化内部抽象类对象
        System.out.println(msg.getContent());     // 调用方法
    }
}
```

```
public class JavaDemo {
    public static void main(String args[]) {
        IChannel channel = new ChannelImpl();        // 实例化外部接口对象
        channel.send();                              // 消息发送
    }
}
```
程序执行结果：
www.mldn.cn

    本程序在 IChannel 外部接口内部定义了内部抽象类，在定义 ChannelImpl 子类的 print()方法时，利用内部抽象类的子类为父类对象实例化，实现消息的发送。

    在 JDK 1.8 之后由于接口中可以定义 static 方法，这样就可以利用内部类的概念，直接在接口中进行该接口子类的定义，并利用 static 方法返回此接口实例。

    范例：接口子类定义为自身内部类

```
package cn.mldn.demo;
interface IChannel {                                 // 外部接口
    public void send();                              // 发送消息
    class ChannelImpl implements IChannel {          // 内部类实现本接口
        public void send() {                         // 覆写方法
            System.out.println("www.mldn.cn");
        }
    }
    public static IChannel getInstance() {           // 定义static方法获取本接口实例
        return new ChannelImpl();                    // 返回接口子类实例
    }
}
public class JavaDemo {
    public static void main(String args[]) {
        IChannel channel = IChannel.getInstance();   // 获取接口对象
        channel.send();                              // 消息发送
    }
}
```
程序执行结果：
www.mldn.cn

    本程序定义 IChannel 接口时直接在内部定义了其实现子类，同时为了方便用户获取接口实例，使用 static 定义了一个静态方法，这样用户就可以在不关心子类的前提下直接使用接口对象。

12.3　static 定义内部类

	视频名称	1203_static 定义内部类		学习层次	掌握
	视频简介	static 定义的结构可以不受到类的使用制约，内部类在嵌套定义时，也可以使用 static 定义独立的类结构体。本课程主要讲解 static 定义内部类的特点以及实例化方式。			

    在进行内部类定义的时候，也可以通过 static 关键字来定义，此时的内部类不再受到外部类实例化对象的影响，所以等同于是一个"外部类"，内部类的名称为"外部类.内部类"。使用 static 定义的内部类只能够调用外部类中 static 定义的结构，并且在进行内部类实例化的时候也不再需要先获取外部类实

例化对象，static 内部类对象实例化格式如下。

```
外部类.内部类 内部类对象 = new 外部类.内部类() ;
```

范例：使用 static 定义内部类

```java
package cn.mldn.demo;
class Outer {
    private static final String MSG = "www.mldn.cn";    // static属性
    static class Inner {                                // static内部类
        public void print() {
            System.out.println(Outer.MSG);              // 访问static属性
        }
    }
}
public class JavaDemo {
    public static void main(String args[]) {
        Outer.Inner in = new Outer.Inner();             // 实例化内部类对象
        in.print();                                     // 调用方法
    }
}
程序执行结果:
www.mldn.cn
```

本程序在 Outer 类的内部使用 static 定义了 Inner 内部类，这样内部类就成为一个独立的外部类，在
外部实例化对象时内部类的完整名称将为 Outer.Inner。

范例：使用 static 定义内部接口

```java
package cn.mldn.demo;
interface IMessageWarp {                                // 消息包装接口
    static interface IMessage {                         // 定义消息接口
        public String getContent();                     // 【抽象方法】获取消息内容
    }
    static interface IChannel {                          // 消息通道接口
        public boolean connect();                       // 【抽象方法】通道连接
    }
    /**
     * 实现消息发送处理，在通道确定后就可以进行消息的发送
     * @param msg 要发送的消息内容
     * @param channel 消息发送通道
     */
    public static void send(IMessage msg, IChannel channel) {
        if (channel.connect()) {                        // 通道已连接
            System.out.println(msg.getContent());
        } else {
            System.out.println("消息通道无法建立，消息发送失败！");
        }
    }
}
class DefaultMessage implements IMessageWarp.IMessage {  // 消息实现子类
    public String getContent() {
```

```
        return "www.mldn.cn";
    }
}
class NetChannel implements IMessageWarp.IChannel {        // 消息通道实现子类
    public boolean connect() {
        return true;
    }
}
public class JavaDemo {
    public static void main(String args[]) {
        IMessageWarp.send(new DefaultMessage(), new NetChannel());
    }
}
```
程序执行结果：
www.mldn.cn

本程序在 IMessageWrap 接口中定义了两个"外部接口"：IMessageWarp.IMessage（消息内容）、
IMessageWarp.IChannel（消息发送通道），随后在外部分别实现了这两个内部接口，以实现消息的发送。

> **注意：实例化内部类对象的格式比较。**
>
> 对于现在实例化内部类的操作已经给出了两种格式，分别如下。
> ➥ **格式 1（非 static 定义内部类）**：外部类.内部类 内部类对象 = new 外部类().new 内部类()。
> ➥ **格式 2（static 定义内部类）**：外部类.内部类 内部类对象 = new 外部类.内部类()。
> 通过这两种格式可以发现，使用了 static 定义的内部类，其完整的名称就是"外部类.内部类"，在实例化对象
> 的时候也不再需要先实例化外部类再实例化内部类了。

12.4　方法中定义内部类

	视频名称	1204_方法中定义内部类	学习层次	掌握
	视频简介	内部类的嵌套除了可以在类中完成外，也可以在各个代码块中定义。本课程主要讲解方法中内部类的定义形式，以及 JDK 1.8 之前与之后版本访问参数上的区别。		

内部类理论上可以在类的任意位置上进行定义，这就包括代码块中或者是普通方法中，而在实际开
发过程中，在普通方法里面定义内部类的情况是比较常见的。

范例：在方法中定义内部类

```
package cn.mldn.demo;
class Outer {
    private String msg = "www.mldn.cn";                    // 外部类属性
    public void fun(long time) {                           // 外部类方法
        class Inner {                                      // 方法中定义内部类
            public void print() {
                System.out.println(Outer.this.msg);        // 外部类属性
                System.out.println(time);                  // 方法参数
            }
        }
        new Inner().print();                               // 方法中直接实例化内部类对象
```

```
        }
    }
}
public class JavaDemo {
    public static void main(String args[]) {
        new Outer().fun(2390239023L);                        // 调用外部类方法
    }
}
```
程序执行结果：
```
www.mldn.cn
2390239023
```

本程序在 Outer.fun()方法中定义了内部类 Inner，并且在 Inner 内部类中实现了外部类中成员属性与
fun()方法中的参数访问。

> **提示：内部类中访问方法参数。**
>
> 在上述程序中可以发现，方法定义的参数可以直接被内部类访问，这一特点是在 JDK 1.8 之后才开始支持的。
> 但是在 JDK 1.8 以前，如果方法中定义的内部类要想访问参数或局部变量，那么就需要使用 final 关键字进行定义。
>
> **范例：JDK 1.8 以前方法中定义内部类**
>
> ```
> class Outer {
>     private String msg = "www.mldn.cn";                 // 外部类属性
>     public void fun(final long time) {                  // 外部类方法
>         final String info = "魔乐科技" ;
>         class Inner {                                    // 方法中定义内部类
>             public void print() {
>                 System.out.println(Outer.this.msg);      // 外部类属性
>                 System.out.println(time);                // 方法参数
>                 System.out.println(info);                // 局部变量
>             }
>         }
>         new Inner().print();                             // 直接实例化内部类对象
>     }
> }
> ```
>
> 本程序属于 JDK 1.8 以前的定义模式，可以发现要在方法的参数和局部变量上加入 final 关键字后内部类才可
> 以访问。之所以提供这样的支持，主要是为了支持 Lambda 表达式。

12.5　匿名内部类

视频名称	1205_匿名内部类		学习层次	掌握
视频简介	继承开发需要子类，但是过多的子类又有可能产生太多的额外代码，为了简化程序文件的定义，Java 提供了匿名内部类的结构体。本课程主要讲解匿名内部类的产生意义以及具体定义。			

在一个接口或抽象类定义完成后，在使用前都需要定义专门的子类，随后利用子类对象的向上转型
才可以使用接口或抽象类。但是在很多时候某些子类可能只使用一次，那么单独为其创建一个类文件就
会非常浪费，此时就可以利用匿名内部类的概念来解决此类问题。

范例：使用匿名内部类

```java
package cn.mldn.demo;
interface IMessage {                                    // 定义接口
    public void send(String str);                       // 抽象方法
}
public class JavaDemo {
    public static void main(String args[]) {
        // 接口对象无法直接实例化，而使用匿名内部类后就可以利用对象的实例化格式获取接口实例
        IMessage msg = new IMessage()                   // 直接实例化接口对象
        {                                               // 匿名内部类
            public void send(String str) {              // 覆写方法
                System.out.println(str);
            }
        };
        msg.send("www.mldn.cn");                        // 调用接口方法
    }
}
```

程序执行结果：

www.mldn.cn

本程序利用匿名内部类的概念实现了 IMessage 接口的实例化处理操作，但是匿名内部类由于没有具体的名称，所以只能够使用一次，而使用它的优势在于：减少类的定义数量。

> **提示：关于匿名内部类的说明。**
>
> 之所以强调匿名内部类可以减少一个类的定义，主要的原因在于：实际项目开发中一个 *.java 文件往往只会使用 public class 定义一个类，如果现在不使用匿名内部类，并且在 IMessage 接口子类只使用一次的情况下，那么就需要定义一个 MessageImpl.java 源代码文件，这样就会显得比较浪费了。
>
> 另外，匿名内部类大部分情况下都是结合接口、抽象类来使用的，因为这两种结构中都包含有抽象方法，普通类也可以使用匿名内部类进行方法覆写，但是这样做的意义不大。

如果现在结合接口中的 static 方法，也可以直接将匿名内部类定义在接口中，这样也可以方便地进行引用。

范例：在接口中利用匿名内部类实现接口

```java
package cn.mldn.demo;
interface IMessage {
    public void send(String str);                       // 抽象方法
    public static IMessage getInstance() {              // static方法可以直接调用
        return new IMessage()                           // 实例化接口对象
        {                                               // 匿名内部类
            public void send(String str) {              // 方法覆写
                System.out.println(str);
            }
        };
    }
}
```

```
public class JavaDemo {
    public static void main(String args[]) {
        IMessage.getInstance().send("www.mldn.cn");   // 调用接口方法
    }
}
```
程序执行结果：
www.mldn.cn

本程序利用匿名内部类直接在接口中实现了自身，这样的操作形式适合于接口只有一个子类的时候，并且也可以对外部调用处隐藏子类。

12.6 Lambda 表达式

视频名称	1206_Lambda 表达式		学习层次	掌握
视频简介	Haskell 是著名的函数式编程语言，很多开发者也坚持认为函数式编程更加简洁，为此在新版本的 JDK 中也引入了函数式编程支持，利用函数式编程可以简化类结构体的定义。本课程主要讲解匿名内部类的定义问题，并且讲解 Lambda 表达式的几种使用形式。			

Lambda 表达式是 JDK 1.8 中引入的重要技术特征。所谓的 Lambda 表达式，是指应用在 SAM（Single Abstract Method，含有一个抽象方法的接口）环境下的一种简化定义形式，用于解决匿名内部类的定义复杂问题，在 Java 中 Lambda 表达式的基本语法形式如下。

定义方法体	(参数,参数,...) -> {方法体}
直接返回结果	(参数,参数,...) -> 语句

在给定的格式中，参数与要覆写的抽象方法的参数对应，抽象方法的具体操作就通过方法体来进行定义。

范例：编写第一个 Lambda 表达式

```
package cn.mldn.demo;
interface IMessage {                                    // 定义接口
    public void send(String str);                       // 抽象方法
}
public class JavaDemo {
    public static void main(String args[]) {
        IMessage msg = (str) -> {                        // Lambda等价于匿名内部类
            System.out.println("发送消息：" + str);        // 方法体
        };
        msg.send("www.yootk.com");                       // 调用接口方法
    }
}
```
程序执行结果：
发送消息：www.yootk.com

本程序利用 Lambda 表达式定义了 IMessage 接口的实现类，可以发现利用 Lambda 表达式进一步简化了匿名内部类的定义结构。

> **提示：Lambda 单个方法定义。**
>
> 在进行 Lambda 表达式定义的过程中，如果要实现的方法体只有一行，则可以省略 "{}"。
>
> **范例：省略 "{}" 定义 Lambda 表达式**
>
> ```
> public class JavaDemo {
>     public static void main(String args[]) {
>         IMessage msg = (str) -> System.out.println("发送消息： " + str); // Lambda
>         msg.send("www.yootk.com");
>     }
> }
> ```
>
> 此时可以实现的功能与之前相同，但是此种写法仅限于单行语句的形式。

　　在 Lambda 表达式中已经明确要求 Lambda 是应用在接口上的一种操作，并且接口中只允许定义有一个抽象方法。但是在一个项目开发中往往会定义大量的接口，而为了分辨出 Lambda 表达式的使用接口，可以在接口上使用@FunctionalInterface 注解声明，这样表示此为函数式接口，里面只允许定义一个抽象方法。

范例：使用@FunctionalInterface 注解

```
@FunctionalInterface                              // 该接口只允许定义一个抽象方法
interface IMessage {                              // 定义接口
    public void send(String str);                 // 抽象方法
}
```

　　理论上来讲，如果一个接口只有一个抽象方法，写与不写@FunctionalInterface 注解是没有区别的；但是从标准来讲，还是建议读者写上此注解。同时需要注意的是，在函数式接口中依然可以定义普通方法与静态方法。

范例：定义单行返回语句

```
package cn.mldn.demo;
@FunctionalInterface                              // 函数式接口
interface IMath {
    public int add(int x, int y);                 // 数据相加
}
public class JavaDemo {
    public static void main(String args[]) {
        // 此时由于只是单行计算并返回，所以可以直接编写语句
        // 如果觉得此类形式难以理解，也可以使用(t1, t2) -> { return t1 + t2 ; }
        IMath math = (t1, t2) -> t1 + t2;          // 定义参数并直接返回结果
        System.out.println(math.add(10, 20));      // 输出计算结果
    }
}
程序执行结果：
30
```

　　本程序由于只是简单地进行了两个数字的加法计算，所以直接在方法体处编写语句即可将计算的结果返回。

12.7　方法引用

视频名称	1207_方法引用	学习层次	理解
视频简介	引用是 Java 语言设计的核心灵魂，早期的 JDK 由于受到传统 C/C++语言的影响，只提供有对象引用。在新的 JDK 版本中加强了"引用"这一概念的深入，提供了方法引用操作。本课程主要讲解 Java 中 4 种方法引用的使用方式。		

在 Java 中利用对象的引用传递可以实现不同的对象名称操作同一块堆内存空间的操作，而从 JDK 1.8 开始，方法也支持引用操作，这样就相当于为方法定义了别名。方法引用的形式一共有以下 4 种。

- ↘ 引用静态方法：类名称:: static 方法名称。
- ↘ 引用某个对象的方法：实例化对象:: 普通方法。
- ↘ 引用特定类型的方法：特定类:: 普通方法。
- ↘ 引用构造方法：类名称:: new。

范例：引用静态方法

本次将引用在 String 类里的 valueOf()静态方法（public static String valueOf(int x)）。

```
package cn.mldn.demo;
@FunctionalInterface                            // 函数式接口
interface IFunction<P, R> {                     // P描述的是参数、R描述的是返回值
    public R change(P p);                       // 随意定义一个方法名称，进行方法引用
}
public class JavaDemo {
    public static void main(String args[]) {
        // 引用String类中所提供的一个静态方法
        IFunction<Integer, String> fun = String::valueOf;
        String str = fun.change(100);           // 利用change()表示valueOf()
        System.out.println(str.length());       // 调用String类方法
    }
}
程序执行结果：
3
```

本程序定义了一个 IFunction 的函数式接口，随后利用方法引用的概念引用了 String.valueOf()方法，并且利用此方法的功能将 int 型常量转为 String 型对象。

范例：引用普通方法

本次引用 String 类中的字符串转大写的方法：public String toUpperCase()。

```
package cn.mldn.demo;
@FunctionalInterface                            // 函数式接口
interface IFunction<R> {                        // toUpperCase()方法没有参数
    public R upper();
}
public class JavaDemo {
    public static void main(String args[]) {
        // 引用一个实例化对象中的普通方法
        IFunction<String> fun = "www.mldn.cn"::toUpperCase;
        System.out.println(fun.upper());        // 转大写
```

```
        }
}
```
程序执行结果：
WWW.MLDN.CN

    String 类中提供的 toUpperCase()方法一般都是需要通过 String 类的实例化对象才可以调用，所以本程序使用实例化对象引用了类中的普通方法（"www.mldn.cn"::toUpperCase）为 IFunction 接口的 upper()，即调用 upper()方法就可以实现 toUpperCase()方法的执行结果。

    在进行方法引用的过程中还有另外一种形式的引用，它需要特定类的对象支持。正常情况下如果使用了"类::方法"，引用的一定是类中的静态方法，但是这种形式也可以引用普通方法。例如，在 String 类里有一个方法：public int compareTo(String anotherString)。

    如果要进行比较的操作，则可以采用的代码形式：字符串 1 对象.compareTo(字符串 2 对象)，也就是说，如果真要引用这个方法就需要准备两个参数。

范例：引用特定类的普通方法

    本次将引用 String 类的字符串大小比较方法：public int compareTo(String anotherString)。

```
package cn.mldn.demo;
@FunctionalInterface                                              // 函数式接口
interface IFunction<P> {                                          // compareTo()参数类型必须统一
    public int compare(P p1, P p2);                              // 方法引用
}
public class JavaDemo {
    public static void main(String args[]) {
        // 引用特定类的方法，此时就需要开发者传入实例化对象与参数
        IFunction<String> fun = String::compareTo;
        System.out.println(fun.compare("MLDN", "mldn"));         // 大小比较
    }
}
```
程序执行结果：
-32（"M"比"m"的编码少了32位）

    本程序直接引用了 String 类中的 compareTo()方法，由于此方法调用时需要通过指定对象才可以，所以在使用引用方法 compare()的时候就必须传递两个参数。与之前的引用操作相比，方法引用前不再需要定义具体的类对象，而是可以理解为将需要调用方法的对象作为参数进行了传递。

范例：引用构造方法

```
package cn.mldn.demo;
class Person {                                                   // 随意定义一个类
    private String name;
    private int age;
    public Person(String name, int age) {                       // 双参构造为属性初始化
        this.name = name;
        this.age = age;
    }
    public String toString() {
        return "姓名：" + this.name + "、年龄：" + this.age;
    }
}
@FunctionalInterface                                             // 函数式接口
```

```
interface IFunction<R> {
    public R create(String s, int a);                    // 方法引用
}
public class JavaDemo {
    public static void main(String args[]) {
        IFunction<Person> fun = Person::new;             // 引用构造方法
        // 调用create()就等价于调用new Person()，所以必须传入两个参数
        System.out.println(fun.create("张三", 20));       // 直接输出实例化对象
    }
}
```

程序执行结果：

姓名：张三、年龄：20

在本程序中利用 IFunction.create()方法实现了 Person 类中双参构造方法的引用，所以在调用此方法时就必须按照 Person 类提供的构造方法形式传递指定的参数。构造方法的引用在实际开发中可以实现类中构造方法的对外隐藏，更加彰显了面向对象的封装性。

12.8　内建函数式接口

视频名称	1208_内建函数式接口		学习层次	理解
视频简介	函数式接口是实现 Lambda 表达式的核心关键，Java 在进行结构设计时充分考虑到了系统类对函数式编程的支持，提供了一系列的函数式接口。本课程主要讲解 java.util.function 定义的 4 个核心函数式接口的使用。			

在方法引用的操作过程中，读者可以发现，不管如何进行操作，对于可能出现的函数式接口的方法最多只有 4 类：有参数有返回值、有参数无返回值、无参数有返回值、判断真假。所以为了简化开发者的定义以及操作的统一，从 JDK 1.8 开始提供了一个新的开发包：java.util.function，在此包中提供了许多内置的函数式接口，下面通过具体的范例来为读者解释 4 个核心函数式接口的使用。

> **提示：java.util.function 包中存在有大量类似功能的其他接口。**
>
> 在本次所讲解的 4 个函数式接口内部除了指定的抽象方法之外，还提供了一些 default 或 static 方法，这些方法不在本书讨论范围之内。另外，需要提醒读者的是，本次讲解的接口是 java.util.function 包中的核心接口，而在这些核心接口之上也定义接收更多参数的函数式接口，有兴趣的读者可以自己查阅。

（1）功能型函数式接口：该接口的主要功能是进行指定参数的接收并且可以返回处理结果。

```
@FunctionalInterface
public interface Function<T, R> {                // 定义功能型接口，设置参数与返回结果类型
    public R apply(T t);                         // 接收参数并返回处理结果
}
```

范例：使用功能型函数式接口

本次将引用 String 类中判断是否以指定字符串开头的方法：public boolean startsWith(String str)。

```
package cn.mldn.demo;
import java.util.function.*;
public class JavaDemo {
    public static void main(String args[]) {
```

```
        // 引用startsWith()方法，该方法将接收一个String型参数，并返回Boolean类型
        Function<String, Boolean> fun = "**MLDN"::startsWith;
        System.out.println(fun.apply("**"));       // 调用方法
    }
}
```
程序执行结果：

true

　　如果要使用功能型函数式接口，必须保证有一个输入参数并且有返回值，由于映射的是 String 类的 startsWith()方法，所以此方法使用时必须传入参数（String 型），同时要返回一个判断结果（boolean 型）。

　　（2）消费型函数式接口：该接口主要功能是进行参数的接收与处理，但是不会有返回结果。

```
@FunctionalInterface
public interface Consumer<T> {              // 消费型函数式接口，只需设置参数类型即可
    public void accept(T t);                // 接收一个参数，并且不需要返回处理结果，适合于引用类型操作
}
```

范例：使用消费型函数式接口

　　本次将引用 System.out.println()方法进行内容输出。

```
package cn.mldn.demo;
import java.util.function.*;
public class JavaDemo {
    public static void main(String args[]) {
        // System是一个类，out是里面的成员属性，println()是out对象中的方法
        Consumer<String> con = System.out::println;  // 输出方法只需接收参数，不需要返回值
        con.accept("www.mldn.cn");                    // 信息输出
    }
}
```
程序执行结果：

www.mldn.cn

　　本程序利用消费型函数式接口接收了 System.out.println()方法的引用，此方法定义中需要接收一个 String 型数据，但是不会返回任何结果。

　　（3）供给型函数式接口：该接口的主要功能是方法不需要接收参数，并且可以进行数据返回。

```
@FunctionalInterface
public interface Supplier<T> {              // 供给型函数式接口，设置返回值类型
    public T get();                         // 不接收参数，但是会返回数据
}
```

范例：使用供给型函数式接口

　　本次将引用 String 类中的字符串转小写方法：public String toLowerCase()。

```
package cn.mldn.demo;
import java.util.function.*;
public class JavaDemo {
    public static void main(String args[]) {
        // toLowerCase()方法不需要接收参数，会将当前String类对象的内容进行转换
        Supplier<String> sup = "www.MLDNJAVA.cn"::toLowerCase;
        System.out.println(sup.get());       // 获取数据
    }
```

```
}
```
程序执行结果：
```
www.mldnjava.cn
```

本程序使用了供给型函数式接口，此接口上不需要接收参数，所以直接利用 String 类的实例化对象引用了 toLowerCase()方法，当调用了 get()方法后可以实现大写转换操作。

（4）断言型函数式接口：断言型函数式接口主要是进行判断操作，本身需要接收一个参数，同时会返回一个 boolean 结果。

```
@FunctionalInterface
public interface Predicate<T> {              // 断言型函数式接口，需要设置判断的数据类型
    public boolean test(T t);                // 逻辑判断
}
```

范例：使用断言型函数式接口

本次将引用 String 类中的忽略大小写比较方法：public boolean equalsIgnoreCase(String str)。

```
package cn.mldn.demo;
import java.util.function.*;
public class JavaDemo {
    public static void main(String args[]) {
        // equalsIgnoreCase()方法需要接收一个字符串型数据，并且与当前String类对象内容进行比较
        Predicate<String> pre = "mldn"::equalsIgnoreCase;
        System.out.println(pre.test("MLDN"));           // 判断调用
    }
}
```
程序执行结果：
```
true
```

本程序直接将 String 类的 equalsIgnoreCase()这个普通方法利用断言型函数式接口进行引用，而后进行忽略大小写比较。

12.9 链 表

视频名称	1209_链表实现简介	学习层次	理解
视频简介	数据结构是通过合理的代码设计方便地实现集合数据的存储。本课程主要讲解链表的实现形式以及链表基本结构。		

在项目开发中数组是一个重要的逻辑组成，在项目中可以用于描述"多"的概念，例如，一个人有多本书，一个国家有多个省份等。传统数组中最大的缺陷在于其一旦声明则长度固定，不便于程序开发，而要想解决这一缺陷，就可以利用链表数据结构实现。

提示：以下所讲解的链表实现代码有一定理解难度。

链表（很多时候会统称为"集合"）是一个重要的数据结构实现，本身的实现较为复杂，涉及的代码也较多，本书不可能重复进行代码的完整粘贴，但会将重要的部分代码进行展示，对于需要了解完整代码的读者可以直接参考源代码。同时需要提醒读者的是，数据结构在 Java 中也是有支持类库的，此部分内容将在本书第 18 章中讲解。

另外本节所讲解的只是最基础的单向链表结构，如果觉得文字难以理解，建议通过视频学习。

链表（动态数组）的本质是利用对象引用的逻辑关系来实现类似于数组的数据存储逻辑，一个链表上由若干个节点（Node）所组成，每一个节点依靠对上一个节点的引用形成一个"链"的形式，如图 12-1 所示。

图 12-1　链表组成形式

数组本身是需要进行多个数据的信息保存，但是数据本身并不能够描述出彼此间的先后顺序，所以就需要将数据包装在节点（Node）中。每一个节点除了要保存数据信息外，一定还要保存有下一个节点（Node）的引用，而在链表中会保存一系列的节点对象，基本结构如图 12-2 所示。

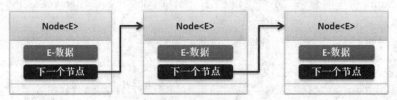

图 12-2　Node 类结构

在进行 Node 类设计时，为了避免程序开发中可能出现的 ClassCastException 安全隐患，对于保存的数据类型都用泛型进行定义，这样就可以保证在一个链表中的数据类型统一。而对于链表中的 Node 类的使用可以参考以下形式。

范例： 直接使用 Node 类存放多个数据

```java
package cn.mldn.demo;
class Node<E> {                                    // 定义节点类保存数据和节点引用
    private E data;                                // 节点保存数据
    private Node<E> next;                          // 保存节点引用
    public Node(E data) {                          // 创建节点时保存数据
        this.data = data;
    }
    public E getData() {                           // 获取数据信息
        return this.data;
    }
    public void setNext(Node<E> next) {            // 设置节点引用
        this.next = next;
    }
    public Node<E> getNext() {                      // 返回节点
        return this.next;
    }
}
public class LinkDemo {
    public static void main(String args[]) {
        Node<String> n1 = new Node<String>("火车头");     // 定义节点对象
        Node<String> n2 = new Node<String>("车厢一");     // 定义节点对象
```

```
        Node<String> n3 = new Node<String>("车厢二");          // 定义节点对象
        Node<String> n4 = new Node<String>("车厢三");          // 定义节点对象
        Node<String> n5 = new Node<String>("车厢四");          // 定义节点对象
        n1.setNext(n2);                                       // 设置节点引用
        n2.setNext(n3);                                       // 设置节点引用
        n3.setNext(n4);                                       // 设置节点引用
        n4.setNext(n5);                                       // 设置节点引用
        printNode(n1);                                        // 输出节点信息
    }
    public static void printNode(Node<?> node) {             // 从头输出全部节点
        if (node != null) {                                  // 当前节点存在
            System.out.print(node.getData() + "、");          // 输出节点数据
            printNode(node.getNext());                       // 递归调用，输出后续节点内容
        }
    }
}
```

程序执行结果：

火车头、车厢一、车厢二、车厢三、车厢四、

　　本程序直接利用节点的引用关系，将若干个 Node 类的对象串连在一起，这样在进行数据获取时只需根据引用逻辑，从第一个节点开始利用递归逻辑向后一直输出即可。

　　代码分析到此处，读者对 Node 类的作用应该有所了解了，但是如果所有的 Node 类的对象的创建以及引用关系都由调用者来处理的话，这样的实现是没有任何意义的。因为 Node 类的设计是为了链表而服务的，链表本质是一个动态数组，既然是数组结构，那么开发者是不需要关注内部如何存储，开发者所关心的只是数据的保存与获取，所以在实际使用过程中，链表需要对外部封装 Node 的实现与操作细节。链表的核心实现结构如图 12-3 所示。

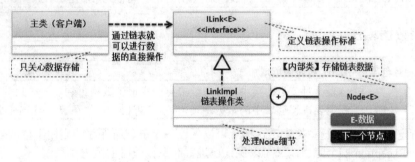

图 12-3　链表设计实现结构

　　在图 12-3 所示的结构中，为了方便链表类中对于数据的保存，将 Node 类设计为了一个内部类的形式，目的是让 Node 类只为 LinkImpl 一个类服务，这样就可以形成以下的链表基本模型。

范例：定义链表基本模型

```
interface ILink<E> {                                         // 链表公共标准
    // 在此处定义若干链表操作方法
}
class LinkImpl<E> implements ILink<E> {
    // 使用内部类的结构进行定义，这样外部类与内部类可以直接进行私有成员访问
    private class Node<E> {                                   // 内部类封装，对外部不可用
```

```
    private E data;                          // 节点保存数据
    private Node<E> next;                     // 保存节点引用
    public Node(E data) {                     // 创建节点时保存数据
        this.data = data;
    }
}
// --------------- 以下为Link类中定义的结构 -------------------
}
```

本程序在 LinkImpl 子类中定义了 Node 内部类，为了防止其他程序类使用 Node 类，所以采用 private 关键字进行封装，并利用 Node 类实现引用关系的处理。在链表的整体实现中会依据 ILink 接口的定义对 Node 类的功能进行扩充，在链表的整体实现中，ILink 接口定义的主要方法如表 12-1 所示。

表 12-1　ILink 接口定义的主要方法

No.	方 法 名 称	类 型	描 述
1	public void add(E e)	普通	向链表中追加新数据
2	public int size()	普通	获取数据的长度
3	public boolean isEmpty()	普通	判断集合是否为空，主要是依据长度判断
4	public Object [] toArray()	普通	将集合以对象数组的形式返回
5	public E get(int index)	普通	根据索引获取指定数据
6	public void set(int index,E data)	普通	修改指定索引数据
7	public boolean contains(E data)	普通	判断数据是否存在，需要 equals()对象比较方法的支持
8	public void remove(E e)	普通	删除数据，需要 equals()对象比较方法的支持
9	public void clean()	普通	清空集合，将根元素清空

12.9.1　链表数据增加

视频名称	1210_链表数据增加		学习层次	理解
视频简介	链表是对节点的集中性管理，节点中实现了数据封装以及彼此引用关联。本课程主要讲解链表中的数据增加，重点分析根节点与子节点的关系以及顺序处理。			

链表在进行定义时使用了泛型技术，这样就可以保证每个链表所保存的相同类型的数据，这样既可以避免 ClassCastException 安全隐患，又可以保证在进行对象比较时的数据类型统一。

链表是多个节点的集合，所以在链表类中为了可以方便地进行所有节点的操作，则需要进行根节点（第一个保存的节点）的保存，每一次增加的新节点都要依照顺序保存在最后一个节点后进行存储，基本实现形式如图 12-4 所示。

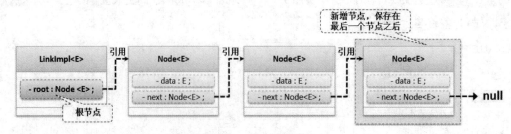

图 12-4　链表数据增加

（1）【ILink】在 ILink 接口中定义数据增加方法。

```
/**
 * 向链表中进行数据的存储，每个链表所保存的数据类型相同，不允许保存null数据
 * @param e 要保存的数据
 */
public void add(E e);
```

（2）【Link.Node】每当进行链表数据增加时都需要创建新的 Node 类对象，并且需要依据引用关系保存 Node 类对象，此操作可以交由 Node 类完成，所以在 Node 类中追加节点保存方法。

```
/**
 * 保存新创建的节点，保存的依据是判断当前节点的next属性是否为空
 * @param newNode 要保存的新节点
 */
public void addNode(Node<E> newNode) {          // 保存新的Node数据
    if (this.next == null) {                     // 当前节点的下一个节点为null
        this.next = newNode;                     // 保存当前节点
    } else {
        this.next.addNode(newNode);              // 递归到合适的位置保存数据
    }
}
```

（3）【LinkImpl】链表实现子类中定义根节点对象。

```
private Node<E> root ;                           // 保存根节点信息
```

（4）【LinkImpl】在 LinkImpl 子类中覆写 ILink 接口中定义的 add()方法。

```
@Override
public void add(E e) {                           // 方法覆写
    if (e == null) {                             // 保存的数据为null时
        return;                                  // 方法调用直接结束
    }
    // 数据本身不具有节点先后的关联特性，要想实现关联处理就必须将数据包装在Node类中
    Node<E> newNode = new Node<E>(e);            // 创建一个新的节点
    if (this.root == null) {                     // 现在没有根节点
        this.root = newNode;                     // 第1个节点作为根节点
    } else {                                     // 根节点存在
        this.root.addNode(newNode);              // 由Node类保存新节点
    }
}
```

在 LinkImpl 子类中主要功能是将要保存在链表中的数据包装在 Node 类对象中，这样就可以利用 Node 类中所提供的 next 属性来定义不同 Node 类对象间的先后关系。在链表实现中最为重要的就是根节点的保存，即通过根节点可以实现所有后续节点的处理，本程序将第一个保存的节点作为根节点。

（5）【测试类】在主类中进行链表数据的保存。

```
public class LinkDemo {
    public static void main(String args[]) {
        ILink<String> link = new LinkImpl<String>();    // 实例化链表对象
        link.add("魔乐科技软件学院");                      // 链表中保存数据
        link.add("www.mldn.cn");                         // 链表中保存数据
        link.add("www.yootk.com");                       // 链表中保存数据
```

```
    }
}
```

在客户端使用时可以利用子类对象的向上转型为 ILink 父接口对象实例化，这样就可以直接调用 add()
方法进行链表数据存储，由于链表类实现了所有节点的创建与引用处理，所以客户端不必再关心 Node
类的操作。

12.9.2　获取链表元素个数

视频名称	1211_获取链表元素个数		学习层次	理解
视频简介	链表中所保存的集合内容，最终都需要通过数组的形式返回，所以需要为链表追加数据统计的功能。本课程主要讲解如何实现链表数据个数的统计与信息获取。			

链表中往往会保存大量的数据内容，同时链表的本质又相当于一个数组，那么为了可以准确地获取
数据的个数，就需要在链表中进行数据的统计操作。

（1）【ILink】在 ILink 接口中定义一个 size()方法用于返回数据保存个数。

```
/**
 * 获取链表中集合元素的保存个数
 * @return 元素个数
 */
public int size() ;
```

（2）【LinkImpl】在 LinkImpl 子类中定义一个新的成员属性用于进行元素个数的统计。

```
private int count ;                              // 保存元素个数
```

（3）【LinkImpl】在元素保存成功时可以进行 count 属性的自增处理，修改 add()方法。

```
@Override
public void add(E e) {
    // 其他重复代码略 ...
    this.count ++ ;                              // 保存元素个数自增
}
```

（4）【LinkImpl】在 LinkImpl 子类中覆写 size()方法，返回 count 成员属性

```
@Override
public int size() {
    return this.count;                           // 返回元素个数
}
```

（5）【测试类】在主类中调用 size()方法。

```
public class LinkDemo {
    public static void main(String args[]) {
        ILink<String> link = new LinkImpl<String>();        // 实例化链表对象
        System.out.println("数据保存前链表元素个数： " + link.size());
        link.add("魔乐科技软件学院");                          // 链表中保存数据
        link.add("www.mldn.cn");                            // 链表中保存数据
        link.add("www.yootk.com");                          // 链表中保存数据
        System.out.println("数据保存后链表元素个数： " + link.size());
    }
}
```
程序执行结果：

数据保存前链表元素个数：0
数据保存后链表元素个数：3

本程序在进行链表数据保存的前后分别进行了数据个数的统计。

12.9.3 空集合判断

视频名称	1212_空集合判断		学习层次	理解
视频简介	空（不是 null）是对集合操作状态的一种判断，而链表作为数据存储集合，应该更加方便地提供状态判断的方法。本课程主要讲解如何在链表中实现空集合数据的判断。			

链表中可以进行若干数据的保存，在链表对象实例化完毕但还未进行数据保存时，该链表就属于一个空集合，那么就可以在链表中追加一个空集合的判断。

（1）【ILink】在 ILink 接口中定义一个新的方法，用于判断当前集合是否为空集合。

```
/**
 * 判断当前是否为空链表（长度为0）
 * @return 如果是空链表返回true，否则返回false
 */
public boolean isEmpty();
```

（2）【LinkImpl】在 LinkImpl 子类中覆写 isEmpty()方法。

```
@Override
public boolean isEmpty() {
    return this.count == 0;                              // 判断集合长度是否为0
}
```

本程序通过判断集合长度是否为 0 的方式检测当前集合是否为空集合，实际上也可以通过判断根元素是否为空的形式来验证。

12.9.4 返回链表数据

视频名称	1213_返回链表数据		学习层次	理解
视频简介	链表只是作为一个数据载体存在，在进行数据操作时需要将链表中的数据取出。本课程主要讲解如何将链表中的全部数据以数组的形式返回。			

链表中所有的数据通过 Node 封装后实现了动态保存，并且取消了数组长度的限制。但是保存在链表中的数据也需要被外部获取，那么此时就可以利用数组的形式返回链表中的保存数据。考虑到此功能的通用性，所以返回的数组类型应该为 Object，操作结构如图 12-5 所示。

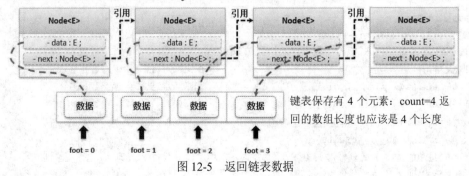

图 12-5 返回链表数据

在进行链表数据获取时，应该根据当前链表所保存的集合长度开辟相应的数组，随后利用索引的方式从链表中取得相应的数据并将其保存在数组中。

（1）【ILink】在 ILink 接口中追加方法用于返回链表数据。

```
/**
 * 获取链表中的全部内容，该内容将以数组的形式返回
 * @return 如果链表有内容则返回与保存元素个数相当的数组；如果没有内容保存则返回null
 */
public Object[] toArray() ;
```

（2）【LinkImpl】在 LinkImpl 子类中定义两个成员属性，用于返回数组声明与数组索引控制。

```
private int foot;                                    // 数组操作脚标
private Object[] returnData;                          // 返回数据保存
```

（3）【LinkImpl.Node】在 Node 类中追加新的方法，通过递归的形式将链表中的数据保存在数组中。

```
/**
 * 将链表中的全部元素保存到对象数组中
 */
public void toArrayNode() {
    // 将当前节点的数据取出保存到returnData数组中，同时进行索引自增
    LinkImpl.this.returnData[LinkImpl.this.foot++] = this.data;
    if (this.next != null) {                          // 还有下一个数据
        this.next.toArrayNode();                      // 递归调用
    }
}
```

（4）【LinkImpl】覆写 ILink 接口中的 toArray()方法。

```
@Override
public Object[] toArray() {
    if (this.isEmpty())    {                          // 空集合
        throw new NullPointerException("集合内容为空") ;
    }
    this.foot = 0 ;                                   // 脚标清零
    this.returnData = new Object [this.count] ;       // 根据已有长度开辟数组
    this.root.toArrayNode() ;                         // 利用Node类进行递归数据获取
    return this.returnData ;                          // 返回全部元素
}
```

（5）【测试类】编写测试程序调用 toArray()方法。

```
public class LinkDemo {
    public static void main(String args[]) {
        ILink<String> link = new LinkImpl<String>();  // 实例化链表对象
        link.add("魔乐科技软件学院");                     // 链表中保存数据
        link.add("www.mldn.cn");                       // 链表中保存数据
        link.add("www.yootk.com");                     // 链表中保存数据
        Object results [] = link.toArray() ;           // 获取全部保存数据
        for (Object obj : results) {
            String str = (String) obj ;                // 确定为String类型，强制转型
            System.out.print(str + "、");              // 输出对象
```

```
        }
    }
}
```

程序执行结果：

魔乐科技软件学院、www.mldn.cn、www.yootk.com、

本程序通过链表中的 toArray()方法可以将保存在链表中的数据全部取出，就可以利用 foreach 实现内容打印。

> **提示：关于集合的常见操作。**
>
> 实际上随着读者开发经验的不断提升，慢慢就会发现对于链表这类集合的数据操作，最为常见的功能就是保存数据与获取数据，并且不会受到长度的限制。

12.9.5　根据索引取得数据

视频名称	1214_根据索引取得数据	学习层次	理解
视频简介	链表实现的是动态对象数组操作，数组可以直接通过索引进行数据返回。本课程主要讲解链表与对象数组的关系以及索引与链表数据的关系。		

传统数组和链表都是基于顺序式的形式实现了数据的保存，所以链表也可以利用索引的形式通过递归获取指定数据，操作形式如图 12-6 所示。

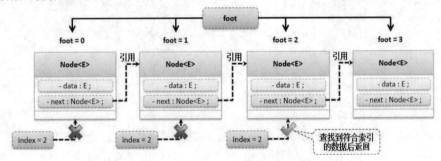

图 12-6　根据索引查找内容

（1）【ILink】在 ILink 接口中定义新的方法可以根据索引获取数据。

```
/**
 * 根据索引获取链表中的指定元素内容
 * @param index 要获取元素的索引
 * @return 指定索引位置的数据
 */
public E get(int index) ;
```

（2）【LinkImpl.Node】在 Node 类中追加索引获取数据的方法，此时可以利用 LinkImpl 类中的 foot 进行索引判断。

```
/**
 * 根据节点索引获取元素
 * @param index 要获取的索引编号，该索引编号一定是有效编号
 * @return 索引对应的数据
 */
public E getNode(int index) {
```

```
        if (LinkImpl.this.foot++ == index) {              // 索引相同
            return this.data;                              // 返回当前数据
        } else {                                           // 继续向后获取数据
            return this.next.getNode(index);
        }
    }
```

（3）【LinkImpl】在 LinkImpl 子类中覆写 get()方法。

```
@Override
public E get(int index) {
    if (index >= this.count) {                             // 索引不在指定的范围内
        throw new ArrayIndexOutOfBoundsException("不正确的数据索引");
    }
    this.foot = 0;                                         // 重置索引的下标
    return this.root.getNode(index);                       // 交由Node类查找
}
```

（4）【测试类】编写测试程序，调用 get()方法。

```
public class LinkDemo {
    public static void main(String args[]) {
        ILink<String> link = new LinkImpl<String>();       // 实例化链表对象
        link.add("魔乐科技软件学院");                           // 链表中保存数据
        link.add("www.mldn.cn");                           // 链表中保存数据
        link.add("www.yootk.com");                         // 链表中保存数据
        System.out.println(link.get(1));                   // 获取第2个元素
        System.out.println(link.get(3));                   // 错误的索引
    }
}
```
程序执行结果：
```
www.mldn.cn
Exception in thread "main" java.lang.ArrayIndexOutOfBoundsException: 不正确的数据索引
```

本程序在 get()方法中由于存在索引的检查机制，所以一旦使用了不正确的索引将会产生相应的异常
提示给用户。

> **提示：关于时间复杂度问题。**
>
> 衡量程序算法的优劣有两个重要的参考条件：时间复杂度和空间复杂度。在本程序中要获取一个指定索引的
> 时间复杂度为 n，即有 n 个元素，那么本次递归调用就有可能出现 n 次，而数组根据索引查询的时间复杂度为 1，
> 可以直接进行定位。按照这个方式来分析，当链表中保存的数据越多，那么执行的性能就有可能越慢。所以一个
> 可供使用的链表中必然要考虑这些性能，而这些也是数据结构学习中需要考虑的问题。幸运的是，Java 提供有专
> 门的类集框架帮助开发者提高开发效率并简化开发难度。

12.9.6　修改链表数据

	视频名称	1215_修改链表数据	学习层次	理解
	视频简介	链表中的数据都是依据顺序实现的存储，并且都有各自的索引编号，那么就可以依据索引编号实现数据修改。本课程主要讲解如何利用一个索引进行指定数据的修改。		

链表中的数据由于存在 foot 这个成员变量就可以通过索引的形式来进行操作，利用索引可以实现内容的修改。

（1）【ILink】在 ILink 接口中追加数据修改方法。

```
/**
 * 修改指定索引中的数据内容
 * @param index 要修改的数据索引
 * @param data 要替换的新内容
 */
public void set(int index, E data);
```

（2）【LinkImpl.Node】在 Node 类中增加一个索引数据修改的方法。

```
/**
 * 修改指定索引对应的数据内容
 * @param index 要修改的索引
 * @param data 要替换的内容
 */
public void setNode(int index, E data) {
    if (LinkImpl.this.foot++ == index) {          // 索引相同
        this.data = data;                          // 修改数据
    } else {
        this.next.setNode(index, data);            // 后续节点操作
    }
}
```

（3）【LinkImpl】在 LinkImpl 子类中覆写 set() 方法。

```
@Override
public void set(int index, E data) {
    if (index >= this.count) {                     // 索引不在指定的范围内
        throw new ArrayIndexOutOfBoundsException("不正确的数据索引");
    }
    this.foot = 0;                                 // 重置索引的下标
    this.root.setNode(index, data);                // Node类修改数据
}
```

（4）【测试类】编写程序实现内容修改。

```
public class LinkDemo {
    public static void main(String args[]) {
        ILink<String> link = new LinkImpl<String>();      // 实例化链表对象
        link.add("魔乐科技软件学院");                        // 链表中保存数据
        link.add("www.mldn.cn");                           // 链表中保存数据
        link.add("www.yootk.com");                         // 链表中保存数据
        link.set(1. "魔乐科技软件学院（MLDN）:www.mldn.cn");  // 修改内容
        System.out.println(link.get(1));                   // 获取第2个元素
    }
}
```

程序执行结果：
魔乐科技软件学院（MLDN）:www.mldn.cn

本程序利用了 set() 方法修改了指定索引的内容，随后利用 get() 方法获取索引数据，实质上 set() 与 get() 两个方法的实现原理相同。

12.9.7　数据内容查询

	视频名称	1216_数据内容查询	学习层次	理解
	视频简介	链表中可以保存各种数据类型，这样在进行内容查询时就需要提供标准对象比较方法。本课程主要讲解 equals()方法在链表数据查询中的使用以及查询原理。		

在一个集合里面往往会保存大量的数据，有时需要判断某个数据是否存在，这时就可以利用迭代的方法进行对象比较（equals()方法）来完成判断。

（1）【ILink】在 ILink 接口中定义数据查询方法。

```
/**
 * 查询指定内容是否存在，要求查询对象所在类覆写equals()方法
 * @param data 要查找的数据
 * @return 数据存在返回true，否则返回false
 */
public boolean contains(E data);
```

（2）【LinkImpl.Node】节点递归处理以及数据判断在 Node 类中完成，定义以下方法。

```
/**
 * 判断指定的数据是否存在
 * @param data 要查找的数据
 * @return 数据存在返回true，否则返回false
 */
public boolean containsNode(E data) {
    if (this.data.equals(data)) {               // 对象比较
        return true;                            // 数据存在
    } else {
        if (this.next == null) {                // 没有后续节点
            return false;                       // 没有找到数据
        } else {                                // 后续节点判断
            return this.next.containsNode(data);
        }
    }
}
```

（3）【LinkImpl】在 LinkImpl 子类中覆写 contains()方法。

```
@Override
public boolean contains(E data) {
    if (data == null) {
        return false;                           // 没有数据，返回false
    }
    return this.root.containsNode(data);        // 交由Node类判断
}
```

（4）【测试类】编写测试类测试数据查找。

```
public class LinkDemo {
    public static void main(String args[]) {
        ILink<String> link = new LinkImpl<String>();    // 实例化链表对象
        link.add("魔乐科技软件学院");                      // 链表中保存数据
        link.add("www.mldn.cn");                        // 链表中保存数据
        link.add("www.yootk.com");                      // 链表中保存数据
```

```
        System.out.println(link.contains("www.mldn.cn"));        // 数据查询
        System.out.println(link.contains("张老师"));             // 数据查询
    }
}
```

程序执行结果:
true（"link.contains("www.mldn.cn")"代码执行结果）
false（"link.contains("张老师")"代码执行结果）

在调用 contains()方法时，利用的是 equals()方法实现对象比较处理。如果现在在链表中保存的是自定义类对象，则对象所在的类一定要覆写 equals()方法。

12.9.8 删除链表数据

视频名称	1217_删除链表数据		学习层次	理解
视频简介	链表除了可以自由延伸之外，也可以随意进行内容的删除，这一点要比数组更加方便。本课程主要讲解链表数据的两种删除方式：根元素删除与非根元素删除。			

链表作为动态数组除了可以任意地进行长度的扩充之外，还可以实现指定数据的删除操作，由于链表是一个 Node 对象的集合，所以在删除数据时需要考虑以下两种情况。

情况 1：要删除的数据是根节点。

由于根节点在链表类（LinkImpl）中保存的是成员属性，一旦要删除的是根节点内容，则可以将第二个节点（根节点.next）作为根节点，操作如图 12-7 所示。

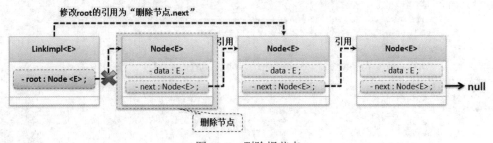

图 12-7　删除根节点

情况 2：要删除的是子节点。

所有子节点的控制全部都是由 Node 类实现的，所以此时可以直接在 Node 类中修改要删除节点的引用，修改的原则为删除节点的上一节点.next = 删除节点.next，操作如图 12-8 所示。

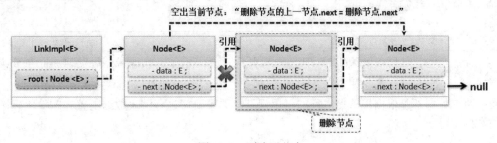

图 12-8　删除子节点

（1）【ILink】在 ILink 接口中增加一个数据删除方法。

```
/**
 * 删除指定内容的数据，需要利用equals()方法进行比较
```

```
 * @param data 要删除的数据
 */
public void remove(E data);
```

（2）【LinkImpl.Node】在 Node 类中追加节点删除操作。

```
/**
 * 删除指定数据对应的节点内容
 * @param previous 要删除节点的上一个节点
 * @param data 要删除的数据
 */
public void removeNode(Node previous, E data) {
    if (this.data.equals(data)) {                    // 数据内容比较
        previous.next = this.next;                   // 【删除】空出当前节点
    } else {                                         // 数据内容不匹配
        if (this.next != null) {                     // 有后续节点
            this.next.removeNode(this, data);        // 向后继续删除
        }
    }
}
```

（3）【LinkImpl】在 LinkImpl 子类中实现节点的删除。

```
@Override
public void remove(E data) {
    if (this.contains(data)) {                       // 判断数据是否存在
        if (this.root.data.equals(data)) {           // 根节点为要删除节点
            this.root = this.root.next;              // 修改根节点引用
        } else {                                     // 交由Node类负责删除
            this.root.next.removeNode(this.root, data);
        }
        this.count--;                                // 元素数量减少
    }
}
```

LinkImpl 子类需要进行根节点的存储，所以对于根节点的数据删除将由 LinkImpl 子类完成，而对于子节点的删除将交由 Node.removeNode()方法处理。需要注意的是，元素一旦成功删除后，需要对 count 成员属性进行修改。

12.9.9　清空链表数据

	视频名称	1218_清空链表数据	学习层次	理解
	视频简介	链表依靠节点的引用关联实现了多个数据的保存，当需要删除全部数据时就可以通过根节点的控制实现链表清空的实现。本课程主要讲解链表数据的整体删除操作。		

链表中所有数据都是依据根节点进行的引用保存，如果要想进行链表数据的整体删除，直接删除掉根节点的数据即可。

（1）【ILink】在 ILink 接口中追加清空链表方法。

```
/**
 * 清空链表中的所有元素
 */
public void clean();
```

（2）【LinkImpl】在 LinkImpl 子类中覆写 clean()方法。

```
@Override
public void clean() {
    this.root = null ;                          // 断开根节点引用
    this.count = 0 ;                            // 元素个数清零
}
```

所有链表中的数据都是被根元素引用的，当根元素设置为 null 后，所有保存的元素都将成为垃圾并等待内存释放。

12.10   综合案例：宠物商店

视频名称	1219_综合案例：宠物商店	学习层次	运用	
视频简介	面向对象程序开发需要经过分析、设计、代码实现 3 个步骤，为了帮助读者更好地运用面向对象的程序设计方法，本课程将通过一个综合案例，结合链表以及接口应用实现宠物商店的代码应用。			

面向对象的程序设计可以实现生活概念的程序抽象化，下面应用面向对象的程序设计解决一个实际问题。现在假设有一个宠物商店，在这个商店里会出售各种宠物供用户选择，现在要求通过程序逻辑的描述实现宠物商品的上架、下架、关键字模糊查询的功能。

分析：在这样一个程序设计要求中会有许多种宠物出现，而宠物商店针对宠物的上架、下架与查询信息应该是依据接口来实现的。由于可以在一个宠物商店中保存有多种宠物信息，此时可以利用链表实现数据的存储，可以得出图 12-9 所示的结构图。

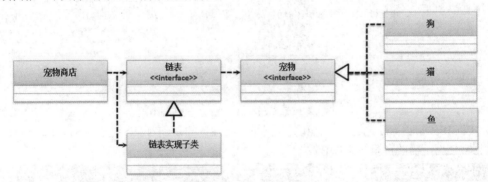

图 12-9   宠物商店设计结构图

（1）创建宠物接口：IPet

```
interface IPet {                                // 定义宠物标准
    public String getName();                    // 获得宠物名称
    public String getColor();                   // 获得宠物颜色
}
```

（2）宠物商店与宠物的接口标准有关，并不用关心宠物的具体子类，所以此时可以直接创建 PetShop 类。

```
class PetShop {                                 // 宠物商店
    // 利用链表可以在一个宠物商店中保存有多个宠物的信息
    private ILink<IPet> allPets = new LinkImpl<IPet>();
```

```
/**
 * 宠物信息上架
 * @param pet 要上架的宠物
 */
public void add(IPet pet) {                                    // 追加宠物，商品上架
    this.allPets.add(pet);                                     // 集合中保存对象
}
/**
 * 宠物信息下架（删除），链表删除操作需要equals()方法支持
 * @param pet 要删除的宠物信息
 */
public void delete(IPet pet) {
    this.allPets.remove(pet);                                  // 删除数据
}
/**
 * 根据关键字模糊查询宠物信息，由于返回多个宠物信息，所以通过链表保存返回结果
 * @param keyword 模糊查询关键字
 * @return 数据查询结果，如果没有结果则链表长度为0（size() == 0）
 */
public ILink<IPet> search(String keyword) {
    ILink<IPet> searchResult = new LinkImpl<IPet>();           // 保存查询结果
    Object result[] = this.allPets.toArray();                 // 获取全部数据
    if (result != null) {                                      // 存在有宠物信息
        for (Object obj : result) {
            IPet pet = (IPet) obj;                             // 向下转型以调用接口方法
            if (pet.getName().contains(keyword) || pet.getColor().contains(keyword)) {
                searchResult.add(pet);                         // 保存查询结果
            }
        }
    }
    return searchResult;
}
}
```

（3）依据 IPet 宠物标准定义宠物狗和猫，但是需要注意的是，为保证链表中的 contains()、remove() 方法可以正常使用，需要覆写 equals()方法。

宠物猫：Cat	宠物狗：Dog

`class Cat implements IPet {`
`    private String name;`
`    private String color;`
`    public Cat(String name, String color) {`
`        this.name = name;`
`        this.color = color;`
`    }`
`    @Override`
`    public String getName() {`
`        return this.name;`
`    }`
`    @Override`
	`class Dog implements IPet {`
	`    private String name;`
	`    private String color;`
	`    public Dog(String name, String color) {`
	`        this.name = name;`
	`        this.color = color;`
	`    }`
	`    @Override`
	`    public String getName() {`
	`        return this.name;`
	`    }`
	`    @Override`

```java
    public String getColor() {                          public String getColor() {
        return this.color;                                  return this.color;
    }                                                   }
    @Override                                           @Override
    public boolean equals(Object obj) {                 public boolean equals(Object obj) {
        if (obj == null) {                                  if (obj == null) {
            return false;                                       return false;
        }                                                   }
        if (!(obj instanceof Cat)) {                        if (!(obj instanceof Dog)) {
            return false;                                       return false;
        }                                                   }
        if (this == obj) {                                  if (this == obj) {
            return true;                                        return true;
        }                                                   }
        Cat cat = (Cat) obj;                                Dog dog = (Dog) obj;
        return this.name.equals(cat.name) &&                return this.name.equals(dog.name) &&
            this.color.equals(cat.color);                       this.color.equals(dog.color);
    }                                                   }
    @Override                                           @Override
    public String toString() {                          public String toString() {
        return "【宠物猫】名字：" + this.name +             return "【宠物狗】名字：" + this.name +
            "、颜色：" + this.color;                          "、颜色：" + this.color;
    }                                                   }
}                                                   }
```

（4）编写主类进行代码测试。

```java
public class PetDemo {
    public static void main(String[] args) {
        PetShop shop = new PetShop();                       // 定义宠物商店
        shop.add(new Dog("黄斑狗", "绿色"));                 // 宠物上架
        shop.add(new Cat("小强猫", "深绿色"));               // 宠物上架
        shop.add(new Cat("黄猫", "深色"));                   // 宠物上架
        shop.add(new Dog("黄狗", "黄色"));                   // 宠物上架
        shop.add(new Dog("斑点狗", "灰色"));                 // 宠物上架
        shop.delete(new Cat("黄猫", "深色"));                // 宠物下架
        Object result[] = shop.search("黄").toArray();      // 数据搜索
        for (Object obj : result) {                         // 循环输出检索结果
            System.out.println(obj);
        }
    }
}
```

程序执行结果：
【宠物狗】名字：黄斑狗、颜色：绿色
【宠物狗】名字：黄狗、颜色：黄色

　　本程序首先在宠物商店中执行了若干次的商品上架操作，由于 PetShop 类是以 IPet 接口为标准，所有实现此接口的宠物类型都可以进行保存，在进行数据查询时设置了一个查询关键字，由于返回的查询结果有多个，所以依然通过链表保存返回结果。

12.11 本 章 概 要

1. 内部类的最大作用在于可以与外部类直接进行私有属性的相互访问，避免对象引用所带来的麻烦。

2. 使用 static 定义的内部类表示外部类，可以在没有外部类实例化对象的情况下使用，同时只能够访问外部类中的 static 结构定义。

3. 匿名内部类主要是应用在抽象类和接口上的扩展应用，利用匿名内部类可以有效地减少子类定义的数量。

4. Lambda 是函数式编程，是在匿名内部类的基础上发展起来的，但是 Lambda 表达式使用前提为该接口只允许有一个抽象方法，或者使用 "@FunctionalInterface" 注解定义。

5. 方法引用与对象引用概念类似，指的是可以为方法进行别名定义。

6. JDK 中提供有 4 个内建函数式接口：Function、Consumer、Supplier、Predicate。

7. 链表是一种线性的数据结构，其所有的数据都按照存储的先后关系进行保存，链表实现的核心依据是 Node 节点类的设计以及引用关系的配置，在实际开发中一个设计优良的链表不仅拥有较高的查找性能，也更加适合于多线程并发操作。本章所讲解的链表只是对链表的基础组织原理进行分析，实际开发中会利用 JDK 提供的类集来代替以上的链表实现。

8. 宠物商店程序中的模式是一种开发中使用较多的设计模型，利用此模型可以实现以接口为标准的应用结构。

12.12 自 我 检 测

使用面向对象的概念表示出下面的生活场景：小明去超市买东西，所有买到的东西都放在了购物车中，最后到收银台一起结账。

	视频名称	1219_综合案例：超市购物车	学习层次	运用
MLDN 魔乐科技	视频简介	本程序是针对现实生活的合理抽象，可以依据接口和链表的形式实现集合标准的定义，这样就可以实现更加合理并且便于扩展的类结构。本课程将针对代码的实现进行讲解，帮助读者深入理解接口应用。		

第三篇
Java 应用编程

第13章 Eclipse 开发工具

通过本章的学习可以达到以下目标

↘ 了解 Eclipse 的发展历史以及 Java 项目开发环境延伸。

↘ 掌握 Eclipse 中 JDT 工具的使用，并且可以使用 JDT 进行 Java 项目的编写。

↘ 掌握 Debug 调试工具的使用。

↘ 掌握 Junit 测试工具的使用。

在实际开发中，如果纯粹使用手动编写程序，那么项目开发的效率将受到严重影响，因此，实际的项目开发一定会借助 IDE 开发工具（Integrated Development Environment，集成开发环境）提高开发效率。本章将为读者讲解 Eclipse 开发工具的使用。

> **提示：多动手使用。**
>
> 笔者多年以来一直不断强调的一个观点：首先要会写代码，开发工具只需简单地摸索就能够上手使用。对于本章所讲解的内容，笔者并不建议读者看书学习，最好的方式是通过本书附送的视频边学习边操作。

13.1 Eclipse 简介

视频名称	1301_Eclipse 简介	学习层次	了解
视频简介	Eclipse 是一个时代的开发标志，伴随着时代的发展，开发工具也在不断更新。本课程介绍 Eclipse 的发展历史以及相关的开发工具发展历史。		

Eclipse 是一个开放源代码的，基于 Java 的可扩展开发平台。就其本身而言，它只是提供了一个基础的底层支持，而后针对不同的编程语言都会提供有相应的插件支持。

> **提示：Eclipse 中文含义。**
>
> Eclipse 中文被翻译为"日蚀"，是指遮盖全部的太阳光芒。而对于 Java 的缔造公司 SUN（Stanford University Network，斯坦福大学校园网）而言这是一个很挑衅的名字。

Eclipse 最初是由 IBM 公司开发的替代商业软件 Visual Age for Java 的下一代 IDE 开发环境，2001 年 11 月贡献给开源社区，现在它由非营利性软件供应商联盟 Eclipse 基金会（Eclipse Foundation）管理。

读者可以直接从 www.eclipse.org（Eclipse 官网）下载到 Eclipse 的开发工具，如图 13-1 所示。用户可以根据自己的操作系统选择相应的 Eclipse 版本。为方便后续学习，本书使用的是 JavaEE-Windows 64 位版，如图 13-2 所示。

Eclipse 本身属于绿色免安装软件，解压缩后就可以直接使用（运行 eclipse.exe 程序），本身包含以下几种开发支持。

图 13-1　Eclipse 官网首页

图 13-2　EclipseEE 版下载

- ➥ JDT（Java Development Tools）：专门开发 Java SE 程序的平台，提供调试、运行、随笔提示等常见功能。
- ➥ JUnit：单元测试软件，可以直接对开发的类进行测试。
- ➥ CVS 客户端：版本控制软件的连接客户端，使用时需要进行服务器端的配置。
- ➥ GIT 客户端：直接支持 GIT 版本控制工具的使用。
- ➥ 插件开发：可以开发 Eclipse 使用的各种插件，丰富开发工具的功能。

> **提示：那些年追随过 Java 的开发工具。**
>
> 　　流行的编程语言都会提供与之匹配的开发工具，而从 Java 诞生发展到今天已经出现过许多知名的开发工具：Borland JBuilder、NetBeans、WSAD（现在为 RAD）、IDEA、Eclipse 等。而到现在使用最广泛的开发工具就只有两种：Eclipse、IDEA。并且随着技术的发展，Eclipse 也出现了很多不同的版本，例如，已经支持开发 C++、PHP 等编程语言的开发。

　　Eclipse 中所有的项目都是以工作区为主的，一个工作区中可以包含有多个项目，并且在第一次打开 Eclipse 时都会默认出现图 13-3 所示的对话框，询问用户工作区的路径。如果觉得麻烦，用户也可以直接设置一个路径为默认工作目录，这样就不需要每次都进行选择了，工作区选择后就会出现如图 13-4 所示的启动界面，此时 Eclipse 就可以正常使用了。

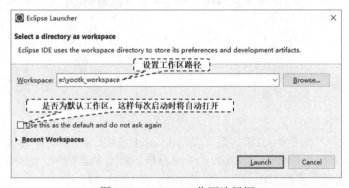

图 13-3　Eclipse 工作区选择框

图 13-4　Eclipse 启动主界面

Eclipse 的所有配置都是以工作区为主，也就是说每一个工作区都有自己独立的配置。如果发现某一个工作区坏了，那么只需更换一个工作区就可以恢复到原始状态。

13.2　使用 JDT 开发 Java 程序

	视频名称	1302_使用 JDT 开发 Java 程序	学习层次	理解
	视频简介	Eclipse 是一个综合的开发平台，为了支持 Java 开发提供有 JDT 插件。本课程主要讲解 JDT 工具的使用，包括创建项目、建立类、调试代码、JAR 配置等基本功能使用。		

JDT（Java Development Tools）是 Eclipse 平台所提供的一个 Java 程序开发组件，该组件依赖于 JDK 的支持，并且默认情况下会自动选择一个可以使用的 JDK 或 JRE 环境。如果开发者要准确地指明 JDK，则必须进行手动配置，配置界面路径为 Window→Preferences→Java→Installed JREs，此时可以发现如图 13-5 所示的界面，默认的配置为 JRE 环境。

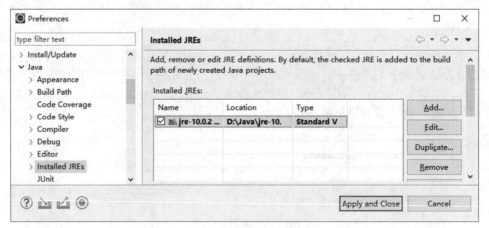

图 13-5　默认 JRE 配置

若想将当前的工作区中设置为 JDK，则可以单击 Add 按钮，打开如图 13-6 所示的对话框。选择 Standard VM，单击 Next 按钮，然后选择 JDK 的安装路径，如图 13-7 所示。这样就可以为工作区添加一个新的 JDK 环境，并且建议将此 JDK 作为默认的 JRE，如图 13-8 所示。

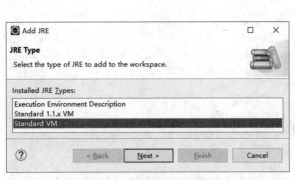

<table>
<tr><td>图 13-6　选择安装的 JRE 类型</td><td>图 13-7　选择 JDK 路径</td></tr>
</table>

在使用 Eclipse 进行代码开发前首先要统一的就是文件编码，并且在开发中建议编码都统一设置为
UTF-8，操作步骤：Window→Preferences→General→Workspace→Text file encoding→Other，如图 13-9
所示。

图 13-8　配置默认 JRE　　　　　　　　　　　　图 13-9　工作区编码

Eclipse 中依靠项目实现了 Java 程序的管理，所以在编写 Java 程序前首先要创建项目，操作步骤：
File→New→Other→Java Project，如图 13-10 所示。之后在弹出的对话框中输入新的项目名称：
YootkProject，同时选择好所使用的 JDK，如图 13-11 所示。

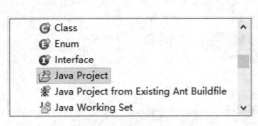

图 13-10　创建 Java 项目　　　　　　　　　　　图 13-11　创建项目并配置 JDK

项目建立完成后会在项目所在的目录下生成两个子目录（以及本项目的若干配置文件）。

❧　src：保存所有的 *.java 源文件，此目录在 Eclipse 中可见。

❧　bin：保存所有生成的 *.class 文件，此目录在 Eclipse 中不可见。

如果要创建 Java 程序代码，可以直接右击 src 目录，在弹出的快捷菜单中选择要创建的程序结构，
如图 13-12 所示。本次将创建一个 cn.mldn.demo.Hello 程序类，在弹出的对话框中输入相应的信息，
如图 13-13 所示。

每当用户创建完一个类或者是保存一个程序代码后，Eclipse 都会帮助用户自动编译代码（用户省略
了手动执行 javac 的部分操作）。

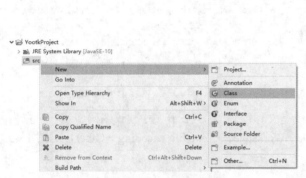

图 13-12　创建新的程序类

图 13-13　创建类

范例：编写 Hello 类代码

```java
package cn.mldn.demo;
public class Hello {
    public static void main(String[] args) {
        System.out.println("更多课程请访问：www.yootk.com");
    }
}
```

当程序编写完成后，可以直接运行程序，在类上右击，选择运行程序，而后会在控制台输出程序的执行结果，如图 13-14 所示。

图 13-14　程序执行

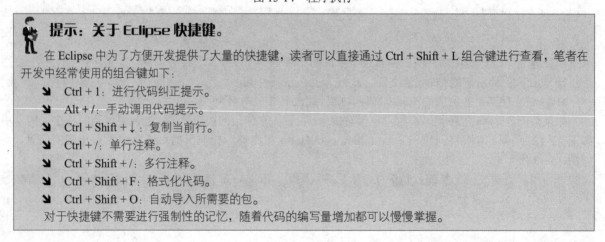

提示：关于 Eclipse 快捷键。

在 Eclipse 中为了方便开发提供了大量的快捷键，读者可以直接通过 Ctrl + Shift + L 组合键进行查看，笔者在开发中经常使用的组合键如下：

➥ Ctrl + 1：进行代码纠正提示。

➥ Alt + /：手动调用代码提示。

➥ Ctrl + Shift + ↓：复制当前行。

➥ Ctrl + /：单行注释。

➥ Ctrl + Shift + /：多行注释。

➥ Ctrl + Shift + F：格式化代码。

➥ Ctrl + Shift + O：自动导入所需要的包。

对于快捷键不需要进行强制性的记忆，随着代码的编写量增加都可以慢慢掌握。

Eclipse 最为方便的是可以帮助用户自动生成构造方法、setter 与 getter 方法，而要想实现这个功能，那么必须首先定义出以下的类结构。

范例：定义一个基础类结构

```java
class Member {
    private String name ;
    private int age ;
}
```

如果要自动生成代码，则首先需要将鼠标的光标定位在要生成的类结构上，如图 13-15 所示，随后可以选择 Source 选项，就可以看见图 13-16 所示的代码生成功能项，本处可以选择 Generate Getters and Setters（见图 13-17）以及选择 Generate Constructor using Fields…（见图 13-18）。

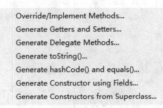

图 13-15 选择好光标位置   图 13-16 生成代码项

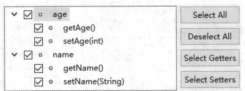

图 13-17 生成 setter、getter 方法

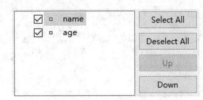

图 13-18 生成构造方法

程序运行时可以传递初始化参数，但是对于 Eclipse 而言，如果要为代码设置初始化参数，则必须进入运行配置，现在假设有以下代码。

注意：必须先执行一次程序才能够配置。

如果要想为一个类配置初始化参数，那么这个类一定要先执行一次，否则即使进入运行配置，也找不到对应的类。

范例：输出初始化参数

```java
package cn.mldn.demo;
public class InitParameter {
    public static void main(String[] args) {
        for (int x = 0; x < args.length; x++) {
            System.out.print(args[x] + "、");
        }
    }
}
```

程序编写完成后先默认执行一次，而后右击类，进入运行配置，如图 13-19 所示。而后在图 13-20 所示的界面上选择要配置的类，然后选择 Arguments，定义多个初始化参数（参数之间使用空格分割）。运行之后会在控制台输出所配置的初始化参数。

使用 Eclipse 工具除了开发方便外，也可以非常方便地将应用程序打包为*.jar 文件的形式，操作步骤：File→Export→Java→JAR file，随后选择要打包的程序类文件，如图 13-21 所示。

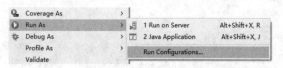

图 13-19　程序运行配置　　　　　　　　　　　　　图 13-20　设置参数

一个项目中除了自己开发的代码外也会引入外部的程序包，此时可以针对每一个项目进行配置，以 YootkProject 项目为例配置要使用的第三方 jar 文件，配置步骤：【右击项目】→Properties→Java Build Path→Libraries→Classpath→Add External JARs...，选择好要添加的*.jar 文件即可，如图 13-22 所示。

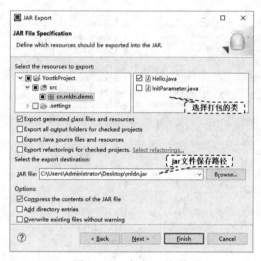

图 13-21　生成 jar 文件

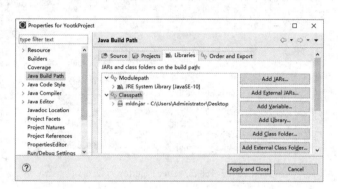

图 13-22　配置第三方 jar 文件

13.3　debug 调试工具

视频名称	1303_debug 调试工具	学习层次	理解
视频简介	程序开发每天都会遇到 bug，经常会因为忽视某个变量的操作而导致错误的执行结果，这样就需要进行代码的调试跟踪。本课程主要讲解如何在 Eclipse 中进行代码的 debug 调试操作。		

debug 是一个供程序员进行代码调试的工具，它可以跟踪每行代码的执行变化以验证程序执行的正确性。Eclipse 中也支持 debug 工具，开发者只需设置好相应的断点并以调试模式运行程序即可启动此工具。

范例：定义一个用于调试的程序代码

```java
package cn.mldn.util;
public class Math {
    private Math() {}                          // 构造方法私有化
    public static int add(int x,int y) {       // 加法操作
```

```
        int result = 0 ;                              // 为方便观察，定义此变量
        result = x + y ;                              // 加法计算
        return result ;                               // 返回计算结果
    }
}
```

本程序为了方便观察到代码调试的过程，在执行加法计算时通过 result 临时变量保存了计算结果。

范例：编写 Math 类调用类

```
package cn.mldn.test;
public class TestMath {
    public static void main(String[] args) {
        int numA = 10;                                // 计算数字1
        int numB = 20;                                // 计算数字2
        System.out.println(
                cn.mldn.util.Math.add(numA, numB));   // 【断点】加法计算
    }
}
```

本程序调用了 Math.add()方法进行计算，并且要针对此方法的调用进行调试，所以在代码行上双击
鼠标设置断点（Break Point），如图 13-23 所示。

```
 1 package cn.mldn.test;
 2
 3 public class TestMath {
 4     public static void main(String[] args) {
 5         int numA = 10;                               // 计算数字1
 6         int numB = 20;                               // 计算数字2
 7         System.out.println(
           cn.mldn.util.Math.add(numA, numB)); // 【断点】计算
鼠标双击，设置断点
10 }
11
```

图 13-23　设置断点

断点设置完成后需要通过调试模式运行程序，如图 13-24 所示。当调试模式启动后会出现如图 13-25
所示的界面，询问用户是否要进入调试视图，单击 Switch 按钮。

图 13-25　切换到调试视图

图 13-24　以调试模式启动程序

一旦进入调试视图中，Eclipse 将等待用户的操作指令，并且在设置断点处停止执行。调试的方式有
以下几种。

- 单步进入（Step Into）：是指进入执行的方法中观察方法的执行效果，快捷键为 F5。
- 单步跳过（Step Over）：在当前代码的表面上执行，快捷键为 F6。
- 单步返回（Step Return）：不再观察了，而返回到进入处，快捷键为 F7。
- 恢复执行（Resume）：停止调试，而直接正常执行完毕，快捷键为 F8。

13.4 JUnit 测试工具

视频名称	1304_JUnit 测试工具		学习层次	理解
视频简介	用例测试是一种常见的业务测试手段，利用模拟业务数据的形式进行测试编写，以保证程序执行的正确性。本课程主要讲解用例测试的意义以及 JUnit 测试工具的使用。			

JUnit 是由 Erich Gamma 和 Kent Beck 编写的一个回归测试框架（Regression Testing Framework）。JUnit 属于用例测试，因为开发人员知道被测试的软件如何（How）完成功能和完成什么样（What）的业务功能。

在使用 JUnit 工具前一定要保证已经实现了相应的程序功能，随后才可以创建 JUnit 测试类、本次要对 Math 类的功能进行测试，则可以在选中 Math 类的代码后按照步骤进行操作：New→Java→JUnit→JUnit Test Case，就会出现如图 13-26 所示的界面。定义好测试类的名称后就可以选择要测试的方法，由于 Math 类中只自定义了 add()方法，所以直接选中此方法即可，如图 13-27 所示。

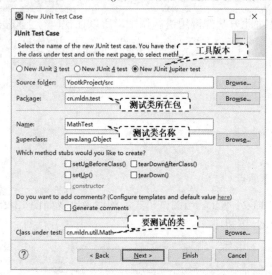

图 13-26 创建测试类

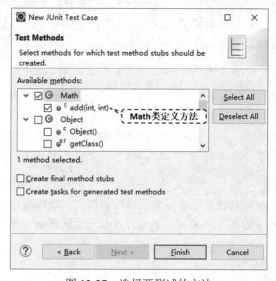

图 13-27 选择要测试的方法

由于 JUnit 属于第三方工具包，在项目中使用时就必须将相应的"*.jar"文件配置到项目的构建路径（the build path）中，所以当用户单击 Finish 按钮后会出现如图 13-28 所示的对话框，询问用户是否要将 JUnit 的开发包配置到 the build path 中。

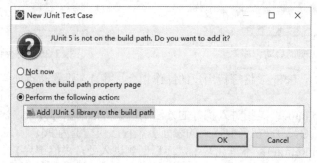

图 13-28 为项目添加 JUnit 支持包

在 JUnit 中提供了一个 TestCase 类，此类中提供有一系列的 assertXxx() 的方法。

- ➥ 判断是否为 null，可以使用 assertNull()、assertNotNull()。
- ➥ 判断是否为 true，可以使用 assertTrue()、assertNotFalse()。
- ➥ 判断是否相等，可以使用 assertEqual()。

范例：编写 JUnit 测试程序

```java
package cn.mldn.test;
import org.junit.jupiter.api.Test;
import junit.framework.TestCase;
class MathTest {
    @Test
    void testAdd() {
        TestCase.assertEquals(cn.mldn.util.Math.add(10, 20), 30);
    }
}
```

当测试编写完成后可以直接以 JUnit 的方式运行程序，如图 13-29 所示。

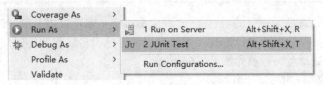

图 13-29　运行 JUnit 程序

此时程序会判断 10 + 20 的结果是否为 30，如果计算结果和预期设置的内容相同，则表示测试成功，则会返回一个 Green Bar 的结果；如果测试失败，则会返回 Red Bar。由于本程序的计算结果和预期相同，所以会返回图 13-30 所示的结果。

图 13-30　JUnit 测试结果

13.5　本 章 概 要

1. Eclipse 是一个开源的开发工具，最早由 IBM 开发。
2. Eclipse 本身提供了 JDT 开发工具，可以使用此工具直接开发 Java 程序，用户在每次编写完程序后，会自动将其编译成相应的 class 文件。
3. JUnit 是一套测试开发包，以实现用例测试。

第 14 章　多线程编程

通过本章的学习可以达到以下目标

➡ 理解进程与线程的联系及区别。

➡ 掌握 Java 中多线程的两种实现方式及区别。

➡ 掌握线程的基本操作方法，可以实现线程的休眠、礼让等操作。

➡ 理解多线程同步与死锁的概念。

➡ 掌握 synchronized 同步实现操作。

➡ 理解 Object 类对多线程的支持。

➡ 理解线程生命周期。

多线程编程是 Java 语言最为重要的特性之一，利用多线程技术可以提升单位时间内的程序处理性能，也是现代程序开发中高并发的主要设计形式。本章将为读者分析多线程的实现与设计结构，并且详细分析了多线程的数据同步处理意义以及死锁产生分析。

14.1　进程与线程

视频名称	1401_进程与线程	学习层次	理解
视频简介	计算机操作系统始终都在改进，操作系统的每一次改进都是在提升现有的硬件处理性能。本课程主要讲解单进程、多进程、多线程的关系及基本概念。		

进程是程序的一次动态执行过程，它经历了从代码加载、执行到执行完毕的一个完整过程，这个过程也是进程本身从产生、发展到最终消亡的过程。多进程操作系统能同时运行多个进程（程序），由于CPU 具备分时机制，所以每个进程都能循环获得自己的 CPU 时间片。由于 CPU 执行速度非常快，使得所有程序好像是在"同时"运行一样。

提示：关于多进程处理操作的简单理解。

早期的单进程 DOS 系统有一个特点：由于只允许一个程序执行，所以计算机中一旦出现了病毒，那么将导致其他的进程无法执行，这样就会出现无法操作的问题。到了 Windows 操作系统时代，计算机即使（非致命）存在了病毒，那么也可以正常使用（只是慢一些而已），因为 Windows 属于多进程的处理操作，但是这个时候的依然只有一组资源，所以在同一个时间段上会有多个程序共同执行，而在一个时间点上只能有一个进程在执行。

虽然多进程可以提高硬件资源的利用率，但是进程的启动与销毁依然需要消耗大量的系统性能，导致程序的执行性能下降。所以为了进一步提升并发操作的处理能力，在进程的基础上又划分出了多线程的概念，这些线程依附于指定的进程，并且可以快速启动以及并发执行。进程与线程的区别如图 14-1 所示。

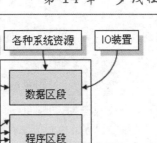

图 14-1　进程与线程的区别

> **提示：以对 Word 的使用为例了解进程与线程的区别。**
>
> 读者应该都有过使用 Word 的经验，在 Word 中如果出现了单词的拼写错误，则 Word 会在出错的单词上划出红线。每次启动 Word 对于操作系统而言就相当于启动了一个系统的进程，而在这个进程之上又有许多其他程序在运行（例如，拼写检查），那么这些程序就是一个个的线程。如果 Word 关闭了，则这些拼写检查的线程也肯定会消失，但是如果拼写检查的线程消失了，并不一定会让 Word 的进程消失。

14.2　Java 多线程实现

在 Java 中，如果要想实现多线程，那么就必须依靠一个线程的主体类（就好比主类的概念一样，表示的是一个线程的主类），但是这个线程的主体类在定义的时候也需要一些特殊的要求，这个类可以继承 Thread 类、实现 Runnable 接口或实现 Callable 接口来完成定义。

14.2.1　Thread 类实现多线程

视频名称	1402_Thread 类实现多线程	学习层次	掌握
视频简介	Thread 是线程的主要操作类，也是线程实现的一种方案。本课程主要讲解如何利用 Thread 类继承实现多线程应用以及在 JVM 中 Thread 类启动线程的操作代码分析。		

java.lang.Thread 是一个负责线程操作的类，任何类只要继承了 Thread 类就可以成为一个线程的主类。同时线程类中需要明确覆写父类中的 run() 方法（方法定义：public void run ()），当产生了若干个线程类对象时，这些对象就会并发执行 run() 方法中的代码。

范例： 定义线程类

```
class MyThread extends Thread {               // 线程的主体类
    private String title;                     // 成员属性
    public MyThread(String title) {           // 属性初始化
        this.title = title;
    }
    @Override
    public void run() {                       // 【方法覆写】线程方法
        for (int x = 0; x < 10; x++) {
```

```
        System.out.println(this.title + "运行, x = " + x);
        }
    }
}
```

本程序定义了一个线程类 MyThread，同时该类覆写了 Thread 类中的 run()方法，在此方法中实现了信息的循环输出。虽然多线程的执行方法都在 run()中定义，但是在实际进行多线程启动时并不能直接调用此方法。由于多线程需要并发执行，所以需要通过操作系统的资源调度才可以执行，这样对于多线程的启动就必须利用 Thread 类中的 start()方法（方法定义：public void start()）完成，调用此方法时会间接调用 run()方法。

范例：多线程启动

```
public class ThreadDemo {
    public static void main(String[] args) {
        new MyThread("线程A").start() ;          // 实例化线程对象并启动
        new MyThread("线程B").start() ;          // 实例化线程对象并启动
        new MyThread("线程C").start() ;          // 实例化线程对象并启动
    }
}
程序执行结果（随机抽取）：
线程A运行, x = 1
线程C运行, x = 0
线程B运行, x = 1
线程C运行, x = 1
... 其他执行结果略 ...
```

此时可以发现，多个线程之间彼此交替执行，但是每次的执行结果肯定是不一样的。通过以上代码就可以得出结论：要想启动线程必须依靠 Thread 类的 start()方法执行，线程启动后会默认调用 run()方法。

 提问：为什么线程启动的时候必须调用 start()方法而不是直接调用 run()方法？

在本程序中，程序调用了 Thread 类继承而来的 start()方法后，实际上它执行的还是覆写后的 run()方法，那为什么不直接调用 run()方法呢？

 回答：多线程需要操作系统支持。

为了解释此问题，下面打开 Thread 类的源代码，观察一下 start()方法的定义。

范例：打开 Thread 类中 start()方法的源代码

```
public synchronized void start() {
    if (threadStatus != 0)
        throw new IllegalThreadStateException();
    group.add(this);
    boolean started = false;
    try {
        start0();        // 在start()方法里调用了start0()方法
        started = true;
    } finally {
        try {
```

```
        if (!started) {
            group.threadStartFailed(this);
        }
    } catch (Throwable ignore) {
    }
    }
}
    private native void start0();
```

通过以上源代码可以发现在 start() 方法中有一个最为关键的部分就是 start0() 方法，而且这个方法上使用了一个 native 关键字的定义。

native 关键字是指 Java 本地接口调用（Java Native Interface），即使用 Java 调用本机操作系统的函数功能完成一些特殊的操作，而这样的代码开发在 Java 中很少出现。因为 Java 的最大特点是可移植性，如果一个程序只能在固定的操作系统上使用，那么可移植性就将彻底地丧失。

多线程的实现一定需要操作系统的支持，start0() 方法实际上和抽象方法类似，但没有方法体，而把这个方法体交给 JVM 去实现，即在 Windows 下的 JVM 可能使用 A 方法实现了 start0()，而在 Linux 下的 JVM 可能使用 B 方法实现了 start0()，但是在调用的时候并不会关心实现 start0() 方法的具体方式，只会关心最终的操作结果，而把它交给 JVM 去匹配不同的操作系统，如图 14-2 所示。

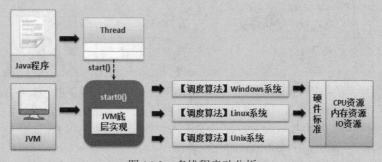

图 14-2　多线程启动分析

因而在多线程操作中，使用 start() 方法启动多线程的操作是需要进行操作系统函数调用的。

另外需要提醒读者的是，在 start() 方法中会抛出一个 IllegalThreadStateException 异常。按照之前所学习的方式来讲，如果一个方法中使用了 throw 抛出一个异常对象，那么这个异常应该使用 try...catch 捕获，或者是方法的声明上使用 throws 抛出，但是这里都没有，因为这个异常类属于运行时异常（RuntimeException）的子类。

```
java.lang.Object
    |- java.lang.Throwable
        |- java.lang.Exception
            |- java.lang.RuntimeException
                |- java.lang.IllegalArgumentException
                    |- java.lang.IllegalThreadStateException
```

当一个线程对象被重复启动后会抛出此异常，即一个线程对象只能启动唯一的一次。

14.2.2　Runnable 接口实现多线程

视频名称	1403_Runnable 接口实现多线程	学习层次	掌握	
视频简介	面向对象的程序设计通过接口实现标准定义与解耦和操作，所以多线程又提供了 Runnable 接口实现多线程开发。本课程主要讲解 Runnable 接口实现多线程以及如何通过 Thread 类启动多线程的操作。			

使用 Thread 类的确可以方便地实现多线程，但是这种方式最大的缺点就是单继承局限。为此在 Java 中也可以利用 Runnable 接口来实现多线程，此接口的定义如下。

```java
@FunctionalInterface                    // 从JDK 1.8引入了Lambda表达式后就变为了函数式接口
public interface Runnable {
    public void run() ;
}
```

Runnable 接口从 JDK 1.8 开始成为一个函数式的接口，这样就可以在代码中直接利用 Lambda 表达式来实现线程主体代码，同时在该接口中提供有 run()方法进行线程执行功能定义。

范例： 通过 Runnable 接口实现多线程

```java
class MyThread implements Runnable {                 // 线程的主体类
    private String title;                            // 成员属性
    public MyThread(String title) {                  // 属性初始化
        this.title = title;
    }
    @Override
    public void run() {                              // 【方法覆写】线程方法
        for (int x = 0; x < 10; x++) {
            System.out.println(this.title + "运行，x = " + x);
        }
    }
}
```

利用 Thread 类定义的线程类可以直接在子类继承 Thread 类中所提供的 start()方法进行多线程的启动，但是一旦实现了 Runnable 接口则 MyThread 类中将不再提供 start()方法，所以为了继续使用 Thread 类启动多线程，此时就可以利用 Thread 类中的构造方法进行线程对象的包裹。

Thread 类构造方法：public Thread(Runnable target)。

在 Thread 类的构造方法中可以明确地接收 Runnable 子类对象，这样就可以使用 Thread.start()方法启动多线程。

范例： 启动多线程

```java
public class ThreadDemo {
    public static void main(String[] args) {
        Thread threadA = new Thread(new MyThread("线程对象A")) ;
        Thread threadB = new Thread(new MyThread("线程对象B")) ;
        Thread threadC = new Thread(new MyThread("线程对象C")) ;
        threadA.start();                                        // 启动多线程
        threadB.start();                                        // 启动多线程
        threadC.start();                                        // 启动多线程
    }
}
```

本程序利用 Thread 类构造了 3 个线程类对象（线程的主体方法由 Runnable 接口子类实现），随后利用 start()方法分别启动 3 个线程对象并发执行 run()方法。

除了明确地定义 Runnable 接口子类外，也可以利用 Lambda 表达式直接定义线程的方法体。

范例： 通过 Lambda 表达式定义线程方法体

```java
package cn.mldn.demo;
public class ThreadDemo {
```

```java
public static void main(String[] args) {
    for (int x = 0; x < 3; x++) {
        String title = "线程对象-" + x;
        new Thread(() -> {                                      // Lambda实现线程体
            for (int y = 0; y < 10; y++) {
                System.out.println(title + "运行, y = " + y);
            }
        }).start();                                             // 启动线程对象
    }
}
```

本程序直接利用 Lambda 表达式替换了 MyThread 子类，使得代码更加简洁。

14.2.3 Thread 与 Runnable 区别

视频名称	1404_Thread 与 Runnable 区别	学习层次	掌握	
视频简介	Thread 与 Runnable 作为最初的多线程实现方案，两者既有联系又有区别，所以本课程将对两种实现多线程技术方案的区别进行分析，同时分析彼此的联系。			

现在 Thread 类和 Runnable 接口都可以以同一功能的方式来实现多线程，那么从 Java 的实际开发而言，肯定使用 Runnable 接口，因为采用这种方式可以有效地避免单继承的局限，但是从结构上也需要来观察 Thread 与 Runnable 的联系。首先来观察 Thread 类的定义：

```java
public class Thread extends Object implements Runnable {}
```

可以发现 Thread 类也是 Runnable 接口的子类，那么在之前继承 Thread 类的时候实际上覆写的还是 Runnable 接口的 run()方法，于是对于 Runnable 接口实现的多线程操作的类结构组成将如图 14-3 所示。

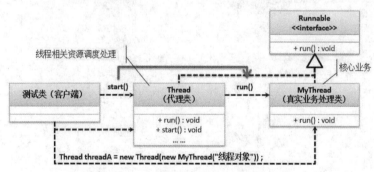

图 14-3 Runnable 线程实现类结构

通过图 14-3 所示的类结构图可以发现，作为 Runnable 的两个实现子类：Thread 负责资源调度，而 MyThread 负责处理真实业务，这样的设计结构类似于代理设计模式。

> 💡 **提示：关于 Thread 类中对 run()方法的覆写。**
>
> 为了进一步帮助读者理解 Thread 类与 MyThread 子类之间的关系，下面将摘取部分 Thread 类的实现源代码进行说明。
>
> **范例：Thread 类的部分源代码**
>
> ```java
> public class Thread implements Runnable {
> ```

```java
    private Runnable target;                          // 真实主题
    public Thread(Runnable target) {}                 // 构造方法保存target
    @Override
    public void run() {                               // 覆写run()
        if (target != null) {                         // target不为空
            target.run();                             // 调用真实主题对象
        }
    }
}
```

　　在 Thread 类中会保存有 target 属性，该属性保存的是 Runnable 的核心业务主题对象，该对象将通过 Thread 类的构造方法进行传递。当调用 Thread.start()方法启动多线程时也会调用 Thread.run()方法，而在 Thread.run()方法会判断是否提供有 target 实例，如果有提供，则调用真实主题的方法。

　　在实际项目中，多线程开发的本质上是在多个线程可以进行同一资源的抢占与处理。而在此种结构中 Thread 描述的是线程对象，而并发资源的描述可以通过 Runnable 定义，操作结构如图 14-4 所示。

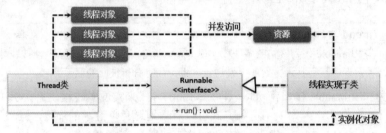

图 14-4　并发访问设计

范例：并发资源访问

```java
package cn.mldn.demo;
class MyThread implements Runnable {                  // 线程的主体类
    private int ticket = 5;                           // 定义总票数
    @Override
    public void run() {                               // 线程的主体方法
        for (int x = 0; x < 100; x++) {               // 进行100次的卖票处理
            if (this.ticket > 0) {                    // 有剩余票
                System.out.println("卖票, ticket = " + this.ticket--);
            }
        }
    }
}
public class ThreadDemo {
    public static void main(String[] args) {
        MyThread mt = new MyThread();                 // 定义资源对象
        new Thread(mt).start();                       // 第1个线程启动
        new Thread(mt).start();                       // 第2个线程启动
        new Thread(mt).start();                       // 第3个线程启动
    }
}
程序执行结果
（随机抽取）:
卖票, ticket = 5
卖票, ticket = 4
卖票, ticket = 3
卖票, ticket = 1
```

```
卖票，ticket = 2
```

本程序利用多线程的并发资源访问实现了一个卖票程序，在程序中准备了 5 张票，同时设置有 3 个卖票的线程，当票数有剩余时（this.ticket > 0），则进行售票处理，本程序的内存关系如图 14-5 所示。

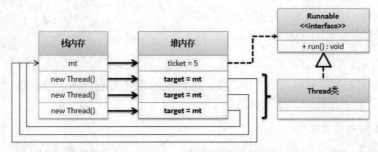

图 14-5　内存关系图

 提问：为什么不使用 Thread 类实现资源共享呢？

Thread 类是 Runnable 的子类，如果在本程序中 MyThread 类直接继承 Thread 父类实现多线程也可以实现同样的功能，代码如下。

```
class MyThread extends Thread {}
```

此时只需修改一个继承关系就可以实现完全相同的效果，为什么非要使用 Runnable 接口实现呢？

回答：Thread 和 Runnable 都可以实现多线程资源共享的目的，但是相比较而言，Runnable 的实现会更加合理。

本程序是使用 Runnable 接口还是使用 Thread 类实现效果是相同的，但是这个时候在继承关系上使用 Thread 就不这么合理了，可以参考如图 14-6 所示的结构。

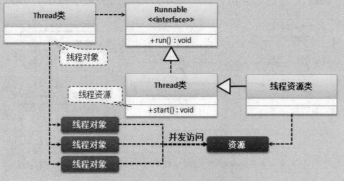

图 14-6　Thread 实现资源共享

此时可以发现，如果线程资源类直接继承 Thread，那么资源本身就是一个线程对象了，这样再依靠其他类来启动线程的设计就不这么合理了。

14.2.4　Callable 接口实现多线程

视频名称	1405_Callable 接口实现多线程	学习层次	掌握	
视频简介	Java 针对多线程执行完毕后不能返回信息的缺陷，提供了 Callable 接口。本课程主要讲解 JDK 1.5 后提供的 Callable 接口与 Runnable 接口的不同，同时讲解 FutureTask 类取得返回值的操作，是 JUC 编程框架的核心组成。			

使用 Runnable 接口实现的多线程可以避免单继承局限，但是 Runnable 接口实现的多线程会存在一个问题：Runnable 接口里面的 run()方法不能返回操作结果。所以为了解决这样的问题，从 JDK 1.5 开始对于多线程的实现提供了一个新的接口：java.util.concurrent.Callable，此接口定义如下。

```
@FunctionalInterface
public interface Callable<V> {
    public V call() throws Exception ;
}
```

Callable 接口定义的时候可以设置一个泛型，此泛型的类型就是 call()方法的返回数据类型，这样的好处是可以避免向下转型所带来的安全隐患。

范例：定义线程主体类

```
class MyThread implements Callable<String> {              // 定义线程主体类
    @Override
    public String call() throws Exception {               // 线程执行方法
        for (int x = 0; x < 10; x++) {
            System.out.println("********* 线程执行、x = " + x);
        }
        return "www.mldn.cn";                             // 返回结果
    }
}
```

本程序利用 Callable 接口实现了一个多线程的主体类，并且在 call()方法中定义了线程执行完毕后的返回结果。线程类定义完成后如果要进行多线程的启动依然需要通过 Thread 类实现，所以此时可以通过 java.util.concurrent.FutureTask 类实现 Callable 接口与 Thread 类之间的联系，并且也可以利用 FutureTask 类获取 Callable 接口中 call()方法的返回值，此时采用的类结构关系如图 14-7 所示。

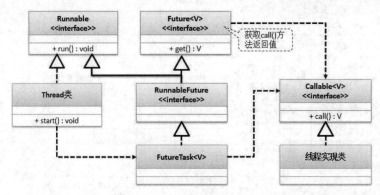

图 14-7　Callable 与 FutureTask

清楚了 FutureTask 类结构后，下面再来研究一下 FutureTask 类的常用方法，如表 14-1 所示。

表 14-1　FutureTask 类常用方法

No.	方　　法	类　型	描　　述
1	public FutureTask(Callable<V> callable)	构造	接收 Callable 接口实例
2	public FutureTask(Runnable runnable, V result)	构造	接收 Runnable 接口实例,并指定返回结果类型
3	public V get() throws InterruptedException, ExecutionException	普通	取得线程操作结果,此方法为 Future 接口定义

通过 FutureTask 类继承结构可以发现它是 Runnable 接口的子类,并且 FutureTask 类可以接收 Callable 接口实例,这样依然可以利用 Thread 类来实现多线程的启动,而如果要想接收返回结果,则利用 Future 接口中的 get()方法即可。

范例:启动线程并获取 Callable 返回值

```java
public class ThreadDemo {
    public static void main(String[] args) throws Exception {
        // 将Callable实例包装在FutureTask类中,这样就可以与Runnable接口关联
        FutureTask<String> task = new FutureTask<>(new MyThread()) ;
        new Thread(task).start();                          // 线程启动
        System.out.println("【线程返回数据】" + task.get());     // 获取返回结果
    }
}
```
程序执行结果:
```
********* 线程执行、x = 0
... 线程执行输出部分省略 ...
********* 线程执行、x = 9
【线程返回数据】www.mldn.cn
```

本程序将 Callable 接口的子类利用 FutureTask 类对象进行包装,由于 FutureTask 是 Runnable 接口的子类,所以可以利用 Thread 类的 start()方法启动多线程,当线程执行完毕后,可以利用 Future 接口中的 get()方法返回线程的执行结果。

 提示:请解释 Runnable 与 Callable 的区别。

- Runnable 是在 JDK 1.0 的时候提出的多线程的实现接口,而 Callable 是在 JDK 1.5 之后提出的。
- java.lang.Runnable 接口中只提供有一个 run()方法,并且没有返回值。
- java.util.concurrent.Callable 接口提供有 call()方法,可以有返回值(通过 Future 接口获取)。

14.2.5　多线程运行状态

视频名称	1406_多线程运行状态	学习层次	理解	
视频简介	多线程的执行需要操作系统的资源调度,而在整个调度过程中会产生线程执行的各个状态,本课程主要讲解线程各种状态的基本转换流程。			

要想实现多线程,必须在主线程中创建新的线程对象。任意线程一般具有 5 种基本状态:创建、就绪、运行、阻塞、终止。线程状态的转移与方法之间的关系可如图 14-8 所示。

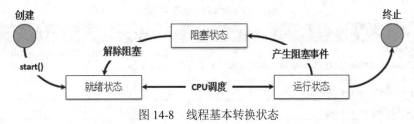

图 14-8　线程基本转换状态

1. 创建状态

在程序中用构造方法创建一个线程对象后,新的线程对象便处于新建状态,此时,它已经有了相应

的内存空间和其他资源，但还处于不可运行状态。新建一个线程对象可采用 Thread 类的构造方法来实现，例如，Thread thread = new Thread();。

2．就绪状态

新建线程对象后，调用该线程的 start()方法就可以启动线程。当线程启动时，线程进入就绪状态。此时，线程将进入线程队列排队，等待 CPU 调度服务，这表明它已经具备了运行条件。

3．运行状态

当就绪状态的线程被调用并获得处理器资源时，线程就进入了运行状态。此时将自动调用该线程对象的 run()方法，run()方法定义了该线程的操作和功能。

4．阻塞状态

一个正在运行的线程在某些特殊情况下，如被人为挂起或需要运行耗时的输入/输出操作时，将让出 CPU 并暂时中止自己的运行，进入阻塞状态。在可运行状态下，如果调用 sleep()、suspend()、wait()等方法，线程都将进入阻塞状态。阻塞时，线程不能进入排队队列，只有当引起阻塞的原因被消除后，线程才可以转入就绪状态。

5．终止状态

当线程体中的 run()方法运行结束后，线程即处于终止状态，处于终止状态的线程不具有继续运行的能力。

14.3　多线程常用操作方法

在多线程开发中需要对每一个线程对象都进行相应的控制才可以实现良好的程序结构，而针对线程的控制主要可以通过 Thread 类来实现。

14.3.1　线程的命名和取得

视频名称	1407_线程的命名和取得	学习层次	理解
视频简介	线程是不确定的运行状态，名称就成为线程的主要标记。本课程主要讲解 currentThread()、getName()与 setName()方法的使用，同时分析主线程与 JVM 进程。		

线程本身属于不可见的运行状态，即每次操作的时间是无法预料的，所以如果要想在程序中操作线程，唯一依靠的就是线程名称，而要想取得和设置线程的名称可以使用表 14-2 所示的方法。

图 14-2　线程的命名和取得

No.	方　　法	类　型	描　　述
1	public Thread(Runnable target, String name)	构造	实例化线程对象，接收 Runnable 接口子类对象，同时设置线程名称
2	public final void setName(String name)	普通	设置线程名字
3	public final String getName()	普通	取得线程名字

由于多线程的状态不确定，线程的名字就成为唯一的分辨标记，所以在定义线程名称的时候一定要在线程启动前设置名字，而且尽量不要重名，尽量不要为已经启动的线程修改名字。

由于线程的状态不确定，所以每次可以操作的都是正在执行 run()方法的线程实例，依靠 Thread 类的以下方法实现。

取得当前线程对象：**public static Thread currentThread()**

范例：观察线程的命名操作

```java
package cn.mldn.demo;
class MyThread implements Runnable {
    @Override
    public void run() {
        System.out.println(Thread.currentThread().getName());     // 当前线程名称
    }
}
public class ThreadDemo {
    public static void main(String[] args) throws Exception {
        MyThread mt = new MyThread();
        new Thread(mt, "线程A").start();                            // 设置了线程的名字
        new Thread(mt).start();                                     // 未设置线程名字
        new Thread(mt, "线程B").start();                            // 设置了线程的名字
    }
}
```
程序执行结果：
线程A（线程手动命名）
线程B（线程手动命名）
Thread-0（线程自动命名）

　　通过本程序读者可以发现，如果已经为线程设置名字的话，那么会使用用户定义的名字；而如果没有设置线程名称，系统会自动为其分配一个名称，名称的形式以"Thread-xxx"的方式出现。

> **提示：关于线程名称的自动命名。**
>
> 　　在第 5 章讲解 static 关键字的时候曾经为读者讲解过一个统计实例化对象个数与成员属性自动命名的操作，实际上 Thread 对象的自动命名形式与之类似，下面截取了 Thread 类的部分源代码。
>
> ```java
> public class Thread {
>     private static int threadInitNumber;                         // 记录线程初始化个数
>     public Thread(Runnable target) {
>         init(null, target, "Thread-" + nextThreadNum(), 0);      // 线程自动命名
>     }
>     public Thread(Runnable target, String name) {
>         init(null, target, name, 0);                             // 线程手动命名
>     }
>     private static synchronized int nextThreadNum() {
>         return threadInitNumber++;                               // 线程对象个数增长
>     }
> }
> ```
> 　　通过源代码可以发现，每当实例化 Thread 类对象时都会调用 init()方法，并且在没有为线程设置名称时自动为其命名。

　　所有的线程都是在程序启动后在主方法中进行启动的，所以主方法本身也属于一个线程，而这样的线程就称为主线程，下面通过一段代码来观察主线程的存在。

范例： 观察以下程序代码

```java
package cn.mldn.demo;
class MyThread implements Runnable {
    @Override
    public void run() {
        System.out.println(Thread.currentThread().getName());      // 获取线程名称
    }
}
public class ThreadDemo {
    public static void main(String[] args) throws Exception {
        MyThread mt = new MyThread();                              // 线程类对象
        new Thread(mt, "线程对象").start();                         // 设置了线程的名字
        mt.run();                                                  // 对象直接调用run()方法
    }
}
程序执行结果（随机抽取）：
main（主线程，mt.run()执行结果）
线程对象（子线程）
```

本程序在主方法中直接利用线程实例化对象调用了 run()方法，这样所获取到的对象就是 main 线程
对象。

 提问：进程在哪里？
　　所有的线程都是在进程的基础上划分的，如果说主方法是一个线程，那么进程在哪里？

回答：每一个 JVM 运行就是进程。
　　当用户使用java命令执行一个类的时候就表示启动了一个 JVM 的进程，而主方法是这个进程上的一个线程而
已，而当一个类执行完毕后，此进程会自动消失。

通过以上的分析就可以发现实际开发过程中所有的子线程都是通过主线程来创建的，这样的处理机
制主要是可以利用多线程来实现一些资源耗费较多的复杂业务，如图 14-9 所示。

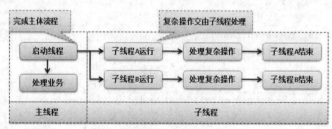

图 14-9　子线程执行

通过图 14-9 可以发现，当程序中存在多线程机制后，就可以将一些耗费时间和资源较多的操作交由
子线程处理，这样就不会因为执行速度而影响主线程的执行。

范例： 子线程处理复杂逻辑

```java
package cn.mldn.demo;
public class ThreadDemo {
    public static void main(String[] args) throws Exception {
        System.out.println("1、执行操作任务一。");          // 主线程执行
        new Thread(()->{                                    // 子线程负责统计
```

```
                int temp = 0 ;
                for (int x = 0 ; x < Integer.MAX_VALUE ; x ++) {
                    temp += x ;                              // 【模拟】执行耗时操作
                }
        }).start();
        System.out.println("2、执行操作任务二。");                // 主线程执行
        System.out.println("N、执行操作任务N。");                // 主线程执行
    }
}
```

本程序启动了一个子线程进行耗时的业务处理操作，在子线程的执行过程中，主线程中的其他代码
将不会受到该耗时任务的影响。

 提问：如何等待子线程完成？

在以上的程序中，假设主线程的第 N 个操作任务需要子线程处理后的结果，这种情况下该如何实现？

 回答：需要引入线程等待与唤醒机制。

如果要想实现不同线程间的任务顺序指派，那么就需要为线程对象引入等待机制，并且设置好合适的唤醒时
间，这一点在 14.5.2 小节有具体讲解。而最简洁有效的线程交互操作，推荐使用从 JDK 1.5 后引入了 JUC 机制处
理完成。

14.3.2　线程休眠

视频名称	1408_线程休眠		学习层次	理解
视频简介	程序一旦启动了线程，一般都会以最快的方式执行完成，而有些时候需要减缓线程的执行速度，所以 Thread 提供了休眠操作。本课程主要讲解 sleep()方法的使用特点。			

当一个线程启动后会按照既定的结构快速执行完毕，如果需要暂缓线程的执行速度，就可以利用
Thread 类中提供的休眠方法完成，该方法定义如表 14-3 所示。

表 14-3　线程休眠

No.	方　　法	类　　型	描　　述
1	public static void sleep(long millis) throws InterruptedException	普通	设置线程休眠的毫秒数，时间一到自动唤醒
2	public static void sleep(long millis, int nanos) throws InterruptedException	普通	设置线程休眠的毫秒数与纳秒数，时间一到自动唤醒

在进行休眠的时候有可能会产生中断异常 InterruptedException，中断异常属于 Exception 的子类，程
序中必须强制性进行该异常的捕获与处理。

范例：线程休眠

```
package cn.mldn.demo;
public class ThreadDemo {
    public static void main(String[] args) throws Exception {
        Runnable run = () -> {                              // Runnable接口实例
            for (int x = 0; x < 10; x++) {
                System.out.println(Thread.currentThread().getName() + "、x = " + x);
```

```
                    try {
                        Thread.sleep(1000);                        // 暂缓1秒（1000毫秒）执行
                    } catch (InterruptedException e) {             // 强制性异常处理
                        e.printStackTrace();
                    }
                }
            } ;
            for (int num = 0; num < 5; num++) {
                new Thread(run, "线程对象 - " + num).start();       // 启动线程
            }
        }
}
```

本程序设计了 5 个线程对象，并且每一个线程对象执行时都需要暂停 1 秒。但是需要提醒读者的是，多线程的启动与执行都是由操作系统随机分配的，虽然看起来这 5 个线程的休眠是同时进行的，但是也有先后顺序（图 14-10 分析了多个线程对象执行一次 run()方法的过程），只不过由于代码的执行速度较快，不易观察到。

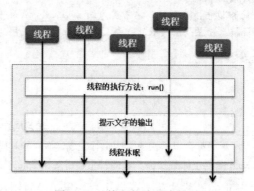

图 14-10   线程依次调度执行

14.3.3   线程中断

	视频名称	1409_线程中断	学习层次	理解
	视频简介	线程并不是启动后就可以一直持续下去的，在线程中也可以进行执行的中断操作。本课程主要讲解线程中断执行处理操作方法。		

在 Thread 类提供的线程操作方法中很多都会抛出 InterruptedException 中断异常，所以线程在执行过程中也可以被另外一个线程中断执行，线程中断的操作方法如表 14-4 所示。

表 14-4   线程中断

No.	方　　法	类　　型	描　　述
1	public boolean isInterrupted()	普通	判断线程是否被中断
2	public void interrupt()	普通	中断线程执行

范例：线程中断操作

```
package cn.mldn.demo;
public class ThreadDemo {
```

```java
    public static void main(String[] args) throws Exception {
        Thread thread = new Thread(() -> {
            System.out.println("【BEFORE】准备睡觉10秒钟的时间，不要打扰我！");
            try {
                Thread.sleep(10000);                        // 预计准备休眠10秒
                System.out.println("【FINISH】睡醒了，开始工作和学习生活！");
            } catch (InterruptedException e) {
                System.out.println("【EXCEPTION】睡觉被打扰了，坏脾气像火山爆发一样袭来！");
            }
        });
        thread.start();                                     // 线程启动
        Thread.sleep(1000);                                 // 保证子线程先运行1秒
        if (!thread.isInterrupted()) {                      // 该线程中断？
            System.out.println("【INTERRUPT】敲锣打鼓欢天喜地地路过你睡觉的地方！");
            thread.interrupt();                             // 中断执行
        }
    }
}
```
程序执行结果：
【BEFORE】准备睡觉10秒钟的时间，不要打扰我！
【INTERRUPT】敲锣打鼓欢天喜地地路过你睡觉的地方！
【EXCEPTION】睡觉被打扰了，坏脾气像火山爆发一样袭来！

本程序实现了线程执行的中断操作，可以发现线程的中断是被动完成的，每当被中断执行后就会产生 InterruptedException 异常。

14.3.4 线程强制执行

视频名称	1410_线程强制执行	学习层次	理解
视频简介	多线程启动后会交替进行资源抢占与线程体执行，如果此时某些线程异常重要也可以强制执行。本课程主要讲解多线程中 join()方法的使用。		

在多线程并发执行中每一个线程对象都会交替执行，如果此时某个线程对象需要优先执行完成，则可以设置为强制执行，待其执行完毕后其他线程再继续执行，Thread 类定义的线程强制执行方法如下。

线程强制执行：public final void join() throws InterruptedException

范例：线程强制执行

```java
package cn.mldn.demo;
public class ThreadDemo {
    public static void main(String[] args) throws Exception {
        Thread mainThread = Thread.currentThread() ;        // 获得主线程
        Thread thread = new Thread(() -> {
            for (int x = 0 ; x < 100 ; x ++) {
                if (x == 3) {                               // 设置强制执行条件
                    try {
                        mainThread.join();                  // 强制执行线程任务
                    } catch (InterruptedException e) {
                        e.printStackTrace();
```

```
                }
            }
            try {
                Thread.sleep(100);                              // 延缓执行
            } catch (InterruptedException e) {
                e.printStackTrace();
            }
            System.out.println(Thread.currentThread().getName() + "执行、x = " + x);
        }
    },"玩耍的线程") ;
    thread.start();
    for (int x = 0 ; x < 100 ; x ++) {                          // 主线程
        Thread.sleep(100);
        System.out.println("【霸道的main线程】number = " + x);
    }
    }
}
```

本程序启动了两个线程：main 线程和子线程，在不满足强制执行条件时，两个线程会交替执行，而当满足了强制执行条件（x == 3）时会在主线程执行完毕后再继续执行子线程中的代码。

14.3.5 线程礼让

	视频名称	1411_线程礼让	学习层次	理解
	视频简介	多线程在彼此交替执行时往往需要进行资源的轮流抢占，如果某些不是很重要的线程抢占到资源但是又不急于执行时，就可以将当前的资源暂时礼让出去，交由其他线程先执行。本课程主要讲解 yield()方法的使用以及与 join()方法的区别。		

线程礼让是指当满足某些条件时，可以将当前的调度让给其他线程执行，自己再等待下次调度再执行，方法定义如下。

线程礼让：public static void yield()

范例：线程礼让

```
package cn.mldn.demo;
public class ThreadDemo {
    public static void main(String[] args) throws Exception {
        Thread thread = new Thread(() -> {
            for (int x = 0 ; x < 100 ; x ++) {
                if (x % 3 == 0) {
                    Thread.yield();                             // 线程礼让
                    System.out.println("【YIELD】线程礼让，" + Thread.currentThread().getName());
                }
                try {
                    Thread.sleep(100);
                } catch (InterruptedException e) {
                    e.printStackTrace();
                }
                System.out.println(Thread.currentThread().getName() + "执行、x = " + x);
            }
```

```
        },"玩耍的线程") ;
        thread.start();
        for (int x = 0 ; x < 100 ; x ++) {
            Thread.sleep(100);
            System.out.println("【霸道的main线程】number = " + x);
        }
    }
}
```

程序执行结果（截取部分随机结果）：
【霸道的main线程】number = 3
玩耍的线程执行、x = 3
【霸道的main线程】number = 4
玩耍的线程执行、x = 4
【霸道的main线程】number = 5
玩耍的线程执行、x = 5
【YIELD】线程礼让，玩耍的线程
【霸道的main线程】number = 6

在多线程正常执行中，原本的线程应该交替执行，但是由于礼让的关系，会出现某一个线程暂时让出调度资源的情况，让其他线程优先调度。

14.3.6 线程优先级

视频名称	1412_线程优先级		学习层次	理解
视频简介	所有创造的线程都是子线程，所有的子线程在启动时都会保持同样的优先权限，但是如果现在某些重要的线程希望可以优先抢占到资源并且先执行，就可以修改优先级来实现。本课程主要讲解优先级与线程执行的关系。			

在 Java 的线程操作中，所有的线程在运行前都会保持在就绪状态，那么此时会根据线程的优先级进行资源调度，即哪个线程的优先级高，哪个线程就有可能会先被执行，如图 14-11 所示。

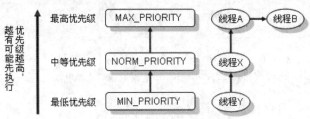

图 14-11 线程的优先级

如果要想进行线程优先级的设置，在 Thread 类中有以下支持的方法及常量，如表 14-5 所示。

表 14-5 优先级设置

No.	方法或常量	类　　型	描　　述
1	public static final int MAX_PRIORITY	常量	最高优先级，数值为 10
2	public static final int NORM_PRIORITY	常量	中等优先级，数值为 5
3	public static final int MIN_PRIORITY	常量	最低优先级，数值为 1
4	public final void setPriority(int newPriority)	普通	设置线程优先级
5	public final int getPriority();	普通	取得线程优先级

范例：观察线程优先级

```java
package cn.mldn.demo;
public class ThreadDemo {
    public static void main(String[] args) throws Exception {
        Runnable run = () -> {                                    // 线程类对象
            for (int x = 0; x < 10; x++) {
                try {
                    Thread.sleep(1000);                           // 暂缓执行
                } catch (InterruptedException e) {
                    e.printStackTrace();
                }
                System.out.println(Thread.currentThread().getName() + "执行。");
            }
        };
        Thread threadA = new Thread(run, "线程对象A");             // 线程对象
        Thread threadB = new Thread(run, "线程对象B");             // 线程对象
        Thread threadC = new Thread(run, "线程对象C");             // 线程对象
        threadA.setPriority(Thread.MIN_PRIORITY);                 // 修改线程优先级
        threadB.setPriority(Thread.MIN_PRIORITY);                 // 修改线程优先级
        threadC.setPriority(Thread.MAX_PRIORITY);                 // 修改线程优先级
        threadA.start();                                          // 线程启动
        threadB.start();                                          // 线程启动
        threadC.start();                                          // 线程启动
    }
}
```

本程序为线程设置了不同的优先级，理论上讲优先级越高的线程越有可能先抢占资源。

提示：主方法优先级。

主方法也是一个线程，那么主方法的优先级是多少呢？下面通过具体代码来观察。

范例：主方法优先级

```java
public class ThreadDemo {
    public static void main(String[] args) throws Exception {
        System.out.println(Thread.currentThread().getPriority());
    }
}
```
程序执行结果：
5
根据表 14-5 所列出的优先级常量，可以发现数值为 5 的优先级，其对应的是中等优先级。

14.4　线程的同步与死锁

程序利用线程可以进行更为高效的程序处理，如果在没有多线程的程序中，那么一个程序在处理某些资源时会有主方法（主线程全部进行处理），但是这样的处理速度一定会比较慢，如图 14-12（a）所示。但是如果采用了多线程的处理机制，利用主线程创建出许多的子线程（相当于多了许多帮手），一起进行资源的操作，如图 14-12（b）所示，那么执行效率一定会比只使用一个主线程更高。

（a）单线程操作　　　　　　　　　　　　（b）多线程操作

图 14-12　单线程与多线程的执行区别

虽然使用多线程同时处理资源效率要比单线程高许多，但是多个线程如果操作同一个资源时一定会存在一些问题，例如，资源操作的完整性问题。本节将讲解多线程的同步与死锁的概念。

14.4.1　线程同步问题引出

视频名称	1413_线程同步问题引出	学习层次	掌握	
视频简介	在项目运行中会有多个线程同时操作同一资源情况，此时就会引发同步的问题。本课程通过一个卖票程序分析了多个线程访问同一资源时所带来的问题。			

线程同步是指若干个线程对象并行进行资源访问时实现的资源处理的保护操作，下面将利用一个模拟卖票的程序来进行同步问题的说明。

范例：卖票操作（3 个线程卖 3 张票）

```java
package cn.mldn.demo;
class MyThread implements Runnable {                         // 定义线程执行类
    private int ticket = 3;                                  // 总票数为3张
    @Override
    public void run() {
        while (true) {                                       // 持续卖票
            if (this.ticket > 0) {                           // 还有剩余票
                try {
                    Thread.sleep(100);                       // 模拟网络延迟
                } catch (InterruptedException e) {
                    e.printStackTrace();
                }
                System.out.println(Thread.currentThread().getName() +
                    "卖票，ticket = " + this.ticket--);
            } else {
                System.out.println("***** 票已经卖光了 *****");
                break;                                       // 跳出循环
            }
        }
    }
}
public class ThreadDemo {
    public static void main(String[] args) throws Exception {
        MyThread mt = new MyThread();
        new Thread(mt, "售票员A").start();                    // 开启卖票线程
```

```
        new Thread(mt, "售票员B").start();                          // 开启卖票线程
        new Thread(mt, "售票员C").start();                          // 开启卖票线程
    }
}
程序执行结果（随机抽取一次执行结果）：
售票员A卖票，ticket = 3
售票员C卖票，ticket = 3
售票员B卖票，ticket = 2
售票员C卖票，ticket = 1
售票员A卖票，ticket = 0
***** 票已经卖光了 *****
***** 票已经卖光了 *****
售票员B卖票，ticket = -1
***** 票已经卖光了 *****
```

　　在本程序中为了更好地观察到同步问题，在判断票数（this.ticket > 0）和卖票（this.ticket--）操作之间追加了一个线程休眠操作以实现延迟的模拟。通过执行的结果也可以发现程序出现了不同步的问题，而造成这些问题主要是由于代码的操作结构所引起的，因为卖票操作分为两个步骤。

　　步骤 1（this.ticket > 0）：判断票数是否大于 0，大于 0 则表示还有票可以卖。

　　步骤 2（this.ticket--）：如果票数大于 0，则卖票出去。

　　假设现在只剩下最后一张票了，当第一个线程满足售票条件后（此时并未减少票数），其他的线程也有可能同时满足售票的条件，这样同时进行自减操作时就有可能造成负数，操作如图 14-13 所示。

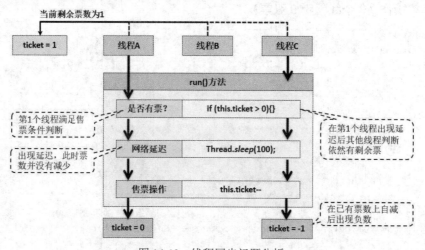

图 14-13　线程同步问题分析

14.4.2　线程同步处理

	视频名称	1414_线程同步处理	学习层次	掌握
	视频简介	处理并发资源操作的最好方法就是进行操作空间的锁控制。本课程主要讲解如何利用 synchronized 定义同步代码块与同步方法实现多线程开发。		

　　造成并发资源访问不同步的主要原因在于没有将若干个程序逻辑单元进行整体性的锁定，即当判断数据和修改数据时只允许一个线程进行处理，而其他线程需要等待当前线程执行完毕后才可以继续执行，这样就使得在同一个时间段内，只允许一个线程执行操作，从而实现同步的处理，如图 14-14 所示。

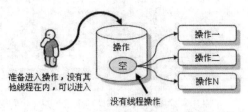

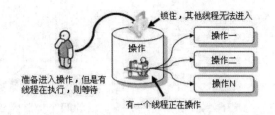

（a）操作中没有线程对象，可以进入　　　　（b）操作中有线程对象被锁住，其他线程不能进入

图 14-14　线程同步的操作

Java 中提供有 synchronized 关键字以实现同步处理，同步的关键是要为代码加上"锁"，而对于锁的操作程序有两种：同步代码块、同步方法。

同步代码块是指使用 synchronized 关键字定义的代码块，在该代码执行时往往需要设置一个同步对象，由于线程操作的不确定状态，所以这个时候的同步对象可以选择 this。

范例：使用同步代码块

```java
class MyThread implements Runnable {                  // 定义线程执行类
    private int ticket = 3;                            // 总票数为3张
    @Override
    public void run() {
        while (true) {                                // 持续卖票
            synchronized(this) {                      // 同步代码块
                if (this.ticket > 0) {                // 还有剩余票
                    try {
                        Thread.sleep(100);            // 模拟网络延迟
                    } catch (InterruptedException e) {
                        e.printStackTrace();
                    }
                    System.out.println(Thread.currentThread().getName() +
                            "卖票, ticket = " + this.ticket--);
                } else {
                    System.out.println("***** 票已经卖光了 *****");
                    break;                            // 跳出循环
                }
            }
        }
    }
}
public class ThreadDemo {
    public static void main(String[] args) throws Exception {
        MyThread mt = new MyThread();
        new Thread(mt, "售票员A").start();              // 开启卖票线程
        new Thread(mt, "售票员B").start();              // 开启卖票线程
        new Thread(mt, "售票员C").start();              // 开启卖票线程
    }
}
程序执行结果（随机抽取）：
售票员A卖票, ticket = 3
```

售票员A卖票，ticket = 2
售票员C卖票，ticket = 1
***** 票已经卖光了 *****
***** 票已经卖光了 *****
***** 票已经卖光了 *****

　　本程序将票数判断与票数自减的两个控制逻辑放在了一个同步代码块中，当进行多个线程并发执行时，只允许有一个线程执行此部分代码，就实现了同步处理操作。

> **提示：同步会造成处理性能下降。**
>
> 同步操作的本质在于同一个时间段内只允许有一个线程执行，所以在此线程对象未执行完的过程中其他线程对象将处于等待状态，这样就会造成程序处理性能的下降。但是同步也会带来一些优点：数据的线程访问安全。

　　同步代码块可以直接定义在某个方法中，使得方法的部分操作进行同步处理，但是如果现在某一个方法中的全部操作都需要进行同步处理，则可以采用同步方法的形式进行定义，即在方法声明上使用 synchronized 关键字即可。

范例：使用同步方法

```java
package cn.mldn.demo;
class MyThread implements Runnable {                    // 定义线程执行类
    private int ticket = 3;                             // 总票数为3张
    @Override
    public void run() {
        while (this.sale()) {                           // 调用同步方法
            ;
        }
    }
    public synchronized boolean sale() {                // 售票操作
        if (this.ticket > 0) {
            try {
                Thread.sleep(100);                      // 模拟网络延迟
            } catch (InterruptedException e) {
                e.printStackTrace();
            }
            System.out.println(Thread.currentThread().getName() +
                "卖票，ticket = " + this.ticket--);
            return true;
        } else {
            System.out.println("***** 票已经卖光了 *****");
            return false;
        }
    }
}
public class ThreadDemo {
    public static void main(String[] args) throws Exception {
        MyThread mt = new MyThread();
        new Thread(mt, "售票员A").start();             // 开启卖票线程
        new Thread(mt, "售票员B").start();             // 开启卖票线程
        new Thread(mt, "售票员C").start();             // 开启卖票线程
```

```
        }
}
```

程序执行结果（随机抽取）：

```
售票员A卖票，ticket = 3
售票员A卖票，ticket = 2
售票员B卖票，ticket = 1
***** 票已经卖光了 *****
***** 票已经卖光了 *****
***** 票已经卖光了 *****
```

本程序将需要进行线程同步处理的操作封装在了 sale()方法中，当多个线程并发访问时可以保证数据操作的正确性。

14.4.3　线程死锁

视频名称	1415_线程死锁		学习层次	掌握	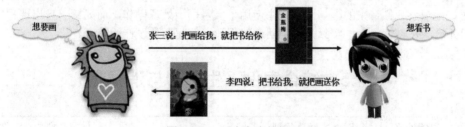
视频简介	死锁是在多线程开发中较为常见的一种不确定出现的问题，其所带来的影响就是导致程序出现"假死"状态。本课程主要演示死锁的产生情况以及问题分析。				

同步是指一个线程要等待另外一个线程执行完毕才会继续执行的一种操作形式，虽然在一个程序中，使用同步可以保证资源共享操作的正确性，但是过多同步也会产生问题。例如，现在有张三想要李四的画，李四想要张三的书，那么张三对李四说："把你的画给我，我就给你书"，李四也对张三说："把你的书给我，我就给你画"，此时，张三在等着李四的答复，而李四也在等着张三的答复，那么这样下去最终结果可想而知，张三得不到李四的画，李四也得不到张三的书，这实际上就是死锁的概念，如图 14-15 所示。

图 14-15　同步产生的问题

所谓的死锁，是指两个线程都在等待对方先完成，造成了程序的停滞状态。一般程序的死锁都是在程序运行时出现的，下面通过一个简单的范例来观察一下出现死锁的情况。

范例：观察线程死锁

```java
package cn.mldn.demo;
class Book {
    public synchronized void tell(Painting paint) {          // 同步方法
        System.out.println("张三对李四说：把你的画给我，我就给你书，不给画不给书！");
        paint.get();
    }
    public synchronized void get() {                          // 同步方法
        System.out.println("张三得到了李四的画开始认真欣赏。");
    }
}
class Painting {
    public synchronized void tell(Book book) {               // 同步方法
```

```
        System.out.println("李四对张三说：把你的书给我，我就给你画，不给书不给画！");
        book.get();
    }
    public synchronized void get() {                          // 同步方法
        System.out.println("李四得到了张三的书开始认真阅读。");
    }
}
public class DeadLock implements Runnable {
    private Book book = new Book();
    private Painting paint = new Painting();
    public DeadLock() {
        new Thread(this).start();
        book.tell(paint);
    }
    @Override
    public void run() {
        paint.tell(book);
    }
    public static void main(String[] args) {
        new DeadLock() ;
    }
}
```

程序执行结果：
张三对李四说：把你的画给我，我就给你书，不给画不给书！
李四对张三说：把你的书给我，我就给你画，不给书不给画！
... 程序处于相互等待状态，后续代码都不再执行 ...

　　为了更好地观察死锁带来的影响，本程序使用了大量同步处理操作，而死锁一旦出现程序将进入等
待状态并且不会向下继续执行。实际开发中回避线程死锁的问题是设计的难点。

14.5　综合案例：生产者与消费者

视频名称	1416_基本程序模型	学习层次	掌握
视频简介	本课程主要是搭建"生产者-消费者"编程的基础模型，该模型也是在多线程编程中较为常见的重要案例，在本程序中需要观察程序中出现的问题并思索问题解决之道。		

　　在多线程操作中有一个经典的案例程序——生产者和消费者问题，生产者不断生产，消费者不断取
走生产者生产的产品，如图 14-16 所示。

　　在图 14-16 所给出的操作流程中，生产者与消费者分别为两个线程对象，这两个线程对象同时向公
共区域进行数据的保存与读取，所以可以按照图 14-17 给出的类结构实现程序模型。

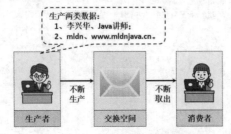

图 14-16　生产者及消费者问题

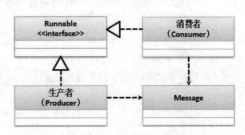

图 14-17　程序基本结构

范例： 程序基础模型

```java
package cn.mldn.demo;
class Message {
    private String title ;                              // 保存信息的标题
    private String content ;                            // 保存信息的内容
    public void setTitle(String title) {
        this.title = title;
    }
    public void setContent(String content) {
        this.content = content;
    }
    public String getTitle() {
        return title;
    }
    public String getContent() {
        return content;
    }
}
class Producer implements Runnable {                    // 定义生产者
    private Message msg = null ;
    public Producer(Message msg) {
        this.msg = msg ;
    }
    @Override
    public void run() {
        for (int x = 0; x < 50; x++) {                  // 生产50次数据
            if (x % 2 == 0) {
                this.msg.setTitle("李兴华") ;            // 设置title属性
                try {
                    Thread.sleep(100) ;                 // 延迟操作
                } catch (InterruptedException e) {
                    e.printStackTrace();
                }
                this.msg.setContent("Java讲师") ;       // 设置content属性
            } else {
                this.msg.setTitle("mldn") ;             // 设置title属性
                try {
                    Thread.sleep(100) ;
                } catch (InterruptedException e) {
                    e.printStackTrace();
                }
                this.msg.setContent("www.mldnjava.cn") ; // 设置content属性
            }
        }
    }
}
class Consumer implements Runnable {                    // 定义消费者
```

```
    private Message msg = null ;
    public Consumer (Message msg) {
        this.msg = msg ;
    }
    @Override
    public void run() {
        for (int x = 0; x < 50; x++) {                        // 取走50次数据
            try {
                Thread.sleep(100) ;                           // 延迟
            } catch (InterruptedException e) {
                e.printStackTrace();
            }
            System.out.println(this.msg.getTitle() + " --> " + this.msg.getContent());
        }
    }
}
public class ThreadDemo {
    public static void main(String[] args) throws Exception {
        Message msg = new Message() ;                    // 定义Message对象，用于保存和取出数据
        new Thread(new Producer(msg)).start() ;          // 启动生产者线程
        new Thread(new Consumer(msg)).start() ;          // 取得消费者线程
    }
}
```
程序执行结果（截取部分随机结果）：
mldn --> Java讲师
李兴华 --> www.mldnjava.cn
李兴华 --> Java讲师
... 其他输出结果，略 ...

本程序实现了一个基础的线程交互模型，但是通过执行结果可以发现程序中存在两个问题。

➥ **数据错位**：假设生产者线程刚向数据存储空间添加了信息的名称，还没有加入这个信息的内容，
程序就切换到了消费者线程，而消费者线程将把这个信息的名称和上一个信息的内容联系到了
一起。

➥ **重复操作**：生产者放了若干次的数据，消费者才开始取数据；或者是消费者取完一个数据后，
还没等到生产者放入新的数据，又重复取出已取过的数据。

14.5.1　解决数据同步问题

	视频名称	1417_解决数据同步问题	学习层次	掌握
	视频简介	生产者在数据正在生产时必须将操作代码锁定，消费者在取出数据前也需要进行操作锁定。本课程将采用 synchronized 同步的方式解决"生产者-消费者"代码中出现的不同步问题。		

数据同步的问题只能够通过同步代码块或同步方法完成。在本程序中，生产者和消费者代表着不同
的线程对象，所以此时的同步操作应该设置在 Message 类中，可以将 title 与 content 属性设置定义为单独
同步方法。

范例：定义同步操作

```java
package cn.mldn.demo;
class Message {
    private String title ;                              // 保存信息的标题
    private String content ;                            // 保存信息的内容
    public synchronized void set(String title, String content) {
        this.title = title;
        try {
            Thread.sleep(200);
        } catch (InterruptedException e) {
            e.printStackTrace();
        }
        this.content = content;
    }
    public synchronized String get() {
        try {
            Thread.sleep(100);
        } catch (InterruptedException e) {
            e.printStackTrace();
        }
        return this.title + " --> " + this.content;
    }
    // setter、getter略
}
class Producer implements Runnable {                    // 定义生产者
    private Message msg = null ;
    public Producer(Message msg) {
        this.msg = msg ;
    }
    @Override
    public void run() {
        for (int x = 0; x < 50; x++) {                 // 生产50次数据
            if (x % 2 == 0) {
                this.msg.set("李兴华","Java讲师") ;      // 设置属性
            } else {
                this.msg.set("mldn","www.mldnjava.cn") ; // 设置属性
            }
        }
    }
}
class Consumer implements Runnable {                    // 定义消费者
    private Message msg = null ;
    public Consumer (Message msg) {
        this.msg = msg ;
    }
    @Override
    public void run() {
```

```
            for (int x = 0; x < 50; x++) {                        // 取走50次数据
                System.out.println(this.msg.get());               // 取得属性
            }
        }
    }
    public class ThreadDemo {
        public static void main(String[] args) throws Exception {
            Message msg = new Message() ;                          // 定义Message对象，用于保存和取出数据
            new Thread(new Producer(msg)).start() ;                // 启动生产者线程
            new Thread(new Consumer(msg)).start() ;                // 取得消费者线程
        }
    }
    程序执行结果（截取部分随机结果）：
    mldn --> www.mldnjava.cn
    mldn --> www.mldnjava.cn
    李兴华 --> Java讲师
    李兴华 --> Java讲师
    李兴华 --> Java讲师
    ... 其他输出结果，略 ...
```

本程序在 Message 类中定义了两个同步处理方法，这样使得不同线程在进行公共数据区域操作时都可以保证数据的完整性，解决了数据设置错乱的问题。

14.5.2　Object 线程等待与唤醒

视频名称	1418_Object 线程等待与唤醒	学习层次	掌握
视频简介	Object 类中定义有线程的等待与唤醒操作支持，本课程主要是讲解 Object 类中的 wait()、notify()、notifyAll() 3 个方法的作用以及具体应用。		

重复操作问题的解决需要引入线程的等待与唤醒机制，而这一机制的实现只能依靠 Object 类完成。在 Object 类中定义了以下 3 个方法完成线程的操作，如表 14-6 所示。

表 14-6　Object 类对多线程的支持

No.	方　法	类　型	描　述
1	public final void wait() throws InterruptedException	普通	线程的等待
2	public final void wait(long timeout) throws InterruptedException	普通	设置线程等待毫秒数
3	public final void wait(long timeout, int nanos) throws InterruptedException	普通	设置线程等待毫秒数和纳秒数
4	public final void notify()	普通	唤醒第一个等待线程
5	public final void notifyAll()	普通	唤醒全部等待线程

从表 14-6 中可以发现，一个线程可以为其设置等待状态，但是唤醒的操作却有两个：notify()、notifyAll()。一般来说，所有等待的线程会按照顺序进行排列，如果使用了 notify()方法，则会唤醒第一个等待的线程执行；而如果使用了 notifyAll()方法，则会唤醒所有的等待线程，哪个线程的优先级高，那个线程就有可能先执行，如图 14-18 所示。

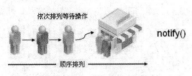

notify()

（a）notify()采用顺序操作

notifyAll()

（b）notifyAll()采用非顺序操作

图 14-18　notify()及 notifyAll()的区别

清楚了 Object 类中的 3 个方法作用之后，下面就可以利用这些方法来解决程序中的问题。如果要想让生产者不重复生产，消费者不重复取走，则可以增加一个标志位。假设标志位为 boolean 型变量，如果标志位的内容为 true，则表示可以生产，但是不能取走，如果此时线程执行到了消费者线程则应该等待；如果标志位的内容为 false，则表示可以取走，但是不能生产，如果生产者线程正在运行，则应该等待。操作流程如图 14-19 所示。

（a）生产者操作　　　　　　　　　　　（b）消费者操作

图 14-19　操作流程

要想完成以上的功能，直接修改 Message 类即可。在 Message 类中加入标志位，并通过判断标志位的内容完成线程等待与唤醒的操作。

范例：修改 Message 类，解决数据的重复设置和重复取出的操作

```java
class Message {
    private String title ;
    private String content ;
    private boolean flag = true ;                          // 表示生产或消费的形式
    // flag = true：允许生产，但是不允许消费
    // flag = false：允许消费，但是不允许生产
    public synchronized void set(String title,String content) {
        if (this.flag == false) {                          // 无法进行生产，等待被消费
            try {
                super.wait();
            } catch (InterruptedException e) {
                e.printStackTrace();
            }
        }
        this.title = title ;
        try {
            Thread.sleep(100);
        } catch (InterruptedException e) {
            e.printStackTrace();
        }
```

```
            this.content = content ;
            this.flag = false ;                          // 已经生产过了
            super.notify();                              // 唤醒等待的线程
        }
        public synchronized String get() {
            if (this.flag == true) {                     // 还未生产，需要等待
                try {
                    super.wait();
                } catch (InterruptedException e) {
                    e.printStackTrace();
                }
            }
            try {
                Thread.sleep(10);
            } catch (InterruptedException e) {
                e.printStackTrace();
            }
            try {
                return this.title + "  -  " + this.content ;
            } finally {                                  // 不管如何都要执行
                this.flag = true ;                       // 继续生产
                super.notify();                          // 唤醒等待线程
            }
        }
    }
```

在本程序中追加了一个数据产生与消费操作的控制逻辑成员属性（flag），通过此属性的值控制实现线程的等待与唤醒处理操作，从而解决了线程重复操作的问题。

14.6　优雅地停止线程

视频名称	1419_优雅地停止线程	学习层次	理解
视频简介	Thread 类是从 JDK 1.0 时就提供的工具类，最初的设计由于考虑不周出现了许多可能产生问题的方法。本课程主要讲解线程生命周期以及线程停止操作的合理实现方案。		

在 Java 中，一个线程对象是有自己的生命周期的，如果要想控制好线程的生命周期，则首先应该认识其生命周期，如图 14-20 所示。

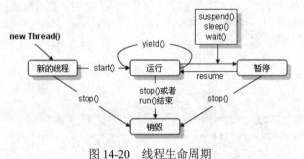

图 14-20　线程生命周期

从图 14-20 中可以发现，大部分的线程生命周期的方法都已经学过了，那么在这里主要介绍以下 3 个新方法。

- ❯　停止多线程：public void stop()。
- ❯　挂起线程：public final void suspend()、暂停执行。
- ❯　恢复挂起的线程执行：public final void resume()。

但是对线程中 suspend()、resume()、stop() 3 个方法，从 JDK 1.2 开始已经不推荐使用，主要是因为这 3 个方法在操作的时候会产生死锁的问题。

> **注意：suspend()、resume()、stop()方法使用了@Deprecated 声明。**
>
> 有兴趣的读者打开 Thread 类的源代码，可以发现 suspend()、resume()、stop()方法的声明上都加入了一条 @Deprecated 的注释，这属于 Annotation 的语法，表示此操作不建议使用。所以一旦使用了这些方法后将出现警告信息。

既然以上的 3 个方法不推荐使用，那么该如何停止一个线程的执行呢？在多线程的开发中可以通过设置标志位的方式停止一个线程的运行。

范例：优雅地停止线程运行

```java
package cn.mldn.demo;
public class ThreadDemo {
    public static boolean flag = true;                              // 线程停止标记
    public static void main(String[] args) throws Exception {
        new Thread(() -> {                                          // 新的线程对象
            long num = 0;
            while (flag) {                                          // 判断标记
                try {
                    Thread.sleep(50);
                } catch (InterruptedException e) {
                    e.printStackTrace();
                }
                System.out.println(Thread.currentThread().getName() + "正在运行、num = " + num++);
            }
        }, "执行线程").start();
        Thread.sleep(200);                                          // 运行200毫秒
        flag = false;                                               // 停止线程，修改执行标记
    }
}
```

本程序为了可以停止线程运行，所以专门定义了 flag 属性，随后利用对 flag 属性内容的修改实现了停止线程执行的目的。

> **提示：关于多线程的完整运行状态。**
>
> 本章在图 14-8 中已经展示了多线程的基本运行状态，当清楚了锁、等待与唤醒机制之后，就可以得到图 14-21 所示的多线程完整运行状态。

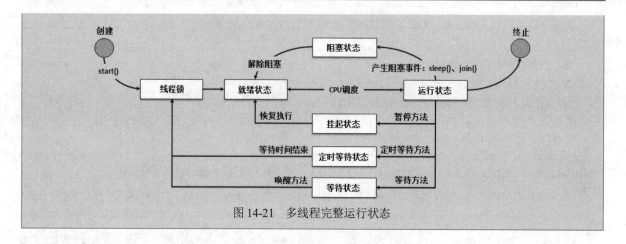

图 14-21　多线程完整运行状态

14.7　后台守护线程

	视频名称	1420_后台守护线程		学习层次	掌握
	视频简介	项目中的执行线程除了进行明确的业务处理线程之外，还需要提供大量的后台进程辅助这些业务线程。本课程主要讲解守护线程的定义与实现。			

　　Java 中的线程分为两类：用户线程和守护线程。守护线程（Daemon）是一种运行在后台的线程服务线程，当用户线程存在时，守护线程也可以同时存在；当用户线程全部消失（程序执行完毕，JVM 进程结束）时守护线程也会消失。

> **提示：关于守护线程的简单理解。**
>
> 用户线程就是用户自己开发或者由系统分配的主线程，其处理的是核心功能，守护线程就像用户线程的保镖一样，如果用户线程一旦消失，守护线程就没有存在的意义了。在 Java 中提供有自动垃圾收集机制，实际上这就属于一个守护线程，当用户线程存在时，GC 线程将一直存在，如果全部的用户线程执行完毕了，那么 GC 线程也就没有存在的意义了。

　　Java 中的线程都是通过 Thread 类来创建的，用户线程和守护线程除了运行模式的区别外，其他完全相同。可以通过表 14-7 所示的方法进行守护线程操作。

表 14-7　守护线程操作方法

No.	方　　法	类　　型	描　　述
1	public final void setDaemon(boolean on)	普通	设置为守护线程
2	public final boolean isDaemon()	普通	判断是否为守护线程

　　范例：使用守护线程

```java
package cn.mldn.demo;
public class ThreadDemo {
    public static void main(String[] args) throws Exception {
        Thread userThread = new Thread(() -> {
            for (int x = 0; x < 2; x++) {
```

```
        try {
            Thread.sleep(100);
        } catch (InterruptedException e) {
            e.printStackTrace();
        }
        System.out.println(Thread.currentThread().getName() + "正在运行、x = " + x);
    }
}, "用户线程");                                                 // 完成核心的业务
Thread daemonThread = new Thread(() -> {
    for (int x = 0; x < Integer.MAX_VALUE; x++) {
        try {
            Thread.sleep(100);
        } catch (InterruptedException e) {
            e.printStackTrace();
        }
        System.out.println(Thread.currentThread().getName() + "正在运行、x = " + x);
    }
}, "守护线程");                                                 // 完成核心的业务
daemonThread.setDaemon(true);                                   // 设置为守护线程
userThread.start();                                             // 启动用户线程
daemonThread.start();                                           // 启动守护线程
    }
}
```

程序执行结果（随机抽取）：
守护线程正在运行、x = 0
用户线程正在运行、x = 0
用户线程正在运行、x = 1
守护线程正在运行、x = 1

　　本程序定义了一个守护线程，并且该守护线程将一直进行信息的输出，但是通过执行的结果可以发现，当用户线程消失后守护线程也同时结束。

14.8　volatile 关键字

视频名称	1421_volatile 关键字	学习层次	掌握	
视频简介	本课程主要分析在 Java 中变量操作的执行步骤以及可能存在的问题，同时讲解 volatile 关键字的处理方式以及 volatile 属性定义。			

　　在多线程编程中，若干个线程为了可以实现公共资源的操作，往往是复制相应变量的副本，待操作完成后再将此副本变量数据与原始变量进行同步处理，如图 14-22 所示。如果开发者不希望通过副本数据进行操作，而是希望可以直接进行原始变量的操作（节约了复制变量副本与同步的时间），则可以在变量声明时使用 volatile 关键字。

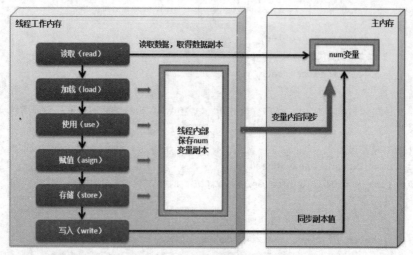

图 14-22　普通变量使用流程

范例：使用 volatile 关键字定义变量

```java
package cn.mldn.demo;
class MyThread implements Runnable {
    private volatile int ticket = 3;                    // 直接内存操作
    @Override
    public void run() {
        synchronized (this) {                          // 同步处理
            while (this.ticket > 0) {
                try {
                    Thread.sleep(100);                 // 延迟模拟
                } catch (InterruptedException e) {
                    e.printStackTrace();
                }
                System.out.println(Thread.currentThread().getName() +
                        "卖票处理，ticket = " + this.ticket--);
            }
        }
    }
}
public class ThreadDemo {
    public static void main(String[] args) throws Exception {
        MyThread mt = new MyThread();
        new Thread(mt, "售票员A").start();
        new Thread(mt, "售票员B").start();
        new Thread(mt, "售票员C").start();
    }
}
```
程序执行结果（随机抽取）：
售票员A卖票处理，ticket = 3
售票员C卖票处理，ticket = 2
售票员A卖票处理，ticket = 1

　　本程序在定义 ticket 属性时使用了 volatile 关键字进行定义，这样就表示该变量在进行操作时将直接
会进行原始变量内容的处理。

> 👤 **注意：volatile 与 synchronized 的区别。**
>
> volatile 无法描述同步的处理，它只是一种直接内存的处理，避免了副本的操作，而 synchronized 是实现同步操作的关键字。此外，volatile 主要在属性上使用，而 synchronized 是在代码块与方法上使用的。

14.9　本章概要

1．线程（Thread）是指程序的运行流程。"多线程"的机制可以同时运行多个程序块，使程序运行的效率更高，也解决了传统程序设计语言所无法解决的问题。

2．如果在类里要激活线程，必须先做好下面两项准备。

（1）此类必须继承 Thread 类或者实现 Runnable 接口。

（2）线程的处理必须覆写 run() 方法。

3．每一个线程，在其创建和消亡前，均会处于下列 5 种状态之一：创建、就绪、运行、阻塞、终止。

4．Thread 类里的 sleep() 方法可用来控制线程的休眠状态，休眠的时间要视 sleep() 里的参数而定。

5．当多个线程对象操纵同一共享资源时，要使用 synchronized 关键字来进行资源的同步处理，在进行同步处理时需要防范死锁的产生。

6．Object 类中提供有线程的等待与唤醒机制，使用 wait() 方法后建议通过 notify() 或 notifyAll() 方法唤醒。

7．Java 线程开发分为两种：用户线程和守护线程，守护线程需要依附于用户线程存在，用户线程消失后守护线程也会同时消失。

8．volatile 关键字并不是描述同步的操作，而是可以更快捷地进行原始变量的访问，避免了副本创建与数据同步处理。

14.10　自 我 检 测

1．设计 4 个线程对象，其中两个线程执行减操作，另外两个线程执行加操作。

视频名称	1422_多线程数字加减		学习层次	运用
视频简介	本程序的核心意义在于实现多个线程并发访问下的数据同步，在有限个线程执行有限次数的情况下，最终的结果应该为 0，本课程将通过具体代码实现。			

2．设计一个生产计算机和搬运计算机类，要求生产出一台计算机就搬走一台计算机，如果没有新的计算机生产出来，则搬运工要等待新计算机产出；如果生产出的计算机没有搬走，则要等待计算机搬走后再生产，并统计出生产的计算机数量。

视频名称	1423_多线程计算机流水线模型		学习层次	运用
视频简介	本课程是生产者与消费者模型的进一步延伸，基于同步处理机制下的等待与唤醒操作实现，需要防止重复操作的情况出现。			

3．实现一个竞拍抢答程序：要求设置 3 个抢答者（3 个线程），而后同时发出抢答指令，抢答成功者给出成功提示，未抢答成功者给出失败提示。

视频名称	1424_竞争抢答器		学习层次	运用
视频简介	抢答器是一个在生活中较为常见的场景，每一次抢答题目时只允许有一位线程获取资源，此时就需要进行并发资源下的数据同步处理。			

第15章 常用类库

 通过本章的学习可以达到以下目标

- 掌握 StringBuffer 类、StringBuilder 类的特点，二者的区别以及常用处理方法。
- 掌握 CharSequence 接口的作用以及 String、StringBuffer、StringBuilder 之间的联系。
- 掌握 AutoCloseable 接口的作用以及自动关闭操作的实现模型。
- 掌握日期操作类以及格式化操作类的使用。
- 掌握两种比较器的作用以及二叉树的实现原理。
- 掌握正则表达式的定义及使用。
- 掌握 Optional 空处理的意义以及常用方法的使用。
- 掌握 ThreadLocal 与引用传递之间的联系以及实现机制。
- 理解国际化程序的主要作用以及 Local、ResourceBundle 等工具类的使用。
- 理解 Runtime 类、System 类、Math 类、Random 类、Cleaner 类、Base64 类、定时调度的使用。

　　现代的程序开发需要依附于其所在平台的支持，平台支持的功能越完善，开发也就越简单。Java 拥有着世界上最庞大的开发支持，除了丰富的第三方开发仓库外，JDK 自身也提供有丰富的类库供开发者使用，本章将讲解一些常用的支持类库以及使用说明。

15.1 StringBuffer 类

视频名称	1501_StringBuffer 类		学习层次	掌握
视频简介	字符串实现了一种方便的数据存储结构，对于字符串 Java 也提供了多种支持。本课程主要讲解 StringBuffer、StringBuilder、String 3 个类之间的联系与区别以及这 3 个类对象的转换操作。			

　　在项目开发中 String 是一个必不可少的工具类，但是 String 类自身有一个最大的缺陷：内容一旦声明则不可改变。所以在 JDK 中为了方便用户修改字符串的内容提供有 StringBuffer 类。

　　StringBuffer() 类并不像 String 类那样可以直接通过声明字符串常量的方式进行实例化，而是必须像普通类对象使用一样，首先通过构造方法进行对象实例化，而后才可以调用方法执行处理。StringBuffer 类常用方法如表 15-1 所示。

表 15-1　StringBuffer 类常用方法

No.	方　　法	类　型	描　　述
1	public StringBuffer ()	构造	创建一个空的 StringBuffer 对象
2	public StringBuffer(String str)	构造	将接收到的 String 内容变为 StringBuffer 内容
3	public StringBuffer append(数据类型 变量)	普通	内容连接，等价于 String 中的 "+" 操作
4	public StringBuffer insert(int offset, 数据类型 变量)	普通	在指定索引位置处插入数据

续表

No.	方 法	类 型	描 述
5	public StringBuffer delete(int start, int end)	普通	删除指定索引范围之内的数据
6	public StringBuffer reverse()	普通	内容反转

范例：修改 StringBuffer 内容

```java
package cn.mldn.demo;
public class JavaAPIDemo {
    public static void main(String[] args) {
        StringBuffer buf = new StringBuffer("www.");          // 实例化StringBuffer
        change(buf);                                          // 修改StringBuffer内容
        String data = buf.toString() ;                       // 将StringBuffer变为String实例
        System.out.println(data);                            // 输出最终数据
    }
    public static void change(StringBuffer temp) {
        temp.append("mldn").append(".cn");                   // 修改内容
    }
}
程序执行结果：
www.mldn.cn
```

本程序将实例化好的 StringBuffer 类对象传递到了 change()方法中，而通过最终的执行结果可以发现，change()方法对 StringBuffer 类对象所做的修改得到了保存，所以可以得出结论：StringBuffer 的内容可以被修改。

 提示：关于字符串常量池的问题。

在第 7 章曾经讲解过字符串常量池的概念，字符串静态常量池在使用 "+" 进行字符串连接时最终会成为一个整体的 String 类对象，所以与直接声明完整字符串的差别不大。

范例：观察静态常量池

```java
package cn.mldn.demo;
public class JavaAPIDemo {
    public static void main(String[] args) {
        String strA = "www.mldn.cn";
        String strB = "www." + "mldn" + ".cn";
        System.out.println(strA == strB);              // 比较结果：true
    }
}
```

实际上，用户使用 "String strB = "www." + "mldn" + ".cn"" 定义字符串时，程序编译后的结果全部等价于以下操作：

```java
StringBuffer buf = new StringBuffer() ;
buf.append("www.").append("mldn").append(".cn") ;
```

所有的 "+" 在编译之后都变为了 StringBuffer 中的 append()方法。

StringBuffer 类中除了拥有可修改内容的能力外，还提供了一些 String 类所不具备的方法，下面分别通过具体案例进行说明。

范例： 插入数据

```java
package cn.mldn.demo;
public class JavaAPIDemo {
    public static void main(String[] args) {
        StringBuffer buf = new StringBuffer();
        buf.append(".cn").insert(0, "www.").insert(4, "mldn");
        System.out.println(buf);
    }
}
程序执行结果：
www.mldn.cn
```

本程序首先追加了一个字符串".cn"，之后在第 0 个索引位置上插入了字符串".www"，最后又在第 4 个索引位置上插入了字符串"mldn"。

范例： 删除指定范围中的内容

```java
package cn.mldn.demo;
public class JavaAPIDemo {
    public static void main(String[] args) {
        StringBuffer buf = new StringBuffer();
        buf.append("Hello World !").delete(6, 12).insert(6, "MLDN");
        System.out.println(buf);
    }
}
程序执行结果：
Hello MLDN!
```

本程序首先删除了索引 6~12 的数据，并且在第 6 个索引位置插入了新的字符串。

范例： 字符串反转

```java
package cn.mldn.demo;
public class JavaAPIDemo {
    public static void main(String[] args) {
        StringBuffer buf = new StringBuffer();
        buf.append("www.mldn.cn");
        System.out.println(buf.reverse());
    }
}
程序执行结果：
nc.ndlm.www
```

本程序利用 reverse()方法将 StringBuffer 中的数据进行反转处理，这也是 StringBuffer 类中最有特点的一个方法。

> **提示：StringBuilder 与 StringBuffer。**
>
> StringBuffer 类是在 JDK 1.0 版本中提供的，但是从 JDK 1.5 后又提供了 StringBuilder 类。这两个类的功能类似，都是可修改的字符串类型，唯一的区别在于：StringBuffer 类中的方法使用了 synchronized 关键字定义，适合于多线程并发访问下的同步处理；而 StringBuilder 类中的方法没有使用 synchronized 关键字定义，属于非线程安全的方法。

15.2 CharSequence 接口

视频名称	1502_CharSequence 接口	学习层次	掌握
视频简介	为了进行字符串操作标准的统一，JDK 提供有 CharSequence 接口标准。本课程主要讲解 CharSequence 接口的作用以及常用子类。		

CharSequence 是从 JDK 1.4 开始提供的一个描述字符串标准的接口，常见的子类有 3 个：String、StringBuffer、StringBuilder。继承关系如图 15-1 所示。

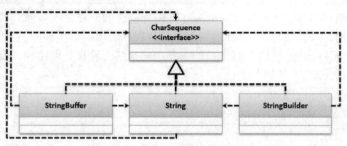

图 15-1 CharSequence 及其子类

CharSequence 可以进行字符串数据的保存，该接口提供有 3 个方法，如表 15-2 所示。

表 15-2 CharSequence 接口方法

No.	方　法	类　型	描　述
1	public char charAt(int index)	普通	获取指定索引字符
2	public int length()	普通	获取字符串长度
3	public CharSequence subSequence(int start, int end)	普通	截取部分字符串

范例：使用 CharSequence 接口

```java
package cn.mldn.demo;
public class JavaAPIDemo {
    public static void main(String[] args) {
        CharSequence str = "www.mldn.cn";              // 子类实例向父接口转型
        CharSequence sub = str.subSequence(4, 8);      // 截取部分子字符串
        System.out.println(sub);
    }
}
程序执行结果:
mldn
```

String 类是 CharSequence 接口子类，所以本程序利用对象向上转型的操作通过字符串的匿名对象实现了 CharSequence 父接口对象实例化，随后调用了 subSequence()方法实现了子字符串的截取操作。

> **提示：开发中优先考虑 String 类。**
>
> StringBuffer 类与 StringBuilder 类在日后主要用于频繁修改字符串的操作上，但是在任何的开发中，面对字符串的操作，大部分情况下都先考虑 String，只有在频繁修改这一操作中才会考虑使用 StringBuffer 或 StringBuilder。

15.3　AutoCloseable 接口

	视频名称	1503_AutoCloseable 接口	学习层次	掌握
	视频简介	随着互联网的不断发展，资源的使用也越发频繁，同时资源也更加紧张，为了合理地保护资源必须进行资源释放处理（close()方法关闭操作）。本课程主要讲解异常处理与AutoCloseable 自动关闭处理机制。		

在项目开发中，网络服务器或数据库的资源都是极为宝贵的，在每次操作完成后一定要及时释放才可以供更多的用户使用。在最初的 JDK 设计版本都是各个程序类中提供了相应的资源释放操作，而从 JDK 1.7 版本开始提供 AutoCloseable 接口，该接口的主要功能是结合异常处理结构在资源操作完成后实现自动释放功能，该接口定义如下。

```
public interface AutoCloseable {
    public void close() throws Exception;                // 资源释放
}
```

下面通过一个简单的信息发送与连接关闭的操作讲解 AutoCloseable 接口使用，本程序所采用的类结构如图 15-2 所示。

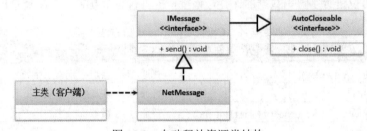

图 15-2　自动释放资源类结构

范例： 使用 AutoCloseable 自动释放资源

```
package cn.mldn.demo;
public class JavaAPIDemo {
    public static void main(String[] args) throws Exception {
        // 自动关闭处理机制需要在try语句中获取实例化对象，而后才会在执行完毕后自动调用close()
        // 不管是否产生异常最终都会调用AutoCloseable接口的close()方法
        try (IMessage nm = new NetMessage("www.mldn.cn")) {
            nm.send();                                   // 发送消息
        } catch (Exception e) {
            e.printStackTrace();
        }
    }
}
interface IMessage extends AutoCloseable {               // 继承自动关闭接口
    public void send();                                  // 消息发送
}
class NetMessage implements IMessage {                   // 实现消息的处理机制
    private String msg;                                  // 消息内容
    public NetMessage(String msg) {                      // 保存消息内容
        this.msg = msg;
    }
```

```java
public boolean open() {                                        // 获取资源连接
    System.out.println("【OPEN】获取消息发送连接资源。");
    return true;                                               // 返回连接成功的标记
}
@Override
public void send() {
    if (this.open()) {                                         // 通道已连接
        if (this.msg.contains("mldn")) {                       // 抛出异常
            throw new RuntimeException("魔乐科技（www.mldn.cn）") ;
        }
        System.out.println("【*** 发送消息 ***】" + this.msg);
    }
}
public void close() throws Exception {                         // 【覆写】自动关闭
    System.out.println("【CLOSE】关闭消息发送通道。");
}
}
程序执行结果：
【OPEN】获取消息发送连接资源。
【CLOSE】关闭消息发送通道。
java.lang.RuntimeException: 魔乐科技（www.mldn.cn）
    at cn.mldn.demo.NetMessage.send(JavaAPIDemo.java:32)
    at cn.mldn.demo.JavaAPIDemo.main(JavaAPIDemo.java:8)
```

　　本程序实现了自动关闭处理，并且通过执行结果可以发现，不管是否产生了异常都会调用 close()方法进行资源释放。

15.4　Runtime 类

视频名称	1504_Runtime 类		学习层次	了解
视频简介	JVM 提供了一个描述运行状态的信息对象。本课程主要分析单例设计模式在类库中的应用，同时讲解内存信息取得、进程产生、垃圾回收等操作。			

　　Runtime 描述的是运行时状态，在每一个 JVM 进程中都会提供唯一的一个 Runtime 类实例化对象，开发者可以通过 Runtime 类对象获取与 JVM 有关的运行时状态。其作用如图 15-3 所示。

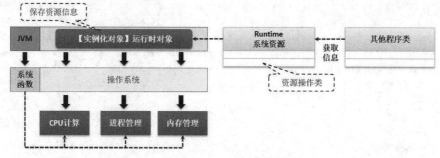

图 15-3　Runtime 类作用

　　由于 Runtime 类中只存在一个实例化对象，所以在 Runtime 类中默认将其构造方法封装（单例设计模式），这样开发者就必须利用 Runtime 类中提供的 getRuntime()方法（为 static 方法）来获取实例化对象，随后就可以获取一些系统的相关信息。常用方法如表 15-3 所示。

表 15-3　Runtime 类常用方法

No.	方　　法	类　　型	描　　述
1	public static Runtime getRuntime()	普通	取得 Runtime 类的实例化对象
2	public int availableProcessors()	普通	获取可用的 CPU 处理器数量
3	public long maxMemory()	普通	取得最大可用内存量
4	public long totalMemory()	普通	取得总共可用内存量
5	public long freeMemory()	普通	取得空闲内存量
6	public void gc()	普通	运行垃圾收集器，释放垃圾空间

范例：获取本机的 CPU 处理器数量

```java
package cn.mldn.demo;
public class JavaAPIDemo {
    public static void main(String[] args) throws Exception {
        Runtime runtime = Runtime.getRuntime() ;            // 获取Runtime实例化对象
        System.out.println(runtime.availableProcessors());  // 获取处理器数量
    }
}
```
程序执行结果：
8

由于笔者所使用的计算机为 8 核 CPU，这样当使用 availableProcessors()返回的内容就是 8。

程序执行中除了需要 CPU 外，也需要提供有内存的支持，在 Runtime 类中定义有 3 个内存数据的返回方法：maxMemory()、totalMemory()、freeMemory()。下面就来验证这 3 个方法的信息返回。

> **注意：取得内存信息时，返回的数据为 long。**
>
> 在 Runtime 类中的 maxMemory()、totalMemory()、freeMemory() 3 个方法可以取得 JVM 的内存信息，而这 3 个方法的返回数据类型是 long。在第 2 章讲解基本数据类型的时候强调 long 型数据的使用主要有两种情况：表示文件大小和表示日期时间。

范例：获取主机内存信息

```java
package cn.mldn.demo;
public class JavaAPIDemo {
    public static void main(String[] args) throws Exception {
        Runtime runtime = Runtime.getRuntime();                             // 获取实例化对象
        System.out.println("MAX_MEMORY: " + runtime.maxMemory());           // 获取最大可用内存
        System.out.println("TOTAL_MEMORY: " + runtime.totalMemory());       // 获取可用内存
        System.out.println("FREE_MEMORY: " + runtime.freeMemory());         // 获取空闲内存
    }
}
```
程序执行结果：
MAX_MEMORY: 1543503872
TOTAL_MEMORY: 96468992
FREE_MEMORY: 95124744

本程序获取了当前可用的内存信息，实际上当用户不进行任何操作时，最大的可用内存（maxMemory()）为本机内存的 1/4，而可用内存（totalMemory()）为本机内存的 1/64。

Java 本身提供有垃圾收集机制，对于 GC 线程而言，除了可以不定期处理外，也可以利用 Runtime 类中提供的 gc()方法进行手动内存释放。

范例：观察 GC 操作

```java
package cn.mldn.demo;
public class JavaAPIDemo {
    public static void main(String[] args) throws Exception {
        Runtime runtime = Runtime.getRuntime();                             // 获取实例化对象
        System.out.println("【1】TOTAL_MEMORY: " + runtime.totalMemory());   // 获取可用内存
        System.out.println("【1】FREE_MEMORY: " + runtime.freeMemory());     // 获取空闲内存
        String str = "";
        for (int x = 0; x < 3000; x++) {
            str += x;                                                        // 产生垃圾空间
        }
        System.out.println("【2】TOTAL_MEMORY: " + runtime.totalMemory());   // 获取可用内存
        System.out.println("【2】FREE_MEMORY: " + runtime.freeMemory());     // 获取空闲内存
        runtime.gc(); // 内存释放
        System.out.println("【3】TOTAL_MEMORY: " + runtime.totalMemory());   // 获取可用内存
        System.out.println("【3】FREE_MEMORY: " + runtime.freeMemory());     // 获取空闲内存
    }
}
```
程序执行结果：
【1】TOTAL_MEMORY：96468992
【1】FREE_MEMORY：95123224
【2】TOTAL_MEMORY：96468992
【2】FREE_MEMORY：77905824（TOTAL - FREE = 使用的内存空间）
【3】TOTAL_MEMORY：8388608（JDK 1.9后执行GC时，Total会因为伸缩区变更而改变）
【3】FREE_MEMORY：7598520（释放了部分内存空间）

　　本程序通过空闲内存的对比实现演示了垃圾产生前后的内存空间大小以及 GC 之后的空闲内存大小。

15.5　System 类

视频名称	1505_System 类		学习层次	理解
视频简介	System 是一个系统程序类，提供大量的常用操作方法。本课程主要讲解 System 类的基本操作方法以及对象回收器的使用。			

　　System 是一个系统类，其最主要的功能是进行信息的打印输出，除此之外还有表 15-4 所示常用方法。

表 15-4　System 类常用方法

No.	方　　法	类　型	描　　述
1	public static void arraycopy(Object src, int srcPos, Object dest, int destPos, int length)	普通	数组复制操作
2	public static long currentTimeMillis()	普通	取得当前的日期时间，以 long 型数据返回
3	public static void gc()	普通	执行 GC 操作

　　System 类中可以通过 currentTimeMillis()方法获取当前的时间戳，开发中就可以利用此方式来进行执行时间统计。

范例：统计操作所花费的时间

```java
package cn.mldn.demo;
public class JavaAPIDemo {
    public static void main(String[] args) throws Exception {
        long start = System.currentTimeMillis();          // 取得开始时间
        String str = "";
        for (int x = 0; x < 30000; x++) {
            str += x;                                      // 产生垃圾
        }
        long end = System.currentTimeMillis();             // 取得结束时间
        System.out.println("花费的时间：" + (end - start) + "ms.");
    }
}
```
程序执行结果：
花费的时间：634ms.

本程序在计算开始前和计算开始后分别取得了一个日期时间，所有的数据以 long 型数据返回，而在程序的最后执行减法操作，就可以取得本操作所花费的时间。

> 💡 **提示：关于数组复制。**
>
> 数组复制曾经在第 6 章讲解数组操作的时候讲解过，而当时考虑到学习的层次性问题，给出的方法定义格式和表 15-4 有所不同。
> - ↪ 之前的格式：System.arraycopy(源数组名称,源数组开始点,目标数组名称,目标数组开始点,长度)。
> - ↪ **System** 类定义：public static void arraycopy(Object src, int srcPos, Object dest, int destPos, int length)。
> 按照 Object 类的概念来讲，Object 可以接收数组引用。

15.6 Cleaner 类

	视频名称	1506_Cleaner 类	学习层次	了解
	视频简介	GC 是 Java 对象回收的核心处理模型，然而为了提升 GC 操作的性能，Java 废除了传统的 finalize() 释放方法。本课程主要讲解 JDK 1.9 之后对于回收操作的实现。		

在 Java 中对象的整个生命周期大致可以分为 7 个阶段：创建阶段（Created）、应用阶段（In Use）、不可见阶段（Invisible）、不可达阶段（Unreachable）、收集阶段（Collected）、终结阶段（Finalized）与释放阶段（Free），如图 15-4 所示。

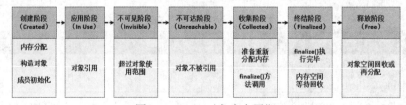

图 15-4 Java 对象生命周期

> 💡 **提示：关于 finalize() 方法的说明。**
>
> 在 Object 类中提供了一个 finalize() 方法，该方法的主要作用是在对象回收前执行收尾操作（类似于 C++ 语言中析构函数的作用），该方法定义如下。

```
@Deprecated(since="9")
protected void finalize() throws Throwable
```
　　在 finalize()方法中会抛出 Throwable 类型的异常，但是不管出现何种异常都不会影响到程序的正常执行，并且该方法在 JDK 1.9 后就被彻底放弃了，下面先通过一段代码来观察此方法的作用。

范例：旧时代对象回收执行方法

```
package cn.mldn.demo;
class Member {
    public Member() {
        System.out.println("【构造方法】电闪雷鸣，一个优秀的人才诞生了！");
    }
    @Override
    protected void finalize() throws Throwable {
        System.out.println("【对象回收】大家的终点是一样的，一路走好。");
        throw new Exception("放生高歌：我真得还想再活 500 年...") ;
    }
}
public class JavaAPIDemo {
    public static void main(String[] args) throws Exception {
        Member mem = new Member() ;                    // 实例化对象
        mem = null ;                                   // 垃圾，不被引用
        System.gc();                                   // 手动进行 GC 调用
        System.out.println("太阳照常升起，地球照样转动，一代更比一代强！");
    }
}
```
程序执行结果：
【构造方法】电闪雷鸣，一个优秀的人才诞生了！
太阳照常升起，地球照样转动，一代更比一代强！
【对象回收】大家的终点是一样的，一路走好。
　　通过本程序的执行可以发现，当对象回收前一定会调用 finalize()方法进行对象回收前的收尾操作，但是此类操作也有可能影响 JVM 的对象分配与回收速度，或者可能造成该对象的再次复活，所以从 JDK 1.9 后不再推荐此类方式。

　　传统的对象回收前处理操作依靠 finalize()方法，而从 JDK 1.9 开始提供了新的代替者：java.lang.ref.Cleaner 类。此种清理方式会启动一个新的清理线程，并且基于 AutoCloseable 接口实现资源释放。

范例：Cleaner 释放资源

```
package cn.mldn.demo;
import java.lang.ref.Cleaner;
class Member implements Runnable {
    public Member() {
        System.out.println("【构造方法】电闪雷鸣，一个优秀的人才诞生了！");
    }
    @Override
    public void run() {                                           // 清除线程
        System.out.println("【对象回收】大家的终点是一样的，一路走好。");
    }
```

```
}
class MemberCleaning implements AutoCloseable {                      // 实现清除的处理
    private static final Cleaner cleaner = Cleaner.create() ;        // 创建一个清除处理
    private Cleaner.Cleanable cleanable ;
    public MemberCleaning(Member member) {                          // 注册待清除对象
        this.cleanable = cleaner.register(this, member) ;           // 注册使用的对象
    }
    @Override
    public void close() throws Exception {                          // 自动关闭并释放
        this.cleanable.clean();                                     // 启动清理线程
    }
}
public class JavaAPIDemo {
    public static void main(String[] args) throws Exception {
        Member mem = new Member() ;                                 // 实例化对象
        System.gc();                                                // 手动进行 GC 调用
        try (MemberCleaning mc = new MemberCleaning(mem)){
            // 中间可以执行一些相关的代码
        } catch (Exception e) {}
        System.out.println("太阳照常升起，地球照样转动，一代更比一代强！");  // 不受影响继续执行
    }
}
```

程序执行结果：
【构造方法】电闪雷鸣，一个优秀的人才诞生了！
【对象回收】大家的终点是一样的，一路走好。
太阳照常升起，地球照样转动，一代更比一代强！

　　本程序在 Cleaner 类中注册需要被清理的线程对象，在进行对象释放前，启动了专门的对象清理线程，通过这样的方式来提升对象回收速度。

15.7　对象克隆

	视频名称	1507_对象克隆	学习层次	了解
	视频简介	克隆可以利用已有的堆内存空间的保存内容实现数据的完整复制。本课程主要讲解对象克隆的操作实现以及 Cloneable 标识接口的作用。		

　　Java 中支持对象的复制（克隆）处理操作，可以直接利用已有的对象克隆出一个成员属性内容完全相同的实例化对象，对象的克隆可以使用 Object 类中提供的 clone()方法，此方法定义如下。

克隆方法：protected Object clone() throws CloneNotSupportedException

　　clone()方法抛出了一个 CloneNotSupportedException（不支持的克隆异常），这个异常表示的是，要克隆对象的类必须实现 Cloneable 接口。但是 Cloneable 接口没有任何方法，所以这个接口属于**标识接口**，只表示一种能力。

　　范例：实现对象克隆

```
package cn.mldn.demo;
public class JavaAPIDemo {
    public static void main(String[] args) throws Exception {
```

```
        Member memberA = new Member("MLDN",30) ;            // 实例化对象
        Member memberB = (Member) memberA.clone() ;
        memberB.setName("李兴华");                            // 修改对象中的属性内容
        System.out.println(memberA);
        System.out.println(memberB);
    }
}
class Member implements Cloneable {                         // 该类对象允许克隆
    private String name ;
    private int age ;
    public Member(String name,int age) {
        this.name = name ;
        this.age = age ;
    }
    @Override
    public String toString() {
        return "【" + super.toString() + "】name = " + this.name + "、age = " + this.age ;
    }
    @Override
    protected Object clone() throws CloneNotSupportedException {
        return super.clone();                               // 调用父类 clone()方法
    }
    // setter、getter 略
}
```
程序执行结果：
```
【cn.mldn.demo.Member@48cf768c】name = MLDN、age = 30
【cn.mldn.demo.Member@59f95c5d】name = 李兴华、age = 30
```

　　对象的克隆操作可以通过 Object 类提供的 clone()方法来完成，由于此方法在 Object 中使用 protected 设置了访问权限，所以该方法只能通过子类来进行调用，而对象克隆成功后就会利用已有的对象构建一个全新的对象，彼此之间的操作不会有任何影响。

15.8　Math 数学计算

视频名称	1508_Math 数学计算	学习层次	掌握
视频简介	JDK 提供基本的数学计算公式，这些操作都通过 Math 类进行包装。本课程主要讲解 Math 类的基本作用以及四舍五入操作。		

　　程序的开发本质上就是数据处理，Java 提供有 java.lang.Math 类来帮助开发者进行常规的数学计算处理，例如，四舍五入、三角函数、乘方处理等。

　　范例： 使用 Math 类进行数学计算

```
package cn.mldn.demo;
public class JavaAPIDemo {
    public static void main(String[] args) throws Exception {
        System.out.println(Math.abs(-10.1));               // 绝对值：10.1
        System.out.println(Math.max(10.2, 20.3));          // 获取最大值：20.3
```

```
        System.out.println(Math.log(5));                    // 对数：1.6094379124341003
        System.out.println(Math.round(15.1));               // 四舍五入：15
        System.out.println(Math.round(-15.5));              // 四舍五入：-15
        System.out.println(Math.round(-15.51));             // 四舍五入：-16
        System.out.println(Math.pow(10.2, 20.2));           // 乘方：2.364413713591828E20
    }
}
```

本程序使用了一些基础的数学公式进行了计算操作，同时在 Math 类中最需要注意的就是 round()四舍五入方法。该方法将直接保留整数位，并且可以实现负数的四舍五入操作，但是如果设置的负数大于 0.5，则会采用进位处理。但是在很多情况下对于四舍五入操作往往都需要保留指定位数的小数，所以此时就可以采用自定义工具类的形式完成。

范例： 自定义四舍五入工具类

```
package cn.mldn.demo;
/**
 * 主要是进行数学计算，并且提供的全部都是static方法，该类没有提供属性
 * @author 李兴华
 */
class MathUtil {
    private MathUtil() {} ;                                 // 构造方法私有化
    /**
     * 进行准确位数的四舍五入处理操作
     * @param num 要进行四舍五入计算的数字
     * @param scale 保留的小数位
     * @return 四舍五入处理后的结果
     */
    public static double round(double num,int scale) {
        return Math.round(num * Math.pow(10.0, scale)) / Math.pow(10.0, scale) ;
    }
}
public class JavaAPIDemo {
    public static void main(String[] args) throws Exception {
        System.out.println(MathUtil.round(7.45234789023480234890,3));
    }
}
程序执行结果：
7.452
```

本程序以 Math.round()方法为核心并通过一些简短的算法实现了准确位数的四舍五入操作。

15.9　Random 随机数

	视频名称	1509_Random 随机数		学习层次	掌握
	视频简介	在项目中为了保证安全,往往需要提供随机码的生成操作,在Java中也提供有Random工具类。本课程主要讲解如何利用 Random 取得随机数,并编写了一个 36 选 7 的彩票算号程序分析 Random 的基本应用。			

java.util.Random 类的主要功能是可以进行随机数的生成，开发者只需为其设置一个随机数的范围边
界就可以随机生成不大于此边界范围的正整数，生成方法如下。

随机生成正整数：public int nextInt(int bound)

范例：随机生成正整数

```java
package cn.mldn.demo;
import java.util.Random;
public class JavaAPIDemo {
    public static void main(String[] args) throws Exception {
        Random rand = new Random();                        // 随机数
        for (int x = 0; x < 10; x++) {                     // 生成10个随机数
            System.out.print(rand.nextInt(100) + "、");     // 输出
        }
    }
}
程序执行结果：
66、79、88、21、33、20、61、33、0、67、
```

本程序利用 Random 随机生成了 10 个不大于 100 的正整数，生成的数字都会小于设置的边界值，并
且也会生成重复数字。

提示：实现 36 选 7 的逻辑。

在现实生活中会有这样一种随机的操作：从 1 ～ 36 个数字中，随机抽取 7 个数字内容，并且这 7 个数字内容
不能够为 0，也不能重复，而这一操作就可以利用 Random 类来实现。

范例：实现 36 选 7

```java
package cn.mldn.demo;
import java.util.Random;
public class JavaAPIDemo {
    public static void main(String[] args) throws Exception {
        int data [] = new int [7] ;                        // 开辟7个大小的空间
        Random rand = new Random() ;
        int foot = 0 ;                                     // 操作data脚标
        while(foot < 7) {                                  // 选择7个数字
            int num = rand.nextInt(37) ;                   // 生成1个数字
            if (isUse(num,data)) {                         // 该数字现在可以使用
                data[foot ++] = num ;                      // 保存数据
            }
        }
        java.util.Arrays.sort(data);                       // 数组排序
        printArray(data) ;                                 // 输出数组内容
    }
    /**
     * 将接收到的整型数组内容进行输出
     * @param temp 数组临时变量
     */
    public static void printArray(int temp[]) {
        for (int x = 0; x < temp.length; x++) {            // for循环输出
            System.out.print(temp[x] + "、");               // 下标获取元素内容
        }
```

```
    }
    /**
     * 判断传入的数字是否为0以及是否在数组中存在
     * @param num 要判断的数字
     * @param temp 已经存在的数据
     * @return 如果该数字不是0并且可以使用返回true，否则返回false
     */
    public static boolean isUse(int num, int temp[]) {
        if (num == 0) {                              // 生成数字为0表示错误
            return false;
        }
        for (int x = 0; x < temp.length; x++) {
            if (num == temp[x]) {                    // 生成数字已存在表示错误
                return false;
            }
        }
        return true;
    }
}
```
程序执行结果：
5、11、15、19、30、33、34、

本程序为了防止保存错误的随机数，所以定义了一个 isUse()方法进行 0 和重复内容的判断。由于 Random 类生成的随机数是没有顺序的，为了按顺序显示，在输出前利用 Arrays.sort()实现了数组排序。

15.10　大数字处理类

视频名称	1510_大数字操作类	学习层次	掌握
视频简介	Java 在设计时考虑到了一些特殊的应用环境，所以专门设计了大数字处理类。本课程主要讲解大数字的操作形式以及 BigInteger 类和 BigDecimal 类的操作处理。		

当一个数字非常大的时候，是无法使用基本数据类型接收的。在早期开发中如果碰到大数字的时候往往会使用 String 类进行接收，之后采用拆分的方式进行计算。但是这一系列的操作过于烦琐，所以为了解决这样的难题，在 java.math 包中提供了大数字的操作类：BigInteger（整数）、BigDecimal（浮点数），这两个类都是 Number 子类。继承结构如图 15-5 所示，BigInteger 类常用方法如表 15-5 所示，BigDecimal 类常用方法如表 15-6 所示。

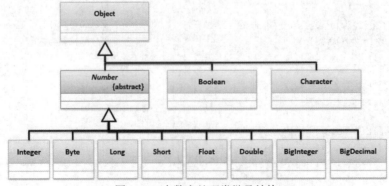
图 15-5　大数字处理类继承结构

表 15-5　BigInteger 类常用方法

No.	方　　法	类　型	描　　述
1	public BigInteger(String val)	构造	将一个字符串变为 BigInteger 类型的数据
2	public BigInteger add(BigInteger val)	普通	加法计算
3	public BigInteger subtract(BigInteger val)	普通	减法计算
4	public BigInteger multiply(BigInteger val)	普通	乘法计算
5	public BigInteger divide(BigInteger val)	普通	除法计算
6	public BigInteger max(BigInteger val)	普通	返回两个大数字中的最大值
7	public BigInteger min(BigInteger val)	普通	返回两个大数字中的最小值
8	public BigInteger[] divideAndRemainder(BigInteger val)	普通	除法操作，数组的第一个元素为除法的商，第二个元素为除法的余数

表 15-6　BigDecimal 类常用方法

No.	方　　法	类　型	描　　述
1	public BigDecimal(double val)	构造	将 double 表示形式转换为 BigDecimal
2	public BigDecimal(int val)	构造	将 int 表示形式转换为 BigDecimal
3	public BigDecimal(String val)	构造	将字符串表示形式转换为 BigDecimal
4	public BigDecimal add(BigDecimal augend)	普通	加法计算
5	public BigDecimal subtract(BigDecimal subtrahend)	普通	减法计算
6	public BigDecimal multiply(BigDecimal multiplicand)	普通	乘法计算
7	public BigDecimal divide(BigDecimal divisor)	普通	除法计算
8	public BigDecimal divide(BigDecimal divisor, int scale, RoundingMode roundingMode)	普通	除法计算设置保留小数位与进位模式

范例：使用 BigInteger 实现四则运算

```java
package cn.mldn.demo;
import java.math.BigInteger;
public class JavaAPIDemo {
    public static void main(String[] args) throws Exception {
        BigInteger bigA = new BigInteger("6789321987");
        BigInteger bigB = new BigInteger("13972");
        System.out.println("加法操作: " + bigA.add(bigB));
        System.out.println("减法操作: " + bigA.subtract(bigB));
        System.out.println("乘法操作: " + bigA.multiply(bigB));
        System.out.println("除法操作: " + bigA.divide(bigB));
        BigInteger result[] = bigA.divideAndRemainder(bigB);
        System.out.println("商: " + result[0] + "、余数: " + result[1]);
    }
}
```

程序执行结果：
加法操作：6789335959
减法操作：6789308015
乘法操作：94860406802364
除法操作：485923
商：485923、余数：5831

本程序基于 BigInteger 类实现了基础的四则运算,可以发现在实例化 BigInteger 类对象时的数据类型为 String,这样就可以不受数据类型长度的限制。BigDecimal 类的操作形式与 BigInteger 类似,但是 BigDecimal 类中提供有一个进位的除法操作,可以利用此方法实现四舍五入处理。

范例: 使用 BigDecimal 实现四舍五入

```java
package cn.mldn.demo;
import java.math.BigDecimal;
import java.math.RoundingMode;
class MathUtil {
    private MathUtil() {}
    /**
     * 实现数据的四舍五入操作
     * @param num 要进行四舍五入操作的数字
     * @param scale 四舍五入保留的小数位数
     * @return 四舍五入处理后的结果
     */
    public static double round(double num,int scale) {
        // 数字除以1.0还是数字本身,divide()方法保留指定位数的小数,并设置进位模式为向上进位(HALF_UP)
        return new BigDecimal(num).divide(new BigDecimal(1.0), scale,
            RoundingMode.HALF_UP).doubleValue();
    }
}
public class JavaAPIDemo {
    public static void main(String[] args) throws Exception {
        System.out.println(MathUtil.round(19.6352, 2));
    }
}
程序执行结果:
19.64
```

本程序主要利用 BigDecimal 类的 divide()除法操作实现了准确的小数位保留,同时利用向上进位模式实现了四舍五入操作。

15.11　Date 日期处理类

	视频名称	1511_Date 日期处理类	学习层次	掌握
	视频简介	日期是重要的程序单元,本课程主要讲解 Date 类的基本使用以及 Date 与时间戳(long)之间的相互转换。		

Java 中如果要想获得当前的日期时间可以直接通过 java.util.Date 类来实现,此类的常用操作方法如表 15-7 所示。

表 15-7　Date 类常用方法

No.	方　　法	类　　型	描　　述
1	public Date()	构造	实例化 Date 类对象
2	public Date(long date)	构造	将数字变为 Date 类对象,long 为日期时间数据
3	public long getTime()	普通	将当前的日期时间变为 long 型

范例：获取当前日期时间

```java
package cn.mldn.demo;
import java.util.Date;
public class JavaAPIDemo {
    public static void main(String[] args) throws Exception {      // 简化异常处理
        Date date = new Date();                                    // 实例化对象
        System.out.println(date);                                  // 直接输出对象
    }
}
```
程序执行结果：
```
Fri Oct 19 10:02:32 CST 2018
```

本程序直接利用 Date 类提供的无参构造方法实例化了 Date 类对象，此时 Date 对象将会保存有当前的日期时间。

> **提示：关于 Date 类的构造方法。**
>
> 在 Date 类中提供两个构造方法，为了清楚这两个类的构造方法作用，下面列出了这两个构造方法的定义源代码。
>
> ```java
> public class Date {
> // fastTime保存时间戳数据，此数据类型为long，transient关键字将在第16章讲解
> private transient long fastTime;                        // 保存当前日期时间数据
> public Date() {
>     this(System.currentTimeMillis());                   // 调用单参构造
> }
> public Date(long date) {
>     fastTime = date;
> }
> ... 其他源代码省略，可以参考JDK源代码自行观察 ...
> }
> ```
>
> 通过构造方法可以发现，当调用 Date 类中无参构造方法时会利用 System 类获取当前日期时间戳而后通过 Date 类的单参构造方法进行类对象实例化。

Date 类对象保存当前日期时间依靠的是时间戳数字（此类型为 long），Date 类也提供有这两种数据类型的转换支持。

范例：Date 与 long 之间转换处理

```java
package cn.mldn.demo;
import java.util.Date;
public class JavaAPIDemo {
    public static void main(String[] args) throws Exception {      // 简化异常处理
        Date date = new Date() ;                                   // 实例化Date类对象
        long current = date.getTime() ;                            // 获得当前时间戳数字
        current += 864000 * 1000 ;                                 // 10天的秒数
        System.out.println(new Date(current));                     // long转为Date
    }
}
```
程序执行结果：
```
Mon Oct 29 10:03:34 CST 2018
```

Date 类对象保存的时间戳是以毫秒的形式记录的当前日期时间，所以在本程序中将当前的日期时间戳取出并加上 10 天的毫秒数就可以获取 10 天之后的日期。

> 👨‍🏫 **提示：JDK 1.8 开始提供有 java.time.LocalDateTime 类。**
>
> 从 JDK 1.8 开始为了方便进行日期操作，提供有 java.time 支持包，此包可以直接进行日期时间操作。
>
> **范例：使用 LocalDateTime 类**
>
> ```java
> package cn.mldn.demo;
> import java.time.LocalDateTime;
> public class JavaAPIDemo {
>     public static void main(String[] args) throws Exception {
>         LocalDateTime local = LocalDateTime.now() ; // 获取当前日期时间
>         System.out.println(local);
>     }
> }
> ```
>
> 程序执行结果：
> ```
> 2018-10-19T10:39:08.206077100
> ```
> 使用 LocalDateTime 可以方便地获取当前日期时间数据，而后也可以方便地进行日期时间的累加操作，这一点可以自行通过 JavaDoc 文档获得相关信息。

15.12　SimpleDateFormat 日期格式化

视频名称	1512_SimpleDateFormat 日期格式化	学习层次	掌握
视频简介	为了方便文本显示，Java 提供有格式化处理机制。本课程主要讲解如何利用 SimpleDateFormat 类实现日期格式化显示，重点强调 String 与 Date 类相互转换操作。		

使用 java.util.Date 类可以获得当前的日期时间数据，但是最终的数据显示格式并不方便阅读，那么此时就可以考虑对显示的结果进行格式化处理操作，而这一操作就需要通过 java.text.SimpleDateFormat 类完成。此类继承关系如图 15-6 所示。

通过图 15-6 可以发现，Format 是格式化操作的父类，其可以实现日期格式化、数字格式化以及文本格式化，而本次要使用的 SimpleDateFormat 是 DateFormat 子类。该类的常用方法如表 15-8 所示。

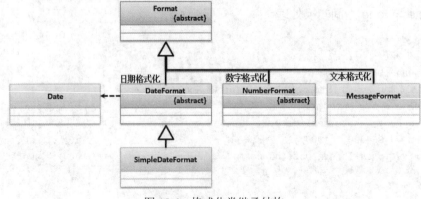

图 15-6　格式化类继承结构

表 15-8　SimpleDateFormat 类的常用方法

表 15-8　SimpleDateFormat 类的常用方法

No.	方　法	类　型	描　述
1	public SimpleDateFormat(String pattern)	构造	传入日期时间标记实例化对象
2	public final String format(Date date)	普通	将日期格式化为字符串数据
3	public Date parse(String source) throws ParseException	普通	将字符串格式化为日期数据

在日期格式化操作中必须设置有完整的日期转化模板，模板中通过特定的日期标记可以将一个日期格式中的日期数字提取出来。模板如表 15-9 所示。

表 15-9　日期格式化模板标记

No.	标　记	描　述
1	y	年，年份是 4 位数字，所以需要使用 yyyy 表示年
2	M	年中的月份，月份是两位数字，所以需要使用 MM 表示月
3	d	月中的天数，天数是两位数字，所以需要使用 dd 表示日
4	H	一天中的小时数（24 小时），小时是两位数字，使用 HH 表示小时
5	m	小时中的分钟数，分钟是两位数字，使用 mm 表示分钟
6	s	分钟中的秒数，秒是两位数字，使用 ss 表示秒
7	S	毫秒数，毫秒数字是 3 位数字，使用 SSS 表示毫秒

范例：将日期格式化为字符串

```
package cn.mldn.demo;
import java.text.SimpleDateFormat;
import java.util.Date;
public class JavaAPIDemo {
    public static void main(String[] args) throws Exception {
        Date date = new Date();                                // 实例化对象
        SimpleDateFormat sdf = new SimpleDateFormat("yyyy-MM-dd HH:mm:ss.SSS");
        String str = sdf.format(date);                         // 日期格式化为字符串
        System.out.println(str);
    }
}
程序执行结果：
2018-10-19 10:32:03.655
```

本程序通过 SimpleDateFormat 类依据指定格式将当前的日期时间进行了格式化处理，这样使得信息阅读更加直观。

范例：将字符串转为 Date 对象

```
package cn.mldn.demo;
import java.text.SimpleDateFormat;
import java.util.Date;
public class JavaAPIDemo {
    public static void main(String[] args) throws Exception {
        String birthday = "2017-02-17 09:15:07.027" ;         // 字符串日期数据
        SimpleDateFormat sdf = new SimpleDateFormat("yyyy-MM-dd HH:mm:ss.SSS") ;
        Date date = sdf.parse(birthday) ;                     // 日期字符串格式化为Date
```

```
        System.out.println(date);
    }
}
```

程序执行结果：

```
Fri Feb 17 09:15:07 CST 2017
```

本程序需要将字符串格式化为日期型数据，这样就要求字符串必须按照给定的转换模板进行定义。

> **提示：关于字符串转为其他数据类型。**
>
> 在实际项目开发中，经常需要用户进行内容的输入，而对于输入的数据类型往往都通过 String 表示，而经过了一系列的学习后，发现 String 可以转为任意的基本数据类型，也可以通过 SimpleDateFormat 类格式化为日期型，这些都属于开发中的常规操作，读者一定要熟练掌握。

15.13　正则表达式

视频名称	1513_认识正则表达式	学习层次	理解
视频简介	正则表达式是一个应用广泛的程序类库。为了便于读者理解正则表达式的特点，本课程利用一个简单的验证操作讲解正则表达式的基本作用。		

在项目开发中 String 是一个重要的程序类，String 类除了可以实现数据的接收、各类数据类型的转型外，其本身也支持正则表达式（Regular Expression），利用正则表达式可以方便地实现数据的拆分、替换、验证等操作。

正则表达式最早是从 UNIX 系统的工具组件中发展而来的，在 JDK 1.4 以前如果需要使用到正则表达式的相关定义则需要单独引入其他的*.jar 文件，而从 JDK 1.4 后，正则已经默认被 JDK 所支持，并且提供有 java.util.regex 开发包，同时针对 String 类也进行了一些修改，使其可以有方法直接支持正则处理。下面首先通过一个简单的程序来观察正则表达式的作用。

范例：使用正则表达式

```
package cn.mldn.demo;
public class JavaAPIDemo {
    public static void main(String[] args) throws Exception {
        String str = "123";                              // 字符串对象
        if (str.matches("\\d+")) {                        // 结构匹配
            int num = Integer.parseInt(str);              // 字符串转为int型数据
            System.out.println(num * 2);                  // 数字计算
        }
    }
}
```

程序执行结果：

```
246
```

本程序的主要功能是判断字符串的组成是否全部为数字，在本程序中通过一个给定的正则标记"\\d+"（判断是否为多位数字）并且结合 String 类提供的 matches()方法实现验证匹配，如果验证成功，则将字符串转为 int 型整数进行计算。

15.13.1 常用正则标记

视频名称	1514_常用正则标记	学习层次	掌握
视频简介	正则表达式中的核心操作是围绕着正则标记的定义实现的，本课程主要列出基本的正则标记符号，并且要求读者详记这些标记符号。		

在正则表达式的处理中，最为重要的就是正则匹配标记的使用，所有的正则标记都在 java.util.regex.Pattern 类中定义，下面列举一些常用的正则标记。

➥ 字符：匹配单个字符。
  ➢ a：表示匹配字母 a。
  ➢ \\：匹配转义字符 "\"。
  ➢ \t：匹配转义字符 "\t"。
  ➢ \n：匹配转义字符 "\n"。

➥ 一组字符：任意匹配里面的一个单个字符。
  ➢ [abc]：表示可能是字母 a，可能是字母 b 或者是字母 c。
  ➢ [^abc]：表示不是字母 a、b、c 中的任意一个。
  ➢ [a-zA-Z]：表示全部字母中的任意一个。
  ➢ [0-9]：表示全部数字中的任意一个。

➥ 边界匹配：在以后编写 JavaScript 的时候使用正则时要使用到。
  ➢ ^：表示一组正则的开始。
  ➢ $：表示一组正则的结束。

➥ 简写表达式：每一位出现的简写标记也只表示一位。
  ➢ .：表示任意的一位字符。
  ➢ \d：表示任意的一位数字，等价于 . [0-9]。
  ➢ \D：表示任意的一位非数字，等价于 . [^0-9]。
  ➢ \w：表示任意的一位字母、数字、_，等价于 . [a-zA-Z0-9_]。
  ➢ \W：表示任意的一位非字母、数字、_，等价于 . [^a-zA-Z0-9_]。
  ➢ \s：表示任意的一位空格，例如，"\n" "\t"等。
  ➢ \S：表示任意的一位非空格。

➥ 数量表示：之前的所有正则都只是表示一位，如果要想表示多位，则就需要数量表示。
  ➢ 正则表达式?：此正则出现 0 次或 1 次。
  ➢ 正则表达式*：此正则出现 0 次、1 次或多次。
  ➢ 正则表达式+：此正则出现 1 次或多次。
  ➢ 正则表达式{n}：此正则出现正好 n 次。
  ➢ 正则表达式{n,}：此正则出现 n 次以上。
  ➢ 正则表达式{n,m}：此正则出现 n ~ m 次。

➥ 逻辑表示：与、或、非。
  ➢ 正则表达式 A 正则表达式 B：表示表达式 A 之后紧跟着表达式 B。
  ➢ 正则表达式 A|正则表达式 B：表示表达式 A 或者是表达式 B，二者任选一个出现。
  ➢ (正则表达式)：将多个子表达式合成一个表示，作为一组出现。

提示：背下正则基本标记。

以上所讲解的 6 组符号，在实际的工作中经常会被使用到，考虑到开发以及笔试中会出现此类应用，建议将这些符号全部记下来。

15.13.2 String 类对正则的支持

	视频名称	1515_String 类对正则的支持	学习层次	掌握
	视频简介	正则表达式主要是进行字符串数据分析，为方便进行正则处理，在 Java 中对 String 类提供了改进。本课程主要讲解 String 类中支持正则的 3 组操作方法，并且通过案例来帮助分析及使用正则符号。		

在 JDK 1.4 后，String 类对正则有了直接的方法支持，只需通过表 15-10 所示方法就可以操作正则。

表 15-10　String 类对正则的支持

No.	方法名称	类型	描述
1	public boolean matches(String regex)	普通	与指定正则匹配
2	public String replaceAll(String regex, String replacement)	普通	替换满足指定正则的全部内容
3	public String replaceFirst(String regex, String replacement)	普通	替换满足指定正则的首个内容
4	public String[] split(String regex)	普通	按照指定正则全拆分
5	public String[] split(String regex, int limit)	普通	按照指定的正则拆分为指定个数

下面将通过具体的案例对表 15-10 所列出的方法进行依次验证。

范例：实现字符串替换（删除非字母与数字）

```
package cn.mldn.demo;
public class JavaAPIDemo {
    public static void main(String[] args) throws Exception {
        String str = "MLDN&(*@#*(@##@*()Java" ;          // 要替换的原始数据
        // 如果现在由非字母和数字所组成 "[^a-zA-Z0-9]"，数量在1个及多个的时候进行替换
        String regex = "[^a-zA-Z0-9]+" ;                  // 正则表达式
        System.out.println(str.replaceAll(regex, ""));
    }
}
程序执行结果：
MLDNJava
```

本程序将字符串中所有非字母和数字的内容通过正则进行匹配，由于可能包含有多个匹配内容，所以使用了 "+" 进行数量设置，并且结合 replaceAll()方法将匹配成功的内容替换为空格。

范例：实现字符串拆分

```
package cn.mldn.demo;
public class JavaAPIDemo {
    public static void main(String[] args) throws Exception {
        String str = "a1b22c333d4444e55555f666666g";       // 要操作的数据
        String regex = "\\d+";                             // 正则表达式
        String result[] = str.split(regex);               // 字符串拆分
        for (int x = 0; x < result.length; x++) {
            System.out.print(result[x] + "、");
        }
    }
}
程序执行结果：
a、b、c、d、e、f、g、
```

本程序通过正则匹配字符串中的一个或多个数字实现数据的拆分操作，这样最终所保存下来的就是非数字的内容。

范例：判断一个数据是否为小数，如果是小数则将其转为 double 类型

```
package cn.mldn.demo;
public class JavaAPIDemo {
    public static void main(String[] args) throws Exception {
        String str = "100.1";                           // 要判断的数据内容
        String regex = "\\d+(\\.\\d+)?";               // 正则表达式
        if (str.matches(regex)) {                        // 正则匹配成功
            double num = Double.parseDouble(str) ;       // 字符串转double
            System.out.println(num);                     // 直接输出
        } else {
            System.out.println("内容不是数字，无法转型。");
        }
    }
}
程序执行结果:
100.1
```

本程序在进行小数组成的正则判断时需要考虑到小数点与小数位的情况（两者必须同时出现），所以在定义正则时使用"(\\.\\d+)?"将两者通过"()"绑定在一起。

范例：判断一个字符串是否由日期组成，如果是由日期组成则将其转为 Date 类型

```
package cn.mldn.demo;
import java.text.SimpleDateFormat;
public class JavaAPIDemo {
    public static void main(String[] args) throws Exception {
        String str = "1981-20-15";                       // 要判断的数据
        String regex = "\\d{4}-\\d{2}-\\d{2}";         // 正则表达式
        if (str.matches(regex)) {                        // 格式匹配（无法判断数据）
            System.out.println(new SimpleDateFormat("yyyy-MM-dd").parse(str));
        } else {
            System.out.println("内容不是日期格式，无法转型。");
        }
    }
}
程序执行结果:
Sun Aug 15 00:00:00 CST 1982
```

本程序首先对给定的字符串进行日期格式的判断，如果格式符合（无法判断数据）则将字符串通过 SimpleDateFormat 类变为 Date 实例。

范例：判断电话号码格式是否正确，在本程序中电话号码的内容有以下 3 种类型

- 电话号码类型 1（7～8 位数字）：51283346（判断正则："\\d{7,8}"）。
- 电话号码类型 2（在电话号码前追加区号）：01051283346（判断正则："(\\d{3,4})?\\d{7,8}"）。
- 电话号码类型 3（区号单独包裹）：(010)-51283346（判断正则："(((\\d{3,4})|(\\(\\d{3,4}\\))-))?\\d{7,8}"）。

```
package cn.mldn.demo;
public class JavaAPIDemo {
```

```java
    public static void main(String[] args) throws Exception {
        String str = "(010)-51283346";                              // 要判断的数据
        String regex = "((\\d{3,4})|(\\(\\d{3,4}\\)-))?\\d{7,8}";  // 正则表达式
        System.out.println(str.matches(regex));                     // 正则匹配
    }
}
```
程序执行结果：
true

本程序需要通过一个正则实现 3 种电话号码格式的匹配，在进行区号匹配时由于要使用到"()"，所以必须使用"\\"的形式进行转义。

范例：验证 E-mail 格式，现在要求一个合格的 Email 地址的组成规则如下

↘ E-mail 的用户名可以由字母、数字、_所组成（不应该使用"_"开头）。

↘ E-mail 的域名可以由字母、数字、_、-所组成。

↘ 域名的后缀必须是.cn、.com、.net、.com.cn、.gov。

```java
package cn.mldn.demo;
public class JavaAPIDemo {
    public static void main(String[] args) throws Exception {
        String str = "mldnjava888@mldn.cn";                                  // 要判断的数据
        String regex = "[a-zA-Z0-9]\\w+@\\w+\\.(cn|com|com.cn|net|gov)";    // 正则表达式
        System.out.println(str.matches(regex));                              // 正则匹配
    }
}
```
程序执行结果：
true

本程序按给定格式要求对 E-mail 组成进行正则验证，正则匹配的结构如图 15-7 所示。

字符串	m	ldnjava888	@	mldn	.	cn
正则符号	[a-zA-Z0-9]	\\w+	@	\\w+	.	(cn|com|com.cn|gov)

图 15-7　E-mail 正则匹配结构分析

15.13.3　java.util.regex 包支持

	视频名称	1516_java.util.regex 开发包	学习层次	掌握
	视频简介	String 类提供的正则标记只提供了基础的实现功能，如果对于正则操作有更加严格要求就需要直接使用 regex 开发包中提供的类。本课程主要讲解 Pattern、Matcher 两个正则表达式原始工具类的基本作用。		

java.util.regex 是从 JDK 1.4 开始正式提供的正则表达式开发包，在此包中定义有两个核心的正则操作类：Pattern（正则模式）和 Matcher（匹配）。

java.util.regex.Pattern 类的主要功能是进行正则表达式的编译以及获取 Matcher 类实例，其常用方法如表 15-11 所示。

表 15-11　Pattern 类常用方法

No.	方　　法	类　型	描　　述
1	public static Pattern compile(String regex)	普通	指定正则表达式规则
2	public Matcher matcher(CharSequence input)	普通	获取 Matcher 类实例
3	public String[] split(CharSequence input)	普通	字符串拆分

　　Pattern 类并没有提供构造方法，如果要想取得 Pattern 类实例，则必须调用 compile()方法。对于字符串的格式验证与匹配的操作，则可以通过 matcher()方法获取 Matcher 类实例完成。Matcher 类常用方法如表 15-12 所示。

表 15-12　Matcher 类常用方法

No.	方　　法	类　型	描　　述
1	public boolean matches()	普通	执行验证
2	public String replaceAll(String replacement)	普通	字符串替换
3	public boolean find()	普通	是否有下一个匹配
4	public String group(int group)	普通	获取指定组编号的数据

范例：使用 Pattern 类实现字符串拆分

```java
package cn.mldn.demo;
import java.util.regex.Pattern;
public class JavaAPIDemo {
    public static void main(String[] args) throws Exception {
        String str = "mldn()lixinghua$()java&*()#@Python" ;   // 要拆分的字符串
        String regex = "[^a-zA-Z]+" ;                          // 正则匹配标记
        Pattern pat = Pattern.compile(regex) ;                 // 编译正则表达式
        String result [] = pat.split(str) ;                    // 字符串拆分
        for (int x = 0 ; x < result.length ; x ++) {           // 循环输出拆分结果
            System.out.print(result[x] + "、");
        }
    }
}
```
程序执行结果：
```
mldn、lixinghua、java、Python、
```

　　本程序通过 Pattern 类中的 compile()方法编译并获取了给定的正则表达式 Pattern 类对象实例，随后利用 split()方法按照定义的正则进行拆分。

范例：使用 Matcher 类实现正则验证

```java
package cn.mldn.demo;
import java.util.regex.Matcher;
import java.util.regex.Pattern;
public class JavaAPIDemo {
    public static void main(String[] args) throws Exception {
        String str = "101";                                    // 要匹配的字符串
        String regex = "\\d+";                                 // 正则匹配标记
        Pattern pat = Pattern.compile(regex);                  // 编译正则表达式
        Matcher mat = pat.matcher(str);                        // 获取Matcher类实例
```

```
        System.out.println(mat.matches());                      // 正则匹配
    }
}
```
程序执行结果：
```
true
```

本程序首先通过 Pattern 的实例化对象获取了 Matcher 类对象，这样就可以匹配给定的正则对字符串的组成结构。

范例：使用 Matcher 类实现字符串替换

```
package cn.mldn.demo;
import java.util.regex.Matcher;
import java.util.regex.Pattern;
public class JavaAPIDemo {
    public static void main(String[] args) throws Exception {
        String str = "MLDN&(*@#*(@##@*()Java" ;              // 要替换的原始数据
        String regex = "[^a-zA-Z0-9]+" ;                      // 正则表达式
        Pattern pat = Pattern.compile(regex) ;                // 编译正则表达式
        Matcher mat = pat.matcher(str) ;                      // 获取Matcher类实例
        System.out.println(mat.replaceAll(""));               // 字符串替换
    }
}
```
程序执行结果：
```
MLDNJava
```

本程序利用 Matcher 类中的 replaceAll()方法将字符串中与正则匹配的内容全部替换为空字符串。

范例：使用 Matcher 类实现数据分组操作

```
package cn.mldn.demo;
import java.util.regex.Matcher;
import java.util.regex.Pattern;
public class JavaAPIDemo {
    public static void main(String[] args) throws Exception {
        // 定义一个语法，其中需要获取"#{}"标记中的内容，此时就必须进行分组匹配操作
        String str = "INSERT INTO dept(deptno,dname,loc) VALUES (#{deptno},#{dname},#{loc})";
        String regex = "#\\{\\w+\\}";                         // 正则表达式
        Pattern pat = Pattern.compile(regex);                 // 编译正则表达式
        Matcher mat = pat.matcher(str);                       // 获取Matcher类实例
        while (mat.find()) {                                  // 是否有匹配成功的内容
            // 获取每一个匹配的内容，并且将每一个内容中的"#{}"标记替换掉
            String data = mat.group(0).replaceAll("#|\\{|\\}", "") ;
            System.out.print(data + "、");
        }
    }
}
```
程序执行结果：
```
deptno、dname、loc、
```

本程序利用 Matcher 类提供的分组操作功能，将给定的完整字符串按照分组原则依次匹配并取出。

15.14　国际化程序

视频名称	1517_国际化程序实现原理	学习层次	理解
视频简介	为了让项目可以得到更好的推广，就必须打破语言对项目的限制。本课程主要讲解国际化程序的实现模式以及实现的关键技术支持。		

当一个程序需要运行在全世界的各个国家，并且保持程序所处理的业务逻辑不变的情况下，就需要通过国际化程序实现机制，根据使用者所在的区域的不同以实现不同语言文字信息的切换，如图 15-8 所示。

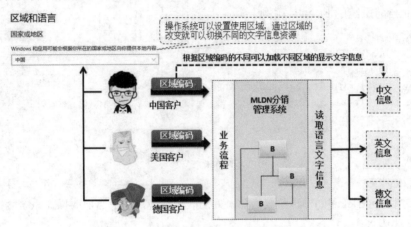

图 15-8　国际化程序实现思路

15.14.1　Locale 类

视频名称	1518_Locale 类	学习层次	理解
视频简介	Local 是本地化描述类，主要用于定义语言环境。本课程主要讲解 Locale 类的实例化操作以及与本地语言环境的关系。		

在国际化程序实现的过程中，对不同国家的区域和语言编码，可以通过 java.util.Locale 类的实例来定义。该类常用方法如表 15-13 所示。

表 15-13　Locale 类常用方法

No.	方　　法	类　型	描　　述
1	public Locale(String language)	构造	根据语言代码构造一个语言环境
2	public Locale(String language,String country)	构造	根据语言和国家构造一个语言环境
3	public static Locale getDefault()	普通	读取本地默认区域和语言环境

Locale 类中除了可以根据当前系统自动获取实例化对象外，也可以利用 Locale 类提供的一系列常量来获取。例如，要获取中国的 Locale 对象，则可以直接使用 Locale.CHINA 常量完成。

范例：通过构造方法实例化 Locale 类对象

```
package cn.mldn.demo;
import java.util.Locale;
```

```java
public class JavaAPIDemo {
    public static void main(String[] args) throws Exception {
        Locale loc = new Locale("zh", "CN");          // 中文环境
        System.out.println(loc);                      // 输出当前区域
    }
}
```
程序执行结果：
zh_CN

本程序通过 Locale 类的构造方法设置了语言和国家编码实现了 Locale 类实例化对象的创建。如果不想手动设置区域编码，则也可以直接通过 getDefault()方法获取当前操作系统的 Locale 类实例。

范例：获取当前系统的 Locale 实例

```java
package cn.mldn.demo;
import java.util.Locale;
public class JavaAPIDemo {
    public static void main(String[] args) throws Exception {
        Locale loc = Locale.getDefault() ;           // 获取当前系统Locale实例
        System.out.println(loc);                     // 输出当前区域
    }
}
```
程序执行结果：
zh_CN

本程序直接利用 getDefault()方法获取当前所处的区域环境，由于当前的操作系统为中文环境，所以获取的内容就是 zh_CN。

15.14.2 配置资源文件

视频名称	1519_配置资源文件		学习层次	理解
视频简介	国际化程序实现的关键在于对语言文字的抽象，而这些就需要通过资源文件进行描述。本课程讲解资源文件的组成结构与内容定义。			

国际化程序的实现过程中，语言文字是最为重要的内容，为了方便进行国际化的信息展示，可以将程序中所有使用到的语言文字的信息直接保存在资源文件中，对于资源文件的定义要求如下。

- ↘ 资源文件的后缀必须是 ".properties"，一个项目中的资源文件有以下两类。
  - ➤ 公共资源文件：所有的区域标记均可以读取到的内容，如 Messages.properties。
  - ➤ 具体区域的资源文件：需要在资源文件后面追加语言和国家代码，如 Message_zh_CN.properties。
- ↘ 所有的资源文件一定要定义在 CLASSPATH 中，允许资源文件保存在包中，例如，现在资源文件保存在了 cn.mldn.message 包中，则资源文件的完整名称为 cn.mldn.message.Messages.properties。
- ↘ 资源文件中的所有数据采用字符串形式定义，利用 "key=value" 的形式进行保存，即在程序读取时将通过 key 获取对应的 value 内容。

> **提示：资源文件也称为属性文件。**
>
> 在 Java 中只要后缀为 "*.properties"并且组成结构为 "key = value" 形式的文件都可以称为属性文件，属性文件可以通过专门的 Properties 类进行操作（将在第 18 章中讲解）。对于资源文件的命名最初与类名称命名要求一致，但是随着技术的发展，也有许多的资源文件采用全部小写字母的形式定义。

范例： 定义 cn.mldn.message.Messages.properties 资源文件

```
edu.info=魔乐科技软件学院：www.mldn.cn
```

资源文件必须采用 "key=value" 的形式进行定义，并且其数据类型都是字符串。

> **提示：关于资源文件内容的设置。**
>
> 在*.properties 文件中所保存的内容必须进行编码才可以正确读取，在 JDK 1.9 以前的版本里都会提供有
> native2ascii.exe 编码转换工具，从 JDK 1.9 开始由于 JDK 开始支持在*.properties 中使用 UTF-8 编码，所以此工具
> 被取消了，读者只需保证文件编码的保存正确就可以直接存储中文。

15.14.3　ResourceBundle 读取资源文件

视频名称	1520_ResourceBundle 读取资源文件	学习层次	理解
视频简介	文字提示信息保存在资源文件中，对于资源文件的数据获取就需要通过专属工具类。本课程主要讲解资源文件以及如何利用 ResourceBundle 实现资源文件的读取。		

资源文件定义完成后程序可以通过 java.util.ResourceBundle 类实现内容的读取，该类属于抽象类。可以利用类中提供的 static 方法（getBundle()）来实现本类实例化对象的获取。ResourceBundle 类常用方法如表 15-14 所示。

表 15-14　ResourceBundle 类常用方法

No.	方　　法	类　型	描　　述
1	public static final ResourceBundle getBundle(String baseName)	普通	取得 ResourceBundle 的实例，并指定要操作的资源文件名称
2	public static final ResourceBundle getBundle(String baseName,Locale locale)	普通	取得 ResourceBundle 的实例，并指定要操作的资源文件名称和区域码
3	public final String getString(String key)	普通	根据 key 从资源文件中取出对应的 value

范例： 根据 key 查找资源内容

```java
package cn.mldn.demo;
import java.util.ResourceBundle;
public class JavaAPIDemo {
    public static void main(String[] args) throws Exception {
        // 根据资源名称获取ResourceBundle对象，此时的资源文件不加后缀和语言城市编码
        ResourceBundle resource = ResourceBundle.getBundle("cn.mldn.message.Messages") ;
        String val = resource.getString("edu.info") ;          // 根据key获取相应内容
        System.out.println(val);                               // 输出value内容
    }
}
```
程序执行结果：
魔乐科技软件学院：www.mldn.cn

本程序首先根据资源名称获取了对应的 ResourceBundle 对象实例，随后使用 getString()方法获取指定 key 对应的内容。

> 👨‍🏫 **提示：需要保证读取的 key 存在。**
>
> 在使用 ResourceBundle 类读取资源内容时，如果对应的 key 不存在，则在程序执行时会出现 "Exception in thread "main" java.util.MissingResourceException: Can't find resource for bundle java.util.PropertyResourceBundle, key edu.infos" 的错误信息。

15.14.4　国际化程序开发

视频名称	1521_国际化程序开发	学习层次	理解
视频简介	国际化程序开发需要准备若干个资源文件进行数据存储，在读取时通过 Locale 进行区分。本课程主要讲解如何结合 Locale 与 ResourceBundle 类实现不同语言文字的加载。		

国际化程序实现的关键在于根据用户所在的区域不同显示不同的文字信息，在国际化程序实现中，往往会提供有一个公共的资源文件，同时再根据不同的区域环境动态加载对应资源信息，所以首先需要建立 3 个资源文件，如表 15-15 所示。

表 15-15　资源文件

文 件 名 称	文 件 内 容	文 件 作 用
cn.mldn.message.Messages.properties	edu.info=魔乐科技软件学院：www.mldn.cn	公共资源
cn.mldn.message.Messages_zh_CN.properties	edu.info=魔乐科技（MLDN）：www.mldn.cn	中文资源
cn.mldn.message.Messages_en_US.properties	edu.info=mldn:www.mldn.cn	英文资源

范例：加载默认语言环境下的资源文件

```java
package cn.mldn.demo;
import java.util.ResourceBundle;
public class JavaAPIDemo {
    public static void main(String[] args) throws Exception {
        // 获取默认语言环境下的资源文件信息，此时不要加上语言和国家编码
        ResourceBundle resource = ResourceBundle.getBundle("cn.mldn.message.Messages") ;
        String val = resource.getString("edu.info") ;       // 根据key获取相应内容
        System.out.println(val);                             // 输出value内容
    }
}
```
程序执行结果：
```
魔乐科技（MLDN）：www.mldn.cn
```

本程序根据当前系统所在区域读取了资源文件，由于当前是中文环境，所以会匹配后缀为 zh_CN 的资源文件。

范例：通过 Locale 指定读取资源编码

```java
package cn.mldn.demo;
import java.util.Locale;
import java.util.ResourceBundle;
public class JavaAPIDemo {
    public static void main(String[] args) throws Exception {
        Locale loc = new Locale("en", "US");                 // 设置语言和国家编码
        // 根据Locale对象所包含的区域编码，获取指定编码的资源文件内容
        ResourceBundle resource = ResourceBundle.getBundle("cn.mldn.message.Messages", loc);
```

```
        String val = resource.getString("edu.info") ;          // 根据key获取相应内容
        System.out.println(val);                                // 输出value内容
    }
}
```
程序执行结果：
```
mldn:www.mldn.cn
```

　　本程序指定了要读取的区域编码，此时就会加载 cn.mldn.message.Messages_en_US.properties 中保存的资源。

15.14.5　格式化文本显示

视频名称	1522_格式化文本显示		学习层次	理解	
视频简介	本课程主要讲解如何在资源文件中进行占位符的定义以及使用 MessageFormat 类实现文本格式化显示。				

　　在前面的程序中，所有的资源内容都是固定的，但是输出的消息中要是包含了一些动态文本的话，则必须使用占位符清楚地表示出动态文本的位置，占位符使用 "{编号}" 的格式出现。使用占位符后，程序可以直接通过 MessageFormat 对信息进行格式化，为占位符动态设置文本的内容。

　　范例：定义资源文件，使用动态文本标记，见表 15-16

表 15-16　资源文件

文 件 名 称	文 件 内 容	文 件 作 用
cn.mldn.message.Messages_**zh_CN**.properties	edu.info=欢迎{0}的访问，请登录{1}自行学习！	中文资源
cn.mldn.message.Messages_**en_US**.properties	edu.info=Welcome {0} , Home Page: {1} !	英文资源

　　本程序在定义资源文件的时候定义了两个占位符的动态文本，这样在资源读取完成后就需要通过 MessageFormat 根据索引顺序传入相应的内容后才可以显示完整信息。

　　范例：格式化文本显示数据

```
package cn.mldn.demo;
import java.text.MessageFormat;
import java.util.Locale;
import java.util.ResourceBundle;
public class JavaAPIDemo {
    public static void main(String[] args) throws Exception {
        Locale loc = new Locale("en", "US");                    // 设置语言和国家编码
        // 根据Locale对象所包含的区域编码，获取指定编码的资源文件内容
        ResourceBundle resource = ResourceBundle.getBundle("cn.mldn.message.Messages", loc);
        String val = resource.getString("edu.info") ;           // 根据key获取相应内容
        System.out.println(MessageFormat.format(val,
                "mldn", "www.mldn.cn"));                         // 设置动态文本数据
    }
}
```
程序执行结果：
```
Welcome mldn , Home Page: www.mldn.cn !
```

　　通过本程序的执行可以发现，在通过 ResourceBundle 类读取完资源内容后，实际上读取出来的是一个带占位符的数据，而只有通过 MessageFormat 类依据索引顺序传入内容后才可以显示正确的文本信息。

15.15　Arrays 数组操作类

视频名称	1523_Arrays 数组操作类		学习层次	理解
视频简介	Arrays 是 JDK 提供的一个数组操作类，本课程主要讲解 Arrays 类中的主要数组操作方法，并分析二分查找算法的实现机制。			

java.util.Arrays 是一个专门实现数组操作的工具类，其常用的数组操作如表 15-17 所示。

表 15-17　Arrays 类常用方法

No.	方　　法	类　型	描　　述
1	public static void sort(数据类型[] 变量)	普通	数组排序
2	public static int binarySearch(数据类型[] 变量, 数据类型 key)	普通	利用二分查找算法进行数据查询
3	public static int compare(数据类型 [] 变量, 数据类型 [] 变量)	普通	比较两个数组的大小，返回 3 类结果：大于（1）、小于（-1）、等于（0）
4	public static boolean equals(数据类型 [] 变量, 数据类型[] 变量)	普通	数组相等判断
5	public static void fill(数据类型[] 变量 ,数据类型 变量)	普通	数组填充
6	public static String toString(数据类型[] 变量)	普通	数组转为字符串

范例：Arrays 基本操作

```java
package cn.mldn.demo;
import java.util.Arrays;
public class JavaAPIDemo {
    public static void main(String[] args) throws Exception {
        int dataA[] = new int[] { 1, 2, 3 };                        // 数组静态初始化
        int dataB[] = new int[] { 1, 2, 3 };                        // 数组静态初始化
        System.out.println(Arrays.compare(dataA, dataB));           // 数组大小比较：0
        System.out.println(Arrays.equals(dataA, dataB));            // 数组相等判断：true
        int dataC[] = new int[10];                                  // 数组动态初始化
        Arrays.fill(dataC, 3);                                      // 数组内容填充
        System.out.println(Arrays.toString(dataC));                // 数组转为字符串输出
    }
}
程序执行结果：
0
true
[3, 3, 3, 3, 3, 3, 3, 3, 3, 3]
```

本程序实现了数组的比较与内容的填充操作。需要注意的是，在使用 compare()和 equals()方法时需要保证数组处于排序后的状态，否则无法获得正确的比较结果。

范例：数据二分查找

```java
package cn.mldn.demo;
import java.util.Arrays;
public class JavaAPIDemo {
    public static void main(String[] args) throws Exception {
        int data[] = new int[] { 1, 5, 7, 2, 3, 6, 0 };            // 数组
        Arrays.sort(data);                                          // 数组排序
```

```
        System.out.println(Arrays.binarySearch(data, 6));          // 二分查找
        System.out.println(Arrays.binarySearch(data, 9));          // 二分查找
    }
}
```

程序执行结果：
5（数据查找到，返回索引编号）
-8（数据未找到，返回索引为负数）

本程序使用 Arrays 类提供二分查找算法实现指定数据查找判断，如果可以查找到数据，则返回对应数据的索引编号；如果没有查找到，则返回索引数据为负数。

提示：二分查找算法。

如果要想判断在数组中是否存在某一个元素，最简单的做法是利用循环的方式进行数据的依次判断，则此时程序的时间复杂度为 $O(n)$（n 为数组长度），即 for 循环最高执行的次数为 n 次。对于数据量小的数组而言，这样的方式不会导致性能降低，但是当数组数据量增加时，此种模式一定会造成时间复杂度的攀升。而二分查找算法的出现可以将时间复杂度简化为 $O(\log 2n)$（n 为数组长度），这样就可以提升程序性能。二分查找算法的基本实现思路如图 15-9 所示。

二分查找算法就是在已排序的数组上不断进行查找索引范围的变更，这样就可以减少无用的数据判断以提升性能。在 Arrays 类中 binarySearch() 方法的实现源代码如下。

```
private static int binarySearch0(int[] a,
        int fromIndex, int toIndex, int key) {
    int low = fromIndex;                        // 开始索引
    int high = toIndex - 1;                      // 结束索引
    while (low <= high) {                        // 索引判断
        int mid = (low + high) >>> 1;            // 计算中间索引
        int midVal = a[mid];                     // 获取数据
        if (midVal < key)                        // 进行数据判断，以确定判断顺序
            low = mid + 1;                       // 修改开始索引
        else if (midVal > key)
            high = mid - 1;                      // 修改结束索引
        else
            return mid;                          // 数据发现返回索引
    }
    return -(low + 1);                           // 索引未发现返回负数
}
```

通过源代码的实现可以发现，在 binarySearch() 方法中通过循环的模式利用索引的改变实现了一定范围的数据查询，其实现原理如图 15-10 所示。

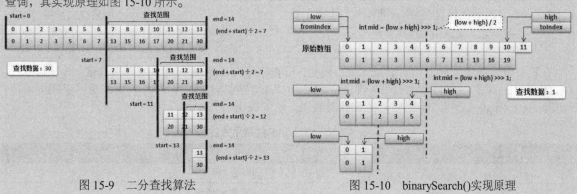

图 15-9　二分查找算法　　　　　　图 15-10　binarySearch()实现原理

15.16　UUID 无重复数据

	视频名称	1524_ UUID 无重复数据	学习层次	掌握
	视频简介	实际项目中对一些不确定的资源进行编号时经常需要随机生成识别码，为此 JDK 提供了 UUID 类。本课程主要讲解 UUID 类的使用以及生成原理。		

UUID（Universally Unique Identifier，通用唯一识别码）是一种利用时间戳、时钟序列、硬件识别号等随机生成的唯一编码的技术，利用此编码形式可以帮助开发者避免重复信息编号的出现。在 Java 中提供了 java.util.UUID 类来实现 UUID 编码的创建，UUID 类常用方法如表 15-18 所示。

表 15-18　UUID 类常用方法

No.	方　　法	类　型	描　　述
1	public static UUID randomUUID()	普通	生成一个随机的 UUID 数据
2	public static UUID fromString(String name)	普通	通过指定格式的字符串获取 UUID 数据

范例：随机生成 UUID 的数据

```java
package cn.mldn.demo;
import java.util.UUID;
public class JavaAPIDemo {
    public static void main(String[] args) throws Exception {
        UUID uid = UUID.randomUUID() ;            // 获取一个随机的UUID
        System.out.println(uid.toString());       // 输出获取到的UUID
    }
}
```
程序执行结果：
```
0b2013e4-d50a-4d55-a3f1-a3d7a21a5938
```

本程序随机获取了一个 UUID 对象数据，并且根据时间戳和硬件编码动态生成，所以每次编码的结果都不同。

15.17　Optional 空处理

	视频名称	1525_Optional 空处理	学习层次	掌握
	视频简介	在引用数据类型操作中 null 是一个重要的标记，同时由于 null 的存在也会带来 NullPointerException 异常。本课程主要讲解如何利用 Optional 类实现 null 数据的处理。		

在程序开发中经常会出现由于 null 所带来的 NullPointerException 异常，所以从 JDK 1.8 开始引入了 java.util.Optional 类。利用此类可以实现 null 类型的提前判断与处理，合理地使用此类可以减少项目中 NullPointerException 异常的出现。Optional 类常用方法如表 15-19 所示。

表 15-19　Optional 类常用方法

No.	方　　法	类　型	描　　述
1	public static <T> Optional<T> empty()	普通	返回空数据
2	public T get()	普通	获取保存的数据
3	public static <T> Optional<T> of(T value)	普通	保存数据，如果有 null 则出现 NullPointerException 异常

续表

No.	方 法	类 型	描 述
4	public static \<T\> Optional\<T\> ofNullable(T value)	普通	保存数据，允许为空
5	public T orElse(T other)	普通	空数据时返回其他数据

由于 Optional 类拥有 null 判断的能力，所以在获取指定实例化对象时就可以通过 Optional 类对象进行保存，下面通过一个具体的程序进行展示。其结构如图 15-11 所示。

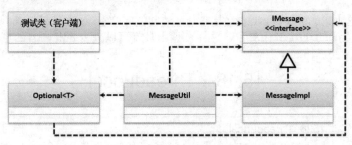

图 15-11　Optional 案例结构

范例：使用 Optional 实现对象返回

```java
package cn.mldn.demo;
import java.util.Optional;
public class JavaAPIDemo {
    public static void main(String[] args) throws Exception {
        Optional<IMessage> opt = MessageUtil.getMessage() ;        // 获取实例
        if (opt.isPresent()) {                                     // 对象实例存在
            IMessage temp = opt.get() ;                            // 获取数据
            MessageUtil.useMessage(temp);
        }
    }
}
class MessageUtil {
    private MessageUtil() {}
    /**
     * 返回IMessage类的实例化对象，由于返回类型为Optional，所以该方法一定不会返回null内容
     * @return 实例化对象（绝对不会是null）
     */
    public static Optional<IMessage> getMessage() {                // 返回实例化对象
        return Optional.of(new MessageImpl()) ;                    // 保存非空对象
    }
    public static void useMessage(IMessage msg) {                  // 使用消息
        System.out.println(msg.getContent());                     // 输出信息
    }
}
interface IMessage {                                               // 定义接口
    public String getContent() ;                                  // 返回数据内容
}
class MessageImpl implements IMessage {                            // 接口实现子类
```

```
    @Override
    public String getContent() {
        return "www.mldn.cn";
    }
}
```
程序执行结果:
www.mldn.cn

本程序在 MessageUtil.getMessage()方法中使用了 Optional 作为方法的返回值，这样就表示该方法所返回的一定是一个不为 null 的实例化对象，这样在调用时就可以减少 null 内容的直接判断。

15.18 ThreadLocal

视频名称	1526_ThreadLocal	学习层次	掌握
视频简介	本课程主要讲解 ThreadLocal 类的作用，并且分析多线程访问中的引用操作问题以及如何利用 ThreadLocal 类实现线程安全的引用传递操作。		

在多线程并发执行中，为了可以准确地实现每个线程中的数据成员访问，可以通过 java.lang.ThreadLocal 类实现数据的保存与获取。ThreadLocal 类常用方法如表 15-20 所示。

表 15-20 ThreadLocal 类常用方法

No.	方　　法	类　　型	描　　述
1	public void set(T value)	普通	保存数据
2	public T get()	普通	获取数据
3	public void remove()	普通	删除当前线程保存的数据

通过表 15-20 所示的方法可以发现，在 ThreadLocal 类中主要就是进行数据的保存、获取与删除操作。由于 ThreadLocal 类是在多线程并发访问时使用，所以在数据保存时除了保存用户所需要的数据外，还会额外保存一个当前的线程对象，而在获取数据时也将通过当前线程对象来获取保存的数据内容，这样可以保证多线程并发访问下的数据操作安全。

提示:把 ThreadLocal 想象成公共储物柜。

ThreadLocal 最大的特点就是可以同时保存多个线程的数据，由于每个数据都有对应的当前线程对象，这样就可以保证数据传输的正确性，可以简单地把 ThreadLocal 想象成一个储物柜，把每一个操作储物柜的客户想象为一个线程，每个线程都只允许操作自己的储物柜，这样就保证了存储物品的安全，如图 15-12 所示。

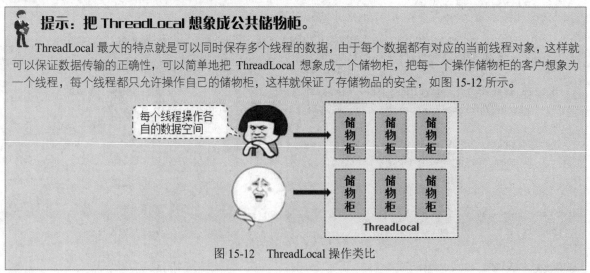

图 15-12 ThreadLocal 操作类比

下面将通过具体的一个案例实现多个线程的并发数据访问。本程序的实现结构如图 15-13 所示。

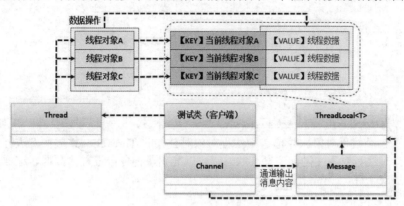

图 15-13　ThreadLocal 使用分析

范例：ThreadLocal 使用

```java
package cn.mldn.demo;
public class JavaAPIDemo {
    public static void main(String[] args) throws Exception {
        new Thread(()->{
            Message msg = new Message() ;              // 实例化消息主体对象
            msg.setInfo("线程A消息：www.mldn.cn");      // 设置要发送的内容
            Channel.setMessage(msg);                   // 设置要发送的消息
            Channel.send();                            // 发送消息
        },"消息发送者A") .start() ;                      // 启动线程
        new Thread(()->{
            Message msg = new Message() ;              // 实例化消息主体对象
            msg.setInfo("线程B消息：www.yootk.com");    // 设置要发送的内容
            Channel.setMessage(msg);                   // 设置要发送的消息
            Channel.send();                            // 发送消息
        },"消息发送者B") .start() ;                      // 启动线程
        new Thread(()->{
            Message msg = new Message() ;              // 实例化消息主体对象
            msg.setInfo("线程C消息：www.mldnjava.cn");  // 设置要发送的内容
            Channel.setMessage(msg);                   // 设置要发送的消息
            Channel.send();                            // 发送消息
        },"消息发送者C") .start() ;                      // 启动线程
    }
}
class Channel {                                        // 消息发送通道
    private static final ThreadLocal<Message> THREADLOCAL = new ThreadLocal<Message>() ;
    private Channel() {}
    public static void setMessage(Message m) {
        THREADLOCAL.set(m);                            // 向ThreadLocal中保存数据
    }
    public static void send() {                        // 发送消息
        System.out.println("【" + Thread.currentThread().getName() + "、消息发送】" +
THREADLOCAL.get().getInfo());
    }
```

```
}
class Message {                                              // 消息体
    private String info ;
    // setter、getter略
}
```
程序执行结果：
【消息发送者B、消息发送】线程B消息：www.yootk.com
【消息发送者A、消息发送】线程A消息：www.mldn.cn
【消息发送者C、消息发送】线程C消息：www.mldnjava.cn

　　本程序创建了 3 个线程对象，并且 3 个线程对象对公共的 ThreadLocal 类实例进行操作。通过执行结果可以发现，3 个线程对象在进行信息获取时都可以准确获得各自设置的数据，这样就保证了并发状态下的数据操作的安全性。

15.19　定时调度

视频名称	1527_定时调度		学习层次	理解
视频简介	定时调度可以通过线程任务的形式控制程序的周期性间隔执行处理操作，本课程主要讲解定时调度的存在意义以及 Timer 类和 TimerTask 类的使用。			

　　定时调度是指可以根据既定的时间安排实现程序任务的自动执行，在 Java 中所有定时调度的任务都通过一个单独的线程进行管理。每一个调度任务类都需要继承 java.util.TimerTask 父类（常用操作方法见表 15-21），任务的启动需要通过 java.util.Timer 类（常用操作方法见表 15-22）完成，实现结构如图 15-14 所示。

表 15-21　TimerTask 类常用方法

No.	方　　法	类　型	描　　述
1	public void cancel()	普通	用来终止此任务，如果该任务只执行一次且还没有执行，则永远不会再执行；如果为重复执行任务，则之后不会再执行；如果任务正在执行，则执行完后不会再执行
2	public void run()	普通	该任务所要执行的具体操作，该方法为引入的接口 Runnable 中的方法，子类需要覆写此方法
3	public long scheduledExecutionTime()	普通	返回最近一次要执行该任务的时间（如果正在执行，则返回此任务的执行安排时间），一般在 run()方法中调用，用来判断当前是否有足够的时间来执行完该任务

表 15-22　Timer 类常用方法

No.	方　　法	类　型	描　　述
1	public Timer()	构造	用来创建一个计时器并启动该计时器
2	public void cancel()	普通	用来终止该计时器，并放弃所有已安排的任务，对当前正在执行的任务没有影响
3	public int purge()	普通	将所有已经取消的任务移除，一般用来释放内存空间
4	public void schedule(TimerTask task, Date time)	普通	安排一个任务在指定的时间执行，如果已经超过该时间，则立即执行
5	public void schedule(TimerTask task, Date firstTime, long period)	普通	安排一个任务在指定的时间执行，之后以固定的频率（单位：毫秒）重复执行

续表

No.	方　法	类　型	描　述
6	public void schedule(TimerTask task, long delay)	普通	安排一个任务在一段时间（单位：毫秒）后执行
7	public void schedule(TimerTask task, long delay,long period)	普通	安排一个任务在一段时间（单位：毫秒）后执行，之后以固定的频率（单位：毫秒）重复执行
8	public void scheduleAtFixedRate(TimerTask task, Date firstTime, long period)	普通	安排一个任务在指定的时间执行，之后以近似固定的频率（单位：毫秒）重复执行
9	public void scheduleAtFixedRate(TimerTask task, long delay,long period)	普通	安排一个任务在一段时间（单位：毫秒）后执行，之后以近似固定的频率（单位：毫秒）重复执行

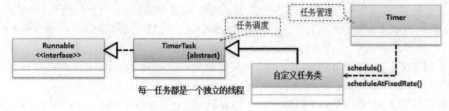

图 15-14　任务调度实现结构

在这里需要说明的是，关于 schedule()与 scheduleAtFixedRate()方法的区别，两者的区别在于重复执行任务时，对于时间间隔出现延迟的情况处理。

➨　schedule()方法的执行时间间隔永远是固定的，如果之前出现了延迟的情况，之后也会继续按照设定好的间隔时间来执行。

➨　scheduleAtFixedRate()方法可以根据出现的延迟时间自动调整下一次间隔的执行时间。

范例：实现间隔任务调度

```java
package cn.mldn.demo;
import java.util.Timer;
import java.util.TimerTask;
class MyTask extends TimerTask {                      // 任务主体
    @Override
    public void run() {                               // 多线程的处理方法
        System.out.println(Thread.currentThread().getName() +
            "、定时任务执行，当前时间: " + System.currentTimeMillis());
    }
}
public class JavaAPIDemo {
    public static void main(String[] args) throws Exception {
        Timer timer = new Timer();                    // 定时任务
        // 定义间隔任务，100毫秒后开始执行，每间隔1秒执行1次
        timer.scheduleAtFixedRate(new MyTask(), 100, 1000);
    }
}
程序执行结果：
Timer-0、定时任务执行，当前时间: 1540201707871
Timer-0、定时任务执行，当前时间: 1540201708871
Timer-0、定时任务执行，当前时间: 1540201709871
... 其他执行结果，略 ...
```

本程序实现了一个间隔调度任务的处理，MyTask 定义了任务线程类的具体操作，为了方便观察任务处理的效果，在每次任务执行时都输出了当前的时间戳（间隔 1 秒执行）。

15.20　Base64 加密与解密

	视频名称	1528_Base64 加密与解密	学习层次	理解
	视频简介	为了安全地进行数据传输，就需要对数据进行加密和解密操作，Base64 就是 Java 提供的加密处理器。本课程主要讲解 Base64 工具类的使用以及加密和解密信息操作实现。		

Base64 是一种直接利用 64 个可打印字符来表示二进制数据的算法，也是在网络传输中较为常见的一种加密算法。从 JDK 1.8 版本开始提供 java.util.Base64 的工具类，同时提供了两个 Base64 的内部类实现数据加密与解密操作。

➥ 【数据加密】**java.util.Base64.Encoder**，对象获取方法：public static Base64.Encoder getEncoder()。数据加密处理：public byte[] encoder (byte[] src)。

➥ 【数据解密】**java.util.Base64.Decoder**，对象获取方法：public static Base64.Decoder getDecoder()。数据解密处理：public byte[] decoder (String src)。

范例： 实现 Base64 加密与解密操作

```java
package cn.mldn.demo;
import java.util.Base64;
public class JavaAPIDemo {
    public static void main(String[] args) throws Exception {
        String msg = "www.mldn.cn" ;                                        // 原始内容
        String encMsg = new String(Base64.getEncoder().encode(msg.getBytes()));   // 数据加密
        System.out.println(encMsg);                                        // 输出密文
        String oldMsg = new String(Base64.getDecoder().decode(encMsg));    // 数据解密
        System.out.println(oldMsg);                                        // 输出明文
    }
}
```
程序执行结果：
d3d3Lm1sZG4uY24=（密文）
www.mldn.cn（明文）

本程序直接利用 Base64 提供的方法获取了 Base64.Encoder 与 Base64.Decoder 实例化对象，并且对原始数据进行了加密与解密处理。但是需要注意的是，由于 Base64 属于 JDK 的原始实现，所以单纯地加密是不安全的，此时为了获取更加安全的加密操作，可以利用盐值（salt）、自定义格式以及多次加密的方式来保证项目中的数据安全。

范例： 基于 Base64 定义复杂加密与解密操作

```java
package cn.mldn.demo;
import java.util.Base64;
/**
 * 定义一个字符串操作类，提供字符串的辅助处理功能
 * @author 李兴华
 */
class StringUtil {
```

```
private static final String SALT = "mldnjava" ;              // 公共的盐值
private static final int REPEAT = 5 ;                        // 加密次数
/**
 * 加密处理
 * @param str 要加密的字符串，需要与盐值整合
 * @return 加密后的数据
 */
public static String encode(String str) {                   // 加密处理
    String temp = str + "{" + SALT + "}" ;                  // 盐值对外不公布
    byte data [] = temp.getBytes() ;                        // 将字符串变为字节数组
    for (int x = 0 ; x < REPEAT ; x ++) {
        data = Base64.getEncoder().encode(data) ;           // 重复加密
    }
    return new String(data) ;                               // 返回加密后的内容
}
/**
 * 进行解密处理
 * @param str 要解密的内容
 * @return 解密后的原始数据
 */
public static String decode(String str) {
    byte data [] = str.getBytes() ;                         // 获取加密内容
    for (int x = 0 ; x < REPEAT ; x ++) {
        data = Base64.getDecoder().decode(data) ;           // 多次解密
    }
    return new String(data).replaceAll("\\{\\w+\\}", "") ;  // 删除盐值格式
}
}
public class JavaAPIDemo {
    public static void main(String[] args) throws Exception {
        String str = StringUtil.encode("www.mldn.cn") ;
        System.out.println(StringUtil.decode(str));
    }
}
```
程序执行结果：
www.mldn.cn

本程序基于 Base64 类的功能实现了一个自定义加密与解密程序，为了保证加密后的数据安全，采用
的盐值格式为"盐值{原始数据}"，同时利用多次加密的形式确保了密文数据的可靠性。在实际开发中只
要不对外公布盐值内容和加密次数就可以在较为安全的环境下进行数据传输。

15.21　比　较　器

视频名称	1529_比较器问题引出	学习层次	理解	
视频简介	比较器是用来确认对象大小关系的操作标准，本课程主要通过对象数组的排序使用对比较器的作用进行介绍。			

在数组操作中排序是一种较为常见的算法，由于基本数据类型都可以直接确定出数值的大小关系，
所以只需将数组中的内容取出后就可以直接利用关系运算符进行比对。然而在 Java 中还存在有引用数据

类型，而引用数据类型如果要想确定大小关系就必须通过比较器来完成。在 Java 中为了方便开发者开发，提供有两类比较器：Comparable 和 Comparator。

15.21.1　Comparable 比较器

	视频名称	1530_Comparable 比较器	学习层次	掌握
	视频简介	比较器是一个 Java 中定义的操作标准，本课程主要针对对象数组排序进行详细讲解，同时讲解 Comparable 接口的作用。		

java.lang.Comparable 是一个从 JDK 1.2 开始提供的用于数组排序的标准接口，Java 在进行对象数组排序时，将默认利用此接口中的方法进行大小的关系比较，这样就可以确认两个同类型对象之间的大小。Comparable 接口定义如下。

```
public interface Comparable<T> {
    /**
     * 实现对象的比较处理操作
     * @param o 要比较的对象
     * @return 如果当前数据比传入的对象小，返回负数；如果大，则返回整数；如果等于，则返回0
     */
    public int compareTo(T o);
}
```

在 Comparable 接口中提供一个 compareTo()方法，利用此方法可以定义出对象要使用的判断规则，该方法会返回 3 类结果。

➥　1：表示大于（返回的值大于 0 即可，例如，10、20 都表示同一个结果）。

➥　-1：表示小于（返回的值小于 0 即可，例如，-10、-20 都表示同一个结果）。

➥　0：两个对象内容相等。

提示：关于 Comparable 的常见子类。

在第 7 章讲解 String 类常用方法时曾经讲解过 String 类中的 compareTo()方法，实际上 String 类本身属于 Comparable 接口子类，所以字符串对象可以直接使用 Arrays.sort()方法实现排序。除了 String 之外，包装类和大数字操作类也实现了 Comparable 接口，所以各个包装类和大数字操作类也可以利用 Arrays.sort()排序。这些类的继承结构如图 15-15 所示（本结构图只抽取部分子类说明）。

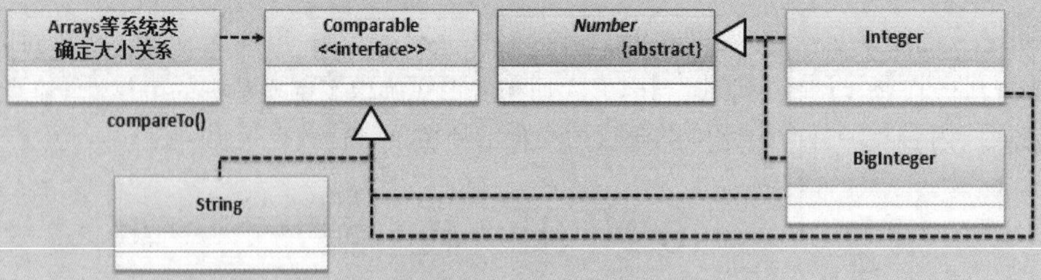

图 15-15　系统提供的 Comparable 子类

范例：使用 Comparable 比较器实现自定义类对象数组排序

```
package cn.mldn.demo;
import java.util.Arrays;
class Member implements Comparable<Member> {    // 自定义类对象实现比较器
    private String name;                          // 成员属性
```

```
        private int age;                                    // 成员属性
        public Member(String name, int age) {               // 构造方法初始化
            this.name = name;
            this.age = age;
        }
        @Override
        public int compareTo(Member mem) {
            // return this.age - mem.age;                    // 简化编写格式
            if (this.age > mem.age) {
                return 1 ;                                   // 结果：大于
            } else if (this.age < mem.age) {
                return -1 ;                                  // 结果：小于
            } else {
                return 0 ;                                   // 结果：等于
            }
        }
        // 无参构造、setter、getter略
        @Override
        public String toString() {
            return "【Member类对象】姓名：" + this.name + "、年龄：" + this.age + "\n";
        }
}
public class JavaAPIDemo {
        public static void main(String[] args) throws Exception {
            Member data[] = new Member[] {
                    new Member("李兴华", 18),
                    new Member("魔乐科技", 50),
                    new Member("小李老师", 23) };                // 对象数组
            Arrays.sort(data);                                  // 对象数组排序
            System.out.println(Arrays.toString(data));          // 输出对象数组内容
        }
}
```
程序执行结果：
[【Member类对象】姓名：李兴华、年龄：18
, 【Member类对象】姓名：小李老师、年龄：23
, 【Member类对象】姓名：魔乐科技、年龄：50]

　　本程序在 Member 类定义时实现了 Comparable 接口，并且在实现 Comparable 接口时的泛型类型与 Member 类相同，这样就可以保证参与比较数据的类型统一。本程序主要通过 age 属性进行排序，所以在覆写 compareTo()方法时只进行了年龄的判断（两个年龄相减就可以确定返回数据的结果），这样就可以利用系统提供的 Arrays.sort()实现对象数组排序。

15.21.2　Comparator 比较器

视频名称	1531_Comparator 比较器	学习层次	掌握	
视频简介	Comparable 比较器是基于类定义结构实现的，而对于未实现 Comparable 接口并且需要比较的操作类又提供了挽救的比较器接口。本课程主要讲解 Comparator 接口的使用环境以及具体操作形式。			

在进行对象数组排序时，对象所在的类在定义时就必须实现 Comparable 接口，这样才可以使用 Arrays.sort()进行排序操作。而除了此种方式外，Java 也提供有一种挽救的比较器实现接口：java.util.Comparator，定义如下。

```java
@FunctionalInterface
public interface Comparator<T> {
    /**
     * 对象比较操作
     * @param o1 操作对象1
     * @param o2 操作对象2
     * @return 根据比较结果返回3类内容：大于（正数）、小于（负数）、等于（零）
     */
    public int compare(T o1, T o2) ;
}
```

在使用 Comparator 类进行排序的时候需要单独为一个类设置比较规则，操作结构如图 15-16 所示。

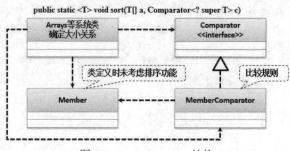

图 15-16　Comparator 结构

范例：使用 Comparator 实现对象数组排序

```java
package cn.mldn.demo;
import java.util.Arrays;
import java.util.Comparator;
class MemberComparator implements Comparator<Member> {
    @Override
    public int compare(Member o1, Member o2) {
        return o1.getAge() - o2.getAge() ;                  // 大小比较
    }
}
class Member {                                              // 自定义类
    private String name;                                   // 成员属性
    private int age;                                       // 成员属性
    public Member(String name, int age) {                  // 构造方法初始化
        this.name = name;
        this.age = age;
    }
    // 无参构造、setter、getter略
    @Override
    public String toString() {
        return "【Member类对象】姓名：" + this.name + "、年龄：" + this.age + "\n";
    }
}
```

```
}
public class JavaAPIDemo {
    public static void main(String[] args) throws Exception {
        Member data[] = new Member[] {
                new Member("李兴华", 18),
                new Member("魔乐科技", 50),
                new Member("小李老师", 23) };    // 对象数组
        Arrays.sort(data,new MemberComparator());    // 对象数组排序
        System.out.println(Arrays.toString(data));    // 输出对象数组内容
    }
}
程序执行结果:
[【Member类对象】姓名:李兴华、年龄:18
,【Member类对象】姓名:小李老师、年龄:23
,【Member类对象】姓名:魔乐科技、年龄:50]
```

本程序在定义 Member 类的时候并没有实现 Comparable 接口,所以该类的对象数组无法使用内置排序操作,为此单独定义了一个 MemberComparator 比较器工具类,这样在使用 Arrays.sort()排序时只需传入相应的比较器对象实例即可使用内置排序操作。

15.21.3　二叉树

视频名称	1532_二叉树结构简介	学习层次	理解
视频简介	二叉树是一种查询性能较高,数据保存平衡的重要数据结构。本课程主要讲解链表数据存储问题以及二叉树存储特点简介。		

基于链表机制可以动态实现对象数组的创建,由于链表采用顺序式的存储结构,所以在进行数据查询时其时间复杂度为 $O(n)$(n 为保存元素个数)。该结构在数据量较小的情况下,一般可以获得较高的查询性能,而数据量一旦增加,则一定会造成检索性能的下降。如果要想提升大数据量下的检索性能,最好是采用二叉树(Binary Tree)的结构保存,二叉树算法在数据查询时的时间复杂度为 $O(\log n)$(n 为保存元素个数)。

在二叉树结构中,所有的数据都被保存在节点(Node)中,每一个节点又会分左右两个子节点。在进行存储时比根节点数据小的保存在左子节点,比根节点数据大的保存在右子节点,没有子节点的节点被称为"叶子节点"。一个二叉树的基本形式如图 15-17 所示。

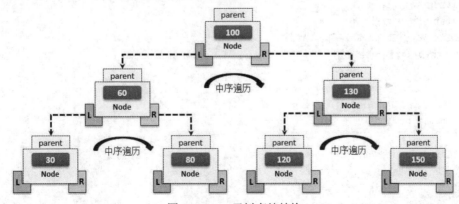

图 15-17　二叉树存储结构

由于二叉树依据大小关系进行数据存储，当从二叉树获取数据时就可以利用中序遍历原则（左-中-右）的方式获取排序后的结果，如图 15-17 所示的结构获取数据的顺序为 30、60、80、100、120、130、150。

 提示：关于二叉树的学习。

二叉树的学习需要大量的操作处理节点间的顺序，所以在学习本部分内容之前应保证已经熟练掌握了链表的实现原理与代码开发。完善的二叉树开发难度较高，代码也较为复杂，为了简化理解，本书只是针对特定的存储结构进行开发讲解，会出现有代码设计不完善的地方，这一点也可以在掌握二叉树算法后自行进行完善。

另外需要提醒的是，在实际开发中并不会要求开发者独立进行二叉树程序的编写，掌握二叉树不仅可以更好地理解 Java 工具类的设计原理，同时也可以为技术面试带来一些帮助。如果觉得对本节知识理解有困难，也可以跳过本章代码的学习，因为在 JDK 中针对常用的数据结构提供了专门的 Java 类集框架（将在第 18 章中讲解），开发中只要调用这些系统类库即可实现相应功能。

15.21.3.1 二叉树基础实现

视频名称	1533_二叉树基础实现		学习层次	理解
视频简介	二叉树的实现是基于比较器来确定大小关系的，本课程主要讲解二叉树程序实现的一个基本模型，并分析数据的增加与获取操作。			

在二叉树结构中数据的基本保存单位是一个节点（Node），每一个节点都可以保存两个子节点，所以对于子节点的选择就需要进行大小关系的判断。基本数据类型的比较可以直接依靠关系运算符实现，而引用数据类型的判断就可以通过 Comparable 比较器实现。

范例：二叉树基础实现

```java
package cn.mldn.demo;
import java.util.Arrays;
/**
 * 实现二叉树存储结构
 * @param <T> 要进行二叉树的实现，排序的类型必须实现Comparable接口
 */
class BinaryTree<T extends Comparable<T>> {            // 二叉树结构
    private class Node {
        private Comparable<T> data ;                   // 保存数据为Comparable
        private Node parent ;                          // 保存父节点
        private Node left ;                            // 保存左子节点
        private Node right ;                           // 保存右子节点
        public Node(Comparable<T> data) {             // 保存数据
            this.data = data ;
        }
        /**
         * 实现节点数据的适当位置的存储
         * @param newNode 创建的新节点
         */
        public void addNode(Node newNode) {
            if (newNode.data.compareTo((T)this.data) <= 0) {  // 比当前节点数据小
                if (this.left == null) {              // 没有左子节点
                    this.left = newNode ;             // 保存左子节点
                    newNode.parent = this ;           // 保存父节点
```

```
            } else {                                         // 存在左子节点
                this.left.addNode(newNode);                  // 递归判断
            }
        } else {                                             // 比当前节点数据大
            if (this.right == null) {                        // 没有右子节点
                this.right = newNode ;                       // 没有右子节点
                newNode.parent = this ;                      // 保存父节点
            } else {                                         // 存在右子节点
                this.right.addNode(newNode);                 // 递归判断
            }
        }
    }
    /**
     * 实现所有数据的获取处理，按照中序遍历的形式来完成
     */
    public void toArrayNode() {
        if (this.left != null) {                             // 左子节点存在
            this.left.toArrayNode();                         // 递归调用
        }// 获取当前节点并将其保存在返回数组中，同时修改数组控制脚标
        BinaryTree.this.returnData[BinaryTree.this.foot ++] = this.data ;
        if (this.right != null) {                            // 右子节点存在
            this.right.toArrayNode();                        // 递归调用
        }
    }
}
// ------------ 以下为二叉树的功能实现 ----------------
private Node root ;                                          // 保存根节点
private int count ;                                          // 保存数据个数
private Object [] returnData ;                               // 返回数组
private int foot = 0 ;                                       // 脚标控制
/**
 * 进行数据的保存
 * @param data 要保存的数据内容
 * @exception NullPointerException 保存数据为空时抛出的异常
 */
public void add(Comparable<T> data) {
    if (data == null) {
        throw new NullPointerException("保存的数据不允许为空！") ;
    }
    // 所有的数据本身不具备有节点关系的匹配，那么一定要将其包装在Node类中
    Node newNode = new Node(data) ;                          // 保存节点
    if (this.root == null) {                                 // 根节点不存在
        this.root = newNode ;                                // 第1个节点作为根节点
    } else {                                                 // 根节点存在
        this.root.addNode(newNode) ;                         // 交由Node类处理
    }
    this.count ++ ;                                          // 保存个数累加
}
```

```
    /**
     * 以对象数组的形式返回全部数据，如果没有数据返回null
     * @return 全部数据
     */
    public Object[] toArray() {
        if (this.count == 0) {                                      // 当前没有元素
            return null ;                                           // 返回空数据
        }
        this.returnData = new Object[this.count] ;                  // 保存长度为数组长度
        this.foot = 0 ;                                             // 脚标清零
        this.root.toArrayNode() ;                                   // Node类获取数据
        return this.returnData ;                                    // 返回全部数据
    }
}
class Member implements Comparable<Member> {                        // 自定义类对象实现比较器
    private String name;                                           // 成员属性
    private int age;                                               // 成员属性
    public Member(String name, int age) {                          // 构造方法初始化
        this.name = name;
        this.age = age;
    }
    @Override
    public int compareTo(Member mem) {
        return this.age - mem.age;                                 // 大小比较
    }
    // 无参构造、setter、getter略
    @Override
    public String toString() {
        return "【Member类对象】姓名：" + this.name + "、年龄：" + this.age + "\n";
    }
}
public class JavaAPIDemo {
    public static void main(String[] args) throws Exception {
        BinaryTree<Member> tree = new BinaryTree<Member>() ;
        tree.add(new Member("李兴华", 18));                         // 输出保存
        tree.add(new Member("魔乐科技", 50));                       // 输出保存
        tree.add(new Member("小李老师", 23));                       // 输出保存
        System.out.println(Arrays.toString(tree.toArray()));       // 输出保存数据
    }
}
```
程序执行结果：

[【Member类对象】姓名：李兴华、年龄：18
, 【Member类对象】姓名：小李老师、年龄：23
, 【Member类对象】姓名：魔乐科技、年龄：50]

　　本程序实现了一个自定义的二叉树结构，由于二叉树需要进行大小比较，所以可以要求其保存的数据一定是 Comparable 接口子类。在使用 toArray() 获取数据时采用了中序遍历的形式，这样获取的数据将按照年龄由低到高的顺序返回。

15.21.3.2　二叉树数据查询

视频名称	1534_二叉树数据查询	学习层次	理解
视频简介	二叉树的平衡性决定了较高的数据查询性能，本课程将通过具体的实现代码讲解如何利用二叉树实现数据查询处理。		

二叉树中的所有数据都是依据大小关系顺序排列的，而采用这样的存储形式的核心目的在于提升数据的查询性能。下面将手动实现二叉树的数据检索操作。

（1）二叉树的所有数据操作都应该由 Node 类负责管理，可以在 Node 类中定义一个节点查询方法。

```java
/**
 * 进行数据的检索处理
 * @param data 要检索的数据
 * @return 找到返回true，找不到返回false
 */
public boolean containsNode(Comparable<T> data) {
    if (data.compareTo((T) this.data) == 0) {              // 数据匹配
        return true;                                        // 查找到了
    } else if (data.compareTo((T) this.data) < 0) {         // 左子节点查询
        if (this.left != null) {                            // 左子节点存在
            return this.left.containsNode(data);            // 递归调用
        } else {                                            // 没有左子节点
            return false;                                   // 无法找到
        }
    } else {                                                // 右子节点查询
        if (this.right != null) {                           // 右子节点存在
            return this.right.containsNode(data);           // 递归调用
        } else {                                            // 没有右子节点
            return false;                                   // 无法找到
        }
    }
}
```

（2）在 BinaryTree 类中追加数据查询方法。

```java
/**
 * 现在的检索主要依靠的是Comparable实现的数据比较
 * @param data 要比较的数据
 * @return 查找到数据返回true，否则返回false
 */
public boolean contains(Comparable<T> data) {
    if (this.count == 0) {                                  // 没有数据
        return false ;                                      // 结束查询
    }
    return this.root.containsNode(data) ;                   // Node类查询
}
```

通过本程序可以发现，在进行数据查询时 Node 类中的 containsNode()方法并不会遍历全部元素，而只会依据查询数据与当前节点的关系动态地选择左节点或右节点查询，这样的做法在数据量较大时可以较大地提升查询性能。

15.21.3.3　二叉树数据删除

视频名称	1535_二叉树数据删除	学习层次	理解
视频简介	数据结构提供的最大优势在于数据存储的动态扩充以及数据的删除操作，本课程主要讲解二叉树数据删除处理以及节点重排操作。		

　　二叉树中的每一个节点除了数据之外，还需要保存依据大小关系的左右两个子节点，这样在进行节点删除操作的过程中，就需要考虑节点间数据的关系重排问题，所以对于节点的数据删除需要考虑以下3种情况。

　　情况 1：如果一个节点为叶子节点时，该节点可以直接删除，如图 15-18 所示。

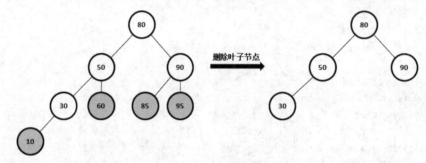

图 15-18　删除叶子节点

　　情况 2：要删除的节点只存在一个子节点，使用子节点替代删除节点，如图 15-19 所示。

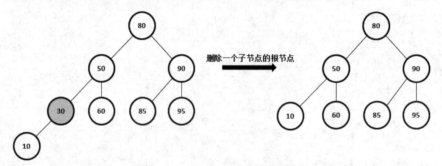

图 15-19　删除一个子节点的根节点

　　情况 3：要删除的节点同时拥有左右两个子节点，则需要首先找出删除节点的后继节点，然后处理"后继节点的子节点"和"被删除节点的父节点"之间的关系，最后处理"后继节点的子节点"和"被删除节点的子节点"之间的关系，如图 15-20 所示。

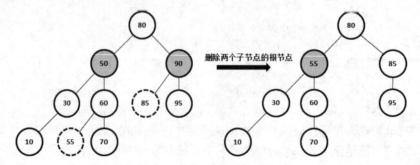

图 15-20　删除两个子节点的根节点

（1）在 Node 类中追加获取要删除节点方法。

```java
/**
 * 获取要删除的节点对象
 * @param data 比较的对象
 * @return 要删除的节点对象，对象一定存在
 */
public Node getRemoveNode(Comparable<T> data) {
    if (data.compareTo((T) this.data) == 0) {            // 数据匹配
        return this;                                      // 查找到了
    } else if (data.compareTo((T) this.data) < 0) {      // 左子节点查询
        if (this.left != null) {                          // 左子节点存在
            return this.left.getRemoveNode(data);         // 递归调用
        } else {
            return null;                                  // 没有节点
        }
    } else {                                              // 右子节点查询
        if (this.right != null) {                         // 右子节点存在
            return this.right.getRemoveNode(data);        // 递归调用
        } else {
            return null;                                  // 没有节点
        }
    }
}
```

（2）在 BinaryTree 类中追加节点删除操作方法。

```java
/**
 * 执行数据的删除处理
 * @param data 要删除的数据
 */
public void remove(Comparable<T> data) {
    if (this.root == null) {                              // 根节点不存在
        return;                                           // 结束调用
    } else {
        this.count--;                                     // 减少数据个数
        if (this.root.data.compareTo((T) data) == 0) {   // 要删除根节点
            if (this.root.left == null && this.root.right == null) {  // 无子节点
                this.root = null ;
            } else if (this.root.left == null
                    && this.root.right != null) {         // 只有右子节点
                this.root = this.root.right ;             // 右子节点作为根节点
            } else if (this.root.left != null
                    && this.root.right == null) {         // 只有左子节点
                this.root = this.root.left ;
            } else { // 存在有两个子节点
                Node moveNode = this.root.right;          // 移动的节点
                while (moveNode.left != null) {           // 有左子节点
                    moveNode = moveNode.left;             // 一直向左找
```

```java
        }    // 要删除的节点应该放在删除节点的右边
        moveNode.parent.left = null ;                    // 删除移动节点父节点指向
        moveNode.left = this.root.left ;                 // 修改左子节点
        moveNode.right = this.root.right ;               // 修改右子节点
        moveNode.parent = null ;                         // 根节点没有父节点
        this.root = moveNode ;                           // 修改父节点
    }
} else {
    Node removeNode = this.root.getRemoveNode(data);  // 找到要删除的节点
    if (removeNode != null) {                          // 节点已找到
        // 情况1：没有任何的子节点，可以直接进行节点删除
        if (removeNode.left == null && removeNode.right == null) {
            if (removeNode.data.compareTo(
                    (T)removeNode.parent.data) < 0) {    // 清除左子节点
                removeNode.parent.left = null;           // 修改父节点的左子节点
            } else {
                removeNode.parent.right = null;          // 修改父节点的右子节点
            }
            removeNode.parent = null;                    // 父节点断开引用
        } else if (removeNode.left != null
                && removeNode.right == null) {           // 情况1：存在左子节点
            removeNode.parent.left = removeNode.left;
            removeNode.left.parent = removeNode.parent;
        } else if (removeNode.left == null
                && removeNode.right != null) {           // 情况2：存在右子节点
            removeNode.parent.right = removeNode.right;
            removeNode.right.parent = removeNode.parent;
        } else { // 情况3：两边都有节点，则将右边节点中最左边的节点找到，改变其指向
            if (removeNode.parent.data.compareTo((T) removeNode.data) < 0) {
                Node moveNode = removeNode;              // 移动的节点
                while (moveNode.left != null) {          // 有左子节点
                    moveNode = moveNode.left;            // 一直向左找
                }    // 要删除的节点应该放在删除节点的右边
                removeNode.parent.right = moveNode ;
                moveNode.right = removeNode.right ;
                moveNode.parent = removeNode.parent ;
            } else { // 左边
                Node moveNode = removeNode.right;        // 移动的节点
                while (moveNode.left != null) {          // 有左子节点
                    moveNode = moveNode.left;            // 一直向左找
                }    // 要删除的节点应该放在删除节点的右边
                removeNode.parent.left = moveNode;       // 修改父节点引用
                moveNode.left = removeNode.left;         // 改变左子节点指向
                moveNode.parent.left = null;             // 断开原始引用
                moveNode.parent = removeNode.parent;     // 修改父节点
                moveNode.right = removeNode.right;       // 改变右子节点指向
            }
```

```
                    }
                }
            }
        }
    }
```

本程序根据给出的删除原理，实现了基础的节点删除操作，而通过整体的代码结构也可以发现，二叉树为了保持其有序性，对于节点删除的处理也是较为麻烦的。

> **提示：关于二叉树平衡处理。**
>
> | 视频名称 | 1536_红黑树原理简介 | | 学习层次 | 理解 | |
> | --- | --- | --- | --- | --- | --- |
> | 视频简介 | 二叉树的高性能查询的前提是保证二叉树的平衡问题，本课程主要分析二叉树结构存在的问题以及红黑树实现原理与平衡处理。 | | | | |

二叉树设计的初衷是为了解决数据的快速查询问题，但是在二叉树的使用过程中，可能又会出现增加或删除导致的树结构不平衡问题。如图 15-21 所示为两种不平衡二叉树的结构。

为了解决这种不平衡二叉树的问题，Rudolf Bayer 在 1972 年发明了"平衡二叉 B 树"（Symmetric Binary B-trees），后来，在 1978 年被 Leo J. Guibas 和 Robert Sedgewick 修改为如今的"红黑树"。

红黑树本质上是一种二叉查找树，但它在二叉查找树的基础上额外添加了一个标记（颜色），同时具有一定的规则。这些规则使红黑树保证了一种平衡，插入、删除、查找最差的时间复杂度都为 $O(logn)$，一个标准的红黑树有以下特点（基本形式如图 15-22 所示）。

- ↪ 每个节点要么是黑色，要么是红色。
- ↪ 根节点必须是黑色。
- ↪ 每个叶子节点是黑色。

Java 实现的红黑树将使用 null 来代表空节点，因此遍历红黑树时将看不到黑色的叶子节点，反而看到每个叶子节点都是红色的。

- ↪ 如果一个节点是红色的，则它的子节点必须是黑色的。

从每个根到节点的路径上不会有两个连续的红色节点，但黑色节点是可以连续的。若给定黑色节点的个数 N，最短路径情况是连续的 N 个黑色，树的高度为 N-1；最长路径的情况为节点红黑相间，树的高度为 2(N-1)。

- ↪ 从一个节点到该节点的子孙节点的所有路径上包含相同数目的黑节点数量。

成为红黑树最主要的条件，后序的插入、删除操作都是为了遵守这个规定。

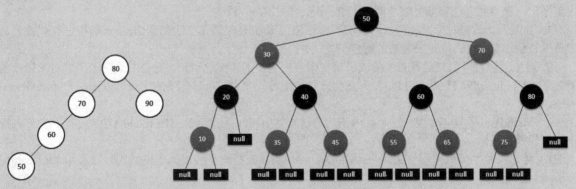

图 15-21　不平衡二叉树　　　　　　　　图 15-22　红黑树结构

红黑树的提出主要是为了在增加或删除数据后出现不平衡二叉树的情况下，通过特定的旋转处理，以恢复二叉树的平衡性，这样就可以保证查询性能。旋转的操作形式如图 15-23 所示。

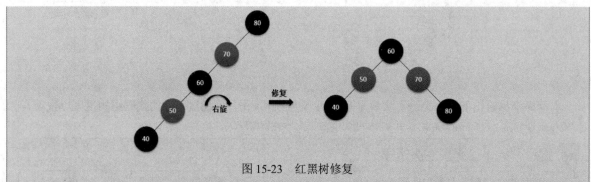

图 15-23　红黑树修复

红黑树是从 JDK 1.8 开始 Java 类集中追加的一个重要算法，这一点对于类集框架部分的实现至关重要，本书
由于篇幅所限，不再单独详细描述此部分内容。在本书附赠的随书视频中已经讲解了红黑树中平衡修复操作的各
种实现情况，读者可以自行学习，也欢迎有能力的读者可以自己独立实现相应代码。

15.22　本 章 概 要

1．在一个字符串内容需要频繁修改的时候，使用 StringBuffer 可以提升操作性能，因为 StringBuffer
的内容是可以改变的，而 String 的内容是不可以改变的。

2．CharSequence 是一个字符串操作的公共接口，提供了 3 个常见子类：StringBuffer、StringBuilder、
String。

3．StringBuffer 类中提供了大量的字符串操作方法：增加、替换、插入等，与 StringBuffer 功能类似
的还有 StringBuilder 类。StringBuffer 采用同步处理属于线程安全操作，而 StringBuilder 采用异步处理属
于非线程安全操作。

4．AutoCloseable 提供有 close()方法，主要实现资源的自动释放操作，但是其需要结合异常处理格
式才可以生效。

5．Runtime 表示运行时，在一个 JVM 中只存在一个 Runtime，所以如果要想取得 Runtime 类的对象，
直接使用 Runtime 类中提供的静态方法 getRuntime()即可。

6．System 类是系统类，可以取得系统的相关信息，使用 System.gc()方法可以强制性地进行垃圾的
收集操作，调用此方法实际上就是调用了 Runtime 类中的 gc()方法。

7．JDK 1.9 后对对象回收释放的方法不建议使用 finalize()方法，而使用 Cleaner 结构进行代替，这
样可以避免对象回收时间过长导致的程序问题。

8．对象克隆可以根据已有对象的成员属性内容创建新的实例化对象，但是对象克隆要求对象所在的
类必须实现 Cloneable 接口，该接口没有任何方法属于标识接口，同时克隆的实现可以使用 Object.clone()
完成。

9．Math 提供了数学处理方法，其内部的方法均为 static，在 Math 类的 round()方法进行四舍五入操
作时只保留整数位。

10．处理大数字可以使用 BigInteger、BigDecimal，当需要精确小数点操作位数的时候使用 BigDecimal
类即可。

11．使用 Date 类可以方便地取得时间，但取得的时间格式不符合地域的风格，所以可以使用
SimpleDateFormat 类进行日期的格式化操作。

12．Format 是文本格式化操作类，其有 3 个子类：DateFormat、NumberFormat、MessageFormat。

13．通过 Random 类可以取得指定范围的随机数字。

14．使用内置对象数组排序操作（Arrays.sort()）时必须使用比较器，比较器接口 Comparable 中定义

了一个 compareTo()的比较方法，用来设置比较规则。与 Comparable 类似的还有 Comparator 接口，使用此接口需要单独定义比较规则。

15．国际化程序可以让同一套程序业务逻辑在不同国家使用，并且利用资源文件、ResourceBundle、Locale 的结合可以实现动态的文字信息显示。

16．正则表达式是在开发中最常使用的一种验证方法，在 JDK 1.4 后，String 类中的 replaceAll()、split()、matches()方法都对正则提供支持。

17．UUID 可以根据时间戳、硬件编号自动生成一个无重复的内容，该内容可以作为唯一编号使用。

18．Optional 可以避免由于数据为 null 所造成的 NullPointerException 问题。

19．Arrays 类为数组操作类，使用二分查找算法可以提升有序数组的数据查询性能。

20．ThreadLocal 提供有并发状态下的数据安全访问机制，每个线程对象只关心可以操作的数据，会由 ThreadLocal 帮助用户自行处理当前线程的保存与判断。

21．二叉树是一种比链表查询性能更高的数据结构，在数据量很大的情况下进行数据查找的时间复杂度为 $O(\log n)$（n 为保存元素个数）。

22．Base64 是一种加密算法，利用合理的加密规则可以使得数据传输更加安全。

15.23　自 我 检 测

1．定义一个 StringBuffer 类对象，然后通过 append()方法向对象中添加 26 个小写字母，要求每次只添加一次，共添加 26 次，然后按照逆序的方式输出，并且可以删除前 5 个字符。

视频名称	1537_StringBuffer 类使用案例	学习层次	运用
视频简介	本课程主要通过案例分析 StringBuffer 类的使用，之所以使用 StringBuffer 主要是利用了其内容可修改（追加、插入、删除）的特点。		

2．利用 Random 类产生 5 个 1～30（包括 1 和 30）的随机整数。

视频名称	1538_利用 Random 生成随机数组	学习层次	运用
视频简介	Random 类可以实现随机数的生成控制，同时也可以在随机数定义时设置数字的最大边界，在本程序中由于需要包括 1 和 30，所以最大内容应该为 31，同时剔除 0。		

3．输入一个 E-mail 地址，然后使用正则表达式验证该 E-mail 地址是否正确。

视频名称	1539_E-mail 正则验证	学习层次	运用
视频简介	在实际项目开发中，用户经常需要进行邮件信息的录入处理，所以需要保证邮件格式的正确性，本课程主要讲解 E-mail 地址输入数据验证处理。		

4．编写程序，用 0～1 的随机数来模拟扔硬币试验，统计扔 1000 次后出现正反面的次数并输出。

视频名称	1540_扔硬币统计正反面数量	学习层次	运用
视频简介	投掷硬币进行抉择是许多人都有过的经历，本课程将利用这样的一种常见行为进行统计分析，并利用 Random 实现 0 和 1 的随机生成操作。		

5．编写正则表达式，判断给定的是否是一个合法的 IP 地址。

视频名称	1541_IP 地址正则验证	学习层次	运用
视频简介	本课程是以 IPv4 结构的 IP 地址为主进行验证分析，在进行 IP 地址定义时是按照 8 位二进制数据的形式提供的，这样就可以通过正则进行判断，同时需要对 "." 进行转义。		

6. 给定一段 HTML 代码："<font face="Arial,Serif" size="+2" color="red">"，要求对其内容进行拆分，
拆分之后的结果如下。

```
face Arial,Serif
size +2
color red
```

	视频名称	1542_HTML 正则拆分	学习层次	运用
	视频简介	本课程实现过程中，需要注意的问题是将对应的元素标记"<font>"删除，并且依据每个属性（使用空格拆分）获取对应的数据内容，可以基于分组形式完成。		

7. 编写程序，实现国际化应用，从命令行输入国家的代号，例如，1 表示中国，2 表示美国，然后
根据输入代号的不同调用不同的资源文件显示信息。

	视频名称	1543_国家代码与信息显示	学习层次	运用
	视频简介	国际化程序的实现核心依据在于资源文件，本课程利用初始化参数的形式输入国家编码，随后根据设置的编码判断要加载的 Locale 类实例，获取不同的资源内容。		

8. 按照"姓名:年龄:成绩|姓名:年龄:成绩"的格式定义字符串"张三:21:98|李四:22: 89|王五 20:70"，
要求将每组值分别保存在 Student 对象中，并对这些对象进行排序，排序的原则为按照成绩由高到低排序；
如果成绩相等，则按照年龄由低到高排序。

	视频名称	1544_学生信息比较	学习层次	运用
	视频简介	项目开发中经常会使用字符串，并根据既定的格式拼凑来描述一个或多个数据信息。本课程将依据每组数据的拆分符"|"进行拆分，随后在内部通过每个数据的分隔符":"获取对应数据。由于需要排序，可以利用 Comparable 接口实现。		

第 16 章 I/O 编程

 通过本章的学习可以达到以下目标

- 掌握 java.io 包中类的继承关系。
- 掌握 File 类的使用，并且可以通过 File 类进行文件的创建、删除、文件夹的列表等操作。
- 掌握字节流或字符流操作文件内容以及字节流与字符流的区别。
- 掌握内存流、管道流、打印流、扫描流的使用。
- 掌握对象序列化的作用以及 Serializable 接口、transient 关键字的使用。
- 理解 RandomAccessFile 随机读/写操作的操作原理与使用。
- 了解字符的主要编码类型及乱码产生原因。
- 了解 System 类对 I/O 的支持：System.out、System.err、System.in。

I/O（Input/Output，输入/输出）可以实现数据的读取与写入操作，Java 针对 I/O 操作的实现提供了 java.io 工具包，此包的核心组成有 File 类、InputStream 类、OutputStream 类、Reader 类、Writer 类、Serializable 接口。在学习 Java I/O 操作前，一定要清楚地掌握对象多态性的概念及特点，而对象多态性中最为核心的概念是如果抽象类或接口中的抽象方法被子类覆写了，那么实例化这个子类的时候，所调用的方法一定是被覆写过的方法，即方法名称以父类为标准，而具体的实现需要依靠子类完成。

16.1　File 文件操作

java.io.File 类是一个与文件本身操作有关的类，此类可以实现文件创建、删除、重命名、取得文件大小、修改日期等常见的系统文件操作。

16.1.1　File 类基本使用

视频名称	1601_File 类基本使用		学习层次	掌握
视频简介	文件是磁盘的重要组成元素，I/O 包中通过 File 类描述文件。本课程主要讲解 File 类的常用构造方法、路径组成以及创建、删除文件的基本操作。			

如果要使用 File 类则必须提供完整的文件操作路径，对于文件路径的设置可以通过 File 类的构造方法完成，当获取了正确的文件路径后就可以进行文件创建与删除的操作。File 类文件基本操作方法如表 16-1 所示。

表 16-1　File 类文件基本操作方法

No.	方　　法	类　型	描　　述
1	public File(String pathname)	构造	给定一个要操作文件的完整路径
2	public File(File parent, String child)	构造	给定要操作文件的父路径和子文件名称
3	public boolean createNewFile() throws IOException	普通	创建文件

续表

No.	方　　法	类　型	描　　述
4	public boolean delete()	普通	删除文件
5	public boolean exists()	普通	判断给定路径是否存在

范例：使用 File 类实现文件的创建与删除（文件路径：d:\mldn.txt）

```java
package cn.mldn.demo;
import java.io.File;
public class JavaIODemo {
    public static void main(String[] args) throws Exception {
        File file = new File("d:\\mldn.txt");                    // 文件路径："\\"转义为"\"
        if (file.exists()) {                                     // 文件存在
            file.delete();                                       // 删除文件
        } else {                                                 // 文件不存在
            System.out.println(file.createNewFile());            // 创建新的文件
        }
    }
}
```

本程序首先通过 File 类的构造方法设置一个文件的操作路径，这样就可以利用 File 类提供的方法实现文件的创建和删除（在删除前首先判断文件是否存在）。

16.1.2　File 类操作深入

	视频名称	1602_File 类操作深入	学习层次	掌握
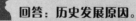	视频简介	规范化地保存文件可以通过目录的形式进行存储，本课程分析路径分隔符以及创建文件中目录对操作的影响。		

在使用 File 类进行文件创建时需要设置完整路径，但是对于不同操作系统文件的路径分隔符也有所不同，例如，在 Windows 中的路径分隔符为"\"，而在 UNIX 或类 UNIX 操作系统中路径分隔符为"/"，所以为了解决不同操作系统的路径分隔符问题，在 java.io.File 类中提供了一个路径分隔符的常量：

路径分隔符：public static final String separator，在不同操作系统可以获取不同的分隔符。

在实际项目开发中对于文件路径操作，建议使用以下方式进行定义。

```java
File file = new File("d:" + File.separator + "mldn.txt");        // 文件路径
```

此时就会根据不同的操作系统自动匹配不同的路径分隔符，这样就可以保证操作路径与操作系统相匹配。

> **提问：全局常量的命名规范不应该是全部字母大写吗？**
>
> 按照 Java 的命名规范来讲，全局常量的组成应该为大写字母，但是在 File 类中定义的常量名称为"public static final String separator"，这并不符合命名标准，为什么不是 "public static final String SEPARATOR"？
>
> **回答：历史发展原因。**
>
> Java 在最初的版本里并没有对常量名进行专门的命名规范（与成员属性名称规范相同），而在 JDK 不断完善的同时，命名规范也越来越完善，所以才有了"常量命名全部采用大写字母"的要求，这些都属于历史遗留问题。
>
> 另外，通过本程序的执行也可以发现，JVM 的支持实际上对程序开发非常有帮助，但同时也需要清楚一个问题：Java 的程序是通过 JVM 执行，而后再由 JVM 去调用操作系统的文件处理函数而形成的文件操作，如图 16-1

所示，这样就有可能在操作中出现延迟问题。

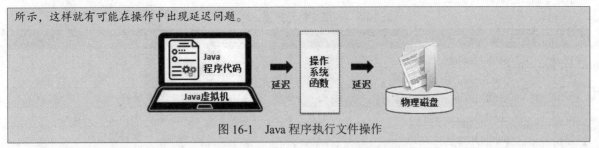

图 16-1　Java 程序执行文件操作

使用 File 类创建文件时必须保证父路径存在，当前的程序是直接在根路径下进行文件创建，所以用户可以直接使用 createNewFile()方法创建文件。如果此时文件需要保存在特定目录中，则必须先创建父目录而后才可以进行文件创建。File 类中提供的父路径的操作方法如表 16-2 所示。

表 16-2　File 类父路径操作方法

No.	方　法	类　型	描　述
1	public File getParentFile()	普通	找到一个指定路径的父路径
2	public boolean mkdirs()	普通	创建指定目录

范例：创建带目录的文件

```java
package cn.mldn.demo;
import java.io.File;
public class JavaIODemo {
    public static void main(String[] args) throws Exception {
        File file = new File("d:" + File.separator + "hello" + File.separator
                + "demo" + File.separator + "message"
                + File.separator + "mldn.txt");           // 操作文件路径
        if (!file.getParentFile().exists()) {             // 父路径不存在
            file.getParentFile().mkdirs();                // 创建父路径
        }
        if (file.exists()) {                              // 文件存在
            file.delete();                                // 删除文件
        } else {                                          // 文件不存在
            System.out.println(file.createNewFile());     // 创建新的文件
        }
    }
}
```

本程序创建了带目录的文件，所以在文件创建前首先要判断父目录是否存在，如果不存在则通过 getParentFile()获取父路径的 File 类对象，并利用 mkdirs()方法创建多级父目录。

16.1.3　获取文件信息

视频名称	1603_获取文件信息	学习层次	掌握	
视频简介	一个文件除了自身的内容外还会保存一些元数据信息。本课程将讲解通过 File 类取得文件基本信息的操作方法，例如，文件创建日期、大小、路径等。			

为了方便进行文件的管理，系统都会针对不同的文件进行一些元数据信息的记录，在 File 类中可以通过表 16-3 所示的方法获取这些信息。

表 16-3　获取文件元数据信息的方法

No.	方　　法	类　型	描　　述
1	public boolean canRead()	普通	文件是否能读
2	public boolean canWrite()	普通	文件是否能写
3	public boolean canExecute()	普通	文件是否能执行
4	public long length()	普通	获取文件大小（返回字节长度）
5	public long lastModified()	普通	获得最后一次修改日期
6	public boolean isDirectory()	普通	是否是目录
7	public boolean isFile()	普通	是否是文件
8	public boolean isHidden()	普通	是否隐藏
9	public File[] listFiles()	普通	列出目录中的全部文件信息

范例：获取文件基础信息

```java
package cn.mldn.demo;
import java.io.File;
import java.text.SimpleDateFormat;
import java.util.Date;
class MathUtil {
    private MathUtil() {}
    public static double round(double num, int scale) {        // 四舍五入
        return Math.round(Math.pow(10, scale) * num) / Math.pow(10, scale);
    }
}
public class JavaIODemo {
    public static void main(String[] args) throws Exception {
        File file = new File("d:" + File.separator + "mldn.jpg");
        System.out.println("文件是否可读: " + file.canRead());
        System.out.println("文件是否可写: " + file.canWrite());
        System.out.println("文件大小: " + MathUtil.round(
                file.length() / (double) 1024 / 1024, 2) + "M");
        System.out.println("最后的修改时间: " + new SimpleDateFormat("yyyy-MM-dd HH:mm:ss")
                .format(new Date(file.lastModified())));
        System.out.println("是目录吗? " + file.isDirectory());
        System.out.println("是文件吗? " + file.isFile());
    }
}
```
程序执行结果：
```
文件是否可读: true
文件是否可写: true
文件大小: 16.93M
最后的修改时间: 2018-10-23 19:21:33
是目录吗? false
是文件吗? true
```

在本程序中利用 File 类中提供的方法获取了与文件有关的一些基础数据信息，在获取文件长度以及最后修改日期时返回的数据类型都是 long，所以需要进行相应的转换后才可以方便阅读。

范例：列出目录组成

```java
package cn.mldn.demo;
```

```java
import java.io.File;
public class JavaIODemo {
    public static void main(String[] args) throws Exception {
        File file = new File("d:" + File.separator);              // 程序路径
        if (file.isDirectory()) {                                  // 当前路径是目录
            File result[] = file.listFiles();                      // 列出目录中的全部内容
            for (int x = 0; x < result.length; x++) {              // 循环输出目录内容
                System.out.println(result[x]);
            }
        }
    }
}
程序执行结果:
d:\$RECYCLE.BIN
d:\develop
d:\Java
d:\mldnjava
d:\mldnpython
d:\Program Files
d:\System Volume Information
... 其他内容, 略 ...
```

本程序通过 listFiles()方法将一个给定目录中的全部内容列出。需要注意的是,listFiles()方法返回的是 File 型的对象数组,即在获取数组中的每一个 File 类实例后可以继续进行各个子路径的处理。

16.1.4 综合案例: 文件列表显示

视频名称	1604_文件列表显示		学习层次	运用	
视频简介	本课程主要讲解如何列出目录下的全部内容,并且通过一个实际范例讲解列出指定目录所有结构的操作。				

一个磁盘中的文件目录非常庞大,经常会出现目录的嵌套操作,如果要想列出一个目录中的全部组成,就可以利用 File 类并结合递归操作的形式实现。本程序的实现流程如图 16-2 所示。

范例: 列出目录组成

```java
package cn.mldn.demo;
import java.io.File;
public class JavaIODemo {
    public static void main(String[] args) throws Exception {
        File file = new File("D:" + File.separator);               // 给定目录
        ListDir(file);                                             // 目录结构列出
    }
    public static void listDir(File file) {
        if (file.isDirectory()) {                                  // 当前路径为目录
            File results[] = file.listFiles();                     // 列出目录中的全部内容
            if (results != null) {                                 // 如果可以列出
                for (int x = 0; x < results.length; x++) {         // 循环列出子路径
                    ListDir(results[x]);                           // 递归调用
                }
            }
        }
        System.out.println(file);                                  // 获得完整路径
```

```
    }
}
```

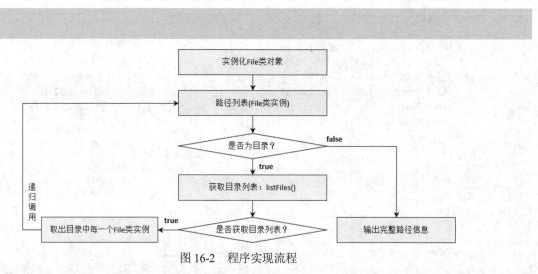

图 16-2　程序实现流程

　　本程序通过递归调用的形式将传入的目录路径进行结构列出，如果发现当前传入的路径不是目录而只是一个普通文件，则直接进行路径打印。

16.1.5　综合案例：文件批量更名

视频名称	1605_综合案例：文件批量更名	学习层次	运用
视频简介	有了文件操作类的帮助，就可以针对目录或子目录中的名称进行自动修改。本课程主要讲解通过递归操作实现目录中文件名称的批量更名处理。		

　　项目开发过程中经常会存在数据采集的问题，现在假设有这样一个案例：某系统在进行数据采集时，会将所有采集到的日志数据信息保存在一个指定的目录中（假设保存路径为 d:\mldn-log），但是由于设计人员的疏忽，文件的后缀均采用了".java"进行定义，为了修正这一错误，要求将目录中所有文件的后缀统一替换为".txt"，同时也需要考虑多级目录下的文件更名操作。根据要求，本程序实现流程如图 16-3 所示。

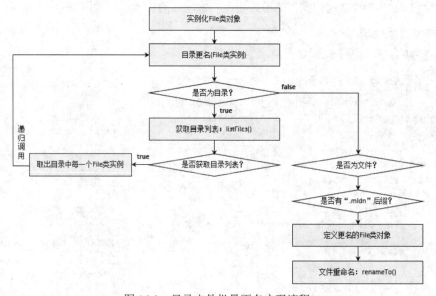

图 16-3　目录文件批量更名实现流程

范例：目录批量更名

```java
package cn.mldn.demo;
import java.io.File;
public class JavaIODemo {
    public static void main(String[] args) throws Exception {
        File file = new File("D:" + File.separator + "mldn-log");    // 给定目录
        renameDir(file);                                              // 目录更名
    }
    public static void renameDir(File file) {
        if (file.isDirectory()) {                                    // 当前路径为目录
            File results[] = file.listFiles();                       // 列出目录中的全部内容
            if (results != null) {                                   // 如果可以列出
                for (int x = 0; x < results.length; x++) {           // 循环列出子路径
                    renameDir(results[x]);                           // 递归调用
                }
            }
        } else {
            if (file.isFile()) {                                     // 路径为文件
                String fileName = null;                              // 文件名称
                if (file.getName().endsWith(".java")) {              // 是否以".java为后缀"
                    fileName = file.getName().substring(0,
                        file.getName().lastIndexOf(".")) + ".txt";
                    File newFile = new File(file.getParentFile(), fileName); // 新的文件名称
                    file.renameTo(newFile);                          // 重命名
                }
            }
        }
    }
}
```

本程序利用递归的形式对目录中所有文件的后缀进行判断，如果发现有满足要求的文件就进行更名处理。

16.2　字节流与字符流

视频名称	1606_流的基本概念	学习层次	掌握
视频简介	流是 I/O 的基本操作单元，在流设计中都会提供有输入与输出两方面支持。本课程主要讲解 Java 中对于文件内容操作提供的两组类以及代码操作流程。		

在程序中所有的数据都是以流的方式进行传输或保存的，在流操作中存在有输入流和输出流的概念。如图 16-4 所示为输入及输出的关系。

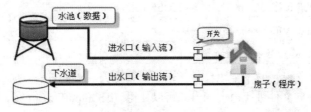

图 16-4　输入流与输出流

当程序需要通过数据文件读取数据时就可以利用输入流来完成,而当程序需要将数据保存到文件时,就可以使用输出流完成,在 Java 中对于流操作提供有两类支持。

- ➡ 字节操作流（在 **JDK 1.0** 的时候定义）：OutputStream、InputStream。
- ➡ 字符操作流（在 **JDK 1.1** 的时候定义）：Writer、Reader。

数据流是一种重要的资源操作,而执行资源操作时一般按照以下几个步骤进行,下面以文件操作为例（对文件进行读/写操作）进行说明。

（1）如果要操作的是文件,那么首先要通过 File 类对象找到一个要操作的文件路径（路径可能存在,也可能不存在,如果不存在,则要创建路径）。

（2）通过字节流或字符流的子类为字节流或字符流的对象实例化（向上转型）。

（3）执行读/写操作。

（4）一定要关闭操作的资源（close()）,不管随后代码如何操作,资源永远要关闭。

16.2.1　OutputStream 字节输出流

	视频名称	1607_OutputStream 字节输出流	学习层次	掌握
	视频简介	本课程主要讲解 OutputStream 类的定义组成、常用方法,并且通过实例讲解如何实现文件内容的输出。		

字节（Byte）是进行 I/O 操作的基本数据单位,在程序进行字节数据输出时可以使用
java.io.OutputStream 类完成,此类定义如下。

```
public abstract class OutputStream
extends Object
implements Closeable, Flushable {}
```

在 OutputStream 类中实现了两个父接口：Closeable、Flushable,这两个接口的定义组成分别如下。

【JDK 1.5 提供】Closeable	【JDK 1.5 提供】Flushable
```public interface Closeable extends AutoCloseable { public void close() throws IOException; }```	```public interface Flushable { public void flush() throws IOException; }```

这两个父接口是从 JDK 1.5 后提供的,而在 JDK 1.5 前 close()与 flush()两个方法都是直接定义在
OutputStream 类中的。在 OutputStream 抽象类中提供的常用方法如表 16-4 所示。

表 16-4　OutputStream 类常用方法

No.	方　　法	类　　型	描　　述
1	public abstract void write(int b) throws IOException	普通	输出单个字节数据
2	public void write(byte[] b) throws IOException	普通	输出一组字节数据
3	public void write(byte[] b, int off, int len) throws IOException	普通	输出部分字节数据
4	public void close() throws IOException	普通	关闭输出流
5	public void flush() throws IOException	普通	刷新缓冲区

OutputStream 定义了公共的字节输出操作,由于其定义为一个抽象类,所以需要依靠子类进行对象实例化,如果要通过程序向文件进行内容输出,可以使用 FileOutputStream 子类。FileOutStream 类的继承关系如图 16-5 所示。

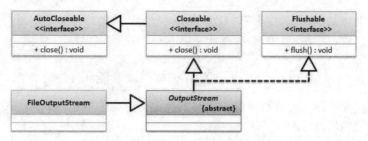

图 16-5　FileOutputStream 类继承结构

FileOutputStream 类的主要目的是为 OutputStream 父类实例化，其常用方法如表 16-5 所示。

表 16-5　FileOutputStream 类常用方法

No.	方　法	类　型	描　述
1	public FileOutputStream(File file) throws FileNotFoundException	构造	采用覆盖的形式创建文件输出流
2	public FileOutputStream(File file, boolean append) throws FileNotFoundException	构造	采用覆盖或追加的形式创建文件输出流

范例：使用 OutputStream 类实现内容输出

```java
package cn.mldn.demo;
import java.io.File;
import java.io.FileOutputStream;
import java.io.OutputStream;
public class JavaIODemo {
    public static void main(String[] args) throws Exception {
        File file = new File("D:" + File.separator + "hello" +
                File.separator + "mldn.txt");          // 输出文件路径
        if (!file.getParentFile().exists()) {          // 父目录不存在
            file.getParentFile().mkdirs();             // 创建父目录
        }
        OutputStream output = new FileOutputStream(file);   // 子类实例化输出流对象
        String str = "魔乐科技软件学院：www.mldn.cn";        // 输出数据内容
        output.write(str.getBytes());                  // 字符串转为字节数组
        output.close();                                // 关闭资源
    }
}
```

本程序通过 FileOutputStream 类实现了程序内容的输出操作，在输出时必须保证父目录存在，同时不需要用户手动创建文件，会在输出时自动帮助用户创建。

> **提示：使用 AutoCloseable 自动关闭接口。**
>
> 通过 OutputStream 的继承结构可以发现，OutputStream 是 AutoCloseable 接口子类，所以此时就可以利用 try…catch 实现自动关闭操作。
>
> ### 范例：自动关闭输出流
>
> ```java
> try (OutputStream output = new FileOutputStream(file, true)) {
>     String str = "魔乐科技软件学院：www.mldn.cn";
> ```

```
        output.write(str.getBytes());
    } catch (IOException e) {
        e.printStackTrace();
    }
```
使用 AutoCloseable 可以由 JDK 帮助用户自动调用 close()方法实现资源关闭。

重复执行以上代码实际上会导致新的内容替换掉已有的文件数据，如果想追加内容则可以更换
FileOutputStream 类的构造方法。

范例：文件内容追加

```
OutputStream output = new FileOutputStream(file,true);      // 追加输出内容
String str = "魔乐科技软件学院：www.mldn.cn\r\n";            // "\r\n"为文件换行
output.write(str.getBytes());                              // 字符串转为字节数组
output.close();                                            // 关闭资源
```

在本程序中每当执行一次以上代码，在原始文件内容后都会追加新的内容。

16.2.2　InputStream 字节输入流

	视频名称	1608_InputStream 字节输入流	学习层次	掌握
	视频简介	本课程主要讲解如何利用 InputStream 类进行文件信息的读取，同时分析该类中 3 个 read()方法与 OutputStream 类中 3 个 write()方法的操作区别形式。		

当程序需要通过数据流进行字节数据读取时就可以利用 java.io.InputStream 类来实现，此类定义结构
如下。

```
public abstract class InputStream
extends Object
implements Closeable {}
```

InputStream 类实现了 Closeable 父接口，所以在数据输入完毕后需要进行流的关闭。其常用方法如
表 16-6 所示。

表 16-6　InputStream 类常用方法

No.	方　　法	类　型	描　　述
1	public abstract int read() throws IOException	普通	读取单个字节数据，如果现在已经读取到底了，返回-1
2	public int read(byte[] b) throws IOException	普通	读取一组字节数据，返回的是读取的个数；如果没有数据，且已经读取到底则返回-1
3	public int read(byte[] b, int off, int len) throws IOException	普通	读取一组字节数据（只占数组的部分）
4	public void close() throws IOException	普通	关闭输出流
5	public byte[] readAllBytes() throws IOException	普通	读取输入流全部字节数据，JDK 1.9 后新增
6	public long transferTo(OutputStream out) throws IOException	普通	输入流转存到输出流，JDK 1.9 后新增

在 InputStream 类中提供的主要方法为 read()，可以实现单个字节或一组字节数据的读取操作，操作
流程如图 16-6 所示。

InputStream 属于抽象类，对于文件的读取可以通过 FileInputStream 子类来进行实例化。
FileInputStream 类继承结构如图 16-7 所示。

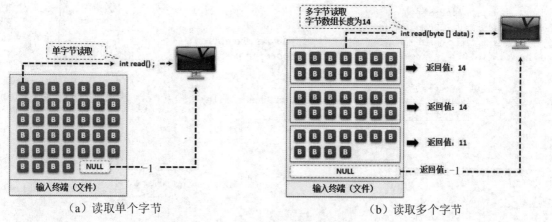

图 16-6　InputStream 类数据读取操作

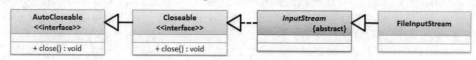

图 16-7　FileInputStream 类继承结构

范例：使用 InputStream 类读取文件内容

```java
package cn.mldn.demo;
import java.io.File;
import java.io.FileInputStream;
import java.io.InputStream;
public class JavaIODemo {
    public static void main(String[] args) throws Exception {
        File file = new File("D:" + File.separator + "hello" +
                File.separator + "mldn.txt");          // 输出文件路径
        if (file.exists()) {                            // 文件存在
            InputStream input = new FileInputStream(file) ;   // 文件输入流
            byte data [] = new byte [1024] ;            // 数据读取缓冲区
            // 读取数据，将数据读取到缓冲区中，同时返回读取的字节个数
            int len = input.read(data) ;
            System.out.println("【" + new String(data, 0, len) + "】");   // 字节转为字符串
            input.close();                              // 关闭输入流
        }
    }
}
```

程序执行结果：
【魔乐科技软件学院：www.mldn.cn...其他内容省略...】

　　本程序在进行数据读取时开辟了一个字节缓冲区，这样在使用 read()方法时就可以将读取的内容保存在缓冲区中，在输出时利用 String 类的构造方法将读取到的字节内容转为字符串。

　　从 JDK 1.9 开始为了方便开发者使用 InputStream 读取数据，提供了返回全部输入流内容的方法 readAllBytes()。

范例：读取全部内容

```java
package cn.mldn.demo;
import java.io.File;
import java.io.FileInputStream;
```

```java
import java.io.InputStream;
public class JavaIODemo {
    public static void main(String[] args) throws Exception {
        File file = new File("D:" + File.separator + "hello" +
                File.separator + "mldn.txt");                    // 输出文件路径
        if (file.exists()) {                                     // 文件存在
            InputStream input = new FileInputStream(file) ;      // 文件输入流
            byte data [] = input.readAllBytes() ;                // 读取全部数据
            System.out.println("【" + new String(data) + "】");
            input.close();                                       // 关闭输入流
        }
    }
}
```
程序执行结果：
【魔乐科技软件学院：www.mldn.cn...其他内容省略...】

使用 readAllBytes()方法可以一次性返回输入流中的所有字节数据，这样开发者在将字节数据内容转为字符串的时候就可以不必再进行数据长度的控制了。但在使用这个方法时需要注意读取的内容的字节数据不要过大，否则程序有可能出现问题。

16.2.3　Writer 字符输出流

	视频名称	1609_Writer 字符输出流	学习层次	掌握
	视频简介	使用 OutputStream 进行字节数据输出，这类数据适合于网络传输，但是在操作时需要进行字节数组转换操作。为了简化输出的操作，Java 提供有字符输出流，直接支持字符串输出。本课程主要讲解字符输出流进行内容输出的操作。		

在底层通信处理中都是依靠字节实现的数据交互，在程序中为了方便进行中文的数据处理，往往都会采用字符数据类型，所以从 JDK 1.1 开始提供有字符输出流 Writer。此类定义如下。

```java
public abstract class Writer
extends Object
implements Appendable, Closeable, Flushable {}
```

Writer 类继承结构如图 16-8 所示，可以发现比 OutputStream 类多实现了一个 Appendable（此接口从 JDK 1.5 后开始提供），利用此接口的方法可以实现输出内容的追加。此接口定义如下。

```java
public interface Appendable {
    public Appendable append(CharSequence csq) throws IOException;
    public Appendable append(CharSequence csq, int start, int end) throws IOException;
    public Appendable append(char c) throws IOException;
}
```

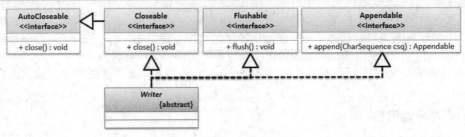

图 16-8　Writer 类继承结构

字符流最大的特点是可以直接进行字符串数据输出，Writer 类中提供的常用方法如表 16-7 所示。

表 16-7 Writer 类常用方法

No.	方 法	类 型	描 述
1	public Writer append(CharSequence csq) throws IOException	普通	追加输出内容
2	public void write(char[] cbuf) throws IOException	普通	输出字符数组
3	public void write(int c) throws IOException	普通	输出单个字符
4	public void write(String str) throws IOException	普通	输出字符串
5	public abstract void flush() throws IOException	普通	刷新缓冲区
6	public abstract void close() throws IOException	普通	关闭输入流

Writer 类进行文件操作时可以利用 FileWriter 子类进行对象实例化，FileWriter 类常用方法如表 16-8 所示。

表 16-8 FileWriter 类常用方法

No.	方 法	类 型	描 述
1	public FileWriter(File file) throws IOException	构造	采用覆盖的形式创建文件输出流
2	public FileWriter(File file, boolean append) throws IOException	构造	采用覆盖或追加的形式创建文件输出流

范例： 使用 FileWriter 实现数据输出

```java
package cn.mldn.demo;
import java.io.File;
import java.io.FileWriter;
import java.io.Writer;
public class JavaIODemo {
    public static void main(String[] args) throws Exception {
        File file = new File("D:" + File.separator + "hello" +
                File.separator + "mldn.txt");              // 输出文件路径
        if (!file.getParentFile().exists()) {              // 父路径不存在
            file.getParentFile().mkdirs();                 // 创建父目录
        }
        Writer out = new FileWriter(file) ;                // 实例化Writer类对象
        out.write("魔乐科技软件学院：");                     // 输出字符串
        out.append("www.mldn.cn") ;                        // 追加输出内容
        out.close();                                       // 关闭输出流
    }
}
```

本程序通过 Writer 类实现了文件数据的输出操作。与 OutputStream 类的使用相比，Writer 可以直接输出字符串内容，同时也可以在输出后继续利用 append()方法追加输出内容。

16.2.4 Reader 字符输入流

视频名称	1610_Reader 字符输入流	学习层次	掌握	
视频简介	字节输出流更加适合于网络的传输以及底层数据交换。为了方便地进行文字处理，Java 提供了字符输入流。本课程主要讲解字符输入流进行文件读取的操作。			

Reader 是实现字符输入流的操作类，可以实现 char 数据类型的读取。此类定义结构如下。

```
public abstract class Reader
extends Object
implements Readable, Closeable {}
```

Reader 类实现了 Readable 接口与 Closeable 接口（继承结构见图 16-9），其中 Readable 接口是在 JDK 1.5 提供，可以实现缓冲区的数据读取。此接口定义如下。

```
public interface Readable {
    public int read(java.nio.CharBuffer cb) throws IOException;
}
```

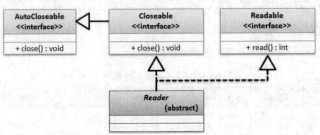

图 16-9　Reader 类继承结构

Reader 类定义了字符数据的读取方法，常用方法如表 16-9 所示。

表 16-9　Reader 类常用方法

No.	方　　法	类　型	描　　述
1	public int read() throws IOException	普通	读取单个字符，无数据读取时返回-1
2	public int read(char[] cbuf) throws IOException	普通	读取多个字符，并返回读取个数
3	public long skip(long n) throws IOException	普通	跳过指定的字符个数后读取
4	public boolean ready() throws IOException	普通	是否可以开始读取数据
5	public abstract void close() throws IOException	普通	关闭输入流

Reader 是抽象类，通过文件读取数据可以使用 FileReader 子类进行实例化，下面将利用 FileReader 实现文件读取。

范例：文件内容读取

```
package cn.mldn.demo;
import java.io.File;
import java.io.FileReader;
import java.io.Reader;
public class JavaIODemo {
    public static void main(String[] args) throws Exception {
        File file = new File("D:" + File.separator + "hello" +
                File.separator + "mldn.txt");                       // 输出文件路径
        if (file.exists()) {                                        // 文件存在
            Reader in = new FileReader(file) ;                      // 实例化输入流
            char data[] = new char[1024];                          // 缓冲区
            in.skip(9) ;                                           // 跨过9个字符长度
            int len = in.read(data) ;                              // 读取数据
            System.out.println(new String(data,0,len));
            in.close();                                            // 关闭输入流
```

```
        }
    }
}
```

本程序通过 FileReader 实现了数据读取，在读取时可以利用 skip() 实现跨字符个数的数据读取操作。需要注意的是，Reader 类并没有提供可以直接返回字符串的读取方法，所以只利用字符数组的方式进行数据读取操作。

16.2.5 字节流与字符流区别

视频名称	1611_字节流与字符流区别		学习层次	掌握	
视频简介	Java 提供的两种流随 JDK 版本升级不断完善。为了帮助理解这两类流的区别，本课程将分析字节流与字符流在使用上的区别，并强调了字符流清空缓冲区的意义。				

虽然 java.io 包中提供字节流和字符流两类处理支持类，但是在数据传输（或者将数据保存在磁盘）时所操作的数据依然为字节数据，字符数据都是通过缓冲区进行处理后得到的内容，如图 16-10 所示。

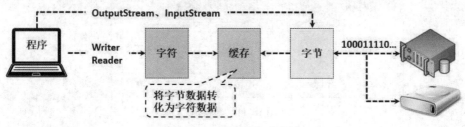

图 16-10 字节流与字符流

两类操作流最大的区别就在于字符流使用到了缓冲区（这样更适合进行中文数据的操作），而字节流是直接进行数据处理操作。所以当使用字符输出流进行输出时就必须使用 Flushable 接口中提供的 flush() 方法强制性刷新缓冲区中的内容，否则数据将不会输出。

范例：字符流输出并强制刷新缓冲区

```java
public class JavaIODemo {
    public static void main(String[] args) throws Exception {
        File file = new File("D:" + File.separator + "hello" +
                File.separator + "mldn.txt");                    // 输出文件路径
        if (!file.getParentFile().exists()) {                    // 父路径不存在
            file.getParentFile().mkdirs();                        // 创建父目录
        }
        Writer out = new FileWriter(file) ;                       // 实例化Writer类对象
        out.write("魔乐科技软件学院：");                            // 输出字符串
        out.append("www.mldn.cn") ;                               // 追加输出内容
        out.flush();                                              // 刷新缓冲区
    }
}
```

本程序在使用 Writer 类输出时使用了 flush() 方法，如果不使用此方法，那么此时将不会有任何内容保存在文件中。

 提问：必须使用 flush() 方法才可以输出吗？

本程序在 16.2.3 小节讲解过，当时并没有调用 flush() 方法，内容不是也可以输出吗？

回答：字符流关闭时自动清空缓冲区。

在讲解 Writer 类作用时的确没有调用 flush()方法，但是调用的是 close()方法进行输出流关闭，在关闭的时候会自动进行缓冲区的强制刷新，所以程序的内容才可以正常地保存到文件中。

16.2.6　转换流

视频名称	1612_转换流		学习层次	理解
视频简介	字节流与字符流各有特点，既然提供了两种流，就会提供转换支持。本课程主要讲解利用 InputStreamReader 与 OutputStreamWriter 这两个类实现字节流与字符流之间的转换。			

转换流的设计目的是解决字节流与字符流之间操作类型的转换，java.io 包中提供有两个转换流：OutputStreamWriter、InputStreamReader。这两个类的操作形式如图 16-11 所示。

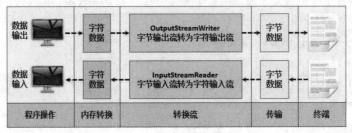

图 16-11　转换流

转换流实现类型转换的流程需要观察 OutputStreamWriter 与 InputStreamReader 类的定义结构和构造方法，如表 16-10 所示。

表 16-10　OutputStreamWriter 与 InputStreamReader 类的定义结构和构造方法

转换流	OutputStreamWriter	InputStreamReader
继承结构	public class OutputStreamWriter extends Writer {}	public class InputStreamReader extends Reader
构造方法	public OutputStreamWriter(OutputStream out)	public InputStreamReader(InputStream in)

通过定义的继承结构可以发现 OutputStreamWriter 是 Writer 子类，并且可以通过构造方法接收 OutputStream 类实例（继承结构见图 16-12）；InputStreamReader 是 Reader 的子类，也可以通过构造方法接收 InputStream 类实例（继承结构见图 16-13），即只需在转换流中传入相应的字节流实例就可以利用对象的向上转型逻辑将字节流转为字符流操作。

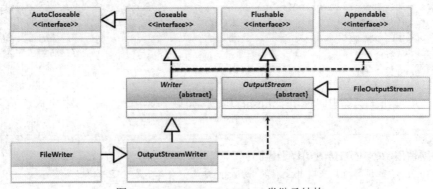

图 16-12　OutputStreamWriter 类继承结构

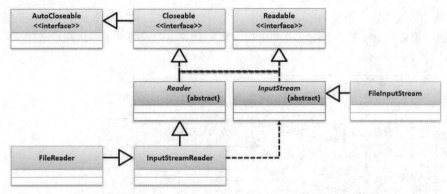

图 16-13　InputStreamReader 类继承结构

范例： 实现 OutputStream 与 Writer 转换

```java
package cn.mldn.demo;
import java.io.File;
import java.io.FileOutputStream;
import java.io.OutputStream;
import java.io.OutputStreamWriter;
import java.io.Writer;
public class JavaIODemo {
    public static void main(String[] args) throws Exception {
        File file = new File("D:" + File.separator + "hello" +
                File.separator + "mldn.txt");                    // 输出文件路径
        if (!file.getParentFile().exists()) {                    // 父路径不存在
            file.getParentFile().mkdirs();                       // 创建父目录
        }
        OutputStream output = new FileOutputStream(file) ;       // 字节流
        Writer out = new OutputStreamWriter(output) ;            // 字节流转字符流
        out.write("www.mldn.cn");                                // 字符流输出
        out.close();                                             // 关闭输出流
        output.close();                                          // 关闭输出流
    }
}
```

本程序利用转换流将字节输出流转为了字符输出流，这样就可以调用 Writer 类的 write()方法直接输出字符串内容。

 提示：关于文件操作流。

　　学习完了四个基础的流操作类，可以发现对于每一种流处理都有一个文件处理类，但是通过图 16-12 和图 16-13 也可以发现，字节文件流都是字节流的直接子类，而字符流中的两个文件操作流都是转换流的子类。

16.2.7　综合案例：文件复制

视频名称	1613_文件拷贝案例		学习层次	运用	
视频简介	在 DOS 操作系统中提供对文件复制的支持，该命令可以实现目录和文件的复制，Java 的 I/O 操作既然可以实现磁盘和流处理，就可以通过程序模拟此命令。本课程主要通过实战代码讲解如何使用字节流进行文件与目录复制操作。				

在 DOS 操作系统中有一个文件的 copy 命令，利用此命令可以实现文件或文件目录的复制，现在要求通过 Java 程序模拟此命令的实现，可以利用初始化参数实现输入路径与输出路径的指派。本程序实现的参考流程如图 16-14 所示。

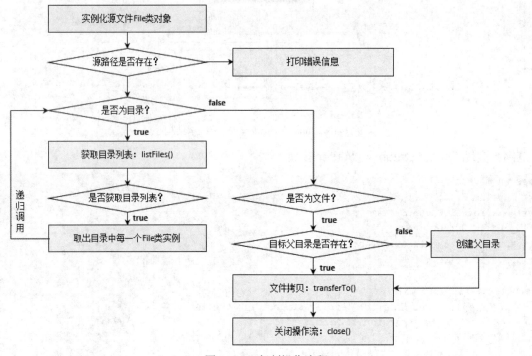

图 16-14　复制操作流程

范例：实现复制操作

```java
package cn.mldn.demo;
import java.io.File;
import java.io.FileInputStream;
import java.io.FileOutputStream;
import java.io.IOException;
import java.io.InputStream;
import java.io.OutputStream;
/**
 * 定义一个用于文件或文件目录操作的程序类
 * @author MLDN-李兴华
 */
class FileUtil {
    private File srcFile;                                    // 源文件路径
    private File desFile;                                    // 目标文件路径
    public FileUtil(String src, String des) {               // 接收复制路径
        this(new File(src), new File(des));                 // 调用其他构造
    }
    public FileUtil(File srcFile, File desFile) {           // 接收复制路径
        this.srcFile = srcFile;                             // 保存源文件路径
        this.desFile = desFile;                             // 保存目标文件路径
    }
```

```java
    private void copyImpl(File file) throws Exception {          // 递归操作
        if (file.isDirectory()) {                                // 当前路径是目录
            File results[] = file.listFiles();                   // 列出目录组成
            if (results != null) {                               // 目录已列出
                for (int x = 0; x < results.length; x++) {       // 循环复制
                    copyImpl(results[x]);
                }
            }
        } else {                                                 // 路径是文件
            if (file.isFile()) {
                String newFilePath = file.getPath().replace(
                    this.srcFile.getPath() + File.separator, "");
                File newFile = new File(this.desFile, newFilePath);   // 复制的目标路径
                this.copyFileImpl(file, newFile);                // 复制操作实现
            }
        }
    }
    /**
     * 实现文件的复制操作，复制中会自动创建目标父目录
     * @param srcFileTmp 复制源文件路径
     * @param desFileTmp 复制目标文件路径
     * @return 复制成功返回true，否则返回false
     * @throws IOException 文件操作异常
     */
    private boolean copyFileImpl(File srcFileTmp, File desFileTmp) throws IOException {
        if (!this.desFile.getParentFile().exists()) {            // 父目录不存在
            this.desFile.getParentFile().mkdirs();               // 创建父目录
        }
        InputStream input = null;                                // 输入流
        OutputStream output = null;                              // 输出流
        try {
            input = new FileInputStream(srcFileTmp);             // 文件输入流
            output = new FileOutputStream(desFileTmp);           // 文件输出流
            input.transferTo(output);                            // 输入流内容保存到输出流
            return true;                                         // 复制完成
        } catch (IOException e) {
            throw e;
        } finally {
            if (input != null) {
                input.close();                                   // 关闭输入流
            }
            if (output != null) {
                output.close();                                  // 关闭输出流
            }
        }
    }
    public boolean copy() throws Exception {                     // 文件复制处理
        if (!this.srcFile.exists()) { // 源文件必须存在!
            System.out.println("复制的源文件不存在！");
            return false;                                        // 复制失败
```

```
        }
        try {
            this.copyImpl(this.srcFile);
            return true;
        } catch (Exception e) {
            e.printStackTrace();
            return false;
        }
    }
}
public class Copy {
    public static void main(String[] args) throws Exception {
        if (args.length != 2) {                                  // 程序执行出错
            System.out.println("命令执行错误，例：java JavaIODemo 复制源文件路径 复制目标文件路径");
            System.exit(1);
        }
        long start = System.currentTimeMillis();                 // 复制开始时间
        FileUtil fu = new FileUtil(args[0],args[1]) ;            // 实例化文件工具类对象
        System.out.println(fu.copy() ? "文件复制成功！" : "文件复制失败！");
        long end = System.currentTimeMillis();                   // 复制结束时间
        System.out.println("复制完成的时间：" + (end - start)); // 复制花费时间统计
    }
}
```

程序执行结果：

java Copy d:\hello d:\nihao

　　本程序可以实现单个文件与文件目录的复制，所以在进行复制前会首先判断传入的路径形式，如果是文件，则直接进行文件复制；如果是目录，则会将目录组成列出，随后逐个复制文件。

> **提示：关于 InputStream 类提供的 transferTo()方法。**
>
> 　　从 JDK 1.9 后才提供 transferTo()方法，并且此方法也可以很方便地将输入流中的数据保存到输出流中。但在 JDK 1.9 之前，对于复制的操作实现需要通过循环的方式完成。
>
> ```
> int len = 0 ;
> // 1. 读取数据到数组中，随后返回读取的个数：len = input.read(data)
> // 2. 判断个数是否是-1，如果不是则进行写入：(len = input.read(data)) != -1
> while ((len = input.read(data)) != -1) {
>     output.write(data, 0, len);
> }
> ```
>
> 　　由于最初的 InputStream 只能读取部分字节，所以利用循环的形式读取。而现在可以通过输入流读取到数据，并将数据保存到字节数组后再通过 OutputStream 输出，而自从提供 transferTo()方法后就可以省略本部分的操作逻辑。

16.3　字　符　编　码

	视频名称	1614_字符编码	学习层次	了解
	视频简介	本课程主要讲解 ISO8859-1、GBK/GB2312、UNICODE、UTF-8 编码的特点，同时分析程序乱码产生问题。		

在计算机的世界中，所有的显示文字都是按照其指定的数字编码进行保存的。在以后进行程序的开发过程中，会经常见到一些常见的编码。

➥ **ISO8859-1**：是一种国际通用单字节编码，最多只能表示 0~255 的字符范围，主要在英文传输中使用。

➥ **GBK/GB2312**：中文的国标编码，专门用来表示汉字，是双字节编码，如果在此编码中出现了中文，则使用 ISO8859-1 编码。GBK 可以表示简体中文和繁体中文，而 GB2312 只能表示简体中文，GBK 兼容 GB2312。

➥ **UNICODE**：十六进制编码，可以准确地表示出任何语言文字，此编码不兼容 ISO8859-1 编码。

➥ **UTF-8 编码**：由于 UNICODE 不支持 ISO8859-1 编码，而且占用空间更多，英文字母也需要使用两个字节编码，这样使用 UNICODE 不便于传输和存储，因此产生了 UTF 编码。UTF 编码兼容 ISO8859-1 编码，同时也可以用来表示所有的语言字符，不过 UTF 编码是不定长编码，每一个字符的长度从 1~6 个字节不等，一般在中文网页中的使用此编码，因为可以节省空间

范例：获取本地系统默认编码

```java
package cn.mldn.demo;
public class JavaIODemo {
    public static void main(String[] args) throws Exception {
        System.out.println("系统默认编码: " +
                System.getProperty("file.encoding"));              // 获取当前系统编码
    }
}
```
程序执行结果：
系统默认编码：UTF-8

System 类提供了获取本机环境属性的操作支持，本程序就通过文件系统的属性名称获取了文件编码内容，从 JDK 1.9 开始，Java 中的默认编码为 UTF-8。

🧍 **提示：程序乱码产生分析。**

在程序中如果处理不好字符的编码，就有可能出现乱码问题。如果本机的默认编码是 GBK，但在程序中使用了 ISO8859-1 编码，就会出现字符的乱码问题，就好比两个人交谈，一个人只会说中文，另外一个人只会说英语，由于不熟悉彼此的语言则双方肯定无法沟通，如图 16-15 所示。

图 16-15 乱码产生分析

在开发中要避免乱码产生，就需要让程序的编码与本地的默认编码保持一致。在开发中使用最广泛的编码为 UTF-8。

下面通过一个程序讲解乱码的产生原因。现在本地的默认编码是 UTF-8，下面通过 ISO8859-1 编码对文字进行编码转换，如果要想实现编码的转换，则可以使用 String 类中的 getBytes(String charset)方法，此方法可以设置指定的编码。

范例：程序乱码产生

```java
package cn.mldn.demo;
import java.io.File;
import java.io.FileOutputStream;
import java.io.OutputStream;
public class JavaIODemo {
    public static void main(String[] args) throws Exception {
        // 定义文件输出流对象，通过程序输出文件内容
        OutputStream output = new FileOutputStream("D:" + File.separator + "mldn.txt");
        output.write("中华人民共和国万岁".getBytes("ISO8859-1"));    // 编码为 "ISO8859-1"
        output.close();
    }
}
程序执行结果：
```

本程序通过 String 类的 getBytes()方法将字符串转为 ISO8859-1 编码，由于与系统文件编码不统一，
所以文件输出后的内容就成为乱码。

16.4　内存操作流

	视频名称	1615_内存操作流		学习层次	理解
	视频简介	将 I/O 的处理操作放在内存中，这样就可以避免文件操作时所留下的磁盘痕迹。本课程主要讲解内存操作流的使用，并且通过一个大小写转换处理讲解 I/O 操作。			

内存操作流是以内存作为操作终端实现的 I/O 数据处理，与文件操作不同的地方在于，内存操作流
不会进行磁盘数据操作。Java 中提供以下两类内存操作流。

➥ **字节内存操作流：** ByteArrayOutputStream、ByteArrayInputStream，继承结构如图 16-16 所示。

➥ **字符内存操作流：** CharArrayWriter、CharArrayReader，继承结构如图 16-17 所示。

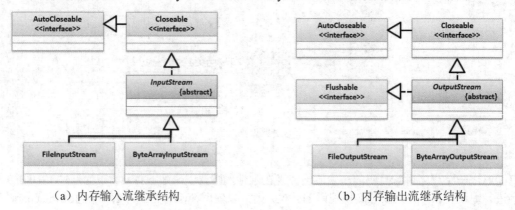

（a）内存输入流继承结构　　　　　　　　　（b）内存输出流继承结构

图 16-16　字节内存操作流

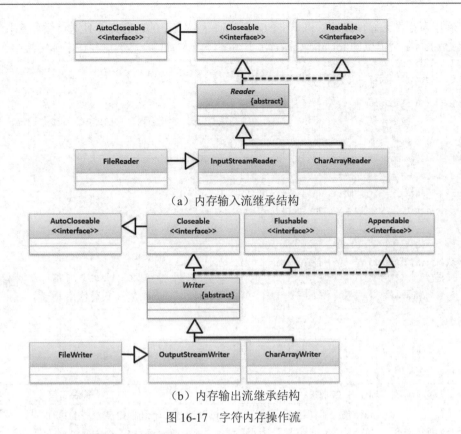

（a）内存输入流继承结构

（b）内存输出流继承结构

图 16-17　字符内存操作流

范例：利用内存流实现小写字母转大写字母的操作

```java
package cn.mldn.demo;
import java.io.ByteArrayInputStream;
import java.io.ByteArrayOutputStream;
import java.io.InputStream;
import java.io.OutputStream;
public class JavaIODemo {
    public static void main(String[] args) throws Exception {
        String str = "www.mldn.cn";                                // 小写字母
        InputStream input = new ByteArrayInputStream(str.getBytes());   // 数据保存在内存输入流
        OutputStream output = new ByteArrayOutputStream();         // 读取内存中的数据
        int data = 0;
        while ((data = input.read()) != -1) {                      // 每次读取一个字节
            output.write(Character.toUpperCase(data));             // 处理并保存数据
        }
        System.out.println(output);                                // 转换后内容
        input.close();                                             // 关闭输入流
        output.close();                                            // 关闭输出流
    }
}
程序执行结果:
WWW.MLDN.CN
```

417

本程序利用内存作为操作终端，将定义的字符串作为输入流的内容，并且通过循环获取每一个字节数据，利用 Character 类提供的 toUpperCase()将小写字母转为大写字母后保存在了输出流中。

> **提示：ByteArrayOutputStream 类的一个重要方法。**
>
> ByteArrayOutputStream 是内存的字节输出流操作类，所有的内容都会暂时保存在此类对象中，在此类中提供有一个获取保存全部数据的方法：public byte[] toByteArray()，可以将全部的数据转为字节数据取出，如以下代码片段所示。
>
> ```java
> ByteArrayOutputStream output = new ByteArrayOutputStream();
> int data = 0;
> while ((data = input.read()) != -1) {
>     output.write(Character.toUpperCase(data));
> }
> byte result [] = output.toByteArray() ;
> System.out.println(new String(result));
> ```
>
> 最初的时候就可以利用此方法实现一个大文件内容读取操作，通过合理的读取机制将每行数据读取出来保存到内存流，随后再将数据取出进行操作，而这种方式现在可以通过 Scanner 类来代替使用。

16.5 管 道 流

	视频名称	1616_管道流	学习层次	理解
	视频简介	Java 是一门多线程编程语言，可以通过多个线程提高程序的执行性能，所以在进行 I/O 设计时也提供了不同线程间的管道通信流。本课程主要讲解在两个多线程之间实现的管道 I/O 处理操作。		

管道流的主要作用是可以进行两个线程间的通信，分为管道输出流（PipedOutputStream、PipedWriter）、管道输入流（PipedInputStream、PipedReader），继承结构分别如图 16-18 和图 16-19 所示，如果要想进行管道输出，则必须把输出流连在输入流之上。在管道输出流类上定义有以下两个连接方法。

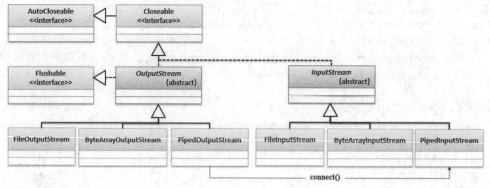

图 16-18 管道流（字节流）

➥ 【**PipedOutputStream**】管道连接：public void connect(PipedInputStream snk) throws IOException。

➥ 【**PipedWriter**】管道连接：public void connect(PipedReader snk) throws IOException。

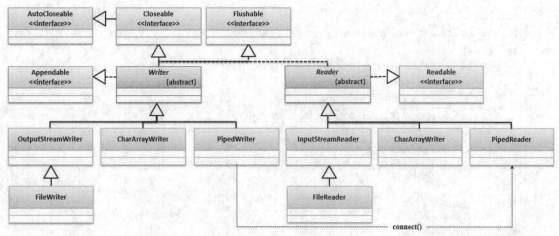

图 16-19　管道流（字符流）

范例：使用字节管道流实现线程通信

```java
package cn.mldn.demo;
import java.io.ByteArrayOutputStream;
import java.io.IOException;
import java.io.PipedInputStream;
import java.io.PipedOutputStream;
class SendThread implements Runnable {                              // 数据发送线程
    private PipedOutputStream output;                              // 管道输出流
    public SendThread() {
        this.output = new PipedOutputStream();                    // 实例化管道输出流
    }
    @Override
    public void run() {
        try {                                                     // 数据发送
            this.output.write("魔乐科技软件学院：www.mldn.cn\n".getBytes());
            this.output.close();                                  // 关闭输出流
        } catch (IOException e) {
            e.printStackTrace();
        }
    }
    public PipedOutputStream getOutput() {                        // 获取管道输出流
        return output;
    }
}
class ReceiveThread implements Runnable {                          // 数据接收线程
    private PipedInputStream input;                               // 管道输入流
    public ReceiveThread() {
        this.input = new PipedInputStream();                      // 实例化管道输入流
    }
    @Override
    public void run() {
        byte data[] = new byte[1024];                             // 开启读取缓冲区
```

```
            int len = 0;                                              // 读取长度
            ByteArrayOutputStream bos = new ByteArrayOutputStream();   // 通过内存流保存内容
            try {
                while ((len = this.input.read(data)) != -1) {          // 部分数据读取
                    bos.write(data, 0, len);                           // 数据保存到内存流
                }
                System.out.println(new String(bos.toByteArray()));     // 输出数据
                bos.close();                                           // 关闭内存流
            } catch (IOException e) {
                e.printStackTrace();
            }
            try {
                    this.input.close();                                // 关闭输入流
            } catch (IOException e) {
                e.printStackTrace();
            }
        }
        public PipedInputStream getInput() {                           // 获取线程管道输入流
            return input;
        }
}
public class JavaIODemo {
        public static void main(String[] args) throws Exception {
            SendThread send = new SendThread();                        // 发送线程
            ReceiveThread receive = new ReceiveThread();               // 接收线程
            send.getOutput().connect(receive.getInput());              // 管道连接
            new Thread(send, "消息发送线程").start();                    // 启动线程
            new Thread(receive, "消息接收线程").start();                 // 启动线程
        }
}
```
程序执行结果：
魔乐科技软件学院：www.mldn.cn

本程序定义了两个线程类对象，发送线程通过 PipedOutputStream 类中的 connect()方法与接收线程的 PipedInputStream 类进行连接，当发送线程通过管道输出流发送数据时，接收线程就可以通过线程输入流接收内容。

16.6 RandomAccessFile

	视频名称	1617_RandomAccessFile	学习层次	理解
	视频简介	InputStream 与 Reader 可以实现文件的批量读取，但是对于较大文件时的处理逻辑就会非常复杂。本课程主要讲解随机读/写类的使用，并且实现了数据的写入与读取。		

RandomAccessFile 可以实现文件数据的随机读取，即通过对文件内部读取位置的自由定义，以实现部分数据的读取操作，所以在使用此类操作时就必须保证写入数据时数据格式与长度统一。RandomAccessFile 类常用方法如表 16-11 所示。

表 16-11 RandomAccessFile 类常用方法

No.	方　法	类　型	描　述
1	public RandomAccessFile(File file,String mode) throws FileNotFoundException	构造	接收 File 类的对象，指定操作路径，但是在设置时需要设置模式，r: 只读；w: 只写；rw: 读/写
2	public RandomAccessFile(String name,String mode) throws FileNotFoundException	构造	不再使用 File 类对象表示文件，而是直接输入一个固定的文件路径
3	public void close() throws IOException	普通	关闭操作
4	public int read(byte[] b) throws IOException	普通	将内容读取到一个 byte 数组中
5	public final byte readByte() throws IOException	普通	读取一个字节
6	public final int readInt() throws IOException	普通	从文件中读取整型数据
7	public void seek(long pos) throws IOException	普通	设置读指针的位置
8	public final void writeBytes(String s) throws IOException	普通	将一个字符串写入到文件中，按字节的方式处理
9	public final void writeInt(int v) throws IOException	普通	将一个 int 型数据写入文件，长度为 4 位
10	public int skipBytes(int n) throws IOException	普通	指针跳过多少个字节

现在假设要通过文件实现以下 3 个数据的保存操作（格式：姓名/年龄）："zhangsan/30" "lisi/16" "wangwu/20"，此时姓名数据的最大保存长度为 8 位，数字的长度为 4 位。那么要想使用 RandomAccessFile 实现随机读取，就必须保证姓名数据的长度，那么可以通过追加"空格"来填充空余位。保存内容如图 16-20 所示。

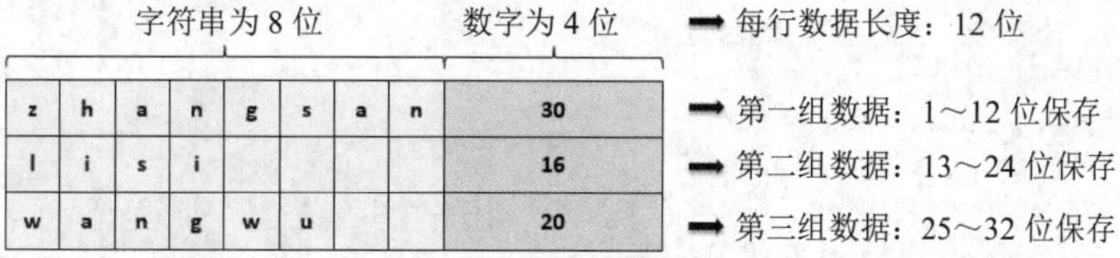

图 16-20 数据存储结构

范例：使用 RandomAccessFile 写入数据

```java
package cn.mldn.demo;
import java.io.File;
import java.io.RandomAccessFile;
public class JavaIODemo {
    public static void main(String[] args) throws Exception {
        File file = new File("d:" + File.separator + "mldn.txt");      // 保存文件
        RandomAccessFile raf = new RandomAccessFile(file, "rw");       // 读/写模式
        // 要保存的姓名数据，为了保证长度一致，使用空格填充
        String names[] = new String[] { "zhangsan", "lisi    ", "wangwu  " };
        int ages[] = new int[] { 30, 20, 16 };                        // 年龄信息
        for (int x = 0; x < names.length; x++) {                      // 循环写入
            raf.write(names[x].getBytes());                           // 写入字符串
            raf.writeInt(ages[x]);                                    // 写入整数
        }
        raf.close();                                                  // 关闭流
    }
}
```

RandomAccessFile 类具备数据的写入和读取能力，本程序为了方便操作使用了 rw 读/写模式，随后利用循环将内容写入文件中。

范例： 使用 RandomAccessFile 读取数据

```java
package cn.mldn.demo;
import java.io.File;
import java.io.RandomAccessFile;
public class JavaIODemo {
    public static void main(String[] args) throws Exception {
        File file = new File("d:" + File.separator + "mldn.txt");        // 定义操作文件
        RandomAccessFile raf = new RandomAccessFile(file, "rw");         // 读/写模式
        {    // 读取"王五"的数据，跳过24位
            raf.skipBytes(24);
            byte[] data = new byte[8];
            int len = raf.read(data);
            System.out.println("姓名：" + new String(data, 0, len).trim() +
                "、年龄：" + raf.readInt());
        }
        {    // 读取"李四"的数据，回跳12位
            raf.seek(12);
            byte[] data = new byte[8];
            int len = raf.read(data);
            System.out.println("姓名：" + new String(data, 0, len).trim() +
                "、年龄：" + raf.readInt());
        }
        {    // 读取"张三"的数据，跳回到开始点
            raf.seek(0);
            byte[] data = new byte[8];
            int len = raf.read(data);
            System.out.println("姓名：" + new String(data, 0, len).trim() +
                "、年龄：" + raf.readInt());
        }
        raf.close();
    }
}
```
程序执行结果：
姓名：wangwu、年龄：16
姓名：lisi、年龄：20
姓名：zhangsan、年龄：30

本程序使用 RandomAccessFile 依据保存的字节长度实现了所需要的数据读取操作，此类读取机制由于不会将所有数据全部读取进来，所以非常适合于读取数据量较大的文件内容。

16.7 打 印 流

	视频名称	1618_打印流	学习层次	掌握
	视频简介	本课程主要讲解打印流类（PrintStream、PrintWriter）所采用的设计模式与使用，同时讲解 JDK 1.5 所提供的格式化输出处理。		

在 java.io 包中对于数据的输出操作可以通过 OutputStream 类或 Writer 类完成，但是这两个输出类本身都存在一定的局限性。例如，OutputStream 只允许输出字节数据，Writer 只允许输出字符数据和字符

串数据。而在实际的项目开发中，会有多种数据类型的数据需要输出（例如，整数、浮点数、字符、引用对象），因而为了简化输出的操作提供了两个打印流操作类：字节打印流（PrintStream）、字符打印流（PrintWriter）。打印流类继承结构如图 16-21 所示。

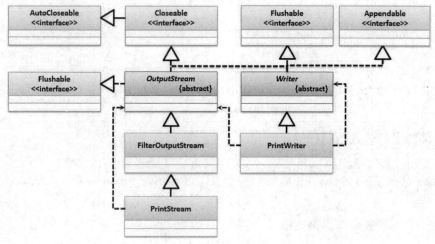

图 16-21　打印流类继承结构

PrintStream 类与 PrintWriter 类中定义的方法形式非常相似，下面以 PrintWriter 类的常用方法（见表 16-12）进行说明。

表 16-12　PrintWriter 类常用方法

No.	方　　法	类　型	描　　　述
1	public PrintWriter(File file) throws FileNotFoundException	构造	通过一个 File 对象实例化 PrintWriter 类
2	public PrintWriter(OutputStream out)	构造	接收 OutputStream 对象，实例化 PrintWriter 类
3	public PrintWriter(Writer out)	构造	接收 Writer 对象，实例化 PrintWriter 类
4	public PrintWriter printf(Locale l,String format,Object... args)	普通	根据指定的 Locale 进行格式化输出
5	public PrintWriter printf(String format,Object... args)	普通	根据本地环境格式化输出
6	public void print(数据类型 变量)	普通	此方法被重载很多次，输出任意数据
7	public void println(数据类型 变量)	普通	此方法被重载很多次，输出任意数据后换行

范例：使用 PrintWriter 实现文件内容输出

```java
package cn.mldn.demo;
import java.io.File;
import java.io.FileOutputStream;
import java.io.PrintWriter;
public class JavaIODemo {
    public static void main(String[] args) throws Exception {
        File file = new File("d:" + File.separator + "mldn.txt");    // 定义操作文件
        PrintWriter pu = new PrintWriter(new FileOutputStream(file));  // 实例化打印流对象
        pu.println("姓名：MLDN");                                        // 输出数据并换行
        pu.print("年龄：");                                             // 输出数据不换行
        pu.println(15);                                                // 输出数据换行
```

```
        pu.close();                                    // 关闭打印流
    }
}
```
程序执行结果：

mldn.txt - 记事本	— □ ×
文件(F) 编辑(E) 格式(O) 查看(V) 帮助(H)	
姓名: MLDN	
年龄: 15	

本程序通过 PrintWriter 实现了文件数据的输出操作，并且通过实际的执行结果可以发现，打印流支持多种数据类型，也可以方便地实现数据的换行处理。

> **提示：装饰设计模式与打印流。**
>
> 通过程序的执行代码可以发现，打印流设计思想非常简单：弥补已有输出流的不足，而本质上并没有脱离输出流的操作本质，这样的设计在 Java 中被称为装饰设计模式（Decorator Pattern）。为了方便理解装饰设计，下面模拟打印流实现机制。
>
> **范例：模拟打印流完善输出类支持**
>
> ```java
> class PrintUtil implements AutoCloseable {        // 实现一些常用数据的输出
>     private OutputStream output ;                 // 核心操作为OutputStream
>     public PrintUtil(OutputStream output) {       // 由外部来决定输出的位置
>         this.output = output ;
>     }
>     @Override
>     public void close() throws Exception {
>         this.output.close();
>     }
>     public void println(long num) {
>         this.println(String.valueOf(num));
>     }
>     public void print(long num) {
>         this.print(String.valueOf(num));
>     }
>     public void print(String str) {               // 输出字符串
>         try {
>             this.output.write(str.getBytes());    // 输出
>         } catch (IOException e) {
>             e.printStackTrace();
>         }
>     }
>     public void println(String str) {
>         this.print(str + "\r\n");
>     }
> }
> ```
>
> 在本程序中通过构造方法接收 OutputStream 类对象，这样就可以确定打印的输出位置，同时不同类型的数据输出依靠的依然是输出流所提供的方法。

从 JDK 1.5 开始打印流支持了格式化输出的操作，可以利用 printf()方法设置数据的占位符（字符串：%s、整数：%d、浮点数：%m.nf、字符：%c 等）与具体的数值结合后进行内容输出操作。

范例：格式化输出

```java
package cn.mldn.demo;
import java.io.File;
import java.io.FileOutputStream;
import java.io.PrintWriter;
public class JavaIODemo {
    public static void main(String[] args) throws Exception {
        File file = new File("d:" + File.separator + "mldn.txt");    // 定义操作文件
        PrintWriter pu = new PrintWriter(new FileOutputStream(file));  // 实例化打印流对象
        String name = "MLDN";                                         // 姓名
        int age = 15;                                                 // 年龄
        double salary = 8823.6323113;                                 // 工资
        pu.printf("姓名：%s、年龄：%d、收入：%9.2f", name, age, salary);  // 格式化输出
        pu.close();                                                   // 关闭打印流
    }
}
```
程序执行结果：

```
mldn.txt - 记事本                    —  □  ×
文件(F) 编辑(E) 格式(O) 查看(V) 帮助(H)
姓名：MLDN、年龄：15、收入：  8823.63
```

本程序通过格式化输出的形式定义了一个数据的显示格式，随后利用可变参数对设置的格式占位符进行内容设置，这样就可以得到一个带有数据的完整信息。

16.8 System 类对 I/O 的支持

视频名称	1619_System 类对 I/O 的支持	学习层次	了解
视频简介	System 类中提供屏幕显示的输出操作，实际上这也是基于 I/O 操作实现的。本课程主要讲解 System 类中 err、out、in 3 个 I/O 常量的作用。		

System 类是系统类，在这个类中定义有 3 个与 I/O 操作有关的常量，这些常量的定义和作用如表 16-13 所示。

表 16-13　System 类的 3 个 I/O 常量

No.	常　　量	类　型	描　　述
1	public static final PrintStream err	常量	错误输出
2	public static final PrintStream out	常量	系统输出
3	public static final InputStream in	常量	系统输入

从表 16-13 中可以发现 System 类的 3 个常量有两个都是 PrintStream 类的实例，所以之前一直使用的 System.out.println()操作实际上就是利用了 I/O 操作完成的输出。

提示：历史遗留问题。

System 类由于出现较早，存在命名不标准的问题，这里可以发现 out、err、in 3 个全局常量的名称全部是小写字母。

范例：实现信息输出

```java
package cn.mldn.demo;
```

```java
public class JavaIODemo {
    public static void main(String[] args) throws Exception {
        try {
            Integer.parseInt("mldn");                          // 非数字组成转换会出现异常
        } catch (NumberFormatException e) {
            System.out.println(e);                             // 信息输出
            System.err.println(e);                             // 错误输出
        }
    }
}
```

程序执行结果：

java.lang.NumberFormatException: For input string: "mldn"（System.out输出）

java.lang.NumberFormatException: For input string: "mldn"（System.err输出）

　　本程序由于将字符串"mldn"强制变为 int 型数据，所以发生了异常，而此时异常处理中分别使用 System.out 和 System.err 输出了异常类对象，但输出结果相同，所以这两者没有任何区别。但 Java 本身的规定是这样解释的：System.err 输出的是不希望用户看见的错误，而 System.out 输出的是希望用户看见的错误。

> **提示：IDE 中适合观察 System.out 和 System.in 的区别。**
>
> 　　如果只是通过命令行的方式来执行，System.err 和 System.out 输出的内容是完全相同的。但是如果在开发工具上执行，两者的输出会使用不同颜色表示，例如，在 Eclipse 中，如果执行了 System.err 则输出的文本颜色为红色。所以有一部分开发人员在进行代码调试时，为了方便找到所需要的信息就使用 System.err 输出内容。

　　System.in 提供了一个键盘输入数据的 InputStream 实例，通过此常量就可以实现用户和程序的数据交互处理。

范例：使用 System.in 实现键盘数据输入

```java
package cn.mldn.demo;
import java.io.InputStream;
public class JavaIODemo {
    public static void main(String[] args) throws Exception {
        InputStream input = System.in;                         // 键盘输入流
        System.out.print("请输入信息: ");                        // 提示信息
        byte[] data = new byte[1024];                          // 数据缓冲区
        int len = input.read(data);                            // 读取数据
        System.out.println("输入内容为: " + new String(data, 0, len));  // 打印输入内容
    }
}
```

程序执行结果：

请输入信息：www.mldn.cn（键盘输入内容）

输入内容为：www.mldn.cn（程序回显内容）

　　本程序通过 System.in 实现了键盘输入数据的处理，同时将输入的数据内容进行回显，不过此种方式实现的键盘输入操作本身存在以下缺陷。

　　➘　数据的接收需要通过一个字节数组完成，如果输入的数据超过了数组的长度，则有可能会出现数据丢失问题。

　　➘　System.in 为输入字节流，所以对于中文的处理支持不够好。

16.9　BufferedReader 缓冲输入流

视频名称	1620_BufferedReader 缓冲输入流		学习层次	掌握
视频简介	本课程主要讲解 BufferedReader 类的定义结构以及如何与 System.in 结合实现合理的键盘输入数据操作，最后讲解如何利用 BufferedReader 实现文件数据的读取。			

BufferedReader 提供了一种字符流的缓冲区数据读取，利用此类进行数据读取时会将读取到的数据暂时保存在缓冲区中，而后利用其内部提供的方法将读取到的内容一次性取出。BufferedReader 类常用方法如表 16-14 所示。

表 16-14　BufferedReader 类常用方法

No.	方　　法	类　型	描　　述
1	public BufferedReader(Reader in)	构造	接收一个 Reader 类的实例
2	public String readLine() throws IOException	普通	一次性从缓冲区中将内容全部读取进来

BufferedReader 定义的构造方法只能接收字符输入流的实例，所以必须使用字符输入转换流 InputStreamReader 类将字节输入流 System.in 变为字符流。操作类结构如图 16-22 所示。

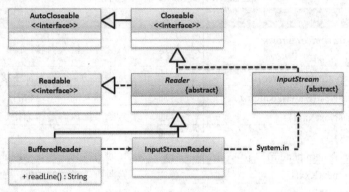

图 16-22　BufferedReader 接收键盘数据操作类结构

范例： 实现键盘数据输入

```java
package cn.mldn.demo;
import java.io.BufferedReader;
import java.io.InputStreamReader;
public class JavaIODemo {
    public static void main(String[] args) throws Exception {
        // System.in为InputStream类实例，利用InputStreamReader转为Reader实例
        BufferedReader input = new BufferedReader(new InputStreamReader(System.in));
        System.out.print("请输入您的年龄: ");                        // 提示信息
        String msg = input.readLine();                           // 接收输入信息
        if (msg.matches("\\d{1,3}")) {                           // 是否由数字组成
            int age = Integer.parseInt(msg);                     // 字符串转为int
            System.out.println("年龄为: " + age);                 // 数据输出
        } else {
            System.out.println("输入的内容不是数字，程序无法正常执行! ");
        }
    }
}
```

```
}
```
程序执行结果：
请输入您的年龄：20
年龄为：20

　　BufferedReader 类最大的特点是可以利用 readLine() 一次性读取多个字节的数据，并且这些数据会转为字符串进行接收，这样就可以通过正则判断，或者向各个数据类型进行转换处理。

16.10　Scanner 输入流工具

	视频名称	1621_Scanner 输入流工具		学习层次	掌握
	视频简介	本课程主要讲解 JDK 1.5 所提供的 Scanner 类常用方法以及如何利用 Scanner 类实现字节数据的读取操作，同时还讲解了 Scanner 类的使用特点。			

　　在 JDK 1.5 后 Java 提供了专门的输入数据类，此类不仅可以完成之前的输入数据操作，也可以方便地对输入数据进行验证。此类存放在 java.util 包中，常用方法如表 16-15 所示。

表 16-15　Scanner 类常用方法

No.	方　　法	类　型	描　　述
1	public Scanner(File source) throws FileNotFoundException	构造	从文件中接收内容
2	public Scanner(InputStream source)	构造	从指定的字节输入流中接收内容
3	public boolean hasNext(Pattern pattern)	普通	判断输入的数据是否符合指定的正则标准
4	public boolean hasNextXxx()	普通	判断数据内容是否为指定类型，如 hasNextInt()
5	public String next()	普通	接收内容
6	public String next(Pattern pattern)	普通	接收内容，进行正则验证
7	public 数据类型 nextXxx()	普通	接收指定类型的数据，如 nextInt()
8	public float nextFloat()	普通	接收小数
9	public Scanner useDelimiter(String pattern)	普通	设置读取的分隔符

　　使用 Scanner 可以接收 File、InputStream、Readable 类型的输入流实例，这样就可以使用统一的标准实现数据的读取操作，结构如图 16-23 所示。

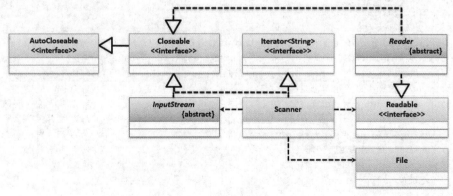

图 16-23　Scanner 读取数据结构

范例：使用 Scanner 实现键盘数据输入

```java
package cn.mldn.demo;
import java.util.Scanner;
public class JavaIODemo {
    public static void main(String[] args) throws Exception {
        Scanner scan = new Scanner(System.in);                  // 创造输入流对象
        System.out.print("请输入年龄: ");                        // 提示信息
        if (scan.hasNextInt()) {                                // 判断是否有整数输入
            int age = scan.nextInt();                           // 直接获取数字
            System.out.println("年龄: " + age);                 // 数据回显
        } else {
            System.out.println("输入的内容不是数字，程序无法正常执行! ");   // 错误信息提示
        }
        scan.close();                                           // 关闭输入流
    }
}
```
程序执行结果：
请输入年龄: 20
年龄: 20

由于 Scanner 对于各种输入数据类型的转换支持到位，所以开发者可以直接利用其提供的方法判断输入的数据类型，也可以直接获取指定类型的数据。

范例：输入日期数据，并使用正则判断格式

```java
package cn.mldn.demo;
import java.text.SimpleDateFormat;
import java.util.Scanner;
public class JavaIODemo {
    public static void main(String[] args) throws Exception {
        Scanner scan = new Scanner(System.in);                  // 创造输入流对象
        System.out.print("请输入您的生日: ");                    // 提示信息
        if (scan.hasNext("\\d{4}-\\d{2}-\\d{2}")) {             // 满足格式可以输入
            String str = scan.next("\\d{4}-\\d{2}-\\d{2}");     // 根据指定格式获取数据
            System.out.println("输入信息为: " + new SimpleDateFormat("yyyy-MM-dd").parse(str));
        }
        scan.close();                                           // 关闭输入流
    }
}
```
程序执行结果：
请输入您的生日: 2017-02-17
输入信息为: Fri Feb 17 00:00:00 CST 2017

Scanner 类并没有提供对日期格式的数据接收支持，本程序利用正则表达式对接收数据进行了操作判断，并且将输入的字符串利用 SimpleDateFormat 类手动转为 Date 类实例。

除了键盘输入数据的支持外，Scanner 类也可以实现文件流的数据读取，但是在进行文件读取时，往往需要手动指定分隔符。

范例：读取文件内容

```java
package cn.mldn.demo;
import java.io.File;
```

```java
import java.util.Scanner;
public class JavaIODemo {
    public static void main(String[] args) throws Exception {
        Scanner scan = new Scanner(new File("D:" + File.separator + "mldn-info.txt"));
        scan.useDelimiter("\n");                                    // 设置读取分隔符
        while (scan.hasNext()) {                                    // 是否有数据
            System.out.println(scan.next());                       // 获取数据
        }
        scan.close();                                              // 关闭输入流
    }
}
```

Scanner 默认将空字符作为分隔符，然而在本程序中所读取的 mldn-info.txt 文件中的内容都是以换行作为分隔符的，所以为了进行正常的数据读取，就必须利用 useDelimiter()方法指定数据读取的分隔符。

16.11　对象序列化

	视频名称	1622_对象序列化基本概念	学习层次	掌握
	视频简介	序列化是一种对象的传输手段，Java 有自己的序列化管理机制。本课程主要讲解对象序列化的操作意义以及对象 Serializable 接口的作用。		

对象序列化，就是把一个对象变为二进制的数据流的一种方法，如图 16-24 所示。通过对象序列化可以方便地实现对象的传输或存储。

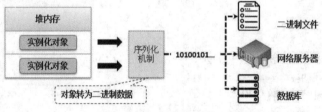

图 16-24　对象序列化

一个类的对象想被序列化，则对象所在的类必须实现 java.io.Serializable 接口。然而此接口并没有提供任何的抽象方法，所以该接口是一个标识接口，只是表示一种对象可以被序列化的能力。

范例： 定义序列化对象类

```java
@SuppressWarnings("serial")                        // 序列化需要有序列化编号，该编号编译时可以自动生成
class Member implements Serializable {
    private String name ;
    private int age ;
    public Member(String name,int age) {
        this.name = name ;
        this.age = age ;
    }
    // setter、getter、无参构造略
    @Override
    public String toString() {
```

```
        return "姓名:" + this.name + "、年龄:" + this.age ;
    }
}
```

本程序定义的 Member 类实现了 Serializable 接口,所以此类的实例化对象都允许进行二进制传输。

提示:对象序列化和对象反序列化操作时的版本兼容性问题。

在对象进行序列化或反序列化操作的时候,要考虑 JDK 版本的问题,如果序列化的 JDK 版本和反序列化的 JDK 版本不统一则就有可能造成异常。所以在序列化操作中引入了一个 serialVersionUID 的常量,可以通过此常量来验证版本的一致性。在进行反序列化时,JVM 会把传来的字节流中的 serialVersionUID 与本地相应实体(类)的 serialVersionUID 进行比较,如果相同就认为是一致的,可以进行反序列化;否则就会出现序列化版本不一致的异常。

当实现 java.io.Serializable 接口的实体(类)没有显式地定义一个名为 serialVersionUID,类型为 long 的变量时,Java 序列化机制在编译时会自动生成一个此版本的 serialVersionUID。当然,如果不希望通过编译来自动生成,也可以直接显式地定义一个名为 serialVersionUID,类型为 long 的变量,那么只要不修改这个变量值的序列化实体都可以相互进行序列化和反序列化。

16.11.1 序列化与反序列化处理

视频名称	1623_序列化与反序列化处理		学习层次	理解
视频简介	序列化和反序列化需要进行二进制存储格式上的统一,为此 Java 提供了对象序列化操作类。本课程主要讲解 ObjectOutputStream 类与 ObjectInputStream 类的作用,并且通过实例演示反序列化的操作。			

Serializable 接口只是定义了某一个类的对象是否被允许序列化的支持,然而对于对象序列化和反序列化的具体实现,则需要依靠 ObjectOutputStream 与 ObjectInputStream 两类完成。这两类的继承结构如图 16-25 所示。

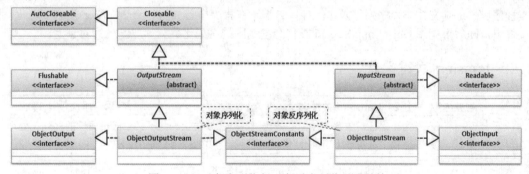

图 16-25 对象序列化与对象反序列化继承结构

ObjectOutputStream 类可以将对象转为特定格式的二进制数据输出,常用方法如表 16-16 所示;ObjectInputStream 可以读取 ObjectOutputStream 类输出的二进制对象数据,并将其转为具体类型的对象返回,常用方法如表 16-17 所示。

表 16-16 ObjectOutputStream 类常用方法

No.	方　　法	类　型	描　　述
1	public ObjectOutputStream(OutputStream out) throws IOException	构造	传入输出的对象
2	public final void writeObject(Object obj) throws IOException	普通	输出对象

表 16-17　ObjectInputStream 类常用方法

No.	方　法	类　型	描　述
1	public ObjectInputStream(InputStream in) throws IOException	构造	构造输入对象
2	public final Object readObject() throws IOException, ClassNotFoundException	普通	从指定位置读取对象

范例：实现对象序列化和反序列化操作

```java
public class JavaIODemo {
    // 本次操作要将序列化的对象保存到文件中，将文件定义为公共常量
    private static final File SAVE_FILE = new File("D:" + File.separator + "mldn.member") ;
    public static void main(String[] args) throws Exception {
        saveObject(new Member("小李老师",18)) ;              // 对象序列化
        System.out.println(loadObject());                  // 对象反序列化
    }
    public static void saveObject(Object obj) throws Exception {
        ObjectOutputStream oos = new ObjectOutputStream(new FileOutputStream(SAVE_FILE)) ;
        oos.writeObject(obj);                              // 序列化
        oos.close();
    }
    public static Object loadObject() throws Exception {
        ObjectInputStream ois = new ObjectInputStream(new FileInputStream(SAVE_FILE)) ;
        Object obj = ois.readObject() ;                    // 反序列化
        ois.close();
        return obj ;
    }
}
```

程序执行结果：
姓名：小李老师、年龄：**18**

本程序以二进制文件作为序列化操作的存储终端，在程序中首先将一个 Member 类的实例化对象输出到文件中，随后再利用 ObjectInputStream 类将二进制中的序列化数据读取并转为对象返回。

16.11.2　transient 关键字

	视频名称	1624_transient 关键字	学习层次	理解
	视频简介	为了保证对象序列化的高效传输，就需要防止一些不必要成员属性的序列化处理，本课程主要讲解 transient 关键字在序列化中的作用与使用。		

默认情况下，当执行对象序列化的时候，会将类中的全部属性的内容进行序列化操作，但有一些属性可能并不需要进行序列化的处理，这个时候就可以在属性定义上使用 transient 关键字来完成了。

```java
@SuppressWarnings("serial")                    // 序列化需要有一个序列化编号，该编号编译时可以自动生成
class Member implements Serializable {
    private transient String name ;            // 此属性不被序列化
    private int age ;
    ...                                        // 其他相同代码略
}
```

本程序如果要进行 Member 类对象序列化处理时，name 属性的内容是不会被保存下来的，这样在进行对象反序列化操作时，name 使用的将是其对应数据类型的默认值。

16.12 本 章 概 要

1．在 Java 中使用 File 类表示文件本身，可以直接使用此类完成文件的各种操作，如创建、删除等，在开发中可以利用递归的形式进行子目录列出操作。

2．输入流、输出流，主要分为字节流（OutputStream、InputStream）和字符流（Writer、Reader）两种，但是在传输中以字节流操作较多，字符流在操作的时候要用到缓冲区，而字节流没有使用到缓冲区。字符流适合于进行中文传输操作。

3．字节流或字符流都是以抽象类的形式定义，根据其使用的子类不同，输入或输出的位置也不同。例如，如果使用文件流实例化，则输入和输出的终端就是文件；如果使用内存流实例化，则输入和输出的终端就是内存，此类设计充分体现出了面向对象多态性的设计特点。

4．在 I/O 包中可以使用 OutputStreamWriter 和 InputStreamReader 完成字符流与字节流之间的转换操作，FileWriter 是 OutputStreamWriter 的子类，而 FileReader 是 InputStreamReader 的子类。

5．使用 ByteArrayInputStream 和 ByteArrayOutputStream 可以对内存进行输入、输出操作。

6．当程序进行数据输出时，可以通过打印流（PrintStream、PrintWriter）简化输出操作。

7．管道流可以实现两个线程之间的通信，通信前要使用 connect()方法进行管道连接。

8．RandomAccessFile 提供了灵活的数据访问模式，可以快速实现大文件数据部分内容的读取。

9．System 类提供了 3 个支持 I/O 操作的常量。

➨ System.out：对应着显示器的标准输出。

➨ System.err：对应着错误打印，一般此信息不希望给用户看到。

➨ System.in：对应着标准的键盘输入。

10．BufferedReader 可以直接从缓冲区中读取数据，其提供的 readLine()方法可以一次性读取缓冲区的全部内容。

11．使用 Scanner 类可以方便地进行输入流操作，在读取时可以先使用 hasNextXxx()方法判断是否有指定类型的数据，再使用 nextXxx()方法获取数据内容。

12．造成字符乱码的根本原因就在于程序编码与本地编码的不统一，在开发中建议使用 UTF-8 编码。

13．对象序列化可以将内存中的对象转化为二进制数据，但对象所在的类必须实现 Serializable 接口，一个类中的属性如果使用 transient 关键字声明，则此属性的内容将不会被序列化。

14．对象序列化需要通过 ObjectOutputStream 类完成，而在进行反序列化时，需要将序列化的二进制数据按照格式取出，这时可以使用 ObjectInputStream 类读取。

16.13 自 我 检 测

1．编写 Java 程序，输入 3 个整数，并求出 3 个整数的最大值和最小值。

视频名称	1625_输入数字大小比较		学习层次	运用	
视频简介	I/O 中可以使用 Scanner（BufferedReader）结合 System.in 实现键盘输入操作，本课程主要定义了键盘输入操作工具类，并且依据输入实现大小比较。				

2．从键盘输入文件的内容和要保存的文件名称，然后根据输入的名称创建文件，并将内容保存到文件中。

视频名称	1626_文件保存		学习层次	运用	
视频简介	本程序主要是直接进行磁盘数据操作，对于磁盘中的数据内容和保存路径可以依据输入工具类完成，同时依据良好的类结构设计进行输出流操作。				

3．从键盘传入多个字符串到程序中，并将它们按逆序输出在屏幕上。

	视频名称	1627_字符串逆序显示	学习层次	运用
	视频简介	StringBuffer 或 StringBuilder 定义了可以修改的字符串功能类，其 reverse()方法可以实现前后转置处理，本课程将结合 StringBuffer 实现程序操作。		

4．从键盘输入以下的数据：TOM:89 | JERRY:90 | TONY:95，数据格式为"姓名:成绩|姓名:成绩|姓名:成绩"，对输入的内容按成绩进行排序，并将排序结果按照成绩由高到低排序。

	视频名称	1628_数据排序处理	学习层次	运用
	视频简介	指定格式的文本数据输入是一种较为常见的操作形式，本课程将通过程序输入一个标准结构字符串，并利用比较器实现数据的排序处理。		

5．将第 4 题中的内容进行扩展，可以将全部输入的信息保存在文件中，还可以添加信息，并可以显示全部的数据。

	视频名称	1629_数据排序处理深入	学习层次	运用
	视频简介	本课程在上一程序的基础上实现了数据的存储处理，追加了菜单，实现了内容的控制，同时考虑到程序排序的需求，对输入数据将采用全部保留的形式完成，即每次读取完成后再进行排序处理。		

6．编写程序，当程序运行后，根据屏幕提示输入一个数字字符串，输入后统计有多少个偶数数字和奇数数字。

	视频名称	1630_奇偶数统计	学习层次	运用
	视频简介	奇数与偶数的判断可以依据"%2"的计算获取，本课程将通过键盘实现一组数字的输入，而后对输入数据的奇偶数个数进行统计。		

7．完成系统登录程序，从命令行输入用户名和密码。如果没有输入用户名和密码，则提示输入用户名和密码；如果输入了用户名但是没有输入密码，则提示用户输入密码。然后判断用户名是否是 mldn，密码是否是 hello，如果正确，则提示登录成功；如果错误，则显示登录失败的信息，用户再次输入用户名和密码，连续 3 次输入错误后系统退出。

	视频名称	1631_用户登录	学习层次	运用
	视频简介	本课程主要模拟一个用户的登录程序处理，用户通过键盘输入用户名与密码，并且利用合理的程序结构进行登录验证，同时通过 static 统计认证次数实现安全控制。		

8．有一个班采用民主投票方法推选班长，班长候选人共 4 位，每个人姓名及代号分别为"张三　1；李四　2；王五　3；赵六　4"。程序操作员将每张选票上所填的代号（1、2、3 或 4）循环输入计算机，当输入数字 0 则结束输入，然后将所有候选人的得票情况显示出来，并显示最终当选者的信息，具体要求如下。

（1）要求用面向对象方法，编写学生类 Student，将候选人姓名、代号和票数保存到类 Student 中，并实现相应的 getXXX() 和 setXXX ()方法。

（2）输入数据前，显示出各位候选人的代号及姓名（提示：建立一个候选人类型数组）。

（3）循环接收键盘输入的班长候选人代号，直到输入的数字为 0，结束选票的输入工作。

（4）在接收每次输入的选票后要求验证该选票是否有效，即如果输入的数不是 0、1、2、3、4 这 5 个数字之一，或者输入的是一串字母，应显示出错误提示信息"此选票无效，请输入正确的候选人代号！"，并继续等待输入。

（5）输入结束后显示所有候选人的得票情况，如参考样例所示。

（6）输出最终当选者的相关信息，如参考样例所示。

```
1：张三【0 票】
2：李四【0 票】
3：王五【0 票】
4：赵六【0 票】
请输入班长候选人代号（数字 0 结束）：1
请输入班长候选人代号（数字 0 结束）：1
请输入班长候选人代号（数字 0 结束）：1
请输入班长候选人代号（数字 0 结束）：2
请输入班长候选人代号（数字 0 结束）：3
请输入班长候选人代号（数字 0 结束）：4
请输入班长候选人代号（数字 0 结束）：5
此选票无效，请输入正确的候选人代号！
请输入班长候选人代号（数字 0 结束）：hello
此选票无效，请输入正确的候选人代号！
请输入班长候选人代号（数字 0 结束）：0
    1：张三【4 票】
    2：李四【1 票】
    3：王五【1 票】
    4：赵六【1 票】
```

投票最终结果：张三同学，最后以 4 票当选班长！

视频名称	1632_投票选举		学习层次	运用	
视频简介	由于本课程存在多位候选人，所以需要将候选人的相关信息定义在单独的程序类中，同时为了方便进行信息展示，可以通过 switch 实现一个控制菜单。				

第17章 反射机制

通过本章的学习可以达到以下目标

- 理解反射机制操作的意义以及 Class 类的作用。
- 掌握反射对象实例化操作，并且可以深刻理解反射机制与工厂设计模式的结合意义。
- 掌握类结构反射操作的实现，并且可以通过反射实现类中构造方法、普通方法、成员属性的操作。
- 掌握反射机制与简单 Java 类之间的操作关联。
- 掌握类加载器的作用，并且可以实现自定义类加载器。
- 掌握动态代理机制的实现结构，并理解 CGLIB 开发包的作用。
- 掌握 Annotation 定义，并且可以结合反射机制实现配置管理。

反射机制是 Java 语言提供的一项重要技术支持，也是 Java 区别于其他语言并且迅速发展的重要特征，利用反射机制可以帮助开发者编写出更加灵活与高可用的代码结构。本章将完整地分析反射机制中的各个组成部分，并且重点分析反射机制与工厂设计模式以及代理设计模式的重要关联。

17.1 认识反射机制

视频名称	1701_认识反射机制	学习层次	了解
视频简介	反射是 Java 的核心处理单元，本课程主要讲解反射的基本作用，同时利用 Object 类中的 getClass()方法通过对象取得其完整信息。		

重用性是面向对象设计的核心原则。为了进一步提升代码的重用性，Java 提供了反射机制。反射技术首先考虑的是 "反" 与 "正" 的操作，所谓的 "正" 操作，是指当开发者使用一个类的时候，一定要先导入程序所在的包，而后根据类进行对象实例化，并且依靠对象调用类中的方法；而所谓的 "反" 操作，是指可以根据实例化对象反推出其类型。

Class 类是反射机制的根源，可以通过 Object 类中所提供的方法获取一个 Class 实例。

获取 Class 实例化对象：public final Class<?> getClass()。

范例：获取反射信息

```
package cn.mldn.demo;
import java.util.Date;
public class JavaReflectDemo {
    public static void main(String[] args) throws Exception {
        Date date = new Date() ;                        // 【正】获取类实例化对象
        System.out.println(date.getClass());            // 【反】获取对象所属类信息
    }
}
程序执行结果：
```

```
class java.util.Date
```

本程序通过一个类的实例化对象调用了 getClass()方法，而根据输出的结果可以发现，此时返回了该
实例化对象的完整名称。

17.2　Class 类对象实例化

视频名称	1702_Class 类对象实例化	学习层次	掌握
视频简介	Class 是反射操作中最为重要的程序类，获取了 Class 类的实例就意味着获取了类的全部操作权限。本课程将针对 JDK 支持的 3 种 Class 类对象实例化方式进行讲解。		

java.lang.Class 类是反射机制操作的起源，为了适应不同情况下的反射机制操作，Java 提供有 3 种
Class 类对象实例化方式。

方式 1：利用 Object 类中提供的 getClass()方法获取实例化对象。

```
package cn.mldn.demo;
class Member {}
public class JavaReflectDemo {
    public static void main(String[] args) throws Exception {
        // 【操作特点】需要获取一个类的实例化对象后才可以获取Class类实例
        Member member = new Member() ;                    // 实例化Member类对象
        Class<?> clazz = member.getClass() ;              // 获取Class类实例化对象
        System.out.println(clazz);
    }
}
程序执行结果：
class cn.mldn.demo.Member
```

Object 类是所有类的父类，这样所有类的实例化对象都可以直接利用 getClass()方法获取 Class 类实
例化对象。

方式 2：使用"类.class"形式获取指定类或接口的 Class 实例化对象。

```
package cn.mldn.demo;
class Member {}
public class JavaReflectDemo {
    public static void main(String[] args) throws Exception {
        // 【操作特点】直接通过一个类的完整名称可以获取Class类实例，需要编写import或完整类名称
        Class<?> clazz = Member.class ;                   // 获取Class类实例化对象
        System.out.println(clazz);
    }
}
程序执行结果：
class cn.mldn.demo.Member
```

本程序利用 JVM 的支持方式，通过一个类直接获取了 Class 实例化对象。

方式 3：使用 Class 类内部提供的 forName()方法根据类的完整名称获取实例化对象。

Class 实例化方法：public static Class<?> forName(String className) throws ClassNotFoundException。

```
package cn.mldn.demo;
class Member {}
```

```
public class JavaReflectDemo {
    public static void main(String[] args) throws Exception {
        // 【操作特点】通过名称字符串（包.类）可以获取Class类实例，可以不使用import导入
        Class<?> clazz = Class.forName("cn.mldn.demo.Member") ;    // 获取Class类实例化对象
        System.out.println(clazz);
    }
}
```
程序执行结果：
```
class cn.mldn.demo.Member
```

本程序直接根据一个字符串定义的类名称来获取 Class 类的实例化对象，由于字符串的支持较多并且拼接方便，这种获取 Class 类实例的方式是最灵活的。

> **注意：保证类存在。**
>
> 当使用 Class.forName()方法获取 Class 类对象实例化的时候，如果字符串定义的类名称不存在则会出现 ClassNotFoundException 异常，这就需要明确保证在所创建的项目环境中已经设置的 CLASSPATH 环境属性中存在有指定类。

17.3　反射机制与对象实例化

反射机制的设计可以更方便地帮助开发者实现解耦和设计，并且可以帮助程序摆脱对关键字 new 的依赖，通过反射获取实例化对象。

17.3.1　反射 Class 类实例化对象

视频名称	1703_反射实例化对象	学习层次	掌握
视频简介	对象实例化操作是 JVM 底层提供的操作支持，而除了关键字 new 外也可以基于反射技术实现。本课程主要讲解如何使用 Class 类对象实现对象的实例化处理。		

当通过指定类获取了 Class 类实例化对象后，就可以直接利用反射实例化的方式来替代关键字 new 的使用。

范例： 反射实例化对象

```
package cn.mldn.demo;
class Member {
    public Member() {                                           // 构造方法
        System.out.println("【构造方法】实例化Member类对象.");
    }
    @Override
    public String toString() {
        return "【toString()覆写】软件培训还得上MLDN来学习（www.mldn.cn）";
    }
}
public class JavaReflectDemo {
    public static void main(String[] args) throws Exception {
```

```
Class<?> clazz = Class.forName("cn.mldn.demo.Member") ;        // 获取Class类实例化对象
// 反射机制可以获取任意类实例化对象（等价于关键字new），所以返回的类型为Object
Object obj = clazz.getDeclaredConstructor().newInstance() ;    // 实例化对象
System.out.println(obj);                                       // 对象输出
    }
}
```

程序执行结果：

【构造方法】实例化Member类对象.

【toString()覆写】软件培训还得上MLDN来学习（www.mldn.cn）

    本程序在获取 Member 类实例化对象时并没有使用关键字 new，而是基于反射机制实现了对象实例化，即按照此类结构只要设置了正确的类名称，字符串就可以自动调用无参构造方法指定类的实例化对象。

提示：关于不同 JDK 版本的反射实例化操作。

    本程序中使用的反射实例化方式为 clazz.getDeclaredConstructor().newInstance()，这段代码的核心意义在于：获取指定类提供的无参构造方法并进行对象实例化，这一解释可以通过本章后面的内容慢慢理解。但是需要注意的是，这类操作是从 JDK 1.9 后提倡使用的，而在 JDK 1.9 前可以直接使用 Class 类内部提供的 newInstance()方法获取实例化对象，该方法定义如下。

    反射实例化对象：public T newInstance() throws InstantiationException, IllegalAccessException。

范例：直接使用 newInstance()方法

```
public class JavaReflectDemo {
    public static void main(String[] args) throws Exception {
        Class<?> clazz = Class.forName("cn.mldn.demo.Member") ;
        Object obj = clazz.newInstance() ;        // 实例化对象
        System.out.println(obj);                  // 对象输出
    }
}
```

    之所以从 JDK 1.9 后将此方法设置为 Deprecated，主要原因在于其只能够调用无参构造，而提倡的反射实例化方式可以由开发者根据构造方法的参数类型传递相应的数据后进行对象实例化操作。

17.3.2 反射与工厂设计模式

视频名称	1704_反射与工厂设计模式	学习层次	掌握	
视频简介	工厂设计模式可以解决类结构设计的耦合问题，而通过反射可以进一步完善工厂设计模式，使其拥有更大的接口适应性。本课程主要分析传统工厂设计模式的弊端，同时讲解如何利用反射实现工厂类定义。			

    使用工厂设计模式的主要特点是解决接口与子类之间因直接使用关键字 new 所造成的耦合问题，但是传统的工厂设计操作中会存在两个严重的问题。

  ➥ **问题 1**：传统工厂设计属于静态工厂设计，需要根据传入的参数并结合大量的分支语句来判断所需要实例化的子类，当一个接口或抽象类扩充子类时必须修改工厂类结构，否则将无法获取新的子类实例。

  ➥ **问题 2**：工厂设计只能够满足一个接口或抽象类获取实例化对象的需求，如果有更多的接口或抽象类定义时将需要定义更多的工厂类或扩充工厂类中的 static 方法。

范例： 反射机制与工厂设计模式

```java
package cn.mldn.demo;
interface IMessage {                                      // 随意定义接口
    public void send() ;                                  // 消息发送
}
class CloudMessage implements IMessage {
    @Override
    public void send() {
        System.out.println("【云消息】www.mldnjava.cn");
    }
}
class NetMessage implements IMessage {
    public void send() {
        System.out.println("【网络消息】www.mldn.cn");
    }
}
class Factory {
    private Factory() {}                                  // 避免产生实例化对象
    /**
     * 获取接口实例化对象
     * @param className 实例化对象名称
     * @param clazz 返回实例化对象类型
     * @return 如果子类存在则返回指定接口实例化对象，否则返回null
     */
    @SuppressWarnings("unchecked")
    public static <T> T getInstance(String className, Class<T> clazz) {
        T instance = null ;
        try {      // 根据传入的完整类名称获取指定类的实例化对象
            instance = (T) Class.forName(className).getDeclaredConstructor().newInstance() ;
        } catch (Exception e) {
            e.printStackTrace();
        }
        return instance ;
    }
}
public class JavaReflectDemo {
    public static void main(String[] args) throws Exception {
        IMessage msg = Factory.getInstance("cn.mldn.demo.NetMessage",IMessage.class) ;
        msg.send();
    }
}
```

程序执行结果：
【网络消息】www.mldn.cn

　　本程序实现了一个全新的并且可用工厂类结构，为了让该工厂类适合于所有的类型，程序中结合反射机制与泛型获取指定类型的实例，这样可以避免向下转型所带来的安全隐患。程序结构如图 17-1 所示。

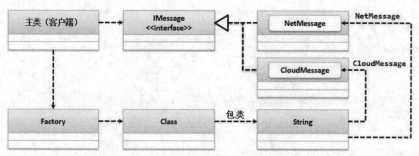

图 17-1 工厂设计模式程序结构

17.3.3 反射与单例设计模式

视频名称	1705_反射与单例设计模式		学习层次	理解	
视频简介	程序的结构设计要考虑到多线程的影响，本课程主要分析传统工厂设计模式的弊端，同时讲解如何利用反射实现工厂类定义。				

单例设计模式的核心本质在于：类内部的构造方法私有化，在类的内部产生实例化对象之后通过static方法获取实例化对象进行类中的结构调用。单例设计模式一共有两类：懒汉式和饿汉式。饿汉式的单例由于其在类加载的时候就已经进行了对象实例化处理，所以不涉及多线程的访问问题；但是懒汉式单例在多线程访问下却有可能出现多个实例化对象的产生问题。

范例： 观察懒汉式单例设计与多线程访问

```java
package cn.mldn.demo;
class Singleton {
    private static Singleton instance = null;          // 第一次使用时实例化
    private Singleton() {
        System.out.println("【" + Thread.currentThread().getName() +
                "】****** 实例化Singleton类对象 ******");   // 构造方法输出信息
    }
    public static Singleton getInstance() {
        if (instance == null) {                        // 对象未实例化
            instance = new Singleton();                // 实例化对象
        }
        return instance;                               // 返回实例化对象
    }
    public void print() {
        System.out.println("www.mldn.cn");
    }
}
public class JavaReflectDemo {
    public static void main(String[] args) throws Exception {
        for (int x = 0; x < 3; x++) {                  // 定义多个线程
            new Thread(() -> {
                Singleton.getInstance().print();
            }, "单例消费端-" + x).start();                // 启动线程
        }
    }
}
```

```
}
```
程序执行结果：
【单例消费端-2】****** 实例化Singleton类对象 ******
【单例消费端-1】****** 实例化Singleton类对象 ******
www.mldn.cn
【单例消费端-0】****** 实例化Singleton类对象 ******
www.mldn.cn
www.mldn.cn

单例设计的核心在于 Singleton 类只允许有一个实例化对象，然而通过本程序的执行可以发现，此时产生了多个实例化对象，而这一操作的根源在于多线程访问不同步，即有多个线程对象在第一次使用时都通过了实例化对象的判断语句（**if (instance == null)**），所以此时只能够利用 synchronized 来进行同步处理。

范例：解决懒汉式单例设计模式中的多线程访问不同步问题，修改 Singleton.getInstance()方法定义

```java
public static Singleton getInstance() {
    if (instance == null) {                         // 对象未实例化
        synchronized (Singleton.class) {            // 同步处理
            if (instance == null) {
                instance = new Singleton() ;        // 实例化对象
            }
        }
    }
    return instance;                                // 返回实例化对象
}
... 其他重复代码，略 ...
```

本程序利用同步代码块的形式对 Singleton 类的实例化对象与实例化操作进行了判断，这样就保证了多线程模式下只能存在一个 Singleton 类实例化对象。

 提问：关于 synchronized 同步处理的定义位置。

对于多线程的并发访问下的同步操作，为什么不直接在getInstance()方法定义上使用synchronized关键字定义，如以下代码形式。

```java
public static synchronized Singleton getInstance() {
    if (instance == null) {
        instance = new Singleton() ;
    }
    return instance ;
}
```

此时的代码执行后，也可以实现正常的懒汉式单例设计模式，为什么本代码中却要使用同步代码块，又在同步代码块中多增加一次 instance 是否实例化的判断呢？

回答：在保证性能的同时需要提供同步支持。

synchronized 的作用在于为指定范围的代码追加一把"同步锁"，如果直接在 getInstance()方法上定义，虽然可以同步处理 Singleton 类对象实例化操作，但必然造成多线程并发执行，效率缓慢，所以利用同步代码块来解决。

实际上在本程序中，只要保证 instance 对象是否被实例化的判断进行同步处理即可，所以使用同步代码块进行 instance 对象实例化的判断与处理，如图 17-2 所示。

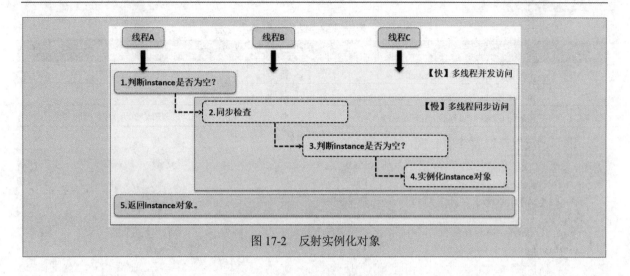

图 17-2　反射实例化对象

17.4　反射机制与类操作

Java 反射机制可以在程序运行状态下，自动获取并调用任意一个类中的组成结构（成员属性、方法等），这样的做法可以避免单一的程序调用模式，使代码开发变得更加灵活。本次程序操作的类结构如图 17-3 所示。

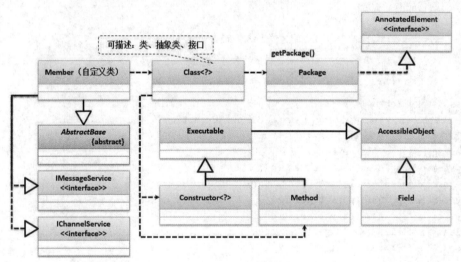

图 17-3　反射机制与类操作

17.4.1　反射获取类结构信息

视频名称	1706_反射获取类结构信息	学习层次	理解	
视频简介	一个类在定义时需要提供包、父类等基础信息，本课程主要讲解如何进行继承父类、父接口的信息取得。			

程序开发中，任何定义的类都存在继承关系，同时为了代码结构的清晰，也应该利用包保存不同功能的类，开发者可以利用如表 17-1 所示的方法获取类的相关信息。

表 17-1　反射获取类结构信息所用方法

No.	方　　　法	类　型	描　　　述
1	public Package getPackage()	普通	获取包信息
2	public Class<? super T> getSuperclass()	普通	获取继承父类
3	public Class<?>[] getInterfaces()	普通	获取实现接口

范例： 反射获取类结构信息

```java
package cn.mldn.demo;
interface IMessageService {                                    // 定义父接口
    public void send();
}
interface IChannelService {                                    // 定义父接口
    public boolean connect() ;
}
abstract class AbstractBase {}                                 // 定义抽象类
class Mail extends AbstractBase implements IMessageService, IChannelService {
    @Override
    public boolean connect() {                                 // 获取连接状态
        return true ;
    }
    @Override
    public void send() {
        if (this.connect()) {
            System.out.println("【信息发送】www.mldn.cn");      // 信息发送
        }
    }
}
public class JavaReflectDemo {
    public static void main(String[] args) throws Exception {
        Class<?> cls = Mail.class ;                            // 获取指定类的Class对象
        Package pack = cls.getPackage() ;                      // 获取指定类的包定义
        System.out.println(pack.getName());                    // 获取包名称
        Class<?> parent = cls.getSuperclass() ;                // 获取父类对象
        System.out.println(parent.getName());                  // 父类信息
        System.out.println(parent.getSuperclass().getName());  // 父类信息
        Class<?> clazz[] = cls.getInterfaces() ;               // 获取接口信息
        for (Class<?> temp : clazz) {
            System.out.println(temp.getName());
        }
    }
}
```

程序执行结果：

cn.mldn.demo（获取Mail类所在包信息）

cn.mldn.demo.AbstractBase（获取Mail父类）

java.lang.Object（获取Mail父类的父类）

cn.mldn.demo.IMessageService（获取Mail类实现接口）

cn.mldn.demo.IChannelService（获取Mail类实现接口）

　　本程序定义的 Mail 类继承了抽象类并实现了接口，而后通过反射机制实现了包与父类信息的获取。

17.4.2 反射调用构造方法

视频名称	1707_反射调用构造方法	学习层次	理解
视频简介	构造方法是对象实例化的重要结构，反射也可以准确地进行有参构造的调用，本课程主要讲解如何通过反射实现指定构造方法的调用以及参数设置。		

构造方法是类的重要组成部分，也是实例化对象时必须调用的方法，在 Class 类中可以通过如表 17-2 所示的方法获取构造方法的相关信息。

表 17-2　Class 类获取构造方法

No.	方　　法	类　型	描　　述
1	public Constructor<?>[] getDeclaredConstructors() throws SecurityException	普通	获取指定类中所有的构造方法
2	public Constructor<T> getDeclaredConstructor (Class<?>... parameterTypes) throws NoSuchMethodException, SecurityException	普通	获取指定类中指定参数类型的构造方法
3	public Constructor<?>[] getConstructors() throws SecurityException	普通	获取类中所有 public 权限的构造方法
4	public Constructor<T> getConstructor(Class<?>... parameterTypes) throws NoSuchMethodException, SecurityException	普通	获取指定类中指定参数类型并且访问权限为 public 的构造方法

使用 Class 类获取的所有构造方法都通过 java.lang.reflect.Constructor 类的对象来表示，该类的常用方法如表 17-3 所示。

表 17-3　Constructor 类常用方法

No.	方　　法	类　型	描　　述
1	public T newInstance(Object... initargs) throws InstantiationException,IllegalAccessException, IllegalArgumentException, InvocationTargetException	普通	调用构造方法传入指定参数进行对象实例化
2	public String getName()	普通	获取构造方法名称
3	public Type[] getGenericParameterTypes()	普通	获取构造方法的参数类型
4	public Type[] getGenericExceptionTypes()	普通	获取构造方法抛出的异常类型
5	public int getParameterCount()	普通	获取构造方法的参数个数
6	public <T extends Annotation> T getAnnotation(Class<T> annotationClass)	普通	获取全部声明的 Annotation
7	public void setAccessible(boolean flag)	普通	设置构造方法可见性

范例：调用构造方法

```java
package cn.mldn.demo;
import java.lang.reflect.Constructor;
class Mail {
    private String msg ;
    public Mail() {}                                                // 无参构造
    public Mail(String msg) {                                       // 单参构造
        System.out.println("【构造方法】调用Mail类单参构造方法，实例化对象");
```

```
        this.msg = msg ;
    }
    @Override
    public String toString() {                                    // 对象信息
        return "【toString()覆写】消息内容: " + this.msg;
    }
}
public class JavaReflectDemo {
    public static void main(String[] args) throws Exception {
        Class<?> cls = Mail.class ;                               // 获取指定类的Class对象
        Constructor<?>[] constructors = cls.getDeclaredConstructors(); // 获取全部构造
        for (Constructor<?> cons : constructors) {
            System.out.println(cons);
        }
        // 获取单参构造并且参数类型为String的构造方法对象实例
        Constructor<?> cons = cls.getDeclaredConstructor(String.class) ;
        Object obj = cons.newInstance("www.mldn.cn") ;            // 调用单参构造实例化对象
        System.out.println(obj);
    }
}
```
程序执行结果：
```
public cn.mldn.demo.Mail()
public cn.mldn.demo.Mail(java.lang.String)
【构造方法】调用Mail类单构造方法，实例化对象
【toString()覆写】消息内容: www.mldn.cn
```

　　本程序通过反射机制获取类中的全部构造方法进行信息展示，随后又获取了一个指定类型的构造方法并利用 Constructor 类的 newInstance()方法实现了对象反射实例化操作。

17.4.3　反射调用方法

	视频名称	1708_反射调用方法		学习层次	理解
	视频简介	通过对象实现的方法调用虽然简单直接，但是却采用了硬编码的形式完成，当有了反射之后，基于反射的方法调用可以实现更加灵活的操作。本课程主要讲解如何利用反射实现类中普通方法的调用。			

　　每个类都有不同的功能，所有的功能都可以通过方法进行定义。在 Java 中除了通过具体的实例化对象实现方法调用外，也可以利用反射基于实例化对象的形式实现方法调用。在 Class 类中提供如表 17-4 所示的方法获取类中的方法信息。

表 17-4　Class 获取方法信息的方法

No.	方　　法	类　型	描　　述
1	public Method[] getDeclaredMethods() throws SecurityException	普通	获取一个类中所有定义的方法
2	public Method getDeclaredMethod(String name, Class<?>... parameterTypes) throws NoSuchMethodException, SecurityException	普通	获取一个类中指定名称与指定参数类型的方法

续表

No.	方　法	类　型	描　述
3	public Method[] getMethods() throws SecurityException	普通	获取一个类中所有 public 类型的方法
4	public Method getMethod(String name, Class<?>... parameterTypes) throws NoSuchMethodException, SecurityException	普通	获取类中指定名称、指定参数类型的 public 方法

通过 Class 类获取的每一个方法信息都使用 java.lang.reflect.Method 类实例描述，通过该类实例可以
获取方法的相关信息，也可以实现方法的反射调用。Methyod 类常用方法如表 17-5 所示。

表 17-5　Method 类常用方法

No.	方　法	类　型	描　述
1	public Object invoke(Object obj, Object... args) throws IllegalAccessException, IllegalArgumentException, InvocationTargetException	普通	方法调用，等价于"实例化对象.方法()"
2	public Class<?> getReturnType()	普通	获取方法返回值类型
3	public String getName()	普通	获取构造方法名称
4	public Type[] getGenericParameterTypes()	普通	获取构造方法的参数类型
5	public Type[] getGenericExceptionTypes()	普通	获取构造方法抛出的异常类型
6	public int getParameterCount()	普通	获取构造方法的参数个数
7	public <T extends Annotation> T getAnnotation (Class<T> annotationClass)	普通	获取全部声明的 Annotation
8	public int getModifiers()	普通	获取方法修饰符
9	public void setAccessible(boolean flag)	普通	设置方法可见性

范例：获取类中的方法信息

```java
package cn.mldn.demo;
import java.lang.reflect.Method;
import java.lang.reflect.Modifier;
class Mail {
    public boolean connect() {
        return true ;
    }
    public void send() {
        System.out.println("发送信息: www.mldn.cn");
    }
}
public class JavaReflectDemo {
    public static void main(String[] args) throws Exception {
        Class<?> cls = Mail.class ;                              // 获取指定类的Class对象
        Method methods[] = cls.getMethods();                    // 获取全部方法
        for (Method met : methods) {                            // 输出方法信息
            int mod = met.getModifiers();                       // 方法修饰符
            System.out.print(Modifier.toString(mod) + " ");
            System.out.print(met.getReturnType().getName() + " ");
```

```
                System.out.print(met.getName() + "(");
                Class<?> params[] = met.getParameterTypes();                    // 获取参数类型
                for (int x = 0; x < params.length; x++) {
                    System.out.print(params[x].getName() + " " + "arg-" + x);
                    if (x < params.length - 1) {                                // 控制","输出
                        System.out.print(",");
                    }
                }
                System.out.print(")");
                Class<?> exp[] = met.getExceptionTypes();                       // 获取异常信息
                if (exp.length > 0) {
                    System.out.print(" throws ");
                }
                for (int x = 0; x < exp.length; x++) {
                    System.out.print(exp[x].getName());
                    if (x < exp.length - 1) {                                   // 控制","输出
                        System.out.println(",");
                    }
                }
                System.out.println(); // 换行
            }
        }
}
```

程序执行结果：
```
public void send()
public boolean connect()
public final native void wait(long arg-0) throws java.lang.InterruptedException
public final void wait(long arg-0,int arg-1) throws java.lang.InterruptedException
... 从Object类继承的方法信息，略...
```

本程序通过反射机制获取了一个类中定义的所有方法，随后将获取到的每一个方法对象中的信息拼凑输出。

反射机制编程中除了获取类中的方法定义外，最为重要的功能就是可以利用 Method 类中的 invoke() 方法并结合实例化对象（Object 类型即可）实现反射方法调用。下面编写一个程序利用反射机制实现类中 setter、getter 方法调用。

范例：反射调用类中的 setter、getter 方法

```java
package cn.mldn.demo;
import java.lang.reflect.Method;
class Member {
    private String name ;
    public void setName(String name) {
        this.name = name;
    }
    public String getName() {
        return name;
    }
}
public class JavaReflectDemo {
    public static void main(String[] args) throws Exception {
        Class<?> cls = Member.class ;                                          // 获取指定类Class对象
        String value = "小李老师" ;                                           // 设置内容
```

```
            // 通过反射实例化才可以调用类中的成员属性以及方法
            Object obj = cls.getDeclaredConstructor().newInstance() ;   // 调用无参构造实例化
            // 反射调用方法需要明确地知道方法的名称以及方法中的参数类型
            String setMethodName = "setName" ;                          // 方法名称
            Method setMethod = cls.getDeclaredMethod(
                    setMethodName, String.class) ;                      // 获取指定方法
            setMethod.invoke(obj, value) ;                              // 对象.setName(value);
            String getMethodName = "getName" ;                          // 方法名称
            Method getMethod = cls.getDeclaredMethod(getMethodName) ;   // getter没有参数
            System.out.println(getMethod.invoke(obj));                  // 对象.getName()
        }
}
```
程序执行结果：
小李老师

通过反射实现的方法调用最大的特点是可以直接利用 Object 类型的实例化对象进行方法调用，但是在获取方法对象时需要明确知道方法名称以及方法的参数类型。

17.4.4 反射调用成员属性

视频名称	1709_反射调用成员属性	学习层次	理解	
视频简介	成员属性保存了一个对象的所有信息，通过反射可以实现成员属性的赋值与取值操作。本课程主要讲解属性的直接操作以及封装性取消等操作。			

成员属性保存着每一个对象的具体信息，Class 类可以获取类中的成员信息，其提供的操作方法如表 17-6 所示。

表 17-6　Class 获取成员属性操作方法

No.	方　　法	类　型	描　　述
1	public Field[] getDeclaredFields() throws SecurityException	普通	获取本类全部成员信息
2	public Field getDeclaredField(String name) throws NoSuchFieldException, SecurityException	普通	获取指定成员属性信息
3	public Field[] getFields() throws SecurityException	普通	获取父类中全部 public 成员信息
4	public Field getField(String name) throws NoSuchFieldException, SecurityException	普通	获取父类中定义的全部 public 成员信息

反射中成员通过 java.lang.reflect.Field 实例描述，Field 类中提供的常用方法如表 17-7 所示。

表 17-7　Field 类常用方法

No.	方　　法	类　型	描　　述
1	public Class<?> getType()	普通	获取成员属性类型
2	public void set(Object obj,　Object value) throws IllegalArgumentException, IllegalAccessException	普通	设置成员属性内容
3	public Object get(Object obj) throws IllegalArgumentException, IllegalAccessException	普通	获取成员属性内容
4	public int getModifiers()	普通	获取成员属性修饰符
5	public void setAccessible(boolean flag)	普通	设置成员属性可见性

范例：获取类中的成员属性信息

```java
package cn.mldn.demo;
import java.lang.reflect.Field;
interface IChannelService {
    public static final String NAME = "mldnjava" ;
}
abstract class AbstractBase {
    protected static final String BASE = "www.mldn.cn" ;
    private String info = "Hello MLDN" ;
}
class Member extends AbstractBase implements IChannelService {
    private String name ;
    private int age ;
}
public class JavaReflectDemo {
    public static void main(String[] args) throws Exception {
        Class<?> cls = Member.class ;                            // 指定类Class对象
        {
            Field fields [] = cls.getFields() ;                  // 获取公共成员属性
            for (Field fie : fields) {
                System.out.println(fie);
            }
        }
        System.out.println("--------------------------------------------------");
        {
            Field fields [] = cls.getDeclaredFields() ;          // 获取本类成员属性
            for (Field fie : fields) {
                System.out.println(fie);
            }
        }
    }
}
```

程序执行结果：
```
public static final java.lang.String cn.mldn.demo.IChannelService.NAME
--------------------------------------------------
private java.lang.String cn.mldn.demo.Member.name
private int cn.mldn.demo.Member.age
```

　　本程序获取了父类继承而来的 public 成员属性以及从本类定义的 private 成员属性信息。而获取 Field 成员属性对象的核心意义在于可以直接通过 Field 类并结合实例化对象实现属性赋值与获取。

范例：反射操作成员属性内容

```java
package cn.mldn.demo;
import java.lang.reflect.Field;
class Member {
    private String name ;          // 为说明问题不再提供setter、getter方法
}
public class JavaReflectDemo {
```

```
public static void main(String[] args) throws Exception {
    Class<?> cls = Member.class ;                        // 获取指定类的Class对象
    Object obj = cls.getDeclaredConstructor().newInstance() ; // 反射实例化对象
    Field nameField = cls.getDeclaredField("name") ;    // 获取指定名称成员属性
    nameField.setAccessible(true);                       // 取消封装
    nameField.set(obj, "小李老师");                      // 设置属性内容
    System.out.println(nameField.get(obj));             // 获取属性内容
    }
}
```
程序执行结果:
小李老师

本程序直接进行 Member 类中 name 成员属性的操作,由于 name 属性使用了 private 封装,所以在进行属性内容设置和取得前需要使用 setAccessible(true)方法设置其为可见。

> 提示:Field 类在实际开发中的作用。
>
> 在实际项目开发中很少直接通过反射来进行成员属性操作,而一般都会通过相应的 setter、getter 方法来操作成员属性,所以以上的代码只作为 Field 类的使用特点进行说明。
>
> 但是需要注意的是,Field 类中获取成员属性类型的 getType()方法在实际开发中使用较多,可以通过其来确定属性类型。
>
> ### 范例:获取指定属性类型
>
> ```
> public class JavaReflectDemo {
>     public static void main(String[] args) throws Exception {
>         Class<?> cls = Member.class ;
>         Object obj = cls.getDeclaredConstructor().newInstance() ;
>         Field nameField = cls.getDeclaredField("name") ;
>         System.out.println(nameField.getType().getName());
>         System.out.println(nameField.getType().getSimpleName());
>     }
> }
> ```
> 程序执行结果:
> java.lang.String ("nameField.getType().getName()"代码执行结果)
> String ("nameField.getType().getSimpleName()"代码执行结果)
>
> 本程序通过 Field 类对象直接反向获取成员属性类型,利用此操作再结合 Method 反射方法调用,就可以编写出更加灵活的属性操作程序工具,这一操作可以在本节的后续部分学习到。

17.4.5 Unsafe 工具类

视频名称	1710_Unsafe 工具类	学习层次	了解	
视频简介	为了方便开发者使用底层操作,Java 提供了 Unsafe 工具类。本课程主要结合反射机制演示 Unsafe 类的作用。			

为了进一步扩展反射操作的支持,在 Java 里提供一个 sun.misc.Unsafe 类(不安全的操作)。Unsafe 类的最大特点是可以利用反射来获取对象,并且直接使用底层的 C++语言来代替 JVM 执行,即可以绕过 JVM 的相关对象的管理机制。一旦使用了 Unsafe 类,那么项目中将无法继续使用 JVM 的内存管理机制以及垃圾回收处理。

> **提示：Unsafe 类操作。**
>
> Unsafe 类是一个不安全的操作类，没有提供对外的构造方法，但是在类内部提供了一个本类的实例化对象，通过源代码可以发现其构造方法和私有常量信息。
>
> | 构造方法 | private Unsafe() {} |
> |---|---|
> | 私有常量 | private static final Unsafe *theUnsafe* = new Unsafe(); |
>
> 如果要想操作此类只能够通过反射机制的形式通过成员方式获取。另外需要注意的是，讲解 Unsafe 只是为了帮助读者更好地理解单例设计模式，以便进一步掌握 Java 中的类实例化对象管理。

范例： 使用 Unsafe 类绕过实例化对象管理来获取对象实例

```java
package cn.mldn.demo;
import java.lang.reflect.Field;
import sun.misc.Unsafe;
class Singleton {
    private Singleton() {
        System.out.println("***** Singleton类构造 *******");        // 构造不执行
    }
    public void print() {
        System.out.println("www.mldn.cn");
    }
}
public class JavaReflectDemo {
    public static void main(String[] args) throws Exception {
        Field field = Unsafe.class.getDeclaredField("theUnsafe");  // 获取成员属性
        field.setAccessible(true);                                 // 解除封装
        Unsafe unsafeObject = (Unsafe) field.get(null);            // 获取static成员属性
        // 利用Unsafe类绕过了JVM的管理机制，可以在没有实例化对象的情况下获取一个Singleton类实例化对象
        Singleton instance = (Singleton) unsafeObject.allocateInstance(Singleton.class);
        instance.print();                                          // 对象调用方法
    }
}
```
程序执行结果：
```
www.mldn.cn
```

本程序利用 Unsafe 类绕过了 JVM 的类管理机制直接获取 Singleton 类的实例化对象，这样将不会调用类中的构造方法，并且也不受到系统 GC 回收管理。

17.5　反射与简单 Java 类

反射是 Java 程序设计的核心所在，为了更好地理解反射机制在开发中的实际应用，下面将利用反射机制并结合简单 Java 类实现一个综合性的案例。

> **提示：本案例的意义。**
>
> 本案例属于一个现实开发中最为常见的代码设计结构，对于实际的项目设计与开发都有着巨大的帮助意义，但是对于初学者而言，如果要想彻底明白本案例的作用可能会存在一些难度，所以建议通过配套视频学习，可能理解得会更加透彻。
>
> 当学习完 JavaWeb 开发技术后再研究本案例，会有更加深刻的理解，同时像 Spring 开发框架中也都采用了类似的结构实现了赋值功能。

17.5.1 传统属性赋值弊端

视频名称	1711_传统属性赋值弊端	学习层次	理解	
视频简介	实例化对象存在后就需要进行属性的赋值操作，传统基于 setter 的赋值形式虽然简单但是过于烦琐，本课程主要讲解传统简单 Java 类属性设置问题。			

简单 Java 类主要是由属性所组成，并且提供了相应的 setter、getter 处理方法。在项目开发中简单 Java 类最大的特征就是通过对象保存相应的类属性内容，传统的操作形式如以下范例所示。

范例：传统操作简单 Java 类的处理形式

```java
package cn.mldn.demo;
class Emp {
    private String ename ;
    private String job ;
    // setter、getter略
}
public class JavaReflectDemo {
    public static void main(String[] args) throws Exception {
        Emp emp = new Emp() ;                                // 实例化对象
        emp.setEname("SMITH");                               // 属性设置
        emp.setJob("CLERK");                                 // 属性设置
        System.out.println("姓名: " + emp.getEname() + "、职位: " + emp.getJob());
    }
}
```
程序执行结果:
姓名: SMITH、职位: CLERK

在传统模式下的简单 Java 类操作，往往是先实例化类对象，随后再利用 setter 方法将所需要的内容设置在属性中，但是现在假设 Emp 类中存在有 50 个属性，则整个程序编写时就会发现需要编写 50 次 setter 方法调用。再进一步分析，实际开发中，一定会存在大量的简单 Java 类，如果现在这些简单 Java 类都需要进行赋值操作，那么所造成的代码重复度将会非常高。

传统的直观编程方式所带来的问题就是代码会存在大量的重复操作，唯一的解决方案就是反射机制。反射机制最大的特征是可以根据其自身的特点（Object 类直接操作、可以直接操作属性或方法）实现相同功能类的重复操作的抽象处理。

17.5.2 属性自动赋值实现思路

视频名称	1712_属性自动赋值实现思路	学习层次	理解	
视频简介	如果要想解决属性赋值的重复setter 调用问题，那么就需要针对赋值的操作结构进行定义，通过字符串给出明确处理格式。本课程主要针对代码结构优化提出设计方案。			

经过分析后，已经确认了当前简单 Java 类操作的问题所在，而对于开发者而言就需要想办法通过一种解决方案来实现属性内容的自动设置。在项目开发中经常会提供专门内容输入组件接收用户输入的信息，而这些组件接收到的信息都会以 String 的形式保存，这样就可以为开发者提供极大的便利。因为 String 可以转为任意的数据类型，为了贴合实际项目开发，本次所采用的字符串的格式为属性:内容|属性:内容|…。

既然要采用反射机制实现简单 Java 类的自动属性赋值操作，所以应该定义一个 ClassInstanceFactory 类负责所有的反射处理，操作结构如图 17-4 所示。

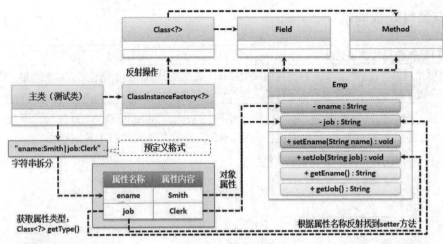

图 17-4　操作结构

范例： 编写程序基本模型

```java
class ClassInstanceFactory {
    private ClassInstanceFactory() {}
    /**
     * 实例化对象的创建方法，该对象可以根据传入的字符串结构 "属性:内容|属性:内容"
     * @param clazz 要进行反射实例化的Class类对象，有Class就可以反射实例化对象
     * @param value 要设置给对象的属性内容
     * @return 一个已经配置好属性内容的Java类对象
     */
    public static <T> T create(Class<?> clazz,String value) {
        return null ;
    }
}
public class JavaReflectDemo {
    public static void main(String[] args) throws Exception {
        String value = "ename:Smith|job:Clerk" ;                // 保存要设置的属性内容
        Emp emp = ClassInstanceFactory.create(Emp.class, value) ; // 工具类自动设置
        System.out.println("姓名：" + emp.getEname() + "、职位：" + emp.getJob());
    }
}
```

通过本程序给出的基本模型可以发现，只要为 ClassInstanceFactory.create() 方法设置相应的操作类型和指定结构的字符串，就可以依据字符串中的定义实现自动类实例化与赋值处理。

17.5.3　单级属性赋值

	视频名称	1713_单级属性赋值	学习层次	理解
	视频简介	简单 Java 类中的组成较为单一，在赋值中只需通过反射考虑获取相应的 Field 与 Method 实例就可以实现赋值处理。本课程主要讲解对于单个 VO 类实例化对象实现的属性赋值处理操作。		

单级属性赋值是指简单 Java 类之间没有任何的引用联系（例如，Emp 类中提供有 Dept 的引用称为多级），这类操作只需通过反射实例化对象，并且依据属性找到相应的 setter() 方法，反射进行方法调用为属性赋值即可。该程序实现的类结构如图 17-5 所示。

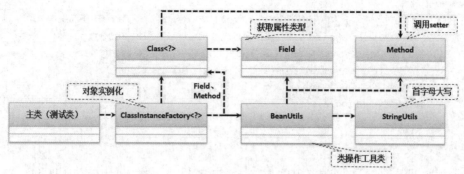

图 17-5 反射进行简单 Java 类属性赋值

（1）由于需要通过属性找到 setter 方法，所以需要提供有一个首字母大写的功能，为此定义一个字符串工具类。

```java
class StringUtils {
    /**
     * 实现字符串首字母大写，如果只有一个字母则直接将此字母大写
     * @param str 要转换的字符串
     * @return 大写处理结果，如果传入的字符串为空（包括空字符串）则返回null
     */
    public static String initcap(String str) {
        if (str == null || "".equals(str)) {       // 字符串是否为空
            return str;                              // 如果为空则直接返回
        }
        if (str.length() == 1) {                     // 判断字符串长度
            return str.toUpperCase();                // 单个字母直接大写
        } else {                                     // 首字母大写
            return str.substring(0, 1).toUpperCase() + str.substring(1);
        }
    }
}
```

（2）定义 BeanUtils 工具类，通过该类实现 setter 方法的调用并进行属性赋值（本次暂时只考虑 String 型属性）。

```java
class BeanUtils {                                                            // 进行Bean处理的类
    private BeanUtils() {}
    /**
     * 实现指定对象的属性设置
     * @param obj 要进行反射操作的实例化对象
     * @param value 包含指定内容的字符串，格式"属性:内容|属性:内容"
     */
    public static void setValue(Object obj,String value) {
        String results [] = value.split("\\|") ;                        // 按照"|"对每一组属性进行拆分
        for (int x = 0 ; x < results.length ; x ++) {                    // 循环取出每一组数据
            // attval[0]保存的是属性名称、attval[1]保存的是属性内容
            String attval [] = results[x].split(":") ;                   // 获取"属性名称"与内容
            try {
                Field field = obj.getClass().getDeclaredField(attval[0]) ;       // 获取成员
```

```
        // 根据成员名称拼凑出要使用的setter方法内容，同时根据Field获取属性类型
        // 该类型作为setter方法参数类型，这样就可以获取到正确的Method对象
        Method setMethod = obj.getClass().getDeclaredMethod("set" +
                StringUtils.initcap(attval[0]), field.getType()) ;
        setMethod.invoke(obj, attval[1]) ;                    // 调用setter方法设置内容
      } catch (Exception e) {}
    }
  }
}
```

（3）ClassInstanceFactory 负责实例化对象并且调用 BeanUtils 类实现属性内容的设置。

```
class ClassInstanceFactory {
    private ClassInstanceFactory() {}
    public static <T> T create(Class<?> clazz,String value) {
        try {      // 如果要想采用反射进行简单Java类对象属性设置的时候，类中必须有无参构造
            Object obj = clazz.getDeclaredConstructor().newInstance() ;
            BeanUtils.setValue(obj, value);                   // 通过反射设置属性
            return (T) obj ;                                  // 返回对象
        } catch (Exception e) {
            return null ;                                     // 设置错误返回null
        }
    }
}
```

本程序成功地实现了类对象的反射实例化以及属性的反射设置，而利用这样的程序结构可以实现所有简单 Java 类的属性赋值处理，从而避免了大量的 setter() 重复调用，达到了代码重用的设计目的。

17.5.4 设置多种数据类型

视频名称	1714_设置多种数据类型	学习层次	理解
视频简介	一个简单 Java 类中的属性类型不仅仅只有 String，还包含有整数、浮点数、日期等。本课程主要讲解如何实现多种数据类型的赋值以及转换处理操作。		

在简单 Java 类定义中往往会出现多种数据类型，最常见的为 long（Long）、int（Integer）、double（Double）、String、Date（日期、日期时间）。为了让程序具有通用性，可以通过修改程序功能，使其可以根据成员属性的类型将字符串数据进行转型处理。

（1）修改 BeanUtils 类，追加数据类型转换处理支持。

```
class BeanUtils {                                              // 进行Bean处理的类
    private BeanUtils() {}
    /**
     * 实现指定对象的属性设置
     * @param obj 要进行反射操作的实例化对象
     * @param value 包含指定内容的字符串，格式"属性:内容|属性:内容"
     */
    public static void setValue(Object obj,String value) {
        String results [] = value.split("\\|") ;              // 按照"|"对每一组属性进行拆分
        for (int x = 0 ; x < results.length ; x ++) {         // 循环取出每一组数据
            // attval[0]保存的是属性名称、attval[1]保存的是属性内容
            String attval [] = results[x].split(":") ;        // 获取"属性名称"与内容
```

```java
        try {
            Field field = obj.getClass().getDeclaredField(attval[0]) ;        // 获取成员
            // 根据成员名称拼凑出要使用的setter方法内容，同时根据Field获取属性类型
            // 该类型作为setter方法参数类型，这样就可以获取到正确的Method对象
            Method setMethod = obj.getClass().getDeclaredMethod("set" +
                StringUtils.initcap(attval[0]), field.getType()) ;
            Object convertValue =
                BeanUtils.convertAttributeValue(field.getType().getName(), attval[1]) ;
            setMethod.invoke(obj, convertValue) ;                // 调用setter方法设置内容
        } catch (Exception e) {}
    }
}
/**
 * 实现属性类型转换处理
 * @param type 属性类型，通过Field获取的
 * @param value 属性的内容，传入的都是字符串，需要将其变为指定类型
 * @return 转换后的数据
 */
private static Object convertAttributeValue(String type, String value) {
    // 根据属性类型判断字符串需要转换的目标类型，所有的类型都可以通过Object保存
    if ("long".equals(type) || "java.lang.Long".equals(type)) {      // 长整型
        return Long.parseLong(value);                                // 转换
    } else if ("int".equals(type) || "java.lang.Integer".equals(type)) {
        return Integer.parseInt(value);
    } else if ("double".equals(type) || "java.lang.Double".equals(type)) {
        return Double.parseDouble(value);
    } else if ("java.util.Date".equals(type)) {
        SimpleDateFormat sdf = null;                                 // 日期、日期时间
        if (value.matches("\\d{4}-\\d{2}-\\d{2}")) {
            sdf = new SimpleDateFormat("yyyy-MM-dd");
        } else if (value.matches("\\d{4}-\\d{2}-\\d{2} \\d{2}:\\d{2}:\\d{2}")) {
            sdf = new SimpleDateFormat("yyyy-MM-dd HH:mm:ss");
        } else {
            return new Date();                                       // 当前日期
        }
        try {
            return sdf.parse(value);
        } catch (ParseException e) {
            return new Date();                                       // 当前日期
        }
    } else {
        return value;                                                // 返回数据
    }
}
}
```

（2）修改 Emp.java 类，为其追加多种属性类型。

```java
class Emp {
    private String ename ;
    private String job ;
```

```
    private Double salary ;
    private Integer age ;
    private Date hiredate ;
    // setter、getter、toString()略
}
```

（3）修改主类，设置多个数据内容。

```
public class JavaReflectDemo {
    public static void main(String[] args) throws Exception {
        String value = "ename:Smith|job:Clerk|salary:8960.00|age:30|hiredate:2003-10-15" ;
        Emp emp = ClassInstanceFactory.create(Emp.class, value) ;  // 工具类自动设置
        System.out.println(emp);
    }
}
```

程序执行结果：

```
Emp [ename=Smith, job=Clerk, salary=8960.0, age=30, hiredate=Wed Oct 15 00:00:00 CST 2003]
```

本程序为 Emp 类追加了多种属性类型，随后在进行属性设置时，会根据每个成员的类型获取相应的 setter 方法，将使程序的通用性更强。

17.5.5　级联对象实例化

	视频名称	1715_级联对象实例化	学习层次	理解
	视频简介	一个类可以与其他类发生引用关系，以描述彼此之间的关系，这样的级联结构就需要考虑对象实例化问题。本课程主要讲解在多级 VO 配置关系时如何通过反射技术实现动态实例化对象操作。		

项目开发中为了描述出关联关系，简单 Java 类之间也可以进行关联配置。例如，一个员工属于一个部门，一个部门属于一个公司，就属于一种常见的引用关联，其结构如图 17-6 所示。

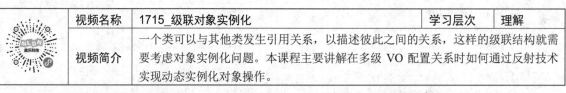

图 17-6　类关联结构

（1）定义关联类。

```
class Company {
    private String name ;
    private Date createdate ;
    // setter、getter、toString()略
}
class Dept {
    private String dname ;
    private String loc ;
    private Company company ;
    // setter、getter、toString()略
}
class Emp {
    private String ename ;
```

```
    private String job ;
    private Double salary ;
    private Integer age ;
    private Date hiredate ;
    private Dept dept ;
    // setter、getter、toString()略
}
```

（2）由于类中存在级联关系，所以对于给定的字符串操作格式也需要进行修改，可以使用"."描述级联关系。

dept.dname：财务部	Emp 类实例化对象.**getDept()**.setDname("财务部")
dept.company.name：MLDN	Emp 类实例化对象.**getDept()**.**getCompany()**.setName("MLDN")

范例：定义主类，修改设置字符串数据

```
public class JavaReflectDemo {
    public static void main(String[] args) throws Exception {
        String value = "ename:Smith|job:Clerk|salary:8960.00|age:30|hiredate:2003-10-15|"
                + "dept.dname:财务部|dept.company.name:MLDN" ;
        Emp emp = ClassInstanceFactory.create(Emp.class, value) ;    // 工具类自动设置
        System.out.println(emp);                                      // 对象数据
        System.out.println(emp.getDept());                            // 对象不为空
        System.out.println(emp.getDept().getCompany());               // 对象不为空
    }
}
```

（3）设置属性内容的前提是需要提供有实例化对象，面对当前的级联关系就需要首先解决对象实例化问题，修改 BeanUtils 类中的 setValue()方法进行级联对象实例化。

```
public static void setValue(Object obj,String value) {
    String results [] = value.split("\\|") ;                         // 按照"|"进行拆分
    for (int x = 0 ; x < results.length ; x ++) {                    // 循环设置属性内容
        // attval[0]保存的是属性名称、attval[1]保存的是属性内容
        String attval [] = results[x].split(":") ;                   // 获取属性名称与内容
        try {
            if (attval[0].contains(".")) {                           // 多级配置
                String temp [] = attval[0].split("\\.") ;
                Object currentObject = obj ;
                // 最后一位肯定是指定类中的属性名称，所以不在本次实例化处理的范畴之内
                for (int y = 0 ; y < temp.length - 1 ; y ++) {       // 实例化
                    // 调用相应的getter方法，如果getter方法返回了null表示该对象未实例化
                    Method getMethod = currentObject.getClass().getDeclaredMethod("get" +
                        StringUtils.initcap(temp[y])) ;
                    Object tempObject = getMethod.invoke(currentObject) ;
                    if (tempObject == null) {                        // 该对象现在没有实例化
                        Field field = currentObject.getClass()
                            .getDeclaredField(temp[y]) ;             // 获取属性类型
                        Method method = currentObject.getClass().getDeclaredMethod("set" +
                            StringUtils.initcap(temp[y]), field.getType()) ;
                        Object newObject = field.getType().getDeclaredConstructor()
                            .newInstance() ;
```

```
                method.invoke(currentObject, newObject) ;
                currentObject = newObject ;
            } else {
                currentObject = tempObject ;
            }
        }
    } else {
        Field field = obj.getClass().getDeclaredField(attval[0]) ; // 获取成员
        Method setMethod = obj.getClass().getDeclaredMethod("set" +
            StringUtils.initcap(attval[0]), field.getType()) ;
        Object convertValue = BeanUtils.convertAttributeValue(
            field.getType().getName(), attval[1]) ;
        setMethod.invoke(obj, convertValue) ;                      // 调用setter方法设置内容
    }
    } catch (Exception e) {}
    }
}
```

此时程序修改后，就可以根据级联关系找到指定的简单 Java 类对象，如果发现该对象并未实例化则
会自动依据反射进行对象实例化处理，并将实例化对象设置在相应的类对象中。

17.5.6　级联属性赋值

	视频名称	1716_级联属性赋值		学习层次	理解
	视频简介	类引用定义后就会存在其他引用类型的属性赋值操作，本课程主要讲解多级实例化 对象属性内容的获取与其属性设置。			

级联对象自动实例化操作完成后就可以通过给定的字符串结构为每一个级联对象中的属性进行赋值
处理操作，由于基本数据类型转换操作已经实现，所以本次重点在于修改 BeanUtils 类中的 setValue() 方法。

范例：修改 BeanUtils 中的 setValue() 方法实现级联赋值

```
public static void setValue(Object obj,String value) {
    String results [] = value.split("\\|") ;                          // 按照"|"进行拆分
    for (int x = 0 ; x < results.length ; x ++) {                     // 循环设置属性内容
        // attval[0]保存的是属性名称、attval[1]保存的是属性内容
        String attval [] = results[x].split(":") ;                    // 获取属性名称与内容
        try {
            if (attval[0].contains(".")) {                            // 多级配置
                String temp [] = attval[0].split("\\.") ;
                Object currentObject = obj ;
                // 最后一位肯定是指定类中的属性名称，所以不在本次实例化处理的范畴之内
                for (int y = 0 ; y < temp.length - 1 ; y ++) {        // 实例化
                    // 调用相应的getter方法，如果getter方法返回了null，表示该对象未实例化
                    Method getMethod = currentObject.getClass().getDeclaredMethod("get" +
                        StringUtils.initcap(temp[y])) ;
                    Object tempObject = getMethod.invoke(currentObject) ;
                    if (tempObject == null) {                         // 该对象现在并没有实例化
                        Field field = currentObject.getClass()
                            .getDeclaredField(temp[y]) ;              // 获取属性类型
                        Method method = currentObject.getClass().getDeclaredMethod("set" +
```

```
                          StringUtils.initcap(temp[y]), field.getType()) ;
                     Object newObject = field.getType()
                          .getDeclaredConstructor().newInstance() ;
                     method.invoke(currentObject, newObject) ;
                     currentObject = newObject ;
                 } else {
                     currentObject = tempObject ;
                 }
             }
             // 进行属性内容的设置
             Field field = currentObject.getClass().getDeclaredField(
                     temp[temp.length - 1]) ;              // 获取成员
             Method setMethod = currentObject.getClass().getDeclaredMethod("set" +
                     StringUtils.initcap(temp[temp.length - 1]), field.getType()) ;
             Object convertValue = BeanUtils.convertAttributeValue(
                     field.getType().getName(), attval[1]) ;
             setMethod.invoke(currentObject, convertValue) ; // 调用setter方法设置内容
         } else {
             Field field = obj.getClass().getDeclaredField(attval[0]) ; // 获取成员
             Method setMethod = obj.getClass().getDeclaredMethod("set" +
                     StringUtils.initcap(attval[0]), field.getType()) ;
             Object convertValue = BeanUtils.convertAttributeValue(
                     field.getType().getName(), attval[1]) ;
             setMethod.invoke(obj, convertValue) ;               // 调用setter方法设置内容
         }
     } catch (Exception e) {
         e.printStackTrace();
     }
  }
}
```

在级联关系中首先需要确定的就是要操作的属性对象，所以在代码中首先利用循环的方式确定当前要操作的对象（currentObject），随后才利用反射调用 setter 方法设置所传递的内容。

范例： 编写测试程序类

```
public class JavaReflectDemo {
    public static void main(String[] args) throws Exception {
        String value = "ename:Smith|job:Clerk|salary:8960.00|age:30|hiredate:2003-10-15|"
                + "dept.dname:财务部|dept.loc:北京|dept.company.name:MLDN|"
                + "dept.company.createdate:2001-11-11" ;
        Emp emp = ClassInstanceFactory.create(Emp.class, value) ;      // 工具类自动设置
        System.out.println(emp);                    // 对象数据
        System.out.println(emp.getDept());          // 对象不为空
        System.out.println(emp.getDept().getCompany()); // 对象不为空
    }
}
程序执行结果：
Emp [ename=Smith, job=Clerk, salary=8960.0, age=30, hiredate=Wed Oct 15 00:00:00 CST 2003]
Dept [dname=财务部, loc=北京]
Company [name=MLDN, createdate=Sat Nov 11 00:00:00 CST 2001]
```

此时程序实现了简单 Java 类的属性设置工具类，而有了这样的工具类后对于日后数据输入与对象转
换的操作将提供极大的方便，这一切都得益于反射机制的支持。

17.6　ClassLoader 类加载器

Java 程序的执行需要依靠 JVM，JVM 在进行类执行时会通过设置的 CLASSPATH 环境属性进行指定
路径的字节码文件加载，如图 17-7 所示，而 JVM 加载字节码文件的操作就需要使用到类加载器
（ClassLoader）。

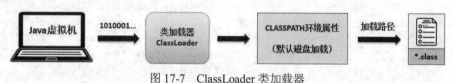

图 17-7　ClassLoader 类加载器

17.6.1　类加载器简介

	视频名称	1717_类加载器简介	学习层次	理解
	视频简介	JVM 进行程序类的加载需要类加载器，Java 内部提供有类加载器的支持。本课程主要讲解内置 ClassLoader 的使用以及 ClassLoader 主要作用。		

JVM 解释的程序类需要通过类加载器进行加载后才可以执行，为了保证 Java 程序的执行安全性，
JVM 提供有 3 种类加载器（操作关系见图 17-8）。

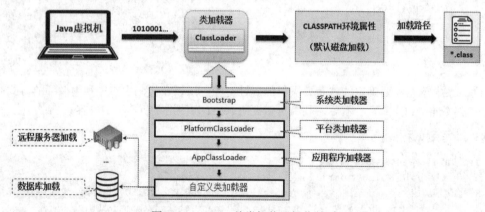

图 17-8　JVM 3 种类加载器操作关系

- Bootstrap（根加载器，又称系统类加载器）：由 C++语言编写的类加载器，是在 Java 虚拟机启
  动后进行初始化操作，主要的目的是加载 Java 底层系统提供的核心类库。
- PlatformClassLoader 类加载器（平台类加载器）：JDK 1.8 以前为 ExtClassLoader，使用 Java 编
  写的类加载器，主要功能是进行模块加载。
- AppClassLoader（应用程序类加载器）：加载 CLASSPATH 所指定的类文件或者 JAR 文件。

范例：获取系统类加载器

```java
package cn.mldn.demo;
public class JavaReflectDemo {
```

```java
public static void main(String[] args) throws Exception {
    String str = "www.mldn.cn" ;
    System.out.println(str.getClass().getClassLoader());
}
}
```
程序执行结果：
null

本程序获取了 String 类对应的类加载器信息，但是输出结果却为 null，这是因为 Bootstrap 根加载器不是由 Java 编写，所以只能以 null 的形式返回。

范例：获取自定义类加载器

```java
package cn.mldn.demo;
class Member {}
public class JavaReflectDemo {
    public static void main(String[] args) throws Exception {
        Member member = new Member() ;
        System.out.println(member.getClass().getClassLoader());
        System.out.println(member.getClass().getClassLoader().getParent());
        System.out.println(member.getClass().getClassLoader().getParent().getParent());
    }
}
```
程序执行结果：
jdk.internal.loader.ClassLoaders$AppClassLoader@311d617d
jdk.internal.loader.ClassLoaders$PlatformClassLoader@7c53a9eb
null

本程序自定义了一个 Member 类，并且获取了该类的所有加载器，通过结果可以发现，自定义的类和系统类所使用的是不同的类加载器。

提问：JVM 为什么提供 3 类加载器？

程序定义类的目的是在 JVM 中使用它，那么为什么要划分出 3 种类加载器，如果直接设计为一个类加载器不是更加方便吗？

回答：为系统安全，设置了不同级别的类加载器。

在 Java 装载类的时候使用的是"全盘负责委托机制"，这里面有两层含义。

➥ 全盘负责：是指当一个 ClassLoader 进行类加载时，除非显式地使用了其他的类加载器，该类所依赖及引用的类也有同样的 ClassLoader 进行加载。

➥ 责任委托：先委托父类加载器进行加载，在找不到父类时才由自己负责加载，并且类不会重复加载。

这样设计的优点在于当有一个伪造系统类（假设伪造 java.lang.String）出现时，利用全盘负责委托机制就可以保证 java.lang.String 类永远都是由 Bootstrap 类加载器加载，这样就保证了系统的安全，所以此类加载又称为"双亲加载"，即由不同的类加载器负责加载指定的类。

17.6.2　自定义 ClassLoader 类

视频名称	1718_自定义 ClassLoader 类	学习层次	理解
视频简介	Java 最大的特点在于可以方便地提供类加载的支持，这样使得程序的开发拥有极大的灵活性。本课程主要是结合 I/O 处理程序来实现一个自定义 ClassLoader 类的使用。		

除了系统提供的内置类加载器外，也可以利用继承 ClassLoader 的方法实现自定义类加载器的定义，本次将利用此机制实现磁盘类的加载操作。

（1）定义一个要加载的程序类。

```java
package cn.mldn.util;
public class Message {
    public void send() {
        System.out.println("www.mldn.cn");
    }
}
```

将生成的 Message.class 文件保存到 D 盘（路径 D:\Message.class），此时不要求将其保存在对应的包中。

（2）自定义类加载器。由于需要将加载的二进制数据文件转为 Class 类的处理，所以可以使用 ClassLoader 提供的 defineClass()方法实现转换。

```java
package cn.mldn.util;
import java.io.ByteArrayOutputStream;
import java.io.File;
import java.io.FileInputStream;
import java.io.InputStream;
public class MLDNClassLoader extends ClassLoader {
    private static final String MESSAGE_CLASS_PATH = "D:" +
            File.separator + "Message.class";            // 定义要加载的类文件完整路径
    /**
     * 进行指定类的加载操作
     * @param className 类的完整名称"包.类"
     * @return 返回一个指定类的Class对象
     * @throws Exception 如果类文件不存在则无法加载
     */
    public Class<?> loadData(String className) throws Exception {
        byte[] data = this.loadClassData();             // 读取二进制数据文件
        if (data != null) {                             // 读取到了
            return super.defineClass(className, data, 0, data.length);
        }
        return null;
    }
    private byte[] loadClassData() throws Exception {    // 通过文件进行类的加载
        InputStream input = null;
        ByteArrayOutputStream bos = null;               // 将数据加载到内存中
        byte data[] = null;
        try {
            bos = new ByteArrayOutputStream();          // 实例化内存流
            input = new FileInputStream(new File(MESSAGE_CLASS_PATH)); // 文件流加载
            input.transferTo(bos);                      // 读取数据
            data = bos.toByteArray();                   // 字节数据取出
        } catch (Exception e) {
            e.printStackTrace();
        } finally {
            if (input != null) {
```

```
            input.close();                              // 关闭输入流
        }
        if (bos != null) {
            bos.close();                                // 关闭内存流
        }
    }
    return data;
}
}
```

（3）使用自定义类加载器进行类加载并调用方法。

```
package cn.mldn.demo;
import java.lang.reflect.Method;
import cn.mldn.util.MLDNClassLoader;
public class JavaReflectDemo {
    public static void main(String[] args) throws Exception {
        MLDNClassLoader classLoader = new MLDNClassLoader() ;          // 实例化自定义类加载器
        Class<?> cls = classLoader.loadData("cn.mldn.util.Message") ;   // 进行类的加载
        // 由于Message类并不在CLASSPATH中，所以此时无法直接将对象转为Message类型，只能通过反射调用
        Object obj = cls.getDeclaredConstructor().newInstance() ;       // 实例化对象
        Method method = cls.getDeclaredMethod("send") ;                 // 获取方法
        method.invoke(obj) ;                                            // 方法调用
    }
}
程序执行结果：
www.mldn.cn
```

本程序利用自定义类加载器的形式直接加载磁盘上的二进制字节码文件，并利用 ClassLoader 提供的 defineClass()方法将二进制数据转为了 Class 类实例，这样就可以利用反射进行对象实例化与方法调用。

> **提示：观察当前的类加载器。**
>
> 本程序利用自定义类加载器实现了类的加载操作，此时可以观察一下类加载器的执行顺序。
>
> **范例：观察类加载器执行顺序**
>
> ```
> package cn.mldn.demo;
> import cn.mldn.util.MLDNClassLoader;
> public class JavaReflectDemo {
>     public static void main(String[] args) throws Exception {
>         MLDNClassLoader classLoader = new MLDNClassLoader() ;
>         Class<?> cls = classLoader.loadData("cn.mldn.util.Message") ;
>         System.out.println(cls.getClassLoader());
>         System.out.println(cls.getClassLoader().getParent());
>         System.out.println(cls.getClassLoader().getParent().getParent());
>         System.out.println(cls.getClassLoader().getParent()
>             .getParent().getParent());
>     }
> }
> 程序执行结果：
> ```

```
cn.mldn.util.MLDNClassLoader@ed17bee
jdk.internal.loader.ClassLoaders$AppClassLoader@2a33fae0
jdk.internal.loader.ClassLoaders$PlatformClassLoader@707f7052
null
```
通过执行结果可以发现，本次加载的 Message 类首先使用的就是自定义类加载器。

17.7　反射与代理设计模式

	视频名称	1719_静态代理设计模式问题分析	学习层次	掌握
	视频简介	代理设计模式可以实现真实业务和辅助业务的有效拆分。本课程主要讲解传统静态代理设计模式的开发以及如何与工厂设计结合使用。		

代理设计模式可以有效地进行真实业务与代理业务之间的拆分，让开发者可以更加专注地实现核心业务。基础代理设计模式的设计结构如图 17-9 所示。

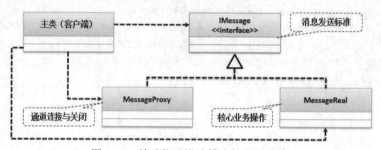

图 17-9　基础代理设计模式的设计结构

在本书所给出的基础代理设计模式中，每一个代理类都需要为特定的一个真实业务类服务，这样就会造成一个严重的问题：如果项目中有 3000 个接口，并且每个接口的代理操作流程类似，则需要创建 3000 个重复的代理类。所以在实际项目开发中，代理类的设计不应该与具体的接口产生耦合关系，而这就需要通过动态代理设计模式解决。

17.7.1　动态代理设计模式

	视频名称	1720_动态代理设计模式	学习层次	掌握
	视频简介	静态代理设计模式由于采用硬编码的形式，代理类不具备通用性，这样就会造成大量的重复代码，为了得到统一的代理支持可以基于动态代理设计模式完成。本课程将讲解动态代理设计模式的实现。		

动态代理设计模式的最大特点是可以同时为若干个功能相近类提供统一的代理支持，这就要求必须定义一个公共的代理类。在 Java 中针对此动态代理类提供了一个公共的标准接口：java.lang.reflect.InvocationHandler。此接口定义如下。

```
public interface InvocationHandler{
    /**
     * 代理操作方法，可以提供统一的代理支持
     * @param proxy 代理对象
     * @param method 要执行的目标类方法
     * @param args 执行方法所需要的参数
```

```
     * @return 方法执行结果
     * @throws Throwable 方法调用时产生的异常
     */
    public Object invoke(Object proxy,Method method,Object[] args) throws Throwable ;
}
```

除了提供统一的代理操作类外，还需要类在运行中依据被代理类所实现的父接口动态地创造出一个临时的代理对象，而这一操作就可以通过 java.lang.reflect.Proxy 类来实现（操作结构见图 17-10）。此类定义有以下方法。

创造代理对象：public static Object newProxyInstance(ClassLoader loader,Class<?>[] interfaces, InvocationHandler h) throws IllegalArgumentException。

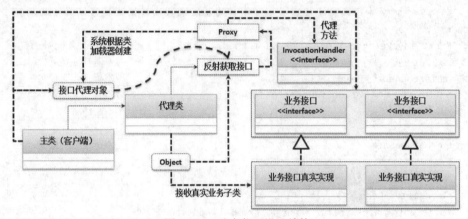

图 17-10　动态代理设计结构

范例： 实现动态代理设计模式

```java
package cn.mldn.demo;
import java.lang.reflect.InvocationHandler;
import java.lang.reflect.Method;
import java.lang.reflect.Proxy;
interface IMessage {                                         // 传统代理设计必须有接口
    public void send();                                     // 业务方法
}
class MessageReal implements IMessage {                     // 真实实现类
    @Override
    public void send() {
        System.out.println("【发送消息】www.mldn.cn");
    }
}
class MLDNProxy implements InvocationHandler {              // 代理类
    private Object target;                                  // 真实业务对象
    /**
     * 进行真实业务对象与代理业务对象之间的绑定处理
     * @param target 真实业务对象
     * @return Proxy生成的代理业务对象
     */
    public Object bind(Object target) {
```

```
            this.target = target;                                   // 保存真实对象
        // 依据真实对象的类加载器、实现接口以及代理调用类（InvocationHandler子类）动态创建代理对象
        return Proxy.newProxyInstance(target.getClass().getClassLoader(),
                target.getClass().getInterfaces(), this);
    }
    public boolean connect() {                                      // 代理方法
        System.out.println("【消息代理】进行消息发送通道的连接。");
        return true;
    }
    public void close() {                                           // 代理方法
        System.out.println("【消息代理】关闭消息通道。");
    }
    @Override
    public Object invoke(Object pro, Method method, Object[] args) throws Throwable {
        Object returnData = null;                                   // 真实业务处理结果
        if (this.connect()) {                                       // 通道是否连接
            returnData = method.invoke(this.target, args);          // 调用真实业务
            this.close();                                           // 通道关闭
        }
        return returnData;                                          // 返回执行结果
    }
}
public class JavaReflectDemo {
    public static void main(String[] args) throws Exception {
        IMessage msg = (IMessage) new MLDNProxy().bind(new MessageReal()) ;
        msg.send();
    }
}
```
程序执行结果：
【消息代理】进行消息发送通道的连接。
【发送消息】www.mldn.cn
【消息代理】关闭消息通道。

　　本程序利用 InvocationHandler 接口定义了一个代理类，该代理类不会与任何接口有耦合关联，并且所有的代理对象都是通过 Proxy 根据真实对象的结构动态创建而来。由于动态代理类具有通用性的特点，所以每当用户调用方法时都会执行代理类中的 invoke()方法，该方法将通过反射的形式调用真实方法。

17.7.2　CGLIB 实现动态代理设计模式

视频名称	1721_CGLIB 实现动态代理设计	学习层次	掌握
视频简介	JDK 实现的动态代理机制是按照接口的形式实现的，但是开源组织又开发了基于类的代理结构。本课程主要讲解如何基于 CGLIB 开发包实现动态代理设计模式。		

　　代理设计模式是基于接口的设计，所以在官方给出的 Proxy 类创建代理对象时都需要传递该对象所有的接口信息。

```
Proxy.newProxyInstance(target.getClass().getClassLoader(),target.getClass().getInterfaces(),
this);
```

但是有一部分的开发者认为不应该强迫性地基于接口实现代理设计，所以他们就开发出了一个
CGLIB 的开发包，利用这个开发包就可以实现基于类的代理设计模式。

> **提示：需要进行开发包的配置。**
>
> CGLIB 开发包是一个第三方组件（本次使用的是 cglib-nodep-3.2.9.jar 文件），要想在项目中使用它，则必须
> 将 CGLIB 的 jar 文件设置到 CLASSPATH 中。如果没有使用开发工具，则需要修改 CLASSPATH 环境属性配置；
> 如果基于开发工具开发，则应该将开发包在开发工具中进行配置。

范例： 使用 CGLIB 实现类代理结构

```java
package cn.mldn.demo;
import java.lang.reflect.Method;
import net.sf.cglib.proxy.Enhancer;
import net.sf.cglib.proxy.MethodInterceptor;
import net.sf.cglib.proxy.MethodProxy;
class Message {                                              // 操作类
    public void send() {
        System.out.println("【发送消息】www.mldn.cn");
    }
}
class MLDNProxy implements MethodInterceptor  {              // 代理类（方法拦截）
    private Object target;                                   // 真实业务对象
    public MLDNProxy(Object target) {
        this.target = target ;                              // 保存真实主题对象
    }
    public boolean connect() {                               // 代理方法
        System.out.println("【消息代理】进行消息发送通道的连接。");
        return true;
    }
    public void close() {                                    // 代理方法
        System.out.println("【消息代理】关闭消息通道。");
    }
    @Override
    public Object intercept(Object proxy, Method method, Object[] args,
                MethodProxy methodProxy) throws Throwable {
        Object returnData = null;                            // 真实业务处理结果
        if (this.connect()) {                                // 通道是否连接
            returnData = method.invoke(this.target, args);   // 调用真实业务
            this.close();                                    // 通道关闭
        }
        return returnData;                                   // 返回执行结果
    }
}
public class JavaReflectDemo {
    public static void main(String[] args) throws Exception {
        Message realObject = new Message() ;                 // 真实主体对象
        Enhancer enhancer = new Enhancer() ;                 // 负责代理操作的程序类
        enhancer.setSuperclass(realObject.getClass());       // 假定一个父类
        enhancer.setCallback(new MLDNProxy(realObject));     // 设置代理类
```

```
        Message proxyObject = (Message) enhancer.create() ;        // 创建代理对象
        proxyObject.send();
    }
}
```
程序执行结果：
【消息代理】进行消息发送通道的连接。
【发送消息】www.mldn.cn
【消息代理】关闭消息通道。

　　本程序在定义 Message 类的时候并没有让其实现任何业务接口，这就表明该操作将无法使用 JDK 所提供的动态代理设计模式来进行代理操作，所以只能够依据定义的父类并通过 CGLIB 组件包模拟出动态代理设计模式的结构。

17.8　反射与 Annotation

　　JDK 1.5 提供了很多新的特性。其中一个很重要的特性，就是对元数据（Metadata）的支持。在 J2SE5.0 中，这种元数据被称为注解（Annotation）。通过使用注解使程序开发人员可以在不改变原有逻辑的情况下，在源文件嵌入一些补充的信息。

17.8.1　反射取得 Annotation 信息

视频名称	1722_反射取得 Annotation 信息	学习层次	掌握
视频简介	Annotation 之所以可以在 Java 开发中得到广泛的应用，除了其结构简单外，还可以结合反射进行配置操作。本课程主要讲解如何基于反射获取 Annotation 定义。		

　　在进行类或方法定义的时候都可以使用一系列的 Annotation 进行声明，于是如果要想获取这些 Annotation 的信息，那么就可以直接通过反射来完成。在 java.lang.reflect 里有一个 AccessibleObject 类（Constructor、Method、Field 类的父类）提供有获取 Annotation 类的方法，如表 17-8 所示。

表 17-8　AccessibleObject 类提供的 Annotation 方法

No.	方　　法	类　　型	描　　述
1	public Annotation[] getAnnotations()	普通	获取全部 Annotation 信息
2	public <T extends Annotation> T getDeclaredAnnotation(Class<T> annotationClass)	普通	获取指定类型的 Annotation
3	public boolean isAnnotationPresent(Class<? extends Annotation> annotationClass)	普通	是否存在指定的 Annotation

范例： 获取接口和接口子类上的 Annotation 信息

```
package cn.mldn.demo;
import java.io.Serializable;
import java.lang.annotation.Annotation;
import java.lang.reflect.Method;
@FunctionalInterface
@Deprecated(since="1.0")
interface IMessage {                                          // 有两个Annotation
    public void send(String msg) ;
```

```
}
@SuppressWarnings("serial")                        // 无法在程序执行的时候获取
class MessageImpl implements IMessage, Serializable {
    @Override                                      // 无法在程序执行的时候获取
    public void send(String msg) {
        System.out.println("【消息发送】" + msg);
    }
}
public class JavaReflectDemo {
    public static void main(String[] args) throws Exception {
        {    // 获取接口上的Annotation信息
            Annotation annotations [] = IMessage.class.getAnnotations() ;
            for (Annotation temp : annotations) {
                System.out.println(temp);
            }
        }
        System.out.println("----------------------------------");
        {    // 获取MessageImpl子类上的Annotation
            Annotation annotations [] = MessageImpl.class.getAnnotations() ;
            for (Annotation temp : annotations) {
                System.out.println(temp);
            }
        }
        System.out.println("----------------------------------");
        {    // 获取MessageImpl.toString()方法上的Annotation
            Method method = MessageImpl.class.getDeclaredMethod("send", String.class) ;
            Annotation annotations [] = method.getAnnotations() ;
            for (Annotation temp : annotations) {
                System.out.println(temp);
            }
        }
    }
}
```

程序执行结果：
```
@java.lang.FunctionalInterface()
@java.lang.Deprecated(forRemoval=false, since="1.0")
---------------------------------- （无法获取类上的Annotation）
---------------------------------- （无法获取方法上的Annotation）
```

本程序的主要目的是要进行接口、类、方法上的 Annotation 信息获取，而通过结果可以发现，程序最终只获得了在接口上定义的两个 Annotation 信息，之所以无法获得某些 Annotation，这主要和 Annotation的定义范围有关，如下所示。

@FunctionalInterface（运行时）	@SuppressWarnings（源代码）
@Documented	@Target({TYPE, FIELD, METHOD, PARAMETER,
@Target(ElementType.TYPE)	CONSTRUCTOR, LOCAL_VARIABLE, MODULE})
@Retention(RetentionPolicy.RUNTIME)	@Retention(RetentionPolicy.SOURCE)
public @interface FunctionalInterface {}	public @interface SuppressWarnings {

在每一个 Annotation 定义中都可以通过 RetentionPolicy 来对 Annotation 使用范围进行定义，该类是一个枚举类，有 3 种操作范围，如表 17-9 所示。

表 17-9　RetentionPolicy 的 3 个范围

No.	范　　围	描　　述
1	SOURCE	此 Annotation 类型的信息只会保留在程序源文件中（*.java），编译后不会保存在编译好的类文件（*.class）中
2	CLASS	此 Annotation 类型将保留在程序源文件（*.java）和编译后的类文件（*.class）中，在使用此类的时候，这些 Annotation 信息将不会被加载到虚拟机（JVM）中，如果一个 Annotation 声明时没有指定范围，则默认是此范围
3	RUNTIME	此 Annotation 类型的信息保留在源文件（*.java）、类文件（*.class），在执行时也会加载到 JVM 中

17.8.2　自定义 Annotation

	视频名称	1723_自定义 Annotation	学习层次	掌握
	视频简介	除了使用系统提供的 Annotation 外，Java 又对开发者自定义 Annotation 提供支持，此时就需要明确指定 Annotation 的操作范围。本课程主要讲解 Annotation 的定义以及结合反射获取 Annotation 信息处理。		

　　除了使用系统定义的 Annotation 外，开发者也可以根据需要自定义 Annotation。而 Java 中 Annotation 的定义需要使用@interface 进行标记，同时也可以使用@Target 定义 Annotation 的范围，如表 17-10 所示。

表 17-10　Annotation 操作范围

No.	范　　围	描　　述
1	public static final ElementType ANNOTATION_TYPE	只能用在注释声明上
2	public static final ElementType CONSTRUCTOR	只能用在构造方法声明上
3	public static final ElementType FIELD	只能用在字段声明（包括枚举常量）上
4	public static final ElementType LOCAL_VARIABLE	只能用在局部变量声明上
5	public static final ElementType METHOD	只能用在方法的声明上
6	public static final ElementType PACKAGE	只能用在包的声明上
7	public static final ElementType PARAMETER	只能用在参数的声明上
8	public static final ElementType TYPE	只能用在类、接口、枚举类型上

　　范例：自定义 Annotation

```
package cn.mldn.demo;
import java.lang.annotation.ElementType;
import java.lang.annotation.Retention;
import java.lang.annotation.RetentionPolicy;
import java.lang.annotation.Target;
import java.lang.reflect.Method;
@Target({ ElementType.TYPE, ElementType.METHOD })          // 此Annotation只能用在类和方法上
@Retention(RetentionPolicy.RUNTIME)                        // 定义Annotation的运行策略
@interface DefaultAnnotation {                             // 自定义的Annotation
    public String title() ;                               // 获取数据
    public String url() default "www.mldn.cn" ;           // 获取数据，提供有默认值
}
class Message {
```

```java
@DefaultAnnotation(title="MLDN")                              // 方法上使用Annotation
public void send(String msg) {
    System.out.println("【消息发送】" + msg);
}
}
public class JavaReflectDemo {
    public static void main(String[] args) throws Exception {
        Method method = Message.class.getMethod("send", String.class) ;      // 获取指定方法
        DefaultAnnotation anno = method.getAnnotation(
            DefaultAnnotation.class) ; // 获取指定的Annotation
        String msg = anno.title() + "（" + anno.url() + "）";                 // 消息内容
        method.invoke(Message.class.getDeclaredConstructor().newInstance(), msg) ;
    }
}
```

程序执行结果：

【消息发送】MLDN（www.mldn.cn）

本程序自定义 DefaultAnnotation 注解并为其设置了两个操作属性（title、url），由于 url 属性已经设置了默认值，这样在程序执行中可以不设置其值，但是 title 属性必须设置具体内容。

> **提示：属性简化设置。**
>
> 在 Annotation 定义中，如果其 Annotation 只有一个需要用户设置的必要属性时，可以使用 value 作为属性名称，这样在进行内容设置时就可以不写属性名称直接设置。
>
> **范例：使用默认属性名称**
>
> ```java
> @Target({ ElementType.TYPE, ElementType.METHOD })
> @Retention(RetentionPolicy.RUNTIME)
> @interface DefaultAnnotation {
>     public String value() ;
>     public String url() default "www.mldn.cn" ;
> }
> class Message {
>     // 也可以使用"@DefaultAnnotation(value="MLDN")"
>     @DefaultAnnotation("MLDN")
>     public void send(String msg) {
>         System.out.println("【消息发送】" + msg);
>     }
> }
> ```
>
> 由于 value 属性名称为系统内定名称，所以在开发中可以省略此属性名称，这一点在日后项目开发中较为常见。

17.8.3 Annotation 整合工厂设计模式

视频名称	1724_Annotation 整合工厂设计模式	学习层次	掌握
视频简介	Annotation 是为了提供配置处理操作的，这些配置可以通过反射实现。本课程主要讲解 Annotation 与工厂设计模式的整合处理操作。		

使用 Annotation 进行开发的最大特点是可以将相应的配置信息写入 Annotation 后，在项目启动时通过反射获取相应 Annotation 定义并进行操作。为了帮助读者理解 Annotation 的作用，下面将通过 Annotation 整合工厂设计模式与代理设计模式。操作结构如图 17-11 所示。

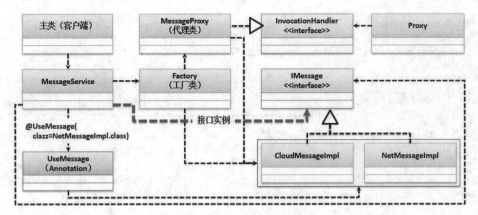

图 17-11　Annotation 整合应用

范例： Annotation 整合工厂设计模式与代理设计模式

```java
package cn.mldn.demo;
import java.lang.annotation.ElementType;
import java.lang.annotation.Retention;
import java.lang.annotation.RetentionPolicy;
import java.lang.annotation.Target;
import java.lang.reflect.InvocationHandler;
import java.lang.reflect.Method;
import java.lang.reflect.Proxy;
interface IMessage {                                          // 业务接口
    public void send(String msg);                            // 输出业务
}
class CloudMessageImpl implements IMessage {                  // 业务接口实现子类
    @Override
    public void send(String msg) {                           // 方法覆写
        System.out.println("【云消息发送】" + msg);
    }
}
class NetMessageImpl implements IMessage {                    // 业务接口实现子类
    @Override
    public void send(String msg) {                           // 方法覆写
        System.out.println("【网络消息发送】" + msg);
    }
}
class Factory {
    private Factory() {}
    public static <T> T getInstance(Class<T> clazz) {        // 返回实例化对象
        try {                                                // 利用反射获取实例化对象
            return (T) new MessageProxy().bind(
                    clazz.getDeclaredConstructor().newInstance());
        } catch (Exception e) {
            return null;
        }
    }
}
```

```java
}
@Target({ ElementType.TYPE, ElementType.METHOD })                    // 只能用在类和方法上
@Retention(RetentionPolicy.RUNTIME)
@interface UseMessage {
    public Class<?> clazz();                                          // 定义要使用的类型
}
@UseMessage(clazz = NetMessageImpl.class)                            // Annotation定义使用类
class MessageService {
    private IMessage message;                                        // 定义业务处理类
    public MessageService() {
        UseMessage use = MessageService.class.getAnnotation(UseMessage.class);
        this.message = (IMessage) Factory.getInstance(use.clazz());  // 通过Annotation获取
    }
    public void send(String msg) {
        this.message.send(msg);
    }
}

class MessageProxy implements InvocationHandler {                    // 代理类
    private Object target;
    public Object bind(Object target) {                              // 对象绑定
        this.target = target;
        return Proxy.newProxyInstance(target.getClass().getClassLoader(),
                    target.getClass().getInterfaces(), this);
    }
    public boolean connect() {                                       // 代理方法
        System.out.println("〖代理操作〗进行消息发送通道的连接。");
        return true;
    }
    public void close() {                                            // 代理方法
        System.out.println("〖代理操作〗关闭连接通道。");
    }
    @Override
    public Object invoke(Object proxy, Method method, Object[] args) throws Throwable {
        try {
            if (this.connect()) {
                return method.invoke(this.target, args);             // 代理调用
            } else {
                throw new Exception("【ERROR】消息无法进行发送！");
            }
        } finally {
            this.close();
        }
    }
}
public class JavaReflectDemo {
    public static void main(String[] args) throws Exception {
        MessageService messageService = new MessageService();       // 实例化接口对象
        messageService.send("www.mldn.cn");                         // 调用方法
```

```
    }
}
```
程序执行结果：
〖代理操作〗进行消息发送通道的连接。
【网络消息发送】www.mldn.cn
〖代理操作〗关闭连接通道。

　　本程序首先将工厂设计模式与代理设计模式结合在一起，这样可以实现真实业务与代理业务的分割；同时利用工厂类对外隐藏了代理类的操作细节，这样的整合更加符合实际项目开发结构。在本程序中 MessageService 类要调用 IMessage 接口提供的 send()方法，所以在 MessageService 类定义上使用了自定义的@UseMessage 注解，以确定要使用的 IMessage 接口子类，如果要进行子类更换，则直接修改注解定义即可。

17.9　本 章 概 要

　　1．Class 类是反射机制操作的源头，Class 类的对象有 3 种实例化方式。
　　↳　通过 Object 类中的 getClass()方法。
　　↳　通过"类.class"的形式。
　　↳　通过 Class.forName()方法，此种方式最为常用。
　　2．获取 Class 类实例化对象后，可以直接进行指定类对象的实例化操作，也可以基于反射动态获取类中的结构（构造方法、方法、成员属性）。
　　3．java.lang.reflect.Method 表示的是要执行的类方法，利用类中提供的 invoke()方法与实例化对象（Object 型）可以实现方法的反射调用。
　　4．JVM 执行的程序类都必须通过类加载器进行加载，Java 为了安全提供有双亲加载机制，可以保证系统类加载的正确性，用户也可以根据自身需求实现自己的类加载器。
　　5．代理设计模式可以有效地实现代理业务与真实业务的分离操作，JDK 提供的动态代理设计模式是基于接口动态创建代理类，并且在代理类中通过反射进行方法调用，这样就可以由用户自定义代理执行方法。为了避免接口对代理设计模式的应用，也可以基于第三方组件包 CGLIB 进行类代理实现。
　　6．Annotation 可以通过注解的形式进行配置，用户可以根据自身的业务需求利用"@interface"自定义 Annotation，并结合反射机制实现程序启动配置。

第 18 章 类 集 框 架

 通过本章的学习可以达到以下目标

- 掌握 Java 设置类集的主要目的及实现原理。
- 掌握 Collection 接口的作用及主要操作方法。
- 掌握 Collection 子接口 List、Set 的区别及常用子类的使用与核心实现原理。
- 掌握 Map 接口的作用及与 Collection 接口的区别,理解 Map 接口设计结构以及其常用子类的实现原理。
- 掌握集合的 3 种常用输出方式:Iterator、Enumeration、foreach。
- 掌握 Queue 队列结构的使用,理解单端队列与双端队列。
- 掌握 Properties 类的使用,并可以结合资源文件(*.properties)实现属性操作。
- 了解类集工具类 Collections 的作用。
- 了解 Stream 数据流处理与统计分析操作。

类集是 Java 中的一个重要特性,是 Java 针对常用数据结构的官方实现,在实际开发中被广泛使用。如果要想写出一个好的程序,则一定要将类集的作用和各个组成部分的特点掌握清楚。本章就将对 Java 类集进行完整的介绍,针对一些较为常用的操作也将进行深入的讲解。在 JDK 1.5 之后,为了使类集操作更加安全,对类集框架进行了修改,加入了泛型的操作。

18.1　Java 类集框架

视频名称	1801_Java 类集框架		学习层次	理解	
视频简介	类集是针对数据存储结构的标准描述,本课程主要讲解类集的发展历史以及不同 JDK 版本对类集的支持,同时介绍了类集中的常用接口。				

在开发语言中数组是一个重要的概念,使用传统数组虽然可以保存多个数据,但是却存在长度的使用限制。而正是因为长度的问题,开发者不得不使用数据结构来实现动态数组处理(核心的数据结构:链表、树等),但是对于数据结构的开发又不得不面对以下问题。

- 数据结构的代码实现困难,对于一般的开发者而言开发难度较高。
- 随着业务的不断变化,也需要不断地对数据结构进行优化与结构更新,这样才可以保证较好的处理性能。
- 数据结构的实现需要考虑到多线程并发处理控制。
- 需要提供行业认可的使用标准。

为了解决这些问题,从 JDK 1.2 版本开始,Java 引入了类集开发框架,提供了一系列的标准数据操作接口与各个实现子类,帮助开发者减少开发数据结构所带来的困难。但是在最初提供的 JDK 版本中由于技术所限全部采用 Object 类型实现数据接收(这就导致有可能会存在 ClassCastException 安全隐患),而在 JDK 1.5 之后由于泛型技术的推广,类集结构也得到了改进,可以直接利用泛型来统一类集存储数据的数据类型,而随着数据量的不断增加,从 JDK 1.8 开始类集中的实现算法也得到了良好的性能提升。

在类集中为了提供标准的数据结构操作，提供了若干核心接口，分别是 Collection、List、Set、Map、Iterator、Enumeration、Queue、ListIterator 等。

18.2　Collection 集合接口

视频名称	1802_Collection 集合接口	学习层次	掌握
视频简介	Collection 是单实例操作的标准接口，提供了大量的标准操作。本课程主要讲解 Collection 接口的作用、常用子接口以及其常用操作方法。		

java.util.Collection 是单值集合操作的最大的父接口，在该接口中定义了所有的单值数据的处理操作。这个接口中定义的核心操作方法如表 18-1 所示。

表 18-1　Collection 接口定义的核心方法

No.	方　　法	类　型	描　　述
1	public boolean add(E e)	普通	向集合保存数据
2	public boolean addAll(Collection<? extends E> c)	普通	追加一组数据
3	public void clear()	普通	清空集合，让根节点为空，同时执行 GC 处理
4	public boolean contains(Object o)	普通	查询数据是否存在，需要 equals()方法支持
5	public boolean remove(Object o)	普通	数据删除，需要 equals()方法支持
6	public int size()	普通	获取数据长度
7	public Object[] toArray()	普通	将集合变为对象数组返回
8	public Iterator<E> iterator()	普通	将集合变为 Iterator 接口

在 JDK 1.5 版本以前，Collection 只是一个独立的接口，但是从 JDK 1.5 之后提供了 Iterable 父接口，并且在 JDK 1.8 之后对 Iterable 接口进行了一些扩充。另外，在 JDK 1.2～1.4 时如果要进行集合的使用往往会直接操作 Collection 接口，但是从 JDK 1.5 开始更多的情况下选择的都是 Collection 的两个子接口，即允许重复的 List 子接口、不允许重复的 Set 子接口 Collection 与其子接口的继承结构如图 18-1 所示。

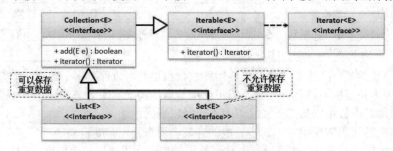

图 18-1　Collection 与其子接口的继承结构

18.3　List 集合

视频名称	1803_List 接口简介	学习层次	掌握
视频简介	List 是 Collection 最常用的子接口，本课程主要讲解 List 接口的特点，同时分析了 List 接口的扩展方法以及常用子类定义。		

List 是 Collection 子接口，其最大的特点是允许保存重复元素数据，该接口的定义如下。

```
public interface List<E> extends Collection<E> {}
```

List 接口直接继承了 Collection 接口，并且 List 接口对 Collection 接口方法进行了扩充，其核心方法如表 18-2 所示。

表 18-2　List 接口扩充的方法

No.	方　　法	类　型	描　　述
1	public E get(int index)	普通	取得指定索引位置上的数据
2	public E set(int index, E element)	普通	修改指定索引位置上的数据
3	public ListIterator<E> listIterator()	普通	为 ListIterator 接口实例化
4	public static <E> List<E> of(E... elements)	普通	将数据转为 List 集合
5	public default void forEach(Consumer<? super T> action)	普通	使用 foreach 结合消费型接口输出

在使用 List 接口进行开发时，主要使用其子类实例化，该接口的常用子类为 ArrayList、Vector、LinkedList。List 及其常见子类继承结构如图 18-2 所示。

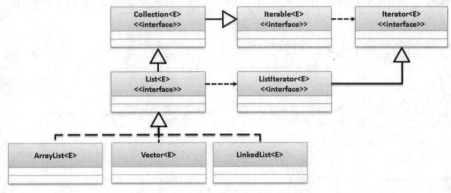

图 18-2　List 及其常见子类继承结构

从 JDK 1.9 开始 List 接口提供了 of() 静态方法，利用此方法可以方便地将若干个数据直接转为 List 集合保存。

范例：将多个数据转为 List 集合保存

```java
package cn.mldn.demo;
import java.util.List;
public class JavaCollectDemo {
    public static void main(String[] args) {
        List<String> all = List.of("MLDN", "MLDNJava", "小李老师",
            "www.mldn.cn", "www.mldnjava.cn");        // 多个数据转为List集合
        Object result[] = all.toArray();              // 将List集合转为数组保存
        for (Object temp : result) {                  // foreach输出数组
            System.out.print(temp + "、");
        }
    }
}
程序执行结果：
MLDN、MLDNJava、小李老师、www.mldn.cn、www.mldnjava.cn
```

本程序直接利用 List.of()方法将多个字符串对象保存在了 List 集合中，随后利用 toArray()方法将集合的内容转为对象数组取出后利用 foreach 迭代输出，同时也可以发现，数据的设置顺序也是数据的保存顺序。

18.3.1　ArrayList 子类

视频名称	1804_ArrayList 子类	学习层次	掌握
视频简介	线性结构最方便的实现就是基于数组实现，本课程主要以 ArrayList 子类讲解 List 子接口的方法特点与应用。		

ArrayList 子类是在使用 List 接口时最常用的一个子类，该类利用数组实现 List 集合操作。ArrayList 类定义如下。

```
public class ArrayList<E>
extends AbstractList<E>
implements List<E>, RandomAccess, Cloneable, Serializable {}
```

通过继承定义可以发现 ArrayList 子类实现了 List 接口，同时又继承了 AbstractList 抽象类。其继承结构如图 18-3 所示。

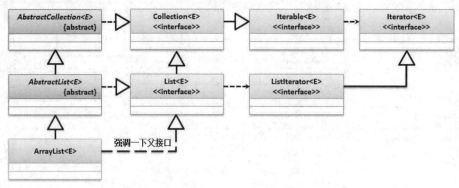

图 18-3　ArrayList 继承结构

范例：使用 ArrayList 实例化 List 接口

```
package cn.mldn.demo;
import java.util.ArrayList;
import java.util.List;
public class JavaCollectDemo {
    public static void main(String[] args) {
        List<String> all = new ArrayList<String>();        // 为List父接口进行实例化
        all.add("MLDNJava");                                // 保存数据
        all.add("MLDNJava");                                // 保存重复数据
        all.add("www.mldn.cn");                             // 保存数据
        all.add("小李老师");                                  // 保存数据
        System.out.println(all);                           // 直接输出集合对象
    }
}
```
程序执行结果：
[MLDNJava, MLDNJava, www.mldn.cn, 小李老师]

本程序通过 ArrayList 子类为 List 接口进行实例化，并且调用了 add() 方法进行数据的添加。通过集合的输出结果可以发现，重复数据允许保存，集合中的数据保存顺序为添加时的顺序。

> **提示：集合输出操作支持。**
>
> 　　以上的程序虽然实现了集合的输出，但是这种输出的操作是直接利用每一个类提供的 toString() 方法实现的。为了方便地进行输出处理，在 JDK 1.8 之后，Iterable 父接口中定义了一个 forEach() 方法，该方法可以结合 Lambda 表达式实现集合数据输出。
>
> **范例：集合输出**
>
> ```java
> package cn.mldn.demo;
> import java.util.ArrayList;
> import java.util.List;
> public class JavaCollectDemo {
>     public static void main(String[] args) {
>         List<String> all = new ArrayList<String>();     // 为List父接口进行实例化
>         all.add("MLDNJava");                             // 保存数据
>         all.add("MLDNJava");                             // 保存重复数据
>         all.add("www.mldn.cn");                          // 保存数据
>         all.add("小李老师");                              // 保存数据
>         all.forEach((str) -> {                           // 集合输出
>             System.out.print(str + "、");
>         });
>     }
> }
> ```
>
> 程序执行结果：
>
> [MLDNJava, MLDNJava, www.mldn.cn, 小李老师]
>
> 　　本程序直接结合消费型函数式接口进行了输出表达式的操作，但是这类输出并不是标准的集合输出模式（最标准的输出结构就是 Iterator 接口），读者对此操作有个了解即可。

　　在集合操作中除了进行数据的保存和输出外，还提供了其他处理方法，例如，获取集合长度、数据是否存在、数据删除等操作。

　　范例：集合操作方法

```java
package cn.mldn.demo;
import java.util.ArrayList;
import java.util.List;
public class JavaCollectDemo {
    public static void main(String[] args) {
        List<String> all = new ArrayList<String>();             // 为List父接口进行实例化
        System.out.println("集合是否为空？" + all.isEmpty() + "、集合元素个数：" + all.size());
        all.add("MLDNJava");                                    // 保存数据
        all.add("MLDNJava");                                    // 保存重复数据
        all.add("www.mldn.cn");                                 // 保存数据
        all.add("小李老师");                                     // 保存数据
        System.out.println("数据存在判断：" + all.contains("www.mldn.cn"));
        all.remove("MLDNJava") ;                                // 删除元素
        System.out.println("集合是否为空？" + all.isEmpty() + "、集合元素个数：" + all.size());
        System.out.println(all.get(1));                         // 获取指定索引元素，索引从0开始
```

```
        }
}
```

程序执行结果：

集合是否为空？ true、集合元素个数：0（集合刚创建未保存数据）

数据存在判断：true（数据存在判断）

集合是否为空？ false、集合元素个数：3（集合进行数据操作后）

www.mldn.cn

　　本程序利用 Collection 接口中提供的标准操作方法获取了集合中的数据信息以及相关数据操作，需要注意的是，List 子接口提供的 get()方法可以根据索引获取数据，这也是 List 子接口中的重要操作方法。

> **提示：ArrayList 实现原理分析。**
>
> 　　从 ArrayList 子类的名称上就可以清楚地知道它利用数组（Array）实现了 List 集合操作标准，实际上在 ArrayList 子类中是通过一个数组实现了数据保存。该数组定义如下。
>
> ```
> transient Object[] elementData;                   // 方便内部类访问，所以没有封装
> ```
> 　　ArrayList 类中的数组是在构造方法中为其进行空间开辟的，在 ArrayList 类中提供了以下两种构造方法。
> - 无参构造（**public ArrayList()**）：使用空数组（长度为 0）初始化，在第一次使用时会为其开辟空间（初始化长度为 10）。
> - 有参构造（**public ArrayList (int initialCapacity)**）：长度大于 0 则以指定长度开辟数组空间，如果长度为 0，则与无参构造开辟模式相同；如果为负数，则会抛出 IllegalArgumentException 异常。
>
> 　　由于 ArrayList 中利用数组进行数据保存，而数组本身有长度限制，所以当所保存的数据已经超过了数组容量时，ArrayList 会帮助开发者进行数组容量扩充，扩充原则如下。
>
> ```
> int oldCapacity = elementData.length;              // 数组长度
> int newCapacity = oldCapacity + (oldCapacity >> 1);   // 容量扩充
> ```
> 　　当数组扩充后会利用数组复制的形式，将旧数组中的数据复制到开辟的新数组中。当然数组不能无限制扩充，在 ArrayList 中定义了数组的最大长度。
>
> ```
> private static final int MAX_ARRAY_SIZE = Integer.MAX_VALUE - 8;
> ```
> 　　如果保存的数据超过了此长度，则在执行中就会出现 OutOfMemoryError 错误。
>
> 　　经过一系列的分析可以发现，ArrayList 通过数组结构保存数据，由于数组的线性特征，所以数据保存顺序就是数据添加时的顺序。另外，由于需要不断地进行新数组的创建与引用修改，这必然会造成大量的垃圾内存产生，因此在使用 ArrayList 的时候一定要估算好集合保存的数据长度。

18.3.2　ArrayList 保存自定义类对象

	视频名称	1805_ArrayList 保存自定义类对象	学习层次	掌握
	视频简介	类集可以实现各种数据对象的保存，本课程讲解如何利用 ArrayList 类保存自定义类型以及 equals()方法在集合中的作用。		

　　String 类是一个由 JDK 提供的核心基础类，这个类的整体设计非常完善，因而在进行类集操作时可以保存任意的数据类型，这也就包括了开发者自定义的程序类。为了保证集合中的 contains()与 remove()两个方法的正确执行，所以必须保证类中已经正确覆写了 equals()方法。

　　范例： 在集合中保存自定义类对象

```
package cn.mldn.demo;
import java.util.ArrayList;
import java.util.List;
class Member {                                       // 自定义程序类
```

```java
    private String name;                                        // 成员属性
    private int age;                                            // 成员属性
    public Member(String name, int age) {                       // 属性初始化
        this.name = name;
        this.age = age;
    }
    @Override
    public boolean equals(Object obj) {                         // 对象比较
        if (this == obj) {
            return true;
        }
        if (obj == null) {
            return false;
        }
        if (!(obj instanceof Member)) {
            return false;
        }
        Member mem = (Member) obj;
        return this.name.equals(mem.name) && this.age == mem.age;
    }
    // setter、getter、无参构造略
    public String toString() {
        return "姓名: " + this.name + "、年龄: " + this.age;
    }
}
public class JavaCollectDemo {
    public static void main(String[] args) {
        List<Member> all = new ArrayList<Member>();             // 实例化集合接口
        all.add(new Member("张三",30)) ;                        // 增加数据
        all.add(new Member("李四",16)) ;                        // 增加数据
        all.add(new Member("王五",78)) ;                        // 增加数据
        System.out.println(all.contains(new Member("王五",78)));
        all.remove(new Member("王五",78)) ;                     // 删除数据
        all.forEach(System.out::println);                       // 方法引用替代消费型函数式接口
    }
}
```

程序执行结果:
true（数据可以查询到）
姓名: 张三、年龄: 30
姓名: 李四、年龄: 16

本程序通过 List 集合保存了自定义的 Member 类对象，由于 contains() 与 remove() 方法的实现要求是
通过对象比较的形式来处理的，所以必须在 Member 类中实现 equals() 方法的覆写。

18.3.3　LinkedList 子类

视频名称	1806_LinkedList 子类	学习层次	掌握	
视频简介	类集中链表可以线性地进行，类集中通过 LinkedList 实现链表结构。本课程主要介绍 LinkedList 子类的使用以及与 ArrayList 类的区别。			

LinkedList 子类是基于链表形式实现的 List 接口标准，该类定义如下。

```java
public class LinkedList<E>
extends AbstractSequentialList<E>
implements List<E>, Deque<E>, Cloneable, Serializable {}
```

通过继承关系可以发现，该类除了实现 List 接口外，也实现了 Deque 接口（双端队列）。继承结构
如图 18-4 所示。

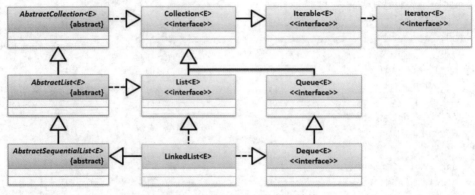

图 18-4　LinkedList 类继承结构

范例：使用 LinkedList 子类实现集合操作

```java
package cn.mldn.demo;
import java.util.LinkedList;
import java.util.List;
public class JavaCollectDemo {
    public static void main(String[] args) {
        List<String> all = new LinkedList<String>();          // 实例化集合接口
        all.add("MLDNJava");                                   // 保存数据
        all.add("MLDNJava");                                   // 保存重复数据
        all.add("www.mldn.cn");                                // 保存数据
        all.add("小李老师");                                     // 保存数据
        System.out.println(all);                               // 直接输出集合对象
    }
}
```

程序执行结果：

```
[MLDNJava, MLDNJava, www.mldn.cn, 小李老师]
```

本程序更换了 List 接口的实例化子类，由于 LinkedList 与 ArrayList 都遵从 List 实现标准，所以代码
形式与 ArrayList 完全相同。

> **提示**：关于 LinkedList 子类实现原理。
>
> LinkedList 是基于链表数据结构实现的 List 集合标准，其核心的原理与第 12 章所讲解的链表形式类似，都是
> 基于 Node 节点实现数据存储关系。
>
> 链表与数组的最大区别在于：链表实现不需要频繁地进行新数组的空间开辟，但是数组在根据索引获取数据
> 时（List 接口扩展的 get() 方法）时间复杂度为 $O(1)$，而链表的时间复杂度为 $O(n)$。

18.3.4 Vector 子类

视频名称	1807_Vector 子类		学习层次	掌握	
视频简介	Vector 是在类集未定义标准时提供的集合操作类，本课程主要通过源代码的比较分析 ArrayList 与 Vector 类的区别。				

Vector 是一个原始的程序类，这个类是在 JDK 1.0 的时候就提供的，而到了 JDK 1.2 的时候由于很多开发者已经习惯使用 Vector，而且许多系统类也是基于 Vector 实现的，考虑到其使用的广泛性，所以类集框架将其保存了下来，并且让其多实现了一个 List 接口。下面来观察 Vector 定义结构。

```
public class Vector<E>
extends AbstractList<E>
implements List<E>, RandomAccess, Cloneable, Serializable {}
```

从定义可以发现 Vector 类与 ArrayList 类都是 AbstractList 抽象类的子类，也同样重复实现了 List 接口，Vector 类继承结构如图 18-5 所示。

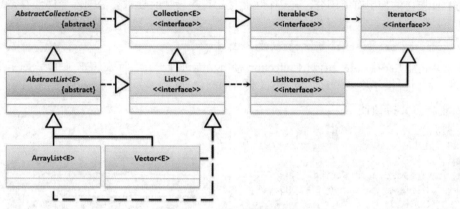

图 18-5　Vector 类继承结构

范例： 使用 Vector 类实例化 List 接口

```
package cn.mldn.demo;
import java.util.List;
import java.util.Vector;
public class JavaCollectDemo {
    public static void main(String[] args) {
        List<String> all = new Vector<String>();          // 实例化集合接口
        all.add("MLDNJava");                               // 保存数据
        all.add("MLDNJava");                               // 保存重复数据
        all.add("www.mldn.cn");                            // 保存数据
        all.add("小李老师");                                // 保存数据
        System.out.println(all);                           // 直接输出集合对象
    }
}
程序执行结果：
[MLDNJava, MLDNJava, www.mldn.cn, 小李老师]
```

本程序通过 Vector 实例化了 List 接口对象，随后利用 List 接口提供的标准操作方法进行了数据的添加与输出。

> 👤 **提示：关于 Vector 实现的进一步说明。**
>
> ArrayList 与 Vector 除了推出的时间不同外，实际上它们内部的实现机制也有所不同。通过源代码的分析可以发现 Vector 类中的操作方法采用的都是 synchronized 同步处理，而 ArrayList 并没有进行同步处理。所以 Vector 类中的方法在多线程访问的时候属于线程安全的，但是性能不如 ArrayList 高，所以在考虑线程并发访问的情况下才会去使用 Vector 子类。

18.4 Set 集合

	视频名称	1808_Set 接口简介		学习层次	掌握
	视频简介	在某些环境下，集合数据不需要保存重复内容，所以 Collection 对此标准进行了扩充，提供了 Set 接口标准。本课程主要讲解 Set 接口的特点以及常用子类的定义。			

为了与 List 接口的使用有所区分，在进行 Set 接口程序设计时要求其内部不允许保存重复元素，Set 接口定义如下。

```java
public interface Set<E> extends Collection<E> {}
```

在 JDK 1.9 之前 Set 接口并没有对 Collection 接口功能进行扩充，而在 JDK 1.9 后 Set 接口追加了许多 static 方法，同时提供了将多个对象转为 Set 集合的操作支持。

范例：观察 Set 接口使用

```java
package cn.mldn.demo;
import java.util.Set;
public class JavaCollectDemo {
    public static void main(String[] args) {
        Set<String> all = Set.of("MLDNJava", "MLDNJava", "小李老师",
            "www.mldn.cn", "www.mldnjava.cn");          // 保存多个数据，存在重复内容
        System.out.println(all);
    }
}
```
程序执行结果:
```
Exception in thread "main" java.lang.IllegalArgumentException: duplicate element: MLDNJava
```

由于 Set 接口本身的特点，所以当通过 of()方法向 Set 集合中保存重复元素时会发现抛出异常。在 Set 接口中有两个常用的子类：HashSet（散列存放）、TreeSet（有序存放）。这些子类的基本继承关系如图 18-6 所示。

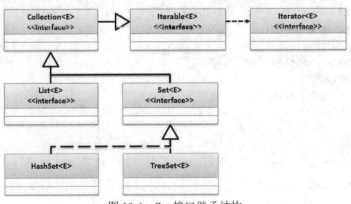

图 18-6　Set 接口继承结构

18.4.1 HashSet 子类

视频名称	1809_HashSet 子类	学习层次	掌握
视频简介	散列是一种常见的数据存储模式，HashSet 是基于散列存放的集合。本课程主要讲解 HashSet 子类的继承特点以及存储特点。		

HashSet 是 Set 接口较为常见的一个子类，该子类的最大特点是不允许保存重复元素，并且所有的内容都采用散列（无序）的方式进行存储。此类定义如下。

```
public class HashSet<E>
extends AbstractSet<E>
implements Set<E>, Cloneable, Serializable {}
```

HashSet 子类继承了 AbstractSet 抽象类，同时实现了 Set 接口，继承关系如图 18-7 所示。

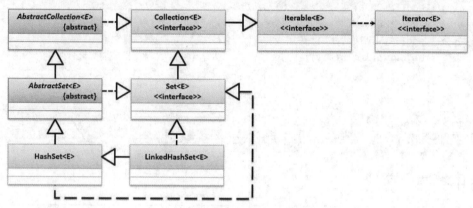

图 18-7　HashSet 子类继承结构

范例：使用 HashSet 保存数据

```
package cn.mldn.demo;
import java.util.HashSet;
import java.util.Set;
public class JavaCollectDemo {
    public static void main(String[] args) {
        Set<String> all = new HashSet<String>();      // 为Set父接口进行实例化
        all.add("小李老师");                            // 保存数据
        all.add("MLDNJava");                          // 保存数据
        all.add("MLDNJava");                          // 保存重复数据
        all.add("www.mldn.cn");                       // 保存数据
        System.out.println(all);                      // 直接输出集合对象
    }
}
程序执行结果：
[MLDNJava, www.mldn.cn, 小李老师]
```

本程序向 Set 集合中保存了重复的数据，但通过输出的集合内容可以发现，重复数据没有被保存，并且所有数据散列存放。

提示：顺序式保存。

在 Set 接口中，HashSet 使用限制较少，而 HashSet 唯一的问题在于无序处理。为了解决这一问题，在 JDK 1.4 后又提供了 LinkedHashSet 子类，实现基于链表的数据保存。

范例： 使用 LinkedHashSet 子类

```java
package cn.mldn.demo;
import java.util.LinkedHashSet;
import java.util.Set;
public class JavaCollectDemo {
    public static void main(String[] args) {
        Set<String> all = new LinkedHashSet<String>();    // 为Set父接口进行实例化
        all.add("小李老师");                                // 保存数据
        all.add("MLDNJava");                                // 保存数据
        all.add("MLDNJava");                                // 保存重复数据
        all.add("www.mldn.cn");                             // 保存数据
        System.out.println(all);                            // 直接输出集合对象
    }
}
```

程序执行结果：

[小李老师, MLDNJava, www.mldn.cn]

此时数据的增加顺序就是集合的保存顺序，并且不会保存重复数据。

18.4.2 TreeSet 子类

视频名称	1810_TreeSet 子类	学习层次	掌握
视频简介	为了使集合中的保存数据可以有序排列，Set 接口定义了 TreeSet 子类。本课程主要讲解 TreeSet 集合的继承结构以及相关操作特点。		

TreeSet 子类可以针对设置的数据进行排序保存，TreeSet 子类的定义结构如下。

```java
public class TreeSet<E>
extends AbstractSet<E>
implements NavigableSet<E>, Cloneable, Serializable {}
```

通过继承关系可以发现，TreeSet 继承 AbstractSet 抽象类并实现了 NavigableSet 接口（此为排序标准接口，是 Set 子接口）。其继承结构如图 18-8 所示。

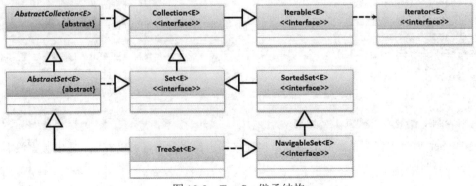

图 18-8　TreeSet 继承结构

范例：使用 TreeSet 保存数据

```java
package cn.mldn.demo;
import java.util.Set;
import java.util.TreeSet;
public class JavaCollectDemo {
    public static void main(String[] args) {
        Set<String> all = new TreeSet<String>();        // 为Set父接口进行实例化
        all.add("MLDN");                                 // 保存数据
        all.add("MLDNJava");                             // 保存重复数据
        all.add("MLDNJava");                             // 保存重复数据
        all.add("Hello");                                // 保存数据
        System.out.println(all);                         // 直接输出集合对象
    }
}
程序执行结果：
[Hello, MLDN, MLDNJava]
```

本程序使用 TreeSet 子类进行数据保存，通过执行结果可以发现，所有保存的数据会按照由小到大的顺序（字符串会按照字母大小顺序依次比较）排列。

18.4.3 TreeSet 子类排序分析

视频名称	1811_TreeSet 子类排序分析	学习层次	掌握	
视频简介	集合可以保存任意的数据类型，但是对于 TreeSet 子类的实现有特殊要求。本课程主要分析 TreeSet 子类排序使用与 Comparable 接口实现子类的注意事项。			

TreeSet 类在进行有序数据存储时依据的是 Comparable 接口实现排序，并且也是依据 Comparable 接口中的 compareTo() 方法来判断重复元素，所以在使用 TreeSet 进行自定义类对象保存时必须实现 Comparable 接口。但是在覆写 compareTo() 方法时需要进行类中全部属性的比较，否则会出现部分属性相同时被误判为同一对象，导致重复元素判断失败。

范例：使用 TreeSet 保存自定义类对象

```java
package cn.mldn.demo;
import java.util.Set;
import java.util.TreeSet;
class Member implements Comparable <Member> {           // 比较器
    private String name ;
    private int age ;
    public Member(String name,int age) {                // 属性赋值
        this.name = name ;
        this.age = age ;
    }
    public String toString() {
        return "姓名： " + this.name + "、年龄： " + this.age ;
    }
    @Override
    public int compareTo(Member per) {
        if (this.age < per.age) {
```

```
                return -1 ;
            } else if (this.age > per.age) {
                return 1 ;
            } else {
                return this.name.compareTo(per.name) ;        // 年龄相同时进行姓名比较
            }
        }
}
public class JavaCollectDemo {
    public static void main(String[] args) {
        Set<Member> all = new TreeSet<Member>();               // 为Set父接口进行实例化
        all.add(new Member("张三",19)) ;
        all.add(new Member("李四",19)) ;                         // 年龄相同，但是姓名不同
        all.add(new Member("王五",20)) ;                         // 数据重复
        all.add(new Member("王五",20)) ;                         // 数据重复
        all.forEach(System.out::println);
    }
}
程序执行结果：
姓名：张三、年龄：19
姓名：李四、年龄：19
姓名：王五、年龄：20
```

　　本程序利用 TreeSet 保存自定义 Member 类对象，由于存在排序的需求，Member 类实现了 Comparable 接口并正确覆写了 compareTo()方法，这样 TreeSet 就可以依据 compareTo()方法的判断结果来确定是否为重复元素。

18.4.4　重复元素消除

视频名称	1812_重复元素消除	学习层次	掌握
视频简介	Set 集合中不允许有重复元素，本课程主要讲解如何利用 Object 类中的 hashCode()、equals()两个方法消除重复元素的操作。		

　　由于 TreeSet 子类有排序的需求，所以利用 Comparable 接口实现了重复元素判断，但是在非排序的集合中对于重复元素的判断依靠的是 Object 类中提供的两个方法。

　　➥　**hash 码**：public int hashCode()。
　　➥　**对象比较**：public boolean equals(Object obj)。

　　在进行对象比较的过程中，首先会使用 hashCode()方法与已保存在集合中的对象的 hashCode()方法进行比较，如果代码相同，则再使用 equals()方法进行属性的依次判断，如果全部相同，则为相同元素。

　　范例：消除重复元素

```
package cn.mldn.demo;
import java.util.HashSet;
import java.util.Set;
class Member {                                                  // 比较器
    private String name ;
    private int age ;
    public Member(String name,int age) {                        // 属性赋值
```

```java
        this.name = name ;
        this.age = age ;
    }
    public String toString() {
        return "姓名: " + this.name + "、年龄: " + this.age ;
    }
    // setter、getter、无参构造略
    @Override
    public int hashCode() {
        final int prime = 31;
        int result = 1;
        result = prime * result + age;
        result = prime * result + ((name == null) ? 0 : name.hashCode());
        return result;
    }
    @Override
    public boolean equals(Object obj) {
        if (this == obj)
            return true;
        if (obj == null)
            return false;
        if (getClass() != obj.getClass())
            return false;
        Member other = (Member) obj;
        if (age != other.age)
            return false;
        if (name == null) {
            if (other.name != null)
                return false;
        } else if (!name.equals(other.name))
            return false;
        return true;
    }
}
public class JavaCollectDemo {
    public static void main(String[] args) {
        Set<Member> all = new HashSet<Member>();          // 为Set父接口进行实例化
        all.add(new Member("张三",19)) ;
        all.add(new Member("李四",19)) ;                   // 年龄相同，但是姓名不同
        all.add(new Member("王五",20)) ;                   // 数据重复
        all.add(new Member("王五",20)) ;                   // 数据重复
        all.forEach(System.out::println);
    }
}
```
程序执行结果：
姓名: 李四、年龄: 19
姓名: 王五、年龄: 20
姓名: 张三、年龄: 19

本程序通过 HashSet 保存了重复元素，由于 hashCode()方法与 equals()方法的作用，所以对于重复元素不进行保存。

491

18.5 集合输出

Collection 接口中提供有 toArray()方法可以将集合保存的数据转为对象数组返回，用户可以利用数组的循环方式进行内容获取，但是此类方式由于性能不高并不是集合输出的首选方案。在类集框架中对于集合的输出提供了 4 种方式：Iterator、ListIterator、Enumeration、foreach。

18.5.1 Iterator 迭代输出

	视频名称	1813_Iterator 迭代输出	学习层次	掌握
	视频简介	虽然集合提供将数据以数组形式返回的支持，但是这类操作的性能往往不是最好的，因此在开发中迭代是一种常用的集合输出模式。本课程主要讲解 Iterator 接口的定义以及元素的删除问题。		

Iterator 是专门的迭代输出接口，所谓的迭代输出，是指依次判断每个元素，判断其是否有内容，如果有内容则把内容取出。操作形式如图 18-9 所示。

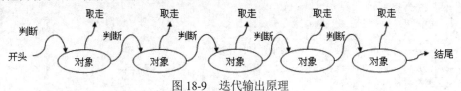

图 18-9 迭代输出原理

Iterator 接口依靠 Iterable 接口中的 iterate()方法实例化，随后就可以使用表 18-3 所示的方法进行集合输出操作。

表 18-3 Iterator 接口中的常用方法

No.	方 法	类 型	描 述
1	public boolean hasNext()	普通	判断是否有下一个值
2	public E next()	普通	取出当前元素
3	public default void remove()	普通	移除当前元素

范例：使用 Iterator 输出 Set 集合

```java
package cn.mldn.demo;
import java.util.Iterator;
import java.util.Set;
public class JavaCollectDemo {
    public static void main(String[] args) {
        Set<String> all = Set.of("Hello", "MLDNJava", "MLDN");    // 创建Set集合
        Iterator<String> iter = all.iterator();                   // 实例化Iterator接口对象
        while (iter.hasNext()) {                                   // 集合是否有数据
            String str = iter.next();                             // 获取每一个数据
            System.out.print(str + "、");                          // 输出数据
        }
    }
}
程序执行结果：
MLDNJava、MLDN、Hello、
```

Set 接口是 Collection 的子接口，所以 Set 接口中提供有 iterate()方法可以直接获取 Iterator 接口实例，这样就可以采用迭代的方式实现内容输出。

 提问：关于数据删除操作。

在 Iterator 接口中提供有 remove()方法，Collection 接口中也提供有 remove()方法，这两种删除方法有什么区别？

 回答：迭代输出时不要使用 Collection.remove()方法。

在进行迭代输出时，每一次输出都需要依据存储的数据内容进行判断，如果直接通过 Collection 接口提供的 remove()方法删除了集合中的数据，那么就会出现并发访问异常（java.util.ConcurrentModificationException），所以 Iterator 接口才提供 remove()方法以实现正确的删除操作。

范例：迭代输出时删除数据

```java
package cn.mldn.demo;
import java.util.HashSet;
import java.util.Iterator;
import java.util.Set;
public class JavaCollectDemo {
    public static void main(String[] args) {
        // 如果使用Set.of()或List.of()创建的集合不支持删除操作
        Set<String> all = new HashSet<String>();
        all.add("小李老师");                  // 保存数据
        all.add("MLDNJava");                  // 保存数据
        all.add("MLDNJava");                  // 保存重复数据
        all.add("www.mldn.cn");               // 保存数据
        Iterator<String> iter = all.iterator();
        while (iter.hasNext()) {              // 集合是否有数据
            String str = iter.next();         // 获取数据
            if ("MLDNJava".equals(str)) {
                iter.remove() ;               // 删除当前数据
            } else {
                System.out.print(str + "、");
            }
        }
    }
}
```

程序执行结果：
www.mldn.cn、小李老师、
本程序利用 Iterator 接口提供的 remove()方法实现了正确的数据删除操作。

18.5.2 ListIterator 双向迭代输出

视频名称	1814_ListIterator 双向迭代输出	学习层次	了解	
视频简介	Iterator 实现了单向迭代输出操作的支持，而 Java 考虑到了双向迭代的需求，提供了 ListIterator 接口。本课程主要分析两种迭代操作的区别，并且通过具体的操作演示双向迭代输出操作。			

Iterator 完成的是由前向后的单向输出操作，如果现在希望可以完成由前向后和由后向前输出，那么

就可以利用 ListIterator 接口完成，此接口是 Iterator 的子接口。ListIterator 接口主要使用两个扩充方法，如表 18-4 所示。

表 18-4　ListIterator 接口扩充方法

No.	方　　法	类　型	描　　述
1	public boolean hasPrevious()	普通	判断是否有前一个元素
2	public E previous()	普通	取出前一个元素

Iterator 接口可以通过 Collection 接口实现实例化操作，而 ListIterator 接口只能够通过 List 子接口进行实例化（Set 子接口无法使用 ListIterator 接口输出）。操作结构如图 18-10 所示。

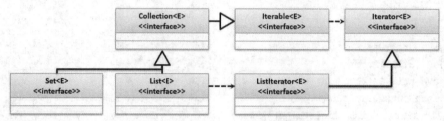

图 18-10　ListIterator 子接口操作结构

范例：执行双向迭代操作

```java
package cn.mldn.demo;
import java.util.ArrayList;
import java.util.List;
import java.util.ListIterator;
public class JavaCollectDemo {
    public static void main(String[] args) {
        List<String> all = new ArrayList<String>();              // 为List父接口进行实例化
        all.add("小李老师");                                       // 保存数据
        all.add("MLDNJava");                                      // 保存数据
        all.add("www.mldn.cn");                                   // 保存数据
        ListIterator<String> iter = all.listIterator() ;         // 获取ListIterator接口实例
        System.out.print("由前向后输出：");
        while(iter.hasNext()) {                                   // 由前向后迭代
            System.out.print(iter.next() + "、");
        }
        System.out.print("\n由后向前输出：");
        while (iter.hasPrevious()) {                              // 由后向前迭代
            System.out.print(iter.previous() + "、");
        }
    }
}
```
程序执行结果：
由前向后输出：小李老师、MLDNJava、www.mldn.cn、
由后向前输出：www.mldn.cn、MLDNJava、小李老师、

本程序通过 ListIterator 接口实现了 List 集合的双向迭代输出操作。需要注意的是，在进行由后向前的反向迭代前一定要先进行由前向后的迭代后才可以正常使用。

18.5.3　Enumeration 枚举输出

视频名称	1815_Enumeration 枚举输出	学习层次	掌握
视频简介	早期的 Vector 可以提供有集合保存功能，所以 Java 针对此接口的输出提供了 Enumeration 接口。本课程主要利用 Enumeration 实现 Vector 集合的操作。		

　　Enumeration 是在 JDK 1.0 时推出的早期集合输出接口（最初被称为枚举输出），该接口设置的主要目的是输出 Vector 集合数据，并且在 JDK 1.5 后使用泛型重新进行了接口定义。Enumeration 接口常用方法如表 18-5 所示。

表 18-5　Enumeration 接口常用方法

No.	方　　法	类　型	描　　述
1	public boolean hasMoreElements()	普通	判断是否有下一个值
2	public E nextElement()	普通	取出当前元素

　　在程序中，如果要取得 Enumeration 的实例化对象，只能够依靠 Vector 类完成。在 Vector 子类中定义了以下方法：public **Enumeration<E>** elements()。Enumeration 操作结构如图 18-11 所示。

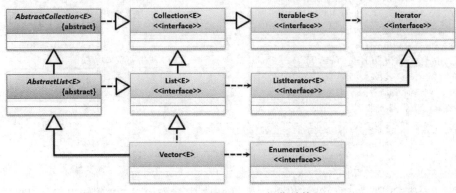

图 18-11　Enumeration 操作结构

　　范例：使用 Enumeration 输出 Vector 集合数据

```java
package cn.mldn.demo;
import java.util.Enumeration;
import java.util.Vector;
public class JavaCollectDemo {
    public static void main(String[] args) {
        Vector<String> all = new Vector<String>();          // 实例化Vector
        all.add("小李老师");                                  // 保存数据
        all.add("MLDNJava");                                 // 保存数据
        all.add("www.mldn.cn");                              // 保存数据
        Enumeration<String> enu = all.elements() ;          // 获取Enumeration实例
        while (enu.hasMoreElements()) {
            String str = enu.nextElement() ;
            System.out.print(str + "、");
        }
    }
}
程序执行结果：
小李老师、MLDNJava、www.mldn.cn、
```

本程序通过 Vector 获取了 Enumeration 接口实例，这样就可以利用循环的方式实现内容的获取操作，但是需要注意的是，Enumeration 接口并没有提供删除方法，即只支持输出操作。

18.5.4　foreach 输出

	视频名称	1816_foreach 输出		学习层次	理解
	视频简介	foreach 是一种新的集合迭代输出格式，本课程主要讲解如何利用 JDK 1.5 的新特性实现集合输出操作，同时讲解 foreach 与 Iterable 接口之间的关联。			

JDK 1.5 版本后开始提供 foreach 迭代输出操作，foreach 除了可以实现数组输出外，也支持集合的输出操作。

范例：使用 foreach 输出集合数据

```java
package cn.mldn.demo;
import java.util.HashSet;
import java.util.Set;
public class JavaCollectDemo {
    public static void main(String[] args) {
        Set<String> all = new HashSet<String>();          // 实例化Set
        all.add("小李老师");                                // 保存数据
        all.add("MLDNJava");                               // 保存数据
        all.add("www.mldn.cn");                            // 保存数据
        for (String str : all) {
            System.out.print(str + "、");
        }
    }
}
```
程序执行结果：
MLDNJava、www.mldn.cn、小李老师、

本程序通过 foreach 语法实现了 Set 集合内容的输出，其操作形式与数组输出完全相同。

 提问：能否自定义 foreach 输出？

本程序通过 foreach 实现了类的迭代输出支持，那么能否通过 foreach 实现自定义类的输出支持？

 回答：需要 Iterable 接口支持。

Iterable 接口是在 JDK 1.5 之后提供的迭代支持接口，并且在 JDK 1.5 之后 Collection 也继承了 Iterable 接口。Java 规定 Iterable 接口可以支持 foreach 输出，所以只有 Set 或 List 集合才可以通过 foreach 实现，为了便于理解，下面通过一个具体的代码进行说明。

范例：自定义类使用 foreach 输出

```java
package cn.mldn.demo;
import java.util.Iterator;
class Message implements Iterable<String> {          // 支持foreach输出
    private String[] content = new String[] {
            "MLDN", "MLDNJava", "小李老师" };            // 信息内容
    private int foot;                                    // 操作脚标
    @Override
    public Iterator<String> iterator() {                 // 获取Iterator实例
        return new MessageIterator();
    }
```

```
        private class MessageIterator implements Iterator<String> {
            @Override
            public boolean hasNext() {                    // 判断是否存在内容
                return Message.this.foot <
                    Message.this.content.length;
            }
            @Override
            public String next() {                        // 获取数据
                return Message.this.content[Message.this.foot++];
            }
        }
    }
    public class JavaCollectDemo {
        public static void main(String[] args) {
            Message message = new Message();              // Iterable接口实例
            for (String msg : message) {                  // foreach输出
                System.out.print(msg + "、");
            }
        }
    }
程序执行结果：
MLDN、MLDNJava、小李老师、
本程序定义的 Message 类实现了 Iterable 接口，这样程序就可以利用 foreach 实现输出操作。
```

18.6 Map 集合

视频名称	1817_Map 接口简介	学习层次	掌握
视频简介	Map 是一种保存偶对象数据的接口标准，本课程主要介绍 Map 接口与 Collection 接口的区别以及 Map 集合常用方法。		

Map 是进行二元偶对象（存储结构为 "key = value" 的形式）数据操作的标准接口，这样开发者就可以根据指定的 key 获取到对应的 value 内容。Map 接口中提供的常用方法如表 18-6 所示。

表 18-6 Map 接口常用方法

No.	方 法	类 型	描 述
1	public V put(K key, V value)	普通	向集合中保存数据，如果重复会返回替换前数据
2	public V get(Object key)	普通	根据 key 查询数据
3	public Set<Map.Entry<K,V>> entrySet()	普通	将 Map 集合转为 Set 集合
4	public boolean containsKey(Object key)	普通	查询指定的 key 是否存在
5	public Set<K> keySet()	普通	将 Map 集合中的 key 转为 Set 集合
6	public V remove(Object key)	普通	根据 key 删除指定的数据
7	public static <K,V> Map<K,V> of()	普通	将数据转为 Map 集合保存

从 JDK 1.9 之后为了方便进行 Map 数据的操作，提供的 Map.of()方法可以将接收到的每一组数据转为 Map 保存。

范例： 使用 Map 保存 key-value 数据

```java
package cn.mldn.demo;
import java.util.Map;
public class JavaCollectDemo {
    public static void main(String[] args) {
        // 第一组数据: one = 1
        // 第二组数据: two = 2
        Map<String, Integer> map = Map.of("one", 1, "two", 2);          // 设置K、V类型
        System.out.println(map);
    }
}
程序执行结果:
{two=2, one=1}
```

本程序利用 Map.of()方法将两组数据转为了 Map 集合，但是利用此种方式设置数据时需要注意以下两点。

➜　如果设置的 key 重复，则程序执行中会抛出 java.lang.IllegalArgumentException 异常信息，提示 key 重复。

➜　如果设置的 key 或 value 为 null，则程序执行中会抛出 java.lang.NullPointerException 异常信息。

在实际开发中对于 Map 接口的使用往往需要借助其子类进行实例化，常见的子类有 HashMap、LinkedHashMap、Hashtable、TreeMap。简化继承结构如图 18-12 所示。

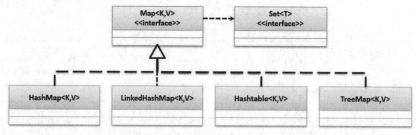

图 18-12　Map 接口及其常用子类继承结构

18.6.1　HashMap 子类

![MLDN]	视频名称	1818_HashMap 子类	学习层次	掌握
	视频简介	本课程主要通过 HashMap 子类对 Map 接口方法进行验证，同时分析 HashMap 源代码中数据保存、存储扩充、红黑树应用。		

HashMap 是 Map 接口中常用子类，该类的主要特点是采用散列方式进行存储。HashMap 子类的定义结构如下。

```java
public class HashMap<K,V>
extends AbstractMap<K,V>
implements Map<K,V>, Cloneable, Serializable {}
```

HashMap 继承了 AbstractMap 抽象类并实现了 Map 接口。HashMap 子类继承结构如图 18-13 所示。

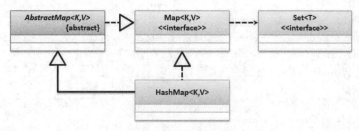

图 18-13   HashMap 子类继承结构

范例： 使用 HashMap 进行 Map 集合操作

```java
package cn.mldn.demo;
import java.util.HashMap;
import java.util.Map;
public class JavaCollectDemo {
    public static void main(String[] args) {
        Map<String, Integer> map = new HashMap<String, Integer>();    // 创建Map集合
        map.put("one", 1);                                           // 保存数据
        map.put("two", 2);                                           // 保存数据
        map.put("one", 101);                                         // key重复，发生覆盖
        map.put(null, 0);                                            // key为null
        map.put("zero", null);                                       // value为null
        System.out.println(map.get("one"));                          // key存在
        System.out.println(map.get(null));                           // key存在
        System.out.println(map.get("ten"));                          // key不存在
    }
}
```
程序执行结果：
101（key值重复会发生value覆盖问题，所以此时获取的是新的value）
0（允许key或value为null）
null（当指定的key不存在时返回null）

本程序利用 Map 接口中的 put()方法保存了两组数据，并且在 HashMap 子类进行数据保存时，key
或 value 的数据都可以为 null；当使用 get()方法根据 key 获取指定数据时，如果 key 不存在，则返回 null。

 提示： **Map 和 Collection 在操作上的不同。**

通过这一代码可以发现，Map 集合和 Collection 集合在保存数据后操作上的不同如下。

➦ Collection 接口设置完内容的目的是输出。

➦ Map 接口设置完内容的目的是查找。

在 Map 中提供的 put()方法设置数据时，如果设置的 key 不存在，则可以直接保存，并且返回 null；
如果设置的 key 存在，则会发生覆盖，并返回覆盖前的内容。

范例： 观察 Map 集合中的数据保存方法

```java
package cn.mldn.demo;
import java.util.HashMap;
import java.util.Map;
public class JavaCollectDemo {
```

```java
    public static void main(String[] args) {
        Map<String, Integer> map = new HashMap<String, Integer>();    // 创建Map集合
        System.out.println(map.put("one", 1));                        // 保存数据
        System.out.println(map.put("one", 101));                      // 覆盖数据
    }
}
```

程序执行结果：

null（保存数据，由于保存时指定的key不存在，所以返回null）

1（保存重复的key，此时会发生覆盖，并返回覆盖前的数据）

通过本程序的执行结果可以发现，put()方法在发生覆盖前都可以返回原始的内容，这样就可以依据其返回结果来判断所设置的 key 是否存在。

提示：HashMap 操作原理分析。

HashMap 是 Map 接口中一个非常重要的子类，从 JDK 1.8 开始 HashMap 的实现机制就发生了较大的改变。下面通过几段源代码的分析解释 HashMap 的实现原理（由于源代码定义过长，考虑到篇幅问题本书对于过长代码不进行列出，读者可以自行查看源代码以找到相应内容）。

（1）观察 HashMap 类中提供的构造方法。

```java
static final float DEFAULT_LOAD_FACTOR = 0.75f;    // 容量扩充阈值
public HashMap() {
    this.loadFactor = DEFAULT_LOAD_FACTOR;         // 设置数据扩充阈值
}
```

通过源代码可以发现，在进行每一个 HashMap 类对象实例化的时候都已经考虑到了数据存储的扩充问题，所以提供有一个阈值作为扩充的判断依据。

（2）观察 HashMap 中提供的 put()方法。

```java
public V put(K key, V value) {
    return putVal(hash(key), key, value, false, true);
}
```

在使用 put()方法进行数据保存的时候会调用 putVal()方法，同时会将 key 进行 hash 处理（生成一个 hash 码），而 putVal()方法为了方便数据保存会将数据封装为一个 Node 节点类对象，而在使用 putVal()方法操作的过程中会调用 resize()方法进行容量的扩充。

（3）容量扩充方法 resize()。

当进行数据保存时如果超过了既定的存储容量则会进行扩容，原则如下。

- 在 HashMap 类里提供有一个 DEFAULT_INITIAL_CAPACITY 常量，作为初始化的容量配置，而后这个常量的默认大小为 16 个元素，也就是说默认可以保存的最大内容是 16。
- 当保存的内容的容量超过了设置的阈值（DEFAULT_LOAD_FACTOR = 0.75f），相当于 "容量×阈值 = 12"，保存 12 个元素的时候就会进行容量的扩充。
- 在进行扩充的时候 HashMap 采用的是成倍的扩充模式，即每一次都扩充 2 倍的容量。

（4）从 JDK 1.8 开始考虑到 HashMap 中大数据量的访问效率问题，所以针对数据的存储也做出了改变，提供一个重要的常量。

```java
static final int TREEIFY_THRESHOLD = 8;
```

在使用 HashMap 进行数据保存的时候，如果保存的数据个数没有超过阈值 8，那么会按照链表的形式进行数据存储；而如果超过了这个阈值，则会将链表转为红黑树以实现树的平衡，并且利用左旋与右旋保证数据的查询性能。

18.6.2 LinkedHashMap 子类

视频名称	1819_LinkedHashMap 子类		学习层次	理解
视频简介	Hash 采用了散列算法进行数据存储，这就造成了无序存放，但是在要求严格下需要按照顺序保存，所以提供了链表形式的 Map 集合。本课程主要分析如何采用链表形式的 Map 集合实现数据保存。			

LinkedHashMap 子类的最大特点是可以基于链表形式实现偶对象的存储，这样就可以保证集合的存储顺序与数据增加顺序相同。LinkedHashMap 子类定义结构如下。

```
public class LinkedHashMap<K, V>
extends HashMap<K, V>
implements Map<K, V> {}
```

通过继承关系可以发现，LinkedHashMap 是 HashMap 子类，并且重复实现了 Map 接口。该子类继承结构如图 18-14 所示。

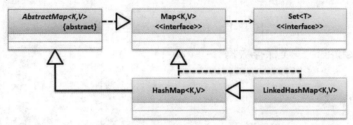

图 18-14　LinkedHashMap 子类继承结构

范例：使用 LinkedHashMap 子类存储数据

```
package cn.mldn.demo;
import java.util.LinkedHashMap;
import java.util.Map;
public class JavaCollectDemo {
    public static void main(String[] args) {
        Map<String, Integer> map = new LinkedHashMap<String, Integer>();    // 创建Map集合
        map.put("one", 1);                                                  // 保存数据
        map.put("two", 2);                                                  // 保存数据
        map.put(null, 0);                                                   // key为null
        map.put("zero", null);                                              // value为null
        System.out.println(map);
    }
}
程序执行结果：
{one=1, two=2, null=0, zero=null}
```

本程序使用 LinkedHashMap 子类实现数据存储，通过输出结果可以发现，集合的保存顺序与数据增加顺序相同，同时在 LinkedHashMap 子类中允许保存的 key 或 value 内容为 null。

18.6.3 Hashtable 子类

视频名称	1820_Hashtable 子类		学习层次	理解
视频简介	Hashtable 是早期的字典实现类，可以方便地实现数据查询。本课程主要讲解 Hashtable 子类的特点以及与 HashMap 的区别。			

Hashtable 子类是从 JDK 1.0 时提供的二元偶对象保存集合，在 JDK 1.2 进行类集框架设计时，为了保存 Hashtable 子类，使其多实现了一个 Map 接口。Hashtable 子类定义结构如下。

```
public class Hashtable<K,V>
extends Dictionary<K,V>
implements Map<K,V>, Cloneable, Serializable {}
```

Hashtable 最早是 Dictionary 的子类，从 JDK 1.2 才实现了 Map 接口。Hashtable 子类继承结构如图 18-15 所示。

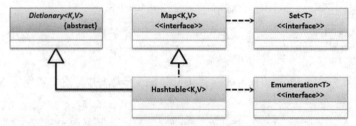

图 18-15　Hashtable 子类继承结构

范例：使用 Hashtable 子类保存数据

```
package cn.mldn.demo;
import java.util.Hashtable;
import java.util.Map;
public class JavaCollectDemo {
    public static void main(String[] args) {
        Map<String, Integer> map = new Hashtable<String, Integer>();    // 创建Map集合
        map.put("one", 1);                                              // 保存数据
        map.put("two", 2);                                              // 保存数据
        System.out.println(map);
    }
}
```
程序执行结果：
{two=2, one=1}

本程序通过 Hashtable 子类实例化了 Map 集合对象，可以发现 Hashtable 中所保存的数据采用散列方式存储。

 注意：HashMap 与 Hashtable 区别。

HashMap 中的方法都属于异步操作（非线程安全），HashMap 允许保存 null 数据。

Hashtable 中的方法都属于同步操作（线程安全），Hashtable 不允许保存 null 数据，否则会出现 NullPointerException。

18.6.4　TreeMap 子类

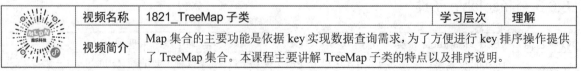

视频名称	1821_TreeMap 子类		学习层次	理解
视频简介	Map 集合的主要功能是依据 key 实现数据查询需求，为了方便进行 key 排序操作提供了 TreeMap 集合。本课程主要讲解 TreeMap 子类的特点以及排序说明。			

TreeMap 属于有序的 Map 集合类型，它可以按照 key 进行排序，所以在使用这个子类的时候一定要

配合 Comparable 接口共同使用。TreeMap 子类的定义如下。

```java
public class TreeMap<K,V>
extends AbstractMap<K,V>
implements NavigableMap<K,V>, Cloneable, Serializable{}
```

TreeMap 子类继承结构如图 18-16 所示。

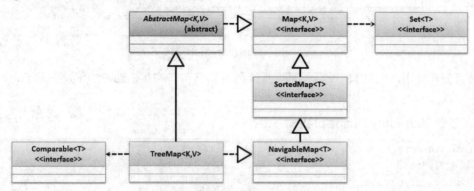

图 18-16　TreeMap 子类继承结构

范例：使用 TreeMap 进行数据 Key 排序

```java
package cn.mldn.demo;
import java.util.Map;
import java.util.TreeMap;
public class JavaCollectDemo {
    public static void main(String[] args) {
        Map<String, Integer> map = new TreeMap<String, Integer>();    // 创建Map集合
        map.put("C", 3);                                              // 保存数据
        map.put("B", 2);                                              // 保存数据
        map.put("A", 1);                                              // 保存数据
        System.out.println(map);
    }
}
程序执行结果：
{A=1, B=2, C=3}
```

本程序将 TreeMap 中保存的 key 类型设置为 String，由于 String 实现了 Comparable 接口，所以此时可以根据保存字符的编码由低到高进行排序。

18.6.5　Map.Entry 内部接口

视频名称	1822_Map.Entry 内部接口		学习层次	掌握	
视频简介	Map 保存了二元偶对象，同时 Map 又具有数据查询功能。本课程主要讲解 Map.Entry 接口的设计意义以及数据存储与获得。				

在 Map 集合中，所有保存的对象都属于二元偶对象，所以针对偶对象的数据操作标准就提供一个 Map.Entry 的内部接口。以 HashMap 子类为例可以得到图 18-17 所示的 Map.Entry 继承结构图。

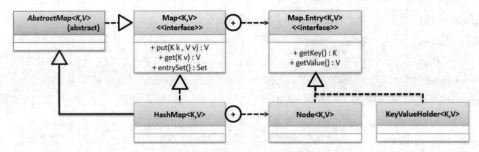

图 18-17　Map.Entry 继承结构

为方便开发者使用，从 JDK 1.9 开始可以直接利用 Map 接口中提供的方法创建 Map.Entry 内部接口实例。

范例：创建 Map.Entry 内部接口实例

```java
package cn.mldn.demo;
import java.util.Map;
public class JavaCollectDemo {
    public static void main(String[] args) {
        Map.Entry<String, Integer> entry = Map.entry("one", 1);    // 创建Map.Entry接口实例
        System.out.println("获取key: " + entry.getKey());           // 获取保存key
        System.out.println("获取value: " + entry.getValue());        // 获取保存value
        System.out.println(entry.getClass().getName());            // 观察使用的子类
    }
}
程序执行结果：
获取key：one
获取value：1
java.util.KeyValueHolder（Map.entry()默认子类）
```

本程序在进行 Map.Entry 对象构建时，只传入 key 与 value 就会自动利用 KeyValueHolder 子类实例化 Map.Entry 接口对象，对于开发者而言只需清楚如何通过每一组 Map.Entry 获取对应的 key（getKey()）与 value（getValue()）数据即可。

18.6.6　Iterator 输出 Map 集合

	视频名称	1823_Iterator 输出 Map 集合	学习层次	掌握
	视频简介	Iterator 是集合输出的标准形式，Map 核心的意义虽然在于数据查询，但是它依然会有输出需求。本课程主要讲解如何利用 Iterator 与 Map.Entry 输出 Map 集合中的全部元素。		

集合数据输出的标准形式是基于 Iterator 接口完成的，Collection 接口直接提供 iterator()方法可以获取 Iterator 接口实例。但是由于 Map 接口中保存的数据是多个 Map.Entry 接口封装的二元偶对象（Collection 与 Map 存储的区别见图 18-18），所以就必须采用以下的步骤实现 Map 集合的迭代输出。

- ➥　使用 Map 接口中的 entrySet()方法，将 Map 集合变为 Set 集合。
- ➥　取得了 Set 接口实例后就可以利用 iterator()方法取得 Iterator 的实例化对象。
- ➥　使用 Iterator 迭代找到每一个 Map.Entry 对象，并进行 key 和 value 的分离。

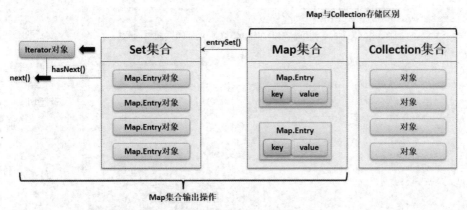

图 18-18　Map 与 Collection 存储区别

范例：使用 Iterator 输出 Map 集合

```
package cn.mldn.demo;
import java.util.HashMap;
import java.util.Iterator;
import java.util.Map;
import java.util.Set;
public class JavaCollectDemo {
    public static void main(String[] args) {
        Map<String, Integer> map = new HashMap<String, Integer>();        // 获取Map接口实例
        map.put("one", 1);                                                // 保存数据
        map.put("two", 2);                                                // 保存数据
        Set<Map.Entry<String, Integer>> set = map.entrySet();             // Map变为Set集合
        Iterator<Map.Entry<String, Integer>> iter = set.iterator();       // 获取Iterator
        while (iter.hasNext()) {                                          // 迭代输出
            Map.Entry<String, Integer> me = iter.next();                 // 获取Map.Entry
            System.out.println(me.getKey() + " = " + me.getValue());     // 输出数据
        }
    }
}
程序执行结果：
one = 1
two = 2
```

　　本程序通过 entrySet()方法将 Map 集合转为了 Set 集合，由于 Set 集合中保存的是多个 Map.Entry
接口实例，所以当使用 Iterator 迭代时就必须通过 Map.Entry 接口中提供的方法实现 key 与 value 的
分离。

　　对于 Map 集合的输出操作，除了使用 Iterator 接口外，也可以利用 foreach 循环实现，其基本操作与
Iterator 输出类似。

范例：通过 foreach 循环输出 Map 集合

```
package cn.mldn.demo;
import java.util.HashMap;
import java.util.Map;
import java.util.Set;
public class JavaCollectDemo {
```

```
public static void main(String[] args) {
    Map<String, Integer> map = new HashMap<String, Integer>();          // 获取Map接口实例
    map.put("one", 1);                                                  // 保存数据
    map.put("two", 2);                                                  // 保存数据
    Set<Map.Entry<String, Integer>> set = map.entrySet();               // Map变为Set
    for (Map.Entry<String, Integer> entry : set) {                      // foreach迭代
        System.out.println(entry.getKey() + " = " + entry.getValue());  // 分离key、value
    }
}
}
```
程序执行结果：
```
one = 1
two = 2
```

　　foreach 在进行迭代时是无法直接通过 Map 接口完成的，必须将 Map 转为 Set 存储结构，才可以在每次迭代后获取 Map.Entry 接口实例。

18.6.7　自定义 key 类型

视频名称	1824_自定义 key 类型	学习层次	理解
视频简介	Map 集合定义时所保存的 key 与 value 类型都可以由开发者设置，本课程主要讲解使用自定义类作为 key 操作的注意事项以及实际开发中的 key 类型选用原则。		

　　在使用 Map 接口进行数据保存时，里面所存储的 key 与 value 的数据类型可以全部由开发者自己设置，除了使用系统类作为 key 类型外也可以采用自定义类的形式实现，但是作为 key 类型的类由于存在数据查找需求，所以必须在类中覆写 hashCode() 和 equals() 方法。

　　范例：使用自定义类型作为 Map 集合中的 key

```
package cn.mldn.demo;
import java.util.HashMap;
import java.util.Map;
class Member {                                                          // 比较器
    private String name ;
    private int age ;
    // setter、getter、构造方法、hashCode()、equals()、toString()与之前相同，略...
}
public class JavaCollectDemo {
    public static void main(String[] args) {
        Map<Member, String> map = new HashMap<Member, String>();        // 实例化Map接口对象
        map.put(new Member("小李老师", 18), "MLDN-李兴华");              // 使用自定义类作为key
        System.out.println(map.get(new Member("小李老师", 18)));        // 通过key找到value
    }
}
```
程序执行结果：
```
MLDN-李兴华
```

　　本程序使用自定义的类进行 Map 集合中 key 类型的指定，由于 Member 类已经正确覆写了 hashCode() 和 equals() 方法，所以可以直接根据属性内容来实现内容的查找。

> 👤 **提示：关于 Hash 冲突的解决。**
>
> Map 集合是根据 key 实现的 value 数据查询，所以在整体实现中就必须保证 key 的唯一性，但是在开发中依然可能会出现 key 重复的问题，而此种情况就被称为 Hash 冲突。在实际开发中，Hash 冲突的解决有 4 种：开放定址法、链地址法、再哈希法、建立公共溢出区。在 Java 中采用链地址法解决 Hash 冲突，即将相同 key 的内容保存在一个链表中，如图 18-19 所示。

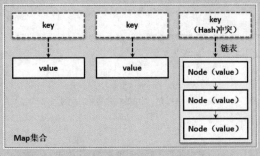

图 18-19　Hash 冲突解决

18.7　Stack 栈

视频名称	1825_Stack 栈		学习层次	理解
视频简介	本课程主要讲解栈数据结构的作用以及现实使用中的场景，同时分析 Stack 类的继承结构并通过操作方法进行栈操作分析。			

　　栈是有序的数据结构，采用的是先进后出（First In Last Out，FILO）存储模式，在栈结构中分为栈顶与栈底，开发者只可以进行栈顶操作，而不允许进行栈底操作。在栈中有两类核心操作：入栈、出栈。操作结构如图 18-20 所示。

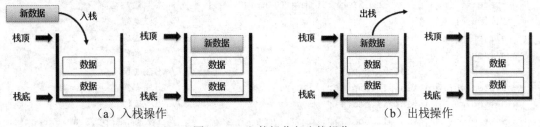

图 18-20　入栈操作与出栈操作

> 👤 **提示：栈的应用。**
>
> 经常上网的读者应该都清楚，在浏览器上存在一个"后退"的按钮，每次后退都是后退到上一步的操作，那么实际上这就是一个栈的应用，采用的是一个先进后出的操作。

　　Java 从 JDK 1.0 开始，提供了 Stack 栈操作类，Stack 类的定义形式如下（继承结构见图 18-21）。

```java
public class Stack<E> extends Vector<E> {}
```

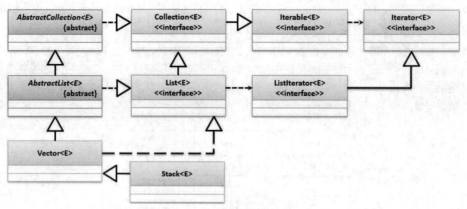

图 18-21　Stack 类继承结构

Stack 类常用方法如表 18-7 所示。

表 18-7　Stack 类的常用方法

No.	方　法	类　型	描　述
1	public boolean empty()	常量	测试栈是否为空
2	public E peek()	常量	查看栈顶，但不删除
3	public E pop()	常量	出栈，同时删除
4	public E push(E item)	普通	入栈
5	public int search(Object o)	普通	在栈中查找

范例：入栈操作与出栈操作

```java
package cn.mldn.demo;
import java.util.Stack;
public class JavaCollectDemo {
    public static void main(String[] args) {
        Stack<String> all = new Stack<String>() ;          // 实例化栈结构
        all.push("A") ;                                     // 入栈操作
        all.push("B") ;                                     // 入栈操作
        all.push("C") ;                                     // 入栈操作
        System.out.println(all.pop());                      // 出栈操作
        System.out.println(all.pop());                      // 出栈操作
        System.out.println(all.pop());                      // 出栈操作
        System.out.println(all.pop());                      // 无数据、EmptyStackException
    }
}
```
程序执行结果：
```
C
B
A
Exception in thread "main" java.util.EmptyStackException
```

本程序利用 Stack 集合实现了入栈操作和出栈操作，在出栈时最后保存的数据会最先出栈，当栈中已经没有数据保存时再执行出栈操作会出现空栈异常（EmptyStackException）。

18.8 Queue 队列

视频名称	1826_Queue 队列		学习层次	理解
视频简介	在项目开发中，队列可以实现一种数据缓冲区的操作形式。本课程主要讲解 Queue 的主要特点以及其子类 LinkedList、PriorityQueue 的使用。			

队列是一种先进先出（First In First Out，FIFO）的线性数据结构，所有的数据通过队列尾部进行添加，而后再通过队列前端进行取出。操作结构如图 18-22 所示。

图 18-22 队列操作

在 JDK 1.5 版本中提供有 Queue 接口实现单端队列操作标准，Queue 接口与其子类的继承关系如图 18-23 所示。

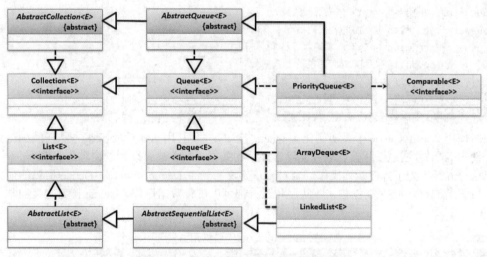

图 18-23 Queue 接口与其子类的继承关系

Queue 接口常用方法如表 18-8 所示。

表 18-8 Queue 接口常用方法

No.	方 法	类 型	描 述
1	public boolean add(E e)	普通	向队列尾部添加数据，数据添加成功返回 true，如果超过队列容量，则抛出 IllegalStateException 异常
2	public boolean offer(E e)	普通	向队列尾部添加数据，超过队列容量时返回 false
3	public E remove()	普通	从队列首部删除数据
4	public E peek()	普通	从队列首部获取数据，但是不删除
5	public E poll()	普通	从队列首部获取数据并删除

范例：使用 Queue 接口实现队列存储

```java
package cn.mldn.demo;
import java.util.PriorityQueue;
import java.util.Queue;
public class JavaCollectDemo {
    public static void main(String[] args) {
        // PriorityQueue为优先级队列，会自动为队列中的数据进行排序操作，排列需要Comparable支持
        Queue<String> queue = new PriorityQueue<String>();          // 实例化Queue队列
        System.out.println(queue.add("mldn-java"));                 // 队尾存储数据
        System.out.println(queue.offer("mldn-hello"));              // 队尾存储数据
        System.out.println(queue.offer("mldn-only"));               // 队尾存储数据
        System.out.println(queue.poll());                          // 队首获取数据并删除
        System.out.println(queue.poll());                          // 队首获取数据并删除
        System.out.println(queue.poll());                          // 队首获取数据并删除
        System.out.println(queue);                                 // 此时为空队列
    }
}
```
程序执行结果：
true（"queue.add("mldn-java")"代码执行结果）
true（"queue.offer("mldn-hello")"代码执行结果）
true（"queue.offer("mldn-only")"代码执行结果）
mldn-hello（"queue.poll()"获取排序后的队首数据）
mldn-java（"queue.poll()"获取排序后的队首数据）
mldn-only（"queue.poll()"获取排序后的队首数据）
[]（"poll()"获取会删除数据，所以最终队列为空）

本程序使用 PriorityQueue 子类实例化了 Queue 接口，并且利用 add()和 offer()方法在队列尾部进行数据添加，使用 poll()方法通过队首获取并删除排序后的数据，所以最终队列的内容为 null。

从 JDK 1.6 开始为了方便队列操作，为 Queue 定义了一个 Deque 子接口。Deque 接口的最大特点是可以实现数据的 FIFO 与 FILO 操作，即队尾和队首都可以进行数据操作。Deque 接口定义的常用方法如表 18-9 所示。

表 18-9　Deque 接口常用方法

No.	方　　法	类　型	描　　述
1	public void addFirst(E e)	普通	在队列首部添加数据，如果超过队列容量抛出异常
2	public void addLast(E e)	普通	在队列尾部添加数据，如果超过队列容量抛出异常
3	public boolean offerFirst(E e)	普通	队列首部添加数据，超过容量返回 false
4	public boolean offerLast(E e)	普通	队列尾部添加数据，超过容量返回 false
5	public E removeFirst()	普通	从队列首部移除并返回数据
6	public E removeLast()	普通	从队列尾部移除并返回数据
7	public E pollFirst()	普通	从队列首部获取并删除数据
8	public E pollLast()	普通	从队列尾部获取并删除数据
9	public E peekFirst()	普通	从队列首部获取数据，但是不删除数据
10	public E peekLast()	普通	从队列尾部获取数据，但是不删除数据

范例： 使用 Deque 接口实现双端队列操作

```java
package cn.mldn.demo;
import java.util.Deque;
import java.util.LinkedList;
public class JavaCollectDemo {
    public static void main(String[] args) {
        Deque<String> deque = new LinkedList<String>();        // 实例化Deque队列
        deque.offer("mldn-java");                               // 队尾存储数据
        deque.offerFirst("mldn-hello");                        // 队首存储数据
        deque.offerLast("mldn-only");                          // 队尾存储数据
        System.out.println(deque);                             // 输出队列数据
        System.out.println(deque.poll());                      // 从队首获取数据并删除
    }
}
程序执行结果：
[mldn-hello, mldn-java, mldn-only]
mldn-hello（"deque.poll()"，队首取出并删除数据）
```

Deque 是 Queue 的子接口，所以在使用 Deque 时也可以直接使用 Queue 接口定义的方法进行队列操作，而除了 Queue 支持的方法外也可以实现队首与队尾的数据操作。

18.9　Properties 属性操作

视频名称	1827_Properties 属性操作	学习层次	理解	
视频简介	字符串在开发中有着非常重要的意义，所以在集合定义时就提供了专门保存字符串的 Properties 属性操作类，同时该类还可以方便地实现数据集合的传输处理。本课程主要讲解 Properties 类的使用以及输出和输入属性信息。			

属性一般都是通过字符串数据实现的键值对（key=value，根据 key 找到对应的 value）数据定义，在 Java 中可以使用 Properties 类进行操作。此类继承结构如图 18-24 所示。

Properties 类虽然是 Hashtable 的子类，但是其可以操作的数据类型只能是 String，并且也可以利用输入/输出流实现属性内容的传输操作。Properties 类常用方法如表 18-10 所示。

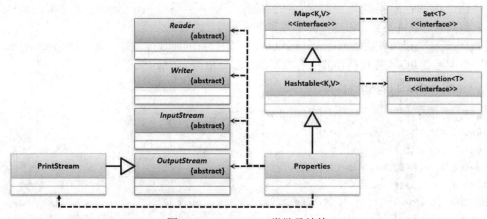

图 18-24　Properties 类继承结构

表 18-10　Properties 类常用方法

No.	方　　法	类　型	描　　述
1	public Properties()	构造	构造一个空的属性类
2	public Properties(Properties defaults)	常量	构造一个指定属性内容的属性类
3	public String getProperty(String key)	常量	根据属性的 key 取得属性的 value，如果没有 key 则返回 null
4	public String getProperty(String key, String defaultValue)	普通	根据属性的 key 取得属性的 value，如果没有 key 则返回 defaultValue
5	public Object setProperty(String key, String value)	普通	设置属性
6	public void load(InputStream inStream) throws IOException	普通	从输入流中取出全部的属性内容
7	public void store(OutputStream out,String comments) throws IOException	普通	将属性内容通过输出流输出，同时声明属性的注释

范例：属性操作

```java
package cn.mldn.demo;
import java.util.Properties;
public class JavaCollectDemo {
    public static void main(String[] args) {
        Properties prop = new Properties();                  // 属性存储
        prop.setProperty("mldn", "www.mldn.cn");             // 设置属性内容
        prop.setProperty("mldnjava", "www.mldnjava.cn");     // 设置属性内容
        System.out.println(prop.getProperty("mldn"));        // 根据key查找属性
        System.out.println(prop.getProperty("yootk", "NoFound")); // 根据key查找属性
        System.out.println(prop.getProperty("yootk"));       // 根据key查找属性
    }
}
```
程序执行结果：
www.mldn.cn（“prop.getProperty("mldn")”代码执行，属性存在返回对应value）
NoFound（“prop.getProperty("yootk", "NoFound")”代码执行，属性不存在返回默认值）
null（“prop.getProperty("yootk")”代码执行，属性不存在，默认值未设置返回null）

　　本程序通过 Properties 类实现了属性内容的存储，并且可以通过 getProperty()方法根据 key 实现属性内容获取，当查找的属性不存在时，如果不希望返回 null，也可以设置默认值。

　　使用 Properties 类最方便的地方在于，可以直接将所设置的属性通过输出流（OutputStream、Writer）进行传输。下面通过 I/O 操作将属性的所有数据保存在 info.properties 文件中。

范例：将属性内容保存到文件中

```java
package cn.mldn.demo;
import java.io.File;
import java.io.FileOutputStream;
import java.util.Properties;
public class JavaCollectDemo {
    public static void main(String[] args) throws Exception {
        Properties prop = new Properties();                  // 属性存储
```

```
        prop.setProperty("mldn", "www.mldn.cn");                    // 设置属性内容
        prop.setProperty("mldnjava", "www.mldnjava.cn");            // 设置属性内容
        prop.store(new FileOutputStream(
                new File("D:" + File.separator + "info.properties")),
                "Very Import URL");                                 // 将属性保存在输出流中
    }
}
```
程序执行结果：

```
info.properties - 记事本                    —    □    ×
文件(F)  编辑(E)  格式(O)  查看(V)  帮助(H)
#Very Import URL
#Mon Nov 05 13:54:04 CST 2019
mldn=www.mldn.cn
mldnjava=www.mldnjava.cn
```

本程序通过 FileOutputStream 将属性内容以及相关注释保存在了文件中，而对于程序而言就可以在需要的情况下通过 Properties 类提供的 load()方法加载文件内容。

范例：通过 Properties 类读取属性文件

```
package cn.mldn.demo;
import java.io.File;
import java.io.FileInputStream;
import java.util.Properties;
public class JavaCollectDemo {
    public static void main(String[] args) throws Exception {
        Properties prop = new Properties();                        // 属性存储
        prop.load(new FileInputStream(
                new File("D:" + File.separator + "info.properties")));  // 读取属性资源
        System.out.println(prop.getProperty("mldn"));              // 获取属性内容
    }
}
```
程序执行结果：
www.mldn.cn

由于所有的属性内容都保存在了 info.properties 文件中，所以直接利用 FileInputStream 通过文件流就可以将属性内容加载到程序中进行属性查询操作。

18.10 Collections 工具类

视频名称	1828_Collections 工具类	学习层次	理解
视频简介	虽然集合中提供了大量的操作方法，但是这些方法基本上都是围绕着标准数据操作的结构来定义的，为了进一步提升集合类数据操作的能力，Java 提供 Collections 类。本课程主要讲解 Collections 工具类与集合间的操作关系。		

Collections 是专门提供的一个集合的工具类，可以通过该工具类实现 Collection、Map、List、Set、Queue 等集合接口的数据操作。Collections 工具类关系结构如图 18-25 所示。

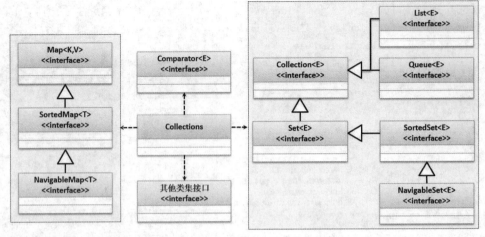

图 18-25　Collections 工具类关系结构

范例：使用 Collections 类操作 List 集合

```java
package cn.mldn.demo;
import java.util.ArrayList;
import java.util.Collections;
import java.util.List;
public class JavaCollectDemo {
    public static void main(String[] args) throws Exception {
        List<String> all = new ArrayList<String>();           // 实例化List集合
        Collections.addAll(all, "Hello", "MLDN", "MLDNJava");  // 保存数据
        System.out.println(all);                               // 输出集合内容
        Collections.reverse(all);                              // 集合反转
        System.out.println(all);                               // 输出集合内容
        System.out.println(Collections.binarySearch(all, "MLDN")); // 二分查找
    }
}
```
程序执行结果：
[Hello, MLDN, MLDNJava]（通过Collections保存List集合数据）
[MLDNJava, MLDN, Hello]（Collections实现数据反转）
1（使用二分查找法获取指定元素在集合中的索引）

　　本程序通过 Collections 工具类实现了 List 集合内容的操作，可以发现数据存储反转以及二分数据查找等功能都是原始集合标准未提供的方法，而这些操作都通过 Collections 工具类提供给开发者使用。

18.11　Stream

　　Stream 是从 JDK 1.8 版本后提供的一种数据流的分析操作标准，可以利用其与 Lambda 表达式结合进行数据统计操作。Stream 的基本结构关系如图 18-26 所示。

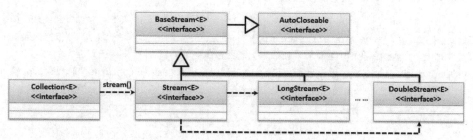

图 18-26　Stream 的基本结构关系

18.11.1　Stream 基础操作

视频名称	1829_Stream 基础操作	学习层次	了解
视频简介	随着技术的发展，集合中可能会保存越来越多的数据信息，为了方便对这些信息进行分析，提供 Stream 数据流操作。本课程主要通过实例讲解 Stream 接口的操作方法。		

　　Stream 接口的主要作用是进行数据流分析处理操作，为了方便处理可以利用 Lambda 表达式定义数据分析操作的处理流程。Stream 接口常用方法如表 18-11 所示。

表 18-11　Stream 接口常用方法

No.	方　　法	类　型	描　　述
1	public long count()	普通	返回数据流中的元素个数
2	public Stream<T> distinct()	普通	消除数据流中的重复数据
3	public Stream<T> sorted()	普通	数据流排序
4	public Stream<T> limit(long maxSize)	普通	数据流读取长度限制
5	public Stream<T> skip(long n)	普通	跳跃元素个数
6	public void forEach(Consumer<? super T> action)	普通	数据流元素迭代
7	public T reduce(T identity, BinaryOperator<T> accumulator)	普通	数据统计操作
8	public <R,A> R collect(Collector<? super T,A,R> collector)	普通	数据收集
9	public boolean anyMatch(Predicate<? super T> predicate)	普通	数据流部分匹配
10	public boolean allMatch(Predicate<? super T> predicate)	普通	数据流全部匹配
11	public Optional<T> findFirst()	普通	获取第一个元素
12	Stream<T> filter(Predicate<? super T> predicate)	普通	数据流元素过滤
13	public <R> Stream<R> map(Function<? super T,? extends R> mapper)	普通	数据处理

范例：使用 Stream 进行数据采集

```java
package cn.mldn.demo;
import java.util.ArrayList;
import java.util.Collections;
import java.util.List;
import java.util.stream.Stream;
public class JavaCollectDemo {
    public static void main(String[] args) throws Exception {
        List<String> all = new ArrayList<String>();              // 实例化List集合
        Collections.addAll(all, "Java", "JavaScript", "JSP",
```

```
                    "Json", "Python", "Ruby", "Go");                    // 集合数据保存
        Stream<String> stream = all.stream();                          // 获取Stream接口对象
        // 将每一个元素全部变为小写字母，而后查询是否存在字母 "j"，如果存在则进行个数统计
        System.out.println(stream.filter((ele) -> ele.toLowerCase().contains("j")).count());
    }
}
```
程序执行结果：
```
4
```

本程序通过 List 集合获取了 Stream 接口对象，在获取后利用 filter()方法进行数据过滤，而后对满足条件的数据使用 count()方法进行个数统计。

范例：数据采集

```
package cn.mldn.demo;
import java.util.ArrayList;
import java.util.Collections;
import java.util.List;
import java.util.stream.Collectors;
import java.util.stream.Stream;
public class JavaCollectDemo {
    public static void main(String[] args) throws Exception {
        List<String> all = new ArrayList<String>();                    // 实例化List集合
        Collections.addAll(all, "Java", "JavaScript", "JSP",
                    "Json", "Python", "Ruby", "Go");                    // 集合数据保存
        Stream<String> stream = all.stream();                          // 获取Stream接口对象
        // 获取元素中包含字母 "j" 的数据，利用skip()跳过2个数据，利用limit()取出2个数据
        List<String> result = stream.filter((ele) -> ele.toLowerCase().contains("j"))
            .skip(2).limit(2).collect(Collectors.toList());            // 获取处理后的数据
        System.out.println(result);
    }
}
```
程序执行结果：
```
[JSP, Json]
```

本程序将 List 集合中的数据内容处理后，利用 skip()与 limit()两个方法进行了部分数据的截取，并且将符合条件的数据保存在了一个新的 List 集合中。

18.11.2 MapReduce

	视频名称	1830_MapReduce	学习层次	了解
	视频简介	数据分析中 MapReduce 是基础的操作模型，在新版本 JDK 中除了提供基本数据流操作外，也可以直接进行数据分析操作。本课程主要讲解 MapReduce 的概念以及在 JDK 1.8 中的实现模式。		

MapReduce 是一种分布式计算模型，最初由 Google 提出，主要用于搜索领域，解决海量数据的计算问题。在 MapReduce 模型中一共分为两个部分：map（数据处理）与 reduce（统计计算），在 Stream 中就可以利用 MapReduce 对集合中的数据进行分析。

范例：使用 Stream 实现 MapReduce 数据分析

```java
package cn.mldn.demo;
import java.util.ArrayList;
import java.util.DoubleSummaryStatistics;
import java.util.List;
class Order {                                                    // 订单信息
    private String name;                                        // 商品名称
    private double price;                                       // 商品单价
    private int amount;                                         // 商品数量
    public Order(String name, double price, int amount) {
        this.name = name;
        this.price = price;
        this.amount = amount;
    }
    // setter方法、无参构造略 ...
    public int getAmount() {
        return amount;
    }
    public String getName() {
        return name;
    }
    public double getPrice() {
        return price;
    }
}

public class JavaCollectDemo {
    public static void main(String[] args) throws Exception {
        // 如果要想使用Stream进行分析处理，则一定要将全部要分析的数据保存在集合中
        List<Order> all = new ArrayList<Order>();                           // List集合
        all.add(new Order("狗熊娃娃", 9.9, 10));                              // 数据添加
        all.add(new Order("MLDN-极限IT", 2980.0, 3));                        // 数据添加
        all.add(new Order("MLDN系列教材", 8987.9, 8));                       // 数据添加
        all.add(new Order("MLDN定制笔记本", 2.9, 800));                       // 数据添加
        all.add(new Order("MLDN定制鼠标垫", 0.9, 138));                       // 数据添加
        // 分析购买商品中带有 "MLDN" 的数据信息，并且进行商品单价和数量的处理，随后分析汇总
        DoubleSummaryStatistics stat = all.stream().filter(
            (ele) -> ele.getName().toLowerCase().contains("mldn"))          // 数据过滤
            .mapToDouble((orderObject) ->                                   // 获取订单数据
                    orderObject.getPrice() * orderObject.getAmount())
            .summaryStatistics();                                          // 获取统计对象
        System.out.println("购买数量：" + stat.getCount());
        System.out.println("购买总价：" + stat.getSum());
        System.out.println("平均花费：" + stat.getAverage());
        System.out.println("最高花费：" + stat.getMax());
        System.out.println("最低花费：" + stat.getMin());
    }
}
```
程序执行结果：

购买数量: 4
购买总价: 83287.4
平均花费: 20821.85
最高花费: 71903.2
最低花费: 124.2

　　本程序在 List 集合中保存了自定义的 Order 对象，所以如果要对里面的数据进行消费统计，就必须获取集合中的每一个元素，通过单价和数量来计算出总价，这样就可以通过 summaryStatistics() 方法获取统计信息。

18.12　本 章 概 要

　　1．类集的目的是用来创建动态的对象数组操作，由于 JDK 1.5 之后泛型技术的应用，所以在使用类集时利用泛型可以避免程序中出现 ClassCastException 转换异常。

　　2．Collection 接口是类集中的最大单值操作的父接口，但是一般开发中不会直接使用此接口，而常使用 List 或 Set 接口。

　　3．List 接口扩展了 Collection 接口，里面的内容是允许重复的，List 接口的常用子类是 ArrayList、LinkedList、Vector，ArrayList 采用数组实现集合，在进行定长数据量操作下非常方便；而 LinkedList 使用链表实现，在使用 get() 方法根据索引查询数据时的时间复杂度为 $O(n)$；Vector 属于早期集合类，里面的所有操作方法都使用 synchronized 同步处理。

　　4．Set 接口与 Collection 接口的定义一致，里面的内容是不允许重复的，依靠 Object 类中的 equals() 和 hashCode() 方法来区分是否同一个对象。Set 接口的常用子类是 HashSet 和 TreeSet，前者是散列存放，没有顺序；后者是顺序存放，使用 Comparable 进行排序操作。

　　5．在进行集合输出时最为常用的迭代接口为 Iterator，通过 Iterable 接口可以获取 Iterator 接口实例。

　　6．JDK 1.5 之后集合也可以使用 foreach 的方式输出集合，如果自定义类要使用 foreach 输出，则类必须实现 Iterable 接口。

　　7．Enumeration 属于最早的迭代输出接口，在类集中 Vector 类可以使用 Enumeration 接口进行内容的输出。

　　8．List 集合的操作可以使用 ListIterator 接口进行双向的输出操作，双向迭代操作中应该先执行由前向后的迭代，而后才可以执行由后向前的迭代。

　　9．Map 接口可以存放二元偶对象数据，所有的内容以"key = value"的形式保存，每一对"key = value"都是一个 Map.Entry 接口实例。

　　10．Map 中的常用子类是 HashMap、Hashtable。HashMap 属于异步处理，性能较高；Hashtable 属于同步处理，性能较低，HashMap 采用散列存储，如果希望数据保存顺序可控性，则可以使用 LinkedHashMap 子类。

　　11．Stack 是 Vector 子类，提供有栈数据结构，采用先进后出的方式进行数据的入栈和出栈管理。

　　12．Queue 可以实现单端队列，即可以通过队尾添加数据，队首消费数据。Deque 是 Queue 子接口，可以实现双端队列操作，即队头和队尾均可以实现添加与消费。

　　13．类集中提供了 Collections 工具类完成类集的相关操作。

　　14．Properties 类属于属性操作类，只允许操作 String 型数据，使用属性操作类可以直接操作属性文件。

　　15．Stream 是基于数据流的操作应用，结合 Lambda 表达式可以对集合中的数据进行过滤与数据统计处理。

第19章 网络编程

通过本章的学习可以达到以下目标

→ 了解网络程序开发的主要模式。

→ 了解 TCP 与 UDP 程序的基本实现。

→ 了解多线程与网络编程的操作关系，并实现多线程并发服务器的开发。

网络可以使不同物理位置上的计算机达到资源共享和通信的目的，在 Java 中也提供了专门的网络开发程序包——java.net，以方便开发者进行网络程序的开发。本章将讲解 TCP 与 UDP 程序开发。

19.1 网络编程简介

视频名称	1901_网络编程简介	学习层次	理解
视频简介	网络通信是项目开发中的重要组成部分，也是现代计算机软件的主要发展方向。本课程将对网络编程模式进行讲解。		

将地理位置不同的、且具有独立功能的多台计算机连接在一起就形成了网络，网络形成后网络中的各台主机就需要具有通信功能，所以才为网络创造一系列的通信协议。在整个通信过程中往往会分为两种端点：服务端与客户端，所以围绕着服务端和客户端的程序开发就有了两种模式。

→ C/S（Client / Server）：要开发两套程序，一套是服务器端；另一套是与之对应的客户端，但是这种模式在进行维护的时候，需要维护两套程序，而且客户端的程序更新也必须及时，此类程序安全性能好。

→ B/S（Browser / Server）：只需针对服务器端开发一套程序，客户端使用浏览器进行访问。这种程序在日后进行程序维护的时候只需维护服务器端即可，客户端不需要做任何修改。此类程序使用公共端口，包括公共协议，所以安全性很差。

在本章重点讲解 C/S 结构的程序两种实现：TCP 模型和 UDP 模型。

 提问：HTTP 是什么？

在日常使用中，很多时候使用 HTTP 进行访问，HTTP 通信和 TCP 通信有什么联系吗？

 回答：TCP 是 HTTP 通信的基础协议。

实际上 HTTP 的通信也是基于 TCP 协议的一种应用，是在 TCP 协议基础上追加了一些 HTTP 标准后形成的 HTTP 通信。HTTP 通信不仅仅在 B/S 结构上被广泛使用，同时在一些分布式开发中也使用较为广泛。JavaWeb 开发（JSP、Servlet、Ajax 等）就是 Java 针对 HTTP 协议提供的开发支持。

顺便提醒的是，Java 只提供最为核心的网络开发支持，而如果真的要开发一个具有稳定通信能力的网络程序时，开发者必须精通各种通信协议。为了简化此类开发，开源世界提供了一个 Netty 开发框架，可以帮助开发者轻松地实现各种常见的 TCP、UDP、HTTP、WebSocket 通信模式，有兴趣的读者可以自行登录 www.mldn.cn 进行学习。

19.2　Echo 程序模型

	视频名称	1902_Echo 程序模型			学习层次	理解
	视频简介	网络通信中最为重要的组成部分就是数据交互，本课程主要通过一个经典的 Echo 程序讲解网络编程的通信操作形式。				

　　在 TCP 编程模型中，Echo 是一个经典的程序案例，Echo 程序模型的基本思想在于，客户端通过键盘输入一个信息，把此信息发送给服务器端后，服务器端会将此信息反馈给客户端进行显示，本操作主要通过 java.net 包的两个类实现。

- ➡ ServerSocket 类：封装 TCP 协议类，工作在服务器端。常用方法如表 19-1 所示。
- ➡ Socket 类：封装 TCP 协议的操作类，每一个 Socket 对象都表示一个客户端。常用方法如表 19-2 所示。

表 19-1　ServerSocket 类常用方法

No.	方　　法	类　型	描　　述
1	public ServerSocket(int port) throws IOException	构造	开辟一个指定的端口监听，一般使用 5000 以上
2	public Socket accept() throws IOException	普通	服务器端接收客户端请求，通过 Socket 返回
3	public void close() throws IOException	普通	关闭服务器端

表 19-2　Socket 类常用方法

No.	方　　法	类　型	描　　述
1	public Socket(String host, int port) throws UnknownHostException, IOException	构造	指定要连接的主机（IP 地址）和端口
2	public OutputStream getOutputStream() throws IOException	普通	取得指定客户端的输出对象，使用的时候肯定使用 PrintStream 装饰操作
3	public InputStream getInputStream() throws IOException	普通	从指定的客户端读取数据，使用 Scanner 操作

　　Echo 通信模型的实现需要通过 ServerSocket 类在服务器端定义数据监听端口，在没有客户端连接时将一直处于等待连接状态。每一个客户端连接到服务器端后都通过 Socket 实例描述，通过 Socket 可以获取客户端输入流与输出流实例，这样就可以利用 I/O 实现通信。操作结构如图 19-1 所示。

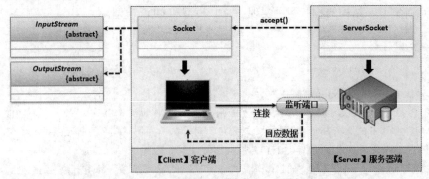

图 19-1　ServerSocket 与 Socket 操作结构

范例：定义 Echo 服务器端

```
package cn.mldn.demo;
```

```java
import java.io.PrintStream;
import java.net.ServerSocket;
import java.net.Socket;
import java.util.Scanner;
public class EchoServer {
    public static void main(String[] args) throws Exception {
        ServerSocket server = new ServerSocket(9999);                    // 设置服务监听端口
        System.out.println("等待客户端连接.............");                // 打印提示信息
        Socket client = server.accept();                                 // 等待客户端连接
        // 首先需要先接收客户端发送来的信息，而后才可以将信息处理后发送回客户端
        Scanner scan = new Scanner(client.getInputStream());             // 客户端输入流
        scan.useDelimiter("\n");                                         // 设置分隔符
        PrintStream out = new PrintStream(client.getOutputStream());     // 客户端输出流
        boolean flag = true;                                             // 循环标记
        while (flag) {
            if (scan.hasNext()) {                                        // 有数据接收
                String val = scan.next().trim();                         // 接收数据内容
                if ("byebye".equalsIgnoreCase(val)) {                    // 结束标记
                    out.println("ByeByeBye...");                         // 回应信息
                    flag = false;                                        // 结束循环
                } else {
                    out.println("【ECHO】" + val);                        // Echo信息
                }
            }
        }
        scan.close();                                                    // 关闭输入流
        out.close();                                                     // 关闭输出流
        client.close();                                                  // 关闭客户端
        server.close();                                                  // 关闭服务器端
    }
}
```

本程序在主线程中实例化了一个 ServerSocket 类对象，并且设置了在本机的 9999 端口上进行监听，当有客户端连接到服务器端后（accept()方法在客户端连接前会一直阻塞程序执行），会获取客户端 Socket 的输入流与输出流，进行数据接收与回应处理。

> 👤 **提示：使用 telnet 命令测试。**
>
> 在 Windows、Linux 等系统中都会提供一个 telnet 的测试命令，进行服务器端的使用测试，开发者只需输入 telnet localhost 9999 命令即可直接与服务器端程序连接。如果在 Windows 系统中此命令默认不开启，则开发者选择"启用或关闭 Windows 功能"选项，选择启用 Telnet 客户端即可，如图 19-2 所示。

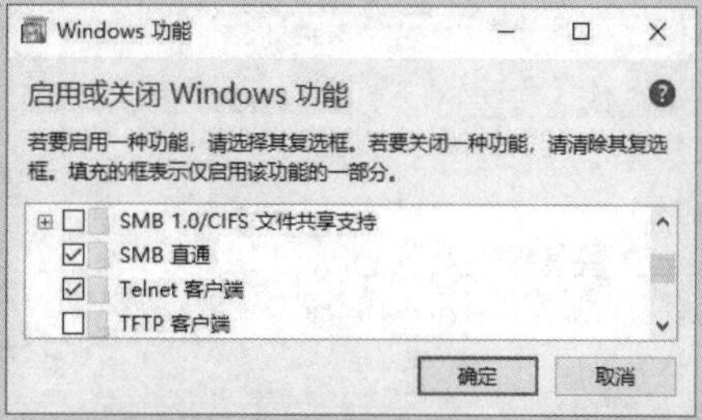

图 19-2 开启 Telnet 客户端

服务端的主要功能是进行客户端发送数据的回显处理，客户端需要实现键盘数据的输入并且通过 Socket 实例实现数据的发送与回应处理。

范例：编写客户端程序

```java
package cn.mldn.demo;
import java.io.BufferedReader;
import java.io.InputStreamReader;
import java.io.PrintStream;
import java.net.Socket;
import java.util.Scanner;
public class EchoClient {
    private static final BufferedReader KEYBOARD_INPUT = new BufferedReader(
                new InputStreamReader(System.in));
    public static String getString(String prompt) throws Exception {        // 键盘信息输入
        System.out.print(prompt);
        String str = KEYBOARD_INPUT.readLine();
        return str;
    }
    public static void main(String[] args) throws Exception {
        Socket client = new Socket("localhost", 9999);                      // 定义服务器端的连接信息
        // 现在的客户端需要有输入与输出的操作支持，所以依然要准备出Scanner与PrintWriter
        Scanner scan = new Scanner(client.getInputStream());                // 接收服务器端输入内容
        scan.useDelimiter("\n");
        PrintStream out = new PrintStream(client.getOutputStream());        // 向服务器端发送内容
        boolean flag = true;                                                // 循环标记
        while (flag) {                                                      // 循环处理
            String input = getString("请输入要发送的内容：").trim();         // 获取键盘输入数据
            out.println(input);                                             // 加换行
            if (scan.hasNext()) {                                           // 服务器端有回应
                System.out.println(scan.next());                           // 输出回应信息
            }
            if ("byebye".equalsIgnoreCase(input)) {                        // 结束判断
                flag = false;                                              // 修改循环标记
            }
        }
        scan.close();                                                      // 关闭输入流
        out.close();                                                       // 关闭输 出流
        client.close();                                                    // 关闭客户端
    }
}
```

程序执行结果（保证服务器端已经启动）：
请输入要发送的内容：**www.mldn.cn**（键盘输入数据）
【ECHO】www.mldn.cn（服务器端回应数据）

请输入要发送的内容：**www.mldnjava.cn**（键盘输入数据）
【ECHO】www.mldnjava.cn（服务器端回应数据）

请输入要发送的内容：**byebye**（键盘输入数据）
ByeByeBye...（服务器端回应数据）

本程序通过 Socket 类设置了要连接的服务器端的主机名称与端口号,此时客户端与服务器端会建立一个 Socket 连接,并且依据此 Socket 连接实现数据通信。

19.3　BIO 处理模型

视频名称	1903_BIO 处理模型	学习层次	理解
视频简介	本课程主要结合 Echo 程序分析传统单线程请求处理问题以及如何利用 BIO 处理模型（传统阻塞 IO 模型）实现多用户访问。		

此时实现的 Echo 模型是基于单线程(主线程)的处理机制实现的网络通信,这样就会造成一个问题,在同一段时间内只允许有一个客户端连接到服务器端进行通信处理,并且当此客户端退出后服务器端也将随之关闭。所以为了提升服务器端的处理性能,则可以利用多线程来处理多个客户端的通信需求。程序基本结构如图 19-3 所示。

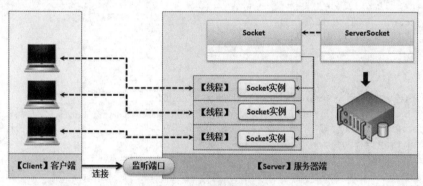

图 19-3　服务器端多线程支持

根据图 19-3 所示的结构可以发现,在服务器端中每一个 ServerSocket 需要连接多个 Socket,同时可以将每一个客户端的 Socket 实例封装在一个线程中,这样一个服务器端就可以同时处理多个客户端请求。

范例:修改服务器端实现

```java
package cn.mldn.demo;
import java.io.IOException;
import java.io.PrintStream;
import java.net.ServerSocket;
import java.net.Socket;
import java.util.Scanner;
public class EchoServer {
    private static class ClientThread implements Runnable {        // 客户端线程类
        private Socket client = null;                               // 客户端Socket
        private Scanner scan = null;                                // 输入流
        private PrintStream out = null;                             // 输出流
        private boolean flag = true;                                // 循环标记
        public ClientThread(Socket client) throws Exception {       // 接收客户端Socket
            this.client = client;                                   // 保存Socket
            this.scan = new Scanner(client.getInputStream());       // 输入流
            this.scan.useDelimiter("\n");                           // 设置分隔符
            this.out = new PrintStream(client.getOutputStream());   // 输出流
        }
```

```
            @Override
            public void run() {                                    // 线程执行
                while (this.flag) {                                // Echo循环处理
                    if (scan.hasNext()) {                          // 有数据发送
                        String val = scan.next().trim();           // 接收数据
                        if ("byebye".equalsIgnoreCase(val)) {      // 结束响应
                            out.println("ByeByeBye...");           // 回应信息
                            this.flag = false;                     // 结束循环
                        } else {
                            out.println("【ECHO】" + val);         // Echo信息
                        }
                    }
                }
                try {
                    scan.close();                                  // 关闭输入流
                    out.close();                                   // 关闭输出流
                    client.close();                                // 关闭客户端
                } catch (IOException e) {
                    e.printStackTrace();
                }
            }
        }
        public static void main(String[] args) throws Exception {
            ServerSocket server = new ServerSocket(9999);          // 设置服务监听端口
            System.out.println("等待客户端连接.............");      // 打印提示信息
            boolean flag = true ;                                  // 循环标记
            while (flag) {
                Socket client = server.accept() ;                 // 有客户端连接
                new Thread(new ClientThread(client)).start();
            }
            server.close();                                        // 关闭服务器端
        }
    }
```

本程序服务器端将采用循环的形式实现多个 Socket 客户端连接，并且将每一个接收到的 Socket 实例封装到独立的线程中进行独立的 Echo 回应处理。

> **提示：本程序属于 BIO 模型。**
>
> 在本程序中虽然使用多线程修改了服务器端处理模式，但是在程序开发中并没有对服务器端可用的线程数量进行限制，这也就意味着如果并发客户端访问量增加，则服务器端将会出现严重的性能问题。所以在 JDK 1.4 以前就必须对线程数量进行有效控制，需要追加客户端连接等待机制才可以正常使用，这样的开发操作称为 **BIO**（Blocking IO，阻塞 IO）模式。

19.4　UDP 程序

	视频名称	1904_UDP 程序	学习层次	理解
	视频简介	网络编程中可靠的操作全部由 TCP 来实现，而除了 TCP 外，也可以利用 UDP 进行通信。本课程主要讲解 UDP 程序的特点以及实现模型。		

TCP 的所有操作都必须建立可靠的连接才能通信，但这种做法肯定会浪费大量的系统性能，为了减少这种开销，在网络中又提供了另外一种传输协议——UDP（不可靠的连接），即利用数据报的形式进行数据发送，由于没有建立可靠连接，此时接收端可能处于关闭状态，所以利用 UDP 发送的数据，客户端不一定接收到。在 Java 中使用 DatagramPacket 类（常用方法见表 19-3）和 DatagramSocket 类（常用方法见表 19-4）完成 UDP 程序的开发。

> **提示：关于 UDP 开发中服务器端和客户端的解释。**
>
> 使用 UDP 开发的网络程序，类似于平常使用手机，手机实际上就相当于一个客户端，如果现在手机要是想正常收信息，则手机肯定要先打开才行。

表 19-3 DatagramPacket 类常用方法

No.	方 法	类 型	描 述
1	public DatagramPacket(byte[] buf,int length)	构造	实例化 DatagramPacket 对象时指定接收数据长度
2	public DatagramPacket(byte[] buf,int length,InetAddress address,int port)	构造	实例化 DatagramPacket 对象时指定发送的数据、数据的长度、目标地址及端口
3	public byte[] getData()	普通	返回接收的数据
4	public int getLength()	普通	返回要发送或接收数据的长度

表 19-4 DatagramSocket 类常用方法

No.	方 法	类 型	描 述
1	public DatagramSocket(int port) throws SocketException	构造	创建 DatagramSocket 对象，并指定监听的端口
2	public void send(DatagramPacket p) throws IOException	普通	发送数据报
3	public void receive(DatagramPacket p) throws IOException	普通	接收数据报

范例：实现一个 UDP 客户端进行消息接收

```java
package cn.mldn.demo;
import java.net.DatagramPacket;
import java.net.DatagramSocket;
public class UDPClient {
    public static void main(String[] args) throws Exception {        // 接收数据信息
        DatagramSocket client = new DatagramSocket(9999);            // 9999端口监听
        byte data[] = new byte[1024];                               // 保存接收数据
        DatagramPacket packet = new DatagramPacket(data, data.length); // 创建数据报
        System.out.println("客户端等待接收发送的消息........");          // 提示信息
        client.receive(packet);                                     // 接收消息内容
        System.out.println("接收到的消息内容为：" + new String(data, 0, packet.getLength()));
        client.close();                                             // 关闭连接
    }
}
```

在进行 UDP 客户端编写时需要设置一个客户端的监听端口，接收到的数据信息可以利用 DatagramPacket 类对象进行接收，这样在客户端打开的情况下会自动接收到服务器端发送来的消息。

范例： 编写一个 UDP 服务器端程序发送数据报

```
package cn.mldn.demo;
import java.net.DatagramPacket;
import java.net.DatagramSocket;
import java.net.InetAddress;
public class UDPServer {
    public static void main(String[] args) throws Exception {
        DatagramSocket server = new DatagramSocket(9000);           // 9000端口监听
        String str = "www.mldn.cn";                                 // 发送消息
        DatagramPacket packet = new DatagramPacket(str.getBytes(), 0, str.length(),
                InetAddress.getByName("localhost"),9999);           // 发送数据
        server.send(packet);                                        // 发送消息
        System.out.println("消息发送完毕.....");
        server.close();                                             // 关闭服务器端
    }
}
```

本程序通过 DatagramPacket 设置了要发送的数据报的内容，同时也设置了客户端接收的主机名称与监听端口，对于服务器端而言，只关心消息是否发出，并不关心客户端是否已经接收到此消息。

19.5 本 章 概 要

1. TCP 是 HTTP 通信的基础，利用 TCP 可以实现可靠的数据传输服务，Java 中通过 ServerSocket 与 Socket 两个类实现了 TCP 协议封装。

2. ServerSocket 主要用于服务器端的创建上，可以定义服务器端的监听端口，随后使用 accept()方法等待客户端连接。在有客户端连接前，服务器端将进入阻塞（Block）状态，每一个客户端都通过 Socket 实例描述，一个 ServerSocket 可以获取多个客户端的 Socket 实例。

3. 为了提升服务器端的并发性能，可以采用多线程的模式，将每一个不同的客户端 Socket 封装为一个独立的线程进行通信处理，如果追加了服务器端的可用线程数量，那么就必须追加客户端连接的等待与唤醒机制，此类程序模型称为 BIO。

4. UDP 属于数据报传送协议，采用的是不可靠的连接模式，即服务器端发送的消息内容客户端可能无法接收。

第 20 章 　数据库编程

 通过本章的学习可以达到以下目标

- 理解 JDBC 的核心设计思想以及 4 种数据库访问机制。
- 理解数据库的连接处理流程，并且可以使用 JDBC 进行 Oracle 数据库的连接。
- 理解工厂设计模式在 JDBC 中的应用，清楚地理解 DriverManager 类的作用。
- 掌握 Connection、PreparedStatement、ResultSet 等核心接口的使用，并可以实现数据的增、删、改、查操作。
- 掌握 JDBC 提供的数据批处理操作的实现。
- 掌握数据库事务的作用并可以利用 JDBC 实现数据库事务控制。

在现代的程序开发中，大量的开发都是基于数据库的，使用数据库可以方便地实现数据的存储及查找。本章将就 Java 的数据库操作技术——JDBC 进行讲解。

20.1 　JDBC 简介

视频名称	2001_JDBC 简介	学习层次	理解	
视频简介	Java 是一门被广泛使用的编程语言，其自身支持数据库开发操作。本课程主要讲解 JDBC 的主要作用以及开发中几种不同的数据库连接模式。			

JDBC（Java Database Connectivity，Java 数据库连接）提供了一种与平台无关的，用于执行 SQL 语句的标准 Java API，可以方便地实现多种关系型数据库的统一操作，它由一组用 Java 语言编写的类和接口组成。不同的数据库如果要想使用 Java 开发，就必须实现这些接口的标准。但是 JDBC 严格来讲不属于技术，而是一种服务，即所有的操作步骤完全固定。

> **提示：JDBC 开发需要 SQL 支持。**
>
> 如果要学习本章，首先要具备基本的 SQL 语法知识，同时本书使用的是 Oracle 数据库，读者可以参考《Oracle 开发实战经典》一书学习其完整语法。

JDBC 本身提供的是一套数据库操作标准，而这些标准又需要各个数据库厂商实现，所以针对每一个数据库厂商都会提供一个 JDBC 的驱动程序。目前比较常见的 JDBC 驱动程序可分为以下 4 类。

1. JDBC-ODBC 桥驱动

JDBC-ODBC 是 SUN 提供的一个标准 JDBC 操作，直接利用微软的 ODBC 进行数据库的连接操作。其桥接模式如图 20-1 所示。但是，由于此种模式需要通过 JDBC 访问 ODBC，再通过 SQL 数据库访问 SQL 数据库，所以在数据量较大时，这种操作性能较低，所以通常情况下不推荐使用这种方式进行操作。

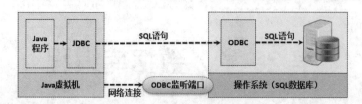

图 20-1　JDBC-ODBC 桥接模式

> ### 提示：关于ODBC。
>
> 　　ODBC（Open Database Connectivity，开放数据库连接）是微软公司提供的一套数据库操作的编程接口，SUN 的 JDBC 实现实际上也是模仿了 ODBC 的设计。

2．JDBC 本地驱动

直接使用各个数据库生产商提供的程序库操作，但是因为其只能应用在特定的数据库上，会丧失程序的可移植性。与 JDBC-ODBC 桥接模式相比较，此类操作模式的性能较高，但其最大的缺点在于无法进行网络分布式存储。其模式如图 20-2 所示。

图 20-2　JDBC 连接模式

3．JDBC 网络驱动

这种驱动程序将 JDBC 转换为与 DBMS 无关的网络协议，之后这种协议又被某台服务器转换为一种 DBMS 协议。这种网络服务器中间件能够将它的纯 Java 客户机连接到多种不同的数据库上，如图 20-3 所示，所用的具体协议取决于提供者。JDBC 网络驱动是最为灵活的 JDBC 驱动程序。

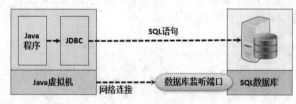

图 20-3　JDBC 网络驱动

4．本地协议纯 JDBC 驱动

这种类型的驱动程序将 JDBC 调用直接转换为 DBMS 所使用的网络协议。这将允许从客户机上直接调用 DBMS 服务器，是 Intranet 访问的一个很实用的解决方法。

JDBC 中的核心组成在 java.sql 包中定义，该包中的核心类结构为 DriverManager 类、Connection 接口、Statement 接口、PreparedStatement 接口、ResultSet 接口。这些接口与类的结构关系如图 20-4 所示。

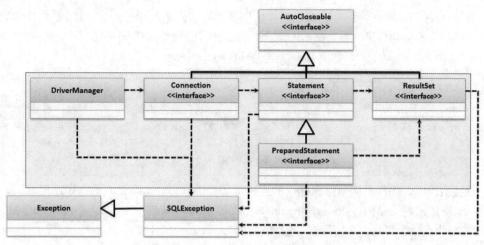

图 20-4　JDBC 核心类结构关系

20.2　连接 Oracle 数据库

视频名称	2002_连接 Oracle 数据库	学习层次	掌握	
视频简介	JDBC 是一个 Java 提供的数据库操作标准，基于此标准可以方便地实现各类数据库的连接与操作管理。本课程主要讲解如何利用 JDBC 进行数据库连接，同时分析连接 Oracle 中常见的错误及解决方式。			

　　JDBC 可以通过标准连接任意支持 JDBC 的 SQL 数据库，本节将利用 JDBC 实现 Oracle 数据库的连接。数据库的连接操作主要使用 DriverManager.getConnection()方法完成，此类可以获取多个数据库连接，每一个数据库连接都使用 Connection 接口描述。Connection 接口常用方法如表 20-1 所示。

表 20-1　Connection 接口常用方法

No.	方　　法	类　型	描　　述
1	public Statement createStatement() throws SQLException	普通	获取 Statement 接口实例
2	public PreparedStatement prepareStatement(String sql) throws SQLException	普通	获取 PreparedStatement 接口实例
3	public void close() throws SQLException	普通	关闭数据库连接
4	public void setAutoCommit(boolean autoCommit) throws SQLException	普通	事务控制，设置是否自动提交更新
5	public void commit() throws SQLException	普通	事务控制，提交事务
6	public void rollback() throws SQLException	普通	事务控制，事务回滚

> **提示：JDBC 连接准备。**
>
> 　　在通过 JDBC 连接 SQL 数据库前首先必须保证连接的 SQL 数据库的服务进程已经开启，例如，本次连接的是 Oracle 数据库，所以必须开启监听与数据库实例服务，如图 20-5 所示。
>
> | OracleOraDb11g_home1TNSListener | 已启动 | 手动 | 本地系统 |
> |---|---|---|---|
> | OracleServiceMLDN | 已启动 | 手动 | 本地系统 |
>
> 图 20-5　启动数据库服务进程

JDBC 属于 Java 提供的服务标准，对于所有的服务都有着固定的操作步骤。JDBC 操作步骤如下。

（1）加载数据库驱动程序。各个数据库都会提供 JDBC 的驱动程序开发包，直接把 JDBC 操作所需要的开发包（一般为*.jar 或*.zip）配置到 CLASSPATH 路径即可。

> **提示：Oracle 驱动程序路径。**
>
> 一般像 Oracle 或 DB2 这样的大型数据库，在安装后在安装程序目录中都会提供数据库厂商提供的相应数据库驱动程序，开发者需要将驱动程序设置到 CLASSPATH 中（如果是 Eclipse，则需要通过 Java Builder Path 配置扩展*.jar 文件）。
>
> Oracle 驱动程序路径：app\mldn\product\11.2.0\dbhome_1\jdbc\lib\ojdbc6.jar。

（2）连接数据库。根据不同数据库提供的连接信息、用户名与密码建立数据库连接通道。
- Oracle 连接地址结构：jdbc:oracle:thin:@主机名称:端口号:SID。例如，连接本机的 MLDN 数据库：jdbc:oracle:thin:@localhost:1521:mldn。
- 用户名：scott。
- 密码：tiger。

（3）使用语句进行数据库操作。数据库操作分为更新和查询两种操作，除了可以使用标准的 SQL 语句外，对于各个数据库也可以使用其自己提供的各种命令。

（4）关闭数据库连接。数据库操作完毕后需要关闭连接以释放资源。

范例：连接 Oracle 数据库

```java
package cn.mldn.demo;
import java.sql.Connection;
import java.sql.DriverManager;
public class JDBCDemo {
    private static final String DATABASE_DRVIER = "oracle.jdbc.driver.OracleDriver";
    private static final String DATABASE_URL = "jdbc:oracle:thin:@localhost:1521:mldn";
    private static final String DATABASE_USER = "scott";
    private static final String DATABASE_PASSWORD = "tiger";
    public static void main(String[] args) throws Exception {
        Connection conn = null;                              // 保存数据库连接
        Class.forName(DATABASE_DRVIER);                      // 加载数据库驱动程序
        conn = DriverManager.getConnection(DATABASE_URL,
                DATABASE_USER, DATABASE_PASSWORD);           // 连接数据库
        System.out.println(conn);                            // 输出对象信息
        conn.close();                                        // 关闭数据库连接
    }
}
```
程序执行结果：
```
oracle.jdbc.driver.T4CConnection@2401f4c3
```

本程序将数据库连接的相关信息定义为常量，随后进行数据库驱动程序加载，加载成功后会根据连接地址、用户名、密码获取连接。由于本程序已经连接成功，所以输出的 conn 对象不为 null，数据库连接属于资源，所以在代码执行完毕后必须使用 close()方法进行关闭。

> **提示：JDBC 使用了工厂设计模式。**
>
> 在 JDBC 开发中 Connection 是一个数据库连接的标准接口，而程序要想获取 Connection 接口实例，则必须通过 DriverManager 类获取，于是就形成了图 20-6 所示的程序结构。

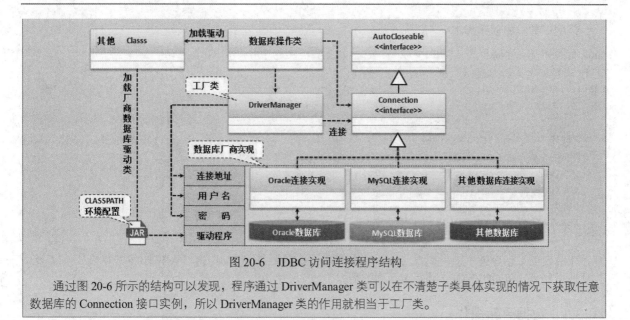

图 20-6 JDBC 访问连接程序结构

通过图 20-6 所示的结构可以发现，程序通过 DriverManager 类可以在不清楚子类具体实现的情况下获取任意
数据库的 Connection 接口实例，所以 DriverManager 类的作用就相当于工厂类。

20.3 Statement 数据操作接口

视频名称	2003_Statement 接口简介	学习层次	掌握	
视频简介	获取数据库连接是为了取得数据库的操作能力，而操作就需要通过 Statement 接口实现。本课程主要讲解 Statement 接口的实例化操作模式以及接口主要方法。			

Statement 是 JDBC 中提供的数据库的操作接口，利用其可以实现数据的更新与查询的处理操作。该
接口定义如下。

```
public interface Statement extends Wrapper, AutoCloseable {}
```

开发者可以通过 Connection 接口提供的 createStatement()方法创建 Statement 接口实例，随后可以直
接利用表 20-2 提供的 Statement 接口方法进行 SQL 数据操作。

表 20-2 Statement 接口常用方法

No.	方　　法	类　　型	描　　述
1	public int executeUpdate(String sql) throws SQLException	普通	执行 SQL 更新操作（增加、修改、删除），执行后返回更新行数
2	public ResultSet executeQuery(String sql) throws SQLException	普通	执行 SQL 查询操作
3	public void addBatch(String sql) throws SQLException	普通	追加 SQL 批处理更新语句
4	public void clearBatch() throws SQLException	普通	清除 SQL 批处理语句
5	public int[] executeBatch() throws SQLException	普通	执行 SQL 批处理，返回批处理更新影响行数

下面将利用 Statement 实现数据表的数据的增加、修改、删除、查询等常见操作，本次使用的数据表
创建脚本如下。

范例： 数据库创建脚本

```sql
DROP TABLE news PURGE ;
DROP SEQUENCE news_seq ;
CREATE SEQUENCE news_seq ;
CREATE TABLE news(
    nid                 NUMBER ,
    title               VARCHAR2(30) ,
    read                NUMBER ,
    price               NUMBER ,
    content             CLOB ,
    pubdate             DATE ,
    CONSTRAINT pk_nid PRIMARY KEY(nid)
);
```

在给定的数据库脚本中包括数据库开发中的常见数据类型（NUMBER、VARCHAR2、DATE、CLOB），并且使用序列（SEQUENCE）进行 nid 列的数据生成。

20.3.1　数据更新操作

视频名称	2004_数据更新操作	学习层次	掌握
视频简介	Statement 基于标准的 SQL 更新语句实现数据更新操作，本课程主要讲解如何通过 Statement 接口实现数据更新操作。		

在 SQL 语句中数据的更新操作一共分为三种：增加（INSERT）、修改（UPDATE）、删除（DELETE）。Statement 接口的最大特点是可以直接执行一个标准的 SQL 语句。

范例： 实现数据增加

```java
SQL语法：INSERT INTO 表名称 (字段,字段,...) VALUES (值,值,...)
package cn.mldn.demo;
import java.sql.Connection;
import java.sql.DriverManager;
import java.sql.Statement;
public class JDBCDemo {
    private static final String DATABASE_DRVIER = "oracle.jdbc.driver.OracleDriver";
    private static final String DATABASE_URL = "jdbc:oracle:thin:@localhost:1521:mldn";
    private static final String DATABASE_USER = "scott";
    private static final String DATABASE_PASSWORD = "tiger";
    public static void main(String[] args) throws Exception {
        String sql = " INSERT INTO news(nid,title,read,price,content,pubdate) VALUES "
                + " (news_seq.nextval,'MLDN-News',10,9.15, "
                + " '极限IT训练营成立了', "
                + " TO_DATE('2016-02-17','yyyy-mm-dd'))" ;        // SQL语句
        Connection conn = null;                                   // 保存数据库连接
        Class.forName(DATABASE_DRVIER);                           // 加载数据库驱动程序
        conn = DriverManager.getConnection(DATABASE_URL,
                DATABASE_USER, DATABASE_PASSWORD);                // 连接数据库
        Statement stmt = conn.createStatement() ;                 // 数据库操作对象
```

```
        int count = stmt.executeUpdate(sql) ;              // 返回更新数据行数
        System.out.println("更新操作影响的数据行数：" + count);    // 输出数据行数
        conn.close();                                       // 关闭数据库连接
    }
}
```
程序执行结果：
更新操作影响的数据行数：1

本程序通过 Connection 连接对象创建了 Statement 接口实例，这样就可以利用 executeUpdate()方法直接执行 SQL 更新语句。当执行完成后会返回更新的数据行数，由于只增加一行数据，所以最终取得的更新行数为 1。

范例：实现数据修改

```
SQL语法：  UPDATE 表名称 SET 字段=值,... WHERE 更新条件 ;
public class JDBCDemo {
    // 重复代码，略...
    public static void main(String[] args) throws Exception {
        String sql = "UPDATE news SET title='极限IT架构师', content='www.jixianit.com', "
                + " read=99998 WHERE nid=5 " ;                  // 编写修改SQL语句
        // 重复代码，略...
    }
}
```
程序执行结果：
更新操作影响的数据行数：1

本程序实现了一个数据修改操作，在进行修改时由于会根据指定 nid 进行更新，所以更新时只会影响到一行数据。

范例：实现数据删除

```
SQL语法：DELETE FROM 表名称 WHERE 删除条件(s)
public class JDBCDemo {
    // 重复代码，略...
    public static void main(String[] args) throws Exception {
        String sql = "DELETE FROM news WHERE nid IN (11,13,15) " ; // 编写删除SQL语句
        // 重复代码，略...
    }
}
```
程序执行结果：
更新操作影响的数据行数：3

本程序执行了数据删除操作，在数据删除时使用 IN 设置了 3 个要删除的 nid 数据，当成功删除后返回的更新行数为 3。如果重复执行此代码，由于数据已经被成功删除，所以更新行数为 0。

20.3.2 数据查询操作

视频名称	2005_数据查询操作	学习层次	掌握	
视频简介	数据在进行查询时会将全部的内容返回到内存，因此 Java 提供了 ResultSet 标准操作接口。本课程主要讲解如何利用 Statement 接口实现数据的查询操作。			

数据查询操作会利用 SQL 语句向数据库发出 SELECT 查询指令，而查询的结果如果要返回给程序进行处理，就必须通过 ResultSet 接口来进行封装。ResultSet 是一种可以保存任意查询结果的集合结构，所有查询结果会通过 ResultSet 在内存中形成一张虚拟表，而后开发者可以根据数据行的索引，依照数据类型获取列数据内容。ResultSet 查询处理的操作流程如图 20-7 所示。

　　当所有的记录返回到 ResultSet 的时候，所有的内容都是按照表结构的形式存放的，所以用户只需按照数据类型从每行取出所需要的数据即可。表 20-3 列出了 ResultSet 接口常用方法。

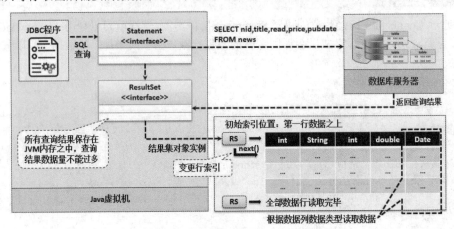

图 20-7　ResultSet 数据查询操作流程

表 20-3　ResultSet 接口常用方法

No.	方法	类型	描述
1	public boolean next() throws SQLException	普通	移动指针并判断是否有数据
2	public 数据 getXxx(列的标记) throws SQLException	普通	取得指定类型的数据
3	public void close() throws SQLException	普通	关闭结果集

范例：实现数据查询

```java
public class JDBCDemo {
    // 重复代码，略...
    public static void main(String[] args) throws Exception {
        // 此处编写的SQL语句，明确写明了要查询的列名称，这样查询结果就可以根据列索引顺序获取内容
        String sql = "SELECT nid,title,read,price,content,pubdate FROM news" ;
        Connection conn = null;                              // 保存数据库连接
        Class.forName(DATABASE_DRVIER);                      // 加载数据库驱动程序
        conn = DriverManager.getConnection(DATABASE_URL,
            DATABASE_USER, DATABASE_PASSWORD);               // 连接数据库
        Statement stmt = conn.createStatement() ;            // 数据库操作对象
        ResultSet rs = stmt.executeQuery(sql);               // 执行查询
        while (rs.next()) {                                  // 循环获取结果集数据
            int nid = rs.getInt(1);                          // 获取第1个查询列数据
            String title = rs.getString(2);                  // 获取第2个查询列数据
            int read = rs.getInt(3);                         // 获取第3个查询列数据
            double price = rs.getDouble(4);                  // 获取第4个查询列数据
            String content = rs.getString(5);                // 获取第5个查询列数据
            Date pubdate = rs.getDate(6);                    // 获取第6个查询列数据
```

```
            System.out.println(nid + "、" + title + "、" + read +
                "、" + price + "、" + content + "、" + pubdate);
        }
        conn.close();                                              // 关闭数据库连接
    }
}
```
程序执行结果:
2、MLDN-News、10、9.15、极限IT训练营成立了、2016-02-17
3、MLDN-News、10、9.15、极限IT训练营成立了、2016-02-17
... 其他输出,略 ...

本程序通过 ResultSet 集合保存了 JDBC 查询结果,由于 ResultSet 是以表的形式返回,所以可以利用 next()方法修改数据行索引(同时也可以判断数据行是否全部读取完毕),随后利用 getXxx()方法根据数据列类型读取数据内容。

 提问:SQL 使用 "*" 查询不是更加方便吗?

在本程序中编写的 SQL 查询语句,使用 "*" 不是更加方便吗?
```
String sql = "SELECT * FROM news" ;
```
为什么在本程序中不使用 "*" 通配符,而写上具体列的名称呢?

回答:使用具体列名称的查询更加适合于程序维护。

在本程序中,如果在查询语句上使用了 "*",那么在使用 ResultSet 依据列索引获取数据内容时就必须根据查询列的默认顺序进行定义,这样势必会造成代码的开发困难与维护困难。在此种情况下为了可以清晰地读取数据,就需要明确地使用列名称进行数据读取。操作代码如下。
```
String sql = "SELECT * FROM news" ;
while (rs.next()) {
    int nid = rs.getInt("nid");
    String title = rs.getString("title");
    int read = rs.getInt("read");
    double price = rs.getDouble("price");
    String content = rs.getString("content");
    Date pubdate = rs.getDate("pubdate");
}
```
虽然以上的代码可以实现读取,但是也需要注意内存占用的问题:数据查询时如果返回了过多的无用数据,会造成内存占用,导致程序性能下降,所以在使用 JDBC 进行数据查询时最好只查询需要的数据内容。

综合以上分析,在实际程序开发中,使用 "*" 既不方便代码维护,又有可能造成查询结果过多而产生性能问题,所以在开发中必须避免使用 "*" 通配符。

20.4   PreparedStatement 数据操作接口

视频名称	2006_Statement 问题分析	学习层次	掌握
视频简介	Statement 提供了 SQL 语句的直接执行能力,但是由于其只支持 SQL 语句,所以开发中存在安全隐患。本课程主要讲解 Statement 接口在实际开发中存在的问题。		

PreparedStatement 是 Statement 的子接口,属于 SQL 预处理操作,与直接使用 Statement 不同的是,PreparedStatement 在操作时,是先在数据表中准备好了一条待执行的 SQL 语句,随后再设置具体内容。

这样的处理模型使得数据库操作更加安全，为了解释 PreparedStatement 的作用，下面首先通过 Statement
模拟一个数据增加操作。

范例：观察 Statement 接口使用问题

```java
public class JDBCDemo {
    // 重复代码，略...
    public static void main(String[] args) throws Exception {
        String title = "MLDN新闻'极限IT架构师" ;          // 存在"'"
        int read = 99 ;
        double price = 99.8 ;
        String content = "www.jixianit.com" ;
        String pubdate = "2017-09-15" ;                  // 日期通过String表示
        String sql = " INSERT INTO news(nid,title,read,price,content,pubdate) VALUES "
                + " (news_seq.nextval,'" + title
                + "'," + read + "," + price + ", " + " '" + content
                + "', TO_DATE('" + pubdate + "','yyyy-mm-dd'))";   // 拼凑执行SQL
        System.out.println(sql);                         // 输出拼凑后的SQL
        Connection conn = null;                           // 保存数据库连接
        Class.forName(DATABASE_DRVIER);                   // 加载数据库驱动程序
        conn = DriverManager.getConnection(DATABASE_URL,
                DATABASE_USER, DATABASE_PASSWORD);        // 连接数据库
        Statement stmt = conn.createStatement() ;         // 数据库操作对象
        int count = stmt.executeUpdate(sql) ;             // 返回更新数据行数
        System.out.println("更新操作影响的数据行数: " + count); // 输出数据行数
        conn.close();                                     // 关闭数据库连接
    }
}
```

程序执行结果：
INSERT INTO news(nid,title,read,price,content,pubdate) VALUES (news_seq.nextval,'MLDN新闻'极限IT
架构师',99,99.8, 'www.jixianit.com', TO_DATE('2017-09-15','yyyy-mm-dd'))
Exception in thread "main" java.sql.SQLSyntaxErrorException: ORA-00917: 缺失逗号

本程序通过变量的形式定义了 SQL 要插入的数据内容，而通过本程序的执行可以发现 Statement 有
以下 3 个问题。

➥　Statement 在数据库操作中需要一个完整的 SQL 命令，一旦需要通过变量进行内容接收，则需
要进行 SQL 语句的拼凑，而这样的代码既不方便阅读也不方便维护。

➥　执行的 SQL 语句中如果出现一些限定符号，则拼凑 SQL 执行时就会引发 SQL 标记异常。

➥　进行日期数据定义时只能够使用 String 类型，而后再通过数据库函数转换。

综合以上的几个问题，就可以得出结论，Statement 接口只适合于简单执行 SQL 语句的情况，而要
想更加安全可靠地进行数据库操作，就必须通过 PreparedStatement 接口完成。

20.4.1　PreparedStatement 数据更新

视频名称	2007_PreparedStatement 数据更新	学习层次	掌握
视频简介	本课程主要讲解 PreparedStatement 继承结构与实例化处理，并且讲解如何使用 PreparedStatement 实现安全的数据更新操作。		

在 PreparedStatement 进行数据库操作时，可以在编写 SQL 语句时通过 "?" 进行占位符的设计，
Connection 接口会依据此 SQL 语句通过 prepareStatement()方法实例化 PreparedStatement 接口实例（此时

并不知道具体数据内容），在进行更新或查询操作前利用 setXxx()方法依据设置的占位符的索引顺序（索引编号从 1 开始）进行内容设置。PreparedStatement 接口常用方法如表 20-4 所示。

表 20-4 　PreparedStatement 接口常用方法

No.	方　　法	类　型	描　　述
1	public int executeUpdate() throws SQLException	普通	执行设置的预处理 SQL 语句
2	public ResultSet executeQuery() throws SQLException	普通	执行数据库查询操作，返回 ResultSet
3	public void setXxx(int parameterIndex, 数据类型　x) throws SQLException	普通	指定要设置的索引编号，并设置数据

范例： 使用 PreparedStatement 接口实现数据增加操作

```java
public class JDBCDemo {
    // 重复代码，略...
    public static void main(String[] args) throws Exception {
        String title = "MLDN新闻'极限IT架构师" ;          // 存在 " ' "
        int read = 99 ;
        double price = 99.8 ;
        String content = "www.jixianit.com" ;
        java.util.Date pubdate = new java.util.Date() ;          // 定义日期对象
        // 需要先定义SQL语句后才可以创建PreparedStatement接口实例，定义时可以使用占位符
        String sql = " INSERT INTO news(nid,title,read,price,content,pubdate) VALUES "
                + " (news_seq.nextval,?,?,?,?,?)" ;          // 使用 "?" 作为占位符
        Connection conn = null;          // 保存数据库连接
        Class.forName(DATABASE_DRVIER);          // 加载数据库驱动程序
        conn = DriverManager.getConnection(DATABASE_URL,
                DATABASE_USER, DATABASE_PASSWORD);          // 连接数据库
        PreparedStatement pstmt = conn.prepareStatement(sql) ;          // 数据库的操作对象
        pstmt.setString(1, title);          // 设置索引内容
        pstmt.setInt(2, read);          // 设置索引内容
        pstmt.setDouble(3, price);          // 设置索引内容
        pstmt.setString(4, content);          // 设置索引内容
        pstmt.setDate(5, new java.sql.Date(pubdate.getTime()));          // 设置索引内容
        int count = pstmt.executeUpdate() ;          // 返回影响的行数
        System.out.println("更新操作影响的数据行数：" + count);          // 输出数据行数
        conn.close();          // 关闭数据库连接
    }
}
```
程序执行结果：
更新操作影响的数据行数：**1**

本程序在定义 SQL 语句的时候使用若干个 "?" 进行要操作数据的占位符定义，这样在执行更新前就必须利用 setXxx()方法依据索引和列类型进行数据内容的设置，由于此类方式没有采用拼凑式的 SQL 定义，所以程序编写简洁，数据的处理更加安全，程序开发也更加灵活。

提示：关于日期时间型数据在 JDBC 中的描述。

在本程序中使用 setDate()方法设置日期数据时执行了以下代码。

```java
pstmt.setDate(5, new java.sql.Date(pubdate.getTime())) ;
```

此代码的核心意义在于将 java.util.Date 类的实例转为 java.sql.Date 类的实例。之所以进行这样转换是因为在 JDBC 中 PreparedStatement、ResultSet 操作的日期类型为 java.sql.Date。下面通过图 20-8 所示的类结构进行说明。

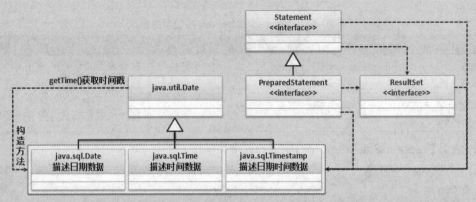

图 20-8　JDBC 实现日期时间操作的类结构

由于 JDBC 并没有与 java.util.Date 类产生任何直接关联，所以在使用 PreparedStatement 进行内容设置时就需要将 java.util.Date 的时间戳数据取出，并使用 java.sql.Date、java.sql.Time、java.sql.Timestamp 的构造方法将时间戳变为各自的子类实例才可以通过 setXxx()方法设置。而在使用 ResultSet 获取数据时，所有的日期时间类实例都可以自动向上转型为 java.util.Date 类实例。

20.4.2　PreparedStatement 数据查询

![视频]	视频名称	2008_PreparedStatement 数据查询	学习层次	掌握
	视频简介	项目开发中 PreparedStatement 是主要的数据库操作对象，而在数据库操作中查询是最为复杂的部分。本课程主要讲解如何利用 PreparedStatement 实现数据查询操作。		

查询是在实际开发中最复杂也是项目中使用最多的数据库操作，利用 PreparedStatement 也可以通过占位符实现数据查询操作。下面通过几个常用案例进行说明。

范例：查询表中全部数据

```java
public class JDBCDemo {
    // 重复代码，略...
    public static void main(String[] args) throws Exception {
        String sql = "SELECT nid,title,read,price,content,pubdate FROM news" ;
        Connection conn = null;                                    // 保存数据库连接
        Class.forName(DATABASE_DRVIER);                            // 加载数据库驱动程序
        conn = DriverManager.getConnection(DATABASE_URL,
                DATABASE_USER, DATABASE_PASSWORD);                 // 连接数据库
        PreparedStatement pstmt = conn.prepareStatement(sql) ;     // 数据库的操作对象
        ResultSet rs = pstmt.executeQuery();                       // 执行查询
        while (rs.next()) {                                        // 循环获取结果集数据
            int nid = rs.getInt(1);                                // 获取第1个查询列数据
            String title = rs.getString(2);                        // 获取第2个查询列数据
            int read = rs.getInt(3);                               // 获取第3个查询列数据
            double price = rs.getDouble(4);                        // 获取第4个查询列数据
            String content = rs.getString(5);                      // 获取第5个查询列数据
            Date pubdate = rs.getDate(6);                          // 获取第6个查询列数据
```

```
            System.out.println(nid + "、" + title + "、" + read +
                "、" + price + "、" + content + "、" + pubdate);
        }
        conn.close();                                                    // 关闭数据库连接
    }
}
```

本程序对 news 数据表数据实现了简单查询，由于查询 SQL 语句中并没有使用"?"进行占位符设计，所以可以直接使用 executeQuery()方法执行查询。

范例： 根据 id 进行查询

```
public class JDBCDemo {
    // 重复代码，略...
    public static void main(String[] args) throws Exception {
        String sql = "SELECT nid,title,read,price,content,pubdate "
            + " FROM news WHERE nid=?" ;                                  // 使用占位符设置id内容
        // 重复代码，略...
        PreparedStatement pstmt = conn.prepareStatement(sql) ;           // 数据库的操作对象
        pstmt.setInt(1, 5);                                              // 设置nid的数据
        ResultSet rs = pstmt.executeQuery();                            // 执行查询
        if (rs.next()) {                                                 // 是否有查询结果返回
            // 重复代码，略...
        }
        conn.close();                                                    // 关闭数据库连接
    }
}
```

程序执行结果：
5、极限IT架构师、99998、9.15、www.jixianit.com、2016-02-17

本程序查询了指定编号的新闻数据，在定义 SQL 查询语句时使用了限定符进行查询条件数据设置。由于此类查询最多只会返回 1 行数据，所以在使用 ResultSet 获取数据时利用 if 语句对查询结果进行判断，如果查询结果存在，则进行输出。

范例： 实现数据模糊查询同时进行分页控制

```
public class JDBCDemo {
    // 重复代码，略...
    public static void main(String[] args) throws Exception {
        int currentPage = 2 ;                                            // 当前页
        int lineSize = 5 ;                                               // 每页显示的数据行
        String column = "title" ;                                        // 模糊查询列
        String keyWord = "MLDN" ;                                        // 查询关键字
        String sql = "SELECT * FROM ( "
            + " SELECT nid,title,read,price,content,pubdate,ROWNUM rn "
            + " FROM news WHERE " + column + " LIKE ? AND ROWNUM<=? ORDER BY nid) temp "
            + " WHERE temp.rn>?" ;                                       // 分页查询
        // 重复代码，略...
        PreparedStatement pstmt = conn.prepareStatement(sql) ;           // 数据库的操作对象
        pstmt.setString(1, "%" + keyWord + "%");                        // 设置占位符数据
        pstmt.setInt(2, currentPage * lineSize);                        // 设置占位符数据
        pstmt.setInt(3, (currentPage - 1) * lineSize);                  // 设置占位符数据
        ResultSet rs = pstmt.executeQuery();                            // 执行查询
        while (rs.next()) {                                              // 是否有查询结果返回
```

```
        // 重复代码，略...
        }
        conn.close();                                        // 关闭数据库连接
    }
}
```

本程序实现了一个开发中最为重要的数据分页模糊查询操作，将利用 Oracle 数据库提供的分页语法
实现指定数据列上的数据模糊匹配，由于匹配的数据可能出现在数据的任意匹配位置上，所以在设置查
询关键字时使用"%%"匹配符。

> **注意：不要在列名称上使用占位符。**
>
> 在使用 PreparedStatement 进行占位符定义时只允许在列内容上使用，而不允许在列名称上使用。以本程序为例。
>
> ...略..." FROM news WHERE **?** LIKE ? AND ROWNUM<=? ORDER BY nid) temp "...略...
>
> 在 SQL 语句中限定查询的语法需要通过列名称匹配内容，如果此时将列名称也设置为"?"，则代码执行时将
> 出现错误。

范例：数据统计查询

```
public class JDBCDemo {
    // 重复代码，略...
    public static void main(String[] args) throws Exception {
        String column = "title" ;                            // 模糊查询列
        String keyWord = "MLDN" ;                            // 查询关键字
        String sql = "SELECT COUNT(*) FROM news WHERE " + column + " LIKE ?" ;
        // 重复代码，略...
        PreparedStatement pstmt = conn.prepareStatement(sql) ;   // 数据库的操作对象
        pstmt.setString(1, "%" + keyWord + "%");             // 设置占位符数据
        ResultSet rs = pstmt.executeQuery();                 // 执行查询
        if (rs.next()) {                                     // COUNT()一定会返回结果
            long count = rs.getLong(1) ;
            System.out.println("符合条件的数据量：" + count);
        }
        conn.close();                                        // 关闭数据库连接
    }
}
```

程序执行结果：
符合条件的数据量：18

在 SQL 查询中使用 COUNT(*)方法可以实现指定数据表中的数据统计，并且不管表中是否有数据行
都一定会返回 COUNT()函数的统计查询结果，即 rs.next()方法判断的结果一定为 true。在进行数据统计
时，由于表中数据行较多，往往会通过 getLong()方法接收统计结果。

20.5　数据批处理

	视频名称	2009_数据批处理	学习层次	掌握
	视频简介	单 SQL 的执行虽然简单，但是在频繁修改下就有可能带来性能问题，为此 JDBC 提供了批处理操作。本课程主要讲解 Statement 与 PreparedStatement 批处理的功能实现。		

JDBC 随着 JDK 每次版本的更新也在不断地完善。从 JDBC 2.0 开始为了方便操作者进行数据库的开发提供了许多更加方便的操作，包括可滚动的结果集、使用结果集更新数据、批处理，其中批处理在开发中使用较多。

提示：JDBC 版本与 JDK 版本对应关系。

为了方便读者理解 JDBC 的版本编号，下面通过表 20-5 进行说明。

表 20-5　JDBC 版本更新

No.	JDBC 版本	JDK 版本
1	JDBC 1.0	JDK 1.1
2	JDBC 2.0	JDK 1.2
3	JDBC 3.0	JDK 1.4
4	JDBC 4.0	JDK 1.6
5	JDBC 4.1	JDK 1.7
6	JDBC 4.2	JDK 1.8

尽管 JDBC 的版本不断更新，但是从实际的开发角度来讲，JDBC 1.0 开始提供的操作模式是现在 JDBC 操作的主要形式，并且随着版本的不断完善，JDBC 的使用限制也越来越少。

范例： 使用 Statement 实现批处理

```java
public class JDBCDemo {
    // 重复代码，略...
    public static void main(String[] args) throws Exception {
        // 重复代码，略...
        Statement stmt = conn.createStatement() ;                    // 创建数据库的操作对象
        stmt.addBatch("INSERT INTO news (nid,title) VALUES (news_seq.nextval,'MLDN-A')");
        stmt.addBatch("INSERT INTO news (nid,title) VALUES (news_seq.nextval,'MLDN-B')");
        stmt.addBatch("INSERT INTO news (nid,title) VALUES (news_seq.nextval,'MLDN-C')");
        stmt.addBatch("INSERT INTO news (nid,title) VALUES (news_seq.nextval,'MLDN-D')");
        stmt.addBatch("INSERT INTO news (nid,title) VALUES (news_seq.nextval,'MLDN-E')");
        int result [] = stmt.executeBatch() ;                        // 执行批处理
        System.out.println("批量更新结果: " + Arrays.toString(result));
        conn.close();                                                // 关闭数据库连接
    }
}
```
程序执行结果：
批量更新结果：[1, 1, 1, 1, 1]

本程序通过 Statement 提供的 addBatch()方法加入了 5 条数据更新语句，这样当执行 executeBatch() 方法时会一次性提交多条更新指令，并且将所有更新语句影响的数据行数通过数组返回给调用处。此类操作在大规模数据更新时会提高处理性能。

范例： 使用 PreparedStatement 执行批处理

```java
public class JDBCDemo {
    // 重复代码，略...
    public static void main(String[] args) throws Exception {
        // 重复代码，略...
```

```
        String sql = "INSERT INTO news (nid,title) VALUES (news_seq.nextval,?)" ;
        String titles [] = new String [] {"MLDN-A","MLDN-B","MLDN-C","MLDN-D","MLDN-E"} ;
        PreparedStatement pstmt = conn.prepareStatement(sql) ;        // 创建数据库的操作对象
        for (String title : titles) {                                 // 循环获取数据
            pstmt.setString(1, title);                                // 设置占位符数据
            pstmt.addBatch();                                         // 追加批处理
        }
        int result [] = pstmt.executeBatch() ;                        // 执行批处理
        System.out.println("批量更新结果: " + Arrays.toString(result));
        conn.close();                                                 // 关闭数据库连接
    }
}
```

程序执行结果：

批量更新结果: [-2, -2, -2, -2, -2]

本程序通过 PreparedStatement 实现了批量数据增加，由于 PreparedStatement 在接口对象实例化时就
需要定义 SQL 语句，所以在追加批处理时只须设置占位符数据即可。

 提示：关于 PreparedStatement 执行批处理返回值。

在使用 executeBatch()方法执行批处理操作时会返回 3 类数据结构。

- ➥ 大于 0 的数字：每条更新 SQL 语句执行后所影响的数据行数。
- ➥ Statement.SUCCESS_NO_INFO（内容为-2）：SQL 执行成功不返回更新行数。
- ➥ Statement.EXECUTE_FAILED（内容为-3）：SQL 执行失败。

20.6　事　务　控　制

视频名称	2010_事务控制	学习层次	掌握
视频简介	SQL 数据库中最为重要的组成就是事务支持，本课程主要讲解事务的 ACID 原则，同时结合批处理的问题讲解事务的控制操作。		

事务处理在数据库开发中有着非常重要的作用，所谓的事务，就是所有的操作要么一起成功，要么
一起失败。事务本身具有原子性（Atomicity）、一致性（Consistency）、隔离性或独立性（Isolation）、持
久性（Durabilily）4 个特征，又称 ACID 特征。

- ➥ **原子性：** 原子性是事务最小的单元，是不可再分割的单元，相当于一个个小的数据库操作，这
  些操作必须同时完成，如果有一个失败，则一切的操作将全部失败。如图 20-9 所示，用户 A
  转账和用户 B 接账分别是两个不可再分的操作，但是如果用户 A 的转账失败，则用户 B 的接
  账操作也肯定无法成功。
- ➥ **一致性：** 是指在数据库操作的前后是完全一致的，保证数据的有效性，如果事务正常操作则系
  统会维持有效性，如果事务出现了错误，则回到最原始状态，也要维持其有效性，这样保证事
  务开始时和结束时系统处于一致状态。如图 20-9 所示，如果用户 A 和用户 B 转账成功，则保
  持其一致性，如果现在用户 A 和用户 B 的转账失败，则保持操作之前的一致性，即用户 A 的
  钱不会减少，用户 B 的钱不会增加。
- ➥ **隔离性：** 多个事务可以同时进行且彼此之间无法访问，只有当事务完成最终操作的时候，才可
  以看见结果。

↘ **持久性**：当一个系统崩溃时，一个事务依然可以坚持提交，当一个事务完成后，操作的结果保存在磁盘中，永远不会被回滚。如图 20-9 所示，所有的资金数都是保存在磁盘中，所以，即使系统发生了错误，用户的资金也不会减少。

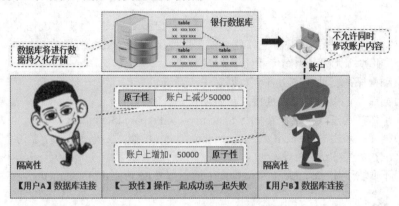

图 20-9　ACID 原则与转账处理

在 JDBC 中事务控制需要通过 Connection 接口中提供的方法来实现，由于在 JDBC 中已经默认开启了事务的自动提交模式，所以为了保证事务处理的一致性，就必须调用 setAutoCommit()方法取消事务自动提交，随后再根据 SQL 的执行结果来决定事务是否需要提交（commit()）或回滚（rollback()）。

范例： 使用 JDBC 实现事务控制（利用 Statement 批处理进行演示）

```java
public class JDBCDemo {
    // 重复代码，略...
    public static void main(String[] args) throws Exception {
        Connection conn = null;                               // 保存数据库连接
        Class.forName(DATABASE_DRVIER);                       // 加载数据库驱动程序
        conn = DriverManager.getConnection(DATABASE_URL,
                DATABASE_USER, DATABASE_PASSWORD);            // 连接数据库
        conn.setAutoCommit(false);                            // 取消事务自动提交
        Statement stmt = conn.createStatement() ;             // 创建数据库的操作对象
        try {
            stmt.addBatch("INSERT INTO news (nid,title) VALUES (news_seq.nextval,'MLDN-A')");
            // 此时定义了一条错误的SQL语句，由于事务提供的支持，此时所有的更新操作都不会执行
            stmt.addBatch("INSERT INTO news (nid,title) VALUES (news_seq.nextval,'MLDN-'B')");
            stmt.addBatch("INSERT INTO news (nid,title) VALUES (news_seq.nextval,'MLDN-C')");
            int result [] = stmt.executeBatch() ;             // 执行批处理
            conn.commit();                                    // 事务提交
            System.out.println("批量更新结果: " + Arrays.toString(result));
        } catch (SQLException e) {
            conn.rollback();                                  // 事务回滚
        }
        conn.close();                                         // 关闭数据库连接
    }
}
```

本程序利用 Connection 接口的方法实现了 JDBC 事务控制，这样可以保证所有的更新操作的一致性，即在日后的开发中，对于数据库的更新操作必须进行事务控制。

20.7　本章概要

1．JDBC 提供了一套与平台无关的标准数据库操作接口和类，只要是支持 Java 的数据库厂商，所提供的数据库只要依据此标准提供实现方法库就全部可以使用 Java 语言进行数据库操作。

2．JDBC 属于服务，其标准操作步骤如下。

➥　加载驱动程序：驱动程序由各个数据库生产商提供。

➥　连接数据库：连接时要提供连接路径、用户名、密码。

➥　实例化操作：通过连接对象实例化 Statement 或 PreparedStatement 对象。

➥　操作数据库：使用 Statement 或 PreparedStatement 操作，如果是查询，则全部的查询结果使用
ResultSet 进行接收。

3．在开发中不要去使用 Statement 接口操作，而是要使用 PreparedStatement，后者不但性能高，而且安全性也高。

4．JDBC 2.0 中提供的最重要特性就是批处理操作，此操作可以让多条 SQL 语句一次性执行完毕。

5．事务控制可以在数据库更新时保证数据的一致性，主要的方法由 Connection 接口提供。

第四篇
Java 底层编程

第 21 章　JUC 并发编程

多线程是进行 Java 项目开发与设计中的重要组成部分，也是 Java 语言区别于其他开发语言的最大特点，但是传统的多线程实现机制在进行同步（包括等待与唤醒机制）处理时编写难度较高，所以为了进一步简化多线程同步处理机制，Java 提供 JUC 并发编程开发包支持。本章将完整讲解 JUC 中的各个组成部分，并且将采用大量案例进行详细讲解。

21.1　JUC 简介

多线程可以有效地提升程序的执行性能，在最初的 Java 编程模型中除了需要考虑程序性能外，还需要考虑线程死锁、公平性、资源管理以及如何避免线程安全性方面带来的危害等诸多因素，因而往往会采用一系列复杂的安全策略，加大了程序的实现困难。

为了简化多线程的开发难题，从 JDK 1.5 开始提供了一个新的并发编程开发包 java.util.concurrent（以下简称 JUC），利用此包中提供的并发编程模型可以有效地减少竞争条件（race conditions）和死锁问题的出现。在 java.util.concurrent 包中核心支持类如表 21-1 所示。

表 21-1　JUC 核心支持类

No.	类 名 称	描 述
1	Executor	具体 Runnable 任务的执行者
2	ExecutorService	线程池管理
3	ScheduledExecutorService	线程延迟调度池
4	CompletionService	ExecutorService 的扩展，可以获得线程执行结果
5	Callable	线程执行者，与 Runnable 的区别在于可以获取线程执行后的结果
6	Future	获取 Callable 线程执行结果
7	Semaphore	同步计数信号量
8	ReentrantLock	互斥锁

续表

No.	类 名 称	描 述
9	BlockingQueue	阻塞队列
10	CountDownLatch	同步辅助类，实现一组线程类的锁定处理
11	CyclicBarrier	同步辅助类，它允许一组线程相互等待，达到既定线程个数后可以解锁

21.2 TimeUnit

TimeUnit（时间单元）是一个描述时间单元的枚举类，在该枚举类中定义有以下的几个时间单元实例：天（DAYS）、时（HOURS）、分（MINUTES）、秒（SECONDS）、毫秒（MILLISECONDS）、微秒（MICROSECONDS）、纳秒（NANOSECONDS），利用此类可以方便地实现各个时间单元数据的转换，也可以更加方便实现线程的休眠时间控制。该类提供的主要方法如表 21-2 所示。

表 21-2　TimeUnit 类常用方法

No.	方　法	类　型	描　述
1	public long convert(long sourceDuration, TimeUnit sourceUnit)	普通	将指定时间格式的数值转为其他时间格式数值
2	public void sleep(long timeout) throws InterruptedException	普通	根据时间单元设置休眠时间

范例：时间单元转换（将小时变为秒）

```java
package cn.mldn.demo;
import java.util.concurrent.TimeUnit;
public class JUCDemo {
    public static void main(String[] args) {
        long hour = 1;                              // 1小时
        long second = TimeUnit.SECONDS.convert(
                hour, TimeUnit.HOURS);              // 由小时单位变为秒单位
        System.out.println(second);                // 输出秒数据
    }
}
程序执行结果：
3600
```

本程序通过 TimeUnit 获取了秒级对象 SECONDS，随后将给定的小时数值转为秒数据表示，所以最终的结果就是 1 小时为 3600 秒。

范例：获取 18 天后的日期

```java
package cn.mldn.demo;
import java.text.SimpleDateFormat;
import java.util.Date;
import java.util.concurrent.TimeUnit;
public class JUCDemo {
    public static void main(String[] args) {
        long current = System.currentTimeMillis();              // 获取当前的时间
```

```
                    // 利用当前的时间戳（毫秒） + 18天的毫秒数
        long after = current + TimeUnit.MILLISECONDS.convert(18, TimeUnit.DAYS);
        // 将long数据转为Date并且利用SimpleDateFormat进行格式化显示
        System.out.println(new SimpleDateFormat("yyyy-MM-dd").format(new Date(after)));
    }
}
```

本程序利用 TimeUnit 类提供的时间格式转换处理操作，将指定的天数内容转为与之匹配的毫秒数，而后再与当前的时间戳进行累加就可以获取 18 天后的日期时间戳数据。

在 Thread 类中提供的休眠方法 Thread.sleep()是通过毫秒来定义休眠时间的，所以在进行休眠控制时往往都需要针对休眠时间对毫秒数据进行计算处理。而在 TimeUnit 类中也提供有 sleep()休眠方法，此方法最大的特点是可以结合 TimeUnit 类提供的一系列实例化对象轻松地指定休眠时间的单位。

范例：使用 TimeUnit 休眠线程

```
package cn.mldn.demo;
import java.util.concurrent.TimeUnit;
public class JUCDemo {
    public static void main(String[] args) {
        new Thread(() -> {
            for (int x = 0; x < 10; x++) {
                try {    // 可以直接利用具体时间单位设置具体的休眠时长
                    TimeUnit.MINUTES.sleep(1);              // 休眠1分钟
                } catch (InterruptedException e) {
                    e.printStackTrace();
                }
                System.out.println("【" + Thread.currentThread().getName() + "】x = " + x);
            }
        }).start();
    }
}
```

本程序创建了一个线程对象，并且在本线程执行时利用 TimeUnit 类提供的 sleep()方法直接设置休眠时间为 1 分钟。

21.3　原子操作类

在多线程操作中经常会出现多个线程对一个共享变量的并发修改，为了保证此操作的正确性，最初的时候可以通过 synchronized 关键字来操作。而从 JDK 1.5 开始后提供了 java.util.concurrent.atomic 操作包，该包中的原子操作类提供了一种用法简单、性能高效、线程安全的更新一个变量的方式。

在 java.util.concurrent.atomic 包中提供的原子操作类可以分为 4 类。

- 基本类型：AtomicInteger、AtomicLong、AtomicBoolean。
- 数组类型：AtomicIntegerArray、AtomicLongArray、AtomicReferenceArray。
- 引用类型：AtomicReference、AtomicStampedReference、AtomicMarkableReference。
- 对象的属性修改类型：AtomicIntegerFieldUpdater、AtomicLongFieldUpdater、AtomicReferenceFieldUpdater。

提示：volatile 关键字与原子操作类。

原子操作类最大的特点是可以进行线程安全更新，即帮助用户使用一种更为简单的共享数据的线程同步处理操作，所以通过源代码可以发现，在这些原子类数据保存属性上都使用了 volatile 关键字进行声明，这样就可以防止由于数据缓存所造成的数据更新不一致的问题。

21.3.1 基本类型原子操作类

基本类型原子操作类一共有 3 个：AtomicInteger、AtomicLong、AtomicBoolean，这 3 个类的原理和用法类似，为了说明问题，将通过 AtomicLong 进行讲解。AtomicLong 类常用方法如表 21-3 所示。

提示：关于 32 位操作系统与 64 位操作系统在 long 操作上的区别。

在 32 位操作系统中，64 位的 long 和 double 变量由于会被 JVM 当作两个分离的 32 位来进行操作，所以不具有原子性，而使用 AtomicLong 能让 long 的操作保持原子性。下面给出了 AtomicLong 类中关于数据存储的部分源代码。

```
private volatile long value;
public AtomicLong(long initialValue) {
    value = initialValue;
}
```

可以发现通过 AtomicLong 构造进行赋值时将数据内容通过 value 成员属性保存，而 value 成员属性上使用了 volatile 关键字进行直接数据操作。

表 21-3 AtomicLong 常用方法

No.	方　法	类　型	描　述
1	public AtomicLong(long initialValue)	构造	设置初始化操作的数据内容
2	public final long get()	普通	获取包装数据内容
3	public final void set(long newValue)	普通	设置新数据内容
4	public final void lazySet(long newValue)	普通	等待当前操作线程执行完毕后再设置新内容
5	public final boolean compareAndSet(long expectedValue, long newValue)	普通	如果当前值等于 expectedValue 则进行设置，并返回 true；如果不相等则不修改并返回 false
6	public final long getAndIncrement()	普通	获取原始数据并执行数据自增
7	public final long getAndDecrement()	普通	获取原始数据并执行数据自减
8	public final long incrementAndGet()	普通	获取自增后的数据
9	public final long decrementAndGet()	普通	获取自减后的数据

范例：使用 AtomicLong 进行原子性操作

```
package cn.mldn.demo;
import java.util.concurrent.atomic.AtomicLong;
public class JUCDemo {
    public static void main(String[] args) {
        AtomicLong num = new AtomicLong(100L);              // 实例化原子操作类
        num.addAndGet(200);                                 // 增加数据并取得
        long curr = num.getAndIncrement();                  // 先获取而后再自增
        System.out.println(curr);                           // 自增前的内容
```

```
            System.out.println(num.get());                           // 自增后的内容
        }
}
```
程序执行结果：
300（num.getAndIncrement()代码执行结果）
301（"num.get()"代码执行结果）

　　本程序将要操作的数据设置到了 AtomicLong 类实例中，并且对 AtomicLong 类中提供的原子性操作方法进行保存内容的操作。

范例：利用多线程操作数据

```
package cn.mldn.demo;
import java.util.concurrent.TimeUnit;
import java.util.concurrent.atomic.AtomicLong;
public class JUCDemo {
    public static void main(String[] args) throws Exception {
        AtomicLong num = new AtomicLong(100);                        // 实例化原子操作类
        for (int x = 0 ; x < 10 ; x ++) {
            new Thread(()->{
                num.addAndGet(200);                                 // 增加数据并取得
            }).start();
        }
        TimeUnit.SECONDS.sleep(2);                                  // 休眠2秒，等待执行结果
        System.out.println(num.get());                             // 自增后的内容
    }
}
```
程序执行结果：
2100

　　本程序启动 10 个线程同时实现了 AtomicLong 对象中保存的数据增加操作，通过最终的执行结果可以发现，AtomicLong 已经帮助开发者实现了多线程的同步操作，得到了正确的计算结果。

范例：判断并设置新内容

```
package cn.mldn.demo;
import java.util.concurrent.atomic.AtomicLong;
public class JUCDemo {
    public static void main(String[] args) throws Exception {
        AtomicLong num = new AtomicLong(100L);                       // 实例化原子操作类
        System.out.println(num.compareAndSet(100L, 300L));          // 内容相同，返回true
        System.out.println(num.get());                             // 内容为300
    }
}
```
程序执行结果：
true（"compareAndSet()"方法比较的内容与保存内容相同，设置成功返回true）
300（交换后AtomicLong中保存数据的内容）

　　本程序利用 AtomicLong 类中的 compareAndSet()方法对要进行操作的内容进行判断，由于此时 AtomicLong 中保存的是 100，并且判断的内容也是 100，内容相同，所以可以保存新的数据。但是如果不相同，将无法保存新的数据。

提示：关于 CAS 问题。

在 JUC 中有两大核心操作：CAS、AQS，其中 CAS 是 java.util.concurrent.atomic 包的基础，而 AQS 是同步锁的实现基础。

CAS（Compare And Swap）是一条 CPU 并发原语。它的功能是判断内存某个位置的值是否为预期值，如果是则更改为新的值，这个过程属于原子性操作。CAS 并发原语体现在 Java 语言中就是 sun.misc.Unsafe 类中的各个方法。调用 Unsafe 类中的 CAS 方法，JVM 会帮开发者实现出 CAS 汇编指令。这是一种完全依赖于硬件的功能，为了说明这个问题，下面来观察一下 AtomicLong 类中的部分源代码。

成员属性	`private static final jdk.internal.misc.Unsafe U` `= jdk.internal.misc.Unsafe.getUnsafe();`
成员属性	`private static final long VALUE = U.objectFieldOffset(` `AtomicLong.class, "value");`
compareAndSet()方法	`public final boolean compareAndSet(` `long expectedValue, long newValue) {` `return U.compareAndSetLong(this, VALUE,` `expectedValue, newValue);` `}`

通过源代码的分析可以发现 compareAndSet()方法是 Unsafe 类负责执行 CAS 并发原语，由 JVM 转化为汇编，在代码中使用 CAS 自旋 volatile 变量的形式实现非阻塞并发，这种方式是 CAS 的主要使用方式。

CAS 是乐观锁，是一种冲突重试机制，在并发竞争不是很激烈的情况下，其操作性能要好于悲观锁机制（synchronized 同步处理）。

21.3.2 数组原子操作类

数组原子操作类有 3 个：AtomicIntegerArray、AtomicLongArray、AtomicReferenceArray（对象数组），其操作原理和形式类似。下面使用 AtomicReferenceArray 类进行说明，此类常用方法如表 21-4 所示。

表 21-4 AtomicReferenceArray 类常用方法

No.	方　法	类　型	描　述
1	public AtomicReferenceArray(int length)	普通	定义初始化数组长度
2	public AtomicReferenceArray(E[] array)	普通	定义初始化数组数据
3	public final int length()	普通	获取保存数组长度
4	public final E get(int i)	普通	获取指定索引数据
5	public final void set(int i, E newValue)	普通	修改指定索引数组内容
6	public final boolean compareAndSet(int i, E expectedValue, E newValue)	普通	判断（==判断）并修改指定索引数据
7	public final E getAndSet(int i, E newValue)	普通	获取并修改指定索引数据

范例：使用 AtomicReferenceArray 类操作

```java
package cn.mldn.demo;
import java.util.concurrent.atomic.AtomicReferenceArray;
public class JUCDemo {
    public static void main(String[] args) throws Exception {
        String infos [] = new String [] {"www.mldn.cn","www.mldnjava.cn","www.jixianit.com"} ;
        AtomicReferenceArray<String> array = new AtomicReferenceArray<String>(infos);
```

```
        // 在使用compareAndSet()方法进行比较时，是通过 "==" 方式实现的比较操作
        System.out.println(array.compareAndSet(0, "www.mldn.cn", "www.yootk.com"));
        System.out.println(array.get(0));
    }
}
```
程序执行结果：
true（使用 "=="比较，内容相同则可以替换）
www.yootk.com（替换后的数据）

本程序实现了字符串对象数组的原子性保存，同时利用提供的 compareAndSet()方法实现了数组内容的修改。

 提问：compareAndSet()修改时为什么传入匿名对象无法修改？

对本程序而言，如果在修改数据时通过匿名的 String 类对象比较，为什么无法成功设置：

```
System.out.println(array.compareAndSet(0,
    new String("www.mldn.cn"), "www.yootk.com"));
```

此时代码执行后的结果为 false，内容也没有交换，最为关键的是当保存自定义类对象时发现此方法同样也无法进行交换，为什么该方法不按照对象匹配的模式比较而只按照地址 "==" 的方式比较呢？

 回答：由底层 C 语言实现的。

在 Java 层次上的数据比较操作有两类实现模式：hashCode 和 equals()、比较器，但是在使用 CAS 方法时这两类操作都无法使用，只是简单地实现了地址的比较，这实际上是沿用了 C 语言的特点实现的。C 语言实现代码参考以下：

```
int compare_and_swap (int* reg, int oldval, int newval) {
    int old_reg_val = *reg;
    if (old_reg_val == oldval)
        *reg = newval;
    return old_reg_val;
}
```

可以发现此类操作是基于地址指针的形式处理的，所以只允许通过 "==" 进行地址判断。

21.3.3　引用类型原子操作类

引用类型原子操作类一共有 3 种：AtomicReference（引用类型原子类）、AtomicStampedReference（带有引用版本号的原子类）、AtomicMarkableReference（标记节点原子类）。其中，AtomicReference 可以直接实现引用数据类型的原子性操作，常用方法如表 21-5 所示。

表 21-5　AtomicReference 类常用方法

No.	方　　法	类　　型	描　　述
1	public AtomicReference(V initialValue)	构造	传入初始化引用对象
2	public final V get()	普通	获取保存对象
3	public final void set(V newValue)	普通	修改保存对象引用
4	public final boolean compareAndSet(V expectedValue, V newValue)	普通	比较（"＝"比较）并修改对象，比较成功可以修改并返回 true；否则返回 false 不修改
5	public final V getAndSet(V newValue)	普通	获取并设置新的对象引用

范例：使用 AtomicReference 操作引用数据

```
package cn.mldn.demo;
import java.util.concurrent.atomic.AtomicReference;
class Member {
    private String name ;
    private int age ;
    public Member(String name,int age) {
        this.name = name ;
        this.age = age ;
    }
    // setter、getter、无参构造、toString()略
}
public class JUCDemo {
    public static void main(String[] args) throws Exception {
        Member memA = new Member("mldn",12) ;                    // 实例化Member实例
        Member memB = new Member("小李老师",18) ;                // 实例化Member实例
        AtomicReference<Member> ref = new AtomicReference<Member>(memA);
        ref.compareAndSet(memA, memB) ;                          // 修改当前保存数据
        System.out.println(ref);                                 // 输出当前数据内容
    }
}
```
程序执行结果：
Member [name=小李老师, age=18]

本程序通过 AtomicReference 保存了一个引用对象，由于对象存在引用关联，这样就可以直接利用 CAS 正确判断并成功进行内容替换。

AtomicStampedReference 原子性引用类可以实现基于版本号的引用数据操作，在操作时可以基于版本号实现数据操作。AtomicStampedReference 类常用方法如表 21-6 所示。

表 21-6　AtomicStampedReference 类常用方法

No.	方　　法	类　　型	描　　述
1	public AtomicStampedReference(V initialRef, int initialStamp)	构造	初始化引用数据并设置初始化版本号
2	public V getReference()	普通	获取数据引用
3	public int getStamp()	普通	获取版本号
4	public boolean compareAndSet(V expectedReference, V newReference, int expectedStamp, int newStamp)	普通	依据版本号和内容进行比较，比较成功后可以进行内容与版本号替换，成功返回 true
5	public void set(V newReference, int newStamp)	普通	无条件设置新内容与新版本号
6	public boolean attemptStamp(V expectedReference, int newStamp)	普通	无其他线程操作时进行内容与版本号设置

范例：使用 AtomicStampedReference 进行引用原子性操作

```
package cn.mldn.demo;
import java.util.concurrent.atomic.AtomicStampedReference;
// Member类不再重复定义，略...
public class JUCDemo {
    public static void main(String[] args) throws Exception {
        Member memA = new Member("mldn",12) ;                    // 实例化Member实例
```

```
        Member memB = new Member("小李老师",18) ;                          // 实例化Member实例
        // 由于AtomicStampedReference需要提供版本号，所以在初始化时定义版本号为1
        AtomicStampedReference<Member> ref = new AtomicStampedReference<Member>(memA,1);
        // 在进行CAS操作时除了要设置替换内容外，也需要设置正确的版本号，否则无法替换
        ref.compareAndSet(memA, memB, 1, 2) ;
        System.out.println(ref.getReference());                             // 输出当前数据内容
        System.out.println(ref.getStamp());                                 // 获取版本号
    }
}
```
程序执行结果：
```
Member [name=小李老师，age=18]（版本号和数据都匹配可以更换）
2（修改后的版本号）
```

本程序在进行引用原子性操作时除了设置引用数据外还设置有版本编号，这样在使用 CAS 进行数据修改时就需要传入比较内容与版本编号。

除了使用版本号的处理形式外也可以通过 AtomicMarkableReference 类实现 boolean 标记（true 或 false 标记）的形式原子性操作。AtomicMarkableReference 类常用方法如表 21-7 所示。

表 21-7　AtomicMarkableReference 类常用方法

No.	方　　法	类　型	描　　述
1	public AtomicMarkableReference(V initialRef, boolean initialMark)	构造	设置初始化保存内容与初始化标记
2	public V getReference()	普通	获取保存数据
3	public boolean isMarked()	普通	标记判断
4	public boolean compareAndSet(V expectedReference, V newReference, boolean expectedMark, boolean newMark)	普通	根据原始内容与标记进行判断，如果判断成功则进行内容修改并设置新的标记
5	public void set(V newReference, boolean newMark)	普通	无条件修改数据与标记
6	public boolean attemptMark(V expectedReference, boolean newMark)	普通	无其他线程操作时修改数据与标记

范例：使用 AtomicMarkableReference 进行标记原子性操作

```
package cn.mldn.demo;
import java.util.concurrent.atomic.AtomicMarkableReference;
// Member类不再重复定义，略...
public class JUCDemo {
    public static void main(String[] args) throws Exception {
        Member memA = new Member("mldn",12) ;                              // 实例化Member实例
        Member memB = new Member("小李老师",18) ;                          // 实例化Member实例
        // 由于AtomicMarkableReference需要提供标记位才可以进行判断
        AtomicMarkableReference<Member> ref = new AtomicMarkableReference<Member>(memA,true);
        // 在进行CAS操作时除了要设置替换内容外，也需要设置标记号，否则无法替换
        ref.compareAndSet(memA, memB, true, false) ;
        System.out.println(ref.getReference());                            // 输出当前数据内容
    }
}
```
程序执行结果：
```
Member [name=小李老师，age=18]
```

本程序利用 AtomicMarkableReference 类进行标记原子性处理操作，这样在进行数据修改时就必须传入当前的标记状态（true 或 false）才可以实现内容更新。

> **提示：关于 ABA 访问问题。**
>
> 对于 JUC 提供的 AtomicStampedReference 和 AtomicMarkableReference 两个类所需要解决的是多线程访问下的数据操作 ABA 不同步问题。所谓的 ABA 问题，是指两个线程并发操作时，由于更新不同步所造成的更新错误，可以参考如图 21-1 所示的流程。
>
>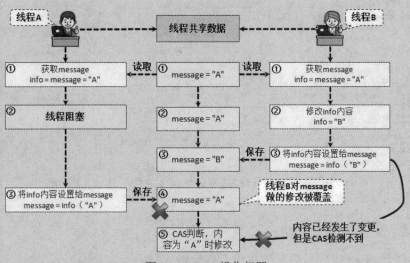
>
> 图 21-1 ABA 操作问题
>
> 对于 ABA 问题最简单的理解就是：现在 A 和 B 两位开发工程师同时打开了一个相同的程序文件，A 在打开之后由于有其他的事情要忙，所以暂时没有做任何的代码编写；而 B 却一直在进行代码编写，当 B 把代码写完并保存后关上计算机离开了；而 A 处理完其他事情后发现没什么可写的，于是就直接保存退出了，这样 B 的修改就消失不见了。
>
> 由于 ABA 问题的存在，那么就有可能造成 CAS 的数据更新错误，因为 CAS 是基于数据内容的判断来实现数据修改，所以此时的操作就会产生错误。为了解决这种问题，提出了版本号设计方案，这也就是 JUC 提供 AtomicStampedReference 和 AtomicMarkableReference 两个类的原因所在。

21.3.4 对象属性修改原子操作类

为了保证在并发编程访问下的类属性修改的正确性，JUC 提供了 3 个属性原子操作类：AtomicIntegerFieldUpdater、AtomicLongFieldUpdater、AtomicReferenceFieldUpdater，这 3 个类都可以安全地进行属性更新。由于这几个类的实现原理与操作模式相同，本节将通过 AtomicLongFieldUpdater 类的使用来进行讲解，其常用方法如表 21-8 所示。

表 21-8 AtomicLongFieldUpdater 类常用方法

No.	方 法	类 型	描 述
1	public long addAndGet(T obj, long delta)	构造	加法操作
2	public abstract boolean compareAndSet(T obj, long expect, long update)	普通	比较并修改数据
3	public long get(T obj)	普通	获取数据
4	public long getAndSet(T obj, long newValue)	普通	获取保存数据并设置新内容

续表

No.	方　　法	类　型	描　述
5	public long decrementAndGet(T obj)	普通	属性自减并获取内容
6	public long incrementAndGet(T obj)	普通	属性自增并获取内容

范例：实现属性操作

```java
package cn.mldn.demo;
import java.util.concurrent.atomic.AtomicLongFieldUpdater;
class Book {
    private volatile long id ;                          // 必须使用volatile定义
    private String title ;
    public Book(long id,String title) {
        this.id = id ;
        this.title = title ;
    }
    public void setId(long id) {
        AtomicLongFieldUpdater<Book> atoLong = AtomicLongFieldUpdater
                        .newUpdater(Book.class, "id");
        atoLong.compareAndSet(this, this.id, id);
    }
    // setter、getter、无参构造、toString()略
}
public class JUCDemo {
    public static void main(String[] args) throws Exception {
        Book book = new Book(10001, "Java开发实战经典");
        book.setId(2003);
        System.out.println(book);
    }
}
```
程序执行结果：
Book [id=2003, title=Java开发实战经典]

本程序在定义 Book 类的时候通过 AtomicLongFieldUpdater 类进行了 id 属性的内容更新操作，但是此类操作更新的属性必须使用 volatile 声明，否则将会出现 IllegalArgumentException 异常。

21.3.5　并发计算

使用原子操作类可以保证多线程并发访问下的数据操作安全性，而为了进一步加强多线程下的计算操作，所以从 JDK 1.8 之后开始提供累加器（DoubleAccumulator、LongAccumulator）和加法器（DoubleAdder、LongAdder）的支持。但是原子性的累加器只适合于进行基础的数据统计，并不适用于其他更加细粒度的操作。

范例：使用累加器计算

```java
package cn.mldn.demo;
import java.util.concurrent.atomic.DoubleAccumulator;
public class JUCDemo {
    public static void main(String[] args) throws Exception {
```

```
        DoubleAccumulator da = new DoubleAccumulator((x, y) -> x + y, 1.1);    // 累加器
        System.out.println(da.doubleValue());                                  // 原始内容
        da.accumulate(20);                                                     // 加法计算
        System.out.println(da.get());                                          // 获取数据
    }
}
```
程序执行结果:
1.1（原始累加器中的数据）
21.1（累加器修改后的数据）

本程序创建了一个累加器，并且设置了一个计算表达式（DoubleBinaryOperator 接口实现），随后利用原始数据进行了指定数据内容的增加并获取结果。

范例：使用加法器计算

```
package cn.mldn.demo;
import java.util.concurrent.atomic.DoubleAdder;
public class JUCDemo {
    public static void main(String[] args) throws Exception {
        DoubleAdder da = new DoubleAdder();               // 定义加法器
        da.add(10);                                        // 数据执行加法
        da.add(20);                                        // 数据执行加法
        da.add(30);                                        // 数据执行加法
        System.out.println(da.sum());                      // 数据累加
    }
}
```
程序执行结果:
`60.0`

本程序定义了一个加法器，同时设置了 3 个要进行加法计算的数字，最后通过 sum()方法获取加法计算结果。

21.4　ThreadFactory

多线程的执行类需要实现 Runnable 或 Callable 接口标准，所以为了进一步规划线程类的对象产生，JUC 提供了一个 ThreadFactory 接口，利用此接口可以获取 Thread 类的实例化对象。该接口定义如下。

```
public interface ThreadFactory {
    /**
     * 传入Runnable接口实例创建Thread类实例
     * @param r Runnable线程核心操作实现
     * @return Thread线程类对象
     */
    public Thread newThread(Runnable r);
}
```
在开发中 ThreadFactory 接口的使用结构如图 21-2 所示。

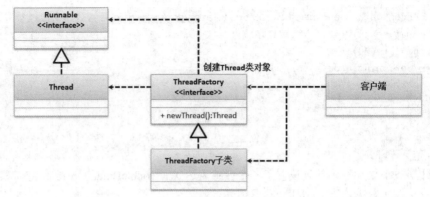

图 21-2　ThreadFactory 接口结构

范例：使用 ThreadFactory 创建线程

```java
package cn.mldn.demo;
import java.util.concurrent.ThreadFactory;
public class JUCDemo {
    public static void main(String[] args) {
        Thread thread = DefaultThreadFactory.getInstance().newThread(() -> {
            System.out.println("多线程执行，" + Thread.currentThread().getName());
        });
        thread.start();
    }
}
class DefaultThreadFactory implements ThreadFactory {                  // 定义线程工厂实现类
    private static final ThreadFactory INSTANCE = new DefaultThreadFactory() ;
    private static final String TITLE = "mldn-" ;                      // 定义线程标记名称
    private static int count = 0 ;                                     // 线程个数统计
    private DefaultThreadFactory() {}
    public static ThreadFactory getInstance() {
        return INSTANCE ;
    }
    @Override
    public Thread newThread(Runnable run) {
        return new Thread(run,TITLE + count ++);                       // 获取线程实例
    }
}
```

程序执行结果：
多线程执行，mldn-0

本程序定义了一个 ThreadFactory 实现类，这样就可以依据此接口实现 Thread 类实例的统一管理。

21.5　线 程 锁

传统的线程锁机制需要依赖 synchronized 同步与 Object 类中的 wait()方法、notify()方法进行控制，然而这样的控制并不容易，所以在 JUC 中提供有一个新的锁框架，在此框架中提供两个核心接口。

> Lock 接口：支持各种不同语义（"公平机制锁""非公平机制锁""可重入锁"）的锁规则。
> ReadWriteLock 接口：针对线程的读或写提供不同的锁处理机制，在数据读取时采用共享锁，数据修改时使用独占锁，这样就可以保证数据访问的性能。

JUC 锁机制的实现包为 java.util.concurrent.locks，图 21-3 给出了此包中的核心类结构组成。

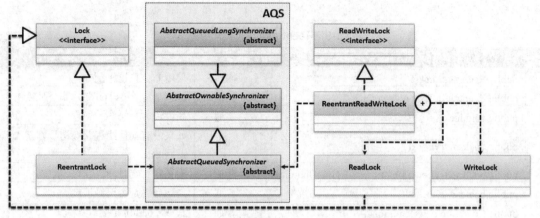

图 21-3　java.util.concurrent.locks 包核心类结构组成

在 JUC 提供的锁机制中提供大量不同类型的锁处理类，包括 ReentrantLock、StampedLock、LockSupport、Semaphore、CountDownLatch、CyclicBarrier、Exchanger、CompletableFuture 等，下面通过具体的讲解进行说明。

> **注意：AQS 操作支持。**
>
> 在 JUC 中 AQS 有 3 个支持类：AbstractOwnableSynchronizer、AbstractQueuedSynchronizer、AbstractQueuedLongSynchronizer，这 3 个类的主要功能是实现锁以及阻塞线程执行的功能。JUC 中的许多同步类都依赖于 AQS 支持，其中 AbstractQueuedLongSynchronizer 类提供同步状态的 64 位操作支持。

21.5.1　ReentrantLock

ReentrantLock 提供了一种互斥锁（或者称为独占锁）机制，这样在同一个时间点内只允许有一个线程持有该锁，而其他线程将进行等待与重新获取操作。ReentrantLock 最大的特点在于它也属于一个可重用锁，这就意味着该锁可以被单个线程重复获取。ReentrantLock 类实现结构如图 21-4 所示。

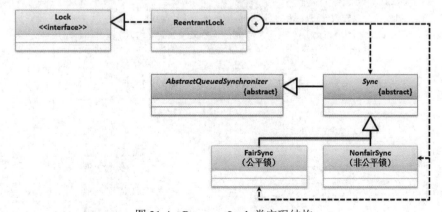

图 21-4　ReentrantLock 类实现结构

ReentrantLock 分为 FairSync（公平锁）和 NonfairSync（非公平锁），它们的区别体现在获取锁的机制上是否公平。锁是为了保护竞争资源，防止多个线程同时操作线程而出错，所以 ReentrantLock 在同一个时间点只能被一个线程获取，而所有未获取到锁的线程就必须进行等待。同时为了方便其他线程继续获取锁，ReentrantLock 通过一个 FIFO 的队列来管理所有等待线程。ReentrantLock 类常用方法如表 21-9 所示。

表 21-9　ReentrantLock 类常用方法

No.	方　　　法	类　型	描　　　述
1	public ReentrantLock()	构造	采用非公平锁机制
2	public ReentrantLock(boolean fair)	构造	true 为公平锁，false 为非公平锁
3	public void lock()	普通	获取锁
4	public boolean tryLock()	普通	如果没有其他线程获取锁，则获取锁并返回 true
5	public boolean tryLock(long timeout, TimeUnit unit)	普通	尝试在给定时间内获取
6	public boolean isLocked()	普通	判断当前是否已经锁定
7	public Condition newCondition()	普通	获取 Condition 接口实例
8	public boolean isFair()	普通	如果是公平锁返回 true，否则返回 false
9	public void unlock()	普通	释放锁资源

范例：使用互斥锁实现多线程并发售票操作

```java
package cn.mldn.demo;
import java.util.concurrent.TimeUnit;
import java.util.concurrent.locks.ReentrantLock;
class Ticket {                                              // 卖票类，该类不是线程子类
    private int count = 3;                                  // 售票总数
    private ReentrantLock reentrantLock = new ReentrantLock();   // 互斥锁（独占锁）
    /**
     * 售票操作方法，该方法不再直接使用synchronized进行同步处理，每次只允许一个线程操作
     */
    public void sal() {
        try {                                              // 单线程操作
            this.reentrantLock.lock();                     // 锁定
            if (this.count > 0) {                          // 票数有空余
                TimeUnit.SECONDS.sleep(1);                 // 模拟网络延迟
                System.out.println("【" + Thread.currentThread().getName() +
                    "】卖票，票数剩余：" + this.count--);
            } else {
                System.err.println("【" + Thread.currentThread().getName() +
                    "】没票了，别卖了。");
            }
        } catch (Exception e) {
        } finally {
            this.reentrantLock.unlock();                   // 解除锁定
        }
    }
}
```

```
public class JUCDemo {
    public static void main(String[] args) {
        Ticket ticket = new Ticket();                        // 实例化类对象
        for (int x = 0; x < 20; x++) {                       // 创建N个卖票线程对象
            new Thread(() -> {
                ticket.sal();                                // 卖票
            }, "售票员-" + x).start();                        // 线程启动
        }
    }
}
```
程序执行结果:
【售票员-0】卖票, 票数剩余: 3
【售票员-7】卖票, 票数剩余: 2
【售票员-6】卖票, 票数剩余: 1
【售票员-5】没票了, 别卖了。
【售票员-4】没票了, 别卖了。
... 其他重复输出信息, 略 ...

本程序针对卖票程序中的线程控制并没有使用传统的 synchronized 进行锁定, 并且 Ticket 也不是
Runnable 或 Callable 线程类。在 sale()方法中直接依据 ReentrantLock（本次为非公平机制）实现线程锁
定（lock()方法）, 这样就保证只允许有一个线程进行卖票的数据处理操作, 而当此线程解锁后（unlock()
方法）, 其他线程将根据优先级抢占独占锁并进行卖票操作。

> **提示: 关于 ReentrantLock 公平锁与非公平锁的处理实现。**
>
> 互斥锁中针对锁的获取可以使用 lock()方法, 释放锁可以使用 unlock()方法。同时需要注意的是, 锁的获取有
> 两种不同的实现机制: 公平机制与非公平机制, 实际上这两种不同机制在进行锁获取时的操作流程也有所不同。
> lock()方法代码实现如下。
>
> ```
> public void lock() {
>     sync.acquire(1);
> }
> ```
> acquire()方法在 AbstractQueuedSynchronizer 类中的实现代码如下。
> ```
> public final void acquire(int arg) {
>     if (!tryAcquire(arg)                          // 尝试获取, 失败进入等待队列
>         && acquireQueued(                         // 获取队列
>             addWaiter(Node.EXCLUSIVE), arg))      // 加入CLH队列
>         selfInterrupt();                          // 等待中被中断, 则自己中断
> }
> ```
> CLH 是一个非阻塞的 FIFO 队列。也就是说, 往里面插入或移除一个节点的时候, 在并发条件下不会产生阻
> 塞, 而是通过自旋锁和 CAS 保证节点插入与移除的原子性。
> 公平锁和非公平锁的区别是在获取锁的机制上的区别。
> ➘ 公平锁: 只有在当前线程是 CLH 等待队列的表头时, 才获取锁。
> ➘ 非公平锁: 当前锁处于空闲状态, 则直接获取锁, 而不管 CLH 等待队列中的顺序。

21.5.2 ReentrantReadWriteLock

使用独占锁最大的特点在于其只允许一个线程进行操作, 这样在进行数据更新的时候可以保证操作
的完整性, 但是在进行数据读取时, 独占锁就会造成严重的性能问题。为了解决高并发下的快速访问与

安全修改，JUC 提供了 ReentrantReadWriteLock 读/写锁，即在读取的时候上读锁，在写入的时候上写锁，这两种锁是互斥的，由 JVM 进行控制。ReentrantReadWriteLock 类继承结构如图 21-5 所示。

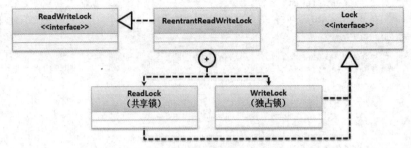

图 21-5　ReentrantReadWriteLock 类继承结构

在 ReentrantReadWriteLock 中读锁属于共享锁，而写锁只允许一个线程进行操作，所以在使用时就需要通过不同的方式获取锁。其常用方法如表 21-10 所示。

表 21-10　ReentrantReadWriteLock 类常用方法

No.	方　　法	类　　型	描　　述
1	public Lock readLock()	普通	获取读锁
2	public Lock writeLock()	普通	获取写锁

范例：使用读/写锁实现银行账户的并发写入与并发读取

```java
package cn.mldn.demo;
import java.util.concurrent.TimeUnit;
import java.util.concurrent.locks.ReadWriteLock;
import java.util.concurrent.locks.ReentrantReadWriteLock;
class Account {                                                     // 银行账户
    private String name;                                           // 账户名称
    private double asset;                                          // 账户资产
    private ReadWriteLock readWriteLock = new ReentrantReadWriteLock(); // 读/写锁
    public Account(String name, double asset) {                    // 设置账户信息
        this.name = name;
        this.asset = asset;
    }
    public void saveMoney(double money) {                          // 资产追加
        this.readWriteLock.writeLock().lock();                     // 获取写锁（独占锁）
        try {
            this.asset += money;                                   // 资产修改
            TimeUnit.SECONDS.sleep(2);                             // 模拟延迟
            System.out.println("【" + Thread.currentThread().getName() +
                "】修改银行资产数据，修改金额"" + money + ""，当前总资产：" + this.asset);
        } catch (Exception e) {
        } finally {
            this.readWriteLock.writeLock().unlock();               // 释放写锁
        }
    }
    public String toString() {                                     // 数据读取
        this.readWriteLock.readLock().lock();                      // 获取读锁（共享锁）
        try {
```

```
                TimeUnit.SECONDS.sleep(1);                              // 模拟延迟
                return "【账户信息 {" + Thread.currentThread().getName() +
                       "} 】账户名称：" + this.name + "、银行资产：" + this.asset;
            } catch (Exception e) {
                return null;
            } finally {
                this.readWriteLock.readLock().unlock();                 // 释放读锁
            }
        }
    }
public class JUCDemo {
    public static void main(String[] args) {
        Account account = new Account("小李", 0.0);                      // 存放数据
        double[] moneyData = new double[] { 120.00, 300.00, 500, 700, 5000.0 };
        for (int x = 0; x < 5; x++) {                                    // 5个写入线程
            new Thread(() -> {
                for (int y = 0; y < moneyData.length; y++) {
                    account.saveMoney(moneyData[y]);                    // 存放金额
                }
            }).start();
        }
        for (int x = 0; x < 5; x++) {                                    // 5个读取线程
            new Thread(() -> {
                while (true) {
                    System.err.println(account.toString());            // 获取数据
                }
            }).start();
        }
    }
}
```

本程序定义了一个 Account 类描述银行账户，随后启动了 5 个写线程和 5 个读线程。在程序执行时可以发现写线程采用了独占锁的处理方式，多个写线程依次执行；而读线程操作时会有多个线程并行读取，这样既保证了账户数据操作的正确性，也实现了数据的快速读取。

21.5.3　StampedLock

读/写锁可以保证并发访问下的数据写入安全与读取性能，但是在读线程非常多的情况下，有可能造成写线程的长时间阻塞，从而减少写线程的调度次数。为此 JUC 中针对读/写锁提出了改进方案，提供了无障碍锁（StampedLock），使用这种锁的特点在于：若干个读线程彼此之间不会相互影响，但是依然可以保证多个写线程的独占操作。StampedLock 类常用方法如表 21-11 所示。

表 21-11　StampedLock 类常用方法

No.	方　　法	类　型	描　　述
1	public long readLock()	普通	获取读锁
2	public long tryReadLock()	普通	非强制获取读锁
3	public long tryOptimisticRead()	普通	获取乐观读锁
4	public long tryConvertToOptimisticRead(long stamp)	普通	转为乐观读锁

续表

No.	方　　法	类　型	描　述
5	public long tryConvertToReadLock(long stamp)	普通	转为读锁
6	public long writeLock()	普通	获取写锁
7	public long tryWriteLock()	普通	非强制获取写锁
8	public long tryConvertToWriteLock(long stamp)	普通	转换为写锁
9	public void unlock(long stamp)	普通	释放锁
10	public void unlockRead(long stamp)	普通	释放读锁
11	public void unlockWrite(long stamp)	普通	释放写锁
12	public boolean validate(long stamp)	普通	验证状态是否合法

在 StampedLock 中分为 3 种模式：写、读、乐观读，以提高并发处理性能，同时也可以实现锁类型的转换。

范例： 使用 StampedLock 实现银行账户并发操作

```java
package cn.mldn.demo;
import java.util.concurrent.TimeUnit;
import java.util.concurrent.locks.StampedLock;
class Account {                                          // 银行账户
    private String name;                                 // 账户名称
    private double asset;                                // 账户资产
    private StampedLock stampledLock = new StampedLock() ; // 读/写锁
    public Account(String name, double asset) {          // 设置账户信息
        this.name = name;
        this.asset = asset;
    }
    public void saveMoney(double money) {                // 资产追加
        long stamp = this.stampledLock.readLock() ;      // 获取读锁，检查状态
        boolean flag = true ;
        try {
            long writeStamp = this.stampledLock.tryConvertToWriteLock(stamp) ; // 转为写锁
            while(flag) {
                if (writeStamp != 0) {                   // 当前为写锁
                    stamp = writeStamp ;                 // 修改为写锁的标记
                    this.asset += money ;                // 进行资产修改
                    TimeUnit.SECONDS.sleep(1);           // 模拟延迟
                    System.out.println("【" + Thread.currentThread().getName() +
                        "】修改银行资产数据，修改金额"" + money + ""，当前总资产: " + this.asset);
                    flag = false ;                       // 结束循环
                } else { // 没有获取到写锁
                    this.stampledLock.unlockRead(stamp); // 释放读锁
                    writeStamp = this.stampledLock.writeLock() ; // 获取写锁
                    stamp = writeStamp ;
                }
            }
        } catch (Exception e) {
        } finally {
```

```java
            this.stampledLock.unlock(stamp);                        // 解锁
        }
    }
    public String toString() {                                     // 数据读取
        long stamp = this.stampledLock.tryOptimisticRead() ;       // 获取乐观锁
        try {
            double current = this.asset ;                          // 获取当前的资产
            TimeUnit.SECONDS.sleep(1);                             // 模拟延迟
            // validate()方法虽然可以检测但是依然有可能出现异常，所以本处依据StampledLock
            // 类的源代码多追加了一个验证机制
            if (!this.stampledLock.validate(stamp) ||
                    (stamp & (long)(Math.pow(2, 7)-1))==0) {        // 验证记录点有效性
                long readStamp = this.stampledLock.readLock() ;    // 获取互斥锁
                current = this.asset ;                             // 修改当前内容
                stamp = readStamp ;                                // 修改原始记录点
            }
            return "【账户信息 {" + Thread.currentThread().getName() +
                        "}】账户名称: " + this.name + "、银行资产: " + current ;
        } catch(Exception e) {
            return null ;
        } finally {
            try {
                this.stampledLock.unlockRead(stamp);               // 释放指定的写锁
            } catch (Exception e) {}
        }
    }
}
public class JUCDemo {
    public static void main(String[] args) {
        Account account = new Account("小李", 0.0);                // 存放数据
        double[] moneyData = new double[] { 120.00, 300.00, 500, 700, 5000.0};
        for (int x = 0; x < 5; x++) {                              // 5个写入线程
            new Thread(() -> {
                for (int y = 0; y < moneyData.length; y++) {
                    account.saveMoney(moneyData[y]);               // 存放金额
                }
            }).start();
        }
        for (int x = 0; x < 30; x++) {                             // 30个读取线程
            new Thread(() -> {
                while (true) {
                    System.err.println(account.toString());        // 获取数据
                }
            }).start();
        }
    }
}
```

本程序产生了 30 个读线程以及 5 个写线程，在 Account 类中利用 StampedLock 类获取了读锁和写锁，为防止过多读取所造成的写线程阻塞，所以在进行写入前都会首先判断读锁的状态，并利用转换方法实现了读锁与写锁的转换，这样就可以解决读/写锁的缺陷。

21.5.4 Condition

在 JUC 中允许用户自己进行锁对象的创建，而此种锁对象可以通过 Condition 接口进行描述，Condition 提供了与 Object 类中类似的线程控制方法，同时由用户自己来决定使用的锁。例如，在之前使用读/写锁的时候使用的是两个锁，而 Condition 可以直接创造开发者自己的锁，即可以创建更多的锁来进行控制。Condition 接口常用方法如表 21-12 所示。

表 21-12　Condition 接口常用方法

No.	方　　法	类　　型	描　　述
1	public void await() throws InterruptedException	普通	线程等待，等价于 Object.wait()
2	public boolean await(long time, TimeUnit unit) throws InterruptedException	普通	线程等待指定时间，等价于 Object.wait()
3	public void awaitUninterruptibly()	普通	在唤醒前一直不中断执行
4	public void signal()	普通	唤醒一个等待线程，等价于 Object.notify()
5	public void signalAll()	普通	唤醒所有等待线程，等价于 Object.notifyAll()

Condition 接口实现的是锁的控制，如果要想获取此接口实例，则可以依靠 Lock 接口中提供的 newCondition()方法完成。Condition 操作结构如图 21-6 所示。

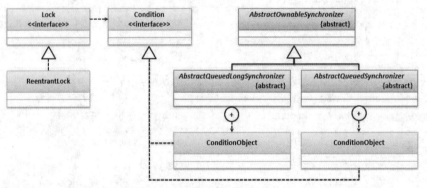

图 21-6　Condition 操作结构

范例： Condition 基本使用

```java
package cn.mldn.demo;
import java.util.concurrent.locks.Condition;
import java.util.concurrent.locks.Lock;
import java.util.concurrent.locks.ReentrantLock;
public class JUCDemo {
    public static String msg = null;                        // 信息保存
    public static void main(String[] args) throws Exception {
        Lock lock = new ReentrantLock();                    // 获取Lock接口实例
        Condition condition = lock.newCondition();          // 获得一个写入锁
        lock.lock();                                        // 获取锁
```

```java
    try {
        new Thread(() -> {
            lock.lock();                                      // 获取锁
            try {
                System.out.println("【Thread - 线程处理】" +
                            Thread.currentThread().getName() + " 进行数据处理");
                msg = "www.mldn.cn";                          // 进行数据处理
                condition.signal();                          // 唤醒其他等待线程
            } catch (Exception e) {
            } finally {
                lock.unlock();                               // 释放锁
            }
        }, "数据处理线程").start();                             // 线程启动
        condition.await();                                    // 主线程等待
        System.out.println("******** 主线程执行处理, msg = " + msg);
    } finally {
        lock.unlock();                                        // 释放锁
    }
}
}
```

程序执行结果：
```
【Thread - 线程处理】数据处理线程 进行数据处理
******** 主线程执行处理, msg = www.mldn.cn
```

本程序通过 Lock 接口与 Condition 接口实现了主线程等待子线程的程序结构，在本程序中通过 Condition 提供的 await() 与 signal() 两个方法实现了线程的锁定与唤醒操作。但是需要注意的是，在使用 Condition 接口操作时必须使用 lock.lock() 处理方法，否则代码执行中就会出现 java.lang.IllegalMonitorStateException 异常。

Condition 除了支持上面的功能外，它更强大的地方在于：能够更加精细地控制多线程的休眠与唤醒。对于同一个锁，开发者可以创建多个 Condition，在不同的情况下使用不同的 Condition。例如，现在要实现一个多线程并发读、写的缓冲区操作，当向缓冲区写入数据后可以唤醒"读线程"；当数据从缓冲区读取出来后，可以唤醒"写线程"；当缓冲区已经写满数据后，则可以将"写线程"设置为等待状态；当缓冲区为空时可以将"读线程"设置为等待状态。此类操作如果使用 Object 类中提供的方法（wait()、notify()、notifyAll() 操作）是无法明确地进行"读线程"或"写线程"的，而使用 Condition 就可以明确地唤醒指定的线程。下面通过具体的代码进行实现。

范例：使用 Condition 实现数据缓存操作

```java
package cn.mldn.demo;
import java.util.concurrent.locks.Condition;
import java.util.concurrent.locks.Lock;
import java.util.concurrent.locks.ReentrantLock;
class DataBuffer {
    private static final int MAX_LENGTH = 5;                          // 保存元素最大个数
    private Lock lock = new ReentrantLock();                          // 实例化Lock
    private final Condition writeCondition = lock.newCondition();     // 设置写Condition
    private final Condition readCondition = lock.newCondition();      // 设置读Condition
    private final Object[] data = new Object[MAX_LENGTH];             // 数据存储空间
    private int writeIndex = 0;                                       // 数据写索引
```

```java
    private int readIndex = 0;                                      // 数据读索引
    private int count = 0;                                          // 保存元素个数
    public void put(Object obj) throws Exception {
        this.lock.lock();                                          // 获取锁
        try {
            if (this.count == MAX_LENGTH) {                        // 已达到最大缓存个数
                this.writeCondition.await();                       // 保存线程等待
            }
            this.data[this.writeIndex++] = obj;                    // 保存数据，修改指针
            if (this.writeIndex == MAX_LENGTH) {                   // 已达保存上限
                this.writeIndex = 0;                               // 重置保存索引脚标
            }
            this.count++;                                          // 修改元素保存个数
            this.readCondition.signal();                           // 唤醒消费线程
            System.out.println("【写入缓存-put()】" + Thread.currentThread().getName()
                    + "，写入数据：" + obj);
        } finally {
            this.lock.unlock();                                    // 释放锁
        }
    }
    public Object get() throws Exception {
        this.lock.lock();                                          // 获取锁
        try {
            if (this.count == 0) {                                 // 没有数据
                this.readCondition.await();                        // 消费线程等待
            }
            Object takeData = this.data[this.readIndex++];         // 取出索引数据
            if (this.readIndex == MAX_LENGTH) {                    // 数据索引达到上限
                this.readIndex = 0;                                // 重置索引
            }
            this.count--;                                          // 消费后，保存个数减1
            this.writeCondition.signal();                          // 消费后，唤醒保存线程
            return takeData;                                       // 返回数据
        } finally {
            this.lock.unlock();                                    // 释放锁
        }
    }
}
public class JUCDemo {
    public static void main(String[] args) throws Exception {
        DataBuffer buffer = new DataBuffer();                      // 实例化数据缓冲区
        for (int x = 0; x < 10; x++) {                             // 循环创建线程
            final int tempData = x;                                // 匿名内部类使用
            new Thread(() -> {
                try {
                    Thread.sleep(1);                               // 模拟延迟
                    buffer.put(tempData);                          // 保存数据
                } catch (Exception e) {}
```

```
        }, "PUT线程 - " + x).start();                              // 启动写线程
        new Thread(() -> {
            try {
                Thread.sleep(100);                                // 模拟延迟
                System.out.println("【[" + Thread.currentThread().getName()
                        + "] 消费数据 】" + buffer.get());
            } catch (Exception e) {}
        }, "GET线程 - " + x).start();                              // 启动读线程
    }
  }
}
```

本程序针对读和写分别创建了两个 Condition 实例化对象，随后依据缓存数据的个数并结合相应的
Condition 就可以实现准确地读/写两个线程的等待与唤醒。

21.5.5 LockSupport

Thread 类从 JDK 1.2 版本开始为了防止可能出现的死锁问题，所以废除了 Thread 类中的一些线程控
制方法（如 suspend()、resume()），但是有部分开发者认为使用这几个被废除的方法实际上操作会更加直
观，所以在 JUC 中提供了这几个方法的替代类 LockSupport。该类常用方法如表 21-13 所示。

表 21-13 LockSupport 类常用方法

No.	方　　法	类　型	描　　述
1	public static void park()	普通	阻塞线程
2	public static void park(Object blocker)	普通	阻塞指定线程对象
3	public static void parkNanos(long nanos)	普通	阻塞线程并设置线程阻塞时间
4	public static void parkNanos(Object blocker, long nanos)	普通	阻塞指定线程对象并设置阻塞时间
5	public static void unpark(Thread thread)	普通	线程解锁

范例：使用 LockSupport 阻塞线程

```
package cn.mldn.demo;
import java.util.concurrent.locks.LockSupport;
public class JUCDemo {
    public static String msg = null;                              // 信息保存
    public static void main(String[] args) throws Exception {
        Thread mainThread = Thread.currentThread();               // 获取主线程对象
        new Thread(() -> {
            try {
                System.out.println("【Thread - 线程处理】" +
                        Thread.currentThread().getName() + " 进行数据处理");
                msg = "www.mldn.cn";                               // 进行数据处理
            } catch (Exception e) {
            } finally {
                LockSupport.unpark(mainThread);                   // 唤醒主线程
            }
        }, "数据处理-Thread").start();                             // 启动子线程
        LockSupport.park(mainThread);                             // 阻塞主线程
```

```
            System.out.println("******** 主线程执行处理, msg = " + msg);
    }
}
```

程序执行结果：

【Thread - 线程处理】数据处理-Thread 进行数据处理

******** 主线程执行处理, msg = www.mldn.cn

　　本程序直接利用 LockSupport 提供的 park()方法与 unpark()方法简单地实现了子线程与主线程的同步操作，可以发现 LockSupport 可以直接针对线程实例进行挂起与恢复处理。

21.5.6　Semaphore

　　在大多数情况下服务器提供的资源不是无限的，所以当并发访问线程量较大时就需要针对所有的可用资源进行线程调度，这一点类似于现实生活中的银行业务办理。例如，在银行里并不是所有的业务窗口都会开启，往往只开几个窗口，如果现在办理银行业务的人较多，那么这些人将会通过依次叫号的功能获取业务办理资格，这样就可以实现有限资源的分配与调度。在 JUC 中 Semaphore 类就可以实现此类调度处理，此类常用方法如表 21-14 所示。

表 21-14　Semaphore 类常用方法

No.	方　　　　法	类　　型	描　　　　述
1	public Semaphore(int permits)	构造	设置调度资源总数，采用非公平机制
2	public Semaphore(int permits, boolean fair)	构造	设置调度资源总数与公平机制
3	public void acquire() throws InterruptedException	普通	获取操作许可
4	public int availablePermits()	普通	判断当前是否有空闲资源
5	public void release(int permits)	普通	释放资源

范例：模拟银行办公业务（2 个业务窗口、10 位待办理人）

```
package cn.mldn.demo;
import java.util.concurrent.Semaphore;
import java.util.concurrent.TimeUnit;
public class JUCDemo {
    public static void main(String[] args) throws Exception {
        Semaphore sem = new Semaphore(2);                        // 2个可用资源
        for (int x = 0; x < 10; x++) {                           // 循环创建并启动线程
            new Thread(() -> {
                try {
                    sem.acquire();                               // 资源抢占，若无资源则等待
                    if (sem.availablePermits() >= 0) {           // 有空闲资源
                        System.out.println("【" + Thread.currentThread().getName()
                            + "】抢占资源成功！");
                    } else {
                        System.err.println("【" + Thread.currentThread().getName()
                            + "】抢占资源失败，进入等待状态！");
                    }
                    System.out.println("【" + Thread.currentThread().getName()
                        + "】〖START〗开始进行业务办理");
                    TimeUnit.SECONDS.sleep(2);                   // 业务办理延迟
```

```
                    System.out.println("【" + Thread.currentThread().getName()
                            + "】〖END〗业务办理成功");
                    sem.release();                              // 释放资源
                } catch (Exception e) {
                }
            }, "业务办理人员-" + x).start();
        }
    }
}
```

　　本程序通过 Semaphore 实现了两个资源的线程抢占与释放处理，所有的线程会根据有限的资源进行
等待与唤醒处理。

21.5.7　CountDownLatch

　　CountDownLatch 可以保证一组子线程全部执行完毕后再进行主线程的执行操作。例如，在服务器主
线程启动前，可能需要启动并执行若干子线程，这时就可以通过 CountDownLatch 来进行控制。

　　CountDownLatch 是通过一个线程个数的计数器实现的同步处理操作，在初始化时可以为
CountDownLatch 设置一个线程执行总数，这样每当一个子线程执行完毕后都执行一个减 1 的操作，当所
有的子线程都执行完毕后，CountDownLatch 中保存的计数内容为 0，则主线程恢复执行。其操作流程如
图 21-7 所示。

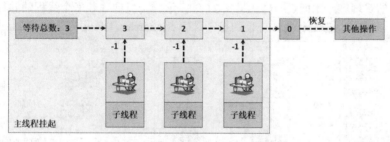

图 21-7　CountDownLatch 操作流程

CountDownLatch 类常用方法如表 21-15 所示。

表 21-15　CountDownLatch 类常用方法

No.	方　　　　法	类　型	描　　　述
1	public CountDownLatch(int count)	普通	定义等待子线程总数
2	public void await() throws InterruptedException	普通	主线程阻塞，等待子线程执行
3	public void countDown()	普通	子线程执行完后减少等待数量
4	public long getCount()	普通	获取当前等待数量

　　范例：使用 CountDownLatch 进行线程操作（模拟机场接人）

```
package cn.mldn.demo;
import java.util.concurrent.CountDownLatch;
public class JUCDemo {
    public static void main(String[] args) throws Exception {
        CountDownLatch latch = new CountDownLatch(2);           // 要接两位客人
        for (int x = 0; x < 2; x++) {                           // 循环启动线程
```

```
        new Thread(() -> {
            System.out.println("【" + Thread.currentThread().getName() + "】上车。");
            latch.countDown();                                    // 等待数量减1
        },"客人-" + x).start();                                   // 启动子线程
    }
    latch.await();                                                // 等待
    System.out.println("****** 人齐了，开车走人。  ******");       // 主线程恢复执行
  }
}
```

程序执行结果：
【客人-0】上车。
【客人-1】上车。
****** 人齐了，开车走人。 ******

本程序利用 CountDownLatch 定义了要等待的子线程数量，这样在该统计数量不为 0 的时候，主线程代码暂时挂起，直到所有的子线程执行完毕（latch.countDown()进行-1 操作）后主线程恢复执行。

21.5.8　CyclicBarrier

CyclicBarrier 可以保证多个线程达到某一个公共屏障点（Common Barrier Point）的时候才执行，如果没有达到此屏障点，那么线程将持续等待。这就好比某些展览会，由于访客较多，可能会采用分批的模式进入（要求每满 10 个人才可以入场）。其操作流程如图 21-8 所示。

CyclicBarrier 的实现就好比栅栏一样（见图 21-9），这样可以保证若干个线程的并行执行，同时还可以利用方法更新屏障点的状态进行更加方便的控制。CyclicBarrier 类常用方法如表 21-16 所示。

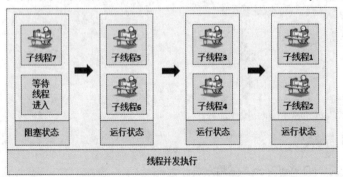

图 21-8　CyclicBarrier 操作流程

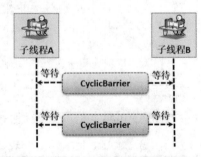

图 21-9　CyclicBarrier 栅栏

表 21-16　CyclicBarrier 类常用方法

No.	方　　法	类　　型	描　　述
1	public CyclicBarrier(int parties)	普通	设置屏障点数量
2	public CyclicBarrier(int parties, Runnable barrierAction)	普通	设置屏障点数量，并设置达到屏障点后要执行的子线程
3	public int await() throws InterruptedException, BrokenBarrierException	普通	等待线程数量达到屏障点
4	public int await(long timeout, TimeUnit unit)　throws InterruptedException, BrokenBarrierException, TimeoutException	普通	等待线程数量达到屏障点,并设置等待超时时间

续表

No.	方　法	类　型	描　述
5	public int getNumberWaiting()	普通	获取等待子线程数量
6	public void reset()	普通	重置屏障点计数
7	public boolean isBroken()	普通	查询是否为中断状态
8	public int getParties()	普通	获取屏障点数量

范例：使用 CyclicBarrier 设置栅栏

```java
package cn.mldn.demo;
import java.util.concurrent.CyclicBarrier;
import java.util.concurrent.TimeUnit;
public class JUCDemo {
    public static void main(String[] args) throws Exception {
        CyclicBarrier cyclicBarrier = new CyclicBarrier(2, ()->{
            System.out.println("【www.mldn.cn】线程达到屏障点，执行子业务处理。");
        });                                                   // 等待栅栏
        for (int x = 1; x <= 5; x++) {                        // 循环创建线程
            final int temp = x;
            if (x == 3) {                                     // 第3个线程
                try {
                    TimeUnit.SECONDS.sleep(2);                // 延迟处理
                } catch (InterruptedException e) {}
            }
            new Thread(() -> {
                System.out.println("【" + Thread.currentThread().getName()
                        + "】进入等待状态。");
                try {
                    if (temp == 3) {                          // 第3个线程
                        System.out.println("*** 【" + Thread.currentThread().getName()
                                + "】重置处理。");
                        cyclicBarrier.reset();                // 计算重置
                    } else {
                        cyclicBarrier.await();                // 等待
                    }
                } catch (Exception e) {}
                System.err.println("【" + Thread.currentThread().getName()
                        + "】结束等待状态，开始执行操作。");
            },"执行者-" + x).start();
        }
    }
}
```

本程序通过 CyclicBarrier 设置的屏障点数量为 2，这样只有达到两个线程的时候才会解除锁定状态继续执行，同时会执行 CyclicBarrier 子线程进行其他业务处理，在线程等待期间也可以使用 reset()方法重置栅栏计数。

21.5.9　Exchanger

生产者和消费者模型需要有一个公共操作区域进行数据的保存与获取，在 JUC 中专门提供了一个交换区域的程序类：java.util.concurrent.Exchanger 类。其操作流程如图 21-10 所示。

图 21-10　Exchanger 操作流程

范例： 使用 Exchanger 实现数据交换

```java
package cn.mldn.demo;
import java.util.concurrent.Exchanger;
public class JUCDemo {
    public static void main(String[] args) throws Exception {
        Exchanger<String> exchanger = new Exchanger<String>();      // 定义交换空间
        boolean isEnd = false;                                       // 结束标记
        new Thread(() -> {
            String data = null;
            try {
                for (int x = 0; x < 2; x++) {                        // 生产数据
                    data = "MLDN - " + x;
                    System.out.println("【Producer-BEFORE - " + x + "】" + data);
                    Thread.sleep(1000);
                    exchanger.exchange(data);                        // 保存数据
                    System.out.println("【Producer-AFTER - " + x + "】" + data);
                }
            } catch (InterruptedException e) {}
        }, "【Producer】信息生产者").start();
        new Thread(() -> {
            String data = null;
            try {
                while (!isEnd) {                                     // 消费数据
                    System.out.println("【Consumer-BEFORE】" + data);
                    Thread.sleep(2000);
                    data = exchanger.exchange(null);                 // 获取数据
                    System.out.println("【 Consumer-AFTER】" + data);
                }
```

```
        } catch (InterruptedException e) {}
    }, "【Consumer】信息消费者").start();
    }
}
```

本程序定义了生产者与消费者线程,两个线程利用 Exchanger 作为信息交换空间,生产者向 Exchanger
设置数据,在消费者没有取走时生产者将等待消费者取走后再继续生产。

21.5.10 CompletableFuture

JDK 1.5 提供的 Future 可以实现异步计算操作,虽然 Future 的相关方法提供了异步任务的执行能力,
但是对于线程执行结果的获取只能够采用阻塞或轮询的方式进行处理。阻塞的方式与多线程异步处理的
初衷产生了分歧,轮询的方式又会造成 CPU 资源的浪费,同时也无法及时地得到结果。为了解决这些设
计问题,从 JDK 1.8 开始提供了 Future 的扩展实现类 CompletableFuture,可以帮助开发者简化异步编程
的复杂性,同时又可以结合函数式编程模式利用回调的方式进行异步处理计算操作。该类继承结构如
图 21-11 所示。

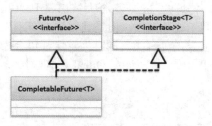

图 21-11 CompletableFuture 类继承结构

范例:使用 CompletableFuture 模拟炮兵听从命令打炮场景

```java
package cn.mldn.demo;
import java.util.concurrent.CompletableFuture;
import java.util.concurrent.TimeUnit;
public class JUCDemo {
    public static void main(String[] args) throws Exception {
        CompletableFuture<String> future = new CompletableFuture<String>();        // 线程回调
        for (int x = 0; x < 2; x++) {
            new Thread(() -> {
                System.out.println("【START】" + Thread.currentThread().getName() +
                        ",炮兵就绪,等待开炮命令!");
                try {
                    System.out.println("【END】" + Thread.currentThread().getName() +
                        ",解除阻塞,收到命令数据: " + future.get());        // 获取命令信息
                } catch (Exception e) {}
            },"炮兵 - " + x).start();
        }
        new Thread(() -> {
            try {
                TimeUnit.SECONDS.sleep(2);                                   // 等待命令时间
                future.complete("开炮");                                      // 命令发出
```

```
        } catch (InterruptedException e) {}
    }).start();
    }
}
```
程序执行结果：
【START】炮兵 - 0，炮兵就绪，等待开炮命令！
【START】炮兵 - 1，炮兵就绪，等待开炮命令！
【END】炮兵 - 0，解除阻塞，收到命令数据：开炮
【END】炮兵 - 1，解除阻塞，收到命令数据：开炮

本程序利用 CompletableFuture 类设置了异步线程执行处理操作，定义的两个线程在执行 get()方法时
都进入了阻塞状态，一旦调用 complete()方法将解除阻塞继续执行。

21.6　并　发　集　合

集合是数据结构的系统实现，传统的 Java 集合大多都属于"非线程安全的"，虽然 Java 追加了
Collections 工具类以实现集合的同步处理操作，但是其并发效率不高。所以为了更好地支持高并发任
务处理，在 JUC 中提供了支持高并发的处理类，同时为了保证集合操作的一致性，这些高并发的集合
类依然实现了集合标准接口，如 List、Set、Map、Queue。这些接口和并发集合类的基本继承关系如
图 21-12 所示。

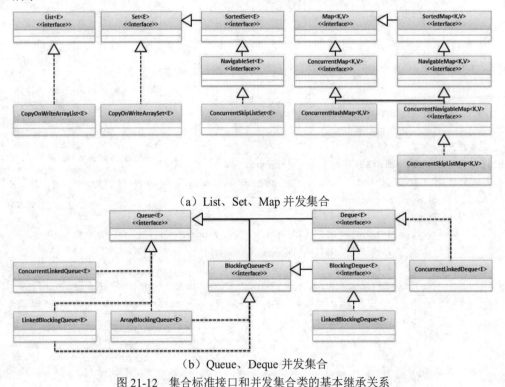

（a）List、Set、Map 并发集合

（b）Queue、Deque 并发集合
图 21-12　集合标准接口和并发集合类的基本继承关系

图 21-12 所给出的并发集合类的作用如表 21-17 所示。

表 21-17　并发集合类的作用

No.	集合接口	集合类	描　述
1	List	CopyOnWriteArrayList	相当于线程安全的 ArrayList，并支持有高并发访问
2	Set	CopyOnWriteArraySet	相当于线程安全的 HashSet，基于 CopyOnWriteArrayList 实现
3		ConcurrentSkipListSet	相当于线程安全的 TreeSet，基于跳表结构实现，并支持高并发访问
4	Map	ConcurrentHashMap	相当于线程安全的 HashMap，支持高并发访问
5		ConcurrentSkipListMap	相当于线程安全的 TreeMap，基于跳表结构实现，并支持高并发访问
6	Queue	ArrayBlockingQueue	基于数组实现的线程安全的有界的阻塞队列
7		LinkedBlockingQueue	单向链表实现的阻塞队列，支持 FIFO 处理
8		ConcurrentLinkedQueue	单向链表实现的无界队列，支持 FIFO 处理
9	Deque	LinkedBlockingDeque	双向链表实现的双向并发阻塞队列，支持 FIFO、FILO 处理
10		ConcurrentLinkedDeque	双向链表实现的无界队列，支持 FIFO、FILO 处理

为了更进一步说明并发集合的作用，下面通过传统集合实现一个多线程的并发访问操作。

范例：传统集合进行多线程并发访问

```java
package cn.mldn.demo;
import java.util.ArrayList;
import java.util.List;
public class JUCDemo {
    public static void main(String[] args) throws Exception {
        List<String> all = new ArrayList<String>();              // List集合
        for (int num = 0; num < 10; num++) {                     // 循环定义线程
            new Thread(() -> {
                for (int x = 0; x < 10; x++) {
                    all.add("【" + Thread.currentThread().getName()
                            + "】www.mldn.cn");
                    System.out.println(all);                     // 每个线程保存10个数据
                }
            }, "集合操作线程-" + num).start();
        }
    }
}
```

本程序通过循环产生了 10 个线程，并且这 10 个线程对同一个集合进行数据保存与获取操作，而此程序一旦执行就会产生集合并发修改异常（java.util.ConcurrentModificationException，操作相关信息见图 21-13），即传统的集合都是围绕着单线程设计展开的，只有 JUC 中提供的集合类才支持多线程并发操作。

> **提示：关于 ConcurrentModificationException 产生分析。**
>
> 在 ArrayList 集合中为了防止多线程并发访问下的集合数据操作不准确，特意定义有一个成员属性。
>
> | 保存求模的数量 | protected transient int modCount = 0; |
> |---|---|
>
> 在进行集合数据操作时还会提供一个 expectedModCount 变量，此变量的初始值为 modCount，是指期望这个集合被修改的次数。利用这两个数值就可以判断当前操作中是否出现有并发访问问题，如果出现了并发访问错误，就会抛出并发修改异常。
>
> 另外需要提醒的是，JUC 设计的核心思想在于：高性能的并发访问与安全的修改。

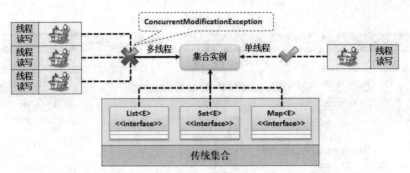

图 21-13　集合并发访问

21.6.1　并发单值集合类

CopyOnWriteArrayList 是基于数组实现的并发集合访问类，在使用此类进行数据的"添加/修改/删除"操作时都会创建一个新的数组，并将更新后的数据复制到新建的数组中。由于每次更新操作都会建立新的数组，所以在进行数据修改时 CopyOnWriteArrayList 类的性能并不高，但是在进行数据遍历查找时性能会比较高。在使用 Iterator 进行迭代输出时不支持数据删除（remove()方法）操作。

 提示：**CopyOnWriteArrayList 部分源代码分析。**

CopyOnWriteArrayList 采用复制和写入数组的形式完成，所以在源代码中定义有以下成员属性。

private transient volatile Object[] array;

在定义 array 数组时使用 volatile 定义了该对象数组，这样就可以保证直接对原始数据进行操作，同时为了保证安全的读/写操作，还提供了一个互斥锁的成员属性。

final transient Object lock = **new** Object();

在 JDK 新版本中并没有直接使用 ReentrantLock 而是定义了一个 Object 对象，在操作时利用 synchronized 进行锁定处理。这样在对数据进行"添加/修改/删除"操作时会先获取"互斥锁"，当数据修改完毕后，先将数据更新到"volatile 数组"中，然后再释放"互斥锁"，以此实现数据保护的目的。

范例：使用 CopyOnWriteArrayList 实现多线程并发访问

```
package cn.mldn.demo;
import java.util.List;
import java.util.concurrent.CopyOnWriteArrayList;
public class JUCDemo {
    public static void main(String[] args) throws Exception {
        List<String> all = new CopyOnWriteArrayList<String>();        // List集合
        for (int num = 0; num < 10; num++) {                          // 循环定义线程
            new Thread(() -> {
                for (int x = 0; x < 10; x++) {
                    all.add("【" + Thread.currentThread().getName()
                        + "】www.mldn.cn");                           // 每个线程保存10个数据
                    System.out.println(all);
                }
            }, "集合操作线程-" + num).start();
        }
    }
}
```

本程序利用 CopyOnWriteArrayList 类实现了多线程并发访问操作，所以此时的代码中不会再抛出并发异常。

与 CopyOnWriteArrayList 类似的集合还有 CopyOnWriteArraySet，它提供了一种无序的线程安全集合结构，可以理解为线程安全的 HashSet 实现，但是与 HashSet 区别在于：HashSet 是基于散列方式存放的，而 CopyOnWriteArraySet 是基于数组（内部包装的是 CopyOnWriteArrayList 类）实现的。CopyOnWriteArraySet 类基本结构如图 21-14 所示。

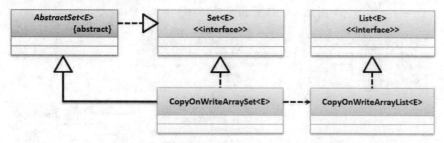

图 21-14　CopyOnWriteArraySet 类基本结构

范例：使用 CopyOnWriteArraySet 操作

```java
package cn.mldn.demo;
import java.util.Set;
import java.util.concurrent.CopyOnWriteArraySet;
public class JUCDemo {
    public static void main(String[] args) throws Exception {
        Set<String> all = new CopyOnWriteArraySet<String>();        // Set集合
        for (int num = 0; num < 10; num++) {                         // 循环定义线程
            new Thread(() -> {
                for (int x = 0; x < 10; x++) {
                    all.add("【" + Thread.currentThread().getName()
                            + "】www.mldn.cn");                        // 每个线程保存10个数据
                    System.out.println(all);
                }
            }, "集合操作线程-" + num).start();
        }
    }
}
```

本程序利用 CopyOnWriteArraySet 类实现了同样的多线程操作，需要注意的是，CopyOnWriteArraySet 类的数据保存是依赖于 CopyOnWriteArrayList 类实现的，所以当使用 Iterator 输出时同样不支持删除操作（remove() 方法）。

21.6.2　ConcurrentHashMap

ConcurrentHashMap 是线程安全的哈希表实现类，类继承结构如图 21-15 所示，在实现结构中它将哈希表分成许多的片段（Segment），每一个片段中除了保存有哈希数据外还提供了一个可重用的"互斥锁"，以片段的形式实现多线程的操作，即在同一个片段内多个线程访问是互斥的，而不同片段的访问采用的是异步处理方式（操作结构见图 21-16），这样使得 ConcurrentHashMap 在保证性能的前提下又可以实现数据的正确修改。

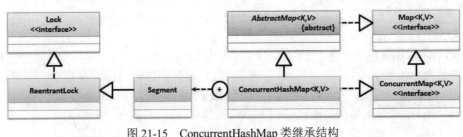

图 21-15 ConcurrentHashMap 类继承结构

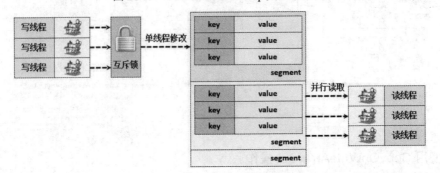

图 21-16 ConcurrentHashMap 操作结构

范例：多线程访问 ConcurrentHashMap

```java
package cn.mldn.demo;
import java.util.Map;
import java.util.concurrent.ConcurrentHashMap;
public class JUCDemo {
    public static void main(String[] args) throws Exception {
        Map<String, Integer> map = new ConcurrentHashMap<String, Integer>();    // Map集合
        for (int num = 0; num < 10; num++) {                                     // 创建线程
            new Thread(() -> {
                for (int x = 0; x < 10; x++) {
                    map.put("www.mldn.cn", x);                                   // 保存信息
                    System.out.println(map);
                }
            }, "集合操作线程-" + num).start();                                    // 启动线程
        }
    }
}
```

本程序创建了 ConcurrentHashMap 集合，这样该 Map 集合在进行并发访问时就会根据所属的分段进行同步处理，而未分段的部分可以直接进行并行读取。

21.6.3 跳表集合

跳表是一种与平衡二叉树性能类似的数据结构，其主要是在有序链表上使用。在 JUC 提供的集合中有两个支持有跳表操作的集合类型：ConcurrentSkipListMap、ConcurrentSkipListSet。

 提示：跳表实现原理简介。

数组是一种常见的线性结构，如果在进行索引查询时其时间复杂度为 $O(1)$，但是在进行数据内容查询时，就必须基于有序存储并结合二分法进行查找，这样操作的时间复杂度为 $O(\log_2 n)$。在多数情况下，数组由于其固定长度的限制，所以开发中会通过链表来解决，但是如果要想进一步提升链表的查询性能，就必须采用跳表结构来处理。而跳表结构的本质是需要提供一个有序的链表集合，并从中依据二分法的原理抽取出一些样本数据，而后对样本数据的范围进行查询。其实现原理如图 21-17 所示。

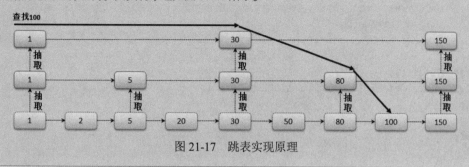

图 21-17　跳表实现原理

范例： 使用 ConcurrentSkipListMap 集合

```java
package cn.mldn.demo;
import java.util.Map;
import java.util.concurrent.ConcurrentSkipListMap;
import java.util.concurrent.CountDownLatch;
public class JUCDemo {
    public static void main(String[] args) throws Exception {
        CountDownLatch latch = new CountDownLatch(10) ;              // 同步处理
        Map<String,Integer> map = new ConcurrentSkipListMap<String,Integer>() ;
        for (int num = 0 ; num < 100 ; num ++) {                     // 多线程访问跳表
            new Thread(()->{
                for (int x = 0 ; x < 10 ; x ++) {                    // 保存数据
                    map.put("【" + Thread.currentThread().getName() + "-" + x + "】", x);
                }
                latch.countDown();                                   // 减少计数
            },"集合操作线程-" + num).start();
        }
        latch.await();                                               // 等待子线程
        System.out.println(map.get("【集合操作线程-80-8】"));         // 数据查询
    }
}
```

本程序利用 100 个线程实现了 Map 集合数据的并发修改，随后通过 get()方法根据使用 key 获取了对应的 value，由于程序采用的是跳表结构，所以可以保证较高的查询性能。

范例： 使用 ConcurrentSkipListSet 集合

```java
package cn.mldn.demo;
import java.util.Set;
import java.util.concurrent.ConcurrentSkipListSet;
import java.util.concurrent.CountDownLatch;
public class JUCDemo {
    public static void main(String[] args) throws Exception {
        CountDownLatch latch = new CountDownLatch(10) ;              // 同步处理
        Set<String> set = new ConcurrentSkipListSet<String>() ;
```

```
        for (int num = 0 ; num < 100 ; num ++) {              // 100个线程
            new Thread(()->{
                for (int x = 0 ; x < 10 ; x ++) {
                    set.add(Thread.currentThread().getName()+"-" + x) ;   // 保存数据
                }
                latch.countDown();                             // 减少计数
            },"MLDN-" + num).start();                          // 启动线程
        }
        latch.await();                                         // 等待子线程
        System.out.println(set.contains("MLDN-80-6"));         // 查询数据
    }
}
程序执行结果:
true
```

本程序利用 Set 集合实现了无重复数据的跳表操作，利用 100 个线程进行数据写入后，基于跳表原理实现数据的快速查找。

21.7　阻 塞 队 列

队列是一种采用 FIFO 模式处理的集合结构，可以利用队列进行批量数据的保存，例如，在传统的生产者与消费者模型中，如果此时生产者的效率较高，而消费者效率较低，就可以通过队列保存生产的内容，如图 21-18 所示。

图 21-18　队列应用

但是在进行队列数据保存时往往不可能无限制地进行数据存放，例如，某个队列只允许缓存 5 个数据信息，如果此时生产者线程发现队列已经达到了保存上线则将暂停生产；而消费者如果发现队列中没有数据内容，也会等到有数据产生后才会进行消费，所以队列上还需要追加有线程等待与唤醒机制。为了简化此类队列的开发难度，在 JUC 中提供了两个新的阻塞队列接口：BlockingQueue（单端队列）和BlockingDeque（双端队列）。其继承结构如图 21-19 所示。

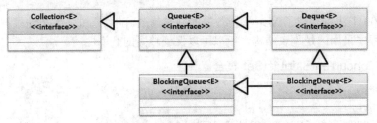

图 21-19　阻塞队列接口继承结构

21.7.1　BlockingQueue

BlockingQueue 类属于单端阻塞队列，所有的数据将按照 FIFO 算法进行保存与获取，BlockingQueue

类提供以下几个子类：ArrayBlockingQueue（数组结构）、LinkedBlockingQueue（链表单端阻塞队列）、PriorityBlockingQueue（优先级阻塞队列）、SynchronousQueue（同步队列），这些类继承结构如图 21-20 所示。

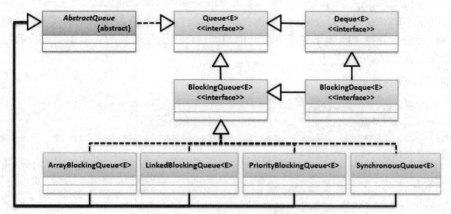

图 21-20　BlockingQueue 类继承结构

　　ArrayBlockingQueue 是一个利用数组控制形式实现的队列操作，需要在其实例化时直接提供数组的长度，也可以设置阻塞线程的公平与非公平抢占原则。

范例：使用 ArrayBlockingQueue 实现生产者与消费者模型

```java
package cn.mldn.demo;
import java.util.concurrent.ArrayBlockingQueue;
import java.util.concurrent.BlockingQueue;
import java.util.concurrent.TimeUnit;
public class JUCDemo {
    public static void main(String[] args) throws Exception {
        BlockingQueue<String> queue = new ArrayBlockingQueue<String>(5);  // 5个队列容量
        for (int x = 0; x < 10; x++) {                                    // 10个生产者
            new Thread(() -> {
                for (int y = 0; y < 100; y++) {
                    try {
                        TimeUnit.SECONDS.sleep(2);                        // 操作延迟
                        String msg = "【" + Thread.currentThread().getName()
                                + "】生产数据 = " + y;
                        queue.put(msg);                                   // 队列保存数据
                        System.out.println("｛生产数据｝  " + msg);        // 提示信息
                    } catch (Exception e) {}
                }
            }, "MLDN生产者-" + x).start();                                 // 启动线程
        }
        for (int x = 0; x < 2; x++) {                                     // 2个消费者
            new Thread(() -> {
                while (true) {                                            // 不断消费
                    try {
                        TimeUnit.SECONDS.sleep(1);                        // 延迟操作
                        System.err.println(queue.take());                 // 消费数据
                    } catch (InterruptedException e) {}
                }
```

```
            }, "MLDN消费者-" + x).start();                                        // 启动线程
        }
    }
}
```

本程序定义了 10 个生产者线程和 2 个消费者线程，通过程序的执行结果可以发现，消费者线程在队列未保存数据时会进行等待，而如果生产者生产的数据超过了队列设置的长度也会进行等待，消费者取出数据后才允许继续生产。

范例：使用链表阻塞队列

```
public class JUCDemo {
    public static void main(String[] args) throws Exception {
        BlockingQueue<String> queue = new LinkedBlockingQueue<String>(5);    // 链表阻塞列
        // 其他重复代码，略...
    }
}
```

使用链表结构的阻塞队列默认情况下允许保存的数据长度为 Integer.MAX_VALUE，但是如此庞大的队列有可能造成较大的内存占用，所以本次只允许在链表阻塞队列中保存 5 个元素内容。

范例：使用优先级阻塞队列

```
public class JUCDemo {
    public static void main(String[] args) throws Exception {
        BlockingQueue<String> queue = new PriorityBlockingQueue<String>(); // 优先级阻塞队列
        // 其他重复代码，略...
    }
}
```

优先级阻塞队列拥有数据排序的支持，所以通过其无参构造实例化队列的默认保存数据长度为 11 个内容，这样在消费时会按照数据顺序获取内容。

以上的阻塞队列都可以实现多个数据的存储，但是在多数情况下有可能只需存储一个数据，所以此时就可以通过同步阻塞队列 SynchronousQueue 完成。使用同步队列操作的时候没有容量的概念，因为它只允许保存一个信息。

范例：使用同步队列

```
public class JUCDemo {
    public static void main(String[] args) throws Exception {
        BlockingQueue<String> queue = new SynchronousQueue<String>() ;         // 同步队列
        // 其他重复代码，略...
    }
}
```

由于本程序只允许在队列中保存一个数据内容，所有的生产者就需要通过资源的竞争才可以实现队列数据的保存。

21.7.2 BlockingDeque

BlockingDeque 为双端阻塞队列，可以实现 FIFO 与 FILO 操作，BlockingDeque 只有 LinkedBlockingDeque 一个实现子类。该类的继承结构如图 21-21 所示。

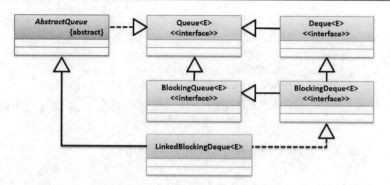

图 21-21　BlockingDeque 类继承结构

范例：使用双端阻塞队列实现生产者与消费者模型

```java
package cn.mldn.demo;
import java.util.concurrent.BlockingDeque;
import java.util.concurrent.LinkedBlockingDeque;
import java.util.concurrent.TimeUnit;
public class JUCDemo {
    public static void main(String[] args) throws Exception {
        BlockingDeque<String> queue = new LinkedBlockingDeque<String>(5);    // 双端阻塞队列
        for (int x = 0; x < 10; x++) {
            if (x % 2 == 0) {
                new Thread(() -> {
                    for (int y = 0; y < 100; y++) {
                        try {
                            TimeUnit.SECONDS.sleep(2);                        // 操作延迟
                            String msg = "【" + Thread.currentThread().getName()
                                    + "】生产数据 = " + y;
                            queue.putFirst(msg);                             // 首部保存
                            System.out.println("｛生产数据｝　" + msg);
                        } catch (Exception e) {}
                    }
                }, "【FIRST】MLDN生产者-" + x).start();                        // 启动线程
            } else {
                new Thread(() -> {
                    for (int y = 0; y < 100; y++) {
                        try {
                            TimeUnit.SECONDS.sleep(2);                        // 操作延迟
                            String msg = "【" + Thread.currentThread().getName()
                                    + "】生产数据 = " + y;
                            queue.putLast(msg);                              // 尾部保存
                            System.out.println("｛生产数据｝　" + msg);
                        } catch (Exception e) {}
                    }
                }, "〖LAST〗MLDN生产者-" + x).start();                        // 启动线程
            }
        }
        for (int x = 0; x < 2; x++) {
            new Thread(() -> {
```

```
                    int count = 0;
                    while (true) {                                            // 不断消费
                        try {
                            TimeUnit.SECONDS.sleep(2);                        // 延迟操作
                            if (count % 2 == 0) {
                                System.err.println("（FIRST取出）"
                                    + queue.takeFirst());                     // 首部取出
                            } else {
                                System.err.println("（LAST取出）"
                                    + queue.takeLast());                      // 尾部取出
                            }
                            count++;
                        } catch (InterruptedException e) {}
                    }
            }, "MLDN消费者-" + x).start();
        }
    }
}
```

本程序产生了 20 个生产者线程与 2 个消费者线程，20 个生产者线程分两批各自进行队列首尾数据
保存，2 个消费者线程也依次进行首尾队列数据的取出。

21.7.3　延迟队列

在 JUC 中提供自动弹出数据的延迟队列 DelayQueue，该类属于 BlockingQueue 接口子类，而对于延
迟操作的计算则需要通过 Delayed 接口进行计算。延迟队列使用的类结构如图 21-22 所示。

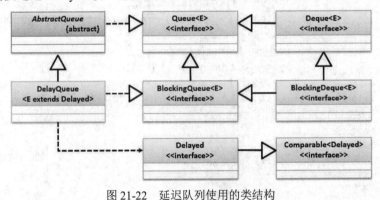

图 21-22　延迟队列使用的类结构

范例：使用延迟队列（模拟讨论会依次离开的场景）

```
package cn.mldn.demo;
import java.util.concurrent.BlockingQueue;
import java.util.concurrent.DelayQueue;
import java.util.concurrent.Delayed;
import java.util.concurrent.TimeUnit;
public class JUCDemo {
    public static void main(String[] args) throws Exception {
        BlockingQueue<Student> queue = new DelayQueue<Student>();            // 定义延迟队列
```

```
        queue.put(new Student("小李", 2, TimeUnit.SECONDS));          // 保存延迟队列信息
        queue.put(new Student("小王", 5, TimeUnit.SECONDS));
        while (!queue.isEmpty()) {                                    // 是否还有人在
            Student stu = queue.take();                              // 获取弹出数据
            System.out.println(stu);
            TimeUnit.SECONDS.sleep(1);                               // 延迟操作
        }
    }
}
class Student implements Delayed {                                    // 定义延迟计算
    private String name;                                             // 姓名
    private long expire;                                             // 离开时间
    private long delay;                                              // 停留时间
    /**
     * 进行延迟项的设置
     * @param name  聚会者的姓名
     * @param delay 停留的时间（延迟时间）
     * @param unit  你使用的时间单位
     */
    public Student(String name, long delay, TimeUnit unit) {
        this.name = name;
        // 如果要计算离开的时间，肯定需要与当前的系统时间进行比较，系统时间返回的都是毫秒
        this.delay = TimeUnit.MILLISECONDS.convert(delay, unit);     // 转换时间为毫秒
        this.expire = System.currentTimeMillis() + this.delay;       // 失效时间计算
    }
    public String toString() {
        return this.name + "同学已经达到了预计的停留时间“" +
            TimeUnit.SECONDS.convert(this.delay, TimeUnit.MILLISECONDS) + "”秒，已经离开了。";
    }
    @Override
    public int compareTo(Delayed obj) {                              // 队列弹出计算
        return (int) (this.delay - this.getDelay(TimeUnit.MILLISECONDS));
    }
    @Override
    public long getDelay(TimeUnit unit) {                            // 延迟时间计算
        return unit.convert(this.expire - System.currentTimeMillis(), TimeUnit.MILLISECONDS);
    }
}
```
程序执行结果：
小李同学已经达到了预计的停留时间“2”秒，已经离开了。
小王同学已经达到了预计的停留时间“5”秒，已经离开了。

本程序实现了延迟队列的操作逻辑，在队列中所保存的每一个元素内容，每当时间一到（compareTo()进行比较，getDelay()获取延迟时间），都会自动进行队列数据的弹出操作。

使用延迟队列的主要原因是它可以实现队列内容的定时清理操作，那么基于这样的自动清理机制就可以实现数据缓存的操作控制，这样的操作可以极大地提升项目的并发性能。

提示：关于数据缓存的作用。

在实际开发中，如果是基于数据库的查询操作，那么在多线程并发量较高的情况下就有可能产生严重的性能问题（数据库的执行性能较低），例如，一个热门新闻可能会有上千万的访问量，这个时候采用直接数据库的读取模式就非常不理智。为了解决这样的问题，可以采用缓存的模式，将一些重要的数据直接放到缓存里面，如图 21-23 所示，当不同的线程查询相同数据时先判断缓存中是否有指定内容，如果存在，则进行直接读取；如果不存在，则再进行数据库加载。

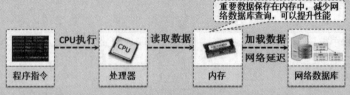

图 21-23　数据缓存操作

对于缓存中的内容还需要考虑无效数据的清理问题，而有了延迟队列这种自动弹出的机制存在，这一操作的实现就会变得非常容易。

本次实现一个新闻数据的缓存操作，考虑到可能会保存有多个数据，所以将通过 Map 集合实现存储。同时考虑到缓存数据的修改安全性问题，将使用 ConcurrentHashMap 子类，另外对于数据的弹出操作将通过守护线程进行处理。本次程序的实现结构如图 21-24 所示。

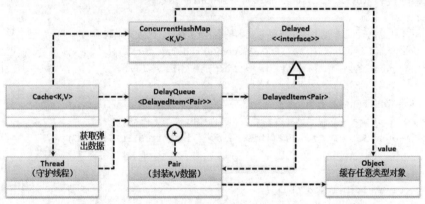

图 21-24　缓存功能类实现结构

范例：实现缓存操作

```java
package cn.mldn.demo;
import java.util.Map;
import java.util.concurrent.BlockingQueue;
import java.util.concurrent.ConcurrentHashMap;
import java.util.concurrent.DelayQueue;
import java.util.concurrent.Delayed;
import java.util.concurrent.TimeUnit;
public class JUCDemo {
    public static void main(String[] args) throws Exception {
        Cache<Long,News> cache = new Cache<Long,News>() ;        // 定义缓存类对象
        cache.put(1L, new News(1L,"www.mldn.cn"));               // 向缓存保存数据
        cache.put(2L, new News(2L,"www.jixianit.com"));          // 向缓存保存数据
        cache.put(3L, new News(3L,"www.mldnjava.cn"));           // 向缓存保存数据
        System.out.println(cache.get(1L));                       // 通过缓存获取数据
```

```
            System.out.println(cache.get(2L));                      // 通过缓存获取数据
            TimeUnit.SECONDS.sleep(5);                              // 延迟获取
            System.out.println(cache.get(1L));                     // 通过缓存获取数据
    }
}
class Cache<K, V> {      // 定义一个缓存数据处理类
    private static final TimeUnit TIME = TimeUnit.SECONDS ;          // 时间工具类
    private static final long DELAY_SECONDS = 2 ;                    // 缓存时间
    private Map<K,V> cacheObjects = new ConcurrentHashMap<K,V>() ;   // 设置缓存集合
    private BlockingQueue<DelayedItem<Pair>> queue = new DelayQueue<DelayedItem<Pair>>() ;
    public Cache() {                                                 // 启动守护线程
        Thread thread = new Thread(()->{
            while(true) {
                try {
                    DelayedItem<Pair> item = Cache.this.queue.take(); // 数据消费
                    if (item != null) {                             // 有数据
                        Pair pair = item.getItem() ;                // 获取内容
                        Cache.this.cacheObjects.remove(
                                pair.key, pair.value) ;             // 删除数据
                    }
                } catch (InterruptedException e) {}
            }
        }) ;
        thread.setDaemon(true);                                     // 设置后台线程
        thread.start();                                             // 线程启动
    }
    public void put(K key,V value) throws Exception {               // 保存数据
        V oldValue = this.cacheObjects.put(key, value) ;           // 数据保存
        if (oldValue != null) {                                     // 重复保存
            this.queue.remove(oldValue) ;                          // 删除已有数据
        }
        this.queue.put(new DelayedItem<Pair>(new Pair(key, value),
                DELAY_SECONDS, TIME));                              // 重新保存
    }
    public V get(K key) {                                           // 获取缓存数据
        return this.cacheObjects.get(key) ;                        // Map查询
    }
    private class Pair {                                            // 封装保存数据
        private K key ;                                            // 数据key
        private V value ;                                          // 数据value
        public Pair(K key,V value) {
            this.key = key ;
            this.value = value ;
        }
    }
    private class DelayedItem<T> implements Delayed {              // 延迟数据保存项
        private T item ;                                          // 数据项
        private long delay ;                                     // 保存时间
        private long expire ;                                    // 失效时间
        public DelayedItem(T item,long delay,TimeUnit unit) {
            this.item = item ;
            this.delay = TimeUnit.MILLISECONDS.convert(delay,unit) ;
```

```
        this.expire = System.currentTimeMillis() + this.delay ;
    }
    @Override
    public int compareTo(Delayed obj) {
        return (int) (this.delay - this.getDelay(TimeUnit.MILLISECONDS));
    }
    @Override
    public long getDelay(TimeUnit unit) {                          // 延时计算
        return unit.convert(this.expire - System.currentTimeMillis(), TimeUnit.MILLISECONDS) ;
    }
    public T getItem() {                                           // 获取数据
        return this.item ;
    }
}
}
class News {                                                       // 新闻数据
    private long nid ;
    private String title ;
    public News(long nid,String title) {
        this.nid = nid ;
        this.title = title ;
    }
    public String toString() {
        return "【新闻数据】新闻编号：" + this.nid + ". 新闻标题：" + this.title ;
    }
}
```
程序执行结果：
【新闻数据】新闻编号：1. 新闻标题：www.mldn.cn
【新闻数据】新闻编号：2. 新闻标题：www.jixianit.com
null（缓存数据清除）

　　本程序实现了一个数据缓存的处理操作，在程序中考虑到缓存数据的到时自动清除问题，所以使用了延迟队列保存所有的数据信息（同时还有一份数据信息保存在 Map 集合中）。为了保证延迟队列中的数据弹出后可以进行 Map 集合相应数据的删除，所以定义了一个守护线程接收延迟队列弹出的内容，由于本程序设置了默认的缓存时间为两秒，这样当两秒一过该数据就会被自动删除。

21.8 线 程 池

　　多线程技术的出现大大提升了程序的处理性能，但是过多的线程一定会带来线程资源调度的损耗（例如，线程的创建与回收），这样就会导致程序的响应速度变慢。为了实现合理的线程操作，就需要提高线程的可管理型，并且降低资源损耗，所以在 JUC 中提供了线程池的概念。线程池的创建可以通过 java.util.concurrent.Executors 类完成，此类可以使用如表 21-18 所示的方法创建 4 种线程池。

表 21-18　线程池创建方法

No.	方　　法	类　型	描　　述
1	public static ExecutorService newCachedThreadPool()	普通	创建缓存线程池（线程个数随意）
2	public static ExecutorService newFixedThreadPool(int nThreads)	普通	创建固定大小线程池
3	public static ScheduledExecutorService newSingleThreadScheduledExecutor()	普通	创建单线程池

No.	方　　法	类　型	描　　述
4	public static ScheduledExecutorService newScheduledThreadPool(int corePoolSize)	普通	创建定时调度池

Executors 类能够创建的线程池一共有 4 种，其主要作用如下。

- 缓存线程池（**CachedThreadPool**）：线程池中的每个子线程都可以进行重用，保存了所有的用户线程，并且随着处理量的增加可以持续进行用户线程的创建。
- 固定大小线程池（**FixedThreadPool**）：保存所有的内核线程，这些内核线程可以被不断重用，并且不保留任何的用户线程。
- 单线程池（**SingleThreadPool**）：只维护一个内核线程，所有执行者依据顺序排队获取线程资源。
- 定时调度池（**ScheduledThreadPool**）：按照计划周期性地完成线程中的任务，包含内核线程与用户线程，可以提供有许多的用户线程。

> **提示：关于用户线程与内核线程的区别。**
>
> 多线程的实现过程本身依赖于操作系统，但同时也依赖于所使用的平台。例如，JDK 最初发展的时候只有单核 CPU，所以当时就依赖于软件平台实现。用户线程和内核线程的区别如下。
> - 用户线程可以在不支持多线程的系统中存在，内核线程需要操作系统与硬件的支持。
> - 在只有用户线程的系统中，CPU 调度依然以进程为单位，处于运行进程中的多个线程是通过程序实现轮换执行；而在有内核支持的多线程系统中，CPU 调度以线程为单位，并由操作系统调度。
> - 用户线程通过进程划分，一个进程系统只会为其分配一个处理器，所以用户线程无法调用系统的多核处理器，而内核线程可以调度一个程序在多核处理器上执行，提高处理性能。
>
> 用户线程执行系统指令调用时将导致其所属进程被中断，而内核线程执行系统指令调用时，只导致该线程被中断。

21.8.1　创建线程池

Executors 类创建完成的线程池主要通过两类接口描述：ExecutorService（线程池）与 ScheduledExecutorService（调度线程池），这两个接口之间的继承关系如图 21-25 所示。

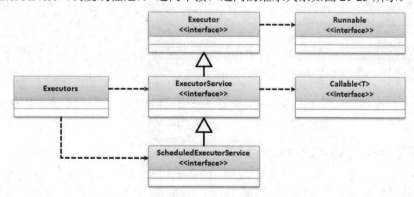

图 21-25　线程池继承关系

由于线程池描述接口之间存在继承的结构，因此所有线程池的实现都是需要为其提供一系列的用户线程后才可以进行统一的执行调度。线程池常用方法如表 21-19 所示。

表 21-19　线程池常用方法

No.	方　　法	类　型	描　　述
1	public void execute(Runnable command)	普通	Executor 提交线程任务
2	public Future<?> submit(Runnable task)	普通	ExecutorService 提交线程任务
3	public <T> Future<T> submit(Callable<T> task)	普通	ExecutorService 提交线程任务
4	public <T> List<Future<T>> invokeAll(Collection<? extends Callable<T>> tasks) throws InterruptedException	普通	ExecutorService 提交一组调度任务并同时返回所有执行结果
5	public <T> T invokeAny(Collection<? extends Callable<T>> tasks) throws InterruptedException, ExecutionException	普通	ExecutorService 提交一组调度任务并返回任意一个线程任务的执行结果
6	public boolean isShutdown()	普通	ExecutorService 线程池是否关闭
7	public void shutdown()	普通	ExecutorService 关闭线程池
8	public ScheduledFuture<?> schedule(Runnable command,long delay, TimeUnit unit)	普通	ScheduledExecutorService 任务调度线程
9	public <V> ScheduledFuture<V> schedule (Callable<V> callable, long delay, TimeUnit unit)	普通	ScheduledExecutorService 任务调度线程

范例：创建缓存线程池

```java
package cn.mldn.demo;
import java.util.concurrent.ExecutorService;
import java.util.concurrent.Executors;
public class JUCDemo {
    public static void main(String[] args) throws Exception {
        ExecutorService service = Executors.newCachedThreadPool();        // 缓存线程池
        for (int x = 0; x < 1000; x++) {                                  // 创建1000个线程
            service.submit(() -> {                                        // 提交执行线程
                System.out.println(Thread.currentThread().getId() + " - "
                    + Thread.currentThread().getName());
            });
        }
        service.shutdown();                                               // 关闭线程池
    }
}
```

　　本程序创建了一个缓存线程池，由于没有设置其长度限制，所以只要线程池中的线程不够用，则会自动创建新的线程，而线程的数量最多不超过 Integer.MAX_VALUE 个。

> **提示：关于 execute() 与 submit() 方法。**
>
> 　　通过 Executors 获取的线程池实际上都是 Executor 接口的实例，而在 Executor 接口中提供有一个 execute() 方法可以进行多线程保存。在本程序中使用的是 submit() 方法，submit() 方法追加了执行任务是否为空的判断（如果为空，则会抛出 NullPointerException 异常），并且最终调用 execute() 方法执行。
> 　　而在线程池中实际上有 3 个核心的概念需要注意。
> ↘　　task：表示真正要执行的线程任务，但是所有的线程任务在追加后并不会立刻执行。
> ↘　　worker：所有线程池中的任务都需要通过 worker 来执行，所有的 worker 数量受到线程池容量的限制（内

核线程）。

➥   reject：拒绝策略，如果线程池中的线程已经满了，就可以选择是离开或等待。
所有要执行的任务都需要等待分配线程后才会被真正执行，而当线程池容量已经达到上限后也会对新加入的
线程采用核心的拒绝策略，关于拒绝策略将在 21.8.3 小节讲解。

范例：创建固定长度线程池

```java
public class JUCDemo {
    public static void main(String[] args) throws Exception {
        ExecutorService service = Executors.newFixedThreadPool(3) ;          // 3个线程
        // 其他重复代码，略 ...
    }
}
```

本程序创建了一个只有 3 个线程大小的线程池，这样所有执行的线程将轮流抢占这有限线程。

范例：设置单线程池

```java
public class JUCDemo {
    public static void main(String[] args) throws Exception {
        ExecutorService service = Executors.newSingleThreadExecutor() ;      // 单线程池
        // 其他重复代码，略 ...
    }
}
```

本程序创建了单线程池，所有的子线程将依照顺序获取此线程并执行操作。

范例：设置线程调度池

```java
package cn.mldn.demo;
import java.util.concurrent.Executors;
import java.util.concurrent.ScheduledExecutorService;
import java.util.concurrent.TimeUnit;
public class JUCDemo {
    public static void main(String[] args) throws Exception {
        // 创建定时调度池，并且设置允许的内核线程数量为1
        ScheduledExecutorService executorService = Executors.newScheduledThreadPool(1);
        for (int x = 0; x < 10; x++) {
            int index = x;
            // 设置调度任务，操作单位为 "秒"，3秒后开始执行，每2秒执行一次
            executorService.scheduleAtFixedRate(new Runnable() {
                @Override
                public void run() {
                    System.out.println(Thread.currentThread().getName() + "、x = " + index);
                }
            }, 3, 2, TimeUnit.SECONDS);
        }
    }
}
```

本程序定义了一个大小的线程调度池，这样所有追加的线程每隔 2 秒就会执行一次调度，按顺序执行。
如果在线程池中传入了 Callable 接口实例，那么也可以利用 Future 接口获取线程的返回结果。在
ExecutorService 接口中提供 invokeAny()与 invokeAll()两个方法可以实现一组 Callable 实例的执行。

范例： 执行一组 Callable 实例

```java
package cn.mldn.demo;
import java.util.HashSet;
import java.util.List;
import java.util.Set;
import java.util.concurrent.Callable;
import java.util.concurrent.ExecutorService;
import java.util.concurrent.Executors;
import java.util.concurrent.Future;
public class JUCDemo {
    public static void main(String[] args) throws Exception {
        Set<Callable<String>> allThreads = new HashSet<Callable<String>>();   // 保存多个线程对象
        for (int x = 0; x < 5; x++) {                                          // 创建线程
            final int temp = x;
            allThreads.add(() -> {                                            // 集合追加线程
                return Thread.currentThread().getId() + " - "
                    + Thread.currentThread().getName() + "，数量: " + temp;
            });
        }
        ExecutorService service = Executors.newFixedThreadPool(3);            // 创建定长线程池
        List<Future<String>> results = service.invokeAll(allThreads);        // 执行线程对象
        for (Future<String> future : results) {                              // 获取执行结果
            System.out.println(future.get());
        }
    }
}
```
程序执行结果：
```
12 - pool-1-thread-1，数量: 3
13 - pool-1-thread-2，数量: 1
14 - pool-1-thread-3，数量: 2
13 - pool-1-thread-2，数量: 4
13 - pool-1-thread-2，数量: 0
```

本程序通过 Set 集合保存了多个执行线程，由于只开辟了一个定长为 3 的线程池，这些集合中的线程将依次进行线程资源抢占并执行，程序通过 invokeAll()方法同时执行接收了集合中线程的返回结果。

21.8.2 CompletionService

CompletionService 是一个异步处理模式，其主要的功能是可以异步获取线程池的返回结果。CompletionService 将 Executor（线程池）和 BlockingQueue（阻塞队列）结合在一起，同时主要使用 Callable 定义线程任务。整个操作中就是生产者不断地将 Callable 线程任务保存进阻塞队列，而后线程池作为消费者不断地把线程池中的任务取出，并且返回结果。CompletionService 接口的实现结构如图 21-26 所示。

CompletionService 接口可以接收 Callable 或 Runnable 实现的线程任务，并且可以通过 ExecutorCompletionService 子类实例化接口对象。下面通过一个具体的案例说明这种获取异步返回结果的操作。

594

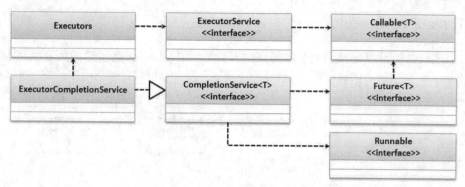

图 21-26　CompletionService 接口的实现结构

范例： 使用 CompletionService 接口获取异步执行任务结果

```java
package cn.mldn.demo;
import java.util.concurrent.Callable;
import java.util.concurrent.CompletionService;
import java.util.concurrent.ExecutorCompletionService;
import java.util.concurrent.ExecutorService;
import java.util.concurrent.Executors;
class ThreadItem implements Callable<String> {                          // 线程体
    @Override
    public String call() throws Exception {
        long timeMillis = System.currentTimeMillis();                  // 当前时间戳
        try {
            System.out.println("【START】" + Thread.currentThread().getName());
            Thread.sleep(1000);
            System.out.println("【END】" + Thread.currentThread().getName());
        } catch (Exception e) {}
        return Thread.currentThread().getName() + " : " + timeMillis;
    }
}
public class JUCDemo {
    public static void main(String[] args) throws Exception {
        ExecutorService service = Executors.newCachedThreadPool();     // 创建线程池
        // 创建一个异步处理任务，并且该异步任务需要接收一个线程池实例
        CompletionService<String> completion = new ExecutorCompletionService<String>(service);
        for (int i = 0; i < 10; i++) {                                 // 信息生产者
            completion.submit(new ThreadItem());                       // 提交线程
        }
        for (int i = 0; i < 10; i++) {                                 // 获取结果
            System.out.println("获取数据: " + completion.take().get());
        }
        service.shutdown();                                            // 关闭线程池
    }
}
```

本程序通过 CompletionService 基于已有的线程池构建了一个异步任务，由于其内部会自动维护一个阻塞队列，这样所有 Callable 任务执行完成后就可以通过 take()方法获取线程任务执行结果。

21.8.3 ThreadPoolExecutor

通过 Executors 类可以实现线程池的创建，而通过 Executors 类创建的所有线程池都是基于
ThreadPoolExecutor 类实现的创建。在一些特殊的环境下开发者也可以直接利用 ThreadPoolExecutor 类结
合阻塞队列与拒绝策略创建属于自己的线程池。ThreadPoolExecutor 类组成结构如图 21-27 所示。

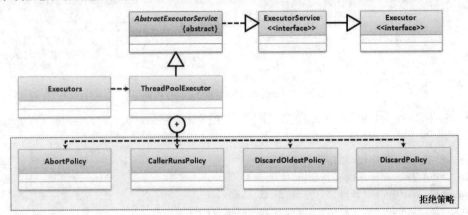

图 21-27　ThreadPoolExecutor 类组成结构

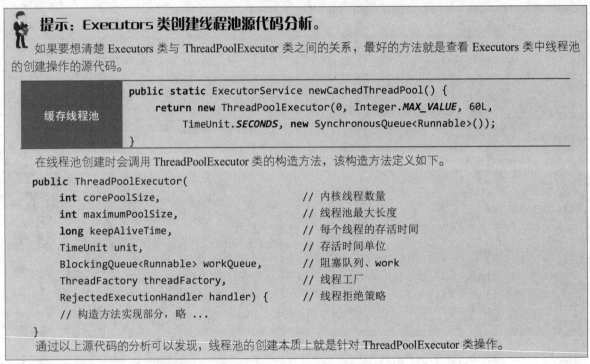

> **提示：Executors 类创建线程池源代码分析。**
>
> 如果要想清楚 Executors 类与 ThreadPoolExecutor 类之间的关系，最好的方法就是查看 Executors 类中线程池
> 的创建操作的源代码。
>
> | 缓存线程池 | `public static ExecutorService newCachedThreadPool() {`
`    return new ThreadPoolExecutor(0, Integer.MAX_VALUE, 60L,`
`        TimeUnit.SECONDS, new SynchronousQueue<Runnable>());`
`}` |
> | --- | --- |
>
> 在线程池创建时会调用 ThreadPoolExecutor 类的构造方法，该构造方法定义如下。
>
> ```
> public ThreadPoolExecutor(
>     int corePoolSize,                          // 内核线程数量
>     int maximumPoolSize,                       // 线程池最大长度
>     long keepAliveTime,                        // 每个线程的存活时间
>     TimeUnit unit,                             // 存活时间单位
>     BlockingQueue<Runnable> workQueue,         // 阻塞队列、work
>     ThreadFactory threadFactory,               // 线程工厂
>     RejectedExecutionHandler handler) {        // 线程拒绝策略
>     // 构造方法实现部分，略 ...
> }
> ```
>
> 通过以上源代码的分析可以发现，线程池的创建本质上就是针对 ThreadPoolExecutor 类操作。

由于线程池中的资源是有限的，所以对于超过线程池容量的部分任务线程将拒绝其执行，为此定义
了以下 4 种拒绝策略（全部通过 ThreadPoolExecutor 的内部类形式定义）。

➥ **ThreadPoolExecutor.AbortPolicy**（默认）：当任务添加到线程池中被拒绝的时候，会抛出
RejectedExecutionException 异常。

➥ **ThreadPoolExecutor.CallerRunsPolicy**：当任务被拒绝的时候，会在线程池当前正在执行线程
的 worker 里处理此线程（即加塞儿，现在已有一个线程在 worker 里正在执行，于是将这个线

程踢走，换我执行）。

- ➥ **ThreadPoolExecutor.DiscardOldestPolicy**：当被拒绝的时候，线程池会放弃队列中等待最长时间的任务，并且将被拒绝的任务添加到队列中。
- ➥ **ThreadPoolExecutor.DiscardPolicy**：当任务添加被拒绝的时候，将直接丢弃此线程。

范例：使用 ThreadPoolExecutor 创建线程池

```java
package cn.mldn.demo;
import java.util.concurrent.ArrayBlockingQueue;
import java.util.concurrent.BlockingQueue;
import java.util.concurrent.Executors;
import java.util.concurrent.ThreadPoolExecutor;
import java.util.concurrent.TimeUnit;
public class JUCDemo {
    public static void main(String[] args) throws Exception {
        BlockingQueue<Runnable> queue = new ArrayBlockingQueue<Runnable>(2);     // 阻塞队列
        // 通过ThreadPoolExecutor创建线程池，该线程池有2个内核线程，每个线程存活时间为6秒
        ThreadPoolExecutor executor = new ThreadPoolExecutor(2, 2, 6L, TimeUnit.SECONDS, queue,
                Executors.defaultThreadFactory(), new ThreadPoolExecutor.AbortPolicy());
        for (int x = 0; x < 5; x++) {
            executor.submit(() -> {
                System.out.println("【BEFORE】" + Thread.currentThread().getName());
                try {
                    TimeUnit.SECONDS.sleep(2);
                } catch (InterruptedException e) {
                    e.printStackTrace();
                }
                System.out.println("【AFTER】" + Thread.currentThread().getName());
            });
        }
    }
}
```

本程序采用手动的方式设置了一个线程池，同时设置了拒绝策略为 AbortPolicy，这样当线程池中的执行线程已经被占满时将抛出 java.util.concurrent.RejectedExecutionException 异常。

21.9　ForkJoinPool

在 JDK 1.7 之后为了充分利用多核 CPU 的性能优势，可以将一个复杂的业务计算进行拆分，交由多台 CPU 并行计算，这样就可以提高程序的执行性能（见图 21-28）。ForkJoinPool 类可看作一个特殊的 Executor 执行器，这个框架包括以下两个操作。

- ➥ **分解（Fork）操作**：将一个大型业务拆分为若干个小任务在框架中执行。
- ➥ **合并（Join）操作**：主任务将等待多个子任务执行完毕后进行结果合并。

在 ForkJoinPool 中需要通过 ForkJoinTask 定义执行任务（常用方法见表 21-20），在 ForkJoinTask 类中有两个子类：RecursiveTask（有返回值任务）、RecursiveAction（无返回值任务），操作结构如图 21-29 所示。

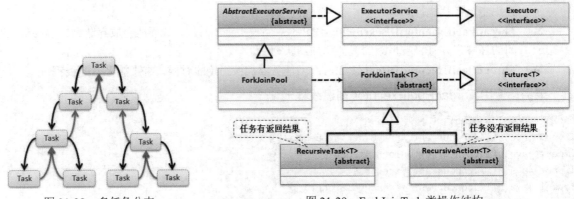

图 21-28　多任务分支　　　　　　　　图 21-29　ForkJoinTask 类操作结构

表 21-20　ForkJoinTask 类常用方法

No.	方　法	类　型	描　述
1	public final ForkJoinTask\<V\> fork()	普通	建立分支任务
2	public final V join()	普通	获取分支结果
3	public final boolean isCompletedNormally()	普通	任务是否执行完毕
4	public static void invokeAll(ForkJoinTask\<?\>... tasks)	普通	启动分支任务
5	public final Throwable getException()	普通	获取执行异常

范例：创建有返回值的分支任务

```java
package cn.mldn.demo;
import java.util.concurrent.ForkJoinPool;
import java.util.concurrent.Future;
import java.util.concurrent.RecursiveTask;
public class JUCDemo {
    public static void main(String[] args) throws Exception {
        SumTask task = new SumTask(0, 100);                  // 创建分支任务
        ForkJoinPool pool = new ForkJoinPool();              // 分支任务池
        Future<Integer> future = pool.submit(task);          // 提交分支任务
        System.out.println(future.get());
    }
}
@SuppressWarnings("serial")
class SumTask extends RecursiveTask<Integer> {               // 有返回结果
    private int start;                                       // 累加开始值
    private int end;                                         // 累加结束值
    public SumTask(int start, int end) {
        this.start = start;
        this.end = end;
    }
    @Override
    protected Integer compute() {                            // 最终计算
        int sum = 0;                                         // 保存计算结果
        if (this.end - this.start < 100) {                   // 计算
            for (int x = this.start; x <= this.end; x++) {
                sum += x;                                    // 累加处理
            }
```

```
        } else {
            int middle = (start + end) / 2;                           // 计算中间值
            SumTask leftTask = new SumTask(this.start, middle);       // 1 ~ 50累加
            SumTask rightTask = new SumTask(middle + 1, this.end);    // 51 ~ 100累加
            leftTask.fork();        // 开启下一个分支操作, 开启左分支的计算, 调用compute()方法
            rightTask.fork();       // 开启下一个分支操作, 开启右分支的计算, 调用compute()方法
            sum = leftTask.join() + rightTask.join();                // 分支合并
        }
        return sum;                                                   // 返回结果
    }
}
```
程序执行结果:
```
5050
```

本程序通过分支合并任务的处理模式开启了两个分支,这两个分支分别要进行各自的数学累加计算,
由于 RecursiveTask 采用返回值的方式返回计算结果,所以不同分支可以通过 join()方法获取计算结果并
完成最终计算。

范例: 创建无返回值的分支任务

```java
package cn.mldn.demo;
import java.util.concurrent.ForkJoinPool;
import java.util.concurrent.RecursiveAction;
import java.util.concurrent.TimeUnit;
import java.util.concurrent.locks.Lock;
import java.util.concurrent.locks.ReentrantLock;
public class JUCDemo {
    public static void main(String[] args) throws Exception {
        CountSave save = new CountSave();                    // 保存计算结果
        SumTask task = new SumTask(save, 0, 100);            // 分支任务
        ForkJoinPool pool = new ForkJoinPool();              // 定义任务池
        pool.submit(task);                                   // 提交任务
        while (!task.isDone()) {                             // 任务未执行完
            TimeUnit.MILLISECONDS.sleep(100);               // 等待任务执行完毕
        }
        if (task.isCompletedNormally()) {                   // 任务执行完毕
            System.out.println("计算结果: " + save.getSum()); // 获取计算结果
        }
    }
}
class CountSave {                                            // 保存计算结果
    private Lock lock = new ReentrantLock();                 // 互斥锁
    private int sum = 0;                                     // 累加计算结果
    public void add(int num) {                              // 累加操作
        this.lock.lock();                                    // 线程锁定
        try {
            this.sum += num;                                // 累加处理
        } finally {
            this.lock.unlock();                             // 线程解锁
        }
    }
    public int getSum() {                                    // 获取计算结果
```

```
            return sum;
        }
}
@SuppressWarnings("serial")
class SumTask extends RecursiveAction {                          // 累加任务
    private int start;                                          // 累加开始值
    private int end;                                            // 累加结束值
    private CountSave save;                                     // 保存计算结果
    public SumTask(CountSave save, int start, int end) {
        this.start = start;
        this.end = end;
        this.save = save;                                       // 数据结果保存
    }
    @Override
    protected void compute() {
        int sum = 0;                                           // 单次任务计算结果
        if (this.end - this.start < 100) {                     // 计算处理
            for (int x = this.start; x <= this.end; x++) {
                sum += x;                                      // 累加处理
            }
            this.save.add(sum);                                // 保存处理结果
        } else {
            int middle = (start + end) / 2;                    // 计算中间值
            SumTask leftTask = new SumTask(this.save, this.start, middle); // 1~50累加
            SumTask rightTask = new SumTask(this.save, middle + 1, this.end);   // 51~100累加
            super.invokeAll(leftTask, rightTask);              // 启动分支
        }
    }
}
```

程序执行结果：
计算结果：5050

　　本程序创建了一个没有返回值的分支任务，所以为了方便多个子分支可以进行计算结果的存储，定义了 CountSave 类的同时考虑到多线程的影响，在 CountSave.add()方法中采用互斥锁的形式保证线程并发执行下的数据计算安全。

> **提示：Arrays 类与分支任务处理。**
>
> 　　Arrays 类是 Java 提供的系统数组操作类，在 Arrays 类中提供大量的数组操作方法，以数组排序方法为例，在 Arrays 类中为了提升海量数组的排序操作性能提供有一个并行排序的处理方法。
>
> 　　并行排序：public static void parallelSort(数据类型[] a)，此方法源代码如下。
>
> ```
> public static void parallelSort(int[] a) {
>     int n = a.length, p, g;
>     if (n <= MIN_ARRAY_SORT_GRAN ||
>         (p = ForkJoinPool.getCommonPoolParallelism()) == 1)
>         DualPivotQuicksort.sort(a, 0, n - 1, null, 0, 0);
>     else
>         new ArraysParallelSortHelpers.FJInt.Sorter(
>             null, a, new int[n], 0, n, 0,
>                 ((g = n / (p << 2)) <= MIN_ARRAY_SORT_GRAN) ?
>                     MIN_ARRAY_SORT_GRAN : g).invoke();
> ```

```
}
```
　　通过给出的源代码可以发现，并行排序的本质是利用了 ForkJoin Pool 的实现机制完成的，这种并行的开发操作可以有效地提升程序性能，同时发挥多核 CPU 的硬件性能。

21.10　本 章 概 要

　　1．java.util.concurrent 提供了并发访问工具支持，其中 atomic 子包提供原子操作类，locks 子包实现各种锁机制。

　　2．TimeUnit 为时间单元操作枚举类，可以实现时间单位的转换，并且方便地进行准确时间的休眠处理。

　　3．原子操作类可以保证在多线程并发访问下的数据安全，原子操作类中的数据内容都通过 volatile 关键字定义，为了进一步实现数据的计算准确性，又提供加法器与累加器的支持。

　　4．ThreadFactory 提供多线程对象的统一实例化管理，属于工厂设计模式应用。

　　5．JUC 中针对同步锁的实现提供两个标准接口：Lock 接口（ReentrantLock 子类、互斥锁）、ReadWriteLock 接口（ReentrantReadWriterLock 子类、读/写锁），并且依据锁标准提供有一系列的同步锁处理类。

　　6．多线程开发中锁机制主要是维护两套核心模型：多线程并发操作、生产者与消费者模型。

　　7．CountDownLatch 是一个同步锁操作，采用计数的形式减少锁定线程操作，但是只允许进行一次计数；而 CyclicBarrier 可以实现多次计数，并且针对计数内容进行重置处理。

　　8．在传统集合中提供的都是单线程处理集合，此类集合在多线程并发执行中会出现 ConcurrentModificationException 并发修改异常。

　　9．ConcurrentHashMap 是 Map 集合子类，采用分段的形式进行数据保留，同一个分段的多线程修改采用互斥锁的操作模式，而其他未修改分段则可以实现并发访问，这样可以保证修改的安全性与读取的高性能。

　　10．跳表是针对链表查询性能优化的数据结构，可以在有序的链表上提高数据查询性能。

　　11．阻塞队列可以实现生产者与消费者的唤醒等待机制，这样就避免了开发者手动进行同步处理的困难。阻塞队列分为两类：单端阻塞队列（BlockingQueue）、双端阻塞队列（BlockingDeque）。

　　12．延迟队列结合 Delayed 接口实现延迟操作的计算，并可以实现队列数据的定时弹出，可以利用其实现数据缓存操作。

　　13．线程池可以保证程序资源的合理分配，避免过多线程所带来的程序执行效率降低的问题，在线程池中可以结合操作系统的线程支持进行内核线程的抢占，也可以利用程序模拟用户线程操作。

　　14．CompletionService 提供有线程池中执行线程处理结果的异步接收操作。

　　15．线程池主要通过 Executors 类提供的方法创建，这些方法是对 ThreadPoolExecutor 类的封装，使用 ThreadPoolExecutor 类可以由用户传入自定义的阻塞队列与拒绝机制定制属于自己的特定线程池。

　　16．ForkJoin Pool 可以将一个复杂的业务拆分为若干子业务，每个子业务分别创建线程，这样就可以实现较高的执行性能。

第 22 章　NIO 编程

通过本章的学习可以达到以下目标

- 掌握 NIO 中的缓冲区的使用，并理解缓冲区中的数据处理模型。
- 掌握 Channel 的作用，并结合缓冲区实现数据 I/O 操作。
- 理解文件锁的作用，并且掌握字符编码处理支持类的使用。
- 掌握 Reactor 设计模型，可以实现同步非阻塞 I/O 通信模型。
- 掌握异步非阻塞 I/O 通信模型。

NIO（Non-blocking I/O，非阻塞 I/O，或被称为 NewIO）是在 JDK 1.4 后提供的一项重要开发包——因为有了 NIO 的出现才使得 Java 底层通信的性能得到了大幅度的提升。在 NIO 中采用非阻塞模式并结合通道（Channel）与缓冲区（Buffer）实现 I/O 通信操作，本章将讲解 NIO 模型以及后续推出的 AIO 模型。

提示：BIO、NIO、AIO 区别。

- **JavaBIO**：同步阻塞 I/O。服务器为每一个连接的客户端分配一个线程，可以通过线程池提高线程的管理机制。
- **JavaNIO**：同步非阻塞 I/O。服务器为每一次请求分配一个线程，所有的请求都会注册到多路复用器中，多路复用器通过轮询的形式针对每次请求创建处理线程。
- **JavaAIO**（NIO.2）：异步非阻塞 I/O。客户端的 I/O 请求都是由系统先处理，当处理完成后再通知服务器启动线程进行处理。

　BIO 的操作在第 19 章中已经有了完整的讲述，本处不再重复编写。本章讲解的 NIO 与 AIO 模型都基于经典的 Echo 程序进行案例展示。

22.1　NIO 简介

　　NIO 提供了一个全新的底层 I/O 模型。与最初的 java.io 包中面向流（Stream Oriented）的概念不同，NIO 中采用了面向缓冲区（Buffer Oriented）的概念，这样所有的数据被读取到缓冲区后，可以直接利用指针实现缓冲区的数据读取控制，同时在进行更多数据缓存时也可以在保证不覆盖原始数据的前提下进行。

　　传统的 JavaIO 采用的是阻塞模式，这样当进行读（read()）或写（write()）时，该线程将一直处于阻塞状态，一直到读取或写入完成前都无法进行其他任何的操作，这样在进行网络通信过程中就会因为线程阻塞而影响到程序性能。其模式如图 22-1 所示。

　　在 Java 发展初期，由于 JVM 的优化性能不高，所以 Java 程序的运行速度较慢，此时对于 I/O 的性能没有过多的要求。然而随着 JVM 的不断优化，JVM 中的字节码程序的执行性能已经接近或超过本地系统程序的处理性能，同时随着硬件的技术发展，大部分的 Java 程序也已经不再受 CPU 的束缚，所以此时 I/O 通信的性能问题就尤为突出。在这样的背景下，Java 推出了 java.nio 开发包，在 NIO 中采用了非阻塞设计模型，这样在没有数据进行读/写的情况下不会产生阻塞，同时该线程可以继续完成其他操作，并且一个线程可以通过选择器（Selector）同时管理多个输入/输出通道。

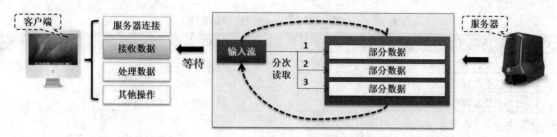

图 22-1　传统 I/O 通信模型

22.2　Buffer

缓冲区（Buffer）是一个线性的、有序的数据集，一个缓冲区只能够容纳一种数据类型。Buffer 类定义如下。

```
public abstract class Buffer extends Object { }
```

Buffer 是一个抽象类，所以提供了一个缓存操作的标准（常用方法见表 22-1）。如果要保存不同的数据类型，则应该使用 Buffer 的不同子类，常见的 Buffer 子类为 ByteBuffer、CharBuffer、ShortBuffer、IntBuffer、LongBuffer、FloatBuffer、DoubleBuffer。其继承关系如图 22-2 所示。

表 22-1　Buffer 类常用方法

No.	方　　法	类　　型	描　　述
1	public final int capacity()	普通	返回此缓冲区的容量
2	public final int limit()	普通	返回此缓冲区的限制
3	public final Buffer limit(int newLimit)	普通	设置缓冲区的限制
4	public final int position()	普通	返回缓冲区的操作位置
5	public final Buffer position(int newPosition)	普通	设置缓冲区的操作位置
6	public final Buffer clear()	普通	清空缓冲区
7	public final Buffer flip()	普通	重设缓冲区，在写入前调用，改变缓冲的指针
8	public final Buffer reset()	普通	恢复缓冲区中的标记位置
9	public final boolean hasRemaining()	普通	判断在当前位置和限制之间是否有内容

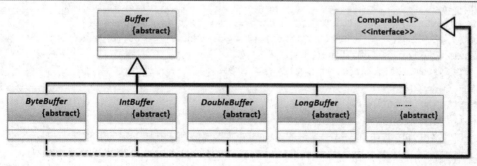

图 22-2　Buffer 及其子类继承关系

如果要进行缓冲区的操作，则一定要依据缓存的数据类型进行缓冲区的开辟。缓冲区的操作方法如表 22-2 所示。

表 22-2　各数据类型缓冲区类提供的常用方法

No.	方　　法	类　型	描　　述
1	public static 缓冲区类型 allocate(int capacity)	普通	分配缓冲区空间
2	public 基本数据类型 get()	普通	取得当前位置的内容
3	public 基本数据类型 get(int index)	普通	取得指定位置的内容
4	public 缓冲区类型 put(基本数据类型 x)	普通	写入指定基本数据类型的数据
5	public final 缓冲区类型 put(数据类型[] src)	普通	写入一组指定的基本数据类型数据
6	public final 缓冲区类型 put(数据类型[] src,int offset,int length)	普通	写入一组指定的基本数据类型数据
7	public 缓冲区类型 slice()	普通	创建子缓冲区，里面的一部分与原缓冲区共享数据
8	public 缓冲区类型 asReadOnlyBuffer()	普通	将缓冲区设置为只读缓冲区

在 Buffer 中存在一系列的状态变量，这些状态变量随着写入或读取都有可能会被改变。在缓冲区可以使用 3 个值表示缓冲区的状态。

➤ position：表示下一个缓冲区读取或写入的操作指针，每向缓冲区中写入数据的时候此指针就会改变，指针永远放到写入的最后一个元素后，即如果写入了 4 个位置的数据，则 position 会指向第五个位置。

➤ limit：表示还有多少数据需要存储或读取，position<=limit。

➤ capacity：表示缓冲区的最大容量，limit<=capacity。此值在分配缓冲区时被设置，一般不会更改。

为了进一步说明这 3 个指针的作用，下面通过一个具体的案例进行解释。

范例：观察缓冲区的使用

```java
package cn.mldn.demo;
import java.nio.ByteBuffer;
public class BufferDemo {
    public static void main(String[] args) {
        String str = "www.mldn.cn";                        // 定义操作数据，长度为11
        ByteBuffer buffer = ByteBuffer.allocate(20);       // 创建缓冲区，容量为20
        System.out.println("【1】没有存放数据：capacity = " + buffer.capacity()
            + "、limit = " + buffer.limit() + "、position = " + buffer.position());
        buffer.put(str.getBytes());                        // 缓冲区数据存放
        System.out.println("【2】保存数据：capacity = " + buffer.capacity()
            + "、limit = " + buffer.limit() + "、position = " + buffer.position());
        buffer.flip();                                     // 准备输出
        System.out.println("【3】保存数据：capacity = " + buffer.capacity()
            + "、limit = " + buffer.limit() + "、position = " + buffer.position());
        while (buffer.hasRemaining()) {                    // 缓冲区中是否有数据
            System.out.print(buffer.get() + "、");          // 返回字节数据
        }
        System.out.println();                              // 换行
        buffer.clear();                                    // 清空缓冲区
        System.out.println("【4】清空缓冲区：capacity = " + buffer.capacity()
            + "、limit = " + buffer.limit() + "、position = " + buffer.position());
    }
}
```

程序执行结果：

【1】没有存放数据：capacity = 20、limit = 20、position = 0（缓冲区状态）

【2】保存数据：capacity = 20、limit = 20、position = 11（缓冲区状态）
【3】保存数据：capacity = 20、limit = 11、position = 0（缓冲区状态）
119、119、119、46、109、108、100、110、46、99、110、（缓冲区数据）
【4】清空缓冲区：capacity = 20、limit = 20、position = 0（缓冲区状态）

本程序通过 ByteBuffer 类中提供的 allocate()方法开辟了一个长度为 20 大小的缓冲区，随后通过 put()
方法将数据保存在缓冲区中，而在将缓冲区中数据取出时就必须通过 flip()方法进行缓冲区的重置操作。
本程序中缓冲区的操作状态变化如图 22-3 所示。

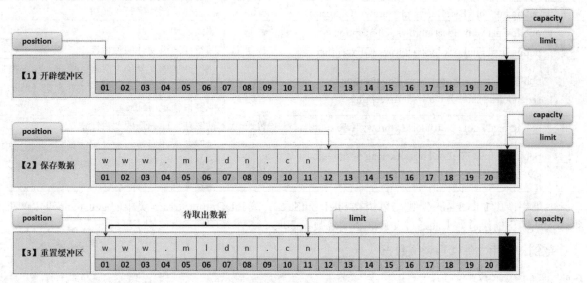

图 22-3　缓冲区操作变化

22.3　Channel

通道（Channel）可以用来读取和写入数据，通道类似于之前的输入/输出流，但是程序不会直接操
作通道，所有的内容都是先读取或写入缓冲区中，再通过缓冲区取得或写入。

通道与传统的流操作不同，传统的流操作分为输入流和输出流，而通道本身是双向操作的，既可以
完成输入也可以完成输出，如图 22-4 所示。

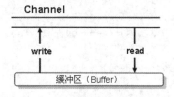

图 22-4　通道的操作流程

Channel 本身是一个接口标准，在此接口中定义的方法如表 22-3 所示。

表 22-3　Channel 接口定义的方法

No.	方　　法	类　　型	描　　述
1	public void close() throws IOException	普通	关闭通道
2	public boolean isOpen()	普通	判断此通道是否是打开的

22.3.1 FileChannel

FileChannel 是 Channel 的子类，可以进行文件的通道读/写操作。此类常用方法如表 22-4 所示。

表 22-4 FileChannel 类常用方法

No.	方　法	类　型	描　述
1	public int read(ByteBuffer dst) throws IOException	普通	将内容读入缓冲区中
2	public int write(ByteBuffer src) throws IOException	普通	将内容从缓冲区写入通道
3	public final void close() throws IOException	普通	关闭通道
4	public final FileLock lock() throws IOException	普通	获得此通道文件的独占锁定
5	public abstract FileLock lock(long position,long size,boolean shared) throws IOException	普通	获得此通道文件给定区域的锁定，并指定锁定位置、锁定大小，属于共享锁定（true）或独占锁定（false）
6	public final FileLock tryLock() throws IOException	普通	试图获取此通道的独占锁定
7	public abstract FileLock tryLock(long position,long size,boolean shared) throws IOException	普通	试图获取此通道指定区域的锁定，并指定锁定位置、锁定大小，属于共享锁定（true）或独占锁定（false）

如果想使用 FileChannel，则可以依靠 FileInputStream 或 FileOutputStream 类中的 getChannel()方法取得输入或输出的通道。下面通过文件通道实现数据读取。

范例：使用文件通道读取数据

```java
package cn.mldn.demo;
import java.io.ByteArrayOutputStream;
import java.io.File;
import java.io.FileInputStream;
import java.nio.ByteBuffer;
import java.nio.channels.FileChannel;
public class FileChannelDemo {
    public static void main(String[] args) throws Exception {
        File file = new File("D:" + File.separator + "info.txt");     // 定义文件路径
        FileInputStream input = new FileInputStream(file);            // 文件输入流
        FileChannel channel = input.getChannel();                     // 获取文件通道
        ByteBuffer buffer = ByteBuffer.allocate(20);                  // 开辟缓冲大小
        ByteArrayOutputStream bos = new ByteArrayOutputStream();      // 内存输出流
        int count = 0;                                                // 保存读取个数
        while ((count = channel.read(buffer)) != -1) {                // 缓冲区读取
            buffer.flip();                                            // 重置缓冲区
            while (buffer.hasRemaining()) {                           // 是否还有数据
                bos.write(buffer.get());                              // 内容写入内存流
            }
            buffer.clear();                                           // 清空缓冲区
        }
        System.out.println(new String(bos.toByteArray()));           // 字节数组转字符串
        channel.close();                                             // 关闭通道
        input.close();                                               // 关闭输入流
```

```
        }
}
```

　　本程序通过文件通道实现了文件数据的读取操作，在读取中需要通过缓存来接收返回的数据内容。由于读取的文件可能较多，所以在每一次进行缓存操作时都需要进行缓存的重置与清空操作。

22.3.2　Pipe

　　Channel 针对线程管道的 I/O 操作也提供有专门的通道，为此定义了两个类型：Pipe.SinkChannel（管道数据输出）、Pipe.SourceChannel（管道数据输入）。下面将结合多线程实现 Pipe 通道操作。

范例：管道流

```java
package cn.mldn.demo;
import java.io.IOException;
import java.nio.ByteBuffer;
import java.nio.channels.Pipe;
public class PipeChannelDemo {
    public static void main(String[] args) throws Exception {
        Pipe pipe = Pipe.open();                                    // 打开管道流
        new Thread(() -> {
            Pipe.SourceChannel sourceChannel = pipe.source();       // 打开管道输入流
            ByteBuffer buffer = ByteBuffer.allocate(50);            // 开辟缓存空间
            try {
                int count = sourceChannel.read(buffer);            // 返回读取个数
                buffer.flip();                                      // 重置缓冲区
                System.out.println("｛接收端｝" + new String(buffer.array(), 0, count));
            } catch (IOException e) {}
        }, "接收线程").start();                                      // 启动线程
        new Thread(() -> {
            String msg = "【" + Thread.currentThread().getName() + "】www.mldn.cn"; // 信息
            Pipe.SinkChannel sinkChannel = pipe.sink();             // 获取管道输出流
            ByteBuffer buffer = ByteBuffer.allocate(50);            // 开辟缓冲区
            buffer.put(msg.getBytes());                             // 设置要发送的数据
            buffer.flip();                                          // 重置缓冲区
            while (buffer.hasRemaining()) {                         // 缓冲区有数据
                try {
                    sinkChannel.write(buffer);                     // 输出
                } catch (IOException e) {}
            }
        }, "发送线程").start();                                      // 启动线程
    }
}
```
程序执行结果：
｛接收端｝【发送线程】www.mldn.cn

　　本程序定义了两个发送线程和接收线程，发送线程通过 Pipe.SinkChannel 进行管道数据发送，接收线程通过 Pipe.SourceChannel 接收管道数据。

22.4 文　件　锁

在 Java 新 I/O 中提供了文件锁的功能，这样当一个线程将文件锁定后，其他线程是无法操作此文件的。要想进行文件的锁定操作，则要使用 FileLock 类操作（常用方法见表 22-5），FileLock 类需要依靠 FileChannel 进行实例化操作。

表 22-5　FileLock 类常用方法

No.	方　法	类　型	描　述
1	public final boolean isShared()	普通	判断锁定是否为共享锁定
2	public final FileChannel channel()	普通	返回此锁定的 FileChannel
3	public abstract void release() throws IOException	普通	释放锁定（解锁）
4	public final long size()	普通	返回锁定区域的大小

范例： 锁定文件

```java
package cn.mldn.demo;
import java.io.File;
import java.io.FileOutputStream;
import java.nio.channels.FileChannel;
import java.nio.channels.FileLock;
import java.util.concurrent.TimeUnit;
public class FileLockDemo {
    public static void main(String[] args) throws Exception {
        File file = new File("D:" + File.separator + "info.txt");     // 定义锁定文件路径
        FileOutputStream output = new FileOutputStream(file);         // 获取文件输出流
        FileChannel channel = output.getChannel();                    // 文件通道
        FileLock lock = channel.tryLock();                            // 获取文件锁
        if (lock != null) {                                          // 成功获取文件锁
            TimeUnit.SECONDS.sleep(30);                              // 休眠30秒
            lock.release();                                         // 释放锁
        }
        channel.close();                                            // 关闭通道
        output.close();                                             // 关闭输出流
    }
}
```

本程序获取了一个指定文件的文件锁，并且延迟 30 秒才进行锁释放，在这期间该文件无法操作。

22.5 字　符　集

在 Java 语言中所有的信息都是以 Unicode 进行编码的，但是在计算机的世界里并不只单单存在一种编码，而是多个，在 I/O 通信过程中若是编码处理不恰当，则就有可能产生乱码。在 Java 的新 I/O 包中提供了 Charset 类来负责处理编码的问题，该类还包含了创建编码器（CharsetEncoder）和创建解码器（CharsetDecoder）的操作。Charset 类常用方法如表 22-6 所示。

> **提示：编码器和解码器。**
>
> 编码和解码实际上是从最早的电报发展起来的，所有的内容如果需要使用电报传送，则必须变为相应的编码，之后再通过指定的编码进行解码的操作。在新 I/O 中为了保证程序可以适应各种不同的编码，所以提供了编码器和解码器，通过解码器程序可以方便地读取各个平台上不同编码的数据，之后再通过编码器将程序的内容以正确的编码进行输出。

表 22-6　Charset 类常用方法

No.	方　法	类　型	描　述
1	public static SortedMap<String,Charset> availableCharsets()	普通	取得 Charset 的全部字符集
2	public static Charset forName(String charsetName)	普通	返回指定编码方式的 Charset 对象
3	public abstract CharsetEncoder newEncoder()	普通	创建编码器
4	public abstract CharsetDecoder newDecoder()	普通	创建解码器

在 Charset 中可以分别获取编码器与解码器实例，随后可以依据方法进行处理。

➥　**CharsetEncoder 编码方法：** public final ByteBuffer encode(CharBuffer in) throws CharacterCodingException。

➥　**CharsetDecoder 解码方法：** public final CharBuffer decode(ByteBuffer in) throws CharacterCodingException。

范例：编码和解码

```
package cn.mldn.demo;
import java.nio.ByteBuffer;
import java.nio.CharBuffer;
import java.nio.charset.Charset;
import java.nio.charset.CharsetDecoder;
import java.nio.charset.CharsetEncoder;
public class EncodeAndDecodeDemo {
    public static void main(String[] args) throws Exception {
        Charset charset = Charset.forName("UTF-8");           // 创建指定编码
        CharsetEncoder encoder = charset.newEncoder();        // 获取编码类对象
        CharsetDecoder decoder = charset.newDecoder();        // 获取解码类对象
        String str = "魔乐科技：www.mldn.cn";                 // 字符数据
        CharBuffer buf = CharBuffer.allocate(20);             // 缓冲区
        buf.put(str);                                         // 向字符缓冲区保存数据
        buf.flip();                                           // 缓冲区重置
        ByteBuffer buffer = encoder.encode(buf);             // 编码处理
        System.out.println(decoder.decode(buffer));          // 解码处理
    }
}
```

程序执行结果：

魔乐科技：www.mldn.cn

本程序采用 UTF-8 编码获取了编码器和解码器，这样就可以直接进行缓冲区数据的编码与解码操作。

22.6　同步非阻塞 I/O 通信模型

NIO 推出的主要目的就是解决 I/O 的处理性能问题，而传统 I/O 中最大的情况在于它属于同步阻塞 I/O 通信，也就是说一个线程在进行操作的时候，其他的线程都无法进行处理。如果说现在只是一个单机版的程序，那么没有任何问题；而如果该程序用于网络通信，那么这个问题就会比较严重，所以真正的 NIO 应该应用在高效的网络传输处理程序中。

网络通信就是一个基本的通道连接，在 NIO 中提供两个新的通道类：ServerSocketChannel、SocketChannel。为了方便地进行所有通道的管理，NIO 提供一个 Selector 通道管理类，这样所有的通道都可以直接向 Selector 进行注册，并采用统一的模式进行读/写操作，这样的设计被称为 Reactor 模式，Selector 类常用方法如表 22-7 所示，操作结构如图 22-5 所示。

表 22-7　Selector 类常用方法

No.	方　　法	类　型	描　　述
1	public static Selector open() throws IOException	普通	打开一个选择器
2	public abstract int select() throws IOException	普通	选择一组键，通道已经为 I/O 做好准备
3	public abstract Set<SelectionKey> selectedKeys()	普通	返回此选择器已选择的 key

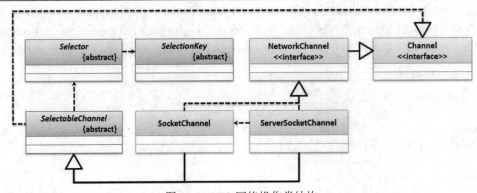

图 22-5　NIO 网络操作类结构

在进行非阻塞网络开发的时候需要使用 SelectableChannel 类型向 Select 类注册，SelectableChannel 提供了注册 Selector 的方法和阻塞模式。ServerSocketChannel 描述了服务器通道，该类常用方法如表 22-8 所示。

表 22-8　ServerSocketChannel 类常用方法

No.	方　　法	类　型	描　　述
1	public abstract SelectableChannel configureBlocking(boolean block) throws IOException	普通	调整此通道的阻塞模式，如果为 true 将被设置为阻塞模式；如果为 false 将被设置为非阻塞模式
2	public final SelectionKey register(Selector sel,int ops) throws ClosedChannelException	普通	向指定的选择器注册通道并设置 Selector 域，返回一个选择键
3	public static ServerSocketChannel open() throws IOException	普通	打开服务器的套接字通道
4	public abstract ServerSocket socket()	普通	返回与此通道关联的服务器套接字

在使用 register()方法的时候需要指定一个选择器（Selector 对象）以及 Select 域，Selector 对象可以通过 Selector 中的 open()方法取得，而 Selector 域则在 SelectionKey 类中定义。SelectionKey 类中常用常量和方法如表 22-9 所示。

表 22-9　SelectionKey 类常用常量与方法

No.	方法或常量	类　型	描　　述
1	public static final int OP_ACCEPT	常量	监听客户端连接（OP_ACCEPT = 1 << 4）
2	public static final int OP_CONNECT	常量	连接模式（OP_CONNECT = 1 << 3）
3	public static final int OP_READ	常量	读模式（OP_READ = 1 << 0）
4	public static final int OP_WRITE	常量	写模式（OP_WRITE = 1 << 2）
5	public abstract SelectableChannel channel()	普通	返回创建此 key 的通道
6	public final boolean isAcceptable()	普通	判断此通道是否可以接收新的连接
7	public final boolean isConnectable()	普通	判断此通道是否完成套接字的连接操作
8	public final boolean isReadable()	普通	判断此通道是否可以进行读取操作
9	public final boolean isWritable()	普通	判断此通道是否可以进行写入操作

下面将结合以上所给出的操作类，利用 NIO 实现一个 Echo 程序模型。

范例：实现服务器端程序

```java
package cn.mldn.server;
import java.net.InetSocketAddress;
import java.nio.ByteBuffer;
import java.nio.channels.SelectionKey;
import java.nio.channels.Selector;
import java.nio.channels.ServerSocketChannel;
import java.nio.channels.SocketChannel;
import java.util.Iterator;
import java.util.Set;
import java.util.concurrent.ExecutorService;
import java.util.concurrent.Executors;
class SocketClientChannelThread implements Runnable {                    // 客户端处理线程
    private SocketChannel clientChannel;                                 // 客户端通道
    private boolean flag = true;                                         // 循环标记
    public SocketClientChannelThread(SocketChannel clientChannel) throws Exception {
        this.clientChannel = clientChannel;                             // 保存客户端通道
        System.out.println("【客户端连接成功】，该客户端的地址为：" +
                clientChannel.getRemoteAddress());
    }
    @Override
    public void run() {                                                  // 线程任务
        ByteBuffer buffer = ByteBuffer.allocate(50);                    // 创建缓冲区
        try {
            while (this.flag) {                                          // 不断与客户端交互
                // 由于可能重复使用一个Buffer，所以使用前需要将其做出清空处理
                buffer.clear();
                int readCount = this.clientChannel.read(buffer);        // 接收客户端发送数据
                String readMessage = new String(buffer.array(),
                        0, readCount).trim();                           // 数据变为字符串
                System.out.println("【服务器接收到消息】" + readMessage); // 提示信息
                String writeMessage = "【ECHO】" + readMessage + "\n";  // 回应信息
                if ("exit".equals(readMessage)) {                       // 结束指令
```

```
                    writeMessage = " 【EXIT】拜拜，下次再见！";        // 结束消息
                    this.flag = false;                              // 修改标记
                }
                buffer.clear();                                      // 清空缓冲区
                buffer.put(writeMessage.getBytes());                 // 缓冲区保存数据
                buffer.flip();                                       // 重置缓冲区
                this.clientChannel.write(buffer);                    // 回应信息
            }
            this.clientChannel.close();                              // 关闭通道
        } catch (Exception e) {}
    }
}
public class EchoServer {
    public static final int PORT = 9999;                            // 绑定端口
    public static void main(String[] args) throws Exception {
        // 考虑到性能的优化所以最多只允许5个用户进行访问
        ExecutorService executorService = Executors.newFixedThreadPool(5);
        // 打开一个服务器端的Socket的连接通道
        ServerSocketChannel serverSocketChannel = ServerSocketChannel.open();
        serverSocketChannel.configureBlocking(false);               // 设置非阻塞模式
        serverSocketChannel.bind(new InetSocketAddress(PORT));      // 服务绑定端口
        // 打开一个选择器，随后所有的Channel都要注册到此选择器中
        Selector selector = Selector.open();
        // 将当前的ServerSocketChannel统一注册到Selector中，接受统一的管理
        serverSocketChannel.register(selector, SelectionKey.OP_ACCEPT);
        System.out.println("服务器端启动程序，该程序在" + PORT + "端口上监听，等待客户端连接... ");
        // 所有的连接处理都需要被Selector所管理，也就是说，只要有新的用户连接，那么就通过Selector处理
        int keySelect = 0;                                          // 接收连接状态
        while ((keySelect = selector.select()) > 0) {               // 持续等待连接
            Set<SelectionKey> selectedKeys = selector.selectedKeys();       // 获取全部连接通道
            Iterator<SelectionKey> selectionIter = selectedKeys.iterator();
            while (selectionIter.hasNext()) {
                SelectionKey selectionKey = selectionIter.next();   // 获取每一个通道
                if (selectionKey.isAcceptable()) {                  // 模式为接收连接模式
                    SocketChannel clientChannel = serverSocketChannel.accept(); // 等待接收
                    if (clientChannel != null) {                    // 已经有了连接
                        executorService.submit(new SocketClientChannelThread(clientChannel));
                    }
                }
                selectionIter.remove();                             // 移除此通道
            }
        }
        executorService.shutdown();                                 // 关闭线程池
        serverSocketChannel.close();                                // 关闭服务器端通道
    }
}
```

在本服务器程序中首先定义了一个可以处理的线程池，随后将当前的服务器通道设置为非阻塞模式。对于 NIO 实现的服务器端来讲需要采用轮询的模式获取每一个连接的客户端信息，并且将客户端的处理

操作包装在一个线程类中，同时将此线程交由线程池进行调度与管理，实现 Echo 操作。

范例：定义一个输入工具类，实现键盘数据接收

```java
package cn.mldn.util;
import java.io.BufferedReader;
import java.io.IOException;
import java.io.InputStreamReader;
public class InputUtil {
    private static final BufferedReader KEYBOARD_INPUT = new BufferedReader(
            new InputStreamReader(System.in));                      // 键盘缓冲输入流
    private InputUtil() {}
    public static String getString(String prompt) throws IOException {   // 键盘接收数据
        boolean flag = true;                                        // 输入标记
        String str = null;                                          // 接收输入字符串
        while (flag) {
            System.out.print(prompt);                               // 提示信息
            str = KEYBOARD_INPUT.readLine();                        // 读取数据
            if (str == null || "".equals(str)) {                    // 保证不为null
                System.out.println("数据输入错误，请重新输入！！！");
            } else {
                flag = false;
            }
        }
        return str;
    }
}
```

本程序将由键盘输入信息，而后再通过客户端向服务器端发送消息。

范例：实现客户端 Socket

```java
package cn.mldn.client;
import java.net.InetSocketAddress;
import java.nio.ByteBuffer;
import java.nio.channels.SocketChannel;
import cn.mldn.util.InputUtil;
public class EchoClient {
    public static final String HOST = "localhost";                  // 连接主机
    public static final int PORT = 9999;                            // 绑定端口
    public static void main(String[] args) throws Exception {
        SocketChannel clientChannel = SocketChannel.open();         // 获取客户端通道
        clientChannel.connect(new InetSocketAddress(HOST, PORT));   // 连接服务器端
        ByteBuffer buffer = ByteBuffer.allocate(50);                // 开辟缓存
        boolean flag = true;
        while (flag) {                                              // 持续输入信息
            buffer.clear();                                         // 清空缓冲区
            String msg = InputUtil.getString("请输入要发送的信息：");   // 提示信息
            buffer.put(msg.getBytes());                             // 数据保存在缓冲区
            buffer.flip();                                          // 重设缓冲区
            clientChannel.write(buffer);                            // 发送消息
```

```
        buffer.clear();                                        // 清空缓冲区
        int readCount = clientChannel.read(buffer);            // 读取服务器端回应
        buffer.flip();                                         // 重置缓冲区
        System.err.println(new String(buffer.array(), 0, readCount));
        if ("exit".equals(msg)) {                              // 结束指令
            flag = false;                                      // 结束循环
        }
    }
    clientChannel.close();                                     // 关闭通道
    }
}
```

本程序利用 SocketChannel 实现了远程服务器端的连接，同时利用缓存实现了数据的发送以及服务器端数据的接收。

22.7 异步非阻塞 I/O 通信模型

NIO 是基于事件驱动模式实现的通信操作，主要的问题是解决 BIO 并发访问量高的性能问题，而所有的通信操作依然通过程序来完成，在进行通信处理中如果 I/O 操作性能较差也会影响到执行性能，所以从 JDK 1.7 开始提供有 AIO 模型。与 NIO 不同的是，AIO 当前的 I/O 操作是由操作系统进行 I/O 操作，而应用程序只是调用给定的类库实现读或写的操作调用，例如，当有数据流可以读取或写入时，会由操作系统将可操作的流传入 read()或 write()方法的缓冲区并发出操作通知，整个操作完全是异步处理实现的。AIO 的操作结构如图 22-6 所示。

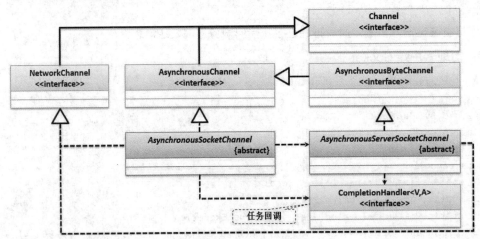

图 22-6 AIO 操作结构

在进行异步操作时通过 CompletionHandler 获取异步执行结果，在 Echo 案例中数据读取与数据写入都可以编写一个 CompletionHandler 作为回调操作实现。

范例：定义服务器端

```
package cn.mldn.server;
import java.io.IOException;
import java.net.InetSocketAddress;
```

```java
import java.nio.ByteBuffer;
import java.nio.channels.AsynchronousServerSocketChannel;
import java.nio.channels.AsynchronousSocketChannel;
import java.nio.channels.CompletionHandler;
import java.util.concurrent.CountDownLatch;
class EchoHandler implements CompletionHandler<Integer, ByteBuffer> {     // 实现回调处理
    private AsynchronousSocketChannel clientChannel;                       // 客户端对象
    private boolean exit = false;                                         // 结束标记
    public EchoHandler(AsynchronousSocketChannel clientChannel) {
        this.clientChannel = clientChannel;
    }
    @Override
    public void completed(Integer result, ByteBuffer buffer) {            // 回调任务
        buffer.flip();                                                   // 重置缓冲区
        String readMessage = new String(buffer.array(), 0,
                    buffer.remaining()).trim();                          // 接收读取数据
        System.err.println("【服务器端读取到数据】" + readMessage);         // 信息提示
        String resultMessage = "【ECHO】" + readMessage;                  // 回应信息
        if ("exit".equalsIgnoreCase(readMessage)) {                      // 退出标记
            resultMessage = "【EXIT】拜拜，下次再见！";                     // 回应内容
            this.exit = true;                                            // 退出
        }
        this.echoWrite(resultMessage);                                   // 消息回应
    }
    @Override
    public void failed(Throwable exp, ByteBuffer buffer) {               // 异步处理失败
        this.closeClient();                                              // 关闭连接
    }
    private void closeClient() {
        System.out.println("客户端连接有错误，中断与此客户端的处理！");
        try {
            this.clientChannel.close();                                  // 通道关闭
        } catch (IOException e) {}
    }
    private void echoWrite(String result) {                             // 数据回应
        ByteBuffer buffer = ByteBuffer.allocate(100);                   // 回应缓冲区
        buffer.put(result.getBytes());                                  // 回应处理
        buffer.flip();                                                  // 重置缓冲区
        this.clientChannel.write(buffer, buffer,
                new CompletionHandler<Integer, ByteBuffer>() {
                    @Override
                    public void completed(Integer result, ByteBuffer buffer) {
                        if (buffer.hasRemaining()) {                    // 有数据
                            EchoHandler.this.clientChannel.write(
                                    buffer, buffer, this);              // 输出
                        } else {
                            if (EchoHandler.this.exit == false) {       // 继续下一次操作
                                ByteBuffer readBuffer = ByteBuffer.allocate(100);
```

```
                                    EchoHandler.this.clientChannel.read(readBuffer, readBuffer,
                                        new EchoHandler(EchoHandler.this.clientChannel));
                                }
                            }
                        }
                        @Override
                        public void failed(Throwable exp, ByteBuffer buffer) {
                            EchoHandler.this.closeClient();                  // 关闭通道
                        }
                    });
            }
    }
    class AcceptHandler implements CompletionHandler<AsynchronousSocketChannel, AIOServerThread> {
        @Override
        public void completed(AsynchronousSocketChannel channel, AIOServerThread aioThread) {
            aioThread.getServerChannel().accept(aioThread, this);            // 接收连接
            ByteBuffer buffer = ByteBuffer.allocate(100);                    // 接收缓冲区
            channel.read(buffer, buffer, new EchoHandler(channel));          // 交由其他异步处理
        }
        @Override
        public void failed(Throwable exp, AIOServerThread aioThread) {
            System.out.println("服务器的连接处理失败...");
            aioThread.getLatch().countDown();                                // 解除阻塞状态
        }
    }
    class AIOServerThread implements Runnable {                              // AIO处理线程
        private static final int PORT = 9999;                               // 监听端口
        private CountDownLatch latch = null;                                // 服务器端关闭阻塞
        private AsynchronousServerSocketChannel serverChannel = null;       // 服务器端通道
        public AIOServerThread() throws Exception {
            this.latch = new CountDownLatch(1);                             // 服务器端阻塞线程数
            this.serverChannel = AsynchronousServerSocketChannel.open();    // 异步通道
            this.serverChannel.bind(new InetSocketAddress(PORT));           // 绑定端口
            System.out.println("服务器启动成功，在" + PORT + "端口上进行监听，等待客户端连接 ...");
        }
        public AsynchronousServerSocketChannel getServerChannel() {
            return serverChannel;
        }
        public CountDownLatch getLatch() {
            return latch;
        }
        @Override
        public void run() {                                                 // 启动线程
            this.serverChannel.accept(this, new AcceptHandler());           // 等待连接
            try {
                this.latch.await();                                        // 保持连接
                System.err.println("服务器的连接失败，服务器停止运行 ...");
            } catch (InterruptedException e) {}
```

```
        }
    }
}
public class AIOEchoServer {
    public static void main(String[] args) throws Exception {
        new Thread(new AIOServerThread()).start();            // 启动服务器
    }
}
```

　　本程序定义了一个异步服务器操作类，将客户端发送数据与接收数据的操作分别交由两个
CompletionHandler 接口子类负责实现。由于可能不断进行客户端与服务器端的交互，所以设置了一个 exit
结束标记。

　　范例：定义客户端

```
package cn.mldn.client;
import java.io.IOException;
import java.net.InetSocketAddress;
import java.nio.ByteBuffer;
import java.nio.channels.AsynchronousSocketChannel;
import java.nio.channels.CompletionHandler;
import java.util.concurrent.CountDownLatch;
import cn.mldn.util.InputUtil;
class ClientReadHandler implements CompletionHandler<Integer, ByteBuffer> {
    private CountDownLatch latch;                            // 线程同步
    private AsynchronousSocketChannel clientChannel = null;  // 客户端连接
    public ClientReadHandler(AsynchronousSocketChannel clientChannel, CountDownLatch latch) {
        this.clientChannel = clientChannel;
        this.latch = latch;
    }
    @Override
    public void completed(Integer result, ByteBuffer buffer) {
        buffer.flip();                                       // 重置缓冲区
        String receiveMessage = new String(buffer.array(),
                0, buffer.remaining());                      // 读取返回内容
        System.err.println(receiveMessage);                 // 输出回应数据
    }
    @Override
    public void failed(Throwable exp, ByteBuffer buffer) {
        System.out.println("对不起，发送出现了问题，该客户端被关闭 ...");
        try {
            this.clientChannel.close();
        } catch (IOException e) {}
        this.latch.countDown();                              // 接触阻塞状态
    }
}
class ClientWriteHandler implements CompletionHandler<Integer, ByteBuffer> {
    private CountDownLatch latch;
    private AsynchronousSocketChannel clientChannel = null;  // 客户端连接
    public ClientWriteHandler(AsynchronousSocketChannel clientChannel, CountDownLatch latch) {
```

```
            this.clientChannel = clientChannel;
            this.latch = latch;
        }
        @Override
        public void completed(Integer result, ByteBuffer buffer) {
            if (buffer.hasRemaining()) {                                    // 有数据发送
                this.clientChannel.write(buffer, buffer, this);            // 数据发送
            } else {                                                       // 需要读取
                ByteBuffer readBuffer = ByteBuffer.allocate(100);          // 读取数据
                this.clientChannel.read(readBuffer, readBuffer, new ClientReadHandler(
                        this.clientChannel, this.latch));                  // 读取回调
            }
        }
        @Override
        public void failed(Throwable exp, ByteBuffer buffer) {
            System.out.println("对不起，发送出现了问题，该客户端被关闭 ...");
            try {
                this.clientChannel.close();
            } catch (IOException e) {}
            this.latch.countDown();                                        // 解除阻塞状态
        }
    }
}
class AIOClientThread implements Runnable {                                 // 客户端线程类
    public static final String HOST = "localhost";                        // 连接主机
    public static final int PORT = 9999;                                  // 绑定端口
    private CountDownLatch latch;                                          // 线程锁定
    private AsynchronousSocketChannel clientChannel = null;               // 客户端连接
    public AIOClientThread() throws Exception {
        this.clientChannel = AsynchronousSocketChannel.open();            // 客户端Channel
        this.clientChannel.connect(new InetSocketAddress(HOST, PORT));    // 进行客户端连接
        this.latch = new CountDownLatch(1);                               // 阻塞处理
    }
    @Override
    public void run() {
        try {
            this.latch.await();                                            // 等待处理
            this.clientChannel.close();                                    // 关闭客户端
        } catch (Exception e) {}
    }
    public boolean sendMessge(String msg) {                                // 实现消息发送
        ByteBuffer buffer = ByteBuffer.allocate(100);                     // 开辟缓冲区
        buffer.put(msg.getBytes());                                       // 保存发送内容
        buffer.flip();                                                     // 重设缓冲区
        this.clientChannel.write(buffer, buffer, new ClientWriteHandler(
                this.clientChannel, this.latch));                         // 缓冲区输出
        if ("exit".equalsIgnoreCase(msg)) {                              // 结束指令
            return false;
        }
```

```
        return true;
    }
}
public class AIOEchoClient {
    public static void main(String[] args) throws Exception {
        AIOClientThread client = new AIOClientThread();
        new Thread(client).start();                        // 启动客户端线程
        while (client.sendMessge(InputUtil.getString("请输入要发送的消息："))) {
            ;
        }
    }
}
```

本程序在客户端上使用了 AIO 的回调机制，在客户端启动时会通过一个线程实现服务器端的连接，针对服务器端的数据发送定义了一个异步回调处理，当进行数据接收时也单独启动一个异步回调处理完成，并且利用循环的模式实现了多次请求与回应操作。

22.8　本 章 概 要

1. NIO 采用 Reactor 模型实现了所有通道的集中管理，可以方便地使用缓冲区实现通道数据读/写。

2. 缓冲区 Buffer 提供有高性能的数据操作，可以通过 position、limit、capacity 表示缓冲区的操作状态，缓冲区在输出前需要通过 flip() 方法进行重置处理。

3. 在一个线程操作一个文件时不希望其他线程进行访问，则可以通过 FileLock 锁定一个文件，在锁定期间其他线程无法访问此文件。

4. 在 Java 新 I/O 中可以使用 CharsetEncoder 和 CharsetDecoder 完成编码的转换操作。

5. 同步非阻塞 I/O 通信机制中需要通过轮询的方式实现用户连接的接收，并且依据 ServerSocketChannel 进行通道连接与 SocketChannel 实例创建，在执行时依据给定的线程池异步执行。

6. 异步非阻塞 I/O 可以直接利用操作系统实现 I/O 处理，所有的读或写采用异步的形式完成操作，利用 CompletionHandler 接口实现操作回调处理。